KB044487

INTRODUCTION TO **BASIC ELECTRICITY AND ELECTRONICS TECHNOLOGY**

전기전자공학

Introduction to Basic Electricity and Electronics Technology

1st Edition

Earl D. Gates

ISBN-13: 979-11-5971-088-9

Cengage Learning Korea Ltd.
14F YTN Newsquare 76 Sangamsan-ro
Mapo-gu Seoul 03926 Korea
Tel: (82) 2 330 7000
Fax: (82) 2 330 7001

Cengage Learning is a leading provider of customized learning solutions with office locations around the globe, including Singapore, the United Kingdom, Australia, Mexico, Brazil, and Japan. Locate your local office at: www.cengage.com/global

Cengage Learning products are represented in Canada by Nelson Education, Ltd.

For product information, visit www.cengageasia.com

Printed in Korea
1 2 3 4 21 20 19 18

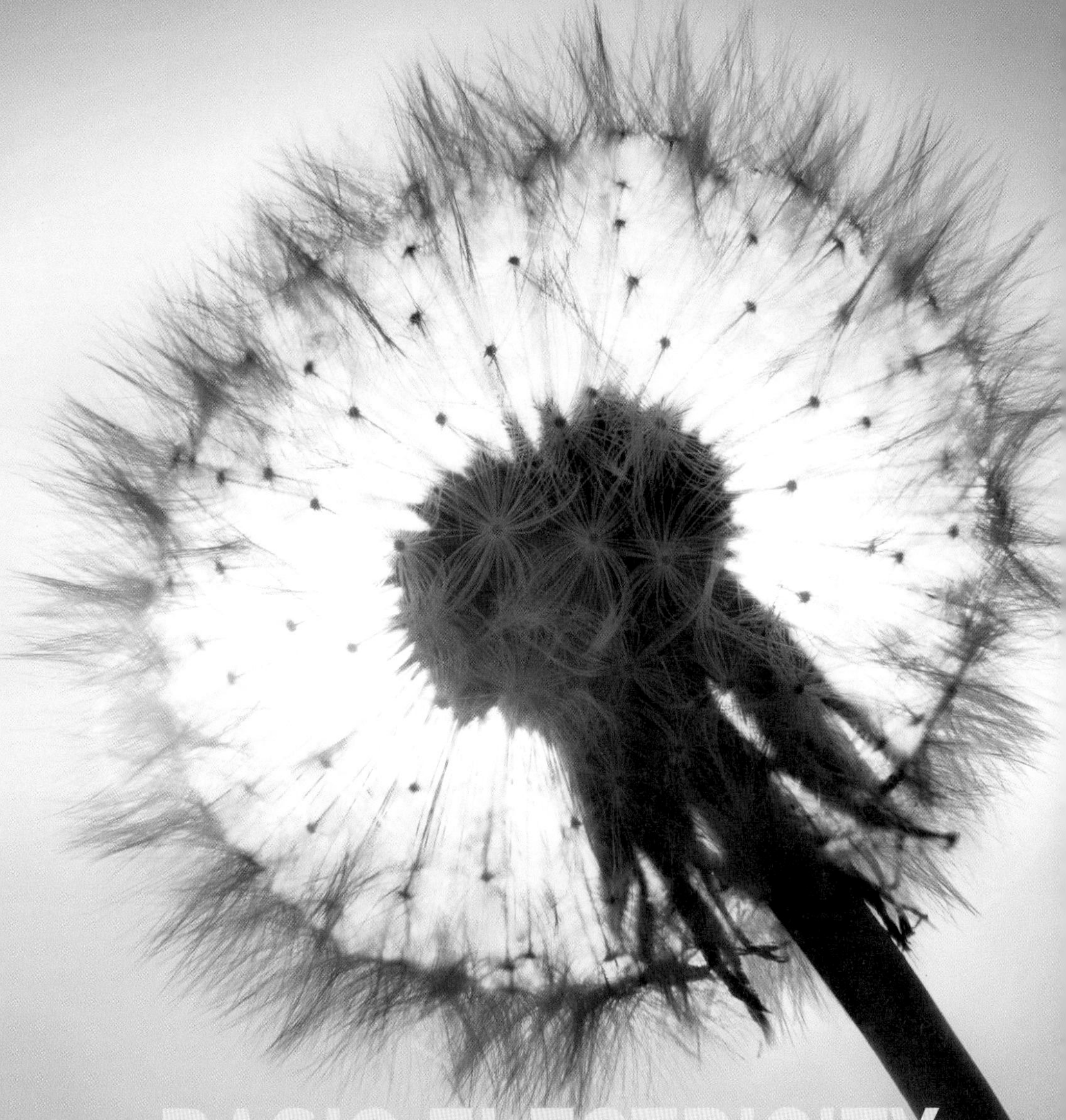

INTRODUCTION TO BASIC ELECTRICITY AND ELECTRONICS TECHNOLOGY

전기전자공학

EARL GATES 저
전기전자공학교재편찬위원회 역

Andover • Melbourne • Mexico City • Stamford, CT • Toronto • Hong Kong • New Delhi • Seoul • Singapore • Tokyo

역자 서문

이 책은 얼 D. 게이츠(Earl D. Gates)의 Introduction to Basic Electricity and Electronics Technology를 우리말로 번역한 것이다. 우리나라에도 이와 유사한 교재는 몇 권 출판되어 있다. 그러나 이 책은 학생들이 처음 접하는 부품의 실물 사진을 컬러로 볼 수 있고, 회로도와 본문의 편집까지 모두 컬러로 되어 있으며, 또한 내용과 구성도 독자의 입장에서 부담 없이 접할 수 있도록 한 것이 장점이다. 이는 영상세대인 현재 학생들에게 학습 효과를 극대화 시킬 수 있다는 확신 아래 번역에 임하게 되었다.

전기전자분야가 아닌 기계 · 자동차공학을 비롯하여, 항공우주공학과, 로봇공학과, 드론교통공학과 등 전기전자의 기초 개념을 세우고자 하는 관련 학과 등의 일반적인 공학계열에서도 전기전자에 관한 기초적인 지식은 요구된다. 이 책은 아주 기초적인 직류 회로, 교류 회로의 개념에서부터 반도체 소자, 선형 전자회로, 디지털 전자회로 등에 대하여 상세하게 서술하였기 때문에 전기전자통신공학을 처음 접하는 학생들에게도 매우 유익한 교재라 생각된다.

원서에는 7개 부(section), 총 50개 장(chapter)으로 구성되어 있으나, 전기전자통신계열 및 다른 공학계열 학과의 강의 조건에 맞추어 33개 장으로 축소하여 번역하였다. 한 학기 강의용으로 사용하기 편하게 분량을 조정한 것이며 학생들의 학습에 대한 부담과 책값에 대한 경제적 영향을 최소화시키려는 배려이기도 하다.

또한, 원서에서 전류의 방향을 전자의 방향과 동일하게 서술해 놓은 것은 우리가 지금까지 배워온 기본 개념과 혼돈할 여지가 있어, 우리가 배운 대로 전류의 방향을 전자와 반대 방향으로 흐르는 것으로 수정하여 번역하였다.

그리고 우리말로 공용화된 외래어는 우리말로 표현을 하였지만 디지털 공학 분야에서 우리말로 널리 공용화되지 않은 외래어는 오히려 원어 그대로 사용함으로써 이해가 쉽게 되도록 하였다.

앞으로 쇄를 거듭할 때마다 부족한 부분은 수정해 나갈 것이며, 혹시 미흡한 부분이 있다면 출판사를 통하여 역자들에게 연락을 주면 더 좋은 교재가 되도록 노력할 것이다.

끝으로 이 책이 나오기까지 번역과 교정에 긴 시간 심혈을 기울인 번역자와 출판사 직원, 모두의 노고에 깊은 감사를 드린다.

2017년 8월, 역자

저자 서문

이 책의 대상

이 책은 고등학교, 직업 학교, 전문대학의 전기과 및 4년제 대학에서 전기 및 전자 공학도들에게 1년 과정으로 가르칠 수 있도록 쓰인 책이다. 또한 이 책은 전기 및 전자 공학과, 컴퓨터 공학과 및 통신공학과의 교재로도 사용할 수 있다. 이 초판은 산업체에서 학생들에게 요구하는 기본적인 배경을 제공하기 위하여 제작되었다. 또한 산업체에서 필요한 손으로 하는 기술에 대한 지침서이다.

이 책의 집필 배경

이 책은 전기전자공학의 기본적인 원리와 기술을 학생들이 쉽게 이해할 수 있도록 전문 용어로 요약한 교재 및 참고 도서를 만들어보자는 취지에서 집필되었다. 현재의 추세에 맞춰 전자공학의 일반적인 기술에 중점을 두고 집필하였다.

저자는 학생들을 가르칠 때 기업체가 전자공학 분야를 전공하는 학생들에게 무엇을 요구하는지에 대해 늘 궁금해 했고, 기업체들은 학생들의 지적인 능력보다 실무 능력에 더 많은 가치를 부여한다는 것을 깨달았다. 또한 기업체들은 교육 이론보다는 실제 응용 교육에 더 많은 시간을 할애하기를 원하는 것도 확인하게 되었다.

이후 저자는 실제 응용 프로그램을 가르치기 위하여 여러 가지 교재를 사용하여 교과 과정을 다시 작성하였다. 이 책은 그러한 노력들의 결과로, 학생들에게 필요한 전기전자공학에 관한 모든 정보들을 담으려고 노력하였다.

이 책의 구성

전자공학의 급속한 발전으로 1년 과정으로 중요한 주제들을 모두 공부한다는 것이 불가능해졌다. 하지만 이 책을 활용하면, 교수는 중점을 두고 싶은 주제를 선택하여 가르칠 수 있고, 학생들은 전기전자공학 개론을 보다 넓고 지속적으로 배워가는 참고 자료를 얻을 수 있다.

교수는 지식을 더욱 넓히기 원하는 학생들을 위하여 특별한 강의 계획을 세워, 그에 따라 내용을 구성하여 집중적으로 지도할 수도 있다. 아니면, DC 및 AC 회로와 같은 일련의 주제만을 다루는 것도 생각할 수 있다.

또 다른 방법은, 주로 선형 전자회로나 관련된 다른 주제들을 선택해서 집중해보는 것이다. 이외 다른 많은 조합도 할 수 있다.

이 책은 학생들이 책 전부를 읽지 않고도 특정 주제를 공부할 수 있도록, 전자공학의 범위를 일체화하여 하나로 묶어 설명하는 것에 역점을 두었다.

본문은 다음과 같이 7부로 되어 있다.

1부– 전기전자공학 서론에서는 전기전자 분야의 직업, 전기전자 분야의 자격증, 일하는 버릇과 문제, 전기전자계산기, 전자회로 설계, 전자용 소프트웨어, 안전, 공구와 장비, 그리고 유해 물질에 대해 설명한다.

2부– 직류 회로에서는 전기의 기본, 전류, 전압, 저항, 옴의 법칙, 전기 측정 계기, 전력, 직류 회로, 자기, 인덕턴스와 커패시턴스에 대해 설명한다.

3부– 교류 회로에서는 교번 전류, 교류 측정, 저항성 교류 회로, 교류 용량성 회로, 교류 유도성 회로, 공진 회로와 변압기에 대해 설명한다.

4부– 반도체 소자에서는 반도체의 기초, PN 접합 다이오드, 제너 다이오드, 쌍극 트랜지스터, 전계 효과 트랜지스터(FET), 사이리스터, 집적회로 그리고 광전자 소자에 대해 설명한다.

5부– 선형 전자회로에서는 전원 공급 장치, 증폭기의 기초, 증폭기의 응용, 발전기 그리고 파형 정형 회로에 대해 설명한다.

6부– 디지털 전자회로에서는 2진수 체계, 기초 논리 게이트, 논리회로의 간략화, 순차 논리회로, 조합 논리회로 그리고 마이크로컴퓨터의 기초에 대해 설명한다.

7부– 실지 응용에서는 프로젝트 설계, 인쇄 회로 기판 제작, 인쇄 회로 기판의 조립과 수리, 그리고 고장 수리의 기초에 대해 설명한다.

용어해설– 이 소중한 자료는 주요 용어와 정의를 포함하고 있다.

부록

부록 1– 원소의 주기율표
부록 2– 그리스 문자
부록 3– 전기전자공학 분야에서 사용하는 단위 접두어
부록 4– 전기전자공학 약어
부록 5– 일반적인 지시 기호
부록 6– 직류와 교류 회로 공식
부록 7– 공식 단축키
부록 8– 저항기 컬러 코드
부록 9– 일반적인 저항기 값
부록 10– 커패시터 컬러 코드
부록 11– 전기전자 기호
부록 12– 반도체 회로도 기호
부록 13– 디지털 논리 기호
연습 문제 해답
찾아보기

특징

이 책의 중요한 특징은 다음과 같다.

- 각 장은 간결하게 핵심적으로 구성되어 있다.
- 장의 시작 부분에 학습 목표를 명확하게 제시하였다.
- 책 전체에 걸쳐 학습효과를 상승하기 위해 다채로운 그림을 많이 실었다.
- 각 장의 절 끝에 질문을 두어 학생들의 이해도를 점검할 수 있게 하였다.
- 컬러 사진을 실어, 교재에서 다루는 것이 무엇인지를 정확하게 표시하였다.
- 컬러 구성으로, 책에서 중요한 사항이 집중되어 보이도록 하였다.
- 주의와 노트는 색상으로 구분하여 쉽게 식별할 수 있도록 하였다.
- 많은 예제를 두어, 회로 해석과 문제의 이해를 쉽게 하도록 하였다.
- 검토 질문은 이해의 정도를 확인할 수 있도록 모든 장 부분의 끝에 실었다.
- 모든 공식은 기본적인 공식만 사용하여 작성하였다.
- 중요한 개념에 대해서는 재점검을 위하여 각 장 끝에 요점 정리를 실었다.
- 자체 테스트는 학습 도구로서 각 장의 끝에 실었다.

저자 소개

- 미국 오스위고(Oswego)에 소재한 뉴욕 주립 대학교에서 전자공학을 가르치다가 부교수로 은퇴하였다.
- 교사와 관리자로서 23년간 공교육에 몸을 담았다.
- 전자공학 기술자 상사(Senior Chief)로 미국 해군에서 은퇴하였다.
- 최근에는 사우스캐롤라이나(South Carolina) 주 플로렌스에 소재한 플로렌스 달링턴 초이시스 차터 스쿨의 직업 기술 학교(VoTech)에서 학생들을 가르쳤다.
- 교육 컨설팅, 훈련 및 평가를 수행하는 소기업 TEK Prep의 대표이다.
- 교육 컨설턴트로서, 플로리다, 뉴욕, 사우스캐롤라이나에서 교사와 성인을 위한 교육을 담당하고 있다.

감사의 글

미 해군에서 나와 함께 복무했던 해군 수석 전자공학 기술자인 존 밀하우스(John Millhouse)에게 감사를 전한다. 그는 은퇴하고 지금은 플로리다에서 컨설턴트 전자공학 엔지니어로 활동하고 있는데, 책 전체에 사용된 멀티심 예제 및 문제 작성을 도와주었다. 원고 교정에 도움을 준 로이스 도지(Lois Dodge)에게도 감사한다.

또한 뉴웨이브 콘셉츠사의 서킷 위저드의 미국 내 독점 딜러인 켈빈(Kelvin) 사 소유자 아비 하다르(Avi Hadar)의 후원에 감사하며, 그 외 그리스 중앙 학교 재직 시절 책의 개념을 형성하는 데 도움을 준 짐 굿(Jim Good)과, 책을 읽고 질문에 답해주고 산업 분야에 대해 도움을 준, EIC 일렉트로닉스의 은퇴한 대표 제럴드 부스(Gerald Buss)에게도 감사를 전한다.

또한 책을 상세히 하고 개선하는 데 도움을 준 수많은 교사들에게도 감사를 표한다. 책을 완성할 수 있도록 믿음을 준 델마 센게이지 러닝(Delmar Cengage Learning)의 스태프에게 감사를 표한다.

저자와 델마 센게이지 러닝은 이 버전을 개발하면서 책에 대해 여러 제안과 의견을 준 검토자들에게 감사를 표한다.

끝으로, 이 책을 준비하고 개발하는 데 지원을 해준 아내 셜리(Shirley)에게 감사를 전한다.

Earl D. Gates

2013년, 뉴욕 주 신시내터스에서

contents

2부 교류 회로

3부 반도체 소자

5부 디지털 전자회로

1부

직류 회로

1장

전기의 기본
Fundamentals of Electricity

학습 목표

이 장을 학습하면 다음을 할 수 있다.

- 원자, 물질, 원소, 분자를 설명할 수 있다.
- 원자의 성분을 열거할 수 있다.
- 원자의 가전자각을 설명할 수 있다.
- 전류의 측정 단위를 설명할 수 있다.
- 회로에서 전류의 흐름을 표시하는 기호를 그릴 수 있다.
- 도체, 절연체, 반도체의 차이를 설명할 수 있다.
- 전위, 기전력(emf), 전압 간의 차이를 설명할 수 있다.
- 전압을 나타내는 데 사용하는 기호를 그릴 수 있다.
- 전압을 측정하는 데 사용하는 단위를 설명할 수 있다.
- 저항을 정의하고 저항을 측정하기 위한 단위를 설명할 수 있다.
- 회로에서 저항의 특성을 설명할 수 있다.
- 회로에 사용하는 저항 기호를 그릴 수 있다.

자연적이든 인공적이든, 모든 물질은 원소나 화합물로 세분화될 수 있다. 하지만 이러한 모든 물질의 가장 작은 부분은 원자로 이루어져 있다.

원자는 양성자, 중성자, 전자로 구성되어 있다. 양성자와 중성자는 원자의 중앙부를 형성하기 위해 함께 그룹을 만드는데, 이것을 원자핵(nuclear)이라고 한다. 전자들은 원자핵으로부터 다양한 거리에 위치하며, 원자핵 주위를 궤도를 그리며 돌고 있다.

최외각에 위치한 전자에 외부로부터 적절한 힘이 가해지면, 최외각 전자들은 결합이 느슨한 상태가 되어 자유전자가 된다. 이러한 자유 전자의 움직임을 전류(current)라고 한다. 전류를 만드는 데 필요한 외부의 힘을 전압(voltage)이라고 한다. 전류가 경로를 따라 흐를 때 일부 방해를 받게 되는데, 이를 저항(resistance)이라고 한다.

이 장에서는 어떻게 전류, 전압 및 저항이 함께 전기의 기초를 형성하는지를 살펴본다.

1-1 물질, 원소 및 화합물

물질(matter)은 공간과 무게를 가지고 있다. 이러한 물

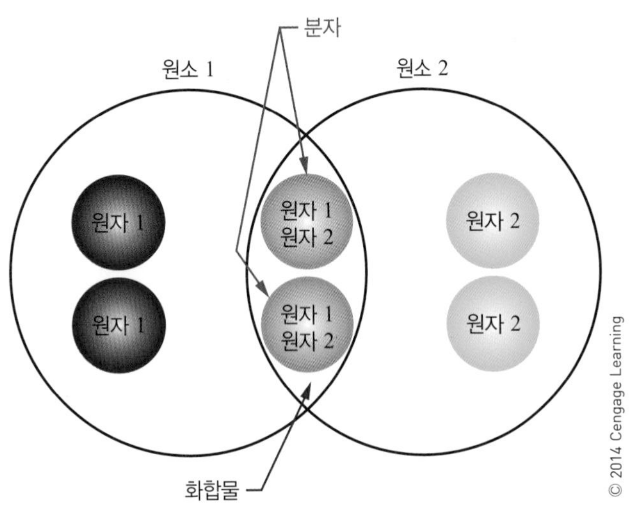

그림 1–1 두 개 이상의 원소들 간의 화학적인 결합을 화합물이라고 한다. 분자는 두 개 이상 원자의 화학적 결합이다. 예로, 물(H_2O)과 소금(NaCl)이 있다.

질은 고체나 액체, 기체의 세 가지 상태 중 한 상태로 존재한다. 물질의 예로, 우리가 숨 쉬는 공기, 우리가 마시는 물, 우리가 착용하는 의류 등이 있다. 물질은 원소 또는 화합물로 존재한다.

원소(element)는 물질을 이루는 기본 성분이다. 이러한 원소는 화학적 방법을 통해 더 이상 작게 쪼갤 수 없는 물질을 의미한다. 현재 100개 이상의 원소가 알려져 있다(부록 1). 원소의 예로 금, 은, 구리, 산소가 있다.

두 개 이상의 원소들의 화학적인 결합을 **화합물**(compound)이라고 한다(그림 1–1). 화합물은 물리적인 방법이 아닌 화학적인 방법으로 분리될 수 있다. 화합물의 예로 수소와 산소로 구성된 물, 나트륨과 염소로 구성된 소금이 있다. 화합물의 속성을 그대로 유지하는 가장 작은 최소 단위를 **분자**(molecule)라고 한다. 분자는 두 개 이상 원자의 화학적 결합이다. **원자**(atom)는 원소의 특성을 유지하는 원소의 가장 작은 입자이다. 원소와 화합물의 물리적 결합을 **혼합물**(mixture)이라고 한다. 혼합물의 예로 산소, 질소, 이산화탄소 및 기타 기체로 구성된 공기 그리고 소금과 물로 구성된 소금물이 있다.

1-1 질문

1. 물질은 어떤 형태로 존재하는가?
2. 화학적인 방법으로 더 이상 쪼갤 수 없는 최소의 물질을 무엇이라고 하는가?
3. 화합물의 특성을 유지하는 가장 작은 입자는 무엇인가?
4. 원소의 특성을 유지하는 가장 작은 입자는 무엇인가?
5. 원소와 화합물이 물리적으로 결합된 것을 무엇이라 하는가?

1-2 원자의 구성

앞에서 언급했듯이, 원자는 원소의 가장 작은 입자이다. 다른 원소의 원자는 서로 다르다. 만약 100개 이상의 원소가 있다면, 100개 이상의 다른 원자가 존재하게 된다.

모든 원자는 **원자핵**(nucleus)을 가지고 있다. 원자핵은 원자의 중심에 있으며, 이러한 원자핵은 **양극**(+)으로 대전된 입자인 양성자와 전하가 없는 중성자를 가지고 있다. **음극**(−)으로 대전된 입자인 전자들은 원자핵 주위를 궤도를 그리며 돌고 있다(그림 1–2).

원자의 원자핵에 있는 양성자의 수는 원소의 **원자 번호**(atomic number)라고 부른다.

각 원소는 또한 **원자량**(atomic weight)을 가진다. 원자량은 원자의 질량이거나 원자핵 안에 있는 양성자와 중성자의 전체 수로 결정된다. 전자는 원자의 총질량에 영향을 미치지 않는다(전자의 질량은 양성자 질량의 1/1845에 해

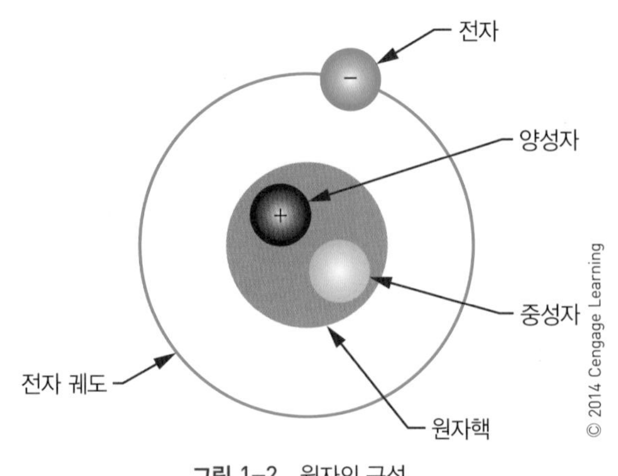

그림 1–2 원자의 구성.

당하며 중요하게 고려하지 않는다).

전자들은 원자핵을 중심으로 동심원의 궤도를 그린다. 각각의 궤도를 **각**(shell)이라고 한다. 이러한 궤도를 갖는 각은 첫 번째가 K 각, 그다음 L, M, N 순으로 순차적으로 채워진다(그림 1–3). 각각의 각이 수용할 수 있는 전자의 최대 수를 그림 1–4에 표시하였다.

최외각을 가전자각(valence shell)이라고 부르며, 가전가각에 포함되는 전자의 수를 **가전자**(valence) 또는 **원자가**라고 한다. 가전자각은 원자핵에서 가장 멀리 떨어져 있으며, 그 결과 원자핵으로부터 가전자에 미치는 인력은 작아진다. 따라서 만약 가전자각이 완전히 채워지지 않고 원자핵으로부터 멀리 떨어져 있으면 전자를 얻거나 잃을 가능성이 크다. 원자의 전도율은 가전자 대역에 따라 달라진다. 가전자각 내에 전자의 수가 많으면 많을수록 전도율은 감소하게 된다. 예를 들어, 가전자각에 7개의 전자를 가지고 있는 원자는 가전자각에 있는 3개의 전자를 가지고 있는 원자보다 전도성이 작다.

가전자각 내의 전자들은 에너지를 얻을 수 있다. 이러한 가전자각에 있는 전자들이 외력으로부터 충분한 에너지를 얻으면, 전자들은 원자를 떠나 자유 전자가 되며 그 결과 원자와 원자 사이를 자유로이 이동하게 된다. 많은 자유 전자를 가진 물질을 **도체**(conductor)라고 한다. 그림 1–5는 도체로 사용되는 여러 가지 다양한 금속의 전도율을 보여준다. 그림에서 보듯이 은, 구리, 금이 한 개의 가전자를 갖는다(그림 1–6). 이러한 원자 중에 은 원자의 경우에는 자유 전자가 느슨하게 결합되어 있어서 최고의 도체가 된다.

절연체(insulator)는 도체의 반대 성질을 보이며 전류의 흐름을 방해한다. 절연체는 다른 원자로부터 자신의 가전자각을 채울 때까지 원자가 전자들을 흡수함으로써 안정

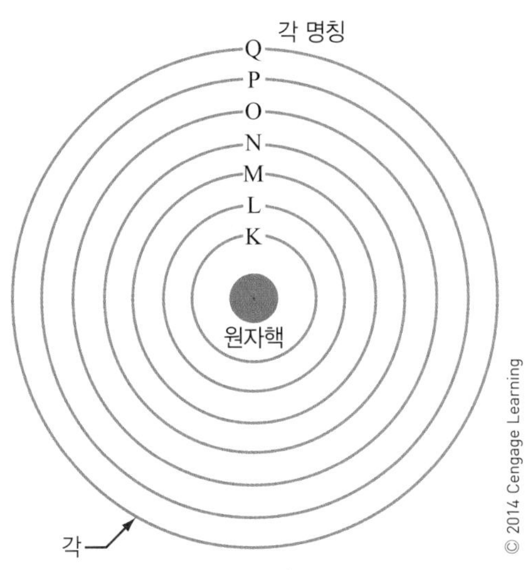

그림 1–3 전자는 원자핵 주위의 각에 위치한다.

각	전자의 총 개수
K	2
L	8
M	18
N	32
O	18
P	12
Q	2

그림 1–4 각각의 각이 수용할 수 있는 전자의 수를 보여준다.

물질	전도율
은	높음
구리	↓
금	
알루미늄	
텅스텐	
철	
니크롬	낮음

그림 1–5 도체로 사용되는 다양한 금속의 전도율을 보여준다.

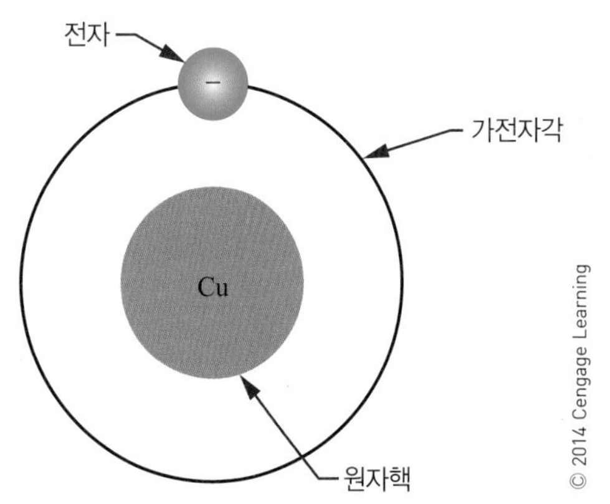

그림 1–6 구리는 1개의 가전자를 갖는다.

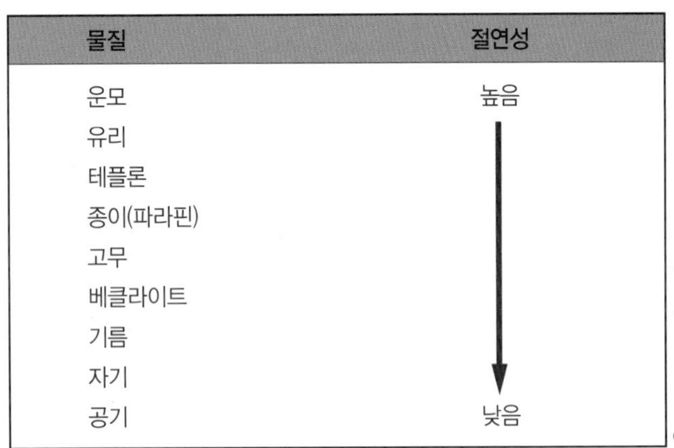

물질	절연성
운모	높음
유리	
테플론	
종이(파라핀)	
고무	
베클라이트	
기름	
자기	
공기	낮음

그림 1-7 절연체로 사용되는 다양한 물질의 절연성 비교.

해지며, 따라서 자유 전자들은 제거된다. 그림 1-7에 절연체로 분류된 물질을 비교해 나타내었다. 운모는 가전자각에 가장 적은 자유 전자들을 가지고 있기 때문에 최고의 절연체가 된다. 완벽한 절연체는 가득 차 있는 가전자각을 갖는 원자이다. 이것은 전자를 받아들일 수 없다는 것을 의미한다.

반도체(semiconductor)는 도체와 절연체의 중간 성질이다. 좋은 도체도 좋은 절연체도 아니지만 도체와 절연체의 기능을 발휘할 수 있어서 중요하다. 실리콘과 게르마늄은 중요한 반도체 재료이다.

전자와 양성자의 수가 동일한 원자는 전기적으로 안정된 원자로 간주된다. 안정된 상태의 원자가 하나 이상의 전자를 받으면 더 이상 안정된 상태가 아니다. 이런 원자는 음(−)전기를 띠게 되어 **음이온**(negative ion)이라 부른다. 또 안정된 원자가 하나 이상의 전자를 잃어버리면 이 원자는 양(+)전기를 띠게 되며, **양이온**(positive ion)이라고 한다. 전자를 얻거나 전자를 잃는 과정을 **이온화**(ionization)라고 한다. 이온화는 전류 흐름에 매우 중요하다.

1-2 질문

1. 양(+)전하를 띠며 질량이 큰 원자 입자는 무엇인가?
2. 전하를 전혀 띠지 않는 원자 입자는 무엇인가?
3. 음전하를 띠며 질량이 작은 원자 입자는 무엇인가?
4. 최외각의 전자 수를 결정하는 것은 무엇인가?
5. 전자들을 얻거나 잃는 것을 나타내는 용어는 무엇인가?

1-3 전류

전자에 적절한 외력이 가해지면, 전자의 움직임은 음극으로 대전된 원자로부터 양극으로 대전된 원자로 움직임이 발생한다. 이 전자의 흐름을 **전류**(current)라고 한다. 전류를 나타내는 기호는 "I"이다. 전류의 양은 임의의 주어진 지점을 통과하는 이동 전자들의 총합이다.

전자는 전하량이 매우 작으며, 6.24×10^{18}개의 전자들이 모여 **1쿨롬**(coulomb, C)이 된다. 1쿨롬의 전기량이 1초에 단일 지점을 통과해서 이동할 때 **1암페어**(ampere, A)라고 한다. 전류의 측정 단위 암페어(A)는 전자기학의 창시자인 프랑스의 물리학자 앙페르(André Marie Ampère, 1775~1836)의 이름을 딴 것이다.

1-3 질문

1. 전기 회로에서 어떤 작용이 전류를 흐르게 하는가?
2. 1 A의 전류는 어떤 작용의 결과인가?
3. 전류를 나타내는 데 사용되는 기호는 무엇인가?
4. 단위 암페어를 나타내는 데 사용되는 기호는 무엇인가?
5. 전류를 측정하는 데 사용되는 단위는 무엇인가?

1-4 전압

도체의 한쪽 끝에 전자가 과잉(음전하)으로 있고 도체 반대편에 전자가 부족(양전하)할 때, 또 이러한 조건이 계속해서 지속된다면 도체의 두 양쪽 끝 사이에는 전류가 흐르게 된다. 도체의 한쪽 끝에 여분의 전자와 다른 한쪽 끝에 전자의 결핍을 만들어내는 원천을 **전위**라고 말하며, 이는 전기적인 일을 수행하는 힘이 된다.

전기 회로에서 수행되는 실제 일은, 도체의 양쪽 끝에 나타나는 **전위차**의 결과이다. 회로에서 전자들이 이동하거나 흐르도록 하는 것이 전위차(그림 1-8)이며 **기전력**(electromotive force, emf) 또는 **전압**(voltage)이라고 한다. 전압은 회로에서 전자들을 이동하게 하는 힘이다. 전압은 전자들을 이동시키는 압력 혹은 펌프라고 생각하면

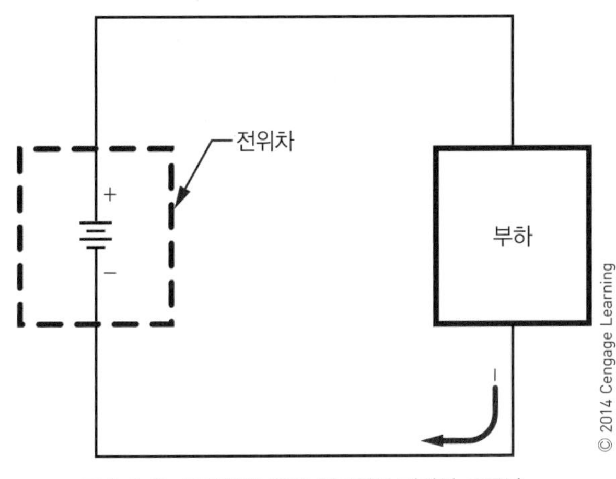

그림 1-8 전위차에 의해 회로에서 전자가 흐른다.

된다.

전기전자 공학에서 전압을 나타내는 기호는 E이다. 전압을 측정하는 단위는 볼트(volt, V)로, 전기를 발생하는 전지를 최초로 발명한 볼타(Count Alessandro Volta, 1745~1827)의 이름을 딴 것이다.

1-4 질문

1. 전기 회로에서 전자를 이동시키는 힘은 무엇인가?
2. 도체의 두 끝 사이의 전위를 나타내는 용어는 무엇인가?
3. 전압을 나타내는 기호는 무엇인가?
4. 단위 전압을 나타내는 기호는 무엇인가?
5. 전기를 발생하는 전지를 처음 발명한 사람은 누구인가?

1-5 저항

자유 전자가 회로를 통해 이동할 때 자유 전자는 전자를 쉽게 내주지 않는 원자들과 만나게 된다. 이러한 전자의 흐름(전류)을 방해하는 것을 **저항**(resistance)이라고 한다.

모든 물질은 전류의 흐름을 방해하는 저항 성분을 가지고 있다. 물질의 저항 정도는 물질의 크기, 모양 및 온도에 따라 달라진다.

저항이 낮은 물질을 **도체**(conductor)라고 한다. 도체는 많은 자유 전자를 가지며, 전류 흐름에 작은 저항을 보인다. 앞에서 언급했듯이 은, 구리, 금, 알루미늄은 좋은 도체의 예이다.

저항이 높은 물질을 **절연체**(insulator)라고 한다. 절연체는 자유 전자가 적으며 전류 흐름에 매우 큰 저항을 보인다. 앞에서 언급했듯이 유리, 고무, 플라스틱이 좋은 절연체의 예이다.

저항은 **옴**(ohm)이라는 단위로 측정되며, 독일의 물리학자이자 수학자인 옴(George Simon Ohm, 1787~1854)의 이름에서 유래하였다. 1827년에, 옴은 옴의 법칙으로 알려진 전류, 전압, 저항 간의 수학적 관계를 나타내는 논문을 발표하였다. 옴에 대한 기호는 그리스 문자 오메가(Ω)이다.

1-5 질문

1. 전류의 흐름을 방해하는 것을 나타내는 용어는 무엇인가?
2. 도체와 절연체 사이의 주요 차이점은 무엇인가?
3. 저항을 나타내는 문자는 무엇인가?
4. 저항의 단위를 나타내는 기호는 무엇인가?
5. 저항의 단위는 무엇인가?

요약

- 물질은 공간을 차지한다.
- 물질은 원소 또는 화합물이다.
- 원소는 물질을 이루는 기본 요소이다.
- 화합물은 두 개 이상의 원소가 화학적 결합을 한 것이다.
- 분자는 화합물의 성질을 유지하는 화합물의 가장 작은 단위이다.
- 원자는 원소의 특성을 유지하는 물질의 가장 작은 단위이다.
- 원자는 양성자와 중성자를 포함하는 원자핵을 가지고 있다. 또한 원자핵 주위의 궤도를 돌고 있는 하나 이상의 전자도 가지고 있다.
- 양성자는 양전하를, 전자는 음전하를 가지고 있다. 그리고 중성자는 전하가 없다.

- 원소의 원자 번호는 원자핵에 있는 양성자의 수이다.
- 원자의 원자 무게는 양성자와 중성자의 합이다.
- 전자의 궤도를 각이라고 한다.
- 원자의 최외각을 가전자각이라고 한다.
- 가전자각에 있는 전자들의 수를 가전자 또는 원자가라고 한다.
- 동일한 수의 전자와 양성자를 가진 원자는 전기적으로 평형을 이룬다.
- 전자를 얻거나 잃어버리는 과정을 이온화라고 한다.
- 전자의 흐름을 전류라고 한다.
- 전류는 기호 I로 나타낸다.
- 전자 6,240,000,000,000,000,000(즉, 6.24×10^{18})개의 전하량을 1쿨롬이라고 한다.
- 1암페어의 전류는 1초에 임의의 주어진 지점을 1쿨롬의 전기량이 이동하는 척도이다.
- 암페어는 기호 A로 나타낸다.
- 전류의 측정 단위는 암페어이다.
- 한쪽 끝에는 전자 과잉, 다른 쪽 끝에는 전자 부족 상태에 있을 때, 도체를 통해 전류가 흐르게 된다.
- 과잉 전자를 공급하는 원천을 전위 또는 기전력(emf)이라고 한다.
- 전위 또는 기전력을 전압이라고 한다.
- 전압은 회로에서 전자들을 이동하게 하는 힘이다.
- 기호 E는 전압을 나타내는 데 사용된다.
- 1볼트(V)는 전압을 측정하는 단위이다.
- 저항은 전류의 흐름을 방해한다.
- 저항은 기호 R로 표시한다.
- 모든 물질들은 전류의 흐름을 방해하는 저항을 가지고 있다.
- 물질의 저항은 물질의 크기, 모양, 온도에 따라 달라진다.
- 도체는 저항이 낮은 재료이다.
- 절연체는 저항이 높은 재료이다.
- 저항의 측정 단위는 옴이다.
- 그리스 문자 오메가(Ω)는 옴을 나타내는 데 사용된다.

연습 문제

1. 원소, 원자, 분자, 화합물의 차이점은 무엇인가?
2. 어떤 원자가 좋은 도체인지 아닌지를 결정하는 기준은 무엇인가?
3. 어떤 물질이 도체, 반도체 또는 절연체인지를 결정하는 요소는 무엇인가?
4. 왜 도체, 반도체, 절연체의 관계를 이해하는 것이 필수적인가?
5. 1암페어로 정의되려면, 한 지점을 통과해 이동하는 전자들이 얼마나 많이 필요한가?
6. 회로에서 실제 일을 수행하는 것은 무엇인가?
7. 회로에서 저항이 하는 역할은 무엇인가?
8. 전류, 전압, 저항을 비교하는 도표를 만들고, 각각의 기호 및 단위를 기록하여라.
9. 전류, 전압, 저항의 차이를 설명하여라.
10. 물질의 저항은 무엇으로 결정하는지 설명하여라.

전류
Current

학습 목표

이 장을 학습하면 다음을 할 수 있다.

- 정전하의 두 가지 법칙을 설명할 수 있다.
- 쿨롬을 설명할 수 있다.
- 전류 흐름을 측정하는 데 사용하는 단위를 설명할 수 있다.
- 암페어, 쿨롬 및 시간과 관계된 공식을 설명할 수 있다.
- 회로에서 전류의 흐름을 설명할 수 있다.
- 도체에서 전자가 이동하는 방법을 설명할 수 있다.
- 과학적 표기법을 정의하고 사용할 수 있다.
- 10의 거듭제곱에 사용되는 접두어를 설명할 수 있다.

원자는 원소의 가장 작은 입자로 정의하고 있다. 이러한 원자는 전자, 양성자, 중성자로 이루어져 있다.

원자를 이탈하여 도체를 통해 흐르는 전자는 전류를 생성한다.

이 장에서는 어떻게 원자를 이탈한 전자들이 전류의 흐름을 만들어내며, 전압원에는 어떤 종류가 있고 전지는 어떻게 접속되는지를 살펴본다.

2-1 전하

두 개의 전자나 두 개의 양성자는 같은 전하를 띤다. 같은 전하들은 서로 멀어지려고 한다. 이러한 운동을 **반발**(repelling)이라고 한다. '같은 전하끼리는 서로 반발한다.' 이것이 정전하에 관한 첫 번째 법칙이다(그림 2–1). 정전하에 관한 두 번째 법칙은 '서로 다른 전하들끼리는 끌어

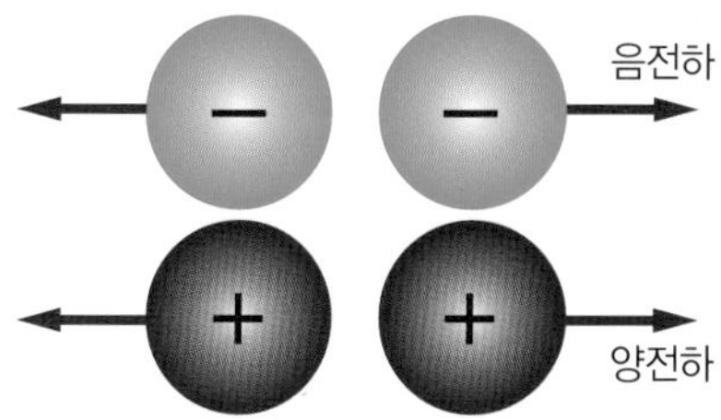

같은 전하들은 서로 반발한다.

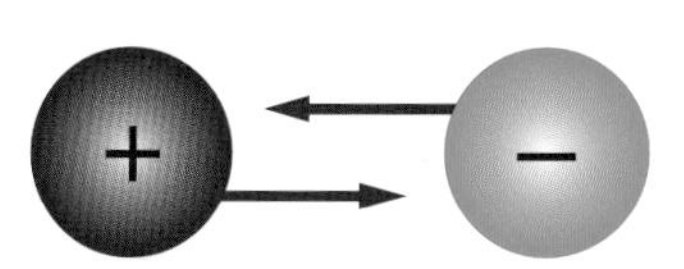
서로 다른 전하들은 끌어당긴다.

그림 2–1 정전하의 기본 법칙.

당긴다.'라는 것이다.

음(−)전하를 띤 전자는 원자의 원자핵 안에 있는 양(+) 전하를 띤 양성자를 향해 끌려간다. 이러한 인력은 원자핵 주위를 돌고 있는 전자들로 야기된 원심력에 의해 균형을 이룬다. 이러한 결과로 궤도에 있는 전자들은 원자핵으로 끌려가지 않게 된다.

두 개의 전하 사이에 작용하는 인력이나 반발력의 크기는 두 전하의 전하량과, 전하와 전하 사이의 거리로 결정된다.

한 개의 전자는 실제로 사용하기에는 너무 작은 전하이다. 전하를 측정하는 단위는, 프랑스의 물리학자 쿨롱(Charles Coulomb)의 이름을 따서 쿨롬(coulomb, C)이다.

6,240,000,000,000,000,000개의 전자들(6.24×10^{18})을 실어 나르는 전하(Q)를 1쿨롬(C)으로 나타낸다.

$$1\ \text{C} = 6.24 \times 10^{18}\text{전자}$$

전하는 전자의 이동으로 만들어진다. 한 지점에 전자 과잉, 또 다른 지점에는 전자 부족 상태일 때, 두 지점 사이에는 전위차가 발생한다. 두 전하 사이에 발생하는 전위차로 인해 도체를 따라 전자들이 흐른다. 이러한 전자의 흐름을 전류라고 한다.

2-1 질문

1. 정전하의 두 가지 법칙은 무엇인가?
2. 전하는 무엇으로 나타내는가?
3. 용어 쿨롬을 정의하여라.
4. 3쿨롬(C)은 얼마나 많은 전자가 존재하는 것인가?
5. 전자의 흐름을 무엇이라 하는가?

2-2 전류의 흐름

전류는 음전하 영역에서 양전하 영역으로 이동하는 전자의 흐름을 말한다. 그러나 전류의 방향은 양전하로부터 음전하로 흐르는 정공(hole)의 흐름과 같은 방향으로 정한다. 전류의 흐름에 대한 측정 단위는 암페어(A)이다. 도체 내에 흐르는 전류 1암페어는 1쿨롬의 전하가 1초에 한 지점을 통과해 이동하는 양으로 나타낸다. 암페어와 쿨롬, 초 사이의 관계는 다음과 같이 표현할 수 있다.

$$I = \frac{Q}{t}$$

여기서, I = 전류(A)

Q = 전하량(C)

t = 시간(s)

예제 **전기 회로의 한 지점을 9 C의 전하가 3초에 통과한다면, 전류는 몇 암페어가 되는가?**

제시 값	풀이
$I = ?$	$I = \frac{Q}{t}$
$Q = 9\ \text{C}$	$I = \frac{9}{3}$
$t = 3\ \text{s}$	$I = 3\ \text{A}$

예제 **5 A가 흐르는 회로가 있다. 어떤 지점을 1 C이 통과할 때 걸리는 시간은 얼마인가?**

제시 값	풀이
$I = 5\ \text{A}$	$I = \frac{Q}{t}$
$Q = 1\ \text{C}$	$5 = \frac{1}{t}$
$t = ?$	$\frac{5}{1} \times \frac{1}{t}$ (교차로 곱한다)
	$(1)(1) = (5)(t)$
	$1 = 5t$
	$\frac{1}{5} = \frac{5t}{5}$ (양쪽 모두 5로 나눈다)
	$\frac{1}{5} = t$
	$0.2\ \text{s} = t$

음전하를 가지고 있는 전자들은 전기 회로에서 전하를 운반하는 매개체이다. 그런 이유로, 전류는 음전하(전자)의 흐름이다. 한때는, 전류의 방향은 물이 높은 곳에서 낮은 곳으로 흐르듯이 전위가 높은 곳에서 전위가 낮은 곳으로 흐른다고 생각하였다. 하나의 원자로부터 전자의 이동은 외견상 양전하를 만들어낸다는 것이 밝혀졌다. 이렇게 만들어진 양전하를 **정공**(hole)이라 부르며 전자와 반대 방향으로 움직이게 된다(그림 2-2, 2-3). 전자의 이동 방향

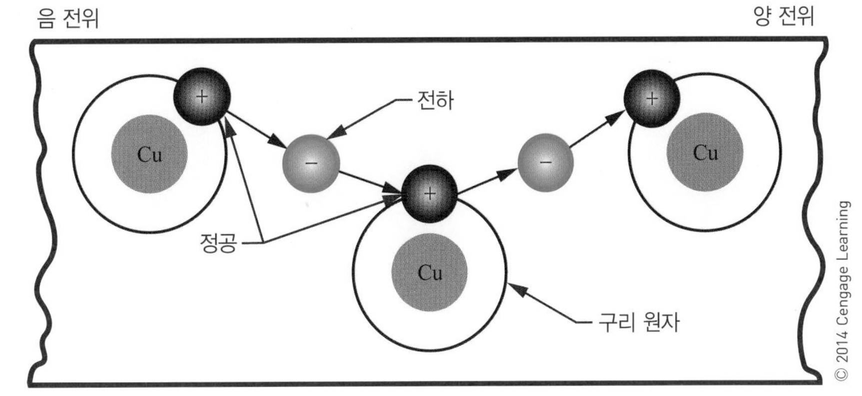

그림 2-2 한 원자에서 다른 원자로 전자가 이동해가면 원자는 정공이라 불리는 양전하 모양을 나타낸다.

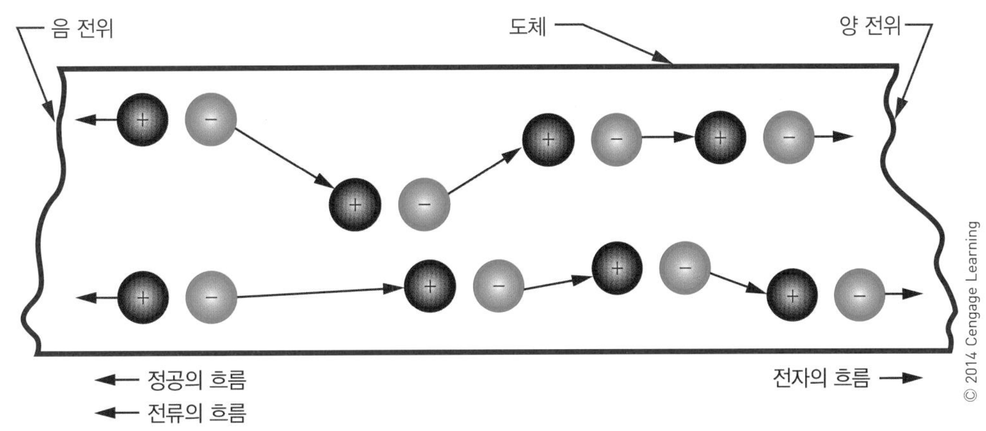

그림 2-3 전자는 정공이 이동하는 반대 방향으로 흐른다.

과 전류의 이동 방향은 정반대인 것이다.

전자가 도체의 한쪽 끝에 추가되면 다른 쪽 끝에서 전자를 받아들이며, 전류는 도체를 통해 흐르게 된다. 자유 전자들은 도체를 통해 천천히 이동하면서 다른 원자들과 충돌하며 다른 전자들과 부딪히게 된다. 이 새로운 자유 전자들은 도체의 양전하를 향해 다른 원자들과 충돌하면서 이동하게 된다. 같은 전하들끼리는 반발하기 때문에 전자는 도체의 음극에서 양극으로 이끌려 간다. 즉, 전자의 결핍을 나타내는 도체의 양극은 서로 다른 전하들끼리는 인력이 작용하므로 자유 전자들을 끌어당긴다.

전자의 흐름은 느리지만(0.3 cm/s 정도), 각각의 전자는 빛의 속도(300,000 km/s)로 느슨하게 결합된 다른 전자들과 부딪히면서 원자들 사이를 이동한다. 예를 들어, 탁구공으로 가득 찬, 길고 속이 빈 튜브를 생각해보자(그

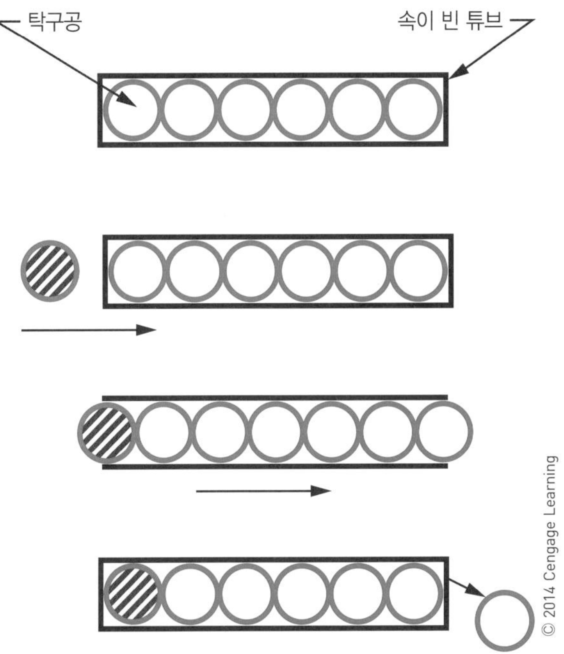

그림 2-4 도체 안의 전자는 속이 빈 튜브 안의 탁구공과 같이 행동한다.

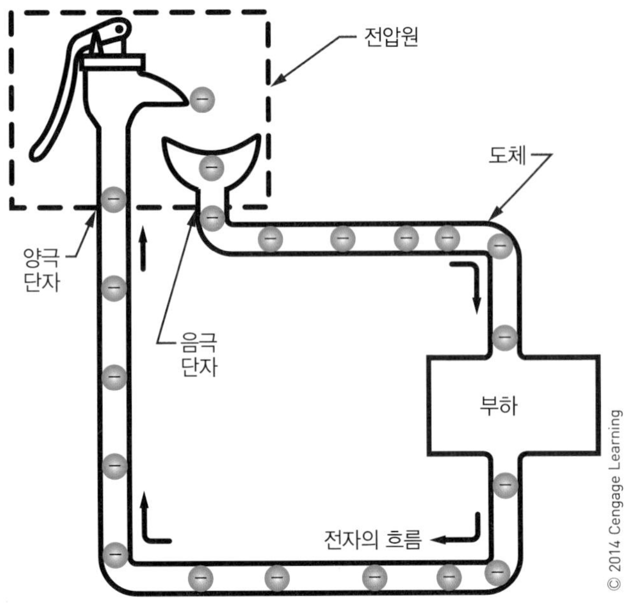

그림 2-5 전압원은 부하에 전자를 공급하고 과잉 전자를 재순환하는 펌프로 생각할 수 있다.

림 2-4). 공을 튜브의 한쪽 끝에 추가해서 넣으면 공은 튜브의 다른 쪽 끝 밖으로 강제적으로 밀려 나간다. 각각의 공이 튜브 밖으로 통과하는 데는 시간이 걸리지만, 공이 갖는 실질적인 속도는 훨씬 더 빠르다.

도체의 한쪽 끝(음극)에서 전자를 공급하고, 도체의 다른 쪽 끝(양극)에서 전자를 제거하는 장치를 **전압원**(voltage source)이라고 부른다. 그것은 펌프의 일종으로 생각할 수 있다(그림 2-5).

2-2 질문

1. 전류란 무엇인가?
2. 전류를 측정하기 위한 단위는 무엇인가?
3. 전류, 쿨롬, 시간의 관계를 설명하여라.
4. 15 C의 전하가 회로의 한 지점을 5초에 통과했다면 전류는 얼마인가?
5. 회로의 한 지점을 통과하는 데 3 A의 전류가 흘렀다면, 통과하는 데 걸리는 시간은 얼마인가?
6. 도체를 통하여 전자를 한 방향으로만 이동하게 하는 것은 무엇인가?

2-3 과학적 표기법

전기전자공학에서는 매우 크거나 매우 작은 숫자를 접하는 일이 자주 있다. 과학적 표기법은 한 자리 숫자에 10의 거듭제곱을 사용하여 크고 작은 숫자를 나타내는 방법이다. 예를 들어 300은 과학적 표기법으로 3×10^2이 된다.

지수는 소수점의 오른쪽이나 왼쪽에 위치하는 소수를 나타낸다. 거듭제곱이 양수이면, 소수점은 오른쪽으로 이동한다. 예를 들면

$$3 \times 10^3 = 3.0 \times 10^3 = 3.000 = 3000$$

3자리

거듭제곱이 음수이면 소수점은 왼쪽으로 이동한다. 예를 들면

$$3 \times 10^{-6} = 3.0 \times 10^{-6} = 0.000003. = 0.000003$$

6자리

그림 2-6은 일반적으로 사용하는 10의 거듭제곱을 보여주며, 관계된 접두어와 기호를 함께 나타내었다. 예를 들어 1암페어(A)는 전기 회로에서 흔히 보는 큰 전류 단위이지만 소전력 전자 회로에서는 흔히 찾아보기가 힘든 양이다. 전자 회로에서 더 자주 사용되는 전류 단위는 **밀리암페어**(mA)와 **마이크로암페어**(μA)이다. 밀리암페어는 1000분의 일(1/1000), 즉 0.001 A와 같다. 다르게 말하면, 1000밀리암페어는 1암페어와 같다는 의미이다. 1마이크로암페어는, 1암페어의 100만분의 1(1/1000000), 즉 0.000001 A이다. 이것은 1000000마이크로암페어가 1암

접두어	기호	값	십진값
테트라(Tetra)	T	10^{12}	1,000,000,000,000
기가(Giga)	G	10^9	1,000,000,000
메가(Mega)	M	10^6	1,000,000
킬로(Kilo)	k	10^3	1,000
밀리(Milli)	m	10^{-3}	0.001
마이크로(Micro)	μ	10^{-6}	0.000001
나노(Nano)	n	10^{-9}	0.000000001
피코(Pico)	p	10^{-12}	0.000000000001

그림 2-6 전자 공학에서 일반적으로 사용되는 접두어.

페어와 같다는 것이다.

예제 2 A는 몇 mA인가?

풀이

$$\frac{1000\ \text{mA}}{1\ \text{A}} = \frac{\text{X mA}}{2\ \text{A}}\ (1000\ \text{mA} = 1\ \text{A})$$

$$\frac{1000}{1} = \frac{X}{2}$$

$$(1)(X) = (1000)(2)$$

$$X = 2000\ \text{mA}$$

예제 50 μA는 몇 암페어인가?

풀이

$$\frac{1{,}000{,}000\ \mu\text{A}}{1\ \text{A}} = \frac{50\ \mu\text{A}}{\text{X A}}$$

$$\frac{1{,}000{,}000}{(1)} = \frac{50}{X}$$

$$(1)(50) = (1{,}000{,}000)(X)$$

$$\frac{50}{1{,}000{,}000} = X$$

$$0.00005 = X$$

$$0.00005\ \text{A} = X$$

2-3 질문

1. 과학적 표기법이란 무엇인가?
2. 과학적 표기법에서
   a. 양의 지수는 무엇을 의미하는가?
   b. 음의 지수는 무엇을 의미하는가?
3. 다음 숫자를 과학적 표기법으로 변환하여라.
   a. 500 b. 3768
   c. 0.0056 d. 0.105
   e. 356.78
4. 다음 접두사를 정의하여라.
   a. 밀리(Milli)
   b. 마이크로(Micro)
5. 다음을 변환하여라.
   a. 1.5 A = ____________ mA
   b. 1.5 A = ____________ μA
   c. 150 mA = ____________ A
   d. 750 μA = ____________ A

요약

- 정전하 법칙: 같은 전하끼리는 반발하고, 다른 전하끼리는 끌어당긴다.
- 전하량(Q)은 쿨롬(C)으로 측정된다.
- 1쿨롬은 6.24×10^{18}개의 전자와 같다.
- 전류는 음전하 영역으로부터 양전하 영역으로 느리게 이끌려 이동(드리프트)하는 전자들의 흐름이다.
- 전류의 흐름은 암페어로 측정된다.
- 1암페어(A)는 한 지점을 전기량 1쿨롬이 1초에 통과해서 이동하는 전류의 양이다.
- 전류, 전기량, 시간의 관계는 다음 공식으로 표현된다.

$$I = \frac{Q}{t}$$

- 전자(음전하)는 전기 회로에서 전하를 운반한다.
- 정공은 전자와는 반대 방향으로 이동한다.
- 회로에서 전류의 흐름은 양극에서 음극으로 흐른다.
- 전자는 도체를 통해서 매우 느리게 이동하지만, 각각의 전자는 빛의 속도로 이동한다.
- 과학적 표기법은 1에서 9까지의 수에 10의 거듭제곱을 사용하여 아주 크거나 작은 수를 표현한다.
- 10의 거듭제곱이 양수이면 소수점이 오른쪽으로 이동한다.
- 10의 거듭제곱이 음수이면 소수점이 왼쪽으로 이동한다.
- 접두어 밀리(milli)는 1000분의 1을 의미한다.
- 접두어 마이크로(micro)는 100만분의 1을 의미한다.

연습 문제

1. 전기 회로에서 한 지점을 7 C의 전하가 통과하는 데 5초가 소요되었다면, 이 회로의 전류는 얼마인가?
2. 회로에서 전자가 그 회로의 전위에 의해 어떻게 흐르는가?
3. 다음을 과학적 표기법으로 나타내어라.
   a. 235
   b. 0.002376
   c. 56323.786
4. 다음 접두어는 무엇을 나타내는가?
   a. 밀리(Milli)
   b. 마이크로(Micro)
5. 다음을 변환하여라.
   a. 305 mA = ____________ A
   b. 6 μA = ____________ mA
   c. 17 V = ____________ mV
   d. 0.023 mV = ____________ μV
   e. 0.013 kΩ = ____________ Ω
   f. 170 MΩ = ____________ Ω

3장

전압
Voltage

학습 목표

이 장을 학습하면 다음을 할 수 있다.

- 가장 일반적인 여섯 가지 전압원을 설명할 수 있다.
- 전기를 발생하는 여섯 가지 다양한 방법을 설명할 수 있다.
- 전지(cell) 및 배터리를 설명할 수 있다.
- 1차 전지와 2차 전지의 차이를 설명할 수 있다.
- 전지와 배터리 등급을 설명할 수 있다.
- 전지와 배터리를 연결해서 전류, 전압 혹은 둘 다의 출력을 증가시키는 방법을 설명할 수 있다.
- 전압상승 및 전압강하를 설명할 수 있다.
- 전기 회로와 관련된 접지의 두 가지 형태를 설명할 수 있다.

한 조각의 구리 선에서 전자는 일정한 방향이 없이 임의의 방향으로 운동을 한다. 전류의 흐름을 만들어내기 위하여 전자들은 모두 같은 방향으로 이동해야만 한다.

전자들이 하나의 주어진 방향으로 움직임을 만들어내는 에너지는 구리 선 안에 있는 전자들에게 전달된다. 이러한 에너지는 구리 선에 연결된 전원으로부터 나온다.

전자들을 공통적인 한 방향으로 이동시키는 힘을 전위차 또는 전압이라고 한다. 이 장에서는 어떻게 전압이 만들어지는지를 검토한다.

3-1 전압원

원자 주위의 궤도를 돌고 있는 전자가 외력을 받으면 전류가 발생한다. 원자로부터 전자들을 이탈시키는 어떠한 형태의 힘이라도 전류를 발생시키는 데 사용할 수 있다. 즉, 에너지가 새로 만들어지는 것이 아니라 오히려 한 형태에서 다른 형태로 변환된다는 것이다. 전압을 공급하는 전압원은 전기 에너지의 단순한 전압원이 아니다. 전압원은 다른 형태의 에너지를 전기 에너지로 변환하는 수단이다. 가장 많이 알려진 여섯 가지 일반적인 전압원은 마찰, 자기, 화학작용, 빛, 열, 압력이다.

마찰은 전기를 발생시키는 것으로 제일 오래전부터 알려진 방법이다. 유리 막대에 모피나 비단 조각으로 문지르면 대전될 수 있다. 이것은 건조한 실내에서 카펫 위를 발로 끌면 전하가 발생하는 것과 유사하다. **밴더그래프 발전기**(Van de Graaf generator)는 유리 막대와 같은 원리를 이용하여 작동하며, 수백만 볼트의 전압을 만들어내는 장

그림 3–1 밴더그래프 발전기는 수백만 볼트의 전압을 발생시킬 수 있다.

그림 3–2 자계를 이용하여 전기를 발생하는 발전기.

치이다(그림 3–1).

자기(magnetism)는 오늘날 전기 에너지를 발생시키는 가장 일반적인 방법이다. 도선을 자계가 존재하는 공간에서 이동시키면, 자계와 도체 사이에 운동이 유지되는 동안에 전압이 발생한다. 이 원리를 토대로 만든 장치를 발전기라고 한다(그림 3–2). 발전기는 어떻게 도선을 감느냐에 따라 직류 또는 교류 중 하나로 발생시킬 수 있다. 전자들이 한 방향으로만 흘러가면, 그때의 전류를 **직류**(direct current, DC)라고 부른다.

전자들이 한 방향에서 또 다른 반대 방향으로 흘러갈

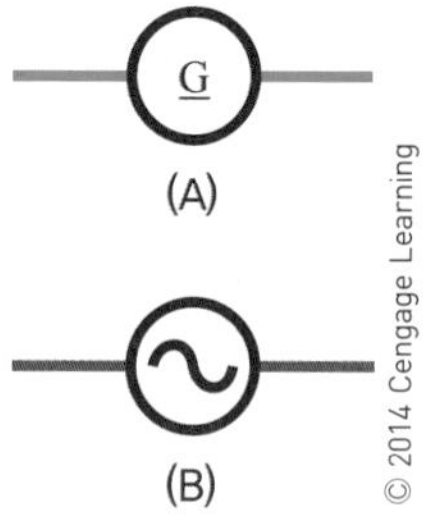

그림 3–3 발전기의 기호. (A) 직류 발전기 (B) 교류 발전기.

때의 전류를 **교류**(alternating current, AC)라고 한다. 발전기는 원자력이나 석탄으로 일으킨 증기나 물, 바람, 또는 가솔린이나 디젤 엔진 등으로 구동할 수 있다. 직류 및 교류 발전기에 대한 기호를 그림 3–3에 표시하였다. 오늘날 전기 에너지를 발생시키는 두 번째 가장 일반적인 방법은 화학 **전지**(cell)를 사용하는 것이다. 전지(셀)는 소금이나 산성 또는 알칼리 용액 안에 성질이 다른 두 금속인 구리와 아연을 담근 형태로 되어 있다. 구리와 아연과 같은 금속들은 전극이다. 전극은 전해질(소금, 산성 또는 알칼리 용액)과 회로의 접촉으로 형성된다. 전해질은 양전하를 떠나는 구리 전극으로부터 자유 전자들을 끌어당긴다. 아연 전극은 전해질에 있는 자유 전자들을 끌어당겨서 음전하를 얻게 된다. 이러한 전지들은 배터리 모양으로 연결할 수 있다. 그림 3–4는 전지와 배터리에 대한 기호를 보여준다. 그림 3–5는 현재 사용하고 있는 여러 종류의 전지와 배터리이다.

태양 전지(solar cell) 내의 감광 물질(빛에 민감한 물질)에 빛이 충돌함으로써, 빛 에너지가 전기 에너지로 직접 변환될 수 있다(그림 3–6). 태양 전지는 금속 접점들 사이에 탑재된 감광 재료들로 이루어져 있다. 감광 재료의 표면이 빛에 노출되면, 감광 재료의 표면 원자 주위의 전자 궤도로부터 전자들이 이탈한다. 이러한 현상은 빛이 에너지를 갖기 때문에 발생한다. 단일 전지가 발생할 수 있는 전압은 작다. 그림 3–7은 태양 전지에 대한 기호를 보여준다. 사용 가능한 전압과 전류를 발생시키려면 여러 셀을 함께 연결해야만 한다. 태양 전지는 인공위성 및 카메라에 주로 사용된다. 높은 제조 비용으로 태양 전지는 일반적인

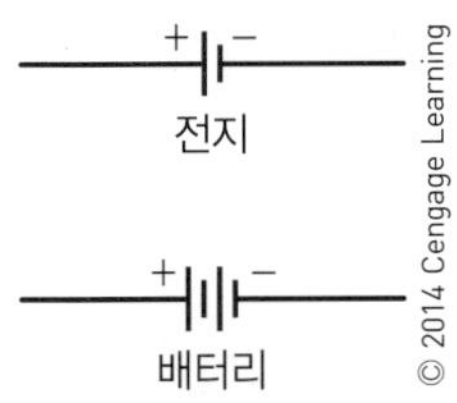

그림 3-4 전지와 배터리 기호. 배터리는 두 개 이상의 전지로 형성된다.

그림 3-5 현재 사용되고 있는 일반적인 화학 배터리와 전지.

그림 3-6 태양 전지는 햇빛을 직접 전기로 변환할 수 있다.

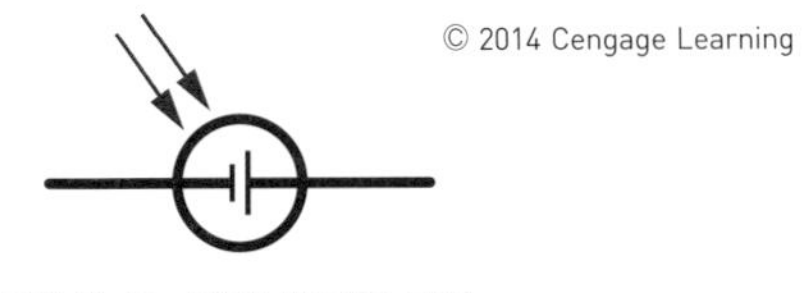

그림 3-7 태양 전지의 기호.

사용이 어려웠다. 그러나 최근 들어 태양 전지의 가격이 떨어지고 있는 추세이다.

열전대(thermocouple) 장치를 이용하면 열을 직접 전기로 변환할 수 있다(그림 3-8). 그림 3-9는 열전대에 대한 기호이다. 열전대는 서로 다른 두 금속 선을 함께 꼬아서 만든다. 한 선은 구리이고 다른 선은 아연 또는 철이

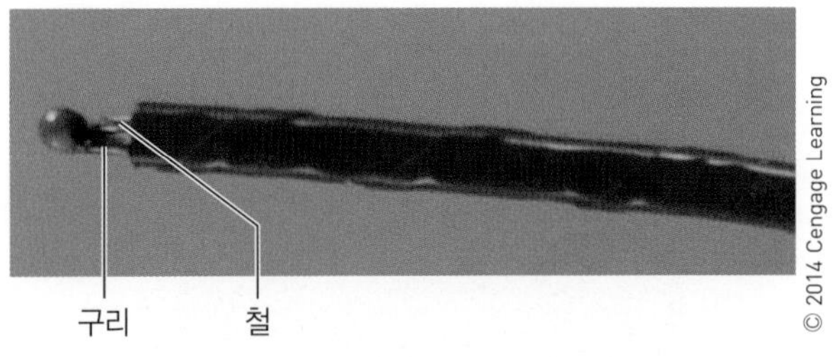

그림 3-8 열전대는 열 에너지를 전기 에너지로 직접 변환한다.

그림 3-9 열전대의 기호.

다. 꼬인 선 연결부에 열이 인가되면, 구리 선은 쉽게 자유 전자들을 방출하여 다른 선으로 전송된다. 그 결과 구리 선은 양전하를 나타내고 다른 선은 음전하를 발생시켜 작은 전압이 발생한다. 전압은 열의 양에 비례한다. 열전대를 응용한 것이 온도계이다. 파이로미터(pyrometer)라고도 불리는 고온계는, 고온의 용광로와 주물 공장에 종종 사용되는 장치로 열전대를 이용한 것이다.

석영이나 전기석, 로셸염, 바륨 티탄산염과 같은 결정 재료에 압력을 가하면 작은 전압이 발생한다. 이러한 현상을 **압전 효과**(piezoelectric effect)라고 한다. 초기에, 결정 재료 내부에 있는 양전하와 음전하들은 결정 재료의 작은 영역에 걸쳐 불규칙적으로 분포되어 있으며, 재료 전체적으로 전하는 측정할 수 없다. 그러나 압력을 가하면 재료의 한쪽에서는 전자들이 떠나게 되고 다른 한쪽에서는 축적된다. 전하는 압력이 유지되는 동안 발생한다. 결정 재료에서 압력을 제거하면, 재료 내의 양전하와 음전하를 동시에 갖고 있는 전기 쌍극자 전하들은 다시 불규칙적으로 배열되며, 그 결과 재료 내에 전하는 존재하지 않게 된다. 발생되는 전압은 작은 값이므로, 증폭해야 사용할 수 있다. 압전 효과를 이용한 것으로 크리스털 마이크, 축음기 픽업(크리스털 카트리지), 정밀 발진기 등이 있다(그림 3-10 및 3-11).

이러한 방법들로 전압을 발생시킬 수 있다는 것은 반대의 경우도 마찬가지로 가능하다는 것이고, 이를 주목해

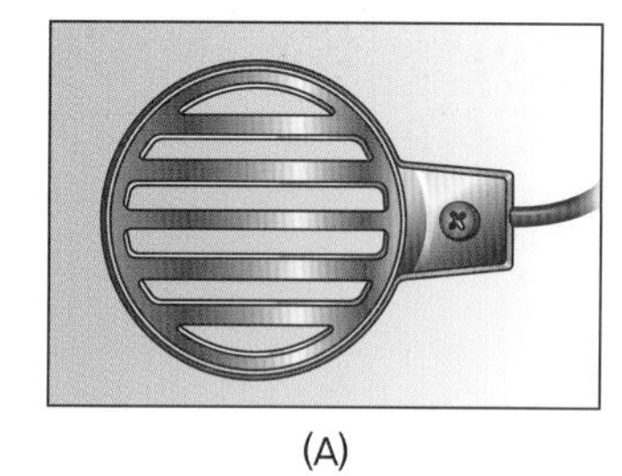

(A)

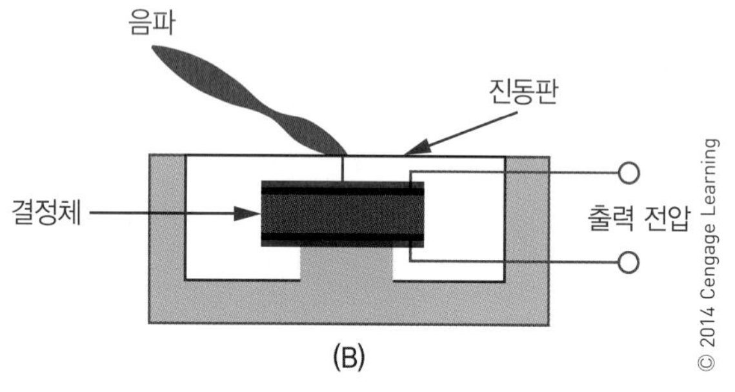

(B)

그림 3-10 크리스털 마이크와 구성 방법.

그림 3-11 압전 크리스털의 기호.

야 한다. 즉, 전압은 자기, 화학작용, 빛, 열, 압력을 발생시키는 데 사용할 수 있다. 자기는 모터, 스피커, 솔레노이드, 릴레이에서 분명하게 확인할 수 있다. 전기 분해 및 전기 도금을 통해 화학작용이 일어날 수 있다. 백열전구와 기타 광전 소자를 통해 빛을 발생시킬 수 있다. 열은 스토브, 다리미 그리고 납땜 인두 등의 발열체에서 발생된다. 그리고 전압은 결정체를 구부리거나 비트는 데에도 응용할 수 있다.

3-1 질문

1. 가장 많이 사용되는 여섯 가지 전압원은 무엇인가?
2. 전압을 발생시키기 위한 가장 일반적인 방법은 무엇인가?
3. 전압을 발생시키는 두 번째로 흔히 사용되는 방법은 무엇인가?
4. 전압을 발생시키기 위해 태양 전지를 더 많이 사용하지 않는 이유는 무엇인가?
5. 압전 효과에서 전류의 흐름을 결정하는 것은 무엇인가?
6. 전압이 자기, 화학작용, 빛, 열, 압력을 발생시키기 위해 인가되면 어떤 결과들이 나오는가?

3-2 전지와 배터리

앞에서 설명한 것과 같이, 하나의 전지(cell)는 전해질 용액에 의해 양(+)극과 음(−)극으로 분리된다. **배터리**(battery)는 두 개 이상의 전지의 조합이다. 이러한 전지는 기본적으로 두 가지 종류가 있다. 재충전할 수 없는 전지를 **1차 전지**(primary cell)라 하고, 재충전할 수 있는 전지를 **2차 전지**(secondary cell)라고 한다.

1차 전지는 **르클랑셰 전지**(Leclanche cell) 또는 **건전지**(dry cell)라고 부른다(그림 3−12). 이러한 형태의 전지는 실제로 건전지가 아니다. 전해질이라고 하는 촉촉한 반죽을 가지고 있다. 밀봉을 하여 전지가 위아래나 옆으로 흔들릴 때 전해액이 밖으로 새는 것을 방지한다. 건전지 내의 전해질은 염화 암모늄과 이산화 망간 용액이다. 전해액은 음극인 아연을 녹여서 아연 전극에 과잉 전자를 생기게 한다. 전해액 속의 암모늄 이온은 아연 이온에 의해 쫓겨나 탄소 막대에 모이고 탄소 막대에서 전자를 얻어 암모니아와 수소로 분해된다. 따라서 탄소 막대는 전자가 부족하여 양극이 된다. 탄소 막대 주위에서 발생한 수소는 그대로 두면 탄소 전극에 밀착되어 전지의 수명이 떨어진다.

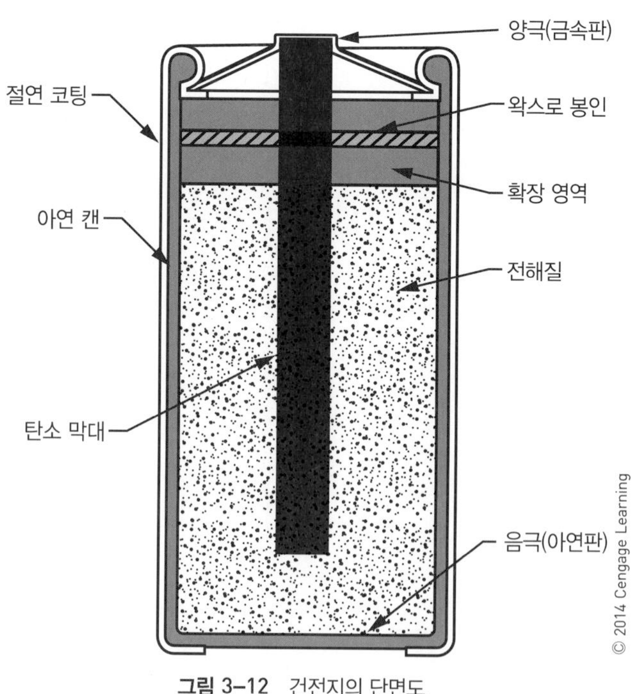

그림 3-12 건전지의 단면도.

그 때문에 이산화 망간의 산화 작용을 이용하여 수소를 물로 변화시켜버린다. 이런 작용이 일어나도록 사용하는 이산화 망간과 같은 물질을 **감극제**라고 한다.

이러한 형태의 전지는 1.75 V에서 1.8 V의 전압을 발생시킨다. 일반적인 르클랑셰 전지의 에너지 밀도는 약 260 Wh/kg이다. 전지를 사용할 때 화학 작용이 감소하면, 결국 전류가 중단되는 결과가 일어난다. 전지를 사용하지 않게 되면, 궁극적으로 전해액이 마르게 된다. 전지의 유효 기한은 약 2년이다. 이러한 형태의 전지는 출력 전압이 전해질 및 전극으로 사용되는 재료에 의해 전적으로 결정된다. AAA 전지, AA 전지, C 전지, D 전지(그림 3-13)는 모두 같은 재료로 만들며, 따라서 동일한 전압을

그림 3-13 일반적으로 사용되는 건전지의 예.

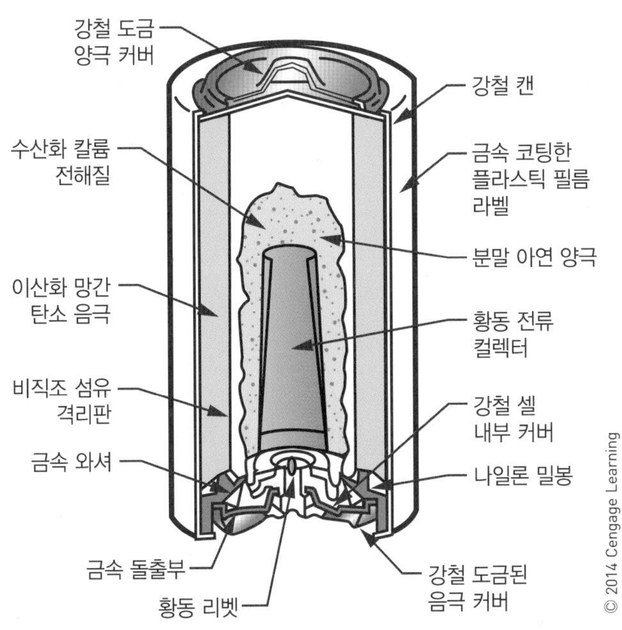

그림 3-14 알칼리 전지의 내외부 모습. 음극이 양극을 둘러싸고 있다.

발생한다. 르클랑셰 전지를 탄소-아연(또는 아연 탄소) 전지로 자주 언급하는데, 탄소가 전기를 발생하는 화학 반응의 어떤 부분도 관여하지 않는다는 점을 주목해야 한다.

알칼리 전지(alkaline cell)라는 이름은 부식성이 큰 수산화 칼륨(KOH)을 전해질로 사용하기 때문에 붙여졌다. 알칼리 전지의 겉모습은 탄소 아연 전지와 매우 비슷하다. 그러나 그 내부는 전혀 다르다(그림 3-14). 알칼리 전지의 정격 전압은 약 1.52 V이며 에너지 밀도는 약 99.2 Wh/kg이다. 알칼리 전지는 탄소 아연 전지보다 극한 온도에서 훨씬 더 잘 작동되며, 고전류에서 장시간 사용할 수 있다.

리튬 전지(lithium cell)는 상용화하기에 불안정한 리튬의 고유한 특성을 극복했다(그림 3-15). 리튬은 물과 반응이 매우 좋다. 리튬 전지의 구조는 리튬, 이산화 망간(MnO_2), 유기 용매(물을 사용할 수 없음) 안에 리튬과 과염소산염($LiClO_4$)을 사용한다. 리튬 전지의 출력 전압은 약 3 V, 에너지 밀도는 약 198 Wh/kg으로 효율이 매우 높다. 리튬 전지의 가장 큰 이점은 수명이 5~10년으로 매우 길다는 것이다.

2차 전지는, 역방향의 전압을 인가하여 재충전될 수 있는 전지이다. 자동차에 사용되는 납축전지는 2차 전지의 대표적인 예이다(그림 3-16). 이것은 2 V짜리 2차 전지 6개를 직렬로 연결해서 만든다. 각 전지는 과산화납(PbO_2)의 양극과 해면질 납(Pb)의 음극으로 되어 있다. 전극은 플라스틱이나 고무로 분리되며, 황산(H_2SO_4)의 전해질 용액과 증류수(H_2O)에 담겨 있다. 전지가 방전되면, 황산은 납 황산염과 결합되고 전해질은 물이 된다. 전지를 충전할 때는 전지가 발생하는 전압보다 더 큰 직류 전원을 인가해야 한다. 전류가 전지를 통해 흐르게 되면, 전류는 전극을 과산화 납 및 해면질 납으로 변화시키며 전해질을 다시 황산과 물로 변환시킨다. 이러한 셀(전지) 타입을 습전지(wet cell)라고 한다.

2차 전지의 또 다른 유형은 니켈-카드뮴 전지(nickel cadmium cell)이다(그림 3-17). 이 전지는 여러 번 재충전할 수 있고 전하를 장시간 저장 및 유지할 수 있다. 양

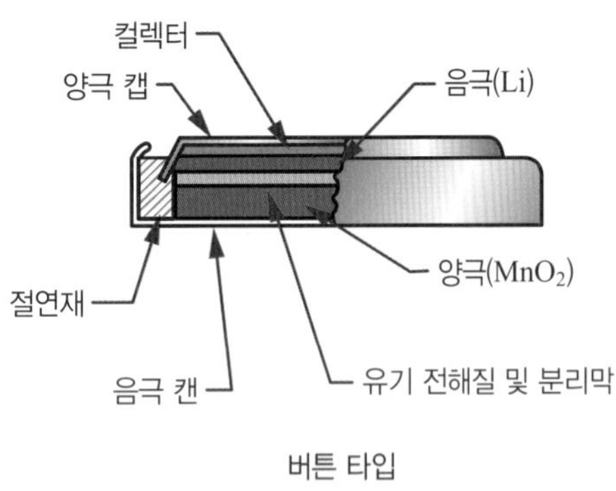

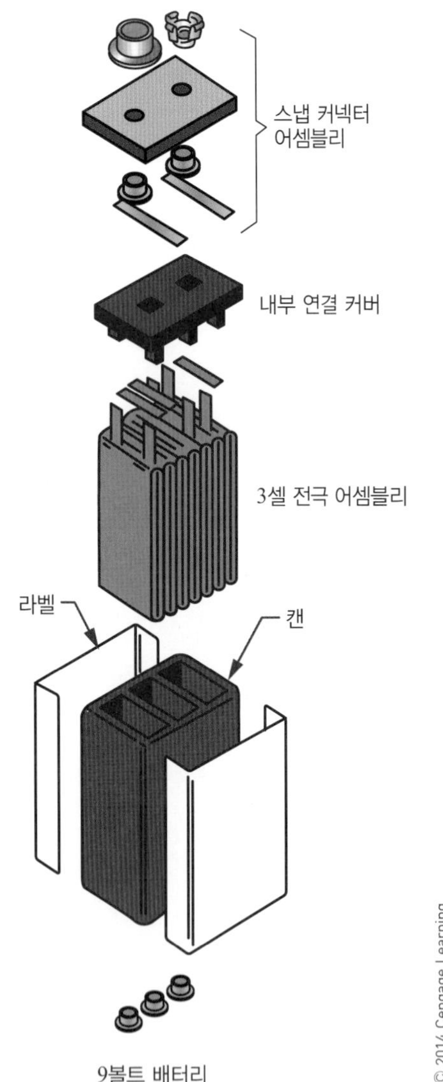

그림 3-15 리튬 전지는 에너지 밀도가 매우 높다.

극과 음극, 분리막, 전해질 그리고 포장재로 이루어져 있다. 전극은, 양극은 니켈 염 용액으로 코팅되고, 음극은 카드뮴염 용액으로 코팅된 니켈 선으로 된 망에 분말 형태

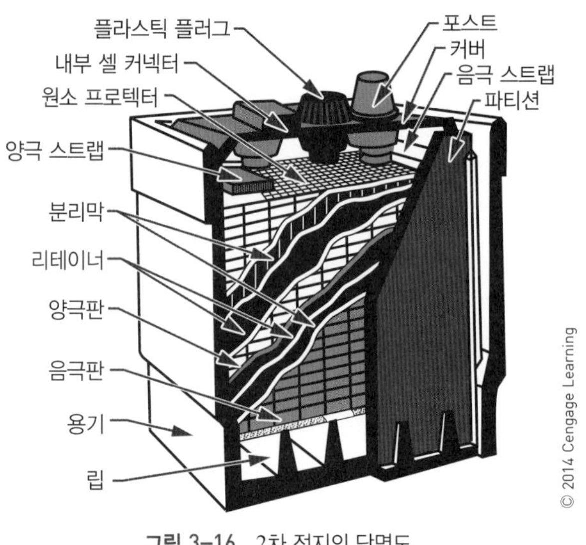

그림 3-16 2차 전지의 단면도.

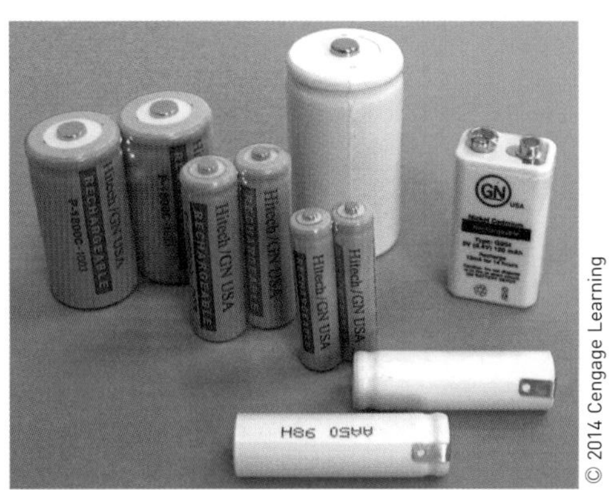

그림 3-17 2차 전지의 또 다른 유형인 니켈-카드뮴(Ni-Cd) 전지.

로 침전되어 구성된다. 분리막은 흡수성 절연 재료로 만들어진다. 전해질은 수산화칼륨이다. 금속 통은 외관을 포장하며 단단히 밀봉된다. 이런 형태의 전지의 전압은 1.2 V이다.

전력을 지속적으로 공급하는 배터리의 능력은 암페어시로 표시된다. 만약 100암페어시의 배터리가 있다면, 100암페어로 1시간($100 \times 1 = 100$ Ah), 10암페어로 10시간($10 \times 10 = 100$ Ah), 1암페어로 100시간($1 \times 100 = 100$ Ah)을 연속적으로 공급할 수 있다.

3-2 질문

1. 전지의 구성 요소는 무엇인가?
2. 전지의 두 가지 기본 유형은 무엇인가?

3. 전지의 두 가지 유형 사이의 주요 차이점은 무엇인가?
4. 1차 전지의 몇 가지 예를 나열하여라.
5. 2차 전지의 몇 가지 예를 나열하여라.

3-3 전지의 접속

전압이나 전류를 증가시키기 위해 전지와 배터리를 연결할 수 있다. 연결법은 **직렬**(series) 접속, **병렬**(parallel) 접속 또는 **직렬-병렬**(series-parallel) 접속이 있다.

직렬 접속은 첫째 전지의 양극 단자에 두 번째 전지의 음극 단자를, 두 번째 전지의 양극 단자에는 세 번째 전지의 음극 단자를 연결하는 방식으로 이어간다(그림 3-18). 직렬 접속 구성에서 모든 전지나 배터리를 통해 흐르는 전류는 같다. 이것은 다음과 같이 표현할 수 있다.

$$I_T = I_1 = I_2 = I_3$$

전류의 아래 첨자 숫자는 각각의 전지 또는 배터리의 수를 나타낸다. 전체 전압은 각각의 전지 전압의 합으로 나타낼 수 있다.

$$E_T = E_1 + E_2 + E_3$$

병렬 접속에서 전지나 배터리는 같은 단자들을 함께 연결한다(음극 단자에는 음극 단자를, 양극 단자에는 양극 단자를). 그러나 이 접속은 실제에서 잘 사용하지 않는다.

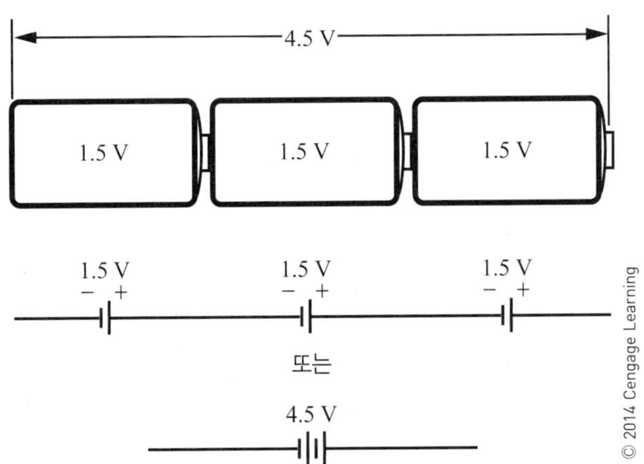

그림 3-18 전지나 배터리는 전압을 증가시키기 위해 직렬연결할 수 있다.

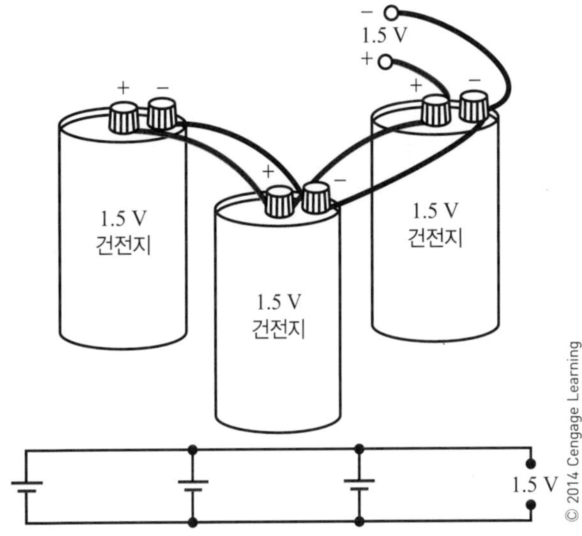

그림 3-19 전지나 배터리는 전류를 증가시키기 위해 병렬연결할 수 있다.

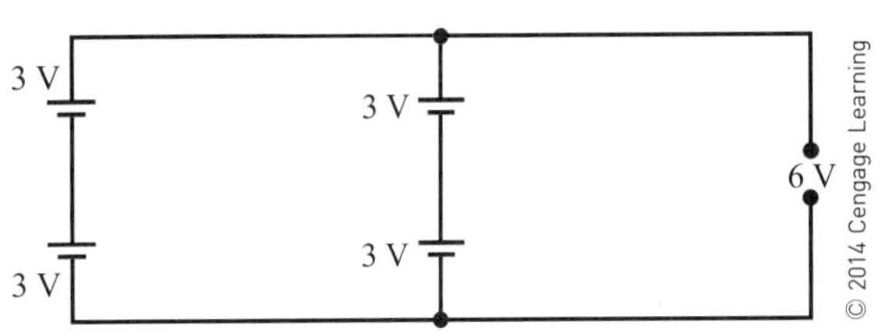

그림 3-20 전지와 배터리는 출력 전류와 전압을 증가시키기 위해 직렬과 병렬로 연결할 수 있다.

병렬 접속에서는, 모든 양극 단자들끼리 함께 연결되고 모든 음극 단자들끼리 함께 연결된다(그림 3-19). 사용할 수 있는 각 전지나 배터리의 총 전류는 각각의 전지와 배터리 전류의 합이 된다. 이것은 다음과 같이 표현된다.

$$I_T = I_1 + I_2 + I_3$$

전체 전압은 각 개별 전지나 배터리의 전압과 동일하다. 이것은 다음과 같이 표현된다.

$$E_T = E_1 = E_2 = E_3$$

더 높은 전압이나 더 높은 전류를 원하는 경우에는, 전지나 배터리를 직렬-병렬(직병렬) 접속으로 연결할 수 있다. 전지와 배터리를 직렬 연결하게 되면 전압이 증가하고, 병렬 연결하게 되면 전류가 증가한다는 것을 기억하라. 그림 3-20은 네 개의 3 V 배터리를 직렬-병렬 구성으로 연결한 것을 보여준다. 이것은 각 배터리의 2배의

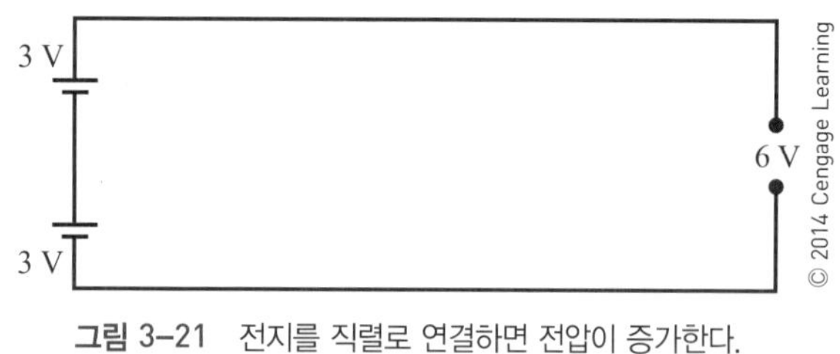

그림 3-21 전지를 직렬로 연결하면 전압이 증가한다.

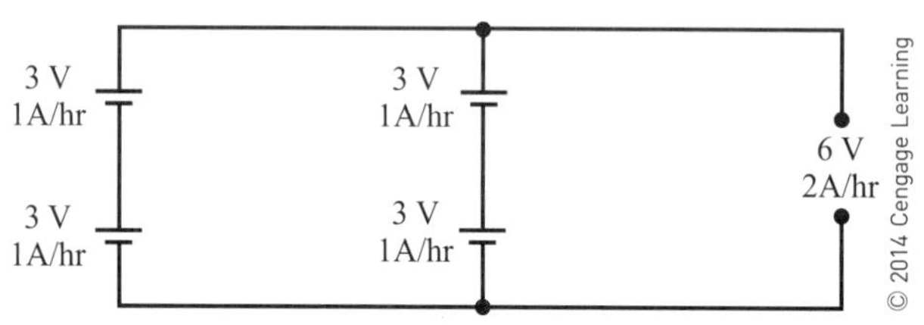

그림 3-22 직렬로 연결된 전지를 병렬로 연결하면 출력 전류가 증가한다. 이러한 연결을 직렬-병렬 접속이라 한다.

전류로 전체 6 V의 전압을 발생시킨다. 6 V를 얻기 위해서는 직렬로 두 개의 3 V 배터리를 연결해야 한다(그림 3-21). 전류를 증가시키기 위해, 두 번째 3 V 배터리 한 쌍을 직렬로 연결하면, 직렬로 연결된 배터리가 병렬로 연결되는 모양이 된다(그림 3-22). 이러한 연결이 직렬-병렬(직병렬) 접속이다.

3-3 질문

1. 세 개의 전지를 이용하여 직렬 접속 구성을 그려라.
2. 직렬 접속 구성은 전류 및 전압에 어떤 효과가 있는가?
3. 병렬로 연결된 세 개의 전지를 그려라.
4. 병렬로 연결된 전지는 전류와 전압에 어떤 효과가 있는가?
5. 전류 및 전압을 증가시키기 위해 전지나 배터리를 어떻게 연결할 수 있는가?

3-4 전압상승 및 전압강하

전기 및 전자 회로에는 전압상승 및 전압강하의 두 가지 유형이 있다. 회로에 인가된 전위 에너지, 즉 전압을 **전압상승**(voltage rise)이라고 한다(그림 3-23). 전압원이 회로에 연결되면, 전압원의 양극 단자로부터 전압원의 음극 단자로 귀환하는 전류가 흐르게 된다. 회로에 연결된

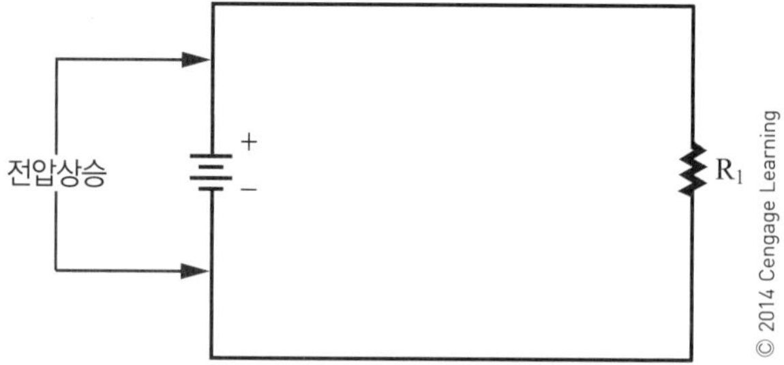

그림 3-23 회로에 인가되는 전위는 전압상승이라고 한다.

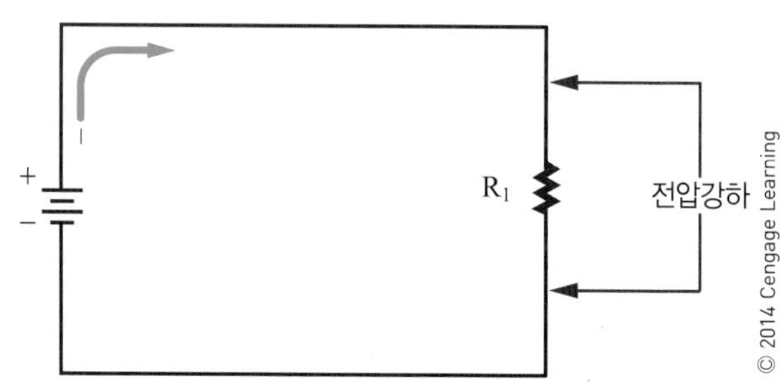

그림 3-24 부하(저항)를 통해 흐르는 전류가 회로에서 사용되는 에너지를 전압강하라고 한다. 전압강하는 회로에서 전류가 흐를 때 발생한다.

12 V 배터리는 12 V의 전압상승을 발생시킨다.

전자가 회로를 통해 흐르면 전자의 흐름을 방해하는 부하를 만나게 된다. 전자가 부하를 통해 흐르면 전자들은 에너지를 소모하게 된다. 이러한 에너지 소모를 **전압강하**(voltage drop)라고 한다(그림 3-24). 에너지는 대부분의 경우에 열로 소모된다. 전자 회로에서 열로 소모한 에너지는 전원에서 공급한 에너지이다.

다시 말하면, 회로에 인가된 에너지는 전압상승이라 하고, 부하로 인해 회로에서 소모된 에너지는 전압강하라고 한다. 전압강하는 회로에서 전류의 흐름이 생길 때 발생한다. 회로에 흐르는 전류는 양극에서 음극으로 이동한다. 전압원은 양극 단자로부터 음극 단자에 전압상승을 일으키게 된다.

회로 내에서 전압강하는 전압상승과 같은데, 그 이유는 에너지는 생성되거나 소멸되지 않고 오직 다른 형태로 변화하기 때문이다. 12 V의 전압이 12 V의 램프에 연결되었다면, 전원은 12 V의 전압상승을 제공하며 램프는 12 V의 전압강하를 발생시킨다. 모든 에너지는 회로에서 소비된다. 두 개의 동일한 6 V 램프들이 같은 12 V 전원

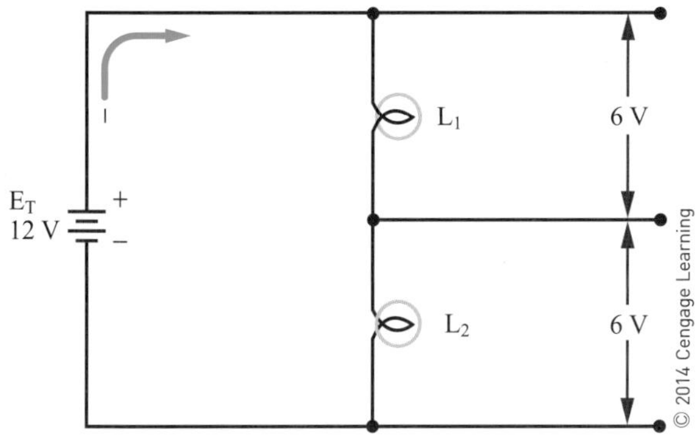

그림 3-25 두 개의 동일한 6 V 램프가 12 V 전원에 직렬로 연결되어 있을 때 각각 6 V의 전압강하를 발생한다.

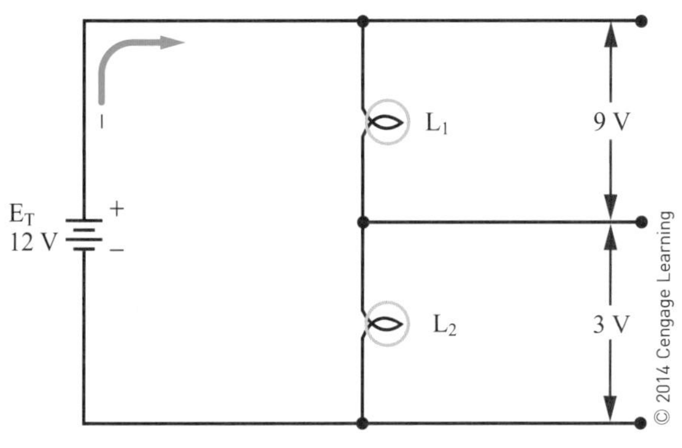

그림 3-26 각기 다른 전압의 램프 두 개가 12 V 전원에 직렬로 연결되면, 각 램프의 소요전압에 따라 램프 양단에 각기 다른 전압강하가 발생한다.

(그림 3-25)에 직렬로 연결되어 있는 경우, 각 램프는 6 V의 전압강하가 생기고, 총 12 V의 전압강하가 생긴다. 두 개의 서로 다른 램프들이 9 V 램프와 12 V 램프로 직렬 연결되었다면(그림 3-26), 9 V 램프는 9 V의 전압강하를 만들고, 3 V의 램프는 3 V의 전압강하를 일으킨다. 전체 전압강하의 합계는 12 V의 전압상승과 같게 된다.

3-4 질문

1. 전압상승이란 무엇인가?
2. 전압강하란 무엇인가?
3. 회로에서 전자들이 제공한 에너지는 어디로부터 왔는가?
4. 두 개의 동일한 저항을 가지는 전압원이 직렬로 연결되었다면 각각의 저항 양단의 전압강하는 얼마인가?
5. 6 V 램프와 3 V 램프를 9 V 배터리와 함께 직렬로 연결하면, 어느 램프가 더 밝겠는가?

3-5 전압 기준의 접지

접지(ground)는 영(0) 전위를 나타내는 데 사용하는 용어이다. 모든 전위는 접지를 기준으로 하여 양(+)이나 음(–) 둘 중 하나로 존재한다. 접지에는 대지(earth) 접지와 전기적 접지 두 가지 형태가 있다.

가정에 있는 모든 전기 회로 및 가전제품은 대지(땅)에 접지되어 있다. 따라서, 어떤 두 개의 가전제품이나 회로 사이에는 전위 차가 존재하지 않게 된다. 모든 회로들은 회로의 패널 상자(회로 차단기나 퓨즈 박스)에 있는 공통점에 연결된다(그림 3-27). 이러한 공통점(중성 버스)은 땅에 박힌 구리 봉(접지봉)에 굵은 구리 선으로 연결하거나 가정에 물을 공급하는 수도관(금속 파이프)에 단단하게 고정시킨다. 이렇게 공통점에 접지를 하면 전기 회로에 잘못 연결된 경우에도 감전으로부터 사용자를 보호할 수 있다.

전기적 접지는 자동차에도 사용된다. 자동차에서는 섀시가 접지로 사용된다. 이러한 것은 배터리 케이블들이 자

그림 3-27 주택용 회로 패널 상자에서, 모든 회로들은 공통점(중성 버스)에 연결된다.

동차 차체에 연결된 것을 보면 알 수 있다. 일반적으로 음극 단자는 자동차의 프레임에 직접 볼트로 죄어져 있다. 이 점이나 자동차 프레임의 어떤 다른 지점도 접지로 사용될 수 있다. 접지는 완전한 회로의 한 부분으로 작용한다.

전자공학에서 전기적 접지는 다음과 같이 다른 의미로 사용된다. 접지는 측정되는 모든 전압에 대하여 영(0) 전위 기준점으로 정의된다. 따라서, 회로의 어느 점에서나 전압은 접지를 기준으로 해서 측정될 수 있다. 전압은 접지를 기준으로 양전위이거나 음전위가 될 수 있다.

보다 큰 전자공학 장비의 부품들에서는 섀시나 금속 프레임이 자동차에서처럼 접지점(기준점)이 된다. 더 작은 전자공학 장치에서는, 플라스틱이 섀시로 사용되며 모든 부품들은 인쇄 회로 기판(PCB 보드)에 연결된다. 이러한 경우에, 접지는 회로에서 공통점 역할을 하는 회로 기판 위의 구리 패드가 된다.

3-5 질문

1. 접지의 두 가지 형태는 무엇인가?
2. 대지 접지의 목적은 무엇인가?
3. 자동차에서 전기적 접지는 어떻게 사용되는가?
4. 전자 장비에서 전기적 접지는 어떻게 사용되는가?
5. 전자공학에서 전압을 측정할 때 접지는 어떤 역할을 하는가?

요약

- 전류는 전자가 궤도로부터 이탈할 때 생성된다.
- 전압은 궤도에서 전자를 이탈시키는 데 필요한 에너지를 제공한다.
- 전압원은 전기 에너지를 다른 형태의 에너지로 변환시키는 수단을 제공한다.
- 알려진 여섯 가지 일반적인 전압원은 마찰, 자기, 화학물질, 빛, 열, 압력이다.
- 전압은 자기, 화학작용, 빛, 열, 압력을 발생시키기 위해 사용할 수 있다.
- 자기는 전압을 발생시키는 데 사용하는 가장 일반적인 방법이다.
- 화학 전지는 전압을 발생시키는 두 번째로 일반적인 방법이다.
- 전지(셀)는 양극과 음극을 포함하며 전해액으로 분리되어 있다.
- 배터리는 두 개 이상의 전지 조합이다.
- 재충전할 수 없는 전지를 1차 전지라고 한다.
- 재충전할 수 있는 전지를 2차 전지라고 한다.
- 건전지는 1차 전지이다.
- 납축전지 및 니켈-카드뮴(Ni-Cd) 전지는 2차 전지이다.
- 전지와 배터리는 직렬, 병렬 또는 직병렬로 연결할 수 있으며, 전압, 전류 혹은 둘 다를 증가시키도록 연결할 수 있다.
- 전지와 배터리를 직렬로 연결하면, 출력 전류는 같고 출력 전압은 증가한다.

$$I_T = I_1 = I_2 = I_3 \qquad E_T = E_1 + E_2 + E_3$$

- 전지와 배터리를 병렬로 연결하면, 출력 전압은 동일하지만 출력 전류는 전지나 배터리를 사용할수록 증가한다.

$$I_T = I_1 + I_2 + I_3 \qquad E_T = E_1 = E_2 = E_3$$

- 직렬-병렬(직병렬) 접속은 출력 전압과 출력 전류를 증가시킨다.
- 전압을 회로에 인가하는 것을 전압상승이라고 한다.
- 회로에 의해 사용되는 에너지를 전압강하라고 한다.
- 회로에서 전압강하는 전압상승과 같다.
- 접지의 두 가지 형태는 대지(earth) 접지와 전기적 접지이다.
- 대지 접지는 모든 기기 및 장비를 동일한 전위로 유지하여 감전을 방지하는 데 사용된다.
- 전기적 접지는 회로의 공통기준점을 제공한다.

연습 문제

1. 전류나 전압은 회로에서 실제로 어떤 일을 하는가?
2. 전기를 발생시키기 위해 사용할 수 있는 에너지의 여섯 가지 형태를 나열하여라.
3. 2차 전지는 정격을 어떻게 나타내는가?
4. 직렬–병렬(직병렬) 접속에서 1 A에 9 V를 공급하는 회로를 그려라. 한 개의 전지는 1.5 V, 250 mA를 사용한다.
5. 3 V, 3 V, 6 V 세 개의 램프에 9 V를 인가했을 때, 세 개의 램프 양단 간 전압강하는 얼마인가?

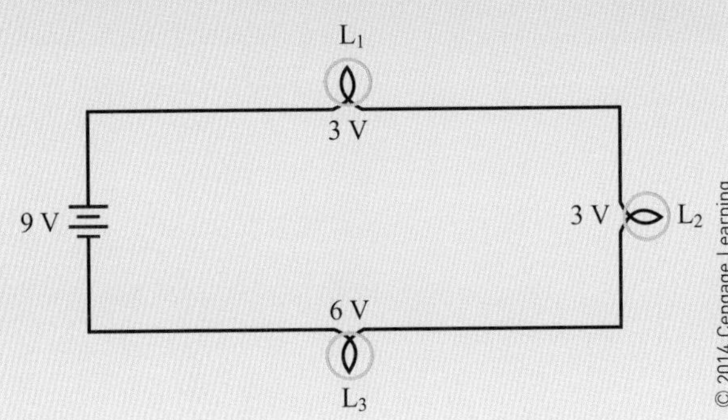

6. 12 V, 600 A 배터리 두 개를 직렬로 연결한 다음, 여기에 12 V, 600 A 배터리 두 개를 병렬로 연결했을 때 전압과 전류는 얼마인가?
7. 전기 회로에서 회로를 통해 흐르는 과도한 에너지는 어떻게 소모되는가?
8. 회로에서 배터리로부터 전류가 어떻게 흐르는가?
9. 가정과 자동차 및 전기전자공학 분야에서 접지는 어떤 차이를 보이는가?
10. 회로에서 직렬과 병렬 연결될 때 전압과 전류에 대한 관계식을 보여주는 표를 만들어라.

4장

저항
Resistance

학습 목표

이 장을 학습하면 다음을 할 수 있다.

- 저항을 정의하고 회로에서 저항의 영향을 설명할 수 있다.
- 저항기의 허용 범위를 결정할 수 있다.
- 탄소 합성 저항기, 권선 저항기 및 필름 저항기를 설명할 수 있다.
- 전위차계 및 가감 저항기(rheostat)를 설명할 수 있다.
- 가변 저항이 어떻게 동작하는지를 설명할 수 있다.
- 색상 코드 또는 영숫자 코드를 사용하여 저항기의 값을 판독할 수 있다.
- 저항 회로의 세 가지 종류를 설명할 수 있다.
- 직렬, 병렬 및 직렬-병렬(직병렬) 회로의 합성 저항을 계산할 수 있다.

저항은 전류의 흐름을 방해한다. 유리, 고무 등과 같은 몇몇 물질은 전류의 흐름에 큰 저항을 보인다. 대조적으로, 은, 구리와 같은 물질은 전류의 흐름에 약한 저항을 보인다. 이 장에서는 저항의 특성, 저항의 종류 및 회로를 형성하는 도체와 함께 연결하는 저항기의 영향에 대해 살펴본다.

4-1 저항

앞에서 설명한 대로, 모든 물질은 저항 성분을 가지고 있으며 전류의 흐름을 방해한다. 은, 구리, 알루미늄 등 일부 도체들은 전류의 흐름에 아주 작은 저항을 보인다. 반면에 유리, 나무, 종이와 같은 절연체들은 전류의 흐름에 높은 저항을 보인다.

전기 회로에서 전선의 종류와 굵기는, 가능하다면 낮은 전기 저항을 유지하도록 선택해야 하며, 그래야 도체를 통해 전류가 쉽게 흐를 수 있다. 전기 회로에서, 전선의 지름이 크면 클수록 전류의 흐름에 대한 전기 저항 값은 점점 작아진다.

온도 또한 전기 도체의 저항 값에 영향을 준다. 대부분의 도체(구리, 알루미늄 등)는 온도가 높아짐에 따라 저항 값이 증가한다. 탄소는 온도가 높아짐에 따라 저항 값이 감소하기 때문에 예외이다. 특정 금속의 합금(망간과 콘스탄탄)은 저항 값이 온도에 따라 변화하지 않는다.

길이와 단면적이 동일한 몇몇 도체들의 상대적인 저항 값(비저항)을 그림 4-1에 나타내었다. 은을 표준 1로 하

도체 재료	저항률
은	1.000
구리	1.0625
납	1.3750
금	1.5000
알루미늄	1.6875
철	6.2500
백금	6.2500

그림 4-1 길이와 단면적이 동일한 여러 도체들의 저항.

고, 나머지 금속들은 저항 값이 증가하는 차순으로 순서에 따라 배열하였다.

전기 회로에서 **저항**(resistance)은 기호 "R"로 나타낸다. 일정한 저항 값을 갖도록 제작한 회로 부품을 저항기(resistor)라고 한다. 저항(R)의 단위는 옴(Ω)을 사용한다. 1옴은, 회로에 1 V를 인가할 때, 1 A(1 C/s)의 안정된 전류의 흐름을 허용하는 회로의 저항이다.

4-1 질문

1. 도체와 절연체의 주요 차이점은 무엇인가?
2. 어떻게 전선의 지름이 저항 값에 영향을 주는가?
3. 도체의 저항에 영향을 주는 것은 무엇인가?
4. 어떤 재료가 최고의 도체를 만드는가?
5. 왜 은보다 구리 전선을 사용하는가?

4-2 컨덕턴스

전기전자공학에서 저항의 반대 개념을 **컨덕턴스**(conductance, G)라고 한다. 이러한 컨덕턴스는 전자들을 통과시키는 재료의 능력이다. 컨덕턴스의 단위는 **모**(mho)로, 옴(ohm)의 철자를 거꾸로 한 것이다. 컨덕턴스를 나타내는 기호(℧)는 그리스 문자 오메가(Ω)가 뒤집어진 것이다. 컨덕턴스는 저항의 역수이며 단위는 **지멘스**(Siemens, S)이다.

$$R = 1/G$$

$$G = 1/R$$

만약 어떤 물질의 저항 값이 주어졌다면, 1을 그 값으로 나눔으로써 컨덕턴스를 구할 수 있다. 같은 방법으로 컨덕턴스를 알면 1을 그 값으로 나누어서 저항을 구할 수 있다.

4-2 질문

1. 컨덕턴스를 정의하여라.
2. 컨덕턴스는 회로에서 어떤 의미를 갖는가?
3. 컨덕턴스를 나타내는 기호는 무엇인가?
4. 컨덕턴스의 단위는 무엇인가?
5. 100 Ω 저항의 컨덕턴스는 얼마인가?

4-3 저항기

저항은 모든 전기 부품들이 가지고 있는 특성 중 하나이다. 저항의 영향은 그리 반가운 것이 아니나 때로는 유익할 때가 있다. **저항기**(resistor)는 전류의 흐름에 대해 특정한 저항 값을 나타내도록 제조된 부품으로, 전기전자 회로에서 가장 흔하게 사용된다. 저항기는 고정 또는 가변 저항으로 사용할 수 있다. 또한 다양한 모양 및 크기, 특정 회로, 공간 및 동작 요구사항에 맞게 사용할 수 있다(그림 4-2, 4-3). 저항기는 그림 4-4와 같이 톱니 모양으로 나타낸다. 저항기의 **허용 오차**(tolerance)는 저항기가 허용할 수 있는 양이 된다. 저항기의 정확한 특정 값을 유지하려면 저항기의 가격이 비싸진다. 따라서 제조업체에서 저

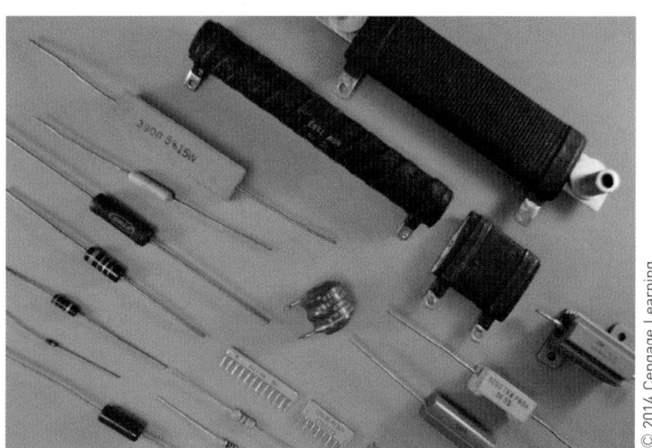

그림 4-2 크기와 모양이 다양한 고정 저항기.

항기의 가격을 좀 더 저렴하게 하려면 허용 오차를 좀 더 크게 해서 제조해야 한다. 저항기의 허용 오차는 ±20 %, ±10 %, ±5 %, ±2 %, ±1 %로 할 수 있다. 허용 오차가 아주 작은 정밀 저항기도 있다. 대부분의 전자 회로에서는 ±10 % 허용 오차의 저항으로 만족한다.

전위차계

트리밍 전위차계

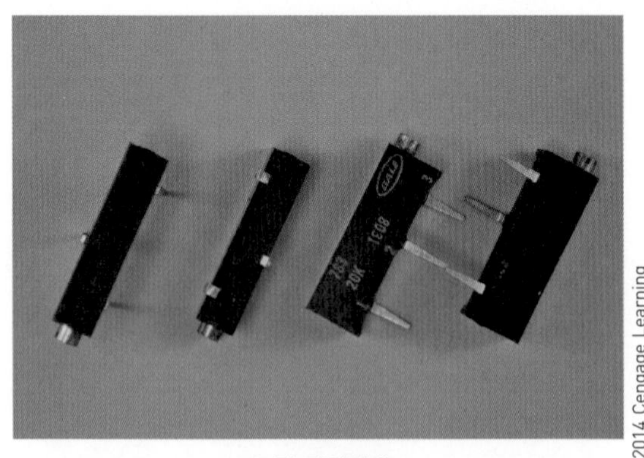

트림 전위차계

그림 4-3 가변 저항기는 전자 부품 제조자의 요구에 맞게 다양하게 제조된다.

그림 4-4 고정 저항기의 기호.

예제 20 % 허용 오차를 갖는 1000 Ω 저항기의 허용 범위는 얼마인가?

풀이

1000 × 0.20 = ±200 Ω 허용 오차는 ±200 Ω이다. 따라서 1000 Ω 저항기는 800 Ω에서 1200 Ω까지 다양하게 만족시킬 수 있다.

제품의 균일한 품질을 위해 전자 부품 제조업체들은 표준 저항기 값의 수를 표시한다. 그림 4-5는 ±5 %, ±10 %, ±20 % 허용 오차를 가진 저항기에 대한 표준 값의 목록이다. 이 표에서 얻은 값에 컬러 띠의 승수를 곱하면 저항 값을 구할 수 있다.

±2 % 및 ±5 % 허용 오차	±10 % 허용 오차	±20 % 허용 오차
1.0	1.0	1.0
1.1		
1.2	1.2	
1.3		
1.5	1.5	1.5
1.6		
1.8	1.8	
2.0		
2.2	2.2	2.2
2.4		
2.7	2.7	
3.0		
3.3	3.3	3.3
3.6		
3.9	3.9	
4.3		
4.7	4.7	4.7
5.1		
5.6	5.6	
6.2		
6.8	6.8	6.8
7.5		
8.2	8.2	
9.1		

그림 4-5 표준 저항기 값(승수 값 제외).

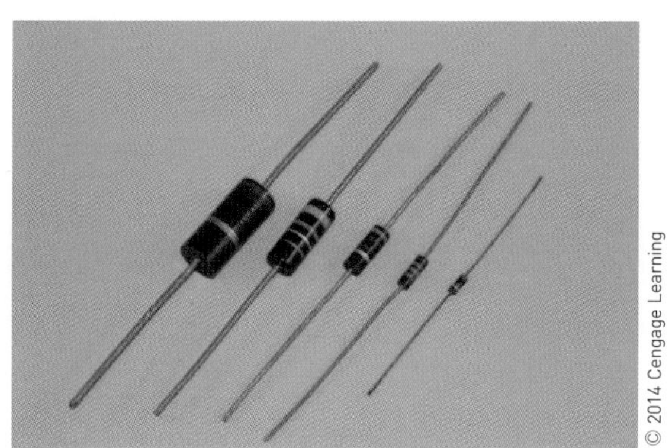

그림 4-6 탄소 합성 저항기는 전자 회로에서 가장 널리 사용되던 저항기이다.

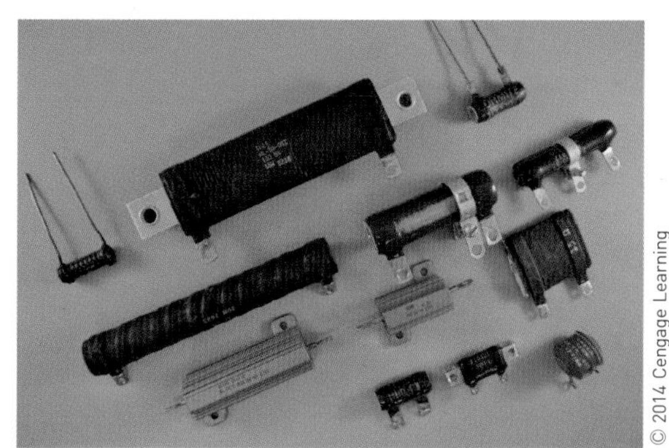

그림 4-7 권선 저항기는 여러 가지 다양한 형태로 제조가 가능하다.

저항기는 재료의 종류에 따라 몰드형 탄소 합성 저항기, 권선 저항기, 탄소 필름 저항기의 세 가지 종류가 있다.

최근까지 몰드형 탄소 합성 저항기는 전자 회로에서 가장 일반적으로 사용되던 저항기였다(그림 4-6). 이러한 저항기는 표준 저항기 값으로 제조된다.

권선 저항기는 니켈-크롬 합금(니크롬) 선을 세라믹 외관 위에 감아서 만든다(그림 4-7). 리드(lead)가 부착되고 전체 저항기는 코팅으로 밀봉된다. 권선 저항기는 정밀도가 필요한 대전류 회로에 사용된다. 저항 값은 수 옴부터 몇천 옴까지 다양하다.

필름 저항기는 작은 크기에 권선 저항기의 정밀도를 가지고 있어서 매우 인기가 있다(그림 4-8). 원통형 세라믹 코어에 탄소 박막층을 입히고 에폭시나 유리 코팅으로 밀봉을 해서 제조한다. 필름을 통해 나선형 홈을 새겨 넣음으로써, 저항기의 길이에 따른 저항 값을 설정한다. 나선형의 피치가 촘촘할수록 저항 값은 더 커진다. 탄소 필름 저항기는 10옴에서 2.5메가옴(megohm)에 걸쳐 ±1% 허용 오차에서 사용할 수 있다. **금속 필름 저항기**는 물리적으로 탄소 필름 저항기와 비슷하지만 금속 합금을 사용하며 가격 면에서 더 고가이다. 이 저항기는 허용 오차

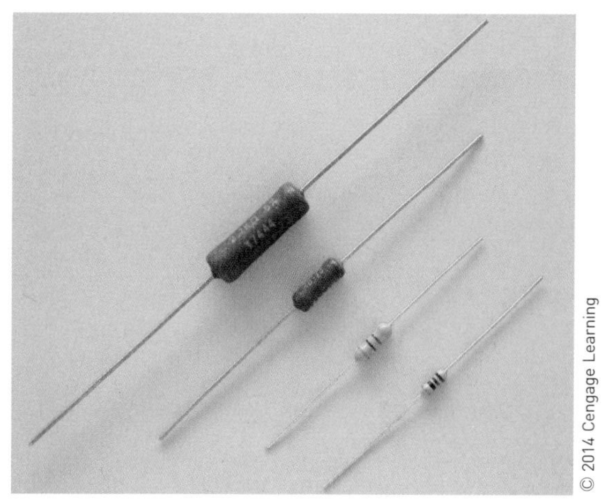

그림 4-8 필름 저항기는 정밀도는 권선 저항기와 같고, 크기는 탄소 저항기와 같다.

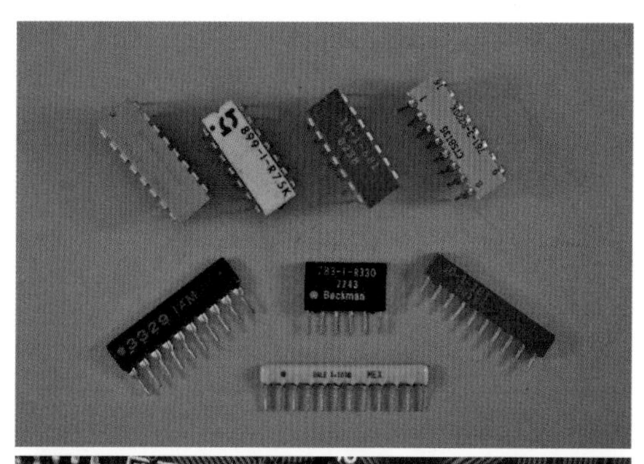

그림 4-9 산화 주석 저항기.

±0.1 %로 사용이 가능하지만, 10옴부터 1.5메가옴 사이의 범위에서 ±1 % 허용 오차로 사용할 수 있다. 필름 저항기의 또 다른 유형이 산화 주석(tin oxide, SnO_2) 저항기이다(그림 4−9). 이 저항기는 세라믹 기판 위에 산화 주석 필름을 입혀서 만들며, 또한 단일 인라인 형식이나 듀얼 인라인 핀 형식으로 사용이 가능하다.

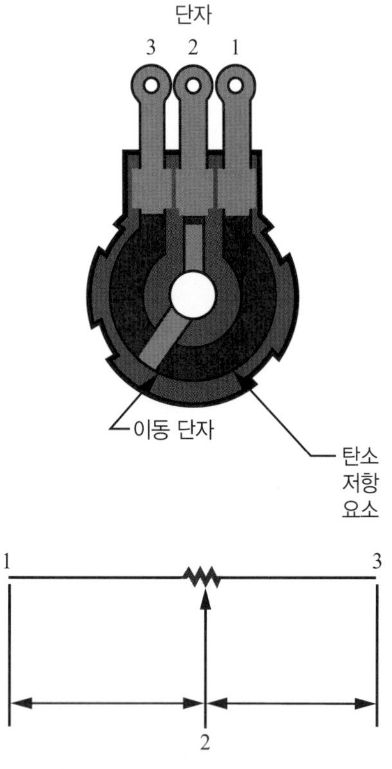

그림 4−10 가변 저항기는 임의의 저항 값을 늘리거나 줄이는 데 사용된다.

표면 장착 저항기는 소규모 전자 회로 응용에 이상적이다. 이 저항기는 세라믹 기판 위에 탄소 박막이나 금속 합금을 입혀서 만든다. 저항성 소자와 인쇄 회로 기판(PCB) 사이의 접촉은 금속 끝 캡이나 단자로 이루어지므로 리드가 없다. 이 저항기를 응용하기 위해, 이러한 금속 끝부분은 자동화된 납땜 공정을 이용하여 회로 기판의 도체 부위에 장착되어 직접 납땜이 된다. 인쇄 회로 기판에 긴 리드가 없는 납땜 작업은 몇 가지 이점이 있다. 그러한 이점으로 경량 및 작은 인쇄 회로 기판 크기와 자동 조립 공정의 사용 등을 들 수가 있다. 표면 장착 저항기는 후막 및 박막 모두에 사용할 수 있다. 이 저항기는 0옴에서 10메가옴 범위에서 ±5 %의 허용 오차로 사용이 가능하며, 1/16와트에서 ±0.1 %의 허용 오차까지 사용이 가능하다.

가변 저항기(variable resistor)는 저항 값을 다양하게 할 수가 있다. 이 저항기는 탄소 합성 저항 소자와 두 터미널에 연결된 선을 가지고 있다. 세 번째 단자는 회전축에 연결되어 있는 이동부에 고정되어 부착되어 있다. 회전축이 회전할 때 저항 값 소자를 따라서 와이퍼가 미끄러진다. 회전축이 회전하면 중앙부 단자와 바깥쪽 1개의 단자 사이의 저항 값이 증가하지만, 반면에 중앙부 단자와 다른 바깥쪽 단자 사이의 저항 값은 감소한다(그림 4−10). 가변 저항기는 저항 값이 선형적으로 변화하거나(선형 테이퍼) 또는 로그 함수적으로(오디오 테이퍼) 변화하는 데 사용할 수 있다.

또한 전압을 조절하는 목적으로 사용하는 가변 저항기를 **전위차계**(potentiometer)라고 하며, 전류를 조절하는

그림 4−11 가감 저항기는 전류를 제어하는 데 사용하는 저항기이다.

목적으로 사용하는 가변 저항기는 **가감 저항기**(rheostat)라고 한다(그림 4-11).

4-3 질문

1. 저항기의 허용 오차를 명기하는 목적은 무엇인가?
2. 고정 저항기의 세 가지 주요 유형은 무엇인가?
3. 탄소 합성 저항기 중 피막 저항기의 이점은 무엇인가?
4. 가변 저항기가 동작하는 방법을 설명하여라.
5. 전위차계와 가감 저항기의 차이점은 무엇인가?

4-4 저항기의 식별

크기가 작은 저항기는 표면에 저항 값과 허용 오차를 인쇄하여 나타내지 않는다. 따라서 저항 값을 나타내기 위해서 컬러 코드 띠(color-coded strip) 방식을 사용한다.

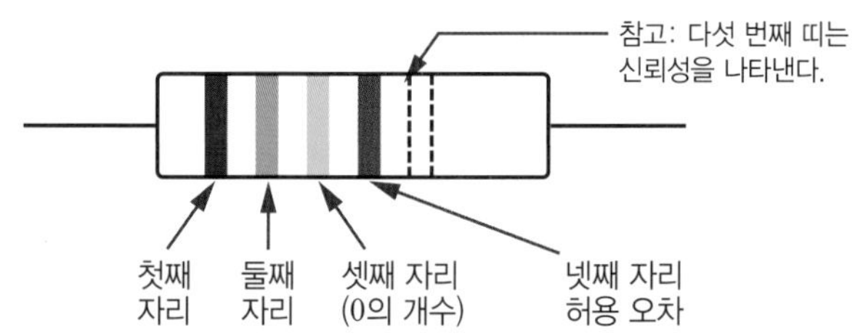

	첫 번째 띠 (첫 번째 숫자) 자리	두 번째 띠 (두 번째 숫자) 자리	세 번째 띠 (0의 개수)	네 번째 띠 (허용 오차)
흑색	0	0	$1 = 10^0$	—
갈색	1	1	$10 = 10^1$	1 %
적색	2	2	$100 = 10^2$	2 %
주황색	3	3	$1000 = 10^3$	—
노란색	4	4	$10,000 = 10^4$	—
녹색	5	5	$100,000 = 10^5$	0.5 %
파란색	6	6	$1000,000 = 10^6$	0.25 %
보라색	7	7		0.10 %
회색	8	8		0.05 %
흰색	9	9		—
금색			× 0.1	5 %
은색			× 0.01	10 %
색 없음				20 %

그림 4-12 전자 산업 협회(EIA) 컬러 코드.

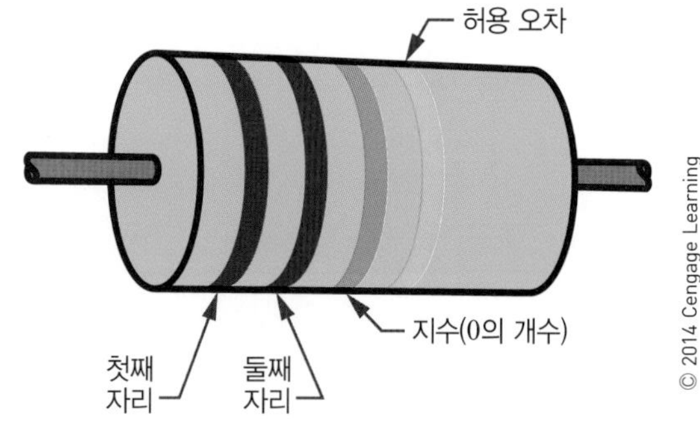

그림 4-13 탄소 합성 저항기 컬러 띠의 의미.

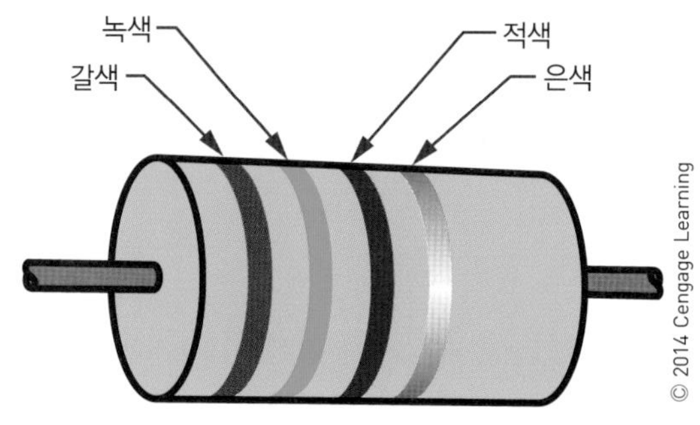

그림 4-14 1500옴의 저항 값을 갖는 저항기.

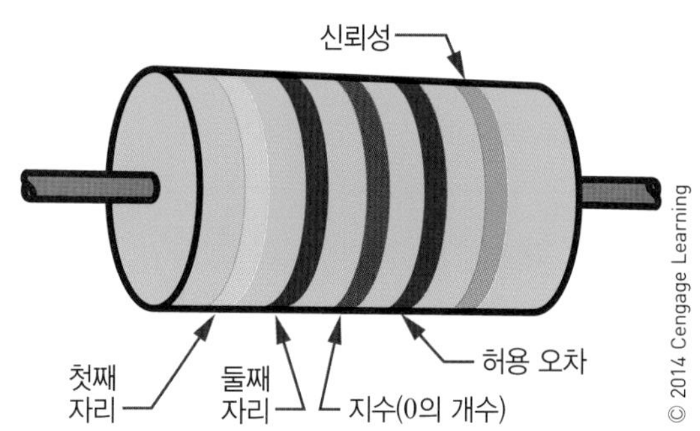

그림 4-15 저항기에 있는 다섯 번째 띠는 저항의 신뢰성을 나타낸다.

컬러 코드는 저항기가 어디에 사용되고 있더라도 판독이 가능하다. 전자 산업 협회(EIA)의 컬러 코드가 그림 4-12에 나타나 있다.

저항기에 나타낸 컬러 코드의 의미는 다음과 같다. 저항기의 끝에서 가장 가까운 첫 번째 띠는 저항기 값의 첫 번째 숫자를 나타낸다. 두 번째 띠는 저항기 값의 두 번째 숫자를 나타낸다. 세 번째 띠는 처음 두 자리에 추가될 0의 개수를 나타낸다. 네 번째 띠는 저항기의 허용 오차를 나타낸다(그림 4-13). 예를 들어, 그림 4-14에 보여준 저

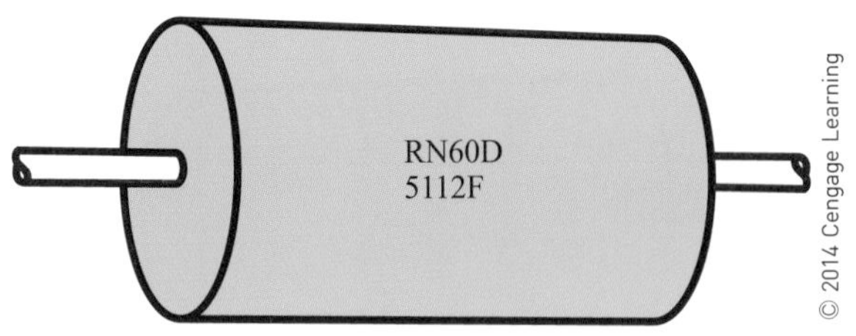

그림 4-16 저항기는 문자와 숫자를 조합하여 나타낼 수도 있다.

항기는 1500옴의 저항 값을 갖는다. 갈색 띠(첫 번째 띠)는 첫 번째 숫자(1)를 나타낸다. 녹색 띠(두 번째 띠)는 두 번째 숫자(5)를 나타낸다. 적색 띠(세 번째 띠)는 처음 두 자리에 추가할 수 있는 0의 개수를 나타낸다(00). 은색 띠(네 번째 띠)는 저항의 허용 오차 ±10 %를 나타낸다. 따라서 이 저항기는 1500옴 ±10 %의 허용 오차를 보인다.

저항기는 다섯 번째 띠를 가질 수 있다(그림 4-15). 이 띠는 저항기의 신뢰성을 나타낸다. 이것은 저항기가 100시간 동안 동작이 된 이후에 1000개당 몇 개가 고장이 나느냐를 의미한다. 일반적으로, 저항기에 다섯 번째 띠가 있으면, 몸통 색과 같은 양을 저항기 끝에 표시한다. 이 경우, 허용 오차를 나타내는 띠를 오른쪽 위치에 두고 앞에서 설명한 대로 저항기를 판독한다.

세 번째 띠가 0의 개수가 아닌 경우가 두 가지 있다. 10옴 미만의 저항기 값을 갖는 경우, 세 번째 띠는 금색이다. 이것은 저항기의 처음 두 자리 값에 0.1을 곱해야 한다. 저항기 값이 1옴 미만인 경우에는 세 번째 띠가 은색이 된다. 이 경우에는, 처음 두 자리 숫자에 0.01을 곱하게 된다.

또한 저항기는 문자와 숫자를 조합한 시스템으로 나타낼 수 있다(그림 4-16). 예를 들어, RN60D5112F는 다음과 같은 의미가 있다.

RN60	저항기 타입(합성, 권선, 필름)
D	특성(온도 효과)
5112	저항 값(2는 0의 개수를 나타낸다.)
F	허용 오차

저항기 값은 주된 고려 사항이 된다. 3~5 숫자는 저항기의 값을 나타낸다. 모든 경우에, 마지막 자리는 바로

그림 4-17 전위차계(가변 저항기)에는 저항 값이 명시되어 있다.

앞자리에 추가될 0의 개수를 나타낸다. 주어진 예제에서, 마지막 자리 (2)는 처음 세 자리 (511)에 추가될 0의 개수를 나타낸다. 그래서 5112는 51,100옴으로 변환이 된다.

어떤 경우에는 문자 R이 삽입될 수도 있다. 문자 R은 소수점을 나타내고 저항기 값이 10옴보다 작은 경우에 사용된다. 예를 들어, 4R7은 4.7옴을 나타낸다.

다섯 자리 숫자 방식은 세 자리와 네 자리 숫자 방식과 비슷하다. 처음 네 자리 숫자는 유효 자릿수를 나타내고 마지막 자리 수는 0의 개수를 나타낸다. 1000옴 미만의 값은, 문자 R을 사용해 소수점을 나타낸다.

표면 장착 저항기도 문자와 숫자를 조합한 표기법과 유사하게 표시할 수 있다. 저항기의 부품 번호는 다음과 같으며, 번호는 제조업체에 따라 다양하다. 예를 들어, RC0402J103T는 다음과 같은 의미가 있다.

RC	**칩 저항기**
0402	크기(0.04″ × 0.02″)
J	허용 오차(J = ±5 %, F = ±1 %, D = ±0.5 %, B = ±0.1 %)
103	저항 값(세 자리 또는 네 자리 코드 사용 가능)
T	포장 방법

저항 값은 서너 자리 숫자로 표시가 된다. 어떤 경우가 되든, 마지막 자리 바로 앞자리에는 추가될 0의 개수를 나타내게 된다. 주어진 예제에서, 처음 두 자리 숫자가 1과 0이고 다음 0의 개수가 3이므로, 저항은 10,000옴이 된다.

100 또는 1000 미만의 값(사용하는 자릿수에 따라)에는 소수점을 나타내는 문자 D를 사용한다. 예를 들어, 3D9는 3.9옴을 나타내게 된다. 0옴 저항기는 000으로 나타낸다.

전위차계(가변 저항기)에는 그 값이 새겨진다(그림 4-17). 이러한 값들은 실제 값이거나 문자와 숫자를 조합한 코드가 될 수 있다. 문자와 숫자를 조합한 코드 저항 값은 코드의 마지막 부분으로 결정된다. 예를 들어, MTC253L4에서, 수 253은 25와 바로 다음의 수 3은 0의 수를 의미하며, 따라서 저항 값은 25,000옴이 된다. 그리고 L4는 저항기의 제조 및 본체 타입을 나타낸다.

4-4 질문

1. 컬러 코드를 외워서 작성하여라.
2. 탄소 합성 저항기 네 개의 띠는 어떻게 나타내는가?
3. 다음 저항기를 판독하여라.

	첫 번째 띠	두 번째 띠	세 번째 띠	네 번째 띠
a.	갈색	흑색	적색	은색
b.	파란색	녹색	주황색	금색
c.	주황색	흰색	노란색	없음
d.	적색	적색	적색	은색
e.	노란색	보라색	갈색	금색

4. 저항기의 다섯 번째 띠는 무엇을 나타내는가?
5. 세 번째 띠가 금색 또는 은색인 것은 무엇을 나타내는가?

4-5 저항의 접속

저항 회로에는 세 가지 중요한 형태가 있다. **직렬 회로, 병렬 회로, 직렬-병렬(직병렬) 회로**이다(그림 4-18). 직렬 회로는 전류의 흐름에 대해 단일 경로를 제공한다. 병렬 회로는 전류의 흐름에 대해 두 개 이상의 경로를 제공한다. 직렬-병렬 회로는 직렬 회로와 병렬 회로의 조합이다.

4-5 질문

1. 회로 구성의 세 가지 기본 유형은 무엇인가?
2. 세 가지 회로 형태의 차이점은 무엇인가?

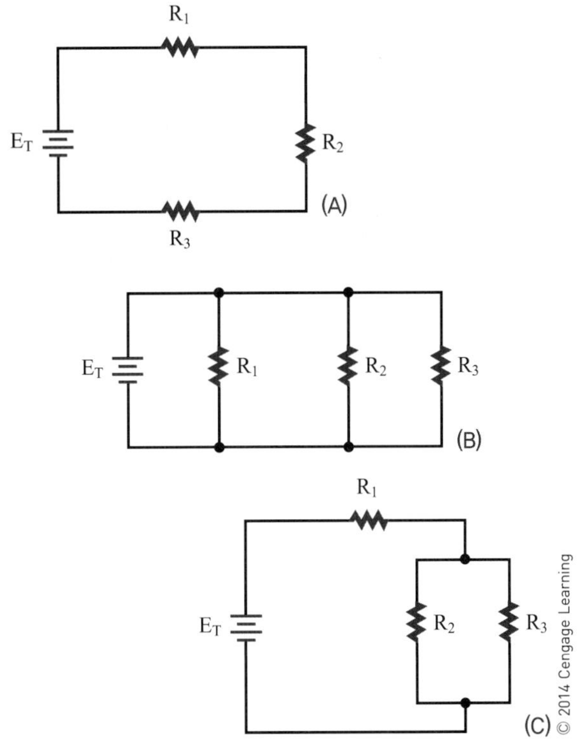

그림 4-18 저항 회로의 세 가지 유형. (A) 직렬 회로, (B) 병렬 회로, (C) 직렬-병렬 회로.

4-6 저항의 직렬 접속

직렬 회로는 두 개 이상의 저항을 가지고 있으며, 하나의 경로로 전류가 흐른다. 전류는 전압원의 양극으로부터 전압원의 음극으로 각 저항을 통해 흐르게 된다. 회로에서 두 지점 사이에 흐르는 전류가 하나의 경로로 흐른다면, 이 회로는 직렬 회로가 된다.

직렬 회로에 저항을 더 많이 연결할수록 전류의 흐름에 대한 더 많은 방해를 받게 된다. 전류의 흐름에 더 많은 방해가 있게 된다는 것은, 회로에 더 많은 저항이 존재한다는 것을 의미한다. 달리 표현하면, 회로에서 저항이 직렬로 추가되면 전체 저항은 증가한다. 직렬 회로에서 합성 저항은 회로에 있는 각 저항의 합계가 된다. 이것은 다음과 같이 나타낼 수 있다. 여기서 아래 첨자는 회로에서의 각 저항을 의미한다. R_n은 회로 마지막 저항의 기호이며, 기호 R_T는 회로에서의 합성 저항을 나타낸다.

$$R_T = R_1 + R_2 + R_3 \cdots + R_n$$

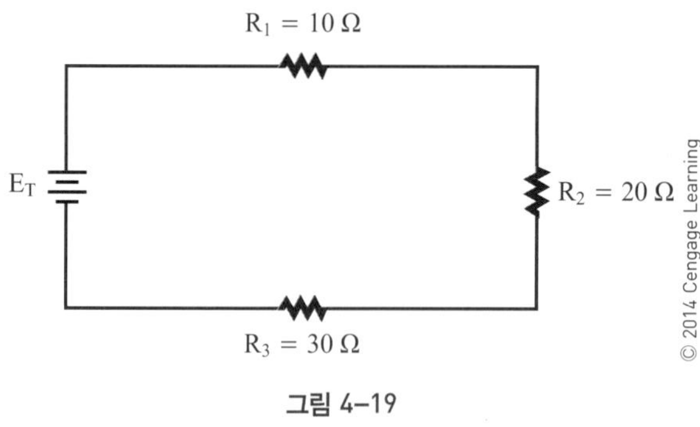

그림 4–19

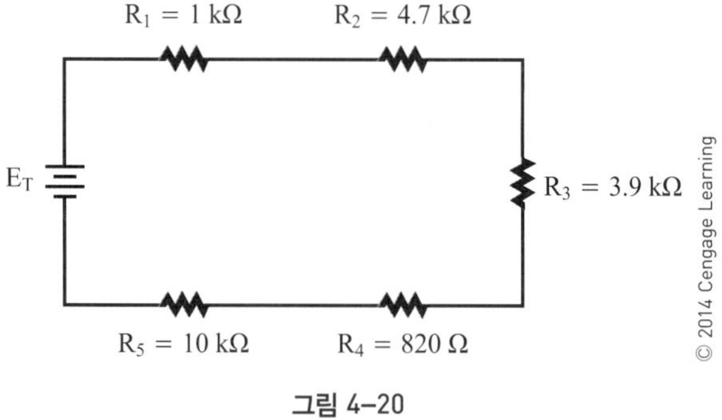

그림 4–20

예제 그림 4–19의 회로에서 합성 저항은 얼마인가?

제시 값	풀이
$R_T = ?$	$R_T = R_1 + R_2 + R_3$
$R_1 = 10\ \Omega$	$R_T = 10 + 20 + 30$
$R_2 = 20\ \Omega$	$R_T = 60\ \Omega$
$R_3 = 30\ \Omega$	

예제 그림 4–20의 회로에서 합성 저항을 계산하여라.

제시 값	풀이
$R_T = ?$	$R_T = R_1 + R_2 + R_3 + R_4 + R_5$
$R_1 = 1\ k\Omega$	$R_T = 1\ k + 4.7\ k + 3.9\ k + 0.82\ k$
$R_2 = 4.7\ k\Omega$	$+ 10\ k$
$R_3 = 3.9\ k\Omega$	$R_T = 1000 + 4700 + 3900 + 820$
$R_4 = 820\ \Omega$	$+ 10{,}000$
$R_5 = 10\ k\Omega$	$R_T = 20{,}420\ \Omega$

4-6 질문

1. 직렬 회로에서 전체 합성 저항을 나타내는 공식을 작성하여라.
2. 다음 저항 값을 갖는 직렬 회로의 전체 합성 저항을 구하여라(각 직렬 회로의 회로도를 그려라).
   a. $R_T = ?$, $R_1 = 1500\ \Omega$, $R_2 = 3300\ \Omega$, $R_3 = 4700\ \Omega$
   b. $R_T = ?$, $R_1 = 100\ \Omega$, $R_2 = 10\ k\Omega$, $R_3 = 5.6\ M\Omega$
   c. $R_T = ?$, $R_1 = 4.7\ k\Omega$, $R_2 = 8.2\ k\Omega$, $R_3 = 330\ \Omega$
   d. $R_T = ?$, $R_1 = 5.6\ M\Omega$, $R_2 = 1.8\ M\Omega$, $R_3 = 8.2\ M\Omega$

4-7 저항의 병렬 접속

병렬 회로는 두 개 이상의 저항을 포함하며 전류가 흐르는 경로가 두 개 이상이다. 병렬 회로에서 각 전류의 경로를 **가지**(branch)라고 부른다. 전류는 전압원의 양극으로부터 전압원의 음극으로 병렬 회로의 가지를 통해 흐른다. 두 개 이상의 저항을 갖는 회로 내에 두 지점 사이를 흐르는 전류가 둘 이상의 경로를 갖는다면 이러한 회로는 병렬 회로이다.

더 많은 저항이 병렬로 연결될수록 전류의 흐름에 대한 방해는 적어진다. 전류의 흐름에 대한 방해가 적다는 것은 회로 내에 저항이 적다는 것을 뜻한다. 즉, 회로에 저항이 병렬로 추가되면 회로 내의 전체 합성 저항은 감소하는데, 이유는 회로 내에 전류 흐름의 경로를 추가적으로 제공하기 때문이다. 병렬 회로에서 전체 합성 저항은 항상 어떤 가지의 저항보다도 적게 된다.

병렬 회로의 전체 합성 저항은 다음 공식으로 주어진다.

$$\frac{1}{R_T} = \frac{1}{R_1} + \frac{1}{R_2} + \frac{1}{R_3} \cdots + \frac{1}{R_n}$$

여기서, R_T는 합성 저항이고, R_1, R_2, R_3는 각각의 저항을, R_n은 회로 내의 마지막 저항을 나타낸다.

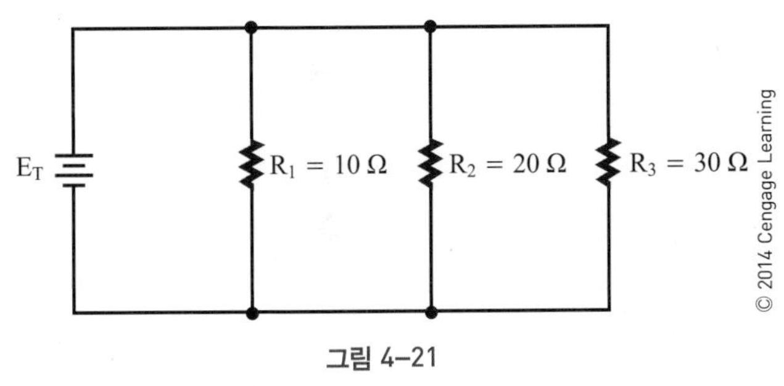

그림 4-21

예제 그림 4-21의 회로에서 합성 저항은 얼마인가?

제시 값

$R_T = ?$

$R_1 = 10\,\Omega$

$R_2 = 20\,\Omega$

$R_3 = 30\,\Omega$

풀이

$$\frac{1}{R_T} = \frac{1}{R_1} + \frac{1}{R_2} + \frac{1}{R_3}$$

$$\frac{1}{R_T} = \frac{1}{10} + \frac{1}{20} + \frac{1}{30} \text{ (공통분모는 60)}$$

$$\frac{1}{R_T} = \frac{6}{60} + \frac{3}{60} + \frac{2}{60}$$

$$\frac{1}{R_T} = \frac{11}{60}$$

$$\frac{1}{R_T} \times \frac{11}{60}$$

$$(11)(R_T) = (1)(60)$$

$$11R_T = 60$$

$$\frac{\cancel{11}R_T}{\cancel{11}} = \frac{60}{11} \text{ (11로 양변을 나눈다)}$$

$$1R_T = 60/11$$

$$R_T = 5.45\,\Omega$$

그림 4-21의 회로는 5.45 Ω 저항기로 대체될 수 있다.

참고 병렬 회로에서 전체 저항 값은 회로 내의 가장 작은 저항보다 항상 더 작다.

예제 그림 4-22의 회로에서 합성 저항을 계산하여라.

제시 값

$R_T = ?$

$R_1 = 1\,k\Omega\ (1000\,\Omega)$

$R_2 = 4.7\,k\Omega\ (4700\,\Omega)$

$R_3 = 3.9\,k\Omega\ (3900\,\Omega)$

$R_4 = 820\,\Omega$

$R_5 = 10\,k\Omega\ (10{,}000\,\Omega)$

풀이

$$\frac{1}{R_T} = \frac{1}{R_1} + \frac{1}{R_2} + \frac{1}{R_3} + \frac{1}{R_4} + \frac{1}{R_5}$$

$$\frac{1}{R_T} = \frac{1}{1000} + \frac{1}{4700} + \frac{1}{3900} + \frac{1}{820} + \frac{1}{10{,}000}$$

공통분모를 찾는 것이 매우 복잡하기 때문에 소수로 나타낸다.

$$\frac{1}{R_T} = 0.001 + 0.000213 + 0.000256 + 0.00122 + 0.0001$$

$$\frac{1}{R_T} = 0.002789$$

$$\frac{1}{R_T} \times \frac{0.002789}{1} \text{ (교차로 곱한다)}$$

$$(0.002789)(R_T) = (1)(1)$$

$$0.002789R_T = 1$$

$$\frac{\cancel{0.002789}R_T}{\cancel{0.002789}} = \frac{1}{0.002789} \text{ (0.002789로 약분한다)}$$

$$1R_T = \frac{1}{0.002789}$$

$$R_T = 358.55\,\Omega$$

참고 각 숫자를 어디서 반올림하느냐에 따라 최종 답의 정확성에 크게 영향을 줄 수 있다.

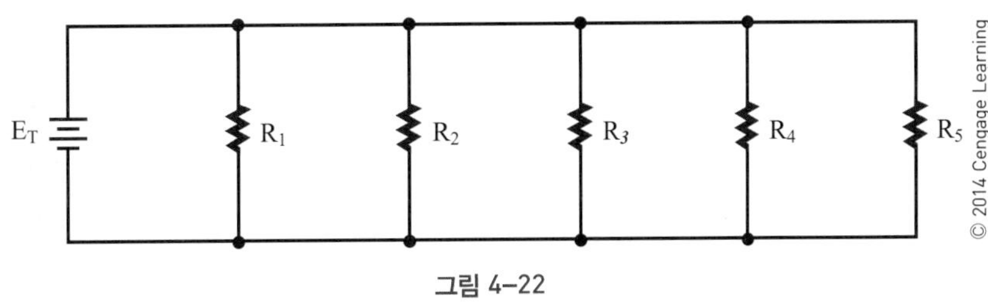

그림 4-22

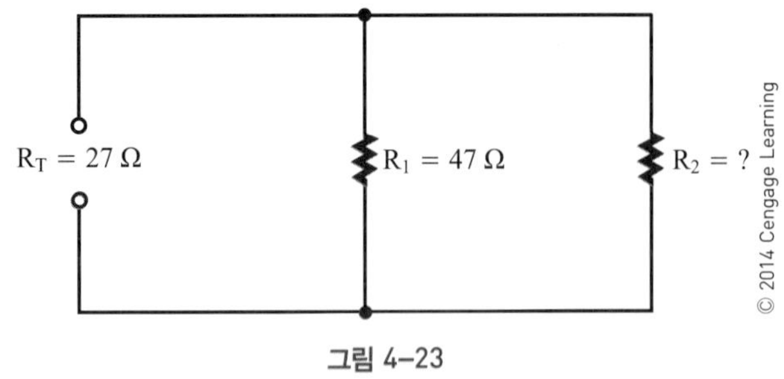

그림 4-23

예제 **합성 저항 값이 27 Ω을 나타내게 하는, 47 Ω의 저항과 병렬로 연결되어 있는 저항은 얼마가 되겠는가? 그림 4-23을 참조하여라.**

제시 값

$R_T = 27\,\Omega$

$R_1 = 47\,\Omega$

$R_2 = ?$

풀이

$$\frac{1}{R_T} = \frac{1}{R_1} + \frac{1}{R_2}$$

$$\frac{1}{27} = \frac{1}{47} + \frac{1}{R_2}$$

$$\frac{1}{27} - \frac{1}{47} = \frac{1}{47} - \frac{1}{47} + \frac{1}{R_2} \text{ (양변을 } \frac{1}{47}\text{로 뺀다)}$$

$$\frac{1}{27} - \frac{1}{47} = \frac{1}{R_2} \text{ (소수로 쉽게 정리한다)}$$

$$0.00370 - 0.0213 = \frac{1}{R_2}$$

$$0.0157 = \frac{1}{R_2}$$

$$63.69\,\Omega = R_2$$

63.69 Ω은 표준 저항기 값이 아님에 주의하라. 가장 가까운 표준 저항기 값인 62 Ω이 사용된다.

4-7 질문

1. 병렬 회로의 합성 저항을 나타내는 공식을 작성하여라.
2. 다음 저항을 갖는 병렬 회로의 합성 저항은 얼마인가?(각 병렬 회로의 회로도를 그려라.)
   a. $R_T = ?$, $R_1 = 1500\,\Omega$, $R_2 = 3300\,\Omega$, $R_3 = 4700\,\Omega$
   b. $R_T = ?$, $R_1 = 100\,\Omega$, $R_2 = 10\,k\Omega$, $R_3 = 5.6\,M\Omega$
   c. $R_T = ?$, $R_1 = 4.7\,k\Omega$, $R_2 = 8.2\,k\Omega$, $R_3 = 3300\,\Omega$
   d. $R_T = ?$, $R_1 = 5.6\,M\Omega$, $R_2 = 1.8\,M\Omega$, $R_3 = 8.2\,M\Omega$

4-8 저항의 직렬 및 병렬 접속

직렬-병렬 회로는 직렬과 병렬 회로의 조합이다. 그림 4-24에 저항과 함께 간단한 직렬-병렬 회로를 보여주고 있다. R_2와 R_3는 병렬로 연결하고 여기에 R_1과 R_4는 직렬로 연결되어 있다. 전류는 전압원의 양극 측으로부터 저항 R_1을 통해 흐르고, R_2와 R_3 두 가지를 통해 지점 B에서 분배된다. 지점 A에서 전류는 다시 합류되며 R_4를 통해 흐른다. 직렬-병렬 회로의 전체 합성 저항은 다음 식을 이용하여 계산된다.

$$R_T = R_1 + R_2 + R_3 \cdots + R_n$$

그리고 병렬 공식은 다음과 같다.

$$\frac{1}{R_T} = \frac{1}{R_1} + \frac{1}{R_2} + \frac{1}{R_3} \cdots + \frac{1}{R_n}$$

대부분의 회로들은 병렬 또는 직렬 회로로 간략화할 수 있다. 그 절차는 다음과 같다.

1. 등가 저항을 결정하기 위해, 먼저 회로의 병렬 부분을 계산한다.
2. 회로의 병렬 부분 내에 직렬 구성 요소를 확인하고, 직렬 구성 요소에 해당하는 등가 저항을 결정한다.
3. 등가 저항을 결정한 후에, 회로의 병렬 부분에 등가 저항을 대체시켜 회로를 다시 그린다.
4. 최종 계산을 한다.

예제 **그림 4-24의 회로에서 전체 합성 저항은 얼마가 되겠는가?**

첫 번째 단계는 R_2와 R_3에 대한 등가 저항(R_A)를 결정하는 것이다.

제시 값

$R_A = ?$

$R_2 = 50\,\Omega$

$R_3 = 25\,\Omega$

풀이

$$\frac{1}{R_A} = \frac{1}{R_2} + \frac{1}{R_3}$$

$$\frac{1}{R_A} = \frac{1}{50} + \frac{1}{25}$$

$$\frac{1}{R_A} = \frac{1}{50} + \frac{2}{50}$$

$$R_A = 16.7\,\Omega$$

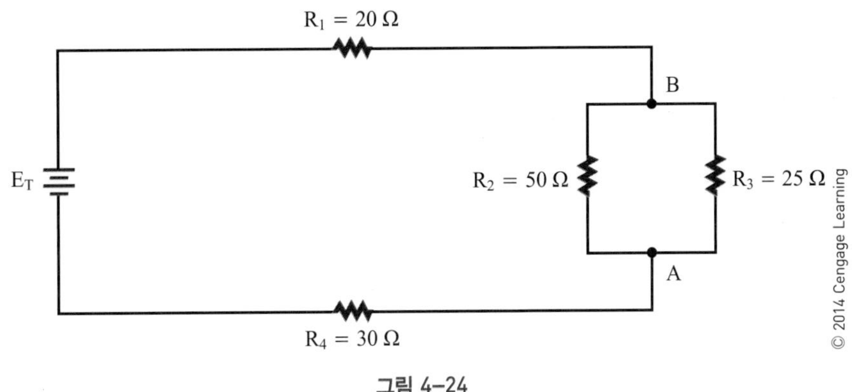

그림 4-24

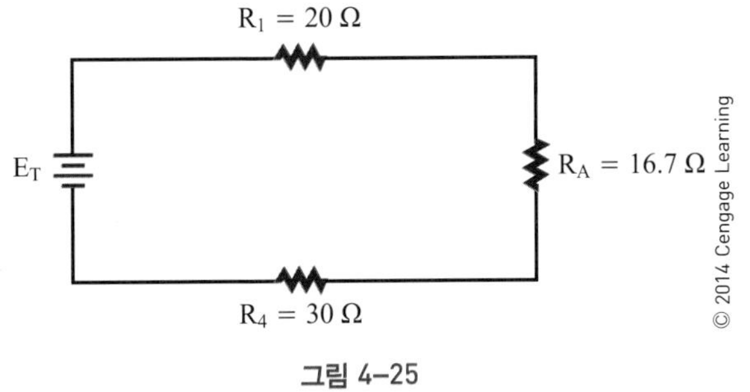

그림 4-25

회로의 병렬 부분에 대한 등가 저항을 대체해서 회로를 다시 그린다. 그림 4-25를 참조하라.

이제 다시 그려진 회로를 통해 전체 합성 저항을 결정한다.

제시 값	풀이
$R_1 = 20\ \Omega$	$R_T = R_1 + R_A + R_4$
$R_A = 16.7\ \Omega$	$R_T = 20 + 16.7 + 30$
$R_4 = 30\ \Omega$	$R_T = 66.7\ \Omega$

예제 그림 4-26의 회로에 대한 합성 저항을 계산하여라.

먼저 저항 R_2와 R_3에 대한 등가 저항 R_A를 구한다. 다음에 저항 R_5, R_6, R_7의 등가 저항 R_B를 구한다.

제시 값	풀이
$R_A = ?$	$\frac{1}{R_A} = \frac{1}{R_2} + \frac{1}{R_3}$
$R_2 = 47\ \Omega$	$\frac{1}{R_A} = \frac{1}{47} + \frac{1}{62}$
$R_3 = 62\ \Omega$	$R_A = 26.7\ \Omega$

제시 값	풀이
$R_B = ?$	$\frac{1}{R_B} = \frac{1}{R_5} + \frac{1}{R_6} + \frac{1}{R_6}$
$R_5 = 100\ \Omega$	
$R_6 = 100\ \Omega$	$\frac{1}{R_B} = \frac{1}{100} + \frac{1}{100} + \frac{1}{100}$
$R_7 = 100\ \Omega$	$R_B = 33.3\ \Omega$

등가 저항 R_A, R_B를 사용하여 회로를 다시 그리고, 이 회로로부터 직렬 합성 저항을 결정한다(그림 4-27).

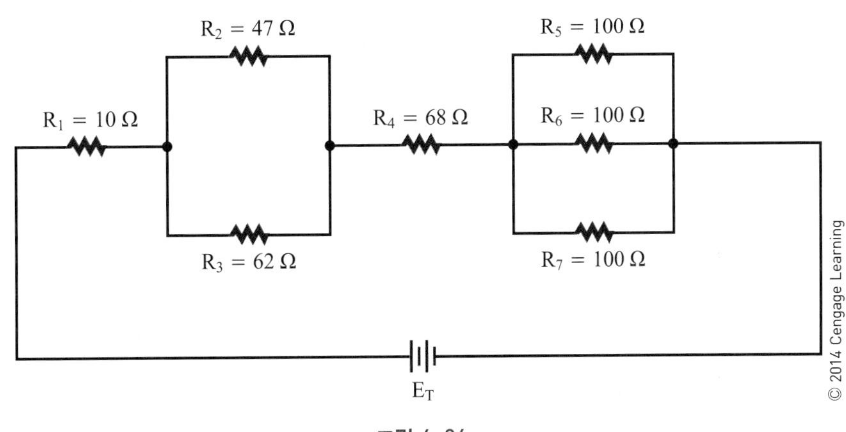

그림 4-26

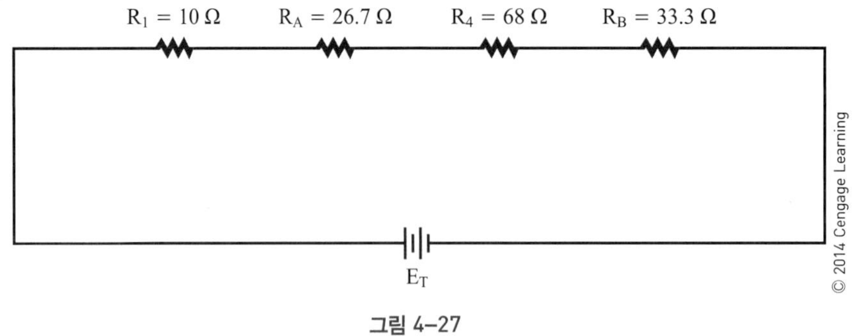

그림 4-27

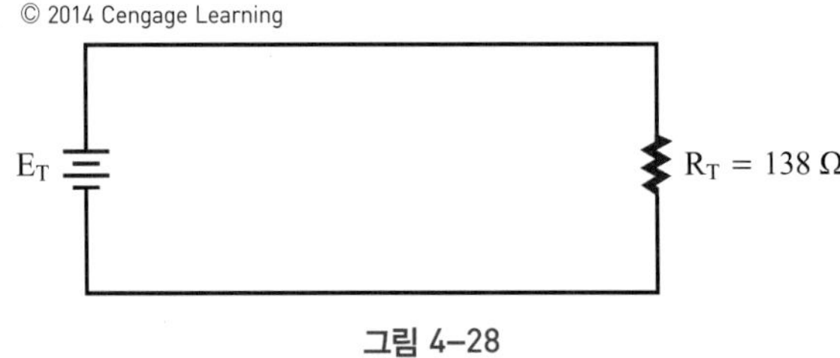

그림 4-28

제시 값	풀이
$R_T = ?$	$R_T = R_1 + R_A + R_4 + R_B$
$R_1 = 10\ \Omega$	$R_T = 10 + 26.7 + 68 + 33.3$
$R_A = 26.7\ \Omega$	$R_T = 138\ \Omega$
$R_4 = 68\ \Omega$	
$R_B = 33.3\ \Omega$	

그림 4-26의 회로는 138 Ω의 단일 저항으로 대체될 수 있다(그림 4-28).

예제 그림 4-29의 회로에서 합성 저항을 구하여라.

회로의 병렬 부분 내에 직렬 등가 저항이 먼저 결정되어야만 한다. 이것은 R_S로 나타내었다.

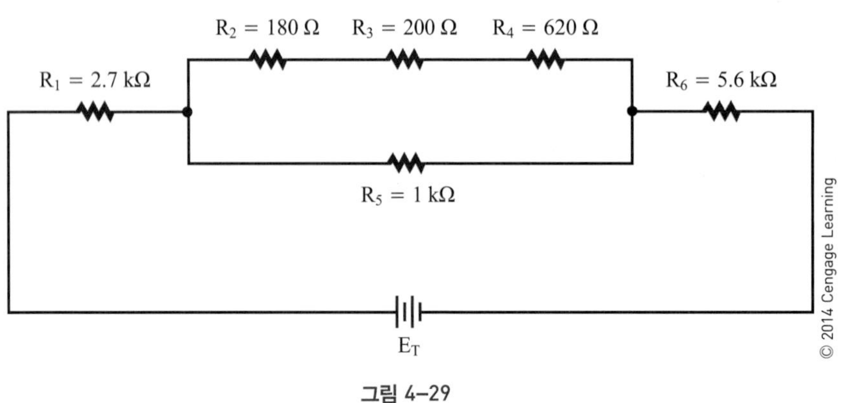

그림 4-29

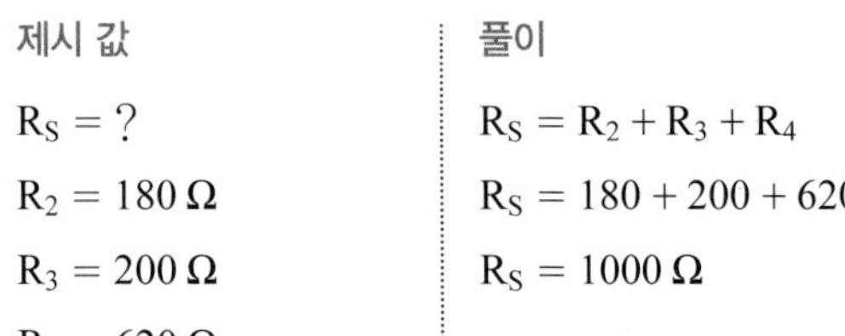

제시 값	풀이
$R_S = ?$	$R_S = R_2 + R_3 + R_4$
$R_2 = 180\ \Omega$	$R_S = 180 + 200 + 620$
$R_3 = 200\ \Omega$	$R_S = 1000\ \Omega$
$R_4 = 620\ \Omega$	

직렬 저항 R_2, R_3, R_4에 대한 등가 저항 R_S를 대체하고 회로를 다시 그린다(그림 4-30).

다음에 병렬 저항 R_S와 R_5를 이용해 등가 병렬 저항 R_A를 결정한다.

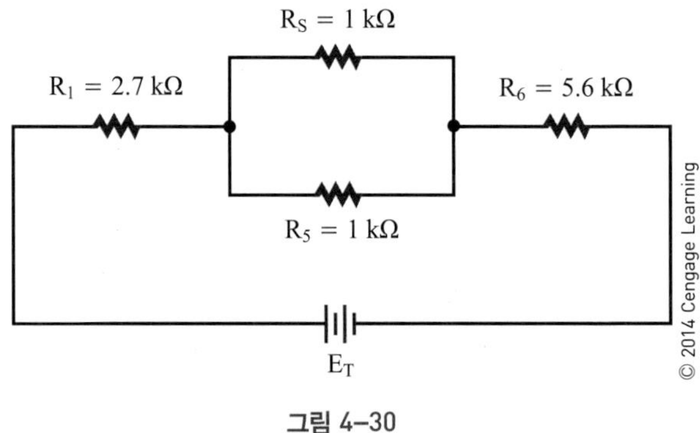

그림 4-30

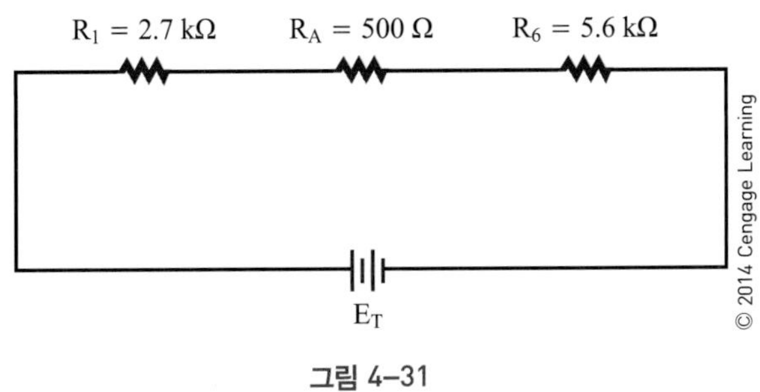

그림 4-31

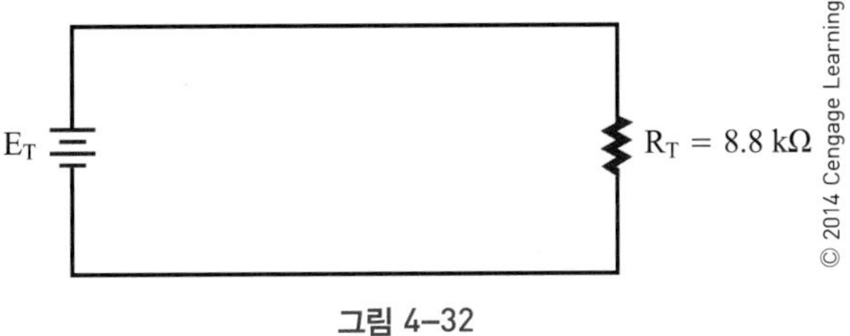

그림 4-32

제시 값	풀이
$R_A = ?$	$\frac{1}{R_A} = \frac{1}{R_S} + \frac{1}{R_5}$
$R_S = 1000\ \Omega$	$\frac{1}{R_A} = \frac{1}{1000} + \frac{1}{1000}$
$R_5 = 1000\ \Omega$	$R_A = 500\ \Omega$

병렬 저항 R_S와 R_5의 등가 저항 R_A를 대체하고, 회로를 다시 그려서 회로의 전체 직렬 합성 저항을 구한다(그림 4-31).

제시 값	풀이
$R_T = ?$	$R_T = R_1 + R_A + R_6$
$R_1 = 2700\ \Omega$	$R_T = 2700 + 500 + 5600$
$R_A = 500\ \Omega$	$R_T = 8800\ \Omega$
$R_6 = 5600\ \Omega$	

그림 4-29의 회로는 단일 저항 8800 Ω을 가지는 회로로 대체할 수 있다(그림 4-32).

4-8 질문

1. 직렬-병렬(직병렬) 회로에서 합성 저항을 찾아내는 과정을 설명하여라.
2. 병렬 저항 또는 병렬 저항 내의 직렬 저항 중에서 어느 것을 먼저 계산하여야 하는가?
3. 다음 저항과 함께 직렬-병렬 회로의 합성 저항을 구하여라(각 직렬 회로의 회로도를 그려라).

	병렬		직렬
a. $R_T = ?$,	$R_1 = 1500\ \Omega$,	$R_2 = 3300\ \Omega$,	$R_3 = 4700\ \Omega$
b. $R_T = ?$,	$R_1 = 100\ \Omega$,	$R_2 = 10\ k\Omega$,	$R_3 = 5.6\ M\Omega$
c. $R_T = ?$,	$R_1 = 4.7\ k\Omega$,	$R_2 = 8.2\ k\Omega$,	$R_3 = 330\ \Omega$
d. $R_T = ?$,	$R_1 = 5.6\ M\Omega$,	$R_2 = 1.8\ M\Omega$,	$R_3 = 8.2\ M\Omega$

4-9 휘트스톤 브리지

1843년에, 휘트스톤(Sir Charles Wheatstone)이라는 과학자가 이전에 나온 회로를 개선하여 저항을 측정하였는데, 그가 실질적으로 이 휘트스톤 브리지 회로를 사용한 최초의 사람이었다.

휘트스톤 브리지는 기본적으로 두 개의 전압 분배기로 이루어져 있다(그림 4-33). 이것은 평형을 이루는 하나의 구간을 이용해 미지의 전기 저항을 측정하는 데 사용된다.

회로에서 R_X는 미지의 저항 값이다. R_C는 전위차계이며, 두 번째 전압 분배기로부터 전압이 R_X를 포함하는 전압 분배기의 전압과 같게 될 때까지 조정이 된다. 전압 값이 같게 되면, 브리지는 평형이 된다. 평형점은 전압계나 전류계로 출력 단자를 통해 연결하여 검출된다. 두 계측기는 모두 평형이 되면 0을 가리킨다.

평형이 된 회로에서, R_X/R_A 비율은 R_B/R_C 비율과 같게 된다.

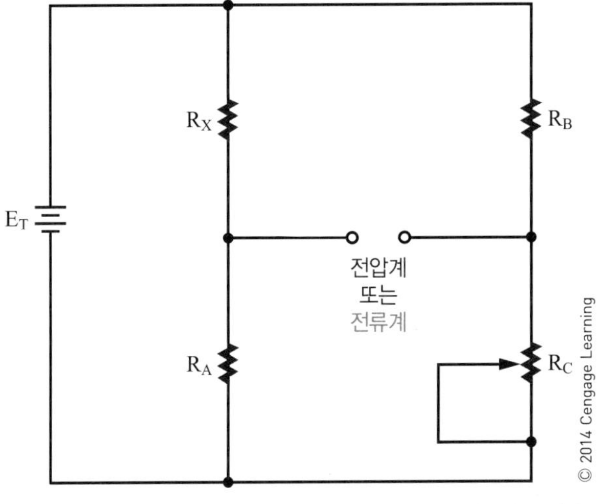

그림 4-33 휘트스톤 브리지는 두 개의 전압 분배기로 이루어져 있다.

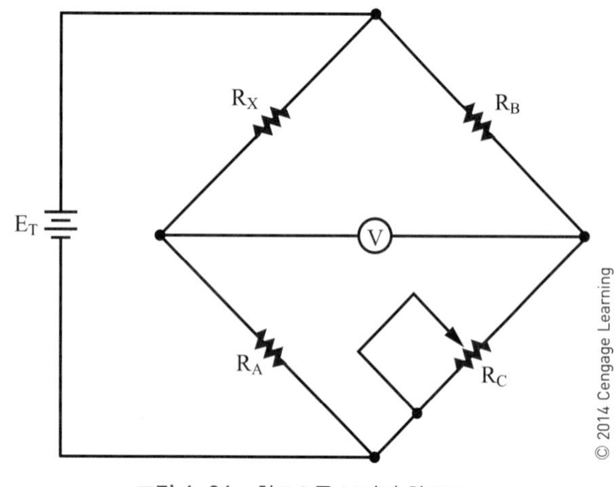

그림 4-34 휘트스톤 브리지 회로도.

$$\frac{R_X}{R_A} = \frac{R_B}{R_C}$$

$$R_X = \frac{R_A \times R_B}{R_C}$$

즉, R_A, R_B, R_C 값이 알려져 있을 경우 R_X는 쉽게 계산된다. R_C는 평형이 되도록 조정한 후 계측기로 그 값을 측정해야 한다. 실제로 휘트스톤 브리지는, R_A, R_B는 고정이 되고, R_C 값을 조정해서 R_C에 연결된 슬라이딩 눈금을 쉽게 판독해서 R_X 값을 구한다. 휘트스톤이 설계한 휘트스톤 브리지를 그림 4-34에 나타내었다.

휘트스톤 브리지를 응용하여 커패시턴스, 인덕턴스, 임피던스를 측정하는 데도 사용한다. 현재, 휘트스톤 브리지 회로를 이용하여 저항 값을 측정하는 일은 거의 없다. 휘스톤 브리지는 저항이 변형(strain)에 비례하여 변화하는 것을 응용한 **스트레인 게이지**(strain guage)와 같은 감지 회로를 설계하는 데 사용된다. 상승 기류나 뜨거운 열로 인해 더 높고 긴 항행을 하는 글라이더 조종사에게 공기 압력의 변화를 감지해서 경고해 주는 **바리오미터**(variometer) 형태나, 공간에 존재하는 가연성 가스의 양을 샘플링하는 **폭발력계**(explosimeter) 형태로 산업체에서 널리 이용되고 있다.

4-9 질문

1. 휘트스톤 브리지 회로는 무엇으로 구성되었는가?
2. 미터기가 0을 가리킨다는 것은 어떤 의미인가?
3. 그림 4-34에서 R_A, R_B는 각 10 kΩ이고 R_C가 96,432 Ω일 때 R_X의 값은 얼마인가?
4. 휘트스톤 브리지를 이용하여 측정할 수 있는 다른 양은 무엇인가?
5. 휘트스톤 브리지의 응용으로 현재 사용되고 있는 것은 무엇인가?

요약

- 저항기는 고정형이거나 가변형이다.
- 저항의 허용 오차는, 저항 값이 변하여도 수용할 수 있는 저항의 양이다.
- 저항에는 탄소 합성 저항, 권선 저항, 필름 저항이 있다.
- 탄소 합성 저항은 가장 일반적으로 사용되었던 저항이다.
- 권선 저항은 많은 양의 열을 발산해야 하는 높은 전류 회로에 사용된다.
- 필름 저항은 높은 정확도와 작은 크기가 특징이다.
- 전압을 제어하는 데 사용하는 가변 저항을 전위차계라고 부른다.
- 전류를 제어하는 데 사용하는 가변 저항을 가변 저항기라고 부른다.
  - 저항 값은 컬러 코드로 식별할 수 있다.
  - 첫 번째 띠는 첫 번째 숫자를 나타낸다.
  - 두 번째 띠는 두 번째 숫자를 나타낸다.
  - 세 번째 띠는 0의 개수로, 처음 두 자리에 가산하여 나타낸다.
  - 네 번째 띠는 허용 오차를 나타낸다.
  - 다섯 번째 띠는 신뢰성을 나타내기 위해 추가할 수 있다.
- 저항 값이 100 Ω 미만인 경우 흑색 세 번째 띠와 함께 표시된다.
- 저항은 직렬, 병렬, 직병렬의 세 가지로 구성될 수 있다.
- 저항 값이 10 Ω 미만인 경우, 금색 세 번째 띠와 함께

표시된다.

- 저항 값이 1 Ω 미만인 경우, 은색 세 번째 띠와 함께 표시된다.
- 1 % 허용 오차를 가지는 저항 값은 승수를 나타내는 네 번째 띠에 표시된다.
- 저항 값은 문자와 숫자를 조합한 체계로 나타낼 수 있다.
- 직렬 회로에서 합성 저항은 다음 공식으로 나타낸다.

$$R_T = R_1 + R_2 + R_3 \cdots + R_n$$

- 병렬 회로에서 합성 저항은 다음 공식으로 나타낼 수 있다.

$$\frac{1}{R_T} = \frac{1}{R_1} + \frac{1}{R_2} + \frac{1}{R_3} \cdots + \frac{1}{R_n}$$

- 직렬-병렬 회로에서의 합성 저항은 직렬과 병렬 두 가지를 이용해서 결정된다.
- 휘트스톤 브리지는 미지의 전기 저항을 측정하는 데 사용된다.

연습 문제

1. 재료의 저항을 결정하는 방법을 설명하여라.
2. 10 % 허용 오차를 갖는 2200 Ω 저항의 허용 범위는 얼마인가?
3. 다음 저항의 컬러 코드를 작성하여라.
   a. 5600 Ω ±5 %
   b. 1.5 MΩ ±10 %
   c. 2.7 Ω ±5 %
   d. 100 Ω ±20 %
   e. 470 kΩ ±10 %
4. 다음 칩 저항의 코드를 설명하여라.
   RC0402D104T
5. 전위차계의 라벨은 어떻게 표시하는가?
6. 직렬, 병렬, 직렬-병렬 회로 저항에 대한 합성 저항을 계산하는 식을 표로 나타내어라.
7. 병렬로 연결된 네 개의 8 Ω 저항에 대한 합성 저항을 구하여라.
8. 문제 7의 합성 저항을 풀기 위한 단계를 설명하여라.
9. 다음 회로의 합성 저항을 구하여라.

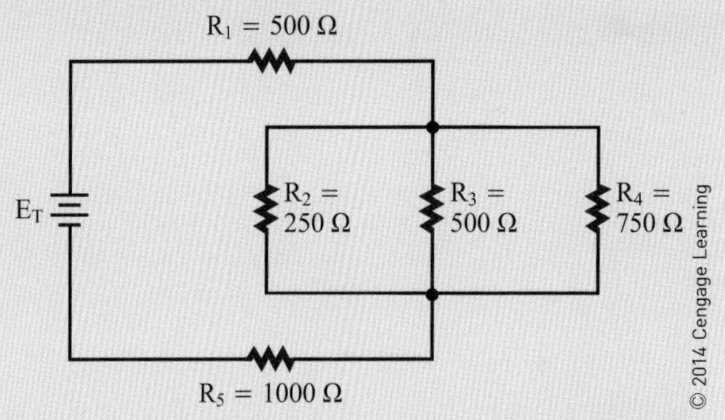

10. 휘트스톤 브리지에서 R_A, R_B는 각각 1 kΩ이고, R_C가 7.59 kΩ일 때, R_X를 구하고, 회로도를 그려서 값들을 표시하여라.

5장

옴의 법칙
Ohm's Law

학습 목표

이 장을 학습하면 다음을 할 수 있다.

- 회로의 세 가지 기본 성분을 설명할 수 있다.
- 회로 구성의 세 가지 종류를 설명할 수 있다.
- 회로에서 전류의 흐름이 변하는 방법에 대해 설명할 수 있다.
- 전류, 전압 및 저항에 관한 옴의 법칙을 설명할 수 있다.
- 직렬, 병렬 및 직렬-병렬 회로에서 전류, 저항 또는 전압에 관한 옴의 법칙을 사용하여 문제를 해결할 수 있다.
- 직렬과 병렬 회로 사이의 전체 전류 흐름이 어떻게 다른지를 설명할 수 있다.
- 직렬과 병렬 회로 사이의 전체 전압강하가 어떻게 다른지를 설명할 수 있다.
- 직렬 및 병렬 회로 사이의 전체 합성 저항이 어떻게 다른지를 설명할 수 있다.
- 키르히호프의 전류 및 전압법칙을 설명하고 응용할 수 있다.
- 키르히호프의 법칙과 옴의 법칙을 사용하여 답을 구할 수 있다.

옴의 법칙은 세 가지 기본 성분인 전류, 전압 및 저항 간의 관계를 정의한다. 즉, 전류는 전압에 비례하고, 저항에 반비례한다는 것이다.

이 장에서는 옴의 법칙을 회로에 응용하는 방법에 대해 살펴본다.

5-1 전기 회로

앞에서 설명한 것과 같이, 전류는 전압원의 양극에서 나와 음극으로 흐른다. 이렇게 전류가 흐르는 경로를 **전기 회로**(electric circuit)라고 한다. 모든 전기 회로는 전압원 또는 전원, 부하 그리고 도체로 구성된다. **전압원**(voltage source)은 전류를 강제로 흐르게 하는 전위차를 만든다. 전압원은 배터리, 발전기 또는 3장에서 설명한 기타 장치들이다. **부하**(load)는 전류의 흐름에 대해 일부 저항의 형태로 구성된다. 저항은 회로의 목적에 따라 높거나 낮을 수 있다. 회로에서 전류는 전압원에서 부하로, 도체를 통해 흐른다. 도체는 쉽게 전자를 내놓아야 한다. 구리가 도체로 가장 많이 사용된다.

부하를 통해 흐르는 전류의 경로는 회로의 세 종류인 직렬, 병렬 및 직병렬 회로 중 하나의 형태로 흐른다. 직렬 회로(그림 5-1)는 전원에서 부하로 전류의 흐름에 대

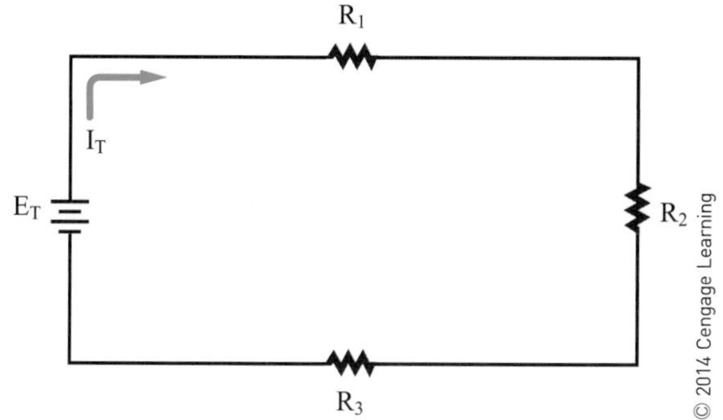

그림 5–1 직렬 회로에서 전류는 한 경로로만 흐른다.

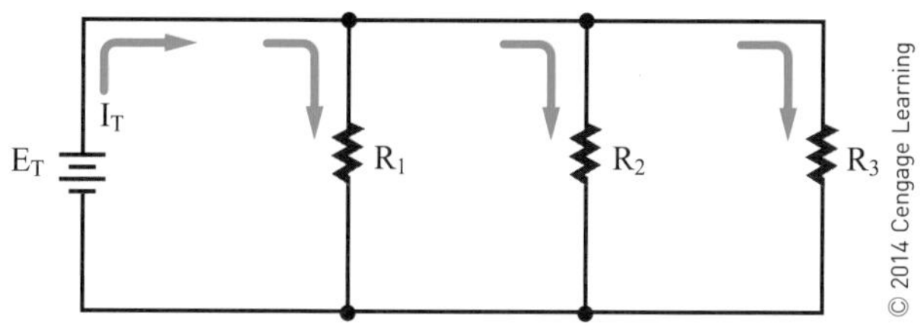

그림 5–2 병렬 회로에서 전류는 둘 이상의 경로로 흐른다.

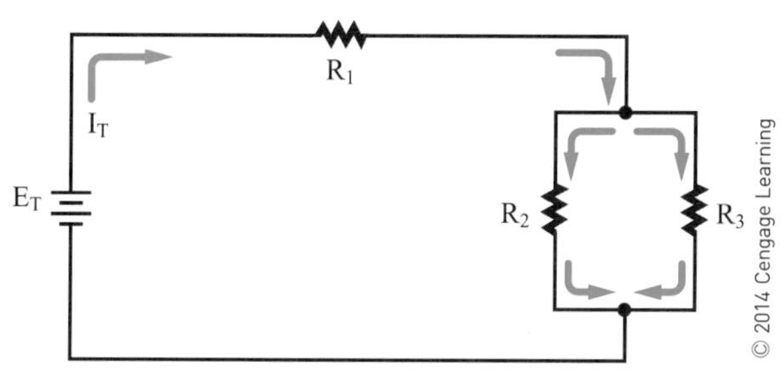

그림 5–3 직렬–병렬 회로는 직렬 회로와 병렬 회로의 조합이다.

해 단일 연속 경로를 제공한다. 병렬 회로(그림 5–2)는 둘 이상의 경로를 제공한다. 전압원은 둘 이상의 부하에 전압을 줄 수 있다. 또한 여러 전압원을 단일 부하에 연결할 수도 있다. 직렬–병렬 회로(그림 5–3)는 직렬 및 병렬 회로의 조합이다.

전기 회로에서 전류는, 전압원의 양극으로부터 음극으로 부하를 통해 흐른다(그림 5–4). 회로의 경로가 단선되지(끊어지지) 않는 한, 회로는 닫힌회로(폐회로)가 되며 전류가 흐르게 된다(그림 5–5). 그러나 경로가 끊어진 경우에는, 열린회로(개회로)가 되어 전류가 흐를 수 없다(그림 5–6).

회로에 인가된 전압이나 저항을 변화시킴으로써, 전기

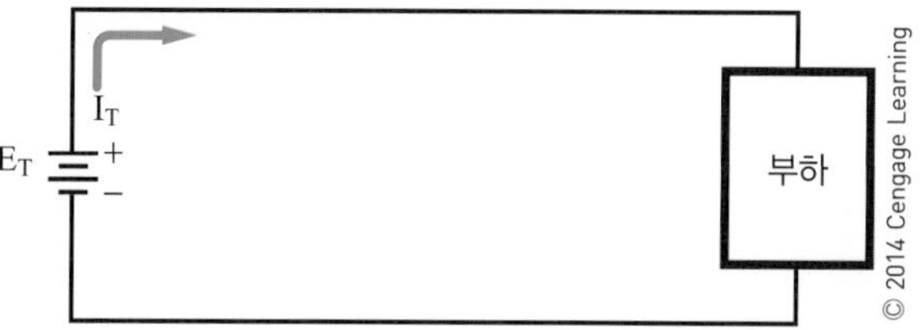

그림 5–4 전기 회로에서 전류는, 전압원의 양극으로부터 부하를 거쳐 전압원의 음극으로 흐른다.

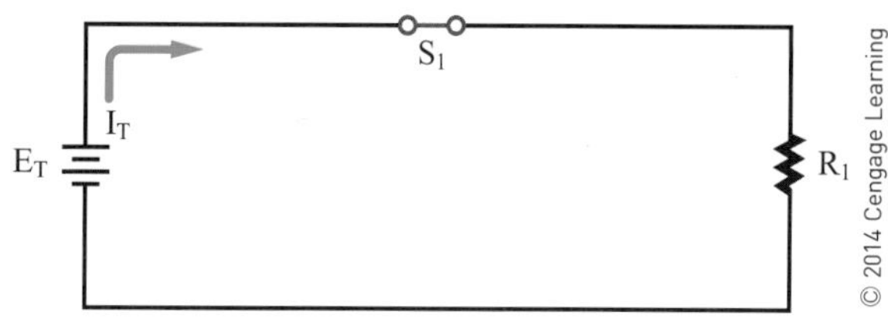

그림 5–5 닫힌회로에서는 전류가 흐른다.

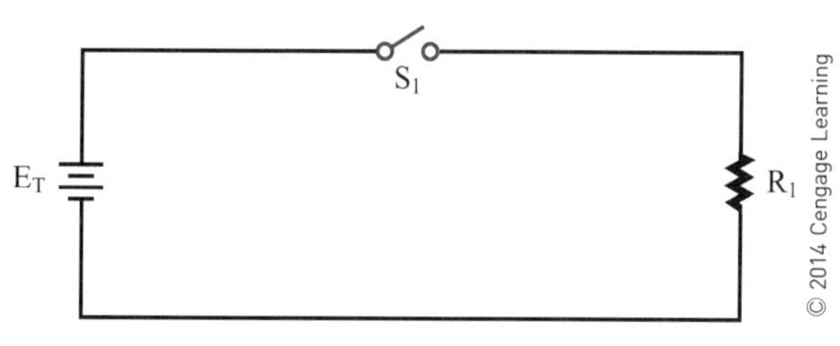

그림 5–6 열린회로에서는 전류가 흐르지 않는다.

그림 5–7 전기 회로에서 전류는 전압에 따라 변한다.

그림 5–8 전기 회로에서 전류는 저항에 따라 변한다.

회로에 흐르는 전류의 흐름을 다양하게 변화시킬 수 있다. 전류는 전압 혹은 저항의 변화에 정확한 비율로 달라진다. 만일 전압이 증가하면 전류 또한 증가한다. 전압이 감소하면 전류도 감소한다(그림 5–7). 반면에, 저항이 증가하면 전류는 감소한다(그림 5–8).

5-1 질문

1. 전기 회로의 세 가지 기본 성분은 무엇인가?
2. 다음 용어를 설명하여라.
   a. 직렬 회로 b. 병렬 회로
   c. 직렬–병렬(직병렬) 회로
3. 전류가 회로를 통해 어떻게 흐르는지를 보여주는 회로도를 그려라(전류 흐름을 나타내는 화살표를 사용하여라).
4. 열린회로와 닫힌회로의 차이는 무엇인가?
5. 전기 회로에서 전압이 증가하였을 때와 감소하였을 때 전류는 어떻게 변하는가? 저항이 증가하였을 때와 감소하였을 경우에 대해서도 기술하여라.

5-2 옴의 법칙

1827년에, 조지 옴(George Ohm)이 최초로 전류, 전압 및 저항 사이의 관계를 옴의 법칙으로 나타냈다. **옴의 법칙(Ohm's law)**은 전기 회로에서 전류는 전압에 비례하고, 저항에 반비례한다는 것을 말한다. 이것은 다음과 같이 표현할 수 있다.

$$\text{전류} = \frac{\text{전압}}{\text{저항}}$$

또는

$$I = \frac{E}{R}$$

여기서, I = 전류(A)
E = 전압(V)
R = 저항(Ω)

세 개의 값 중 두 개를 알면, 세 번째 값을 구할 수 있다.

예제 그림 5–9의 회로에 흐르는 전류는 얼마인가?

제시 값

$I_T = ?$

$E_T = 12\ V$

$R_T = 1000\ \Omega$

풀이

$I_T = \frac{E_T}{R_T}$

$I_T = \frac{12}{1000}$

$I_T = 0.012\ A$ 또는 12 mA

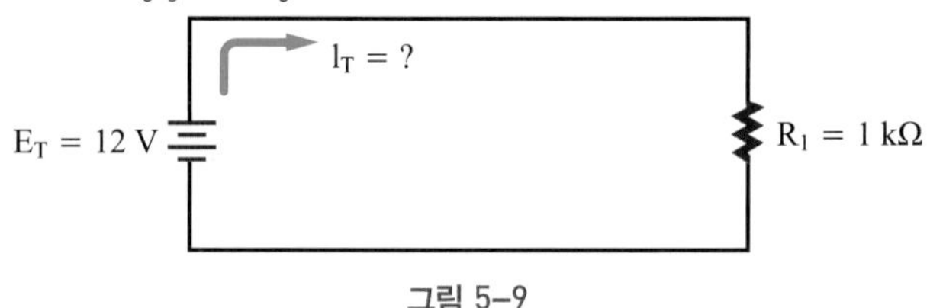

그림 5–9

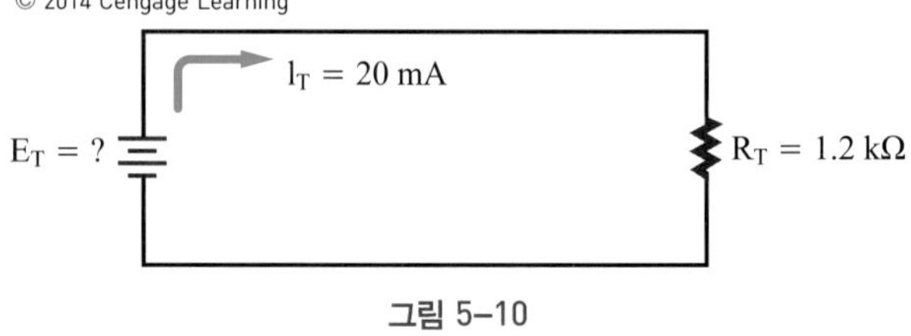

그림 5–10

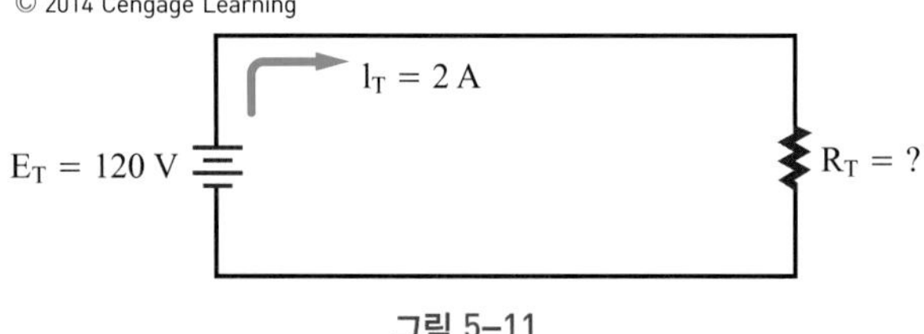

그림 5–11

예제 그림 5–10의 회로에서 20 mA의 전류를 발생하기 위해 필요한 전압은 얼마인가?

제시 값

$I_T = 20\ mA = 0.02\ A$

$E_T = ?$

$R_T = 1.2\ k\Omega = 1200\ \Omega$

풀이

$I_T = \frac{E_T}{R_T}$

$0.02 = \frac{E_T}{1200}$

$E_T = 24\ V$

예제 그림 5–11의 회로에서 2 A가 흐르는 데 필요한 저항은 얼마인가?

제시 값

$I_T = 2\ A$

$E_T = 120\ V$

$R_T = ?$

풀이

$I_T = \frac{E_T}{R_T}$

$2 = \frac{120}{R_T}$

$60\ \Omega = R_T$

5-2 질문

1. 옴의 법칙을 공식으로 설명하여라.

2. 2400 Ω의 저항에 12 V를 인가한 회로에서, 전류는 얼마인가?
3. 전압 24 V를 인가하고 20 mA의 전류를 제한하는 데 필요한 저항은 얼마인가?
4. 100 Ω의 저항을 통해 3 A의 전류가 흐르는 데 필요한 전압은 얼마인가?
5. 다음 표를 완성하여라.

	E	I	R
a.	9 V		180 Ω
b.	12 V	20 mA	
c.	120 V	10 A	
d.	120 V		10 MΩ
e.	1.5 V	20 μA	
f.	20 V		560 Ω

5-3 옴의 법칙 응용

직렬 회로(그림 5-12)에서, 회로에 흐르는 전류는 모두 같다.

$$I_T = I_{R_1} = I_{R_2} = I_{R_3} \cdots = I_{R_n}$$

직렬 회로에서 전체 전압은, 회로 내 각 부하(저항) 양단의 전압강하의 합과 같다.

$$E_T = E_{R_1} + E_{R_2} + E_{R_3} + E_{R_n}$$

직렬 회로에서 합성 저항은 회로 내 각 저항의 합과 같다.

$$R_T = R_1 + R_2 + R_3 \cdots + R_n$$

병렬 회로(그림 5-13)에서, 회로 내 각 가지에 인가되는 전압은 같다.

$$E_T = E_{R_1} = E_{R_2} = E_{R_3} \cdots = E_{R_n}$$

병렬 회로에 흐르는 전체 전류는, 회로 내 각 가지 전류들의 합과 같다.

$$I_T = I_{R_1} + I_{R_2} + I_{R_3} \cdots + I_{R_n}$$

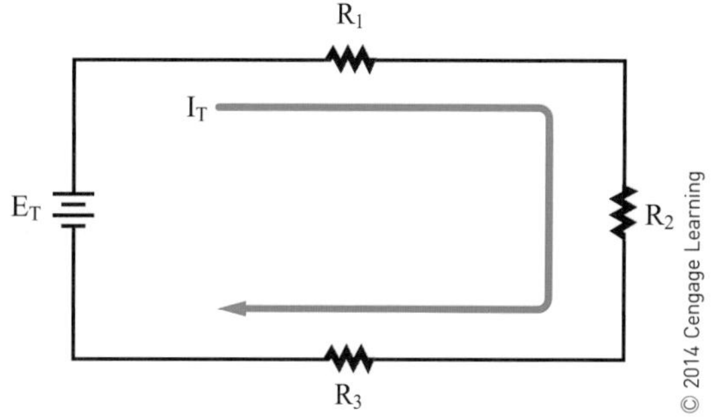

그림 5-12 직렬 회로에서 흐르는 전류는 모두 같다.

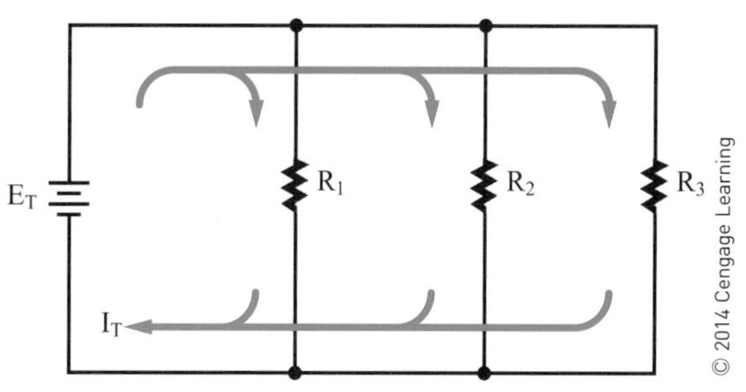

그림 5-13 병렬 회로 내에서 흐르는 전류는, 회로의 가지들 사이로 분배되어 흐르며, 전압원으로 복귀하여 다시 합류된다.

합성 저항의 역은, 각각 가지 저항의 역의 합과 같다.

$$\frac{1}{R_T} = \frac{1}{R_1} + \frac{1}{R_2} + \frac{1}{R_3} \cdots + \frac{1}{R_n}$$

병렬 회로에서 합성 저항은 항상 가장 작은 가지 저항보다 작다.

옴의 법칙은, 회로(직렬, 병렬 또는 직렬-병렬)에서 전류는 전압에 비례하고 저항에 반비례함을 말한다.

$$I = \frac{E}{R}$$

회로에서 미지량은 다음의 과정을 거쳐 구한다.

1. 회로도를 그리고 알려진 모든 값을 표시한다.
2. 등가 회로의 값을 결정하고 회로를 다시 그린다.
3. 미지량을 해결한다.

참고 **옴의 법칙은 회로 내 어떤 지점, 어떤 시간이든 적용할 수가 있다. 직렬 회로에서 흐르는 모든 전류는 같으며, 병렬 회로에서 모든 가지의 전압은 같다.**

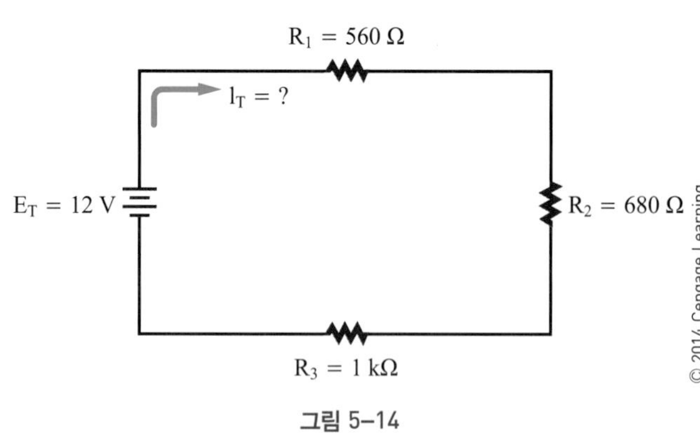

그림 5-14

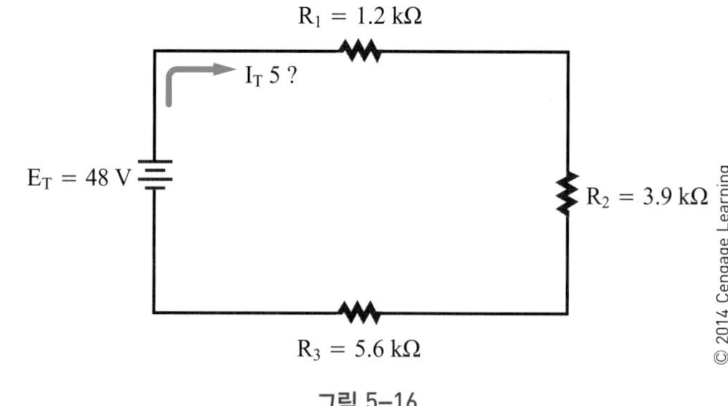

그림 5-16

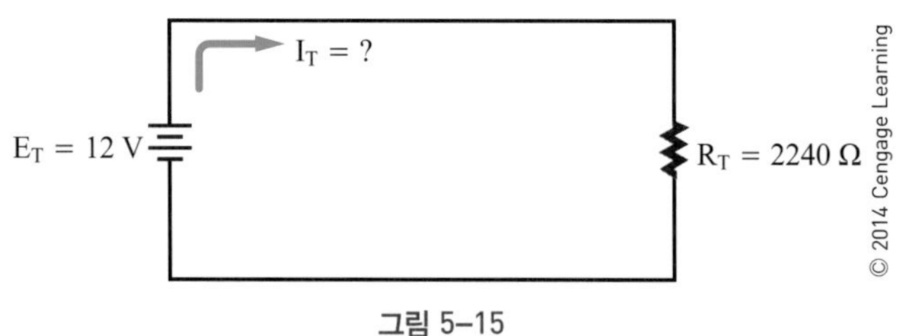

그림 5-15

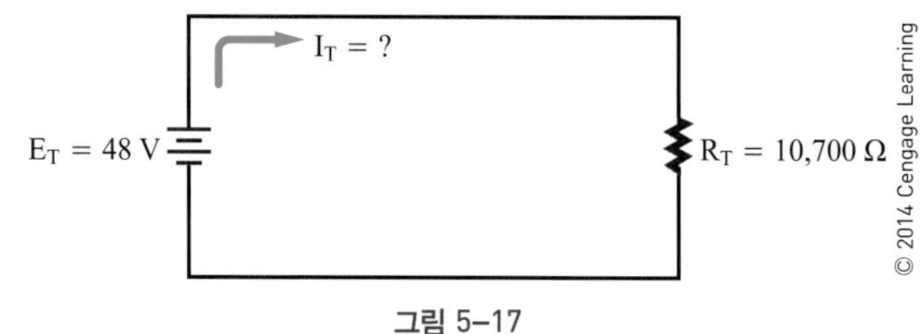

그림 5-17

예제 그림 5-14의 회로에서 전체 전류는 얼마인가?

제시 값

$I_T = ?$

$E_T = 12\ V$

$R_T = ?$

$R_1 = 560\ \Omega$

$R_2 = 680\ \Omega$

$R_3 = 1\ k\Omega = 1000\ \Omega$

풀이

먼저 회로의 합성 저항을 구한다.

$R_T = R_1 + R_2 + R_3$

$R_T = 560 + 680 + 1000$

$R_T = 2240\ \Omega$

등가 회로를 그린다(그림 5-15).

다음에 전체 전류를 구한다.

$$I_T = \frac{E_T}{R_T}$$

$$I_T = \frac{12}{2240}$$

$I_T = 0.0054\ A$ 또는 $54\ mA$

예제 그림 5-16의 회로에서 저항 R_2 양단의 전압강하는 얼마인가?

제시 값

$I_T = ?$

$E_T = 48\ V$

$R_T = ?$

$R_1 = 1.2\ k\Omega = 1200\ \Omega$

$R_2 = 3.9\ k\Omega = 3900\ \Omega$

$R_3 = 5.6\ k\Omega = 5600\ \Omega$

풀이

먼저 전체 회로 저항을 구한다.

$R_T = R_1 + R_2 + R_3$

$R_T = 1200 + 3900 + 5600$

$R_T = 10,700\ \Omega$

등가 회로를 그린다(그림 5-17). 회로 내 전체 전류를 구한다.

$$I_T = \frac{E_T}{R_T}$$

$$I_T = \frac{48}{10,700}$$

$I_T = 0.0045\ A$ 또는 $4.5\ mA$

직렬 회로에서는, 회로에 걸쳐 동일한 전류가 흐른다는 것을 기억하라. 따라서, $I_{R_2} = I_T$이다.

$$I_{R_2} = \frac{E_{R_2}}{R_2}$$

$$0.0045 = \frac{E_{R_2}}{3900}$$

$E_{R_2} = 17.55\ V$

예제 그림 5-18의 회로에서 R_2에 흐르는 전류는 얼마인가?

먼저 R_1과 R_3에 흐르는 전류를 구한다. 병렬 회로 내 각 가지에 인가되는 전압은 서로 같으므로, 각 가지의 전압은 120 V의 전원 전압이 된다.

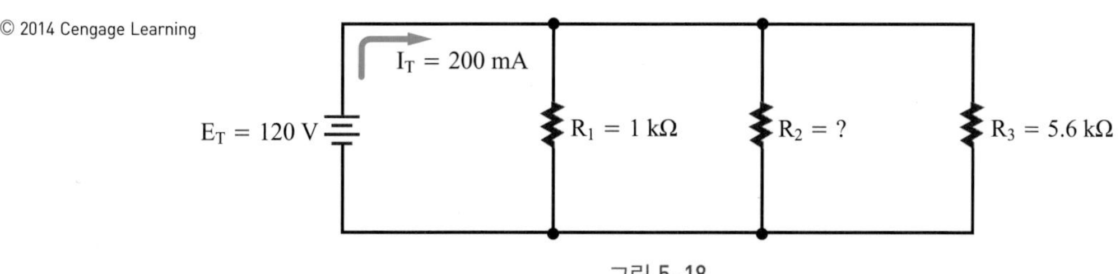

그림 5-18

제시 값	풀이
$I_{R_1} = ?$	$I_{R_1} = \dfrac{E_{R_1}}{R_1}$
$E_{R_1} = 120\text{ V}$	$I_{R_1} = \dfrac{120}{1000}$
$R_1 = 1000\ \Omega$	$I_{R_1} = 0.12\text{ A}$

제시 값	풀이
$I_{R_3} = ?$	$I_{R_3} = \dfrac{E_{R_3}}{R_3}$
$E_{R_3} = 120\text{ V}$	$I_{R_3} = \dfrac{120}{5600}$
$R_3 = 5600\ \Omega$	$I_{R_3} = 0.021\text{ A}$

병렬 회로에서 전체 전류는, 가지 전류들의 합과 같다. 따라서

제시 값	풀이
$I_T = 0.200\text{ A}$	$I_T = I_{R_1} + I_{R_2} + I_{R_3}$
$I_{R_1} = 0.120\text{ A}$	$0.200 = 0.120 + I_{R_2} + 0.021$
$I_{R_2} = ?$	$0.200 = 0.141 + I_{R_2}$
$I_{R_3} = 0.021\text{ A}$	$0.200 - 0.141 = I_{R_2}$
	$0.059\text{ A} = I_{R_2}$

이제 저항 R_2는 옴의 법칙을 사용하여 구할 수 있다.

제시 값	풀이
$I_{R_2} = 0.059\text{ A}$	$I_{R_2} = \dfrac{E_{R_2}}{R_2}$
$E_{R_2} = 120\text{ V}$	$0.059 = \dfrac{120}{R_2}$
$R_2 = ?$	$R_2 = 2033.9\ \Omega$

예제 **그림 5-19의 회로에서 R_3를 통해 흐르는 전류는 얼마인가?**

먼저 R_1과 R_2에 대한 등가 저항(R_A)을 구한다.

제시 값	풀이
$R_A = ?$	$\dfrac{1}{R_A} = \dfrac{1}{R_1} + \dfrac{1}{R_2}$
$R_1 = 1000\ \Omega$	$\dfrac{1}{R_A} = \dfrac{1}{1000} + \dfrac{1}{2000}$
$R_2 = 2000\ \Omega$	$R_A = 666.67\ \Omega$

그다음, 저항 R_4, R_5, R_6에 대한 등가 저항(R_B)를 구한다. 먼저, R_5와 R_6 저항에 대한 직렬 저항의 합(R_s)을 구한다.

제시 값	풀이
$R_s = ?$	$R_s = R_5 + R_6$
$R_5 = 1500\ \Omega$	$R_s = 1500 + 3300$
$R_6 = 3300\ \Omega$	$R_s = 4800\ \Omega$

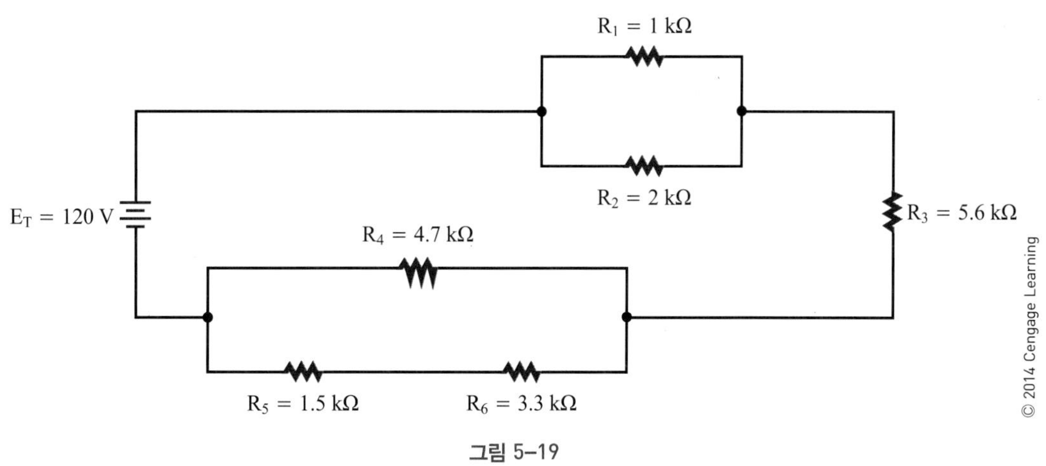

그림 5-19

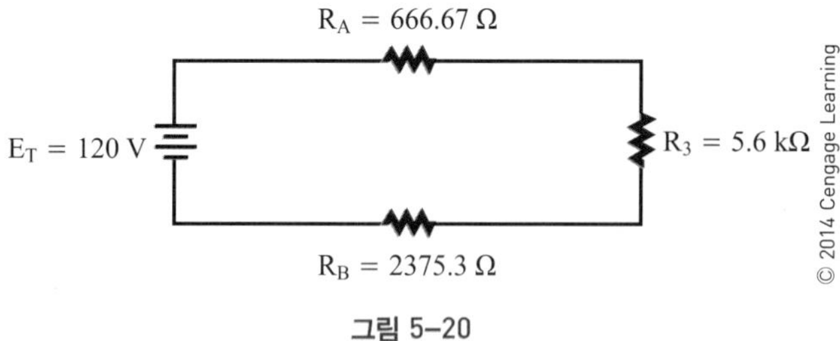

그림 5-20

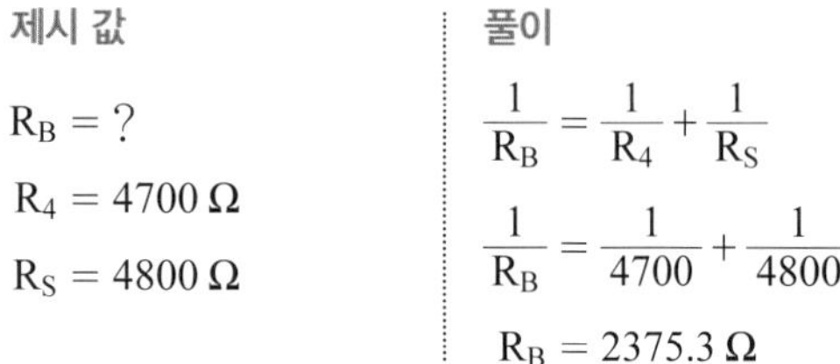

제시 값	풀이
$R_B = ?$	$\frac{1}{R_B} = \frac{1}{R_4} + \frac{1}{R_S}$
$R_4 = 4700\ \Omega$	$\frac{1}{R_B} = \frac{1}{4700} + \frac{1}{4800}$
$R_S = 4800\ \Omega$	$R_B = 2375.3\ \Omega$

R_A, R_B를 대체해서 등가 회로를 다시 그리고, 등가 회로의 전체 직렬 저항을 구한다(그림 5-20).

제시 값	풀이
$R_T = ?$	$R_T = R_A + R_3 + R_B$
$R_A = 666.67\ \Omega$	$R_T = 666.67 + 5600 + 2375.3$
$R_3 = 5600\ \Omega$	$R_T = 8641.97\ \Omega$
$R_B = 2375.3\ \Omega$	

이제, 옴의 법칙을 이용하여 등가 회로를 통해 흐르는 전체 전류를 구한다.

제시 값	풀이
$I_T = ?$	$I_T = \frac{E_T}{R_T}$
$E_T = 120\ V$	$I_T = \frac{120}{8641.97}$
$R_T = 8641.97\ \Omega$	$I_T = 0.0139\ A$ 또는 $13.9\ mA$

직렬 회로에서 전 회로에 걸쳐 흐르는 전류는 모두 같다. 따라서, R_3를 통해 흐르는 전류는 회로 내 전체 전류와 같다.

$$I_{R_3} = I_T$$
$$I_{R_3} = 13.9\ mA$$

5-3 질문

1. 각 가지 저항 소자에 흐르는 전류를 알고 있을 때, 직렬과 병렬 회로에서 전체 전류를 결정하는 공식을 나타내어라.

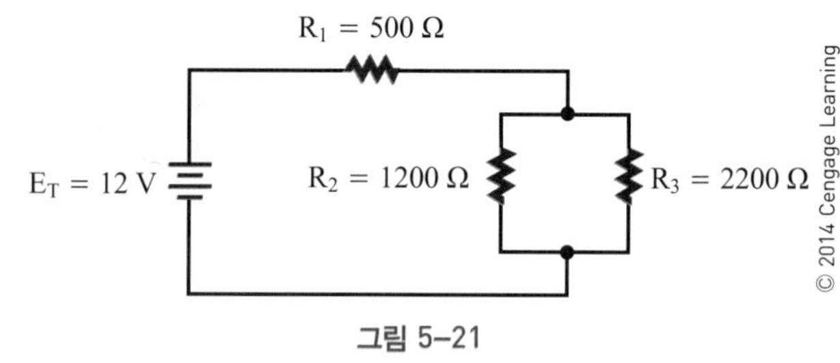

그림 5-21

2. 각 저항의 전압강하가 주어졌을 때, 직렬 및 병렬 회로 내의 전체 전압을 결정하는 공식을 나타내어라.
3. 각각의 저항이 주어졌을 때, 직렬 및 병렬 회로의 합성 저항을 결정하는 공식을 나타내어라.
4. 적어도 세 개의 값(전류, 전압, 저항) 중 두 개가 주어졌을 때 전체 전압, 전류, 직렬 및 병렬 회로 내의 저항을 해결하는 공식을 나타내어라.
5. 그림 5-21에서 회로의 전체 전류는 얼마인가?
   $I_T = ?$
   $E_T = 12\ V$
   $R_1 = 500\ \Omega$
   $R_2 = 1200\ \Omega$
   $R_3 = 2200\ \Omega$

5-4 키르히호프의 전류법칙

1847년에, 키르히호프(G. R. Kirchhoff)는 키르히호프의 법칙이라고 하는 두 가지 중요한 옴의 법칙을 발표했다. **키르히호프의 전류법칙**(Kirchhoff's current law)으로 알려진 제1 법칙은 다음과 같다.

- 회로 내의 한 교차점에서 유입하는 전류와 유출하는 전류의 대수합은 0이다.

키르히호프의 전류법칙을 설명하는 또 다른 방법은 다음과 같다.

- 교차점 안으로 흐르는 전체 전류는 그 교차점 밖으로 흘러 나가는 전류의 합과 같다.

교차점은 두 개 이상의 전류 경로와 만나는 회로의 어느 지점으로 정의된다. 병렬 회로에서, 교차점은 회로에

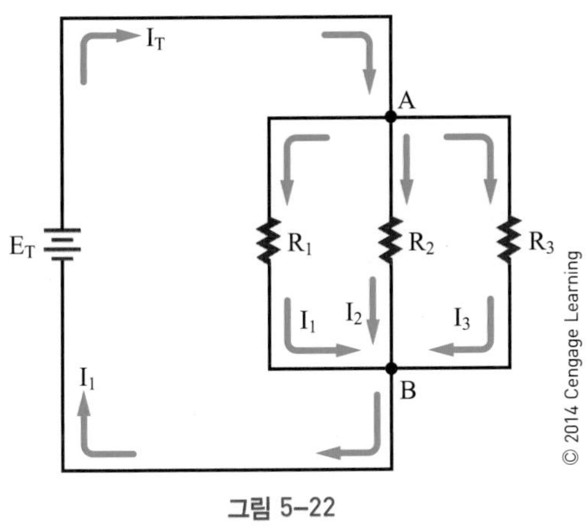

그림 5-22

5-4 질문

1. 키르히호프의 전류법칙을 설명하여라.
2. 세 개의 병렬 회로의 가지 교차점으로 각각 3 A의 전류가 흐른다. 세 가지의 전류 합계는 얼마가 되겠는가?
3. 교차점 안으로 흐르는 전류가 1 mA와 5 mA였다면, 교차점 밖으로 흘러나가는 전류의 양은 얼마인가?
4. 두 개의 가지를 갖는 병렬 회로에서, 하나의 가지에서 2 mA의 전류가 흐른다. 총 전류가 5 mA라면, 다른 가지를 통해 흐르는 전류는 얼마인가?
5. 그림 5-23의 회로에서, I_2 및 I_3의 값은 얼마인가?

병렬로 연결되어 있다.

그림 5-22에서 지점 A는 하나의 교차점이며 지점 B는 두 번째 교차점이 된다. 회로에서 전체 전류는, 전압원으로부터 지점 A의 교차점 안으로 흐른다. 그 지점에서 전류는 그림에서와 같이 세 개의 가지로 분배되어 흐른다. 각 세 개의 가지 전류(I_1, I_2, I_3)는 각각 교차점 A의 바깥으로 흐른다. 키르히호프의 전류법칙에 따르면, 교차점 안으로 흘러들어 가는 전체 전류는, 교차점 밖으로 흘러나가는 전체 전류와 서로 같게 된다는 것으로, 전류는 다음과 같이 나타낼 수 있다.

$$I_T = I_1 + I_2 + I_3$$

전류 I_1, I_2, I_3는 각각 세 개의 가지를 통해 지점 B로 흘러들어가서, 교차점 밖으로 흐르는 전체 전류 I_T가 된다. 이 교차점에서 키르히호프의 전류법칙에 대한 공식은, 교차점 A에서의 공식과 동일하다.

$$I_1 + I_2 + I_3 = I_T$$

5-5 키르히호프의 전압법칙

키르히호프의 제2 법칙을 **키르히호프의 전압법칙**(Kirchhoff's voltage law)이라고 하며, 그 내용은 다음과 같다.

- 닫힌회로(폐회로) 주위의 모든 전압의 대수합은 0이 된다.

키르히호프의 전압법칙을 설명하는 또 다른 방법은 다음과 같다.

- 폐회로에서 모든 전압강하는 전압원과 서로 같다.

그림 5-24에 회로 내 세 개의 전압강하와 한 개의 전압원(전압상승)을 나타냈다. 회로를 따라 전압을 모두 합하면, 그 값은 0이 된다.

$$E_T - E_1 - E_2 - E_3 = 0$$

전압원(E_T)은 전압강하의 전압과 반대 부호를 가진다. 따라서, 대수합은 0이 된다.

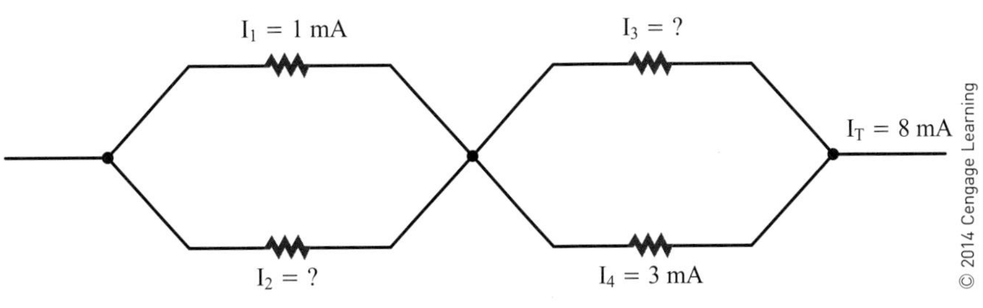

그림 5-23

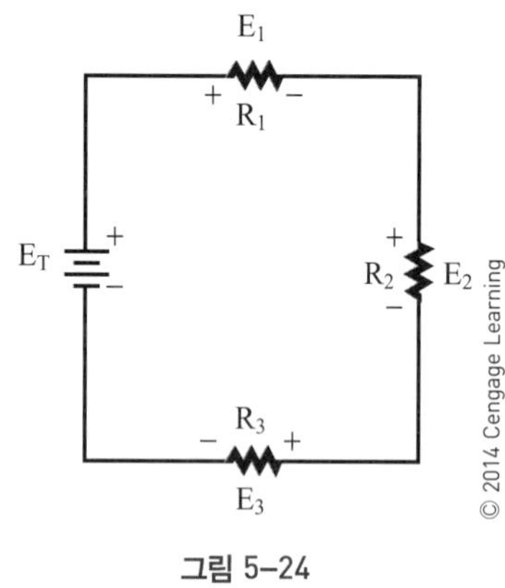

그림 5-24

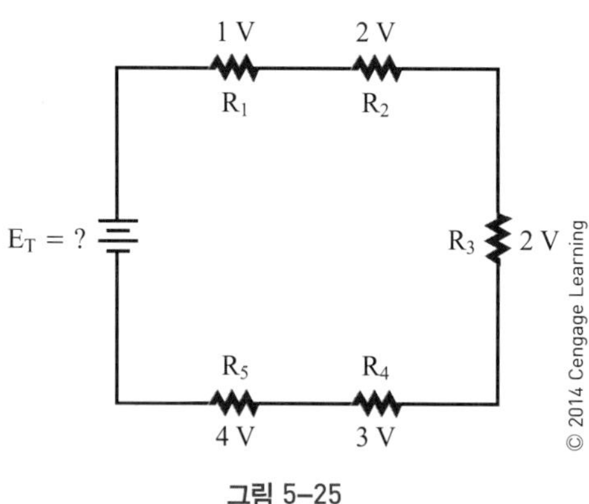

그림 5-25

전압 법칙의 또 다른 방법을 살펴보면, 모든 전압강하의 합은 전압원과 같다는 것이다.

$$E_T = E_1 + E_2 + E_3$$

같은 방식으로 보여준 두 개의 수식은, 키르히호프의 전압법칙을 표현하는 등가 방법들이 서로 같다는 것을 의미한다.

회로의 전압원의 극성과 전압강하의 극성이 서로 반대가 된다는 것을 기억하라.

5-5 질문

1. 키르히호프의 전압법칙을 두 가지 방법으로 설명하여라.
2. 직렬 저항 회로가 12 V의 전압원에 연결되었다. 회로의 전체 전압강하는 얼마인가?
3. 하나의 직렬 회로에 두 개의 동일한 저항이 9 V 배터리와 함께 직렬로 연결되어 있다. 각 저항 양단의 전압강하는 얼마인가?
4. 하나의 직렬 회로에 세 개의 저항과 12 V 전압원이 연결되었다. 한 저항의 전압강하가 3 V이고, 또 다른 저항의 전압강하가 5 V이다. 세 번째 저항의 양단 간 전압강하는 얼마인가?
5. 그림 5-25에서, 이 회로에 인가되는 전체 전압은 얼마인가?

요약

- 전기 회로는 전원, 부하 및 도체로 구성된다.
- 전기 회로에서 전류의 경로는 직렬, 병렬 또는 직렬-병렬일 수 있다.
- 직렬 회로에서 전류는 하나의 경로로만 흐른다.
- 병렬 회로에서 전류는 몇 가지 경로로 흐른다.
- 직렬-병렬 회로에서 전류는 직렬 및 병렬 경로가 조합된 형태로 흐른다.
- 전류는 전압원의 양극으로부터 음극으로 각 저항을 통과하여 흐른다.
- 전압 또는 저항을 변화시킴으로써, 전기 회로 내의 전류 흐름을 변화시킬 수 있다.
- 옴의 법칙은 전류, 전압 그리고 저항과의 관계를 보여준다.
- 옴의 법칙은, 전기 회로에서 전류는 전압에 비례하고 회로 내 저항에 반비례함을 보여준다.

$$I = \frac{E}{R}$$

- 옴의 법칙은 모든 직렬, 병렬 및 직렬-병렬 회로에 적용된다.
- 회로에서 미지량을 구하는 과정은 다음과 같다.
  - 모든 값을 기입하여 나타내고 회로도를 그린다.
  - 등가 회로의 값을 결정하고 회로를 다시 그린다.
  - 미지량을 해결한다.
- 키르히호프의 전류법칙: 하나의 교차점으로 흘러 들어오는 전류와 흘러나가는 전류의 대수합은 0이며, 이것은 교차점 안으로 흐르는 전체 전류는 교차점 밖으로 흘러나가는 전류의 합과 같다는 의미이다.

- 키르히호프의 전압법칙: 폐회로 주위의 모든 전압의 대수합은 0이며, 이것은 폐회로에서 전압강하의 모든 합은 전압원의 합과 서로 같다는 의미이다.

연습 문제

옴의 법칙을 사용하여 다음의 미지 값을 구하여라.

1. I = ? E = 9 V R = 4500 Ω
2. I = 250 mA E = ? R = 470 Ω
3. I = 10 A E = 240 V R = ?
4. 다음 회로에서 각 부품 소자를 통한 전압강하를 구하여라.

(A)

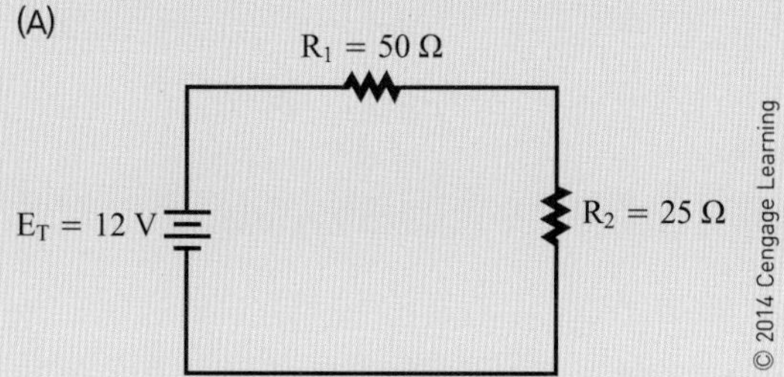

(B)

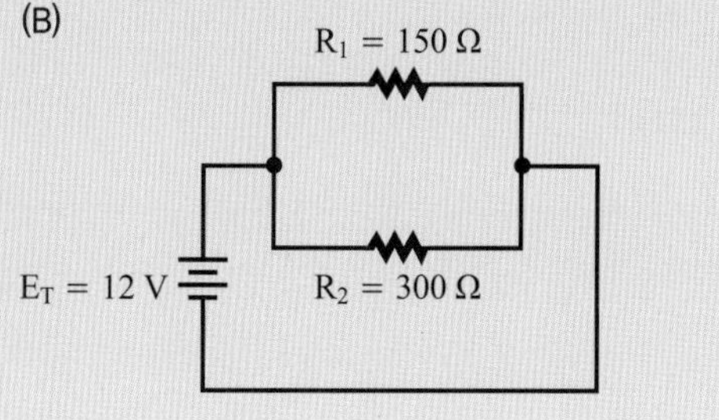

(C)

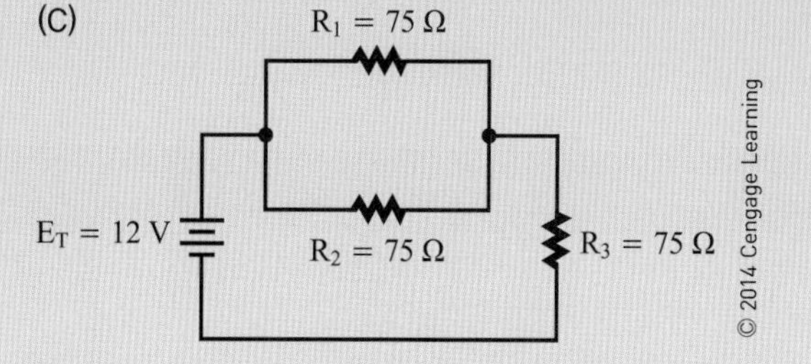

5. 키르히호프의 법칙을 사용하여 문제 4에 대한 해답을 검증하여라.

6장

전력과 전기계측
Power & Electrical Measurements

학습 목표

이 장을 학습하면 다음을 할 수 있다.

- 전기 회로에 관한 전력을 설명할 수 있다.
- 전류 및 전압의 관계를 설명할 수 있다.
- 전기 회로의 전력 소비량을 구할 수 있다.
- 직렬, 병렬 또는 직렬–병렬 회로 내의 총전력 소비량을 구할 수 있다.
- 전류계를 이용하여 전류를 측정하는 방법을 설명할 수 있다.
- 전압계를 이용하여 전압을 측정하는 방법을 설명할 수 있다.
- 저항계를 이용하여 저항을 측정하는 방법을 설명할 수 있다.
- 전기 회로에 전압계를 연결하기 위한 안전조치를 나열할 수 있다.
- 저항계를 사용하여 개방회로, 단락회로 또는 폐회로를 시험하는 방법을 설명할 수 있다.

전류, 전압 및 저항에 덧붙여, 회로 해석에서 네 번째로 중요한 것이 전력이다. 전력은 일이 수행된 비율이다. 회로에 전기가 흐르는 경우에 전력은 언제나 소비된다. 전력은 전류와 전압 모두 비례한다.

그리고 전기 기술자들에게 전류, 전압 및 저항의 정량적 측정은 필수적이다. 이 장에서는 전력을 포함하는 회로 응용과 전기계측의 구성 및 동작 원리와 사용법에 대하여 살펴본다.

6-1 전력

전기적이거나 기계적인 힘은 일이 일어난 비율과 관련이 있다. 일은 힘이 이동할 때마다 발생한다. 기계적인 힘이 리프트나 무게에 사용되면, 일이 행하여지는 것이다. 그러나 두 개의 고정된 물체 사이에 있는 압축 스프링과 같이, 위치의 이동 없이 힘이 가해졌다면 일을 행한 것이 아니다.

전압은 폐회로에 전류의 흐름을 발생시키는 전기적인 힘이다. 전압이 두 지점 사이에 존재할 때 전류가 흐르지 않는다면, 일은 일어나지 않는다. 이것은 움직임 없이 응력하에 놓여 있는 스프링과 비슷하다. 회로에서 전압이 전자의 이동을 일으킬 때 일이 행하여진다. 1초 동안 일어난 일의 양을 **전력**(power)이라고 하며, 단위는 **와트**(watt, W)이다. 전력은 회로 내에서 소비되는 에너지의 비율로 정의할 수 있다. 전력에 대한 기호는 P(Power)이다.

행하여진 일의 총량은 시간이 서로 다를 수가 있다. 예를 들어, 일정한 양의 전자가 한 위치에서 다른 위치로 이동할 때, 이동 전자의 비율에 따라 1초, 1분 또는 1시간이 걸릴 수 있다. 이러한 경우에 수행된 모든 일들의 총량은 동일하다. 그러나 짧은 시간에 일이 수행되면, 장시간 동안에 행해진 일의 양보다 순간 전력(와트 양)이 더 크게 된다.

앞에서 언급했듯이, 전력의 기본 단위는 와트이다. 와트는 회로 양단에 가해진 전압과 회로를 통해 흐르는 전류를 곱한 것이다. 이것은 전자들이 회로를 통해 이동해서 어느 주어진 순간에 일을 행한 비율을 의미한다. 전력, 전류, 전압의 관계는 다음과 같이 표현할 수 있다.

$$P = I \times E \quad \text{또는} \quad P = IE$$

I는 회로를 통해 흐르는 전류를 나타내고, E는 회로에 인가된 전압을 나타낸다. 전력의 크기는 회로의 전압 또는 전류의 변화에 따라 달라진다.

예제 **그림 6–1의 회로에서 전력을 계산하여라.**

제시 값	풀이
$P = ?$	$P = IE$
$I = 2\ A$	$P = (2)(12)$
$E = 12\ V$	$P = 24\ W$

예제 **200 W에서 전류 2 A를 운반하는 데 필요한 전압은 얼마인가?**

제시 값	풀이
$P = 200\ W$	$P = IE$
$I = 2\ A$	$200 = 2(E)$
$E = ?$	$100\ V = E$

예제 **100 W, 120 V 전구를 사용한다면 전류는 얼마인가?**

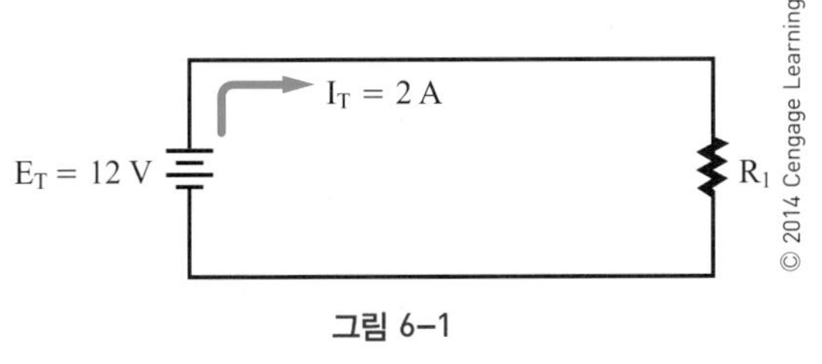

그림 6–1

제시 값	풀이
$P = 100\ W$	$P = IE$
$I = ?$	$100 = (I)(120)$
$E = 120\ V$	$0.83\ A = I$

6-1 질문

1. 전기 회로와 관련된 전력을 정의하여라.
2. 전력을 측정하는 데 사용되는 단위는 무엇인가?
3. 어떤 주어진 시간 동안에 행한 일의 양을 나타내는 것은 무엇인가?
4. 동일한 일을 수행할 때 시간이 서로 다를 경우에, 수행한 일의 전체 총량은 같은가?
5. 다음 값을 계산하여라.
   a. $P = ?,\ E = 12\ V,\ I = 1\ A$
   b. $P = 1000\ W,\ E = ?,\ I = 10\ A$
   c. $P = 150\ W,\ E = 120\ V,\ I = ?$

6-2 전력 응용(회로 해석)

회로에서 저항 성분은 전력을 소비한다. 부품에 의해 소비되는 전력을 확인하려면, 부품을 통해 흐르는 전류에다 부품 양단의 전압강하를 곱하면 된다.

$$P = IE$$

직렬 또는 병렬 회로에서 소비되는 총전력은 각 개별 부품이 소비하는 전력의 합과 같다. 이것은 다음과 같이 표현된다.

$$P_T = P_{R_1} + P_{R_2} + P_{R_3} \cdots + P_{R_n}$$

회로가 소비하는 전력은 간혹 1와트 미만이 된다. 이러한 작은 숫자 사용에 편의를 주기 위해 밀리와트(mW)와 마이크로와트(μW)를 사용한다.

$$1000\ mW = 1\ W$$

$$1\ mW = \frac{1}{1000}\ W$$

$$1{,}000{,}000\ \mu W = 1\ W$$

$$1\ \mu W = \frac{1}{1{,}000{,}000}\ W$$

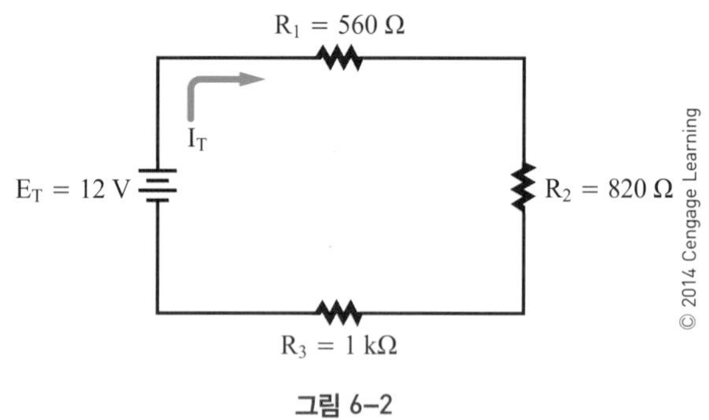

그림 6–2

예제 그림 6–2의 회로에서 얼마나 많은 전력이 소비되는가?

우선 회로의 합성 저항을 구한다.

제시 값	풀이
$R_T = ?$	$R_T = R_1 + R_2 + R_3$
$R_1 = 560\ \Omega$	$R_T = 560 + 820 + 1000$
$R_2 = 820\ \Omega$	$R_T = 2380\ \Omega$
$R_3 = 1000\ \Omega$	

이제 옴의 법칙을 사용하여 회로에 흐르는 총전류를 구한다.

제시 값	풀이
$I_T = ?$	$I_T = \frac{E_T}{R_T}$
$E_T = 12\ V$	$I_T = \frac{12}{2380}$
$R_T = 2380\ \Omega$	$I_T = 0.005\ A$

총전력 소비는 전력 공식을 사용하여 구할 수 있다.

제시 값	풀이
$P_T = ?$	$P_T = I_T E_T$
$I_T = 0.005\ A$	$P_T = (0.005)(12)$
$E_T = 12\ V$	$P_T = 0.06\ W$ 또는 $60\ mW$

예제 그림 6–3의 회로에서 R_2 값은 얼마인가?

먼저 저항기 R_1 양단의 전압강하를 구한다.

제시 값	풀이
$P_{R_1} = 0.018\ W$	$P_{R_1} = I_{R_1} E_{R_1}$
$I_{R_1} = 0.0015\ A$	$0.018 = (0.0015)(E_{R_1})$
$E_{R_1} = ?$	$E_{R_1} = 12\ V$

이제 저항기 R_2를 통해 흐르는 전류를 구할 수 있다. 병렬 회로에서는 가지 내 모든 전압이 서로 같다는 것을 기억하라. $E_T = E_{R_1} = E_{R_2} = E_{R_3}$.

제시 값	풀이
$P_{R_2} = 0.026\ W$	$P_{R_2} = I_{R_2} E_{R_2}$
$I_{R_2} = ?$	$0.026 = (I_{R_2})(12)$
$E_{R_2} = 12\ V$	$I_{R_2} = 0.00217\ A$

이제 옴의 법칙을 이용하여 저항 R_2 값을 구한다.

제시 값	풀이
$I_{R_2} = 0.00217\ A$	$I_{R_2} = \frac{E_{R_2}}{R_2}$
$E_{R_2} = 12\ V$	$0.00217 = \frac{12}{R_2}$
$R_2 = ?$	$R_2 = 5530\ \Omega$

예제 $22\ \Omega$ 저항을 통해 $0.05\ A$의 전류가 흐르는 경우, 저항에서 소비되는 전력은 얼마인가?

먼저 옴의 법칙을 이용하여 저항 양단의 전압강하를 구한다.

제시 값	풀이
$I_R = 0.05\ A$	$I_R = \frac{E_R}{R}$
$E_R = ?$	$0.05 = \frac{E_R}{22}$
$R = 22\ \Omega$	$E_R = 1.1\ V$

저항에서 소비되는 전력은 전력 공식을 이용하여 구한다.

제시 값	풀이
$P_R = ?$	$P_R = I_R E_R$
$E_R = 1.1\ V$	$P_R = (0.05)(1.1)$
$I_R = 0.05\ A$	$P_R = 0.055\ W$ 또는 $55\ mW$

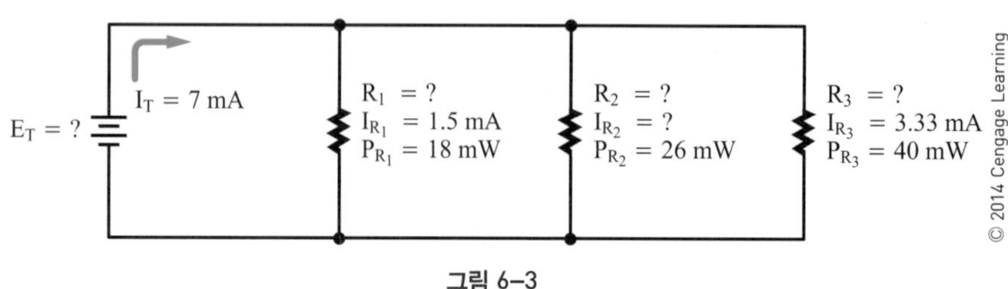

그림 6–3

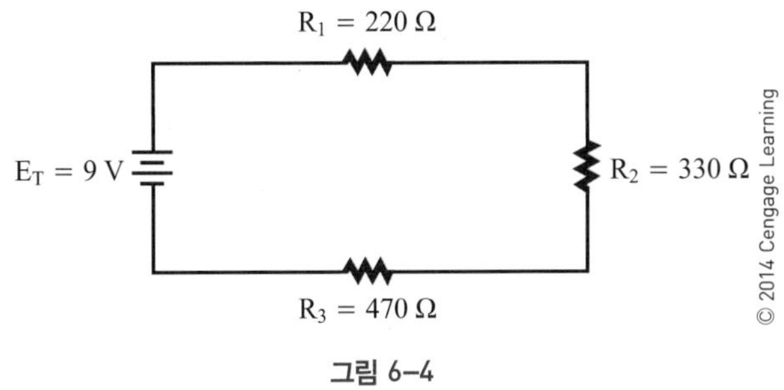

그림 6–4

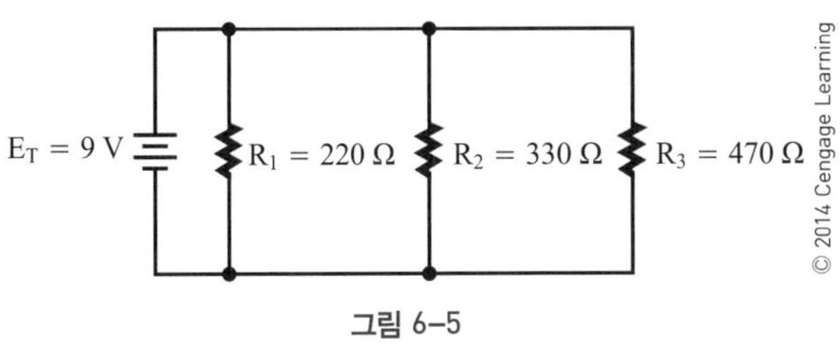

그림 6–5

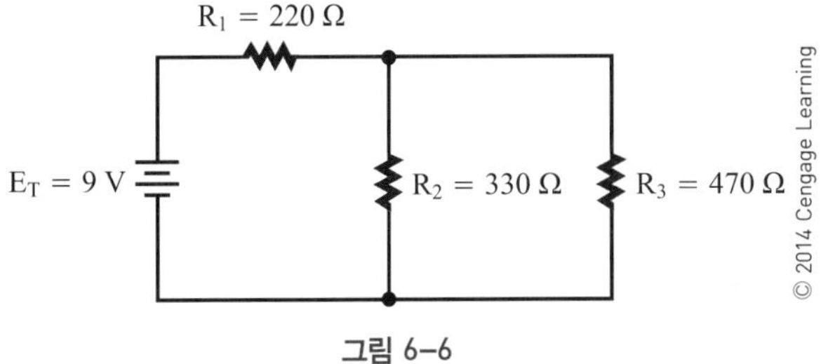

그림 6–6

6-2 질문

1. 전류와 전압이 주어졌을 때, 전력을 구하는 공식은 무엇인가?
2. 직렬 회로에서 전체 전력을 구하는 공식은 무엇인가? 병렬 회로의 전체 전력을 나타내는 공식은 무엇인가?
3. 다음을 변환하여라.
   a. 100 mW = ____________ W
   b. 10 W = ____________ mW
   c. 10 μW = ____________ W
   d. 1000 μW = ____________ mW
   e. 0.025 W = ____________ mW
4. 그림 6–4에 나타낸 회로의 각 저항에서 소비되는 전력은 얼마인가?
5. 그림 6–5에 나타낸 회로의 각 저항에서 소비되는 전력은 얼마인가?
6. 그림 6–6에 나타낸 회로의 각 저항에서 소비되는 전력은 얼마인가?

6-3 전류 측정

전류계를 사용하여 전류를 측정하려면 회로는 개방(open)해야 하며, 전류계는 회로에 직렬로 삽입해야 한다(그림 6–7).

회로에 전류계를 배치할 때는 반드시 극성을 주의하여야 한다. 전류계의 두 단자는 양극은 빨간색, 음극(또는 공통)은 검은색으로 표시되어 있다(그림 6–8).

음극 단자는 회로의 음극에, 양극 단자는 회로의 양극에 연결해야 한다(그림 6–9). 전류계는 연결되어 있을 때, 전류계의 바늘(지침)이 왼쪽에서 오른쪽으로 이동한다. 만약 바늘이 반대 방향으로 움직인다면, 리드선이 반대로 잘못 연결된 것이다.

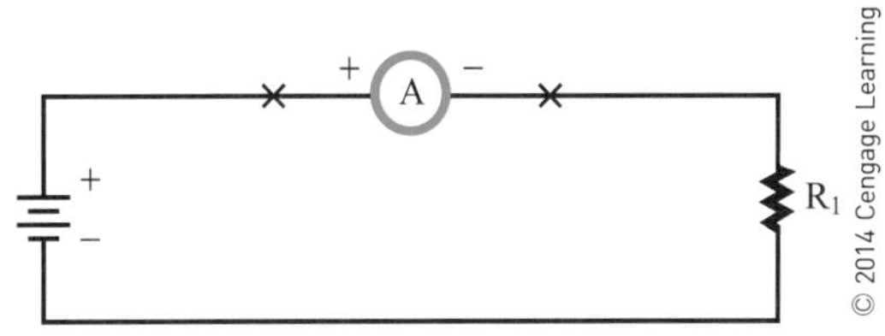

그림 6–7 전류계는 회로에 직렬로 연결해야 한다.

그림 6–8 전류계는 VOM의 한 부분이다. 검은색 음극 리드는 공통 또는 음극 잭에 연결한다. 빨간색 양극 리드는 플러스 기호가 있는 잭에 연결한다.

 주의 회로에 전류계를 연결하기 전에는 항상 전원을 꺼야 한다.

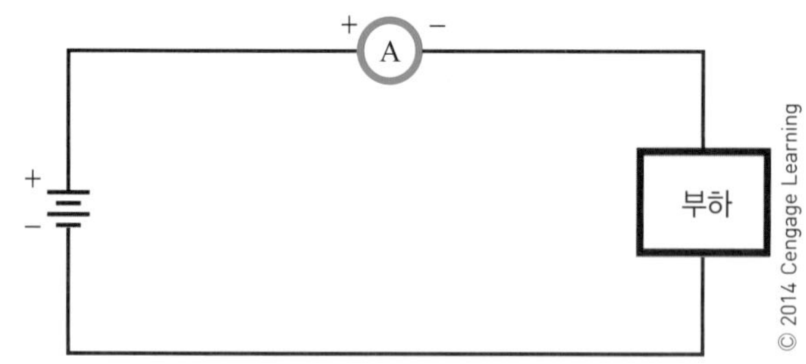

그림 6-9 전류계의 양극 단자는 회로의 양극에 연결하고, 음극 단자는 음극에 연결한다.

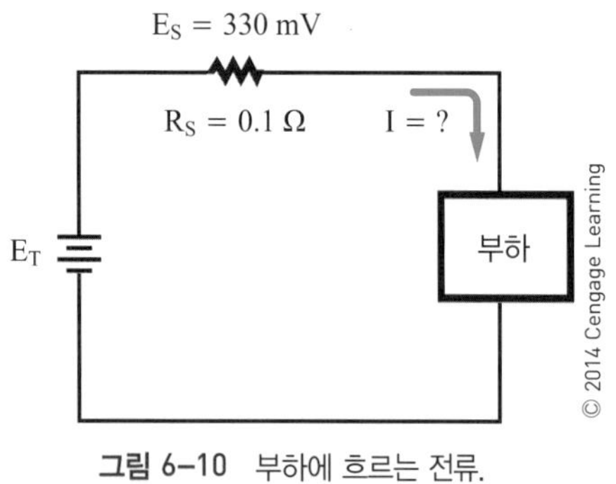

그림 6-10 부하에 흐르는 전류.

회로를 개방하거나 직렬로 전류계를 삽입하여 배치할 필요 없이 전류를 측정하는 또 다른 방법은, 회로에 저항 값을 이미 알고 있는 저항을 사용하는 것이다. **전류계 분로기**(ammeter shunt)라고 부르는 저항기는 제조업체에서 설치하거나 임시로 사용하기 위해 삽입할 수 있다. 이러한 저항기는 회로의 대전류를 측정하기 위한 것으로서, 회로의 정상적인 작동에 영향을 주지 않을 만큼 값이 충분히 작아야 한다.

이 저항기는 측정할 때 출력 전압을 작게 하기 위해서 사용한다. 사용하기에 가장 좋은 계측기는 DMM(digital multimeter)이며, 작은 전압으로 정확하게 측정할 수 있다. 옴의 법칙($I = E/R$)을 사용하여, 전류계 분로 저항으로 측정할 전류의 양을 계산할 수 있다. 전압을 저항 값으로 나누어 회로에 흐르는 전류를 산출한다.

그림 6-10은 0.1 Ω 저항이 분로 저항으로 사용된 것을 보여준다. 만약 DMM으로 측정한 전압이 330 mV라고 한다면 회로에 흐르는 전류는 옴의 법칙에 의해 3.3 A가 된다.

$$I = \frac{E}{R}$$

$$I = \frac{0.330}{0.1}$$

$$I = 3.3\ \text{A}$$

이러한 기법을 사용하는 장점은 회로를 열고 전류계를 삽입할 필요가 없다는 것이다. 또한 전류가 아니라 전압을 읽는다는 것을 주목하라.

주의 **아날로그 전류계는 회로의 어떤 부품에 대해 병렬로 연결해서는 안 된다. 만일 병렬로 연결하는 경우, 전류계 내의 퓨즈가 끊어지고 계측기나 회로는 심각하게 손상될 수 있다. 또한 전류계는 전압원에 직접 연결하여도 안 된다.**

전류계를 설치한 후 회로에 전원을 넣기 전에, 전류계는 가장 높은 눈금 값으로 설정해야 한다. 그리고 전원을 인가한 후, 전류계를 적절한 스케일로 조정한다. 이렇게 하는 것은 정지 상태에서 구동할 때 전류계의 바늘을 보호할 수 있기 때문이다.

전류계의 내부 저항을 회로에 추가하면 회로의 총저항은 증가하게 된다. 따라서, 측정된 회로 전류는 실제 회로 전류보다 약간 낮을 수 있다. 그러나 전류계의 저항은 일반적으로 회로 저항에 비해 대단히 작기 때문에, 이러한 오류는 무시한다.

클립 전류계는 회로에 직접 연결하지 않고 전류 측정이 가능하다. 이것은 전류의 흐름에 의해 만들어진 전자기장(electromagnetic field)을 이용하여 회로의 전류를 측정한다.

6-3 질문

1. 전류계는 전기 회로에 어떻게 연결하는가?
2. 전기 회로에 전류계를 연결하기 전에 해야 할 첫 번째 단계는 무엇인가?
3. 만일 전류계의 바늘이 반대 방향으로 움직일 때는 어떻게 해야 하는가?
4. 전류계에 전원을 인가하기 전에 눈금 스케일은 어떻게 해야 하는가?

5. 전류계를 전기 회로에 병렬로 연결하면 안 되는 이유는 무엇인가?

6-4 전압 측정

전압은 두 점 사이에 존재한다. 이 전압은 전류처럼 회로를 통해 흐르지 않는다. 따라서, 전압을 측정하는 데 사용하는 전압계는 회로와 병렬로 연결한다.

주의 **아날로그 전압계를 회로와 직렬로 연결하면, 계측기에 큰 전류가 흘러 계측기가 손상될 수 있다.**

전기의 **극성**(polarity)은 전압계에서 매우 중요하다. 전압계의 음극 단자는 회로의 음극과 연결하고, 양극 단자는 회로의 양극에 연결해야 한다(그림 6–11). 만약 연결이 반대가 되면 측정이 되지 않고 바늘(지침)은 전압계의 왼쪽으로 편향된다. 이 경우에는 전압계의 리드선을 역방향으로 바꾸어 접속하여야 한다.

좋은 습관은 회로에서 전원을 끄고 전압계를 연결한 다음, 전원을 다시 인가하는 것이다. 처음에 전압계는 가장 높은 눈금 스케일에 설정을 한다. 이후 전압을 회로에 인가한 뒤에 적절한 스케일로 전압계의 눈금을 조정한다.

전압계의 내부 저항은 측정할 부품 소자와 병렬로 연결이 된다. 병렬 회로 저항기의 전체 합성 저항 값은 가장 작은 저항기 값보다 항상 작게 된다. 그 결과 전압계에 판독된 전압은 부품 양단에 나타나는 실제 전압보다도 더 작게 된다. 대부분의 경우에는 전압계의 내부 저항이 높아서 이렇게 작은 오류는 무시할 수 있다. 그러나 전압계가 높은 저항 회로에서 사용된다면, 전압계의 내부 저항은 뚜렷한 영향을 미치게 된다. 일부 전압계는 이와 같은 이유로 아주 큰 내부 저항을 갖도록 설계가 되어 있다.

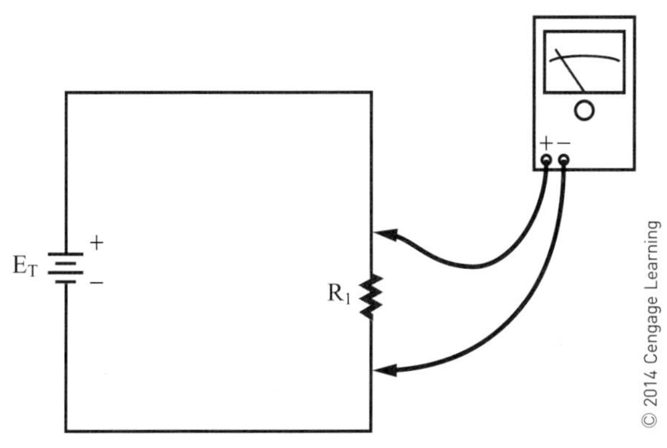

그림 6–11 회로에 전압계를 연결할 때는 극성을 확인해야 한다.

현재, DMM은 최고의 만능 계측기이다. DMM은 전압 범위 내에서 피측정 회로에 부하 효과(loading effect)를 거의 미치지 않는다. 일반적으로 1 V당 20,000 Ω으로 산정되는 20,000 Ω/V의 내부 저항을 갖는 아날로그 계측기와 비교해서, DMM의 내부 저항은 전압 범위 내에서 보통 10 MΩ 이상의 값을 갖는다.

6-4 질문

1. 전압계는 회로에 어떻게 연결하는가?
2. 전기 회로에 전압계를 연결하기 위해 권장되는 방법은 무엇인가?
3. 전압계의 지침이 반대 방향으로 편향되는 경우 어떻게 해야 하는가?
4. 높은 저항 회로를 측정할 때 주의할 점은 무엇인가?
5. 전압계를 전기 회로에 직렬로 연결하면 안 되는 이유는 무엇인가?

6-5 저항 측정

저항계는 값을 아는 전압을 인가하여 회로나 부품의 저항을 측정한다. 이 전압은 배터리에서 공급된다. 일정한 전압을 검사 중인 부품을 통해 저항계 회로에 인가하면, 눈금 지침은 전류 값에 따라 편향하게 된다. 저항계의 편향은 측정되는 저항에 따라 달라진다. 회로나 부품의 저항을 측정하기 위해, 저항계는 회로 또는 부품에 병렬로 연결한다.

주의 **회로의 부품에 저항계를 연결하기 전에 전원이 꺼져 있는지 확인해야 한다.**

전기 회로의 부품의 저항을 측정할 때는, 회로에서 부품의 한쪽 끝을 분리해야 한다. 이것은 잘못된 저항 판독

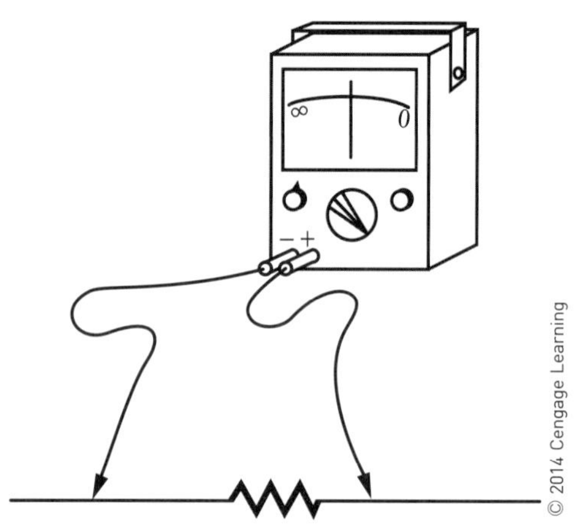

그림 6-12 저항을 측정하기 위해 저항계를 사용할 때, 피측정 소자를 회로로부터 분리해야 한다.

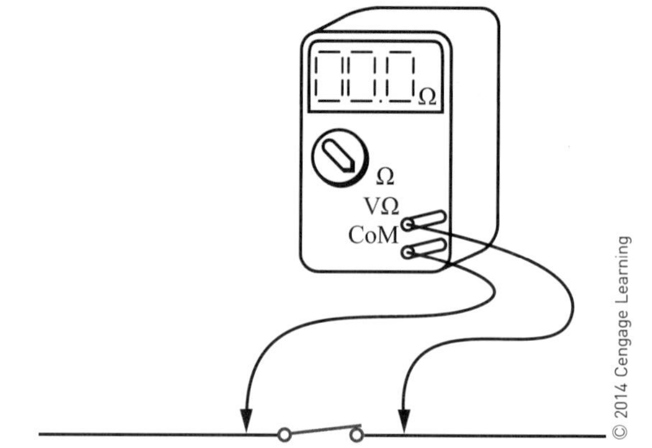

그림 6-14 저항계는 회로가 전류 흐름에 대한 완전한 경로를 만드는지 여부를 확인하는 데 사용할 수 있다. 단락회로는 낮은 저항 값을 낸다.

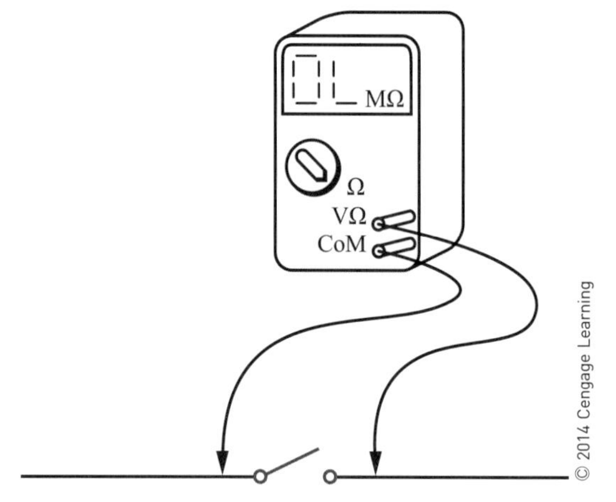

그림 6-13 저항계는 열려 있는지 여부를 확인하는 데 사용할 수 있다. 개방회로는 높은 저항 값을 갖기 때문이다.

으로 귀착될 병렬 경로를 제거하기 위한 것이다. 정확한 판독 결과를 얻으려면 소자를 회로로부터 제거하고, 그 다음 저항계 리드선을 소자 양단에 연결해야 한다(그림 6−12).

저항을 측정하는 것이 저항계의 1차 목적이고, 그 외에 회로의 오픈, 단락 또는 닫힘 여부를 결정하는 데 사용할 수 있다. **개회로**(open circuit)는 무한대의 저항 값을 갖기 때문에 회로에 전류의 흐름이 없다(그림 6−13). **폐회로**(short circuit)는 0옴의 저항 값을 갖기 때문에 회로에 전압강하가 없이 전류가 흐른다. 폐회로(closed circuit)는 전류의 흐름에 있어서 완전한 하나의 경로이다. 이 회로의 저항은 회로 부품에 따라 변화한다(그림 6−14).

개회로, 단락회로 또는 폐회로들을 테스트하는 것을 **도통시험**(continuity test) 또는 체크(검사)한다고 한다. 이것은 전류 경로가 끊어짐이 없이 연속인지의 여부를 확인하는 검사이다. 회로가 열려 있거나 닫혀 있는지 확인하기 위해서는, 저항계상의 최저 눈금 스케일을 사용해야 한다. 먼저, 저항계를 통해 전류의 흐름에 의해 손상될 수 있는 회로 구성 요소가 없는지 확인하라. 다음에 측정할 회로의 지점 양단에 저항계의 리드선을 놓는다. 지침의 움직임이 생겼다면 전류 흐름의 경로가 닫혀 있거나 단락이 되었다는 것을 의미한다. 지침의 움직임이 없다면 전류 경로는 열려 있다는 것이다. 이러한 검사는 회로가 왜 동작하지 않는지를 확인하는 데 유용하다.

DMM은 아날로그 멀티미터기와 비교해, 높은 정확도, 판독의 반복성, 디지털 판독 등을 포함하는 여러 가지 장점이 있다. VOM과 달리, DMM은 아주 작은 전류로 저항을 측정할 수 있다. 이것은 반도체 접합부의 검사에 사용된다. 사실 많은 DMM들이 반도체 접합부 도통시험을 위한 특별한 측정 범위를 가지고 있다. 이러한 계측기들은 검사 중인 접합부를 통해 약 1 mA의 전류를 사용한다.

DMM의 또 다른 특징은, 도통시험을 위한 오디오 신호 또는 "비퍼(beeper)"이다. 이것은 사용자에게 도통시험 중 계측기보다는 회로에 집중하도록 고려한 것이다. 비퍼 기능은 저항측정보다는 오히려 도통시험을 위한 것이다.

참고 어떤 계측기를 사용할 때, 테스트 중인 부품과 병렬 상태로 신체 저항이 작용하여 오차를 유발하지 않도록, 프로브를 만질 때 팁에 손가락이 닿지 않도록 유의하여야 한다.

6-5 질문

1. 저항계는 어떻게 동작하는가?
2. 저항계를 회로에 연결하기 전에 어떤 주의를 기울여야 하는가?
3. 저항계의 1차 목적은 무엇인가?
4. 저항계는 또 어떤 목적으로도 사용할 수 있는가?
5. 반도체 테스트에 DMM이 VOM보다 더 나은 이유는 무엇인가?
6. 도통시험에 DMM이 VOM보다 더 나은 이유는 무엇인가?

요약

- 전력은 회로에 전달되는 에너지의 비율이다.
- 전력은 또한 회로의 저항에서 소비되는 에너지(열)의 비율이기도 하다.
- 전력의 단위는 와트(W)이다.
- 전력은 전류와 전압의 곱이며, 다음과 같이 나타낸다.

$$P = IE$$

- 직렬 또는 병렬 회로에서 소비되는 총전력은 각 개별 부품에서 소비되는 전력의 합과 같다.

$$P_T = P_1 + P_2 + P_3 \cdots + P_n$$

- 멀티미터는 전압계, 전류계 및 저항계를 하나의 계측기로 만든 것이다.
- VOM은 전압, 저항 및 밀리암페어를 측정하는 아날로그 멀티미터이다.
- DMM은 디지털 멀티미터이다.
- 전류계는 전기 회로와 직렬로 연결해야 한다.
- 전압계는 전기 회로와 병렬로 연결해야 한다.
- 저항계는 저항기를 통해 흐르는 전류의 양으로 저항을 측정한다.
- 아날로그 저항계는 사용하기 전에 배터리 저하에 대하여 보정하기 위해 교정해야 한다.

연습 문제

다음 값을 결정하여라.

1. P = ? E = 30 V I = 40 mA
2. P = 1 W E = ? I = 10 mA
3. P = 12.3 W E = 30 V I = ?
4. 다음 회로에서 각 저항의 개별 소비 전력은 얼마인가?

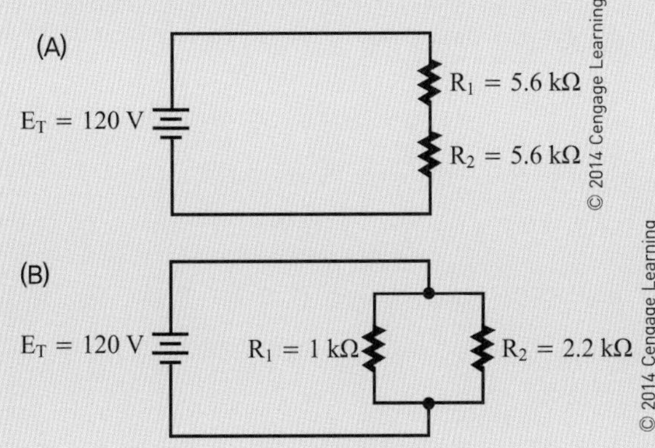

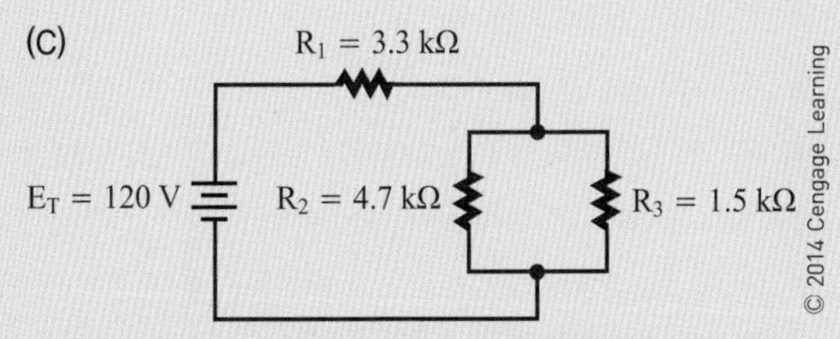

5. 문제 4에서 사용된 회로에서, 소비되는 총전력은 얼마인가?
6. 멀티미터를 사용하는 장점은 무엇인가?
7. 전압, 전류 및 저항을 측정하기 위해 멀티미터를 전기 회로에 연결하는 방법을 회로도로 그려라.
8. VOM을 사용할 때 선택 스위치는 어떤 범위를 설정해야 하는가?
9. DMM 저항계는 사용하기 전에 기능을 보정해야 하는가?

7장

자기
Magnetism

학습 목표

이 장을 학습하면 다음을 할 수 있다.

- 자석의 세 가지 종류를 설명할 수 있다.
- 자석의 기본 형상을 설명할 수 있다.
- 영구 자석과 임시 자석과의 차이점을 설명할 수 있다.
- 지구가 어떻게 자석으로 동작하는지 설명할 수 있다.
- 자기의 법칙을 설명할 수 있다.
- 자기를 원자와 전자 스핀의 이론에 근거해 설명할 수 있다.
- 자기를 도메인 이론에 근거해 설명할 수 있다.
- 자력선과 그 중요성을 설명할 수 있다.
- 투자율을 설명할 수 있다.
- 도체에 흐르는 전류의 자기 효과를 설명할 수 있다.
- 전자석의 원리를 설명할 수 있다.
- 암페어의 오른손 법칙을 이용해 전자석의 극성을 확인하는 방법을 설명할 수 있다.
- 자기 유도를 설명할 수 있다.
- 보자력과 잔류자기를 설명할 수 있다.
- 자기 차폐를 설명할 수 있다.
- 자기를 사용하여 전기를 발생하는 방법을 설명할 수 있다.
- 전자기학의 기본 법칙을 설명할 수 있다.
- 유도 전압의 극성을 결정하는 데 사용되는 플레밍의 오른손 법칙 사용법을 설명할 수 있다.
- 교류 및 직류 발전기가 어떻게 기계 에너지를 전기 에너지로 변환하는지를 설명할 수 있다.
- 릴레이가 어떻게 전자 기계 스위치로 동작하는지를 설명할 수 있다.
- 초인종과 릴레이 사이의 유사성을 설명할 수 있다.
- 솔레노이드와 릴레이 사이의 유사성을 설명할 수 있다.
- 마그네틱 축음기 카트리지가 어떻게 동작되는지 설명할 수 있다.
- 스피커가 동작하는 방법을 설명할 수 있다.
- 자기 기록을 이용하여 정보를 저장하고 검색할 수 있는 방법에 대해 설명할 수 있다.
- 직류 전동기가 어떻게 동작하는지를 설명할 수 있다.

전기와 자기는 분리할 수 없다. 전기를 이해한다는 것은 자기와 전기 사이에 존재하는 관계를 이해하는 것이다.

전류는 항상 어떤 형태의 자기를 만들며, 또한 자기는 전기를 발생하기 위한 가장 일반적인 방법이다. 다시 말하면, 전기는 자기의 영향을 받아 특정 방법으로 행동한다.

이 장에서는 자기, 전자기 그리고 자기와 전기 사이의 관계에 대하여 살펴본다.

7-1 자계

자석(magnet)이라는 단어는 소아시아의 일부인 마그네시아에서 발견된 광물질인 **자철광**(magnetite)에서 유래한 것이다. 이 광물은 천연 자석이다. 자석의 또 다른 형태는 인공 자석이다. 이러한 인공 자석은 자철광의 한 부분을 연철 조각으로 문질러서 만들어진다. 자석의 세 번째 형태는, 전선 코일을 통해 흐르는 전류에 의해 만들어지는 **전자석**(electromagnet)이다.

자석은 다양한 모양으로 만들어진다(그림 7–1). 일반적인 모양들은 말굽, 막대, 직사각형 그리고 원통형(ring type) 모양이다.

자기적 성질을 유지하는 자석을 **영구 자석**(permanent magnet)이라고 하며, 외부 자기장 안에 있을 때에만 자기적 성질을 유지하는 자석을 **일시 자석**(temporary magnet)이라고 한다.

자석은 금속 또는 세라믹 재료로 만든다. 자석은 알니코(Alnico, 알루미늄, 니켈, 코발트)와 큐니페(Cunife,구리[Cu], 니켈, 그리고 철 [Fe]) 두 개의 금속 합금이 사용된다.

그림 7–1 자석은 다양한 크기 및 모양이 있다.

지구 자체는 거대한 자석이다(그림 7–2). 지구 자기의 북극과 남극은, 지리적 북극과 남극에 가깝게 위치한다. 만약 막대자석이 매달려 있다면, 자석의 한쪽 끝은 지구의 북극을 향하고, 다른 한쪽은 남극을 향해 남북으로 정렬된다. 이것이 나침반의 원리이다. 이것은 자석의 두 개 끝을 N극과 S극이라고 부르는 이유이기도 하다.

자석이 남북 방향으로 정렬되는 것은 서로 다른 극들끼리는 끌어당기고, 같은 극들끼리는 서로 밀어내기 때문으로, 이는 양전하와 음전하의 법칙과 유사하다. 자석의 컬러 코드에서 빨간색은 N극을, 파란색은 S극을 나타낸다.

자기(magnetism)는 자석의 성질이며 원자와 같이 기술할 수 있다. 핵 주위의 전자 궤도는 지구가 태양 주위의 궤도를 그리며 도는 것과 같이, 핵을 중심으로 궤도를 그리며 회전하게 된다. 이와 같이 움직이는 정전하가 자계를 만든다. 자계의 방향은 전자의 스핀 방향에 따라 달라진다. 철, 니켈, 코발트는 유일한 천연 자성 재료이다. 이런 재료들은 같은 방향으로 회전하는 두 개의 가전자를 가진다. 다른 물질에 있는 전자들은 서로 반대 방향으로 회전하는 경향이 있어서 재료 내 전자들의 자기 특성을 상

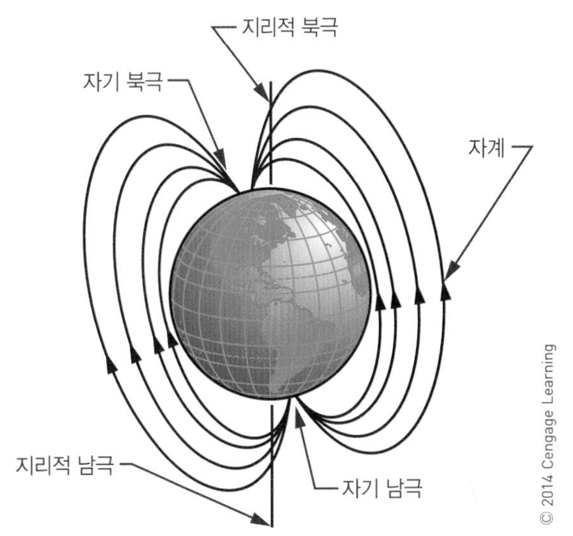

그림 7–2 지구 자기의 북극과 남극은, 지리적 북극과 남극에 가깝게 위치한다.

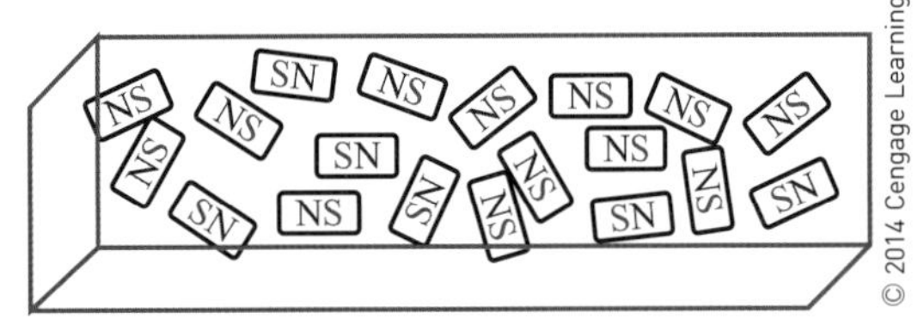

그림 7–3 자화되지 않은 물질의 자구는 임의로 배열되어 자성을 나타내지 않는다.

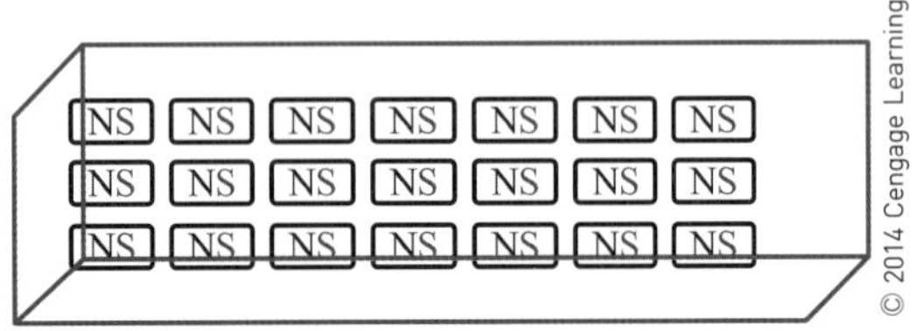

그림 7–4 물질이 자화되면 모든 자구들이 같은 방향으로 정렬된다.

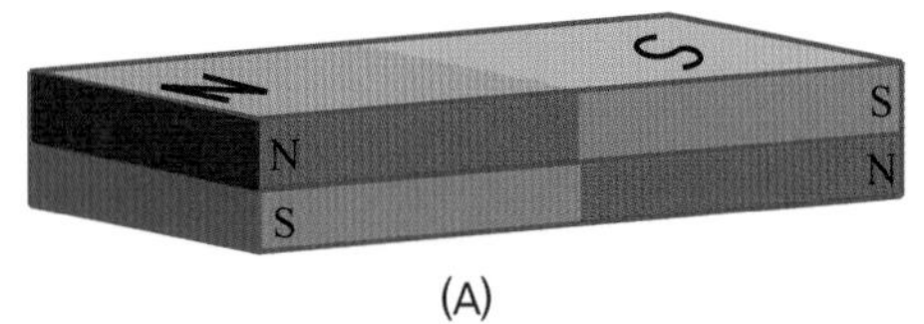

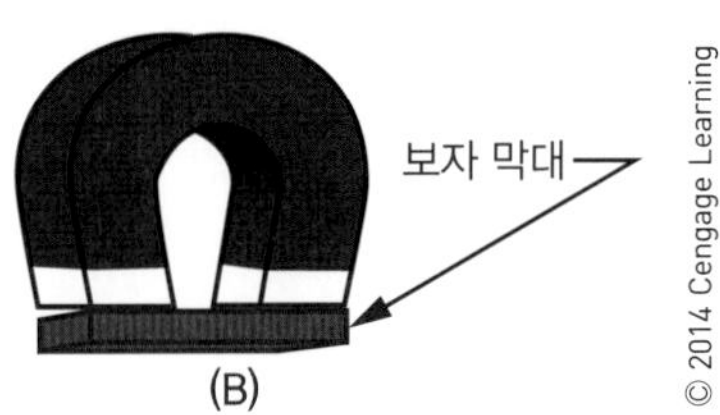

그림 7–5 자기 손실을 방지하기 위해 (A) 막대자석은 서로 다른 극이 위에 오도록 쌓고, (B) 보자 막대를 말굽 자석 양단에 걸쳐 배치한다.

쇄시킨다.

강자성체(ferromagnetic material)는 자계에 반응하는 물질이다. 강자성체에서, 원자들은 자구(magnetic domain)로 결합하거나, 자석의 형태로 배열된 원자의 그룹으로 결합한다. 자성을 띠지 않은 물질은 자구들이 무작위로 배열되어 순수한 자기 효과가 없다(그림 7–3). 물질이 자성을 가지면, 자구는 공통 방향으로 배열되어, 그 물질은 자석이 된다(그림 7–4). 자성을 띤 물질을 작은 조각으로 쪼개어도, 조각들은 자신의 극들을 갖는 자석이 된다.

이 "자구 이론"의 증거는 자석에 열을 가하거나 망치로 반복해서 칠 경우, 자기를 잃어버린다는 것이다(자구는 충격을 받아 다시 임의의 배열을 하게 된다). 또한, 인공 자석을 그냥 두면, 서서히 자성을 잃는다. 막대자석은 자성을 잃는 것을 방지하기 위해 서로 반대 극이 위에 오도록 쌓아 두고, 말굽 자석은 자극 양단에 보자 막대를 배치한다(그림 7–5). 두 방법 모두 자계를 유지하게 한다.

자계(magnetic field)는 자석을 둘러싸고 있는 보이지 않는 역선(line of force)으로 구성된다. 이러한 역선을 **자력선**(flux line)이라고 한다. 자력선은 자석 위에 종이를 놓고 여기에 철 가루를 흩뿌려 봄으로써 알 수 있다. 종이를 가볍게 두드릴 때, 철 가루는 끌어당기는 힘을 반영하는 일정한 모양으로 배열된다(그림 7–6).

자력선은 몇 가지 중요한 특성이 있으며, 그중 하나는

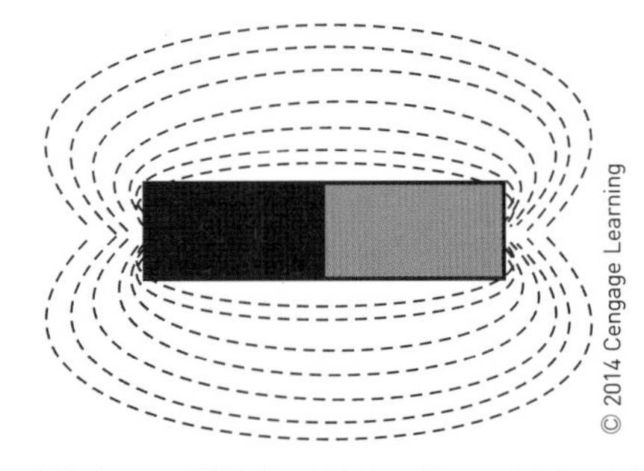

그림 7–6 자력선은 철 가루의 모양으로 알 수 있다.

북극으로부터 남극에 이르는 극성을 갖는다는 것이다. 또한 자력선은 항상 완전한 루프를 형성한다. 따라서 자력선은 서로 교차하지 않고 같은 극성은 밀어낸다. 또한 자력선은 가능한 한 가장 작은 루프를 만들려고 하는데, 이는 서로 다른 극성끼리는 끌어당기려고 하기 때문이다.

물질의 강자성체 여부를 결정하는 특성을 **투자율**(permeability)이라고 부른다. 투자율은 자력선을 받아들이는 물질의 능력이다. 투자율이 큰 물질은 공기보다 자기 저항이 더 작다.

7-1 질문

1. 자석의 세 가지 종류는 무엇인가?
2. 자석의 기본적인 모양에는 어떤 것들이 있는가?
3. 자석의 끝은 어떻게 구별하는가?
4. 자기의 두 가지 법칙은 무엇인가?
5. 자력선은 무엇인가?

7-2 전기와 자기

전류가 전선을 통해 흐를 때, 전류는 전선 주위에 자계(magnetic field)를 만든다(그림 7-7). 이것은 전류가 흐르지 않는 전선 옆에 나침반을 놓아보면 알 수 있다. 나침반은 지구의 자계에 의해 움직인다. 그러나 전류가 전선을 통해 흐르면 나침반 바늘은 전류에 의해 발생된 자계의 방향으로 움직인다. 이때 나침반의 N극은 자력선의 방향을 나타낸다. 전류의 방향을 아는 경우, **암페어의 오른손 법칙**을 사용하여 자력선의 방향을 확인할 수 있다. 전선을 오른손으로 움켜잡았다고 하면, 엄지손가락은 전류의 방향을 가리키고, 나머지 움켜잡은 손가락들은 자력선의 방향을 가리킨다(그림 7-8). 전압원의 극성이 반대일 경우 자력선의 방향 또한 반대가 된다.

두 개의 전선이 서로 반대 방향으로 전류가 흐르면 서로 반대 방향의 자계를 발생하여 서로 밀어낸다(그림 7-9). 그러나 두 개의 전선이 같은 방향으로 전류가 흐르면, 자계는 서로 합쳐진다(그림 7-10).

한 가닥의 전선은 N극도 S극도 없는 자계를 만들며, 그 자계는 강도가 낮거나 실용적인 값을 갖지 못한다. 그러나 전선을 감아서 고리로 만들면, 다음과 같은 세 가지 현상이 발생한다. (1) 자력선이 합쳐진다. (2) 자력선이 고리의 가운데에 모인다. (3) N극과 S극이 생긴다. 이것이 전자석의 원리이다.

전자석은 전선을 촘촘하게 많이 감아서 만든다. 이것은 전류가 전선을 통해 흐를 때 자력선이 서로 합해진다. 전선을 많이 감을수록, 더 많은 자력선이 발생한다. 또한

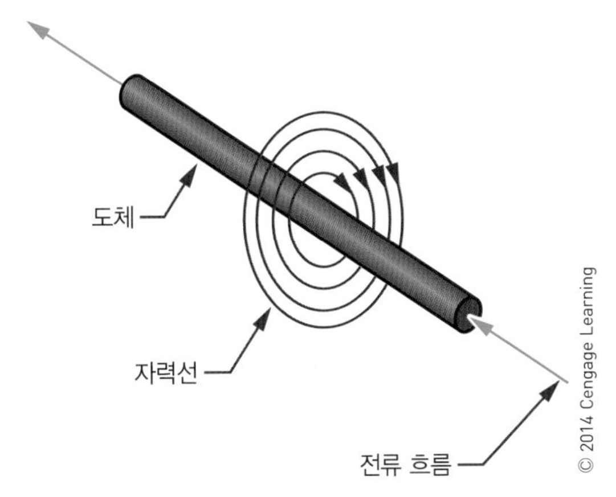

그림 7-7 도체를 통해 흐르는 전류는 도체 주위에 자계를 만든다.

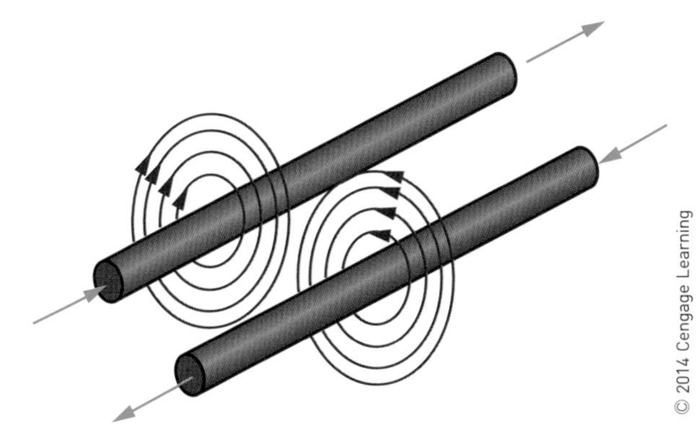

그림 7-9 전류의 방향이 다른 두 개의 도체를 가까이 두면, 자계는 서로 밀어낸다.

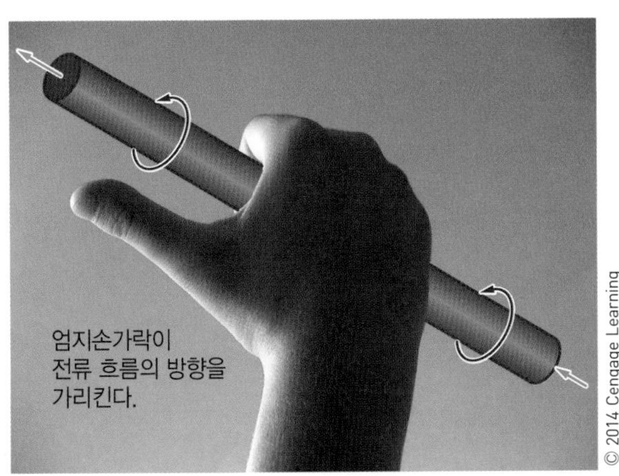

그림 7-8 전류의 방향을 아는 경우, 도체 주위의 자력선의 방향을 결정한다(암페어의 오른손 법칙).

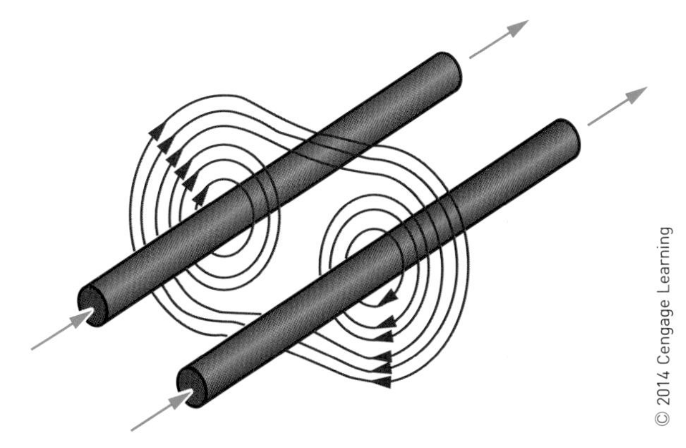

그림 7-10 전류의 방향이 같은 두 개의 도체를 가까이 두면, 자계는 서로 합해진다.

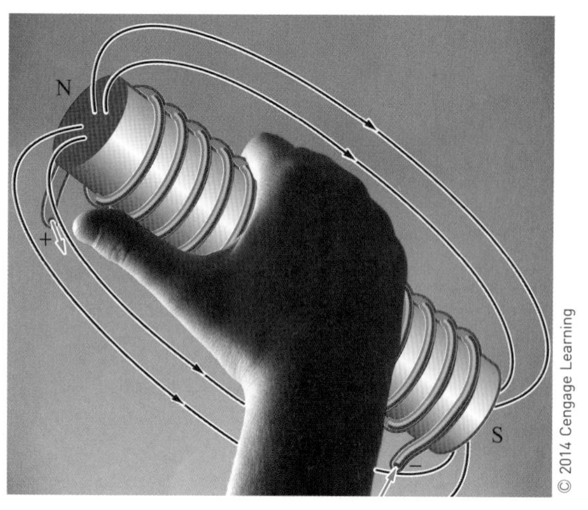

그림 7-11 코일의 전류의 방향을 아는 경우, 도체 주위의 자력선의 방향을 결정한다(암페어의 오른손 법칙).

전류가 많이 흐를수록 많은 자력선이 발생한다. 자계의 세기는 코일을 감은 수와 코일을 통해 흐르는 전류의 양에 비례한다.

자계의 세기를 증가시키는 세 번째 방법은 코일의 중심에 강자성체 코어(core)를 삽입하는 것이다. 철 코어는 공기보다 더 높은 투자율(더 많은 자력선을 공급할 수 있다.)을 가지고 있기 때문에 널리 사용이 된다.

전자석의 극성을 알기 위해 코일에 대한 **암페어의 오른손 법칙**을 사용한다. 먼저 오른손으로 손가락들이 전류가 흐르는 방향을 가리키도록 코일을 움켜쥔다. 그러면 엄지손가락은 N극의 방향을 가리키게 된다(그림 7-11).

7-2 질문

1. 전선에 전류가 흐를 때, 자계가 존재하는 것을 어떻게 알 수 있는가?
2. 전선 주위의 자력선의 방향은 어떻게 결정할 수 있는가?
3. 전류가 흐르는 두 개의 전선을 다음과 같이 서로 나란히 배치했을 때, 어떤 일이 발생하는가?
   a. 전류가 같은 방향으로 흐를 때
   b. 전류가 반대 방향으로 흐를 때
4. 전자기의 세기를 증가시키는 세 가지 방법은 무엇인가?
5. 전자석의 극성은 어떻게 결정할 수 있는가?

7-3 자기 유도

자기 유도(magnetic induction)는 물리적 접촉이 없이 자계 내에 놓인 물질이 자화되는 현상이다. 예를 들어, 자석이 철 막대 내부로 자계를 유도시킨다고 하자(그림 7-12). 철 막대를 통과한 자력선은 철 막대 내부의 자구(domain)를 한 방향으로 배열시킨다. 그러면 철 막대는 자석이 된다. 철 막대 내부의 자구들은 스스로 자석의 S극과 N극으로 배열된다(즉, 자석의 N극 가까운 곳의 철 막대는 S극으로 자구가 배열). 같은 이유로 철 막대는 자석 방향으로 당겨진다. 자력선은 철 막대의 끝에서 출발하여 철 막대는 자석의 연장이 된다. 이것은 물리적인 변경 없이 자석의 모양을 바꾸거나 길이를 늘릴 수 있는 효과적인 방법이다.

자석과 철 막대가 분리되면 철 막대는 약한 자계를 나타내는 소수 자구들이 남북 방향으로 배열되지만, 철 막대 내부의 자구들은 다시 임의의 불규칙한 방향으로 돌아온다. 이렇게 철 막대 내부에 약하게 남아 있는 자계를 **잔류 자기**(residual magnetism)라고 한다. 자화력이 제거된 후에 철 막대 내부에 남아 있는 자계를 **보자력**(retentivity)이라고 한다. 연철은 낮은 보자력을 갖는다. 알루미늄, 니켈, 코발트의 합금인 알니코는 높은 보자력을 갖는다.

자계 앞에 자기 저항이 낮은 재료를 삽입하면 자력선이 휘어지게 할 수 있다. 자기 저항이 낮은 재료를 **자기 차폐**(magnetic shield)라고 부른다. 그 예로, Mu-메탈(니켈, 철, 구리의 합금)이라는 재료가 있다. 자기 차폐는 보

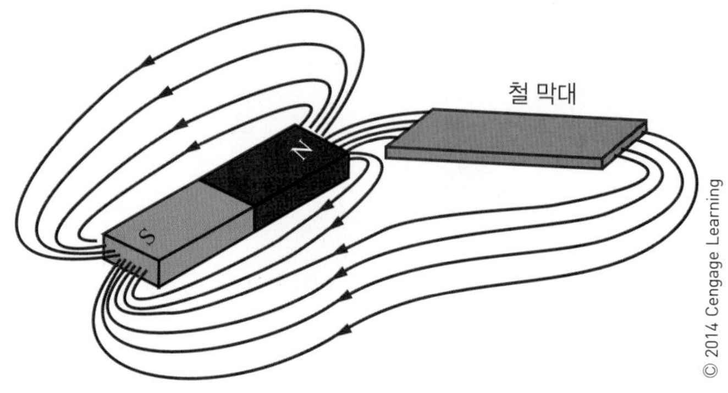

그림 7-12 자계 내에 철 막대를 놓으면 자계가 연장되며 철 막대는 자화되어 자석이 된다.

호할 물품 주위에 배치한다. 전자 장비, 특히 오실로스코프는 자력선으로부터 보호해야 한다.

전자기 유도(electromagnetic induction)는 전기 발생의 주요 배경이 되는 원리로, 도체에 자계가 전달될 때 도체에는 전류가 발생(유도)한다. 자계가 도체를 통과하면, 다른 끝에는 자유 전자들이 도체의 한쪽 끝으로 이끌리는 힘을 받아 전자 결핍이 일어난다. 이러한 결과는 도체의 양 끝 사이에 전위차를 만든다. 전위차는 도체가 자계를 통과할 경우에만 존재한다. 도체가 자계에서 제거되면, 자유 전자들은 그들의 모 원자로 되돌아가게 된다.

전자기 유도가 발생하려면, 도체 또는 자계가 이동해야만 한다. 전압은 도체 내에 발생되며, 이것을 **유도 전압**(induced voltage)이라고 한다. 자계의 세기, 도체가 자계를 통해 이동하는 속도, 도체가 자계를 쇄교하는 각도, 그리고 도체의 길이가 유도 전압의 크기를 결정한다.

자계가 강하면 강할수록, 유도 전압은 더 커진다. 도체가 자계를 통해 더 빨리 이동하면 할수록, 유도 전압은 더 커진다. 자계 내에서 도체가 이동하든지, 또는 도체 내로 자계가 이동하든지, 두 경우 모두 도체와 자계 사이에 유도 전압을 발생시킨다. 도체가 자계에 직각으로 이동할 때 최대 전압이 유도된다. 90도보다 더 작은 각도는 더 작은 전압이 유도된다. 도체가 자력선에 평행하게 이동하면, 전압은 유도되지 않는다. 도체가 길수록 더 많은 전압이 유도된다.

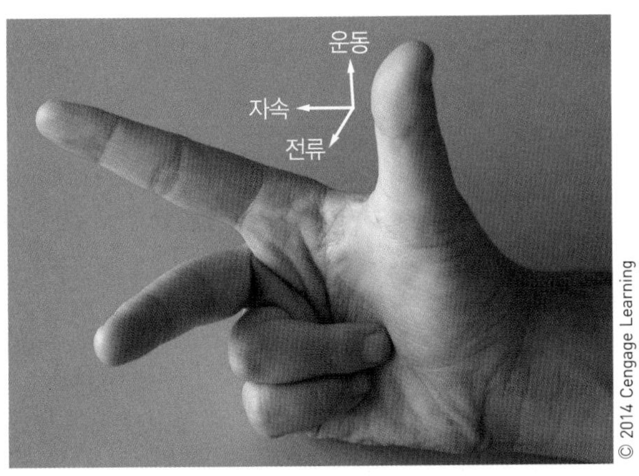

그림 7-13 발전기에 대한 플레밍의 오른손 법칙은 발전기에서 유도되는 전류가 흐르는 방향을 결정하기 위해 사용할 수 있다.

전자기학의 기본 법칙인 **패러데이 법칙**(Faraday's law)은 도체 내에 유도되는 전압은 도체가 자력선과 쇄교하는 비율에 비례한다는 것이다.

유도 전압의 극성은 다음에 나타내는 발전기에 대한 **플레밍의 오른손 법칙**에 의해 결정된다. 플레밍의 오른손 법칙은 엄지손가락, 집게손가락, 가운뎃손가락이 서로 직각이 되게 한다(그림 7-13). 엄지손가락은 도체의 운동과 같은 방향을 가리키고, 집게손가락은 자력선의 방향을 가리키며, 가운뎃손가락은 도체의 전류 방향을 가리킨다.

7-3 질문

1. 물리적으로 자석의 형상을 변경하지 않고, 어떻게 자석의 길이를 증가시킬 수 있는가?
2. 잔류 자기란 무엇인가?
3. 자기 차폐는 어떻게 동작하는가?
4. 전자기 유도에 의하여 전기가 발생하는 현상을 설명하여라.
5. 패러데이 법칙은 무엇을 설명하는가?

7-4 자기 및 전자기 응용

교류(AC) 발전기는 전자기 유도의 원리를 이용하여 기계 에너지를 전기 에너지로 변환한다. 기계 에너지는 자계와 도체 사이에 운동을 일으키기 위해 필요하다.

그림 7-14는 자계 내에서 회전(이동)하는 전선(도체)의 회전 루프를 나타내고 있다. 루프는 설명의 용이성을 위해 밝음과 어둠으로 나타냈다. A 부분에 표시된 지점에서, 어두운 절반은 밝은 절반과 같이 자력선의 방향과 평행이다. 이때 전압은 유도되지 않는다. B 부분으로 표시된 위치를 향해 회전하는 루프는 자력선과 쇄교하며 전압을 유도한다. 유도 전압은 운동방향이 자력선의 방향과 직각이 되는 이 지점에서 가장 커진다. 루프가 회전해서 C 부분에 위치하면 자력선이 도체와 아주 작게 쇄교하며, 그 결과 유도 전압이 최대값에서부터 0볼트로 감소하게 된다. 이 지점에서 루프는 180도 또는 반 원을 회전한 것이 된다.

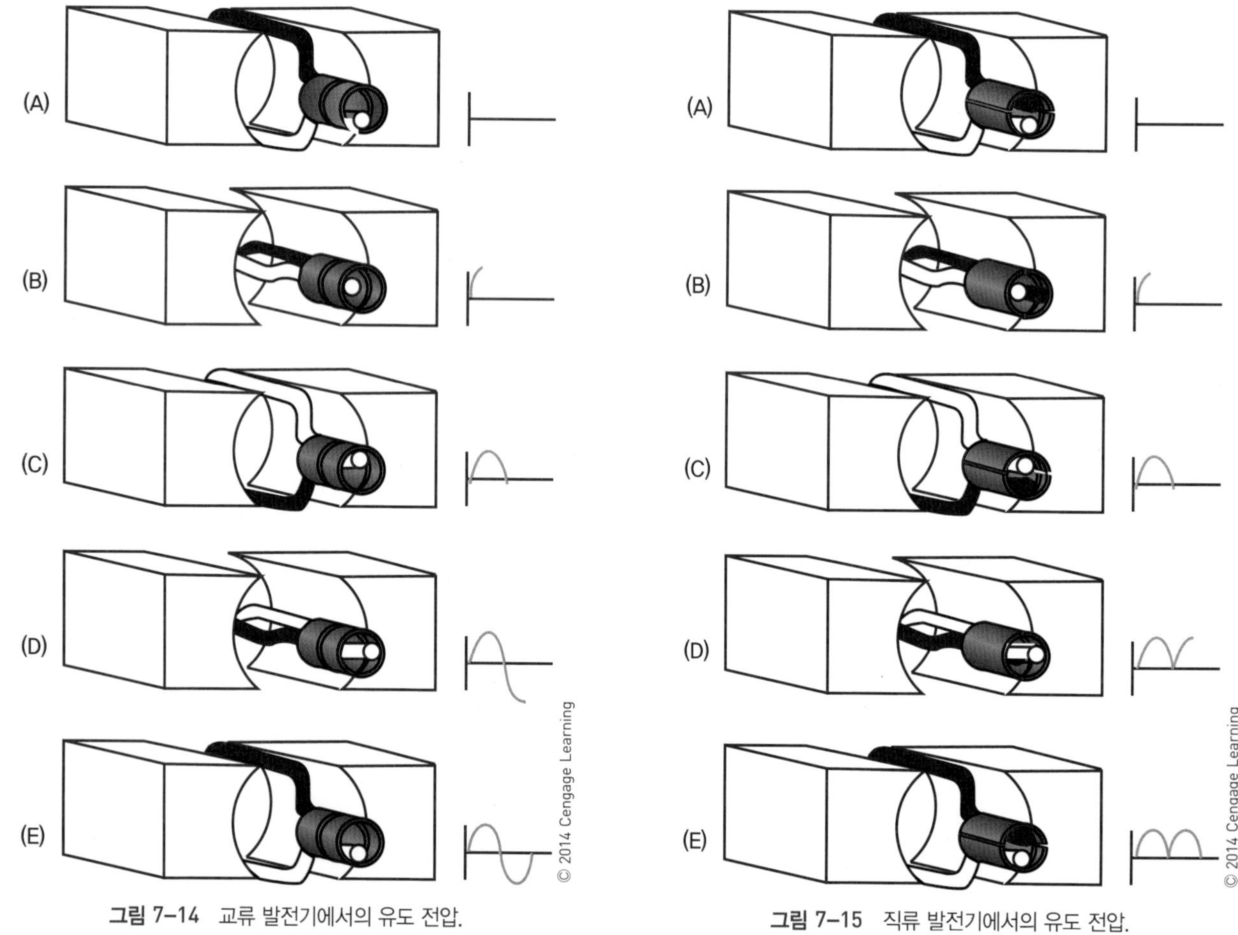

그림 7-14 교류 발전기에서의 유도 전압.

그림 7-15 직류 발전기에서의 유도 전압.

전류의 방향은 발전기에 대한 플레밍의 오른손 법칙을 적용하여 결정할 수 있다. 전류의 크기는 위치 B에서 최대가 되었다가 루프가 회전해서 C의 위치에 오면 최소가 되고, D 부분에 위치할 때 다시 최대가 된다. 자력선의 방향은 일정한데 루프의 밝음의 절반은 아래로 향하므로 발전기에 대해 플레밍의 오른손 법칙을 적용하면 유도되는 전압은 극성이 바뀌게 됨을 보여준다. 전압은 D 위치에서 최대에 도달하며 이후 루프는 원래 위치에 도달할 때까지 감소하게 된다. 유도 전압은 +, − 두 개를 교대로 하는 한 개의 주기를 완료하게 된다.

여기서 회전 루프는 **전기자**(armature)라고 하며 자계를 만드는 원천을 **계자**(field)라고 부른다. 전기자는 여러 개의 루프를 가질 수 있다. 전기자는 루프의 수에 상관없이 자계 내에서 회전하는 부분을 의미한다. 교류 전류 또는 전압의 **주파수**(frequency)는 초당 완전한 주기를 완성하는 숫자이다. 회전 속도는 주파수를 결정한다. **교류 발전기**(AC generator)는 교번하는 전류를 발생한다고 하여 **교류기**(alternator)라고도 부른다.

직류 발전기 또한 기계 에너지를 전기 에너지로 변환한다. 이것은 교류전압을 직류전압으로 변환하는 것 외에, 교류 발전기와 같은 기능을 갖는다. 이렇게 직류로 변환하는 장치를 그림 7-15에서 보여주며, 이를 **정류자**(commutator)라고 부른다. 출력은 분리된 링으로 구성된 정류자로부터 얻는다. 루프가 위치 A에서 위치 B로 회전하는 경우에 전압이 유도된다. 유도되는 전압은 회전운동이 자계에 직각으로 움직일 때 가장 크다. 루프가 C 위치로 회전하면 유도 전압은 최대값에서 0으로 감소한다. 루프가 계속 D 위치로 회전하면 정류자는 출력 극성이 반대가 되는 전압을 유도하지만 이전과 같은 값을 유지한다. 다음에 루프는 원래 위치 E로 되돌아오게 된다. 정류자에서 발생된

그림 7-16 각종 릴레이의 예.

전압은 0과 최대값 사이를 매 주기 동안 두 번 변화하며 한 방향으로만 진동하게 된다.

릴레이(relay, 계전기)는 전자기 코일을 이용해 열리고 닫히게 하는 전자기계 스위치이다(그림 7-16). 전류가 코일을 통해 흐르면 코일에는 플런저(막대 모양의 피스톤)를 잡아당기는 자계가 발생하게 된다. 플런저가 끌어당겨지면 이것은 스위치 접촉을 닫게 한다. 코일을 통해 흐르는 전류가 멈추면 스프링은 전기자를 원래 위치로 다시 당기게 되며 스위치는 열리게 된다.

릴레이는 하나의 회로가 다른 회로를 제어하는 데 사용된다. 이것은 두 회로를 전기적으로 절연시킨다. 낮은 전압 또는 전류로 높은 전압 또는 전류를 제어할 수 있다. 릴레이는 멀리 떨어져 있는 몇몇 회로를 제어하는 데 사용할 수 있다.

초인종은 릴레이 응용의 한 예이다. 벨을 울리게 하는 장치(스트라이커)는 플런저에 부착된다. 초인종을 누르면 릴레이 코일에 전기가 통하며 플런저를 끌어당겨 벨이 울리게 된다. 플런저가 아래로 움직이면 릴레이는 비활성화되어 회로가 열린다. 플런저는 스위치 접점을 닫히게 하는 스프링에 의해 다시 당겨지며, 이 결과 회로는 다시 활성화되어 버튼을 해제할 때까지 주기가 반복된다.

솔레노이드(solenoid)는 릴레이와 유사하다(그림 7-17). 코일에 전기가 통하면 몇 가지 기계적인 일을 하는 플런저가 당겨진다. 이것은 플런저가 금속 막대를 치는 도어 차임 벨에 사용된다. 또한 이것은 자동차 시동 장치에도 사용된다. 플런저는 엔진을 시동 걸기 위해 플라이 휠을

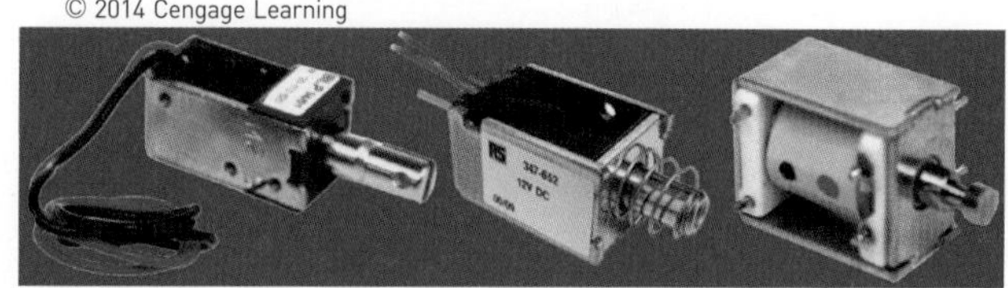

그림 7-17 솔레노이드의 예.

맞물리게 하는 시동기(스타터) 기어를 당기게 된다.

축음기의 픽업도 전자기 원리를 이용한다. 자계는 축음기 바늘에 부착된 영구 자석에 의해 발생한다. 영구 자석은 작은 코일 속에 배치된다. 바늘이 레코드의 홈을 따라갈 때 기록된 오디오 신호에 따라 상하좌우로 움직인다. 코일 속에 있는 자석의 움직임은 오디오 신호 응답에 따라 변화하는 작은 전압을 유도한다. 다음에 유도된 전압은 증폭되며 확성기를 구동시켜 오디오 신호를 재생한다.

확성기(loudspeakers)는 오디오 증폭의 모든 종류에 사용된다. 오늘날 대부분의 스피커는 영구 자석 주위에 가동 코일을 감아서 만든다. 자석은 정지된 정자계를 생성한다. 전류가 코일을 통해 통과하면, 오디오 신호의 비율에 따라 변화하는 자계를 발생시킨다. 코일에서 만들어지는 변화하는 자계는 영구 자석의 자계에 의해 끌어당겨지거나 밀쳐지게 된다. 코일은 오디오 신호에 응답하며 앞뒤로 움직이게 되는 원뿔에 부착된다. 앞뒤로 움직이는 원뿔 운동은 공기를 움직여서 오디오 사운드를 재현한다.

자기 기록은 카세트 레코더, 비디오 레코더, 릴 레코더, 플로피 디스크 드라이브 및 하드 디스크 드라이브에 사용된다. 이러한 모든 장치들은 정보를 저장하기 위해 같은 전자기 원리를 사용한다. 신호는 나중에 재생 장치로 읽을 수 있도록 레코드 헤드를 이용해 테이프 또는 디스크에 저장된다. 일부 장비에서는, 녹음 및 재생 장치를 하나의 패키지로 결합하거나, 하나의 일체형 헤드를 이용한다. 녹음 및 재생 헤드는 강자성체 코어에 전선을 감은 코일로 구성된다. 코어의 양쪽 끝 사이에 있는 작은 갭에 자계가 형성된다. 저장 매체로서, 산화 철로 덮여있는 물질 조각이 녹음 헤드 양단으로 당겨지면, 자계는 테이프를 관통해 자화시킨다. 정보는 원래 정보에 해당하는 자기 패턴으로

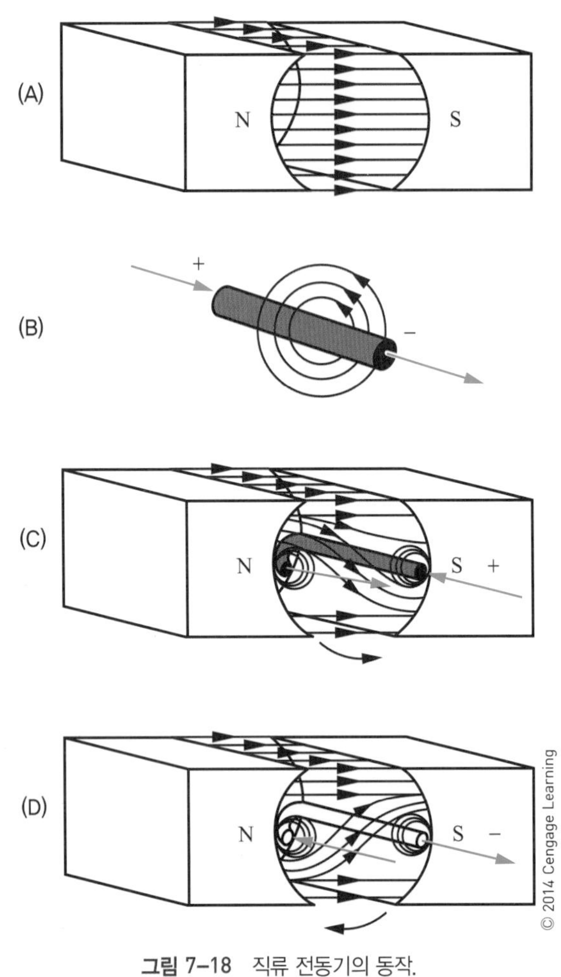

그림 7-18 직류 전동기의 동작.

기록된다. 정보를 재생 또는 읽기 위해 매체는 재생 헤드에 있는 갭을 지나서 이동한다.

자계의 변화는 감겨져 있는 코일 내에 작은 전압을 유도한다. 이 전압을 증폭하게 되면 원래 정보가 재현된다.

직류 전동기(DC motor)(그림 7-18)의 동작 원리는, 자계에 직각으로 놓인 도체에 전류가 흐르면 도체에는 자계의 방향에 직각으로 이동하려고 하는 힘이 발생한다고 하는 것이다. 그림 7-18A는 N극과 S극 사이에 확장된 자계를 보여준다. 그림 7-18B는 전류가 흐르는 도체 주위에 존재하는 자계를 보여준다. 플러스(+) 기호는 전류가 안쪽으로 흐르는 것을 의미한다. 자력선의 방향은 **암페어의 오른손 법칙**을 사용하여 결정할 수 있다. 그림 7-18C는 자계 내에 위치한 도체를 보여준다. 두 자계가 왜곡된 것에 주의하라. 전선 위쪽의 자계는 강해지며, 도체는 아래쪽으로 움직이려 한다. 아래쪽으로 작용하는 힘의 세기는 자극과 도체를 통해 흐르는 전류의 양과 자계의 세기에 따라 다르다. 도체에 흐르는 전류가 반대가 될 경우(그림 7-18D), 도체 주위의 자력선의 방향도 반대가 된다. 이렇게 되면 도체 아래에 있는 자계는 강해지고 도체는 위쪽으로 이동하려고 한다.

자계 내에서 전류가 흐르는 도체의 운동 방향을 결정하는 방법은 **플레밍의 왼손 법칙**을 사용하는 것이다. 엄지손가락, 집게손가락 및 가운뎃손가락이 서로 직각일 때 가운뎃손가락은 도체의 전류 방향을, 집게손가락은 N극에서 S극으로 향하는 자력선의 방향을, 엄지손가락은 도체의 운동 방향을 가리킨다.

자계 내에 전류를 운반하는 도체에 작용하는 힘은 자계의 세기와 도체에 흐르는 전류의 양에 따라 달라진다. 전선의 루프가 수평으로 회전하기 위해 자석의 두 극 사이에 위치했다면 루프는 극들을 서로 밀어내며 회전하게 된다. 전류는 루프의 한쪽에서는 한 방향으로 루프의 다른 쪽에서는 다른 방향으로 흐른다. 루프의 한쪽은 아래 쪽으로 이동하고 루프의 다른 쪽은 위쪽으로 이동한다. 루프는 축 주위를 시계 반대 방향으로 회전한다. 정류자는 정류자가 최고점 혹은 토크(torque)가 0인 위치에 도달할 때마다 루프 내 전류의 방향을 반대로 바꾼다. 이것이 직류 전동기가 회전하는 방법이다. 루프 또는 전기자는 자계 내에서 회전한다. 영구 자석 또는 전자석은 이러한 자계를 발생시킬 수 있다. 정류자는 전기자를 통해 전류의 방향을 반대로 바꾼다. 직류 전동기와 **직류 발전기**(DC generator)가 서로 유사한 점에 주목하라.

기본적인 계측기의 동작은 직류 전동기의 원리를 이용한다. 이것은 고정된 영구 자석과 가동 코일로 이루어져 있다. 전류가 코일을 통해 흐를 때, 결과적으로 발생된 자계는 영구 자석의 자계와 같이 작용해서 코일을 움직이게 하는 원인이 된다. 코일을 통해 보다 큰 전류가 흐르면 흐를수록 더 강한 자계가 발생한다. 강한 자계가 발생하면 코일의 회전은 더 커진다. 전류의 양을 측정하기 위해 지침을 회전하는 코일에 부착한다. 코일이 돌아가면 지침 또한 돌아가게 된다. 지침은 눈금판 양단을 움직이고 전류의 양을 나타낸다. 이러한 종류의 계측기의 작동부는 전압계, 전류계, 저항계 같은 아날로그 계측기에 사용된다.

전류가 흐르는 도체는 자계에 의해 편향(이동)될 수 있다. 그것은 도체가 편향된다는 것이 아니고 도체 안에 있는 전자들이 편향된다는 의미이다. 전자들은 도체를 벗어날 수 없으므로 도체가 이동하게 된다. 전자는 다른 매체를 통해 이동할 수 있다. 텔레비전 브라운관의 경우 전자들은 빛을 방출하는 형광체 스크린을 타격하기 위해 진공 속으로 이동한다. 전자는 전자총에 의해 발생된다. TV 화면의 표면에 전자 빔을 변화시켜서 화면을 새로 만들 수 있다. 화면을 가로질러 앞뒤로 빔을 이동시키기 위해, 두 개의 자계가 빔을 편향시킨다. 하나의 자계는 빔을 화면 상하로 이동하고, 다른 자계는 빔을 좌우로 이동시킨다. 이러한 방법은 화면에 영상을 만드는 텔레비전, 레이더, 오실로스코프, 컴퓨터 단말기 및 기타 응용에 사용된다.

7-4 질문

1. 교류와 직류 발전기 사이의 차이점은 무엇인가?
2. 릴레이는 왜 중요한가?
3. 스피커는 어떻게 소리를 발생하는가?
4. 직류 전동기와 계측기 동작의 원리는 무엇인가?
5. 전자계는 어떻게 화면에 영상을 만드는가?

요약

- 자석(magnet)이라는 단어는 천연 자석인 광물 자철광(magnetite)에서 유래되었다.
- 다른 자석과 함께 연철 조각을 문지르면 자석을 만들 수 있다.
- 전선의 코일에 흐르는 전류는 전자석을 만든다.
- 말굽, 직사각형, 막대 및 원형은 자석의 가장 일반적인 형태이다.
- 서로 다른 극끼리는 끌어당기고 같은 극끼리는 밀어낸다.
- 자기의 한 이론은 원자 주위의 궤도를 전자들이 회전하는 스핀에 근거하고 있다.
- 자기의 또 다른 이론은 자구(도메인)들의 정렬에 근거한다.
- 자력선(자속)은 자석 주변에 보이지 않는 역선이다.
- 자력선은 가능한 한 가장 작은 루프를 형성한다.
- 투자율은 자력선을 받아들이는 물질의 능력이다.
- 전류가 전선을 통해 흐를 때, 전선 주위에는 자계가 생긴다.
- 전선 주위의 자력선의 방향은, 암페어의 오른손 법칙에 의해 전류의 방향을 가리키는 엄지손가락과 자력선의 방향을 가리키는 나머지 손가락으로 구할 수 있다.
- 같은 방향으로 전류가 흐르는 두 개의 전선을 나란히 배치하면, 이들의 자계는 합해진다.
- 전자석의 세기는 직접적으로 코일의 감은 수와 코일을 통해 흐르는 전류의 양에 비례한다.
- 전자석의 극성은, 전류가 흐르는 방향을 향해 오른손 손가락으로 코일을 움켜잡아 결정한다. 이때 엄지손가락은 N극을 가리킨다.
- 보자력은 자계를 유지하는 물질의 능력이다.
- 전자기 유도는 도체가 자계를 통해 통과할 때 발생한다.
- 패러데이(Faraday) 법칙: 유도 전압은 도체가 자력선을 쇄교하는 비율에 비례한다.
- 플레밍의 오른손 법칙은 유도 전압의 방향을 결정하는데 사용될 수 있다.
- 교류 및 직류 발전기는 기계 에너지를 전기 에너지로 변환한다.
- 릴레이는 전자 기계식 스위치이다.
- 전자기 원리는 초인종, 솔레노이드, 축음기 픽업, 스피커와 자기 녹음의 설계와 제조에 응용된다.
- 직류 전동기와 계측기는 동일한 원리를 이용한다.
- 전자 빔은 전자기장으로 편향시킴으로써 텔레비전, 레이더, 오실로스코프 스크린 상에 이미지를 만들 수 있다.

연습 문제

1. 자기의 자구 이론은 어떻게 검증할 수 있는가?
2. 전자석의 세기를 증대시키기 위해 사용할 수 있는 세 가지 방법은 무엇인가?
3. 도체에 대한 암페어의 오른손 법칙을 설명하여라.
4. 직류 발전기가 한 주기 동안 동작하는 방법을 설명하여라.
5. 전자석이 어떻게 동작하는지 그림을 그려 나타내어라.
6. 전자석의 극성을 확인하는 방법을 설명하여라.
7. 발전기에 대한 플레밍의 오른손 법칙을 설명하여라.
8. 직류 발전기의 주요 구성 부분을 그림을 그려 나타내어라.
9. 직류 전동기가 어떻게 동작하는지를 설명하여라.
10. 직류 전동기와 발전기 외에 어떤 다른 장치들이 자계를 이용할 수 있는가?

8장

인덕턴스와 커패시턴스
Inductance & Capacitance

학습 목표

이 장을 학습하면 다음을 할 수 있다.

- 인덕턴스의 원리를 설명할 수 있다.
- 인덕턴스의 기본 단위를 설명할 수 있다.
- 인덕터의 종류를 설명할 수 있다.
- 직렬 및 병렬 회로의 전체 인덕턴스를 결정할 수 있다.
- L/R 시정수와 인덕턴스가 어떻게 연관되는지를 설명할 수 있다.
- 커패시턴스의 원리를 설명할 수 있다.
- 커패시턴스의 기본 단위를 설명할 수 있다.
- 커패시터의 종류를 설명할 수 있다.
- 직렬 및 병렬 회로에서 전체 커패시턴스를 결정할 수 있다.
- RC 시정수와 커패시턴스가 어떻게 연관되는지를 설명할 수 있다.

도체에 전류가 흐르면, 자계가 도체 주위에 형성된다. 이러한 자계는 에너지를 포함하고 인덕턴스의 토대가 된다. 이 장에서는 인덕턴스와 커패시턴스의 원리와 인덕터(코일)와 커패시터(콘덴서)의 구조와 시정수에 대하여 살펴보기로 한다. 회로의 특성에 관하여는 각각 11장과 12장에서 살펴보기로 한다.

8-1 인덕턴스

인덕턴스(inductance)는 도체에 흐르는 전류의 변화를 방해하는 특성이다. 인덕턴스에 대한 기호는 **L**이다. **인덕터**(inductor)는 자계에 에너지를 저장하는 장치이다.

인덕턴스는 관성이 역학에서 물체의 속도에 관여하는 것처럼 전기 회로 내에서 전류에 동일한 효과를 나타낸다. 부하는 관성의 속성을 가지고 있기 때문에 이동하는 부하를 계속 이동하게 하는 것보다 정지된 부하를 이동시키는 데 더 많은 힘이 필요하다. 관성은 질량이 속도의 변화에 대항하는 특성이다. 일단 전류가 도체를 통해 이동하면 인덕턴스는 전류의 이동을 계속 유지하려고 한다. 인덕턴스의 이러한 효과는 때로는 바람직하지만 그렇지 않을 때도 있다.

인덕턴스의 기본 원리는 도체에 전류가 흐르면 도체

주위에 자계가 발생한다는 것이다. 자력선이 만들어지면 이 자력선은 전류의 흐름을 방해하는 힘을 생성한다.

전류의 방향이 바뀌거나 정지하거나 또는 자계가 변하면 자계의 붕괴에 의하여 도체에 거꾸로 **유기기전력**(electromotive force, emf)이 유도된다. 전류의 변화에 대항하는 것을 **역기전력**(counter emf)이라고 한다. **렌츠의 법칙**(Lenz's law)은 어떤 회로에서 유도된 유기기전력(emf)의 방향은 항상 이것을 발생시키는 효과와 반대 방향을 갖는다는 것이다. 역기전력의 크기는 변화의 비율에 비례한다. 변화가 빠르면 빠를수록 역기전력도 더 커진다.

모든 도체는 약간의 인덕턴스를 갖는다. 인덕턴스의 크기는 도체와 그것의 형상에 따라 달라진다. 직선 도선은 작은 인덕턴스를 갖는 반면 도선을 원형으로 감은 코일은 훨씬 많은 인덕턴스를 갖는다.

인덕턴스의 측정 단위는 **헨리**(H)이며, 미국의 물리학자인 조셉 헨리(Joseph Henry, 1797~1878)의 이름에서 딴 것이다. 1헨리는 도체 내에서 전류가 초당 1암페어의 비율로 변화할 때, 1볼트의 유기기전력(emf)을 유도하는 데 필요한 인덕턴스의 양이다. 헨리는 큰 단위이기 때문에 밀리헨리(mH)와 마이크로헨리(μH)가 일반적으로 더 많이 사용된다.

8-1 질문

1. 인덕턴스를 정의하여라.
2. 인덕턴스를 측정하기 위한 단위는 무엇인가?
3. 헨리를 정의하여라.
4. 인덕턴스를 나타내는 데 사용하는 문자는 무엇인가?
5. 도체에 흐르는 전류가 정지하면 어떤 일이 발생하는지 설명하여라.

8-2 인덕터

인덕터(inductor, 유도자 또는 코일)는 특정 인덕턴스를 갖도록 설계된 소자이다. 이것은 코어 주위에 코일을 감은 도체로 구성되며 코어 재료의 종류에 따라 자성체와

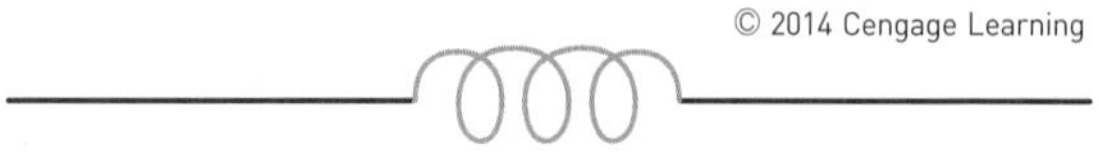

그림 8-1 인덕터의 기호.

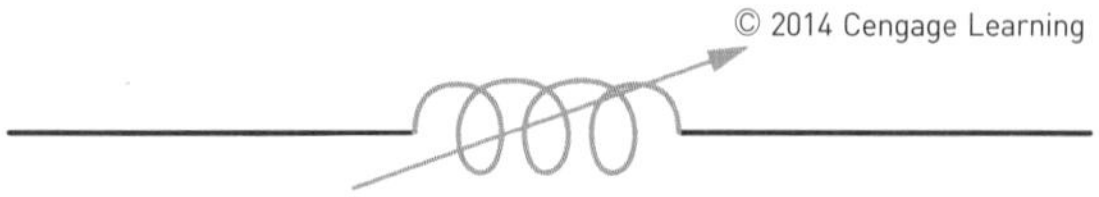

그림 8-2 가변 인덕터의 기호.

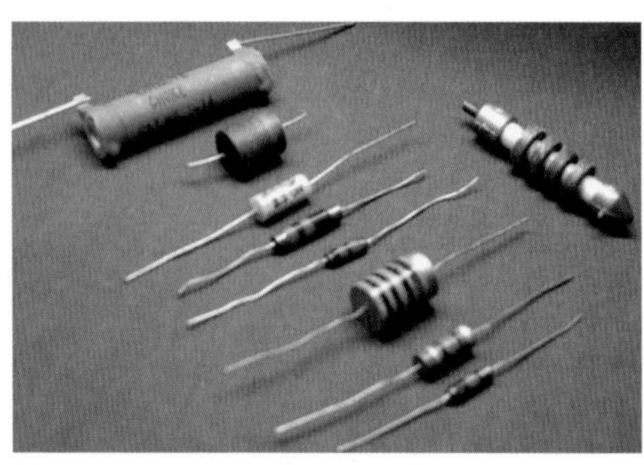

(A)

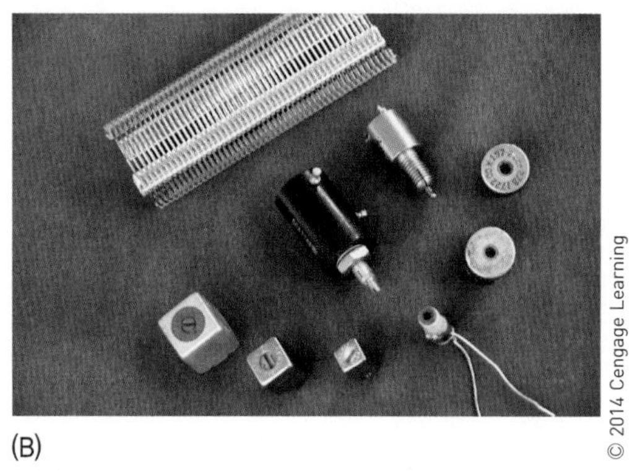

(B)

그림 8-3 다양한 종류의 고정 인덕터(A), 가변 인덕터(B).

비자성체로 분류된다. 그림 8-1은 인덕터에 사용하는 기호를 나타낸다.

인덕터는 **고정 인덕터** 및 가변 인덕터가 있다. 그림 8-2는 가변 인덕터에 대한 기호를 보여준다. **가변 인덕터**(variable inductor)는 가변 코어 재료를 사용하여 만들어진다. 그림 8-3은 코어 재료를 조정하기 위해 사용하는 여러 가지 형태의 인덕터를 보여준다. 최대 인덕턴스는 코어 물질이 코일에 일직선으로 채워졌을 경우에 발생한다.

공심 인덕터(air core inductor) 또는 코어 물질이 없는 인덕터는 최대 5 mH 인덕턴스에 사용된다. 이것은 세라

그림 8-4 공심(공기 코어) 인덕터.

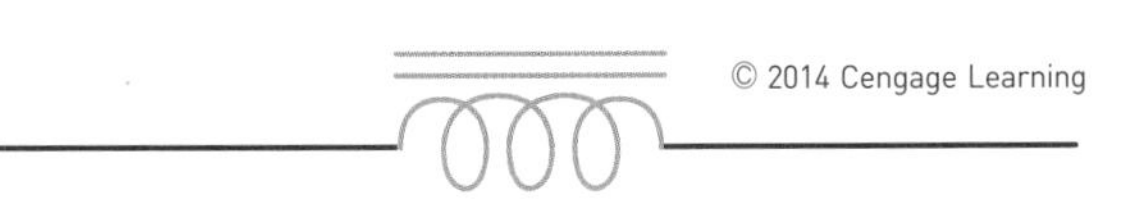

그림 8-5 철심 코어 인덕터의 기호

그림 8-6 환형 코어 인덕터.

그림 8-7 차폐 인덕터.

그림 8-8 적층 철심 코어 인덕터.

믹이나 페놀 코어에 싸여 있다(그림 8-4).

페라이트 코어 인덕터(ferrite core inductor)와 분말 철심 인덕터는 최대 200 mH에 사용된다. 철심 인덕터에 사용하는 기호는 그림 8-5에서 보여준다. 철심 코어 인덕터를 **초크**(choke)라고도 한다. 초크는 직류와 저주파 교류 응용에 사용된다.

환형 코어 인덕터(toroid core inductor)는 도넛 모양이며 크기는 작아도 높은 인덕턴스 값을 가진다(그림 8-6). 자계는 코어 내부에 형성된다.

차폐 인덕터(shielded inductor)는 다른 자계의 영향으로부터 보호하기 위해 자성 재료로 만들어진 차폐물을 가지고 있다(그림 8-7).

적층 철심 코어 인덕터는 모든 큰 인덕터에 사용된다(그림 8-8). 이러한 인덕터는 인덕터에 흐르는 전류의 양에 따라 인덕턴스는 0.1 H부터 100 H까지 변화한다. 이러한 인덕터를 초크(choke)라고도 한다. 이것은 전력 공급기의 필터링 회로에 직류 출력에서 교류 성분을 제거하는 데 사용된다. 이것은 나중에 논의될 것이다.

일반적으로 인덕터는 ±10 %의 허용 오차를 갖지만 1 % 이하의 허용 오차가 사용 가능하다. 저항과 같이 인덕터도 직렬, 병렬 또는 직병렬 조합으로 연결될 수 있다. 직렬로 연결된(상호작용으로부터 자계를 방지하기 위해 분리됨) 여러 인덕터의 전체 인덕턴스는 각각의 인덕턴스 합과 같다.

$$L_T = L_1 + L_2 + L_3 \cdots + L_n$$

두 개 이상의 인덕터가 병렬로 연결(자계의 상호작용이 없음)된 경우 전체 인덕턴스를 구하는 공식은 다음과 같다.

$$\frac{1}{L_T} = \frac{1}{L_1} + \frac{1}{L_2} + \frac{1}{L_3} \cdots + \frac{1}{L_n}$$

8-2 질문

1. 인덕터는 무엇인가?
2. 고정 및 가변 인덕터를 나타내는 데 사용하는 기호를 그려라.
3. 적층 철심 인덕터에 대한 또 다른 이름은 무엇인가?
4. 전체 인덕턴스를 결정하기 위한 공식은 무엇인가?
   a. 직렬 회로
   b. 병렬 회로
5. 세 개의 인덕터 10 H, 3.5 H 및 6 H가 병렬로 연결된 회로의 전체 인덕턴스는 얼마인가?

8-3 L/R 시정수

L/R 시정수는 도체를 통해 흐르는 전류가 63.2 %로 증가하는 데 요구되는 시간 또는 최대 전류가 36.8 %로 감소하는 데 필요한 시간이다. 그림 8-9에서 RL 회로를 보여준다. L/R은 RL 회로의 시정수에 사용하는 기호이다. 이것은 다음과 같이 표현될 수 있다.

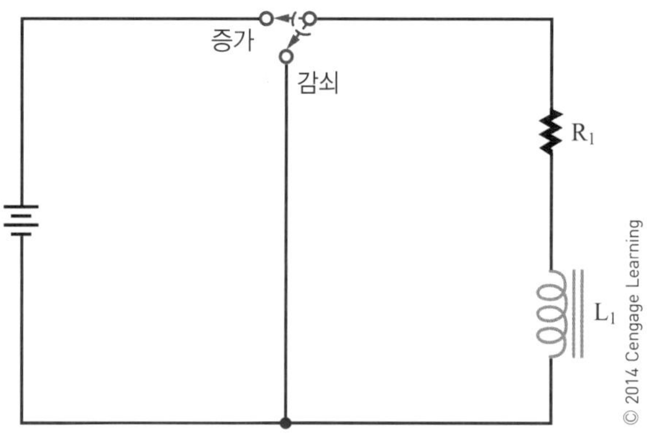

그림 8-9 L/R 시정수를 결정하는 데 사용하는 회로.

$$t = \frac{L}{R}$$

여기서, t = 시간(s)
L = 인덕턴스(H)
R = 저항(Ω)

그림 8-10에 시정수에 따른 자계의 증가와 감소를 나타냈다. 이것은 모든 에너지를 완전히 자계로 전달하거나 최대 자계에 도달하는 데 5배의 시정수가 소요된다. 또한 자계가 완전히 소멸되는 데 5배의 시정수가 소요된다.

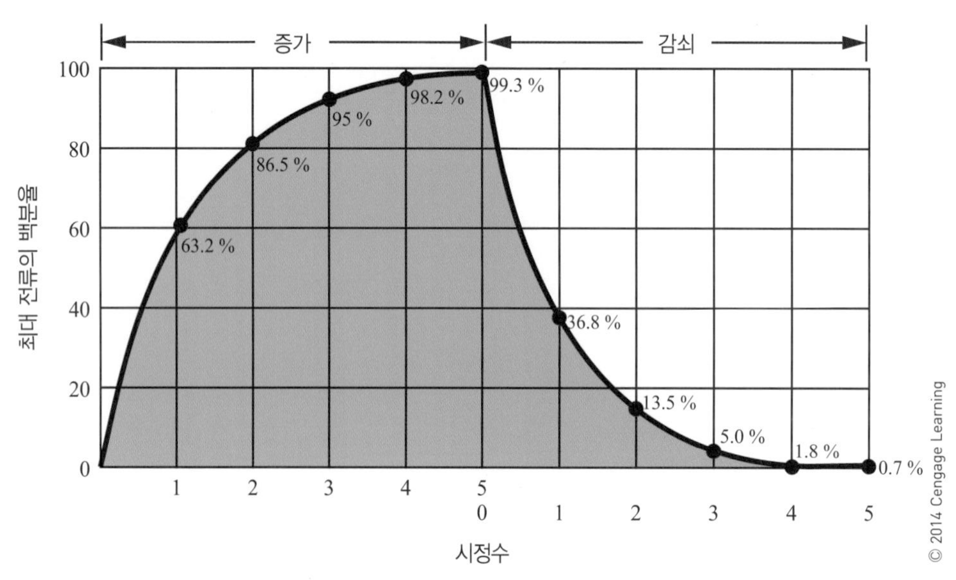

그림 8-10 인덕터에서 자계를 증가 또는 감소하게 하는 데 필요한 시정수.

8-3 질문

1. 인덕터의 시정수는 무엇인가?
2. 시정수는 어떻게 결정되는가?
3. 인덕터에 자계를 완벽하게 증가시키는 데 얼마나 많은 시정수가 필요한가?
4. 인덕터에 자계를 완전히 없애는 데 얼마나 많은 시정수가 필요한가?
5. 0.1 H 인덕터와 100,000 Ω 저항을 직렬로 연결했을 때, 자계가 완전히 증가되는 데 걸리는 시간은 얼마인가?

8-4 커패시턴스

커패시턴스(capacitance)는 정전계에 전기 에너지를 저장하는 소자의 능력이다. 커패시턴스에 대한 기호는 **C**이다. **커패시터**(capacitor)는 특정 양의 커패시턴스를 가지고 있는 소자이다. 커패시터(콘덴서)는 절연체에 의해 분리된 두 개의 도체로 이루어진다(그림 8-11). 도체는 **극판**(plate)이라 하고, 절연체는 **유전체**(dielectric)라고 부른다. 그림 8-12는 커패시터에 대한 기호를 보여준다.

커패시터에 직류 전원을 연결하는 경우 커패시터가 충전될 때까지 전류가 흐르게 된다. 커패시터는 하나의 극판에는 과잉 전자(음전하)로 다른 극판에는 결핍 전자(양전하)로 충전된다. 유전체는 전자가 극판 사이를 이동하지 못하게 한다. 한번 커패시터가 충전되면, 모든 전류의 흐름은 중단된다. 커패시터의 전압은 전원의 전압과 같다.

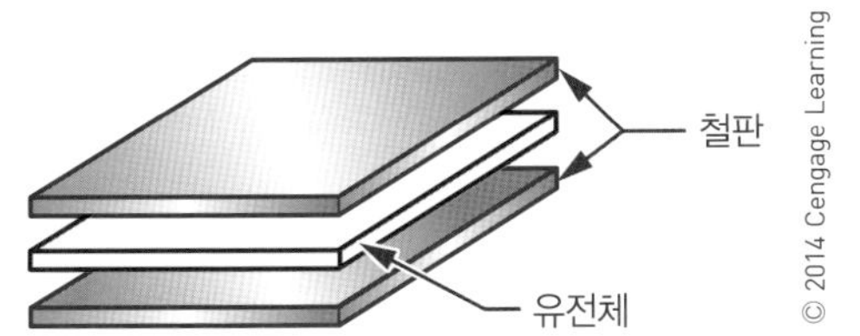

그림 8-11 커패시터는 두 금속판(도체) 사이에 유전체(절연체 또는 부도체)가 놓인 구조이다.

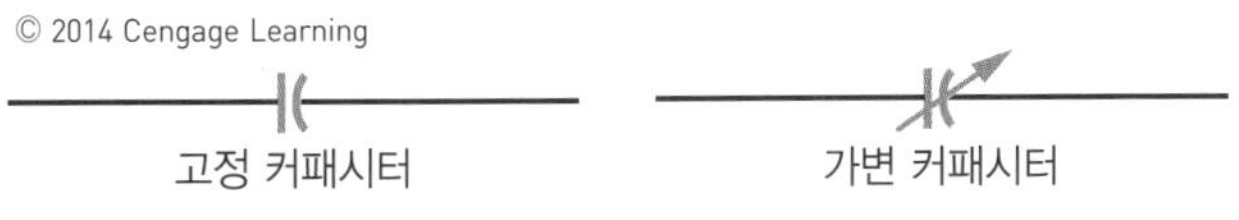

그림 8-12 커패시터의 기호.

충전된 커패시터는 전원에서 제거하여 에너지원으로 사용할 수 있다. 그러나 에너지가 커패시터로부터 제거되면 전압은 급속히 감소하게 된다. 직류 회로에서 커패시터는 초기 충전 후에는 개방 회로로 작용한다. 개방 회로는 무한대의 저항을 가진 회로이다.

주의 커패시터는 전원으로부터 분리되어 있어도 전원의 전위를 유지할 수 있기 때문에 모든 커패시터는 충전된 것처럼 여겨진다. 두 개의 리드를 함께 단락하여 방전될 때까지 커패시터의 두 리드에 절대 손을 대서는 안 된다. 회로에서 커패시터는 방전 경로를 갖지 않는 한, 전위를 언제까지나 유지할 수 있다.

커패시터에 저장된 에너지의 합계는 커패시터의 크기에 비례한다. 교실에서 사용되는 커패시터는 일반적으로 소형이고 신체를 통해 방전되어도 작은 충격을 줄 뿐이다. 그러나 커패시터가 대형이고 높은 전압으로 충전되면 치명적인 충격을 줄 수 있다. 충전된 커패시터는 다른 전원과 같이 취급해야 한다.

커패시턴스의 기본 단위는 **패럿**(farad, F)이다. 1패럿은 커패시터가 1볼트를 충전할 때 1쿨롬의 전하량을 저장할 수 있는 커패시턴스의 크기이다. 패럿은 일반적으로 사용하기에는 너무 큰 단위이므로 **마이크로패럿**(μF)과 **피코패럿**(pF)을 사용한다. 문자 C는 커패시턴스를 뜻한다.

$$1\ \mu\text{F} = 0.000{,}001 \text{ 또는 } \frac{1}{1{,}000{,}000}\text{ F}$$

$$1\ \text{pF} = 0.000{,}000{,}000{,}001 \text{ 또는 } \frac{1}{1{,}000{,}000{,}000{,}000}\text{ F}$$

8-4 질문

1. 커패시턴스는 무엇인가?
2. 고정 및 가변 커패시터에 대한 기호를 그려라.
3. 커패시터를 취급할 때 어떤 주의사항을 준수해야 하는가?
4. 커패시턴스를 측정하기 위한 기본 단위는 무엇인가?
5. 커패시터와 연관된 단위는 무엇인가?

8-5 커패시터

커패시터(cpapcitor, 콘덴서)의 커패시턴스에 영향을 주는 네 가지 요소는 다음과 같다.

1. 극판의 면적
2. 극판 사이의 거리
3. 유전체 재료의 종류
4. 온도

커패시터는 고정 커패시터와 가변 커패시터가 있다. **고정 커패시터**(fixed capacitor)는 변경할 수 없는 고정된 값을 가지고 있다. **가변 커패시터**(variable capacitor)는 두 극판 사이의 간격을 바꾸거나(트리머 커패시터), 두 극판 사이의 겹치는 면적의 크기를 바꿈으로써(동조 커패시터) 커패시턴스를 변화시킬 수 있다.

커패시턴스는 극판의 면적에 비례한다. 예를 들어, 다른 모든 인자들을 동일하게 유지하는 경우 극판 면적을 두 배로 하면 커패시턴스는 두 배가 된다.

커패시턴스는 극판 사이의 거리에 반비례한다. 즉 두 극판이 멀리 떨어질수록 극판 사이의 정전계의 세기는 감소한다.

전기 에너지를 저장하는 커패시터의 능력은 두 극판 사이의 정전계와 유전체 재료 내 전자들 궤도의 변형에 따라 달라지게 된다. 변형의 정도는 유전체의 특성에 따라 달라지며 이것의 정도를 유전 상수로 나타낸다. **유전 상수**(dielectric constant)는 절연체가 가지는 재료의 효율성 척도이다. 유전 상수는 변형시키는 재료의 능력을 비교하여 유전 상수 값이 1인 공기를 기준으로 하여 전계 내에 에너지를 저장하는 정도를 나타낸다. 종이는 2~3의 유전 상수를 가지고, 운모는 5~6의 유전 상수를, 그리고 티타늄은 90~170의 유전 상수를 갖는다.

커패시터의 온도는 적어도 네 개의 주요 인자를 갖는다. 그러나 이것은 대부분의 일반 응용에서는 고려하지 않는다.

커패시터는 전자산업의 요구에 맞게 많은 종류와 유형이 있다. **전해 커패시터**(electrolytic capacitor)는 작은 크기와 무게로 큰 커패시턴스를 보인다(그림 8-13). 전해 커패시터는 얇은 망 혹은 다른 흡수성 재료(전해질이라는 화학적 반죽으로 흠뻑 적셔진)로 분리된 두 개의 금속 포일로 구성된다. 전해질은 양도체이며 음극판의 일부로 사용된다. 유전체는 양극판의 산화에 의해 형성된다. 산화층은 얇고 좋은 절연체이다. 전해 커패시터는 양극과 음극의 극성을 갖게 된다. 전해 커패시터를 회로에 연결할 때는 극성을 주의해야만 한다.

(A)

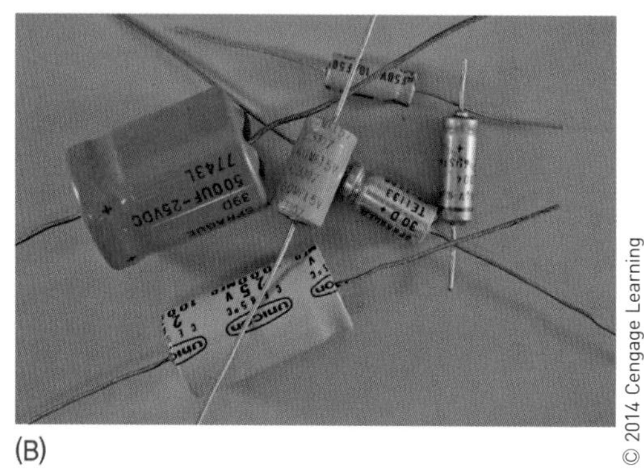

(B)

그림 8-13 전해 커패시터. (A) 레이디얼 커패시터 (B) 축 커패시터.

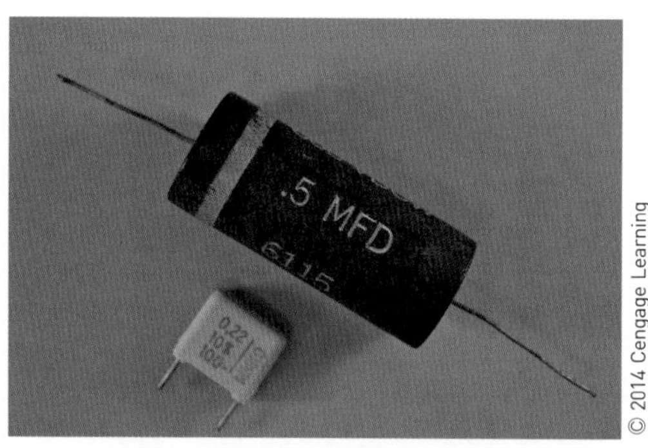

그림 8-14 종이 및 플라스틱 커패시터.

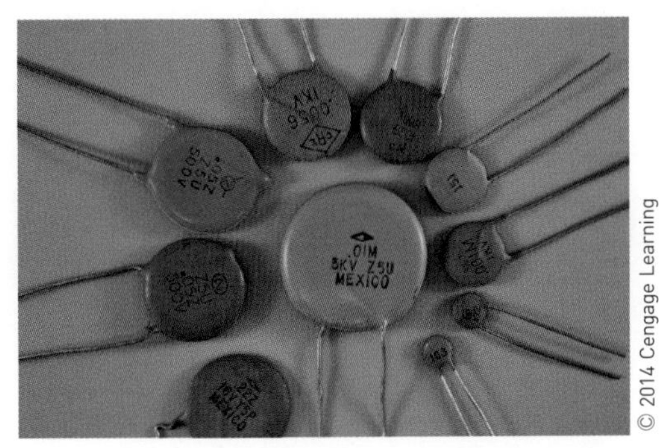

그림 8-15 세라믹 디스크 커패시터.

그림 8-16 가변 커패시터.

종이 커패시터와 플라스틱 커패시터는 압연 포일 기법으로 만들어진다(그림 8-14). 종이 유전체는 플라스틱 필름 유전체보다 작은 저항을 가지며, 그 결과 플라스틱 필름이 지금 더 많이 사용되고 있다. 플라스틱 필름은 직접 침전시켜서 금속 박막이 된다. 이러한 박막은 판 사이의 간격을 줄일 수 있으므로 커패시터를 더 작게 만들 수 있다.

세라믹 디스크 커패시터는 생산 비용이 높지 않아 인기가 있다(그림 8-15). 이것은 0.1 μF보다 더 작은 커패시터에 사용된다. 세라믹 재료는 유전체이다. 이것은 튼튼하고 신뢰성이 높으며, 범용의 커패시터이다.

또한 가변 커패시터는 모든 크기와 모양을 갖는다(그림 8-16). 종류로는 패더(padders), 트리머(trimmers) 및 튜닝(tuning) 커패시터가 있다. 패더 및 트리머 커패시터는 전문가가 조정해야 한다. 튜닝 커패시터는 사용자가 조정할 수 있다.

저항기와 마찬가지로 인덕터, 커패시터(콘덴서)는 직렬, 병렬 및 직병렬 조합으로 연결할 수 있다. 커패시터를 직렬로 배치하면 효과적으로 유전체의 두께를 증가시킨다. 커패시턴스가 두 극판 사이의 거리에 반비례하기 때문에, 이는 전체 커패시턴스를 감소시킨다. 직렬 커패시터의 전체 커패시턴스는 다음과 같이 병렬 저항의 합처럼 계산된다.

$$\frac{1}{C_T} = \frac{1}{C_1} + \frac{1}{C_2} + \frac{1}{C_3} \cdots + \frac{1}{C_n}$$

서로 다른 값의 커패시터를 직렬로 연결하면 작은 커패시터는 최고 전압까지 충전된다. 병렬로 커패시터를 연결하면 실질적으로 극판의 면적을 합하게 된다. 이는 다음과 같이 전체 커패시턴스는 개별 커패시턴스의 합과 같다.

$$C_T = C_1 + C_2 + C_3 \cdots + C_n$$

병렬로 연결된 커패시터는 모두 동일한 전압으로 충전된다.

8-5 질문

1. 커패시턴스에 영향을 주는 4가지 요소는 무엇인가?
2. 전해 커패시터의 장점은 무엇인가?
3. 가변 커패시터의 다른 이름은 무엇인가?
4. 직렬 회로에서 전체 커패시턴스에 대한 공식은 무엇인가?
5. 병렬 회로에서 전체 커패시턴스에 대한 공식은 무엇인가?

8-6 RC 시정수

RC 시정수는 시간, 저항 및 커패시턴스 사이의 관계를 나타낸다. 그림 8-17은 RC 회로를 보여준다. 커패시터를 충전 및 방전하는 데 걸리는 시간은 저항과 커패시턴스의 합계에 비례한다. 시정수는 커패시터의 인가 전압의 63.2

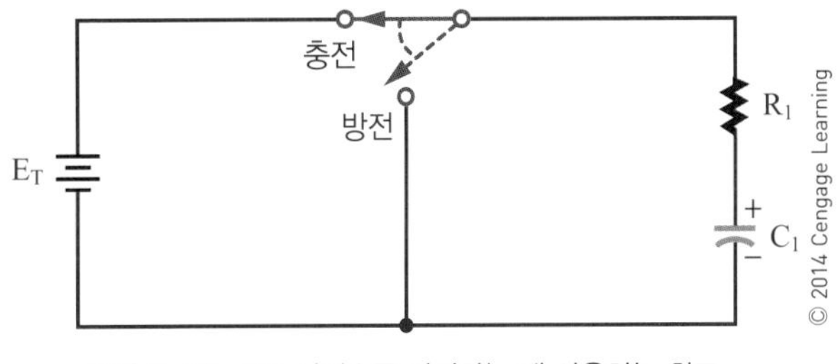

그림 8-17 RC 시정수를 결정하는 데 사용하는 회로.

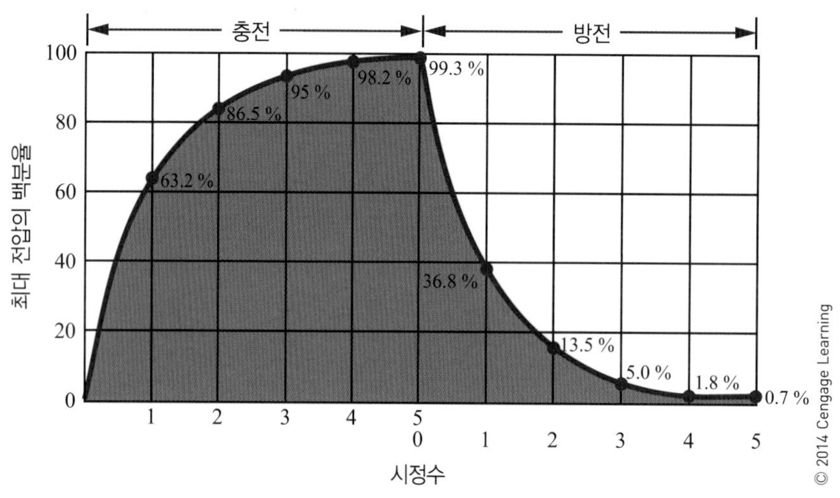

그림 8–18 커패시터의 충전 및 방전에 필요한 시정수의 도표.

%까지 충전하는 데 또는 36.8 %까지 방전하는 데 필요한 시간이다. 시정수는 다음과 같이 나타낸다.

$$t = RC$$

여기서, t = 시간(s)

R = 저항(Ω)

C = 커패시턴스(F)

예제 **1 μF의 커패시터와 1 MΩ 저항의 시정수는 얼마인가?**

제시 값	풀이
C = 1 μF	t = RC
R = 1 MΩ	t = (1,000,000)(0.000001)
t = ?	t = 1 s

시정수는 커패시터를 완전히 충전 및 방전시키는 데 필요한 시간이 아니다. 그림 8–18은 커패시터를 충전 및 방전시키는 데 필요한 시정수를 보여준다. 커패시터를 완전히 충전 및 방전시키는 데 대략 시정수의 5배가 소요된다는 것을 주목하라.

8-6 질문

1. 커패시터의 시정수는 무엇인가?
2. 커패시터에 대한 시정수는 어떻게 결정하는가?
3. 커패시터를 완전히 충전 및 방전시키는 데 얼마나 많은 시정수가 필요한가?
4. 1 μF과 0.1 μF 커패시터를 직렬로 연결했다. 회로의 전체 커패시턴스는 얼마인가?
5. 0.015 μF 커패시터가 25 V에 충전되고 있다. 양 단자에 2 MΩ 저항을 배치한 후 25 ms 이후의 전압은 얼마인가?

요약

- 인덕턴스는 자계에 에너지를 저장하는 능력이다.
- 인덕턴스의 측정단위는 헨리(H)이다.
- 문자 L은 인덕턴스를 나타낸다.
- 인덕터는 특정 인덕턴스를 갖도록 설계된 소자이다.
- 고정 인덕턴스에 대한 기호.

- 가변 인덕터에 대한 기호.

- 인덕터의 종류에는 공심, 페라이트 또는 분말 철심, 환형 코어, 차폐 및 적층 철심 코어가 있다.
- 직렬로 연결된 인덕터의 전체 인덕턴스는 다음 공식에 의해 계산된다.

$$L_T = L_1 + L_2 + L_3 \cdots + L_n$$

- 병렬로 연결된 인덕터의 전체 인덕턴스는 다음 공식으

로 계산된다.

$$\frac{1}{L_T} = \frac{1}{L_1} + \frac{1}{L_2} + \frac{1}{L_3} \cdots + \frac{1}{L_n}$$

- RL 회로의 시정수는 전류가 최대 전류의 63.2 %로 증가하는 데, 또는 36.8 %로 감소하는 데 필요한 시간이다.
- RL 회로의 시정수는 다음 공식으로 구할 수 있다.

$$t = \frac{L}{R}$$

- RL 회로는 인덕터의 자계를 완전히 증가시키거나 없애는 데 5배의 시정수를 갖는다.
- 커패시턴스는 정전계에 전기 에너지를 저장하는 능력이다.
- 커패시터는 절연체에 의해 분리된 두 개의 도체로 구성된다.
- 고정 커패시터에 대한 기호는 다음과 같다.

- 가변 커패시터에 대한 기호는 다음과 같다.

- 커패시턴스의 기본 단위는 패럿(F)이다.
- 패럿 단위는 너무 크기 때문에 마이크로패럿(μF)과 피코패럿(pF)을 더 많이 사용한다.
- 문자 C는 커패시턴스를 나타낸다.
- 커패시턴스는 다음의 영향을 받는다.
  1. 극판의 면적
  2. 극판 사이의 거리
  3. 유전체 재료의 종류
  4. 온도
- 커패시터의 종류는 전해, 종이, 플라스틱, 세라믹 및 가변이 있다.
- 직렬 회로의 전체 커패시턴스 공식은 다음과 같다.

$$\frac{1}{C_T} = \frac{1}{C_1} + \frac{1}{C_2} + \frac{1}{C_3} \cdots + \frac{1}{C_n}$$

- 병렬 회로의 전체 커패시턴스 공식은 다음과 같다.

$$C_T = C_1 + C_2 + C_3 \cdots + C_n$$

- RC 회로 시정수에 대한 공식은 다음과 같다.

$$t = RC$$

- 커패시터의 완전한 충전 및 방전을 시키기 위해서는 시정수의 5배가 소요된다.

연습 문제

1. 유기기전력(emf)에 관한 렌츠(Lenz)의 법칙을 설명하여라.
2. 도체와 역기전력 사이의 관계는 무엇인가?
3. 인덕터의 종류와 모양을 설명하여라.
4. 특정 인덕턴스에 대하여 어떻게 자계를 증가시킬 수 있는가?
5. 다음 회로의 총 인덕턴스는 얼마인가?

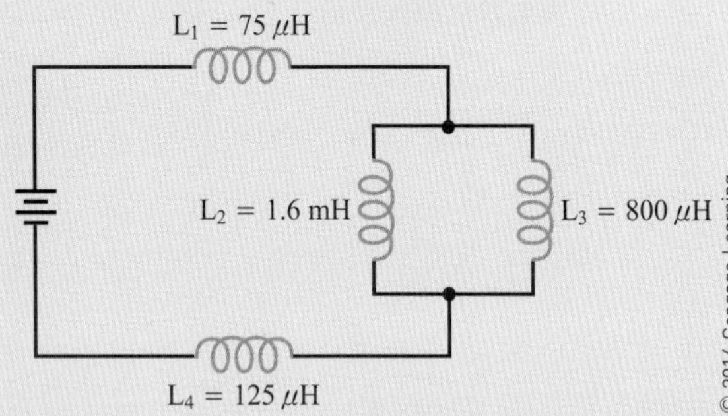

6. 500 mH의 인덕터와 10 kΩ의 저항이 25 V 전원에 직렬로 연결되었다. 회로에 전원을 인가한 후 100 μsec 후에 인덕터 양단의 전압은 얼마가 되겠는가?
7. 다음 구성 요소에 대해 증가와 감소 시정수를 도표로 나타내어라.
   a. 1 H, 100 Ω
   b. 100 mH, 10 kΩ
   c. 10 mH, 1 kΩ
   d. 10 H, 10 Ω
   e. 1000 mH, 1 kΩ
8. 커패시터에서 전하는 어디에 저장되는가?
9. 직류 전압으로 커패시터가 충전되는 과정을 설명하여라.
10. 회로에서 커패시터를 충전시킨 다음 회로에서 분리할 때 커패시터에는 어떤 일이 발생하는가?
11. 충전된 커패시터가 어떻게 방전되는지를 설명하여라.
12. 커패시터의 극판 면적과 극판 사이의 거리가 커패시터의 값에 어떻게 영향을 주는가?
13. 커패시터의 종류와 모양에는 어떤 것들이 있는가?
14. 1.5 μF, 0.05 μF, 2000 pF 및 25 pF의 네 개 커패시터가 직렬로 연결되어 있다. 회로의 전체 커패시턴스는 얼마인가?
15. 1.5 μF, 0.05 μF, 2000 pF 및 25 pF의 네 개 커패시터가 병렬로 연결되어 있다. 회로의 전체 커패시턴스는 얼마인가?
16. 100 V 전원을 사용하여 각 시정수에 대한, 시정수, 충전 및 방전을 표시하는 도표를 만들어라.
17. 10 kΩ 저항과 100 μF 커패시터에 대한 충전 및 방전 시정수 도표를 만들어라.

2부

교류 회로

9장

교류

Alternating Current

학습 목표

이 장을 학습하면 다음을 할 수 있다.

- 교류 발전기로 교류 전압이 어떻게 발생되는지를 설명할 수 있다.
- 교번, 헤르츠, 정현파, 주기 및 주파수를 설명할 수 있다.
- 교류 발전기의 주요 부분을 설명할 수 있다.
- 첨두값, 첨두-첨두값, 실효값 및 rms를 설명할 수 있다.
- 시간과 주파수 사이의 관계를 설명할 수 있다.
- 세 개의 기본적인 비정현파를 확인하고 설명할 수 있다.
- 비정현파가 어떻게 기본 주파수와 고조파로 구성되는지를 설명할 수 있다.
- 오늘날 사회에서 교류를 널리 사용하는 이유를 설명할 수 있다.
- 교류 배전 계통이 어떻게 동작하는지를 설명할 수 있다.

전등 조명 또는 전동기 운전과 같은 작업을 수행하는 데 사용하는 전기는 직류(DC)와 교류(AC) 두 가지 종류가 있다. **직류**(DC)는 그 이름에서 알 수 있듯이 한쪽 방향으로만 흐르는 전류이다. 배터리는 이러한 형태의 에너지를 발생한다. 그리고 오늘날 사회에서 유용하게 사용하는 에너지의 두 번째 종류는 **교류**(AC)이다. 직류와 달리 교류는 전류가 주기적으로 반대 방향으로 흐른다.

오늘날 교류는 전기 에너지를 한 곳에서 다른 곳으로 멀리 전송하기 위해 가장 널리 사용되고 있다. 그러나 1800년대 후반까지는 불가능했다. 에디슨(Edison)은 직류 전기를 사용했다. 에디슨이 생각한 전기화 도시는 여러 개의 작은 직류 발전기가 분산되어 있는 것으로, 이는 전송 손실을 보상하기 위해 직류를 바꾸는 다른 방법이 없었기 때문이다. 따라서 직류는 좁은 지역 내에서만 유용하고 장거리로 전기 에너지를 전송하는 데에는 적합하지 않았다.

1888년에 한 젊은 엔지니어가 회전 자계를 발견하였다. 이 회전 자계로 인하여 실제로 전기를 생산하고 송전할 수 있게 되었으며 전 세계에서 사용이 가능해졌다. 도시와 시골을 가로지르는 전력선들은 그의 천재성에 대한 증거이다. 교류와 전기화된 세상의 창시자는 니콜라 테슬라(Nikola Tesla)이다.

이 장에서는 교류가 중요한 이유와 교류를 발생하는 방법 및 교류의 전기적 특성들에 대해 살펴본다.

9-1 교류의 발생

교류 발전기는 기계 에너지를 전기 에너지로 변환한다. 교류 발전기는 교류기(alternator)라고도 부르며, 전자 유도의 원리를 이용하여 교류 전압을 발생하는 것이다. 전자 유도는 자계 속을 통과하는 도체에 전압을 유도하는 과정이다.

7장에서 설명한 것과 같이, 발전기에 대한 플레밍의 오른손 법칙은 자계를 통과하는 도체에 흐르는 전류의 방향을 알아내는 데 사용할 수 있다. 이때 엄지손가락이 도체의 운동 방향을 가리킬 때, 집게손가락(엄지에 직각으로 폈을 때)은 N극에서 S극을 가리키는 자력선의 방향을 가리키며, 가운뎃손가락(집게손가락에 직각으로 폈을 때)은 도체에 흐르는 전류의 방향을 나타낸다. 최대 전압은 도체가 자력선에 대하여 직각으로 이동할 때 유도된다. 도체가 자력선과 평행하게 이동하면 전압은 유도되지 않는다.

그림 9-1A부터 9-1F는 자계를 통해 회전하는 루프를 보여준다. B 위치에서 루프는 자력선과 평행하다. 앞에서 언급했듯이 도체가 자력선에 평행하게 움직이면 전압은 유도되지 않는다. 루프가 C 위치로 회전하면 루프는 자력선을 더 많이 통과하며, 루프가 자력선과 직각일 때 최대 전압이 유도된다. 루프가 계속해서 D 위치로 회전하면 적은 자력선이 쇄교되며 유도 전압이 감소한다. B에서 D 위치로의 이동은 180도 회전을 나타낸다. 루프가 E 위치로 회전하면 전류는 반대로 흐른다. 다시 루프가 자력선에 직각일 때 최대 전압이 유도된다. 루프가 원래 위치 F로 되돌아오면 유도 전압도 0으로 되돌아온다.

한 번의 완전한 회전을 통해 이동하는 교류(AC) 발전기의 매 시간을 **1사이클**(cycle)이라고 부른다. 이런 출력 전압을 1사이클의 출력 전압이라고 한다.

마찬가지로 발전기는 회로에 1사이클의 출력 전류를 발생한다. 1사이클의 두 반쪽을 교번(alternation)이라고 한다(그림 9-2). 각 교번은 전압의 극성에 변화를 주며 발생한다. 전압은 1사이클의 반(1 교번) 동안 하나의 극성을 그리고 나머지 절반 사이클(2 교번) 동안 반대 극성을 나타낸다. 일반적으로 한쪽 교번은 양(+)의 교번 다른 쪽은 음(−)의 교번이라고 한다. 양의 교번은 양극을 갖는 출력을 발생하며, 음의 교번은 음극을 갖는 출력을 발생

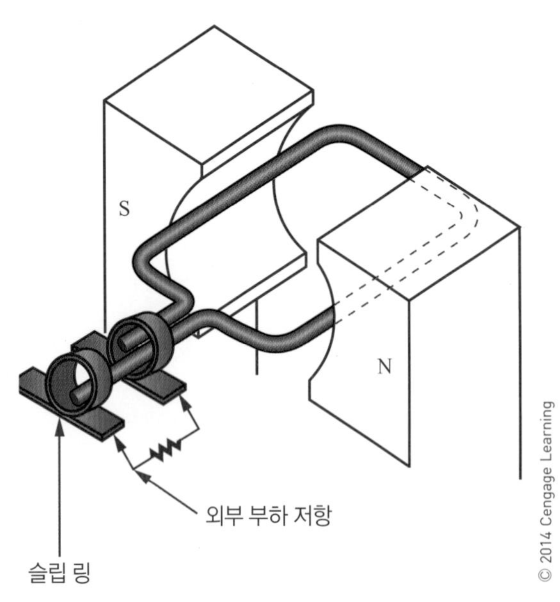

그림 9-1A 기본적인 교류 발전기.

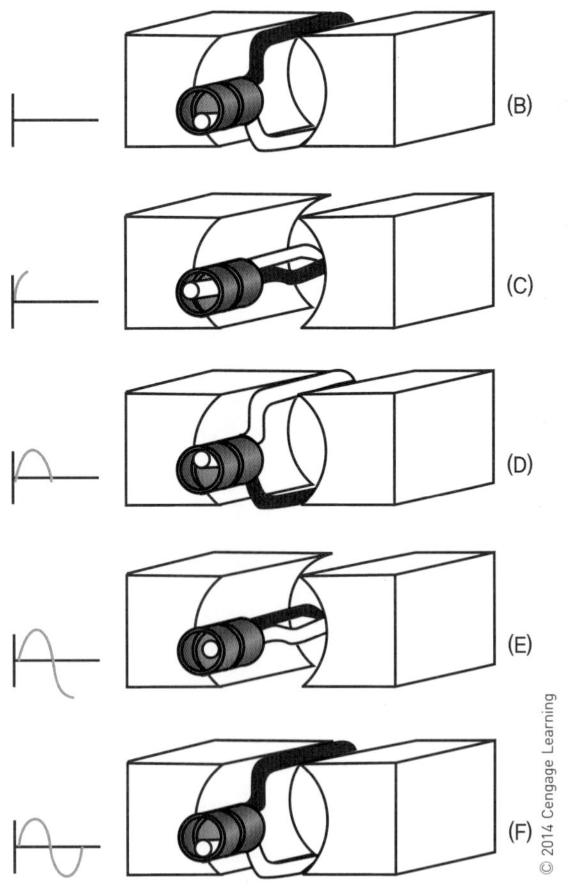

그림 9-1B~F 교류 전압을 발생하는 교류 발전기.

한다. 전압의 두 완전한 교번은 한 사이클을 만든다. 1초당 1사이클을 **헤르츠**(Hz)로 정의한다.

회전하는 루프를 **전기자**(armature)라고 한다. 회전하는 전기자에 유도되는 교류 전압은 전기자(그림 9–3)의 각 끝에 위치한 슬라이딩 접촉에 의해 루프의 끝으로 전달된다. 슬립 링(slip ring)이라는 두 개의 금속 링은 루프의 각 끝에 붙어있다. 브러시(brush)는 교류 전압을 발생하기 위해 슬립 링에 접속되어 미끄러진다. 지금까지 설명한 교류 발전기는 낮은 전압을 발생한다. 보다 실용적이기 위해서 교류 발전기는 유도 전압을 증가시키기 위하여 많은 루프들을 설치하여야 한다.

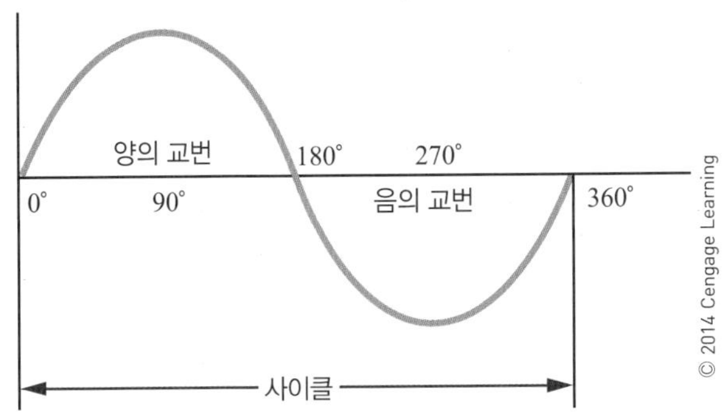

그림 9–2 각 주기는 양과 음의 교번으로 구성된다.

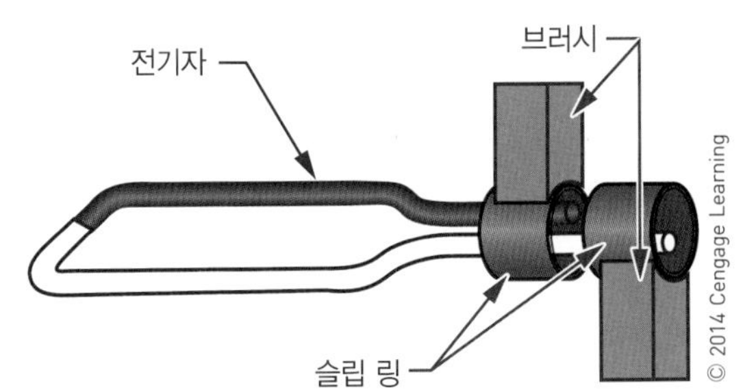

그림 9–3 교류 발전기의 전기자로부터 발생한 전압은 슬립 링을 통해 이동한다.

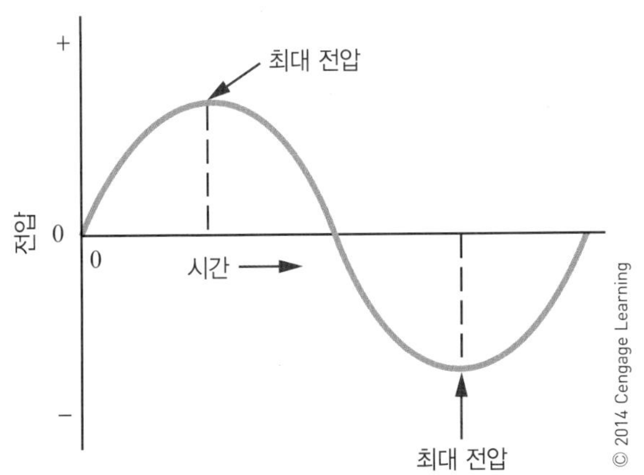

그림 9–4 교류 파형의 가장 기본적인 정현파 파형.

교류 발전기에서 발생되는 파형을 **정현파** 또는 **사인파**라고 한다(그림 9–4). 정현파는 가장 기초적이고 모든 교류 파형에 널리 사용되며, 기계적인 방법 또는 전자적인 방법으로 발생할 수 있다. 정현파는 삼각법의 사인 함수로 표시된다. 정현파의 값은 0부터 최대값까지 변한다. 전압 및 전류는 모두 정현파 형태로 존재한다.

9-1 질문

1. 교류 발전기의 기능은 무엇인가?
2. 교류 발전기가 동작하는 방법을 설명하여라.
3. 다음 용어를 설명하여라.
   a. 사이클
   b. 교번
   c. 헤르츠
   d. 정현파
4. 교류 발전기의 주요 구성품은 무엇인가?
5. 양의 교번과 음의 교번의 차이는 무엇인가?

9-2 교류 값

정현파 위의 각 점은 이와 관련된 한 쌍의 숫자를 갖는다. 첫 번째 값은 파형의 회전각을 나타낸다. **회전각**(degree of rotation)은 전기자가 회전한 각도이다. 두 번째 값은 **진폭**(amplitude)을 나타낸다. 이러한 교류 값들을 표현하는 방법은 여러 가지가 있다.

정현파의 **첨두값**(peak value)은 파형에서 최대의 진폭을 갖는 점의 절대값이다(그림 9–5). 첨두값은 양(+) 교번 한 개 음(−) 교번 한 개로 두 개가 있다. 이들 첨두값은 같다.

첨두–첨두값(양 교번의 최대값에서 음 교번의 최대값까지)은 두 첨두(최대값) 사이의 수직 거리를 나타낸다(그림 9–6). 첨두–첨두값은 각 첨두의 절대값을 더해서 구할 수 있다.

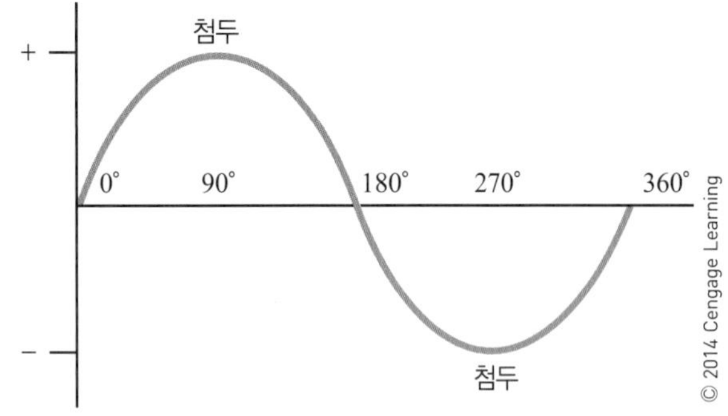

그림 9-5 정현파의 첨두값은 최대 진폭일 때의 교류 파형의 값이다. 첨두값은 파형의 양 교번과 음 교번에서 모두 발생한다.

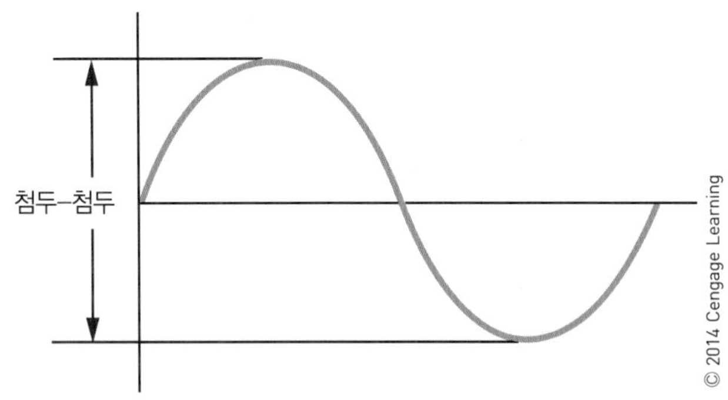

그림 9-6 첨두-첨두값(양의 최대에서 음의 최대까지)은 두 교번의 각 첨두값을 더해서 구할 수 있다.

교류의 **실효값**(effective value)은 임의의 저항에 대해 직류가 발생하는 열과 동일한 열을 발생하는 교류의 양이다. 실효값은 제곱 평균 제곱근(root-mean-square, rms)이라고 하는 수학적 과정으로 계산할 수 있다. 따라서 실효값을 **rms값**이라고도 한다. rms값을 사용하면 정현파의 실효값이 첨두값의 0.707배와 같음을 알 수 있다. 교류 전압 또는 전류가 주어지거나 측정될 때 특별히 명시하지 않는 한 실효값으로 간주한다. 대부분의 계측기는 전압 및 전류를 실효값 또는 rms값을 나타내도록 되어 있다.

$$E_{rms} = 0.707\ E_p$$

여기서, E_{rms} = rms 또는 실효전압 값
E_p = 한 교번의 최대 전압

$$I_{rms} = 0.707\ I_p$$

여기서, I_{rms} = rms 또는 실효전류 값
I_p = 한 교번의 최대 전류

예제 **정현파 전류는 10 A의 첨두값을 갖는다. 실효값은 얼마인가?**

제시 값	풀이
$I_{rms} = ?$	$I_{rms} = 0.707\ I_p$
$I_p = 10\ A$	$I_{rms} = (0.707)(10)$
	$I_{rms} = 7.07\ A$

예제 **정현파 전압이 40 V의 실효값을 갖는다. 정현파의 첨두값은 얼마인가?**

제시 값	풀이
$E_p = ?$	$E_{rms} = 0.707\ E_p$
$E_{rms} = 40\ V$	$40 = 0.707\ E_p$
	$56.58\ V = E_p$

정현파의 1사이클을 완료하는 데 필요한 시간을 **주기**(period, t)라고 한다. 주기는 일반적으로 초 단위로 측정된다. 문자 t는 주기를 나타내는 데 사용한다.

특정 주기의 시간에서 발생하는 사이클의 수를 **주파수**(frequency)라고 한다. 교류 정현파의 주파수는 보통 초당 사이클로 표현된다. 주파수 단위는 헤르츠(hertz)이다. 1헤르츠는 초당 1사이클과 같다.

정현파의 주기는 주파수에 반비례한다. 주파수가 높으면 높을수록, 주기는 더 짧아진다. 정현파의 주파수와 주기의 관계는 다음과 같이 표현된다.

$$f = \frac{1}{t}$$

여기서, f = 주파수
t = 주기

예제 **0.05초 주기를 갖는 정현파의 주파수는 얼마인가?**

제시 값	풀이
$f = ?$	$f = \frac{1}{t}$
$t = 0.05$초	$f = \frac{1}{0.05}$
	$f = 20\ Hz$

예제 **정현파가 60 Hz의 주파수를 갖는다면 주기는 얼마인가?**

제시 값	풀이
f = 60 Hz	$t = \frac{1}{f}$
t = ?	$t = \frac{1}{60}$
	t = 0.0167 sec 또는 16.7 msec

9-2 질문

1. 다음 용어를 설명하여라.
   a. 첨두값
   b. 첨두-첨두값
   c. 실효값
   d. rms
2. 정현파 전압이 1.25 V의 첨두값을 갖는다. 실효값은 얼마인가?
3. 시간과 주파수 사이의 관계를 설명하여라.
4. 10 A의 실효값을 갖는 정현파 전류의 첨두값은 얼마인가?
5. 400 Hz 정현파의 주기는 얼마인가?

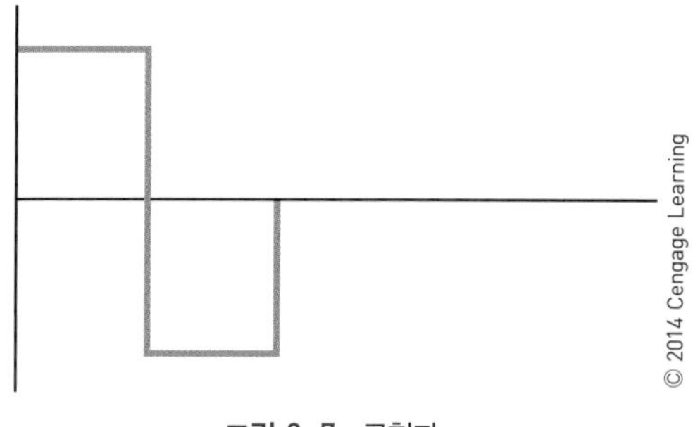

그림 9-7 구형파.

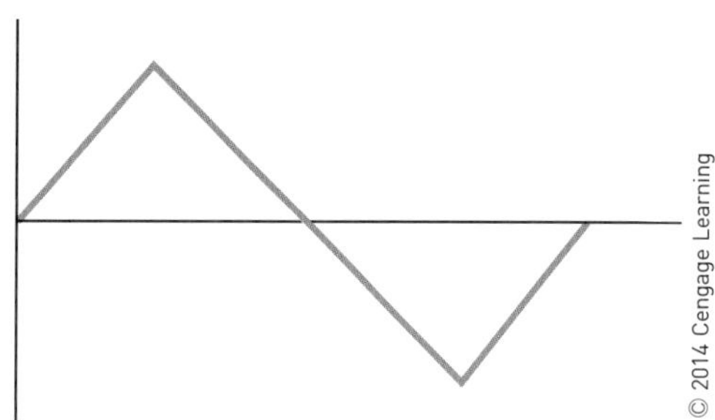

그림 9-8 삼각파.

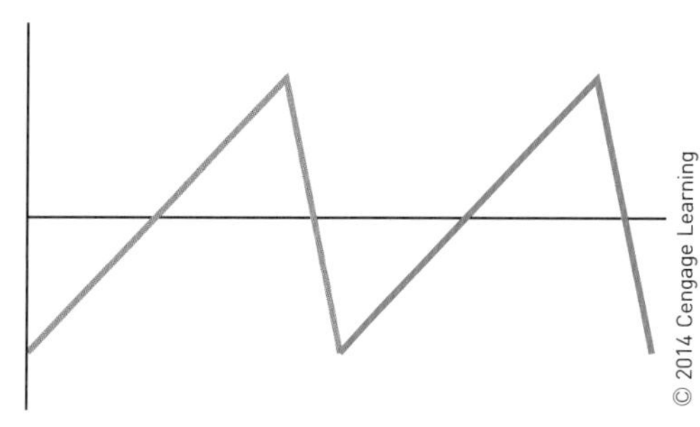

그림 9-9 톱니파.

9-3 비정현파 파형

정현파는 가장 일반적으로 사용되는 교류 파형이다. 그러나 전자공학에서 사용되는 파형의 종류는 정현파만이 유일한 것은 아니다. 정현파(사인파) 이외의 다른 파형을 **비정현파**(non sinusoidal)로 분류한다. 비정현파는 특별히 설계된 전자 회로로 파형을 만들 수 있다.

그림 9-7부터 9-9는 세 개의 기본 비정현파 파형을 보여준다. 이러한 파형들은 전류 또는 전압을 나타낼 수 있다. 그림 9-7과 같이 양과 음의 교번이 사각형 모양으로 교번하는 파형을 **구형파**라고 한다. 이것은 전류 또는 전압이 즉시 최대값에 도달하며, 교번이 지속되는 동안 최대값을 유지하는 것을 나타낸다. 극성이 바뀌게 되면, 전류 또는 전압은 즉시 반대 첨두값에 도달하며 다음 지속시간 동안 최대값을 유지하게 된다. **펄스 폭**(pulse width)은 주기의 절반과 같다. 펄스 폭은 전압이 최대 또는 첨두값에서 최소값으로 떨어질 때까지의 지속기간이다. 진폭은 임의의 어떤 값이 될 수 있다. 구형파는 그 특성들을 쉽게 변화시킬 수 있어 전자 신호로서 유용하다.

그림 9-8은 **삼각파**를 보여준다. 이것은 기울기가 같은 양과 음의 경사로 구성된다. 양의 교번 동안에 파형은 0부터 첨두값까지 선형적으로 상승하고 다시 0으로 감소한다. 음의 교번 동안에 파형은 첨두값까지 선형적으로 음의 방향으로 기울고 그런 다음에 0으로 되돌아온다. 이 파형의 주기는 첨두에서 첨두까지이다. 삼각파는 주로 전자 신호로 사용된다.

그림 9-9는 삼각파의 특별한 경우인 **톱니파**를 보여준다. 먼저 이것은 직선적으로 상승하고 그 다음에 빠르게

음의 첨두값으로 기울게 된다. 양의 경사는 비교적 오래 지속되며 짧은 경사보다 더 작은 기울기를 갖는다. 톱니파는 전자회로의 동작 신호로 사용된다. 텔레비전 수상기 및 오실로스코프에 이미지를 만들기 위해 전자빔을 화면상에 수평방향으로 진동시킬 때 톱니파가 사용된다.

펄스파 및 다른 비정현파는 두 가지 방법으로 간주될 수 있다. 한 가지 방법은 파형을 특정 시간 간격 후에 잇따르는 전압의 순간적인 변화처럼 간주하는 것이다. 두 번째 방법은 파형을 서로 다른 주파수와 진폭을 갖는 많은 정현파의 대수합으로 간주하는 것이다. 이 방법은 증폭기의 설계에 유용하다. 증폭기가 모든 주파수 대역의 정현파를 통과시킬 수 없는 경우에 왜곡이 발생한다.

비정현파는 기본 주파수와 고조파로 구성된다. **기본 주파수**(fundamental frequency)는 파형의 반복 속도를 나타낸다. **고조파**(harmonics)는 기본 주파수의 정수 배인 더 높은 주파수를 갖는 정현파이다. **홀수 고조파**(odd harmonics)는 기본 주파수의 홀수 배수에 해당하는 주파수이다. **짝수 고조파**(even harmonics)는 기본 주파수의 짝수 배수에 해당하는 주파수이다.

구형파는 기본 주파수와 모든 홀수 고조파로 만들어진다. 또한 삼각파는 기본 주파수와 모든 홀수 고조파로 구성되지만 구형파와 달리 홀수 고조파는 기본 주파수와 180도의 위상을 갖는다.

톱니파는 짝수와 홀수 고조파를 모두 이용해 구성된다. 짝수 고조파는 홀수 고조파와 180도의 위상을 갖는다.

9-3 질문

1. 비정현파는 무엇인가?
2. 다음 파형의 2주기를 그려라.
   a. 구형파
   b. 삼각파
   c. 톱니파
3. 비정현파를 인식하는 두 가지 방법은 무엇인가?
4. 비정현파의 응용은 무엇인가?
5. 세 개의 서로 다른 비정현파의 기본 주파수 및 고조파에 대해 설명하여라.

요약

- 교류는 가장 일반적으로 사용되는 전기의 한 종류이다.
- 교류는 한 방향으로 흐르는 전류와 반전이 되면 반대 방향으로 흐르는 전류로 구성된다.
- 교류 발전기의 한 회전을 1사이클이라고 한다.
- 사이클의 두 반쪽을 교번이라고 한다.
- 두 개의 완전한 교번은 1사이클을 만든다.
- 초당 1사이클을 헤르츠(Hz)로 정의한다.
- 정현파 또는 사인파는 교류 발전기에 의해 발생되는 파형이다.
- 정현파의 첨두값은 가장 큰 진폭을 갖는 점의 절대값이다.
- 첨두-첨두값은 한 첨두에서 다른 첨두까지의 수직 거리이다.
- 교류의 실효값은 주어진 저항이 직류의 양과 같은 정도로 열을 발생하는 교류의 양이다.
- 실효값은 제곱 평균 제곱근(root-mean-square, rms)이라고 하는 수학적 과정으로 정의된다.
- 정현파의 rms값은 첨두값의 0.707배와 같다.

$$E_{rms} = 0.707\ E_p$$
$$I_{rms} = 0.707\ I_p$$

- 정현파의 1사이클을 완료하는 데 필요한 시간을 주기(t)라고 한다.
- 특정 주기의 시간을 나타내는 사이클의 수를 주파수(f)라고 한다.
- 주파수와 주기 사이의 관계는 다음과 같이 나타낼 수 있다.

$$f = \frac{1}{t}$$

- 구형파는 기본 주파수 및 모든 홀수 고조파로 만들어진다.
- 삼각파는 기본 주파수 및 기본 주파수와 180도 위상 차이를 보이는 모든 홀수 고조파로 구성된다.

- 톱니파는 짝수와 홀수 고조파를 모두 이용해 구성되며, 짝수 고조파는 홀수 고조파와 180도 위상 차이를 갖는다.

연습 문제

1. 무엇이 자기 유도가 일어나게 하는가?
2. 플레밍의 오른손 법칙이 교류 발전기에 어떻게 적용되는지 설명하여라.
3. 파형의 첨두–첨두값을 결정하는 방법을 설명하여라.
4. 교류의 실효값은 어떻게 결정되는가?
5. 첨두값이 169 V로 측정되는 정현파 전압의 실효값은 얼마인가?
6. 정현파가 85 V의 실효값을 갖는다면, 첨두값은 얼마인가?
7. 0.02초 주기를 갖는 정현파의 주파수는 얼마인가?
8. 400 Hz의 주파수를 갖는 정현파의 주기는 얼마인가?
9. 전류 및 전압을 나타낼 수 있는 세 개의 비정현파의 예를 그려라.
10. 파형 연구에 고조파가 중요한 이유는 무엇인가?

10장

교류 저항 회로
Resistive AC Circuits

학습 목표

이 장을 학습하면 다음을 할 수 있다.

- 저항 회로에서 전류와 전압 사이의 위상 관계를 설명할 수 있다.
- 교류 저항 회로에 옴의 법칙을 적용할 수 있다.
- 직렬 교류 저항 회로의 미지의 값을 계산할 수 있다.
- 병렬 교류 저항 회로의 미지의 값을 계산할 수 있다.
- 교류 저항 회로의 전력을 계산할 수 있다.

전류, 전압, 저항의 관계는 직류 회로와 교류 회로에서 서로 비슷하다. 그러나 커패시터 및 인덕터를 포함하는 복잡한 회로에서는 전압과 전류의 위상이 서로 다르므로 이들의 관계를 잘 이해하여야 한다.

10-1 교류 저항 회로

기본적인 **교류 회로**(그림 10-1)는 교류 전원, 도체 및 저항성 부하로 구성된다. 교류 전원은 교류 발전기 혹은 교류 전압을 발생하는 회로가 될 수 있다. **저항성 부하**는 저항기, 전열기, 전구 또는 이와 유사한 어떤 기구가 될 수 있다.

교류 전압이 저항성 부하에 인가될 때, 교류 전류의 진폭과 방향은 인가된 전압에 따라 같은 방식으로 변하게 된다. 인가된 전압의 극성이 바뀌면 전류의 극성도 바뀐다. 이것을 **동상**(in phase)이라고 한다. 그림 10-2는 순수한 저항성 회로에 인가된 전압과 흐르는 전류 사이의 위상이 동상인 관계를 보여준다. 전류 및 전압 파형은 동시에 0과 최대값을 통과하게 된다. 그러나 두 개의 파형은 그 크기도 다르고 측정 단위가 다르기 때문에 첨두 진폭은 같지 않다.

저항에 흐르는 교류 전류는 회로의 전압과 저항에 따라 다르다. 임의의 어떤 순간의 전류의 크기는 옴의 법칙을 적용하여 구할 수 있다.

대부분의 측정에는 실효값이 사용된다. 앞에서 설명한

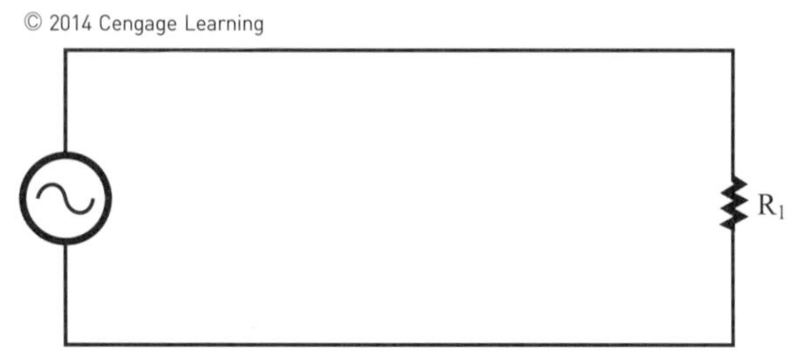

그림 10-1 기본 교류 회로는 교류 전원, 도체 및 저항성 부하로 구성된다.

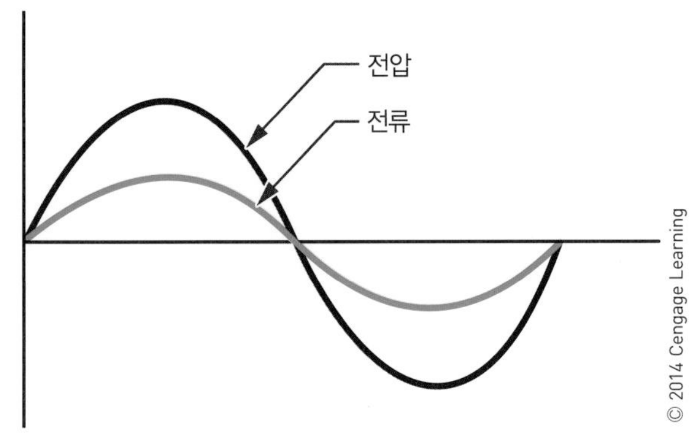

그림 10–2 순수 저항성 회로에서 전압 및 전류는 동상이다.

것과 같이 실효값은 직류 전압과 동일한 정도의 열을 발생하는 교류 전압의 양이다. 실효값은 직류 등가 값으로 간주될 수 있다. 옴의 법칙은 직류 값과 마찬가지로 순수 저항성 회로에서 교류 실효값과 함께 사용할 수 있다.

예제 **회로가 교류 전압 120 V, 1000 Ω 저항인 경우, 회로의 실효 전류는 얼마인가?(교류 전압 또는 전류는 특별히 명시하지 않는 한 실효값으로 간주됨을 기억하라.)**

제시 값	풀이
$I = ?$	$I = \frac{E}{R}$
$E = 120\ V$	$I = \frac{120}{1000}$
$R = 1000\ \Omega$	$I = 0.12\ A$

예제 **1.7 A의 실효 전류가 68 Ω 저항에 흐른다면, 인가된 실효 전압은 얼마인가?**

제시 값	풀이
$I = 1.7\ A$	$I = \frac{E}{R}$
$E = ?$	$1.7 = \frac{E}{68}$
$R = 68\ \Omega$	$E = 115.6\ V$

10-1 질문

1. 순수 저항성 회로에서 전류와 전압 사이의 위상 관계는 무엇인가?
2. 대부분의 측정에 사용되는 교류 값은 무엇인가?
3. 10,000 Ω 저항에 12 V를 인가한 회로에서 실효 전류는 얼마인가?
4. 100 Ω의 저항에 250 mA의 전류를 흐르게 하는 전압(rms)은 얼마인가?
5. 12 V의 교류 전압으로 350 mA의 전류가 발생되는 회로의 저항은 얼마인가?

10-2 교류 직렬 회로

저항 회로의 전류는 인가된 전압에 따라 달라진다. 전류는 회로에 있는 저항의 수에 관계없이 항상 전압과 동상이다. 회로의 어느 지점에서든 전류는 동일한 값을 가진다.

그림 10–3은 간단한 **교류 직렬 회로**를 보여준다. 두 저항을 통해 흐르는 전류는 동일하다. 옴의 법칙을 사용하여 각 저항 양단의 전압강하를 구할 수 있다. 각 전압강하의 합은 인가한 전압과 같다. 그림 10–4는 회로의 전압강하, 인가한 전압과 전류의 위상 관계를 보여준다. 모든 전압과 전류는 순수 저항성 회로에서 동상이다.

예제 **교류 회로가 실효값 120 V로 두 개의 저항($R_1 = 470\ \Omega$, $R_2 = 1{,}000\ \Omega$) 양단에 인가될 때, 각 저항에서의 전압강하는 얼마인가?**

먼저, 전체 합성 저항(R_T)을 구한다.

제시 값	풀이
$R_1 = 470\ \Omega$	$R_T = R_1 + R_2$
$R_2 = 1000\ \Omega$	$R_T = 470 + 1000$
$E_{R_1} = ?$	$R_T = 1470\ \Omega$
$E_{R_2} = ?$	
	R_T를 이용해 전체 전류(I_T)를 구한다.
$E_T = 120\ V$	$I_T = \frac{E_T}{R_T}$
	$I_T = \frac{120}{1470}$
	$I_T = 0.082\ A$
	직렬 회로에서, $I_T = I_{R_1} = I_{R_2}$
	$\therefore I_{R_1} = 0.082\ A$
	$I_{R_2} = 0.082\ A$

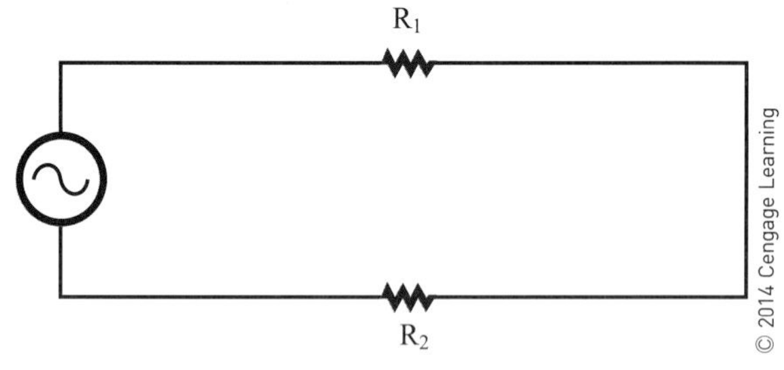

그림 10-3 간단한 교류 직렬 회로.

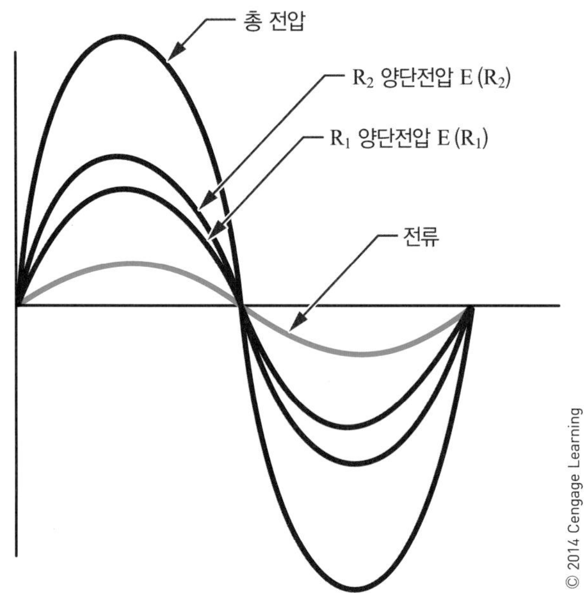

그림 10-4 교류 직렬 회로에서 전압강하, 인가 전압 및 전류는 동상 관계이다.

I_{R_1}을 이용해서 저항 R_1 양단의 전압강하를 구한다.

$$I_{R_1} = \frac{E_{R_1}}{R_1}$$

$$0.082 = \frac{E_{R_1}}{470}$$

$$E_{R_1} = 38.54\ \text{V}$$

I_{R_2}를 이용해서 저항 R_2 양단의 전압강하를 구한다.

$$I_{R_2} = \frac{E_{R_2}}{R_2}$$

$$0.082 = \frac{E_{R_2}}{1000}$$

$$E_{R_2} = 82\ \text{V}$$

각 저항 양단의 전압강하는 실효 전압강하이다.

10-2 질문

1. 두 개의 저항 22 kΩ, 47 kΩ이 인가 전압 24 V로 회로에 직렬로 연결되었을 때, 두 개의 저항 양단의 전압강하는 얼마인가?
2. 다음 직렬 저항 양단의 전압강하는 얼마인가?
   a. $E_T = 100$ V, $R_1 = 680\ \Omega$, $R_2 = 1200\ \Omega$
   b. $E_T = 12$ V, $R_1 = 2.2\ \text{k}\Omega$, $R_2 = 4.7\ \text{k}\Omega$
   c. $I_T = 250$ mA, $R_1 = 100\ \Omega$, $R_2 = 500\ \Omega$
   d. $R_T = 10\ \text{k}\Omega$, $I_R = 1$ mA, $R_2 = 4.7\ \text{k}\Omega$
   e. $E_T = 120$ V, $R_1 = 720\ \Omega$, $I_{R_2} = 125$ mA

10-3 교류 병렬 회로

병렬 회로의 전압은 각 가지 양단에서 동일하다(그림 10-5). 그러나 전체 전류는 각 가지 사이로 분배된다. 교류 병렬 회로에서 전체 전류는 인가된 전압과 동상이다

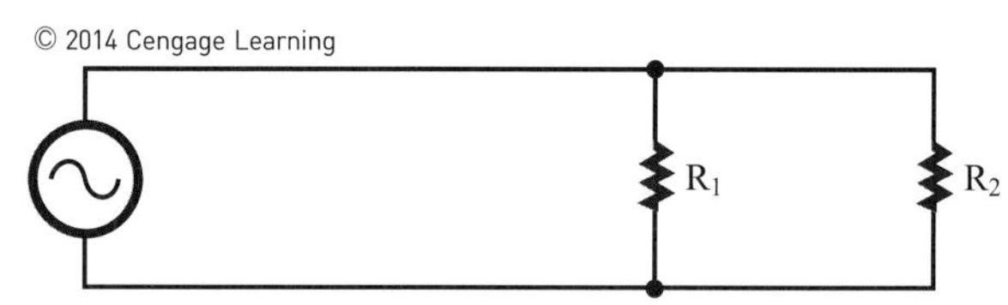

그림 10-5 간단한 교류 병렬 회로.

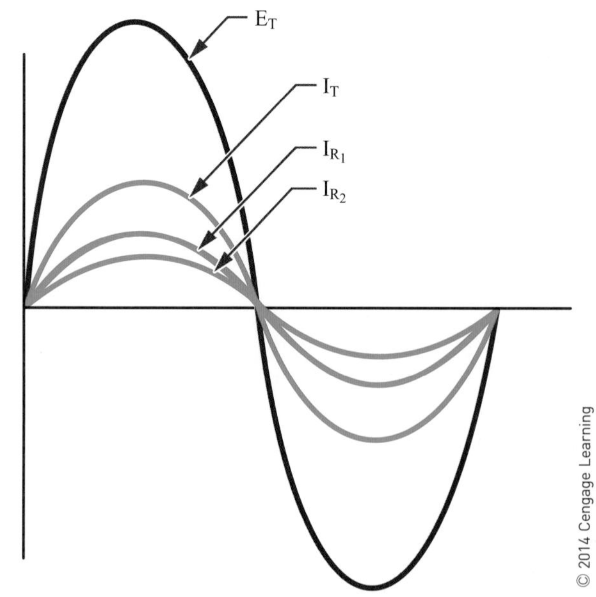

그림 10-6 교류 병렬 회로에 인가 전압, 전체 전류 및 각각의 가지 전류는 동상 관계이다.

(그림 10-6). 각각의 전류 또한 인가 전압과 동상 관계이다.

모든 전류 및 전압은 실효값이다. 이러한 실효값은 직류 회로에서 계산하는 것과 같은 방법으로 사용된다.

예제 **교류 회로가 120 V의 실효 전압을 각각 470 Ω과 1000 Ω의 병렬 저항 양단에 인가했다면, 각 저항을 통해 흐르는 전류는 얼마인가?**

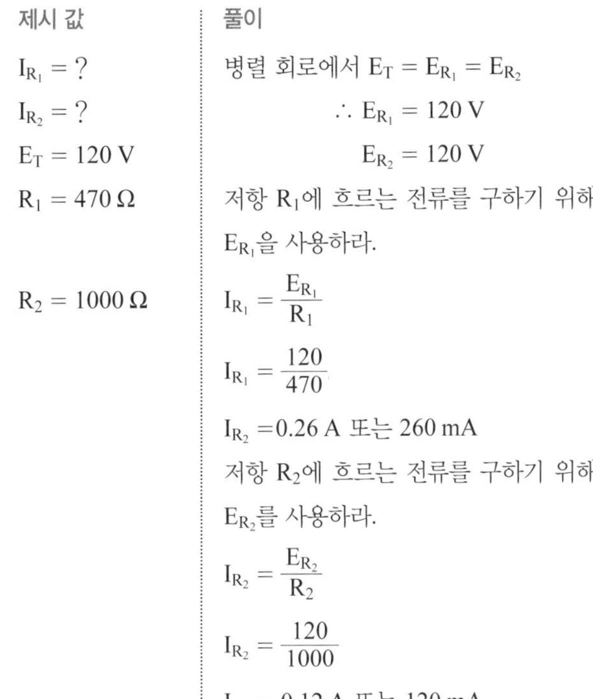

제시 값	풀이
$I_{R_1} = ?$	병렬 회로에서 $E_T = E_{R_1} = E_{R_2}$
$I_{R_2} = ?$	$\therefore E_{R_1} = 120\text{ V}$
$E_T = 120\text{ V}$	$E_{R_2} = 120\text{ V}$
$R_1 = 470\ \Omega$	저항 R_1에 흐르는 전류를 구하기 위해 E_{R_1}을 사용하라.
$R_2 = 1000\ \Omega$	$I_{R_1} = \dfrac{E_{R_1}}{R_1}$
	$I_{R_1} = \dfrac{120}{470}$
	I_{R_2} =0.26 A 또는 260 mA
	저항 R_2에 흐르는 전류를 구하기 위해 E_{R_2}를 사용하라.
	$I_{R_2} = \dfrac{E_{R_2}}{R_2}$
	$I_{R_2} = \dfrac{120}{1000}$
	I_{R_2} = 0.12 A 또는 120 mA

10-3 질문

다음의 교류 병렬 저항 회로에 흐르는 전류는 얼마인가?

1. $E_T = 100\text{ V}$, $R_1 = 470\ \Omega$, $R_2 = 1000\ \Omega$
2. $E_T = 24\text{ V}$, $R_1 = 22\text{ k}\Omega$, $R_2 = 47\text{ k}\Omega$
3. $E_T = 150\text{ V}$, $R_1 = 100\ \Omega$, $R_2 = 500\ \Omega$
4. $I_T = 0.0075\text{ A}$, $E_{R_1} = 10\text{ V}$, $R_2 = 4.7\text{ k}\Omega$
5. $R_T = 4700\ \Omega$, $I_{R_1} = 11\text{ mA}$, $E_{R_2} = 120\text{ V}$

10-4 교류 저항 회로의 전력

전력은 직류 저항 회로에서와 같은 방법으로 교류 저항 회로에서 소비된다. 전력은 와트로 측정되며 회로의 전압과 전류를 곱한 것과 같다.

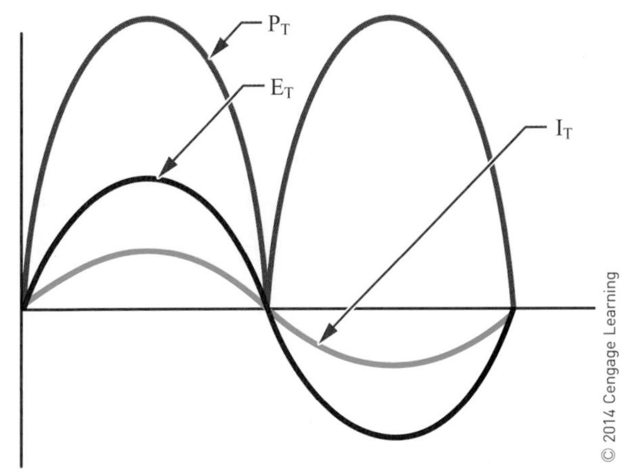

그림 10-7 교류 저항 회로 내 전력, 전류, 전압의 관계.

교류 회로의 저항에서 소비되는 전력은 저항 양단에 인가한 전압과 저항에 흐르는 전류의 크기에 따라 변하게 된다. 그림 10-7은 전력, 전류 및 전압과의 관계를 보여준다. **전력 곡선**(power curve)은 전력이 열의 형태로 방출되기 때문에 기준선 아래로 떨어지지 않는다. 이것은 전류가 어느 방향으로 흐르든지, 전력은 양(+)의 값을 갖는다고 간주한다.

전력은 첨두값과 0 사이에서 변한다. 첨두값과 0 사이에 있는 값이 회로에서 소비되는 평균 전력이다. 교류 회로에서 평균 전력은 소비된 전력이다. 이것은 실효 전류값에 실효 전압값을 곱해서 구할 수 있다. 이것을 식으로 나타내면 다음과 같이 표시된다.

$$P = IE$$

예제 **저항 150 Ω 양단에 120 V를 인가한 교류 회로의 전력 소비는 얼마인가?(전압값을 특별히 지정하지 않을 때 교류 전원에 대해서는 실효값으로 간주됨을 기억하라.)**

제시 값	풀이
$I_T = ?$	먼저, 전체 전류 I_T를 구한다.
$E_T = 120\text{ V}$	$I_T = \dfrac{E_T}{R_T}$
$R_T = 150\ \Omega$	
$P_T = ?$	$I_T = \dfrac{120}{150}$
	$I_T = 0.80\text{ A}$

이제, 전체 전력 P_T를 구한다.

$P_T = I_T E_T$

$P_T = (0.80)(120)$

$P_T = 96\ W$

전류가 주어지지 않으면 전류는 전력 공식을 사용하기 전에 먼저 구해야 한다. 이 회로의 저항은 96 W의 전력을 소비한다.

10-4 질문

다음 회로의 전체 전력은 얼마인가?

직렬 회로:

1. $E_T = 100\ V$, $R_1 = 680\ \Omega$, $R_2 = 1200\ \Omega$
2. $I_T = 250\ mA$, $R_1 = 100\ \Omega$, $R_2 = 500\ \Omega$

병렬 회로:

3. $E_T = 100\ V$, $R_1 = 470\ \Omega$, $R_2 = 1000\ \Omega$
4. $I_T = 7.5\ mA$, $E_{R_1} = 10\ V$, $R_2 = 4.7\ k\Omega$
5. 다음 회로에서 각 개별 부품의 소비전력을 구하여라.

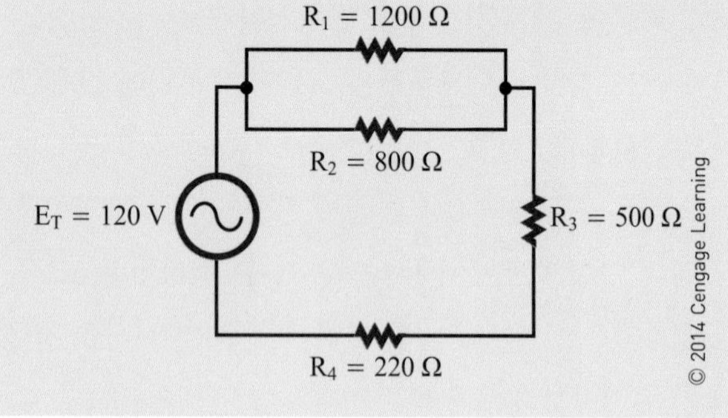

요약

- 기본적인 교류 저항 회로는 전원, 도체 및 저항성 부하로 구성된다.
- 저항 회로에서 전류는 인가된 전압과 동상이다.
- 교류 전류 혹은 전압의 실효값은 등가의 직류 전압 혹은 전류와 같은 결과를 나타낸다.
- 실효값은 가장 널리 사용되는 측정값이다.
- 옴의 법칙은 모든 실효값에 사용할 수 있다.
- 특별한 언급이 없으면 교류 전압 혹은 전류는 실효값으로 간주한다.

연습 문제

1. 순수 저항성 교류 회로에서 전류와 전압 사이의 위상 관계를 설명하여라.
2. 4.7 kΩ에 흐르는 전류가 25 mA인 교류 회로의 실효 전압은 얼마인가?
3. 4.7 kΩ과 3.9 kΩ 두 개의 저항이 교류 전압 12 V로 저항 양단에 인가될 때 두 저항 사이의 전압강하는 얼마인가?
4. 두 개의 병렬 저항 2.2 kΩ 및 5.6 kΩ의 입력 양단에 120 V 교류 실효 전압이 인가되었을 때 각 저항에 흐르는 전류는 얼마인가?
5. 동상 관계를 설명할 때 직렬 회로에서는 전압 파형을, 병렬 회로에서는 전류 파형을 표시하는 이유는 무엇인가?
6. 교류 회로에서 전력 소비를 결정하는 것은 무엇인가?
7. 1,200 Ω의 부하 양단에 120 V를 인가한 교류 회로의 전력 소비는 얼마인가?
8. 다음 그림에서 전체 소비전력은 얼마인가?

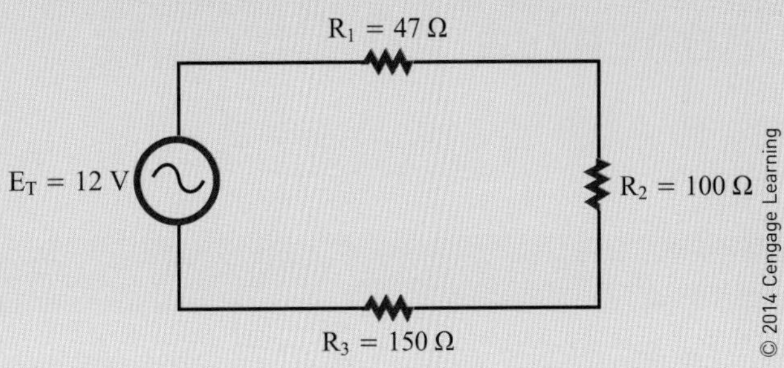

9. 다음 그림에서 저항 R_1의 소비전력은 얼마인가?

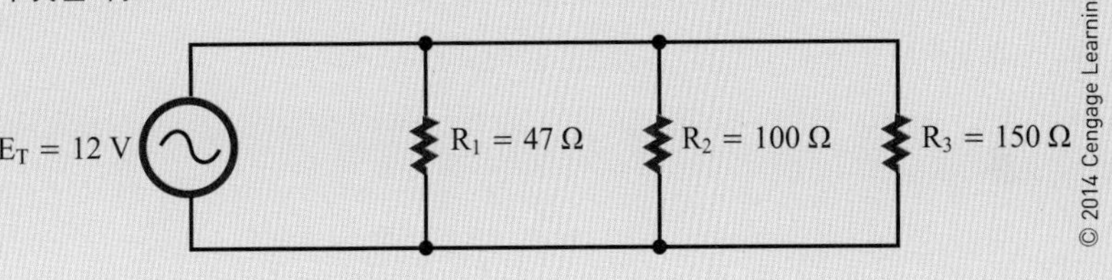

10. 다음 그림에서 저항 R_3의 소비전력은 얼마인가?

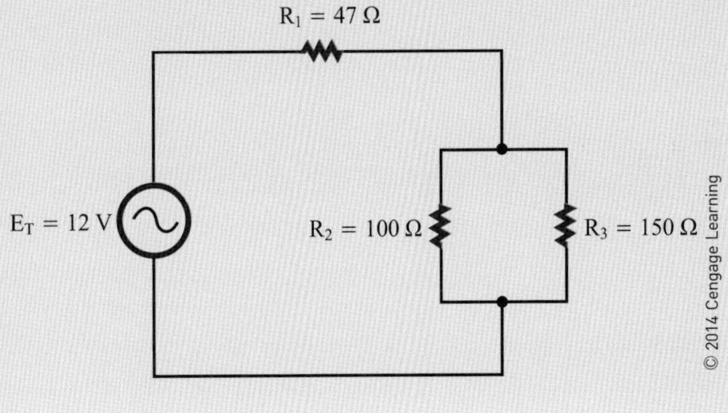

11 장

교류 용량성 회로
Capacitive AC Circuits

학습 목표

이 장을 학습하면 다음을 할 수 있다.

- 교류 용량성 회로에서 전류와 전압 사이의 위상 관계를 설명할 수 있다.
- 교류 용량성 회로에서 용량성 리액턴스를 이해할 수 있다.
- 저항–커패시터(콘덴서) 회로망이 어떻게 필터링, 커플링 및 위상 변이에 사용할 수 있는지를 설명할 수 있다.
- 저역 통과 및 고역 통과 RC 필터가 어떻게 동작하는지를 설명할 수 있다.

커패시터(capacitor)는 교류 회로의 주요 구성 요소이다. 커패시터(콘덴서)는 저항, 인덕터와 결합되어 유용한 전자 회로가 구성된다.

11-1 교류 회로의 커패시터

교류 전압을 커패시터에 인가하면 전자가 회로에 흐르는 것처럼 보인다. 그러나 전자는 커패시터의 유전체를 통해 통과되지는 않는다. 인가된 교류 전압이 증가하고 감소되면 커패시터는 충전 및 방전을 거듭하게 된다. 이것은 커패시터의 한 극판에서 다른 극판으로 전자의 이동에 의한 결과이다.

교류 용량성 회로에 인가된 전류와 전압은 순수 저항성 회로의 전류, 전압과는 다르다. 순수 저항성 회로에서 전류는 인가된 전압과 동상이다. 그러나 교류 용량성 회로에서 전류 및 전압은 서로 동상으로 흐르지 않는다(그림 11–1). 전압이 증가하기 시작하면 전류는 커패시터가 방전되기 때문에 최대값을 갖게 된다. 커패시터가 교류 첨두 전압으로 최대한 빨리 충전되면 충전 전류는 0으로 떨어지게 된다. 전압이 강하되기 시작하면 커패시터는 방전을 시작한다. 전류는 음(–)의 방향으로 증가하기 시작한다. 전류가 최대값에 도달하면 전압은 0이 된다. 이 관계는 위상차가 90도라는 것을 의미한다. 전류는 용량성 회

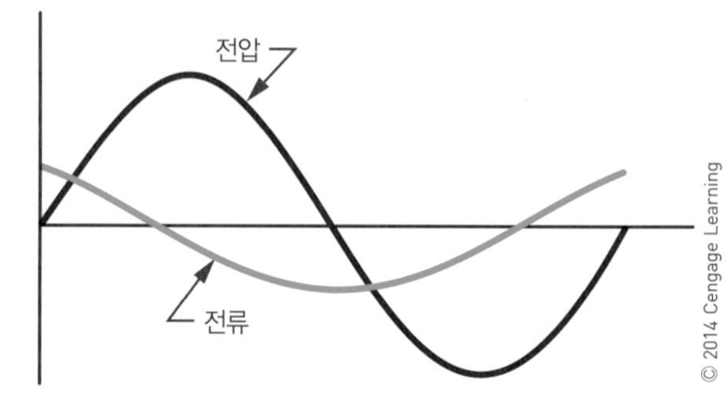

그림 11–1 교류 용량성 회로에서 전류와 전압의 관계는 위상이 다르다는 것을 주의하라. 전류는 인가 전압보다 앞서게 된다.

로에 인가된 전압을 앞서게 된다. 전압이 0볼트가 되면 음(–)의 전압은 최고치가 된다. 위상차는 각 주기를 통해 계속된다. 순수 용량성 회로에서 전류는 90도의 각도로 전압을 앞서게 된다. 이것을 약자 **ICE**로 나타낼 수 있다. 용량성(C) 회로에서 전류(I)는 전압(E)을 앞선다.

교류 용량성 회로에서 인가 전압은 커패시터가 충전 및 방전을 일으키도록 끊임없이 변한다. 커패시터가 처음 충전되면 전압은 인가된 전압의 변화를 저지하면서 커패시터의 극판에 저장된다. 커패시터에 인가된 교류 전압을 제공하는 것에 대한 반대성향을 **용량성 리액턴스**라고 한다. 용량성 리액턴스는 $\mathbf{X_c}$로 표현되며 단위는 옴이다.

용량성 리액턴스는 다음 공식을 사용하여 계산할 수 있다.

$$X_C = \frac{1}{2\pi fC}$$

여기서, π = 상수 3.14
f = 주파수, 헤르츠(Hz)
C = 커패시턴스, 패럿(Farad)

용량성 리액턴스는 인가된 교류 전압과 커패시턴스의 주파수 함수이다. 주파수가 증가하면 리액턴스는 감소하며 더 큰 전류가 흐르게 된다. 반대로 주파수가 감소하면 전류 흐름이 감소한다.

예제 60 Hz, 1 μF 커패시터의 용량성 리액턴스는 얼마인가?

제시 값	풀이
$X_C = ?$	$X_C = \frac{1}{2\pi fC}$
$\pi = 3.14$	$X_C = \frac{1}{(2)(3.14)(60)(0.000001)}$
$f = 60$ Hz	$X_C = 2653.93\ \Omega$
$C = 1\ \mu F$	
$= 0.000001$ F	

예제 400 Hz, 1 μF 커패시터의 용량성 리액턴스는 얼마인가?

제시 값	풀이
$X_C = ?$	$X_C = \frac{1}{2\pi fC}$
$\pi = 3.14$	$X_C = \frac{1}{(2)(3.14)(400)(0.000001)}$
$f = 400$ Hz	$X_C = 398.09\ \Omega$
$C = 1\ \mu F$	
$= 0.000001$ F	

예제 60 Hz, 0.1 μF 커패시터의 용량성 리액턴스는 얼마인가?

제시 값	풀이
$X_C = ?$	$X_C = \frac{1}{2\pi fC}$
$\pi = 3.14$	$X_C = \frac{1}{(2)(3.14)(60)(0.0000001)}$
$f = 60$ Hz	$X_C = 26{,}539.28\ \Omega$
$C = 0.1\ \mu F$	
$= 0.0000001$ F	

예제 60 Hz, 10 μF 커패시터의 용량성 리액턴스는 얼마인가?

제시 값	풀이
$X_C = ?$	$X_C = \frac{1}{2\pi fC}$
$\pi = 3.14$	$X_C = \frac{1}{(2)(3.14)(60)(0.00001)}$
$f = 60$ Hz	$X_C = 265.39\ \Omega$
$C = 10\ \mu F$	
$= 0.00001$ F	

용량성 리액턴스는 커패시터에 인가된 교류 전압의 변화를 방해하는 정도이다. 교류 회로에서 커패시터는 이렇게 전류를 제어하는 효과적인 수단이다. 옴의 법칙을 사용하면 전류는 인가된 전압에 비례하고 용량성 리액턴스에 반비례하게 된다. 이것은 다음 식과 같이 표시된다.

$$I = \frac{E}{X_C}$$

참고 Xc(용량성 리액턴스)는 옴의 법칙에서 R(저항)을 대체한 것이다.

용량성 리액턴스는 회로에 인가된 전압의 주파수와 커패시턴스에 따라 달라진다는 것을 명심하기 바란다.

예제 100 μF **커패시터에** 60 Hz, 12 V**를 양단에 인가했다. 커패시터에 흐르는 전류는 얼마인가?**

제시 값	풀이
$I = ?$	먼저, 용량성 리액턴스(X_C)를 구한다.
$E = 12\ V$	$X_C = \frac{1}{2\pi fC}$
$\pi = 3.14$	
$f = 60\ Hz$	$X_C = \frac{1}{(2)(3.14)(60)(0.0001)}$
$C = 100\ \mu F = 0.0001\ F$	$X_C = 26.54\ \Omega$
	X_C를 사용하여, 전류를 구한다.
	$I = \frac{E}{X_C}$
	$I = \frac{12}{26.54}$
	$I = 0.452$ A 또는 452 mA

예제 **주파수** 60 Hz, 10 μF**의 커패시터에** 250 mA**의 전류가 흐른다면 커패시터에 인가된 전압은 얼마인가?**

제시 값	풀이
$X_C = ?$	먼저, 용량성 리액턴스(X_C)를 구한다.
$\pi = 3.14$	
$f = 60\ Hz$	$X_C = \frac{1}{2\pi fC}$
$C = 10\ \mu F = 0.00001\ F$	$X_C = \frac{1}{(2)(3.14)(60)(0.00001)}$
$I = 250$ mA 또는 0.25 A	$X_C = 265.39\ \Omega$
$E = ?$	이제, 전압강하(E)를 구한다.
	$I = \frac{E}{X_C}$
	$0.25 = \frac{E}{265.39}$
	$E = 66.35\ V$

커패시터를 직렬로 연결하면, 전체 용량성 리액턴스는 각각의 용량 리액턴스 값의 합과 같다.

$$X_{C_T} = X_{C_1} + X_{C_2} + X_{C_3} \cdots + X_{C_n}$$

커패시터를 병렬로 연결하면 전체 용량성 리액턴스의 역수는 각각의 용량성 리액턴스 값의 역수의 합과 같다.

$$\frac{1}{X_{C_T}} = \frac{1}{X_{C_1}} + \frac{1}{X_{C_2}} + \frac{1}{X_{C_3}} \cdots + \frac{1}{X_{C_n}}$$

11-1 질문

1. 교류 전압은 어떻게 커패시터를 통해 전류가 이동하는지를 설명하여라.
2. 용량성 회로에서 전류와 전압과의 관계는 무엇인가?
3. 용량성 리액턴스란 무엇인가?
4. 400 Hz, 10 μF 커패시터의 용량성 리액턴스는 얼마인가?
5. 100 μF 커패시터에 60 Hz 120 V를 인가할 때, 흐르는 전류는 얼마인가?

11-2 용량성 회로의 응용

커패시터(콘덴서)는 단독으로 사용되거나 혹은 RC(저항-커패시터) 회로망을 만들기 위해 저항과 결합될 수 있다. RC 회로망은 필터링, 디커플링, 직류차단 또는 위상 변이 회로의 커플링으로 사용된다.

필터(filter)는 어떤 주파수는 통과시키고 다른 주파수는 감쇠시키는 주파수 선별 회로이다. 또한 통과되는 주파

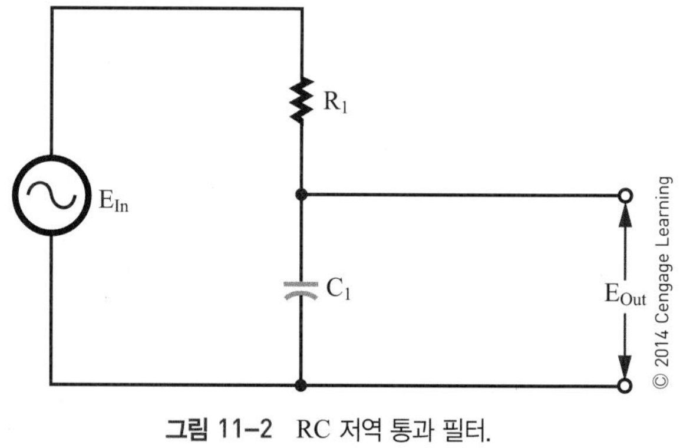

그림 11-2 RC 저역 통과 필터.

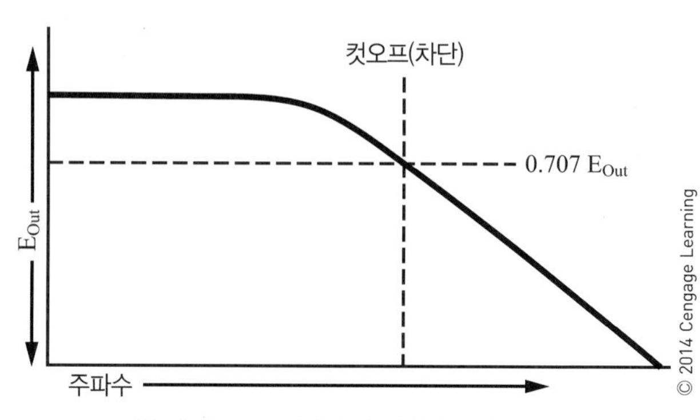

그림 11-3 RC 저역 통과 필터의 주파수 응답.

수와 감쇠되는 주파수 사이에 차단점(cutoff point)을 설정하는 일을 한다. 가장 일반적인 필터의 두 가지 종류는 저역 통과 필터와 고역 통과 필터이다. 저역 통과 필터는 저주파수는 통과시키고 고주파수는 감쇠시킨다. 고역 통과 필터는 차단점보다 높은 고주파수를 통과시키고 차단점 이하의 저주파수는 감쇠시킨다.

저역 통과 필터(그림 11-2)는 커패시터와 저항을 직렬로 연결하여 구성된다. 입력 전압은 커패시터와 저항의 양단에 인가된다. 출력은 커패시터(콘덴서) 양단으로부터 얻어진다. 저주파수에서 용량성 리액턴스는 저항보다 큰 값을 가지므로 전압의 대부분은 커패시터 양단에서 강하된다. 따라서 전압의 대부분은 출력 양단에 나타난다. 입력 주파수가 증가하면 용량성 리액턴스는 감소되며 커패시터 양단에는 전압강하가 더 적게 된다. 따라서 더 많은 전압이 저항 양단에서 강하되어 출력 전압이 감소하게 된다. 차단점 이상의 주파수는 출력 전압에서 점진적으로 감쇠를 하며 통과하게 된다. 그림 11-3은 RC 저역 통과 필터에 대한 주파수 응답 곡선을 보여준다.

고역 통과 필터 또한 저항과 커패시터를 직렬로 연결해서 구성된다(그림 11-4). 그러나 출력은 저항 양단으로부터 얻어진다. 고주파수에서 용량성 리액턴스는 낮아지고, 전압의 대부분은 저항을 통해 강하한다. 주파수가 감소하면 용량성 리액턴스가 증가하고 커패시터 양단에는 더 많은 전압강하가 생기게 된다. 이는 저항 양단에서 출력 전압이 감소되는 결과를 보인다. 그림 11-5는 RC 고역 통과 필터에 대한 주파수 응답 곡선을 보여준다.

대부분의 전자 회로는 교류 전압과 직류 전압을 포함한다. 이것은 직류 신호 위에 교류 신호를 겹쳐 발생하게 된다. 직류 신호가 장비를 동작시키는 데 사용되고 있다면 교류 신호를 제거하는 것이 유리하다. RC 저역 통과 필터는 이러한 목적으로 사용될 수 있다. **디커플링 회로**(그림 11-6)는 교류 신호를 약하게 하거나 제거하는 반면에 직류 신호는 통과시킬 수 있다. 교류 신호는 진동, 소음 또는 과도적인 스파이크의 형태로 나타난다. 차단 주파수를 조정하여 교류 신호의 대부분을 제거(필터링)하고 커패시터 양단의 직류 전압만을 남겨둘 수 있다.

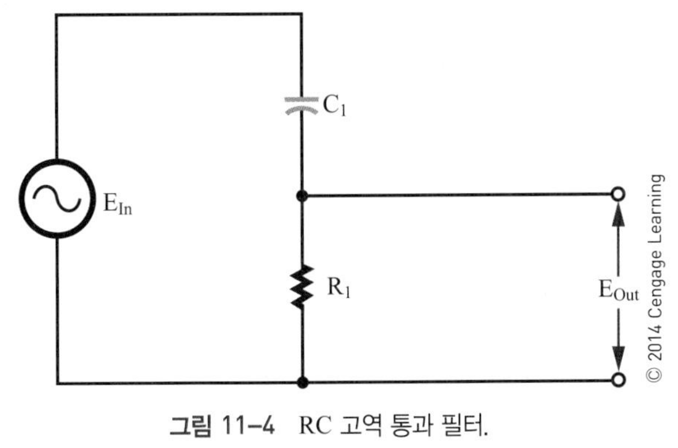

그림 11-4 RC 고역 통과 필터.

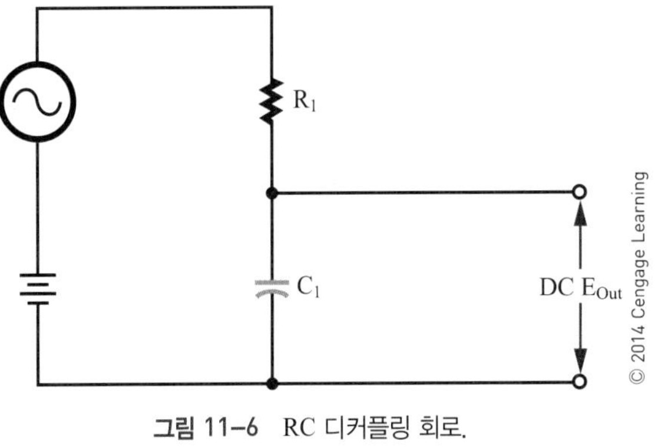

그림 11-6 RC 디커플링 회로.

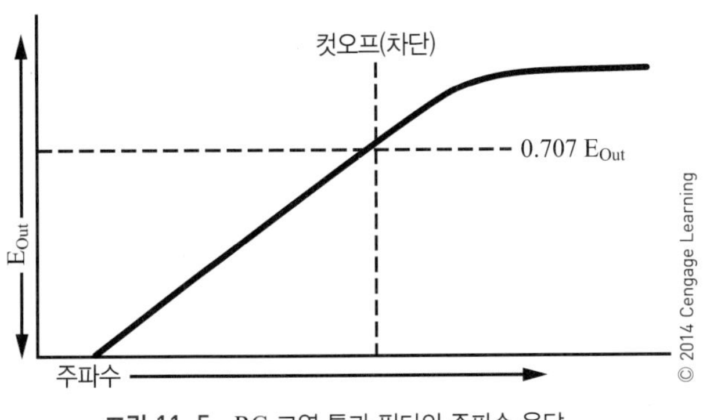

그림 11-5 RC 고역 통과 필터의 주파수 응답.

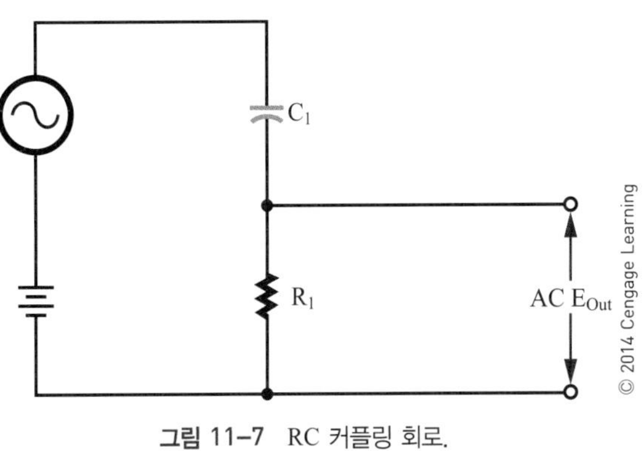

그림 11-7 RC 커플링 회로.

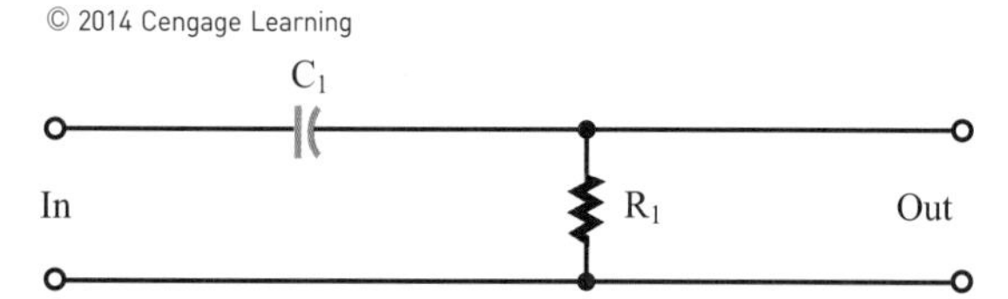

그림 11-8 앞서는 출력 위상 변이 회로. 출력 전압이 입력 전압을 앞선다.

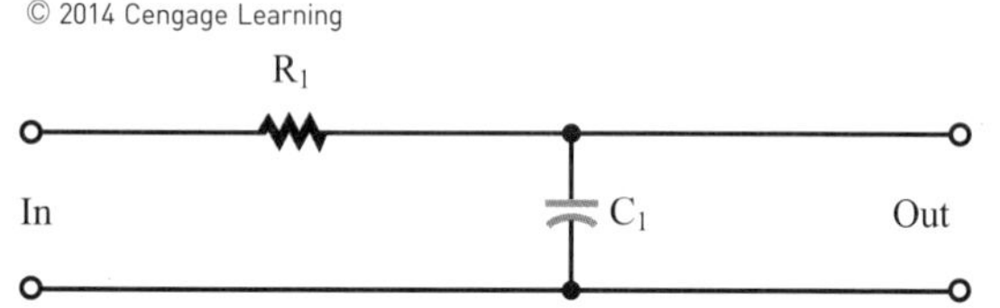

그림 11-9 뒤처진 출력 위상 변이 회로. 커패시터 양단의 전압은 인가된 전압보다 뒤처진다.

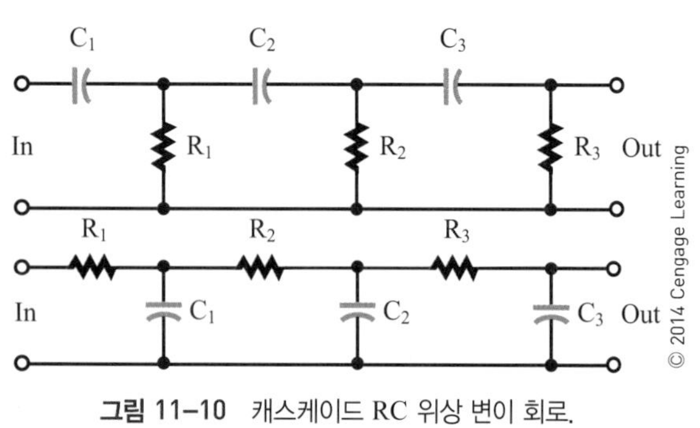

그림 11-10 캐스케이드 RC 위상 변이 회로.

다른 응용 프로그램에서는 직류 전압을 차단하는 반면에 교류 신호만을 전달한다. 이러한 회로의 종류를 **커플링 회로**(그림 11-7)라고 한다. RC 고역 통과 필터를 사용할 수 있다. 초기에 커패시터는 직류 전압 수준으로 충전된다. 일단 커패시터가 충전되면 직류 전류는 더 이상 회로에 흐를 수 없다. 교류 전원은 커패시터가 저항을 통해 전류의 흐름을 만드는 교류 값으로 충전 및 방전을 하게 된다. 구성 소자의 값을 적절히 선택하면 교류 신호는 최소로 감쇠하여 통과하게 된다.

간혹 입력 신호에 대해 교류 출력 신호의 위상이 이동해야 한다. RC 회로망은 위상 변이 응용으로 사용할 수 있다. **RC 위상 변이 회로**는 위상 변이가 60도보다 작은 곳에만 사용된다.

그림 11-8은 저항-커패시터 결합 양단에 인가된 입력 및 저항 양단에서 얻어지는 출력을 갖는 RC 위상 변이 회로를 보여준다. 회로의 전류는 커패시터 때문에 전압을 앞서게 된다. 저항 양단의 전압은 동상이 되며 출력 전압이 입력 전압을 앞서는 결과를 보인다.

그림 11-9는 커패시터 양단의 출력을 보여준다. 회로의 전류는 인가된 전압을 앞선다. 그러나 커패시터 양단의 전압은 인가된 전압보다 뒤처진다.

더 큰 위상 변이를 얻기 위해서 여러 가지 RC 회로를 함께 종속 직렬 연결(캐스케이드)할 수 있다(그림 11-10). 그러나 종속 연결된 회로는 출력 전압을 감소시킨다. 증폭기는 출력 전압을 적절한 동작 레벨로 올리기 위해 필요하다.

위상 변이 회로망은 용량성 리액턴스가 주파수의 변화에 따라 다르기 때문에 단 하나의 주파수만이 유용하다. 리액턴스가 변하게 되면 다른 위상 변이를 초래하게 된다.

11-2 질문

1. 전자 회로에서 저항-커패시터 회로망 세 개의 용도는 무엇인가?
2. 저역 통과 필터의 회로도를 그리고 어떻게 동작하는지를 설명하여라.
3. 고역 통과 필터의 회로도를 그리고 어떻게 동작하는지를 설명하여라.
4. 디커플링 회로의 목적은 무엇인가?
5. RC 위상 변이 회로란 무엇인가?

요약

- 커패시터에 교류 전압이 인가되면 전류가 흐르는 것처럼 보인다.
- 커패시터의 충전 및 방전은 전류의 흐름을 나타낸다.
- 용량성 회로에서 전류의 위상은 인가된 전압보다 90도 앞선다.
- 용량성 리액턴스는 커패시터에 인가된 전압의 변화에 방해하는 정도이다.
- X_C는 용량성 리액턴스를 나타낸다.
- 용량성 리액턴스의 단위는 옴으로 측정된다.

- 용량성 리액턴스는 다음 공식을 사용하여 계산할 수 있다.

$$X_C = \frac{1}{2\pi fC}$$

- RC 네트워크는 필터링, 커플링 및 위상 변이용으로 사용된다.
- 필터는 특정 주파수를 구별하는 회로이다.
- 저역 통과 필터는 차단 주파수 아래의 주파수를 통과시킨다. 이것은 저항과 커패시터를 직렬로 연결하여 구성된다.
- 고역 통과 필터는 차단 주파수 이상의 주파수를 통과시킨다. 이것은 커패시터와 저항을 직렬로 연결하여 구성된다.
- 커플링 회로망은 교류 신호는 통과시키지만 직류 신호는 차단한다.

연습 문제

1. 용량성 회로에서 전류와 인가된 전압과의 위상 관계는 어떻게 되는가?
2. 용량성 리액턴스는 무엇의 함수인가?
3. 60 Hz에서 1000 μF 커패시터의 용량성 리액턴스는 얼마인가?
4. 문제 3에서, 인가 전압이 12 V일 때 커패시터를 통해 흐르는 전류는 얼마인가?
5. 용량성 회로에 대하여 응용의 예를 세 가지 열거하여라.
6. RC 저역 통과 필터를 설명하여라.
7. 어떻게 직류 전원으로부터 교류 신호를 제거할 수 있는가?
8. 용량성 커플링 회로가 중요한 이유는 무엇인가?
9. 위상 변이 회로가 교류 신호의 위상을 변이시키는 방법을 설명하여라.
10. 캐스케이드 위상 변이 회로에서 어떻게 다양한 주파수에 대하여 위상 변이가 가능한가?

12장

교류 유도성 회로

Inductive AC Circuits

학습 목표

이 장을 학습하면 다음을 할 수 있다.

- 교류 유도성 회로에서 전류와 전압 사이의 위상 관계를 설명할 수 있다.
- 교류 회로의 유도성 리액턴스를 설명할 수 있다.
- 임피던스를 이해하고 유도성 회로에 미치는 영향을 설명할 수 있다.
- 인덕터-저항 회로가 어떻게 필터링 및 위상 변이로 사용될 수 있는지를 설명할 수 있다.
- 저역-통과 및 고역-통과 유도성 회로가 어떻게 동작하는지를 설명할 수 있다.

커패시터(콘덴서)와 같이 인덕터는 교류 회로에서 전류의 흐름을 방해한다. 또한 교류 회로에서 전압과 전류 사이에 위상 변이를 발생시킬 수 있다. 많은 전자 회로는 인덕터와 저항으로 구성되어 있다.

12-1 교류 회로의 인덕터

교류 회로에서 인덕터(코일)는 전류의 흐름을 방해한다. 교류 전압이 인덕터 양단에 인가되면 자계가 발생된다. 교류 전압의 극성이 바뀌게 되면 이것은 자계가 증가하고 감소하는 원인이 된다. 이것은 또한 인덕터 코일에 전압을 유도하게 된다. 이렇게 유도된 전압을 **역기전력**(counter electro motive force, cemf)이라고 하며, 인덕턴스가 커지면 역기전력(cemf)도 커진다. 역기전력(cemf)은 인가된 전압에 저항하며 180도의 위상차를 갖는다(그림 12–1). 이러한 인가 전압에 대한 저항은 저항처럼 효과적으로 전류의 흐름을 감소시킨다.

인덕터 내에 유도되는 전압은 자계의 변화율에 따라 달라진다. 자계의 증가 및 감소가 빠를수록 더 큰 유도 전압이 유도된다. 인덕터 양단의 전체 실효 전압은 인가된 전압과 유도된 전압과의 차와 같다. 유도 전압은 항상 인가된 전압보다 작다.

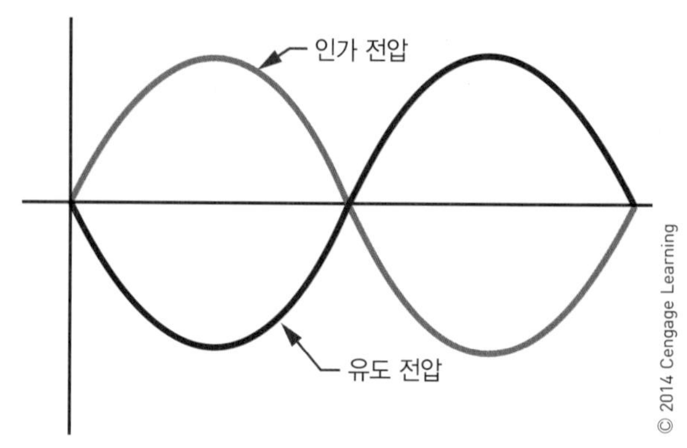

그림 12–1 유도성 회로에서 인가 전압과 유도 전압은 서로 180도 위상 차이가 있다.

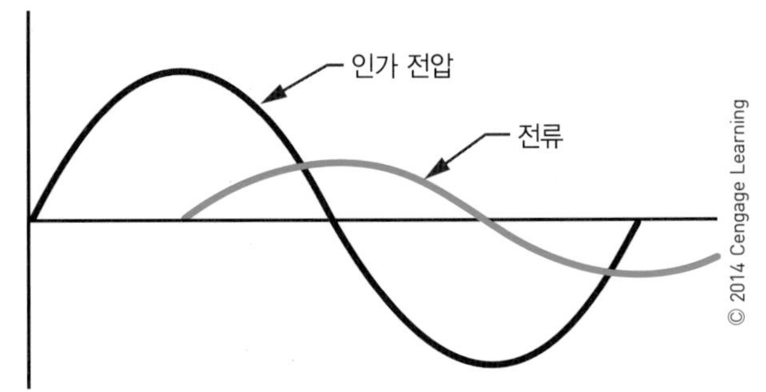

그림 12-2 전류는 유도성 교류 회로에서 인가 전압보다 뒤처진다.

그림 12-2는 인가된 전압과 전류와의 관계를 보여준다. 순수 유도성 회로에서 전류는 인가 전압에 비해 90도 뒤처진다. 달리 표현하면, 인가된 전압은 순수 유도성 회로에서 전류보다 90도 앞서게 된다. 이것을 약자 ELI로 나타낼 수 있다. 유도성(L) 회로에서 전압(E)은 전류(I)를 앞선다.

교류 회로에서 인덕터에 의해 전류의 흐름을 방해하는 성분을 **유도성 리액턴스**라고 하며 단위는 옴으로 표시한다. 인덕터에 의해 생기는 유도성 리액턴스의 크기는 인덕턴스 및 인가된 전압의 주파수에 따라 달라진다. 인덕턴스가 크면 클수록 큰 자계가 발생되며 전류의 흐름에 대한 저항도 커진다. 또한, 주파수가 높으면 높을수록 인덕터는 전류의 흐름을 방해하는 성분이 더 커진다.

유도성 리액턴스는 기호 X_L로 표현되며 다음 공식으로 나타낸다.

$$X_L = 2\pi fL$$

여기서, $\pi = 3.14$

f = 주파수(Hz)

L = 인덕턴스(H)

예제 60 Hz에서 0.15 H **코일의 유도성 리액턴스는 얼마인가?**

제시 값	풀이
$X_L = ?$	$X_L = 2\pi fL$
$\pi = 3.14$	$X_L = (2)(3.14)(60)(0.15)$
f = 60 Hz	$X_L = 56.52\ \Omega$
L = 0.15 H	

예제 400 Hz에서 0.15 H **코일의 유도성 리액턴스는 얼마인가?**

제시 값	풀이
$X_L = ?$	$X_L = 2\pi fL$
$\pi = 3.14$	$X_L = (2)(3.14)(400)(0.15)$
f = 400 Hz	$X_L = 376.80\ \Omega$
L = 0.15 H	

참고 **유도성 리액턴스는 주파수가 증가함에 따라 함께 증가한다는 것을 유의하라.**

옴의 법칙이 저항에 적용되는 것과 동일하게 교류 회로의 유도성 리액턴스에도 적용된다. 교류 회로의 유도성 리액턴스는 인가된 전압에 비례하고 전류에 반비례하게 된다. 이 관계는 다음 식으로 표현된다.

$$I = \frac{E}{X_L}$$

전류가 증가하게 되면 전압이 증가하거나 유도성 리액턴스가 감소한다. 마찬가지로, 전압이 감소하거나 유도성 리액턴스가 증가하면 전류는 감소한다.

예제 250 mH**의 인덕터 양단에** 60 Hz, 12 V**의 신호를 인가했을 때 인덕터에 흐르는 전류는 얼마인가?**

제시 값	풀이
$X_L = ?$	먼저, 유도 리액턴스(X_L)를 구한다.
$\pi = 3.14$	$X_L = 2\pi fL$
f = 60 Hz	$X_L = (2)(3.14)(60)(0.25)$
L = 0.25 H	$X_L = 94.20\ \Omega$
I = ?	X_L을 사용하여, 전류(I)를 구한다.
E = 12 V	$I = \frac{E}{X_L}$
	$I = \frac{12}{94.20}$
	I = 0.127 A 또는 127 mA

예제 400 Hz**에서** 15 mH **초크에** 10 mA**의 전류가 흐르기 위해서 필요한 전압은 얼마인가?**

제시 값	풀이
$X_L = ?$	먼저, 유도성 리액턴스(X_L)를 구한다.
$\pi = 3.14$	$X_L = 2\pi fL$
$f = 400\ Hz$	$X_L = (2)(3.14)(400)(0.015)$
$L = 0.015\ H$	$X_L = 37.68\ \Omega$
$I = 0.01\ A$	이제, X_L을 사용하여 전압(E)을 구한다.
$E = ?$	$I = \frac{E}{X_L}$
	$0.01 = \frac{E}{37.68}$
	$E = 0.38\ V$

예제 **인가 전압 120 V에 전류 120 mA가 흐르는 코일의 유도성 리액턴스는 얼마인가?**

제시 값	풀이
$I = 0.12\ A$	$I = \frac{E}{X_L}$
$E = 120\ V$	$0.12 = \frac{120}{X_L}$
$X_L = ?$	$X_L = 1000\ \Omega$

인덕턴스와 저항을 포함하는 회로의 임피던스는 인덕터와 저항에 흐르는 전체 전류의 역이다. 인덕터의 위상 변이 때문에 유도성 리액턴스와 저항은 직접 더할 수 없다. 임피던스(Z)는 유도성 리액턴스와 저항의 벡터 합이다. 임피던스는 문자 Z로 표시되며 단위는 옴이다. 임피던스는 다음과 같이 옴의 법칙으로 정의될 수 있다.

$$I = \frac{E}{Z}$$

가장 일반적인 유도성 회로는 저항과 인덕터를 직렬로 연결하여 구성된다. 이것을 RL 회로라고 한다. 직렬 RL 회로의 임피던스는 유도성 리액턴스의 제곱과 저항의 제곱합의 제곱근이다. 이것은 다음과 같이 표시된다.

$$Z = \sqrt{R^2 + {X_L}^2}$$

예제 **60 Hz, 12 V의 전압이 인가된 470 Ω 저항과 직렬로 연결된 100 mH 초크의 임피던스는 얼마인가?**

제시 값	풀이
$X_L = ?$	먼저, 유도성 리액턴스(X_L)를 구한다.
$\pi = 3.14$	$X_L = 2\pi fL$
$f = 60\ Hz$	$X_L = (2)(3.14)(60)(0.1)$
$L = 100\ mH = 0.1\ H$	$X_L = 37.68\ \Omega$
$Z = ?$	이제 X_L을 사용하여 임피던스(Z)를 구한다.
$R = 470\ \Omega$	$Z = \sqrt{R^2 + {X_L}^2}$
	$Z = \sqrt{(470)^2 + (37.68)^2}$
	$Z = 471.51\ \Omega$

인덕터를 직렬로 연결하면, 유도성 리액턴스는 각각의 유도성 리액턴스 값의 합과 같다.

$$X_{L_T} = X_{L_1} + X_{L_2} + X_{L_3} \cdots + X_{L_n}$$

인덕터를 병렬로 연결하면 유도성 리액턴스의 역수는 각각의 유도성 리액턴스 값의 역수의 합과 같다.

$$\frac{1}{X_{L_T}} = \frac{1}{X_{L_1}} + \frac{1}{X_{L_2}} + \frac{1}{X_{L_3}} \cdots + \frac{1}{X_{L_n}}$$

12-1 질문

1. 인덕터 양단에 인가되는 교류 전압의 역할은 무엇인가?
2. 유도성 회로에서 전류와 전압 사이의 관계는 무엇인가?
3. 유도성 리액턴스란 무엇인가?
4. 10,000 Hz에서 200 mH 인덕터의 유도성 리액턴스는 얼마인가?
5. 인덕터-저항 회로망에서 임피던스는 어떻게 구하는가?

12-2 유도성 회로의 응용

유도성 회로는 전자공학에서 폭 넓게 이용된다. 인덕터(코일)는 필터링 및 위상 변이 응용 분야에서 커패시터(콘덴서)와 경쟁관계에 있다. 인덕터는 커패시터에 비해 더 크고 무거우며 더 비싸기 때문에, 커패시터보다 응용에 제약을 받는다. 그러나 인덕터는 직류 회로에서 리액티브 효과(reactive effect)를 제공하는 이점이 있다. 커패

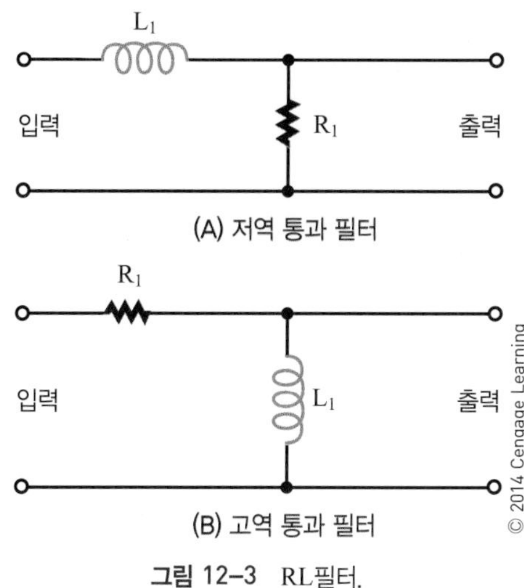

그림 12-3 RL필터.

시터는 직류 성분을 차단하는 리액티브 효과를 갖고 있다.

인덕터는 간혹 회로의 성능을 향상시키기 위해 커패시터와 결합한다. 커패시터의 리액티브 효과는 인덕터의 리액티브 효과와 반대가 된다. 이 같은 리액티브 효과들은 회로에서 서로를 보완한다.

직렬 **RL 회로망**은 저역 및 고역 통과 필터로 사용된다. 그림 12-3은 필터의 두 가지 기본 유형을 보여준다. 이들 회로는 실질적으로 저항-인덕터 전압 분배기로 구성된다. 그림 12-3A는 저역 통과 필터이다. 입력은 인덕터 및 저항에 걸쳐 인가된다. 출력은 커패시터 양단으로부터 얻어진다. 저주파수에서 코일의 리액턴스는 낮은 값을 보인다. 따라서 이것은 큰 전류의 흐름을 보이게 되며 인가된 전압의 대부분은 저항 양단에서 강하된다. 입력 주파수가 증가함에 따라 전류의 흐름을 억제하는 유도성 리액턴스가 증가하게 되며, 따라서 인덕터 양단에는 많은 전압강하가 생기게 된다. 인덕터 양단의 전압강하가 크면 클수록 저항 양단의 전압강하는 작아진다. 입력 주파수가 증가할수록 출력 전압은 감소한다. 저주파수는 진폭이 작게 감소하여 통과하지만 반면에 고주파수는 진폭이 크게 감소하여 통과한다.

그림 12-3B는 고역 통과 필터를 보여준다. 입력은 인덕터와 저항 양단에 인가되며 출력은 인덕터 양단에서 얻어진다. 고주파수에서 코일의 유도성 리액턴스는 높아지며, 대부분의 전압은 코일 양단에서 강하를 일으킨다. 주파수가 감소하면 유도성 리액턴스도 감소하여 작은 전류가 흐른다. 이것은 코일 양단에 작은 전압강하를 만드는 원인이 되어 저항 양단에서 큰 전압강하를 만든다. 주파수가 통과되거나 감쇠되는 그 이상 혹은 이하의 주파수를 **차단 주파수**(cutoff frequency)라고 한다. 차단 주파수에 대한 기호는 f_{CO}이다. 차단 주파수는 다음 식으로 구할 수 있다.

$$f_{CO} = \frac{R}{2\pi L}$$

여기서, f_{CO} = 차단 주파수(Hz)

R = 저항, 옴(Ω)

$\pi = 3.14$

L = 인덕턴스(H)

12-2 질문

1. 회로에 사용되는 인덕터의 단점은 무엇인가?
2. 회로에 사용되는 인덕터의 장점은 무엇인가?
3. RL 저역 통과 필터의 회로도를 그리고 어떻게 동작되는지를 설명하여라.
4. RL 고역 통과 필터의 회로도를 그리고 어떻게 동작되는지를 설명하여라.
5. RL 회로의 차단 주파수는 어떻게 결정되는가?

요약

- 순수 유도성 회로에서 전류의 위상은 인가 전압에 비해 90도 뒤처진다.
- 교류 회로에서 유도성 리액턴스는 인덕터에 의해 전류의 흐름을 방해한다.
- X_L은 유도성 리액턴스를 나타낸다.
- 유도성 리액턴스는 옴으로 표시된다.
- 유도성 리액턴스는 다음 공식을 사용하여 계산할 수 있다.

$$X_L = 2\pi fL$$

- 임피던스(Z)는 회로의 유도성 리액턴스와 저항의 벡터 합이다.
- 직렬 RL 회로는 저역 및 고역 통과 필터로 사용된다.

연습 문제

1. 유도성 회로에서 전류와 전압 사이의 관계는 무엇인가?
2. 유도성 회로의 유도성 리액턴스에 영향을 미치는 인자는 무엇인가?
3. 60 Hz, 100 mH 코일의 유도성 리액턴스는 얼마인가?
4. 문제 3에서 인덕터에 24 V를 인가한 경우 인덕터에 흐르는 전류는 얼마인가?
5. 회로에서 인덕터는 어떻게 사용되는가?
6. 50 Hz, 100 mH 인덕터에 흐르는 전류가 86 mA일 때 필요한 전압은 얼마인가?
7. 60 Hz, 150 mH 인덕터와 680 Ω 저항이 직렬로 연결된 회로의 임피던스를 계산하여라.
8. 910 Ω의 저항 양단에 32 V가 인가된 직렬 RL 회로에 400 Hz, 45 V의 인가 전압을 가했을 때 초크의 인덕턴스는 얼마인가?
9. 저역 통과와 고역 통과 RL 필터를 연결할 때 차이는 무엇인가?
10. 유도성 회로의 차단 주파수란 무엇인가?

13장

리액턴스와 공진 회로
Reactance and Resonance Circuits

학습 목표

이 장을 학습하면 다음을 할 수 있다.

- 용량성 및 유도성 리액턴스를 결정하는 공식을 설명할 수 있다.
- 교류 전류와 전압이 커패시터와 인덕터 내에서 어떻게 반응하는지 설명할 수 있다.
- 직렬 회로의 리액턴스를 확인하고 용량성 또는 유도성인지 식별할 수 있다.
- 컨덕턴스를 설명할 수 있다.
- 저항과 커패시턴스 또는 인덕턴스를 포함하는 임피던스에 대한 문제를 해결할 수 있다.
- 옴의 법칙을 교류 회로에 사용하기 전에 어떻게 수정되어야 하는지에 대해 설명할 수 있다.
- RLC 직렬 회로에서 X_C, X_L, X, Z, 및 I_T의 값을 구할 수 있다.
- RLC 병렬 회로에서 I_C, I_L, I_X, I_R, 및 I_Z의 값을 구할 수 있다.

앞 장에서, 교류 회로의 저항, 커패시턴스 및 인덕턴스 각각의 회로에 대해 살펴보았다. 이 장에서는 저항, 커패시턴스, 인덕턴스를 함께 연결한 교류 회로에 대하여 알아본다. 이 장에서 설명하는 개념은 어떤 새로운 이론이라기보다는 지금까지 살펴보았던 모든 이론들이 적용된다.

인덕터의 리액턴스와 커패시터의 리액턴스가 서로 같을 때 이 회로는 공진 회로를 형성하게 된다. 공진 회로는 전기전자공학에서 다양한 회로에 이용된다.

13-1 직렬 회로의 리액턴스

회로에서(그림 13−1) 일반적으로 직류 전압은 배터리에 의해 공급된다. 회로에 흐르는 전류의 값은 배터리 전압과 저항을 사용해서 옴의 법칙으로 구한다.

교류 전압 전원을 회로(그림 13−2)에 인가하면 저항을 통해 흐르는 순시 전류는 인가된 교류 전압에 따라 달라진다. 옴의 법칙은 직류 회로와 마찬가지로 교류 회로에 적용된다. 피크(최대) 전류는 전원의 피크 전압으로 계산될 수 있으며 실효 전류는 실효 전압으로부터 계산할 수 있다.

그림 13−3은 교류의 한 사이클의 그래프를 보여준다. 이것은 전압이 피크에 도달하면 전류 또한 피크에 도달한다는 것을 보여준다. 전압과 전류는 함께 제로(0) 라인에서 교차한다. 이와 같은 두 파형을 **동상**(in phase)이라고 한다. 이것은 회로가 리액턴스 성분을 포함하지 않은 순수

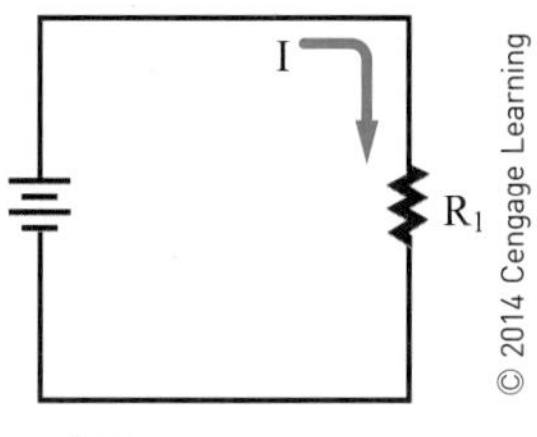

그림 13-1 직류 저항 회로.

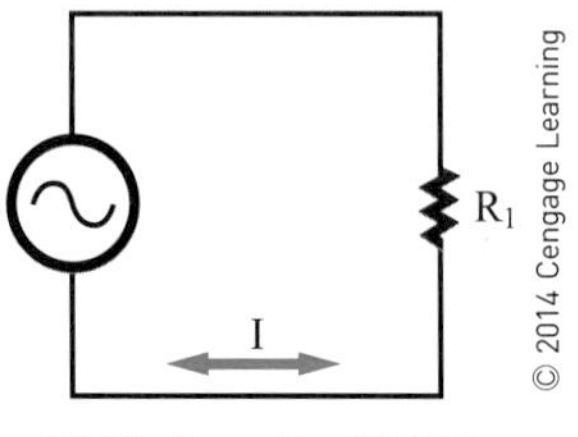

그림 13-2 교류 저항 회로.

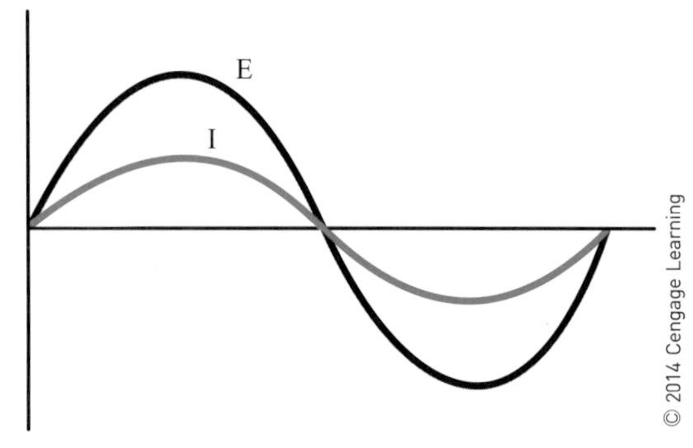

그림 13-3 교류 저항 회로에서 전류와 전압의 위상은 동상이다.

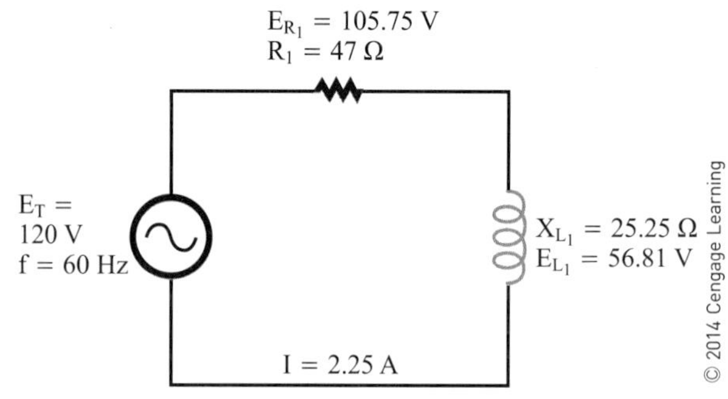

그림 13-4 RL 회로 또는 RC 회로의 전압의 위상은 동상이 아니므로 직접 더할 수 없다.

한 저항으로만 구성될 때 발생하는 상태이다.

순수한 인덕턴스 또는 커패시턴스의 효과는 회로의 전압 또는 전류의 위상이 90도 어긋나게 한다. 이러한 상황은 리액턴스와 저항이 결합될 때 좀 더 복잡하게 된다.

그림 13-4는 저항과 인덕터의 두 소자가 직렬로 연결되어 있으며 두 소자에 흐르는 전류는 서로 같다. 저항 R_1이 47 Ω이고 주파수가 60 Hz인 인덕터의 리액턴스를 계산하면 25.25 Ω이 된다. 회로에서 전류는 2.25 A, 그리고 저항 R_1과 인덕터 L_1 양단의 전압강하는 각각 105.75 V, 56.81 V가 된다. 각 부하 양단의 전압강하를 더하면 인가된 120 V 공급 전원보다 많아지기 때문에 잘못된 결과를 가져온다. 이러한 현상은 저항 양단의 전압이 인덕터 양단의 전압과 위상이 같지 않기 때문에 발생한다.

저항성 회로에서 전압과 전류의 위상은 동상이다. 유도성 회로에서는 전압이 전류를 90도 앞서게 된다. 직렬 회로의 모든 지점에서 전류는 E_{R_1}과는 동상이고, E_{L_1}과는 위상차가 있어야만 한다.

그림 13-4와 같이 회로에서 전류 및 전압을 나타내는 방법 중 하나로는 좌표계의 원점에서 출발해 특정 방향을 가리키는 화살표를 사용하는 **벡터**(vector)를 이용하는 것이 있다(그림 13-5). 화살표의 길이는 크기를 나타내는 것으로, 화살표의 길이가 길수록 큰 값을 나타낸다. 화살표의 *x*축과 만드는 각도는 위상을 나타낸다. 양(+)의 *x*축은 0도이고, 화살표가 반시계 방향으로 이동하게 되면 각도는 커지게 된다.

그림 13-4에서 전류는 같은 크기로 두 성분을 통해 흐른다. 전류 벡터는 *x*축 상에 놓이게 된다. 전압 E_R은 전류와 동상이며 벡터도 역시 *x*축에 놓이게 된다.

인덕터 양단의 전압 E_L은 전류보다 90도 앞선다. 따라서 전압 벡터는 *x*축에 90도(직각) 위를 가리키게 된다. 각 벡터는 크기에 따라 그려진다. 그림 13-5에서 보여준

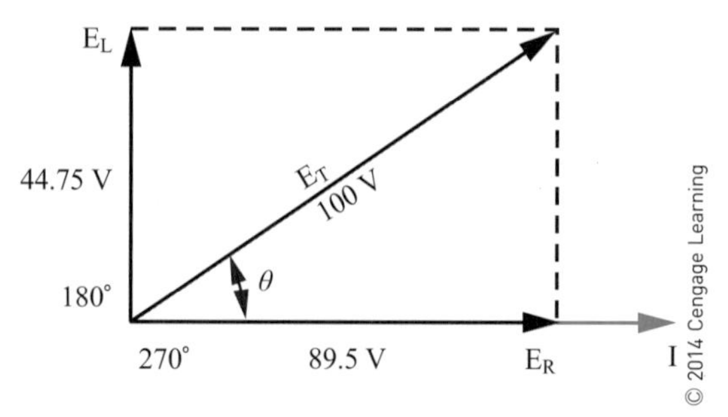

그림 13-5 벡터는 리액턴스 회로의 전압 사이의 관계를 보여주기 위해 사용된다.

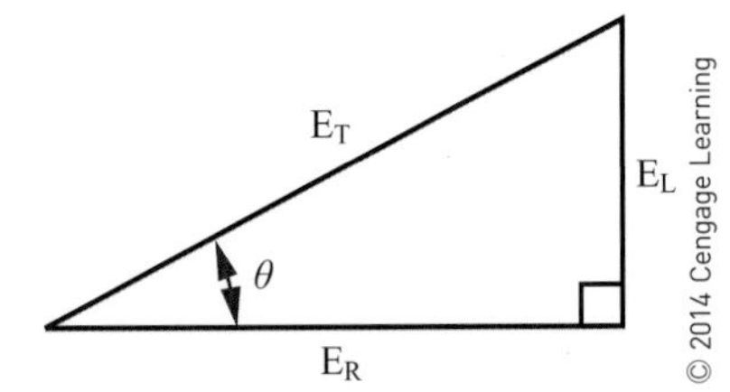

그림 13-6 벡터는 직각 삼각형으로 다시 그려진다.

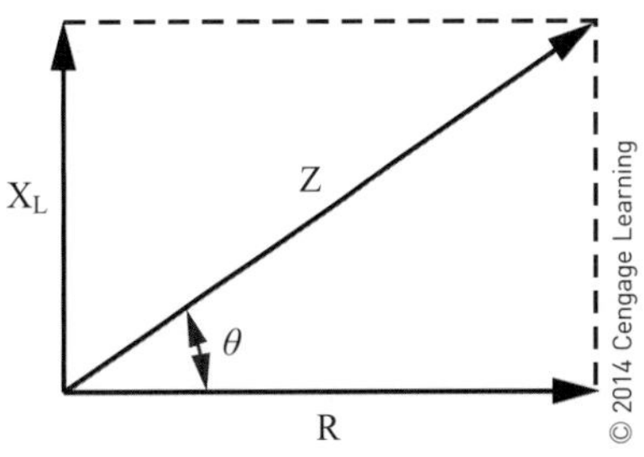

그림 13-7 벡터도는 또한 임피던스를 설명하기 위해 사용할 수 있다.

것과 같이 전원 전압 벡터(E_T)는 원점에서 출발하여 E_R과 E_L의 최대값에서 끝나게 된다. 벡터 E_T의 각도(θ)는 전원 전압과 전류 사이의 위상이며, 길이는 전압의 크기를 나타낸다.

전압 벡터도는 긴 벡터를 빗변으로 나타내는 직각 삼각형으로 다시 그릴 수 있다(그림 13-6). **피타고라스 정리**는 다음 식과 같으므로 크기를 구하기 위해 축척에 맞게 벡터도를 그릴 필요는 없다.

$$E_T^2 = E_R^2 + E_L^2 \text{ 또는 } E_T = \sqrt{E_R^2 + E_L^2}$$

이 공식은 세 개의 값 중에 두 개의 값을 알고 있을 때 나머지 한 개의 벡터를 계산하는 데 사용할 수 있다.

또한 벡터 표현은 하나의 전압과 위상만이 알려져 있을 때 전압을 구하기 위해 삼각 함수를 사용한다. 또한 두 개의 전압이 알려져 있을 때 위상각을 구하게 된다. 이러한 관계는 다음과 같다.

$$\text{Sin}\,\theta = E_L/E_T$$
$$\text{Cos}\,\theta = E_R/E_T$$
$$\text{Tan}\,\theta = E_L/E_R$$

그림 13-4의 예와 위의 관계식을 이용하면, 전압과 전류 사이의 위상각이 28.26도가 됨을 알 수 있다.

E_L과 E_R을 다른 값으로 하여 실험해 보면 다음과 같은 유용한 정보를 얻을 수 있다. 기억해 두길 바란다.

- 회로가 순수 저항일 때 전압과 전류는 동상이기 때문에 위상각은 0도이다.
- 유도성 리액턴스가 증가함에 따라 저항과 리액턴스 값이 같아질 때 위상각은 45도가 된다. 유도성 리액턴스가 더 큰 값으로 증가하게 되면 위상각은 90도에 접근한다.
- 회로가 저항이 없는 순수 리액턴스만 있다면 위상각은 90도가 된다.

직렬 회로에서 모든 소자에 흐르는 전류는 모두 같다. 회로 내의 어떤 소자 양단의 전압강하는 저항 또는 소자의 리액턴스에 비례한다. 벡터가 회로의 저항 및 리액턴스로 그려졌다면 이 값은 전압으로 그려진 것과 비례한다(그림 13-4). 저항 R은 0도에서 그리고, 유도성 리액턴스

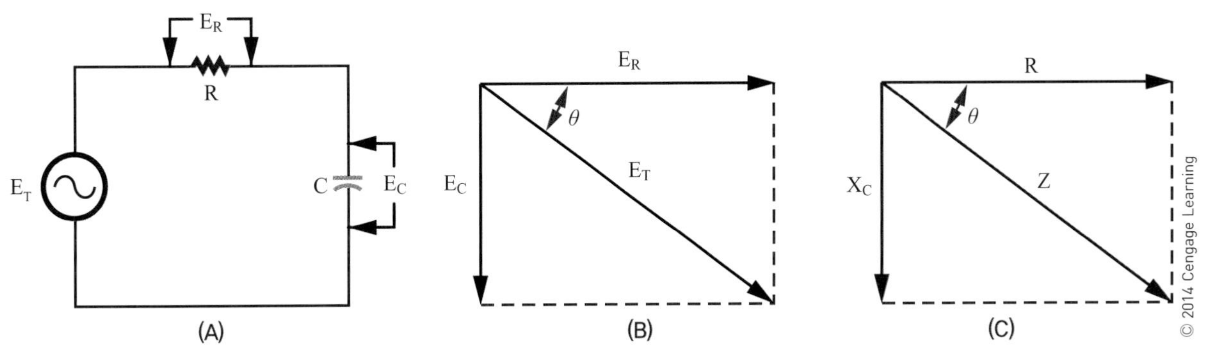

그림 13-8 벡터도는 유도성 회로와 마찬가지로, 용량성 회로에서도 동일하게 사용할 수 있다.

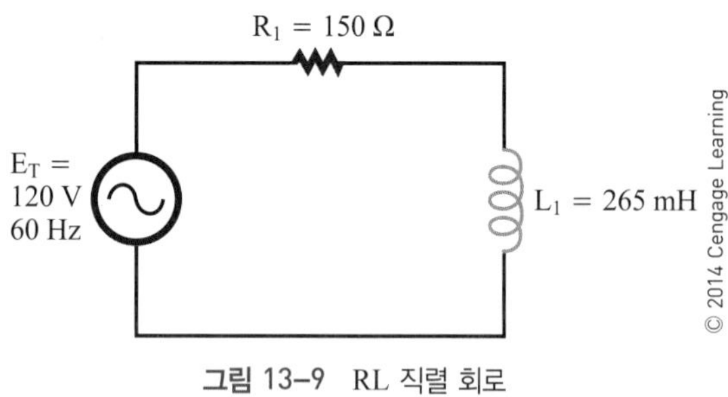

그림 13–9 RL 직렬 회로

X_L은 90도에서 그린다.

저항과 리액턴스의 합성저항를 임피던스라고 하고 기호는 Z로 나타낸다. 임피던스는 공급 전압을 아는 경우 리액티브 회로의 전류를 계산할 때 사용된다. 전원 전압을 저항과 리액턴스를 합한 값으로 나누면 저항과 리액턴스가 서로 동상이 아니기 때문에 잘못된 결과를 가져오게 된다. 벡터는 회로 임피던스 설명에 사용된다(그림 13–7).

그림 13–8A의 직렬 RC 회로는 그림 13–8B와 그림 13–8C의 **벡터 다이어그램**(vector diagram)으로 설명할 수 있다. 다시 말하면 전류는 0도 기준점으로 사용하고 E_R은 전류와 동상이므로 같은 선에 그린다. 용량성 회로에서 전압은 전류보다 90도 뒤처지므로 전압 벡터(E_C)는 아래쪽으로 그려지게 된다. 이러한 회로의 위상각은 간혹 음(–)의 값을 가지며 이를 "앞섬" 혹은 "뒤처짐"의 표현으로 대신 사용하게 된다. 같은 방법으로 삼각함수 방정식 및 피타고라스의 정리를 벡터에 적용할 수 있다.

13-1 질문

1. 순수 저항 직렬 회로의 전류와 전압과의 관계를 보여주는 벡터도를 그려라.
2. 그림 13–9에 표시된 회로의 전류와 전압과의 관계를 표시하여라.
3. 그림 13–9 회로의 벡터도를 그려라. 각 벡터는 모두 화살표와 기호를 표시하여라.
4. 피타고라스의 정리를 사용하여 그림 13–9에 표시된 회로의 임피던스를 구하여라.
5. 그림 13–9의 회로에 대한 위상각을 구하여라.
6. 그림 13–9의 회로에 대한 임피던스를 구하여라.
7. 그림 13–9의 회로에 대한 전류를 구하여라.

13-2 병렬 회로의 리액턴스

인덕터와 커패시터를 포함하는 병렬 회로도 벡터도를 이용하여 해석할 수 있다. 그러나 각 소자 양단의 전압은 서로 같고 동상이므로 벡터는 전류 벡터가 된다.

그림 13–10은 병렬 RL 회로 및 벡터도를 보여준다. 저항에 흐르는 전류의 벡터는 0도이다. 인덕터 전류 I_L에 대한 벡터를 그리는 것은 간단하다. 인덕터에 흐르는 전류는 전압보다 90도 뒤처지므로 벡터는 아래를 향하여 그린다.

그림 13–11은 병렬 RC 회로의 벡터도를 보여준다. 병렬 회로에 대한 용량성 및 유도성 벡터(그림 13–10)는 직

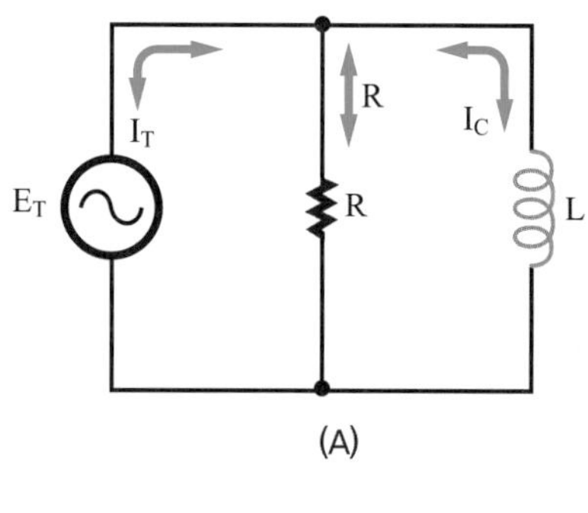

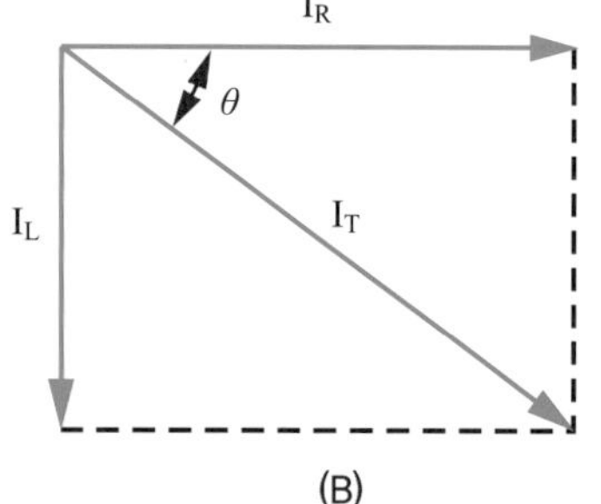

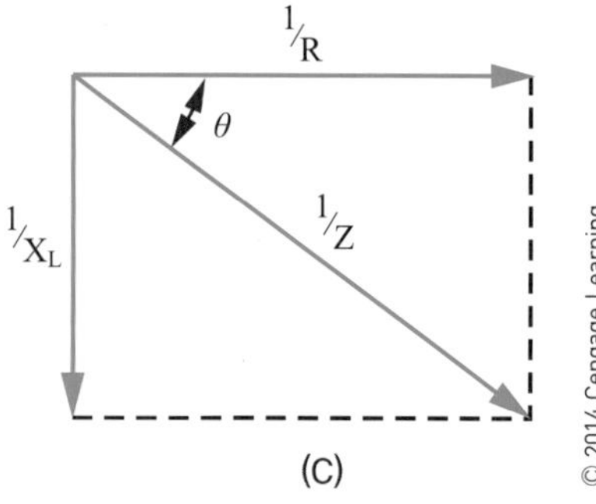

그림 13–10 벡터는 병렬 인덕턴스 회로를 해석하기 위해 사용할 수 있다. 각 소자(부하) 양단의 전압은 같고 동상이기 때문에 전압이 아닌 전류가 벡터의 기준으로 사용된다.

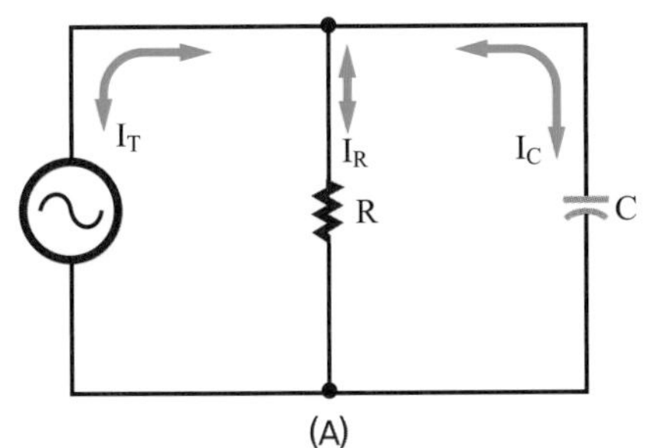

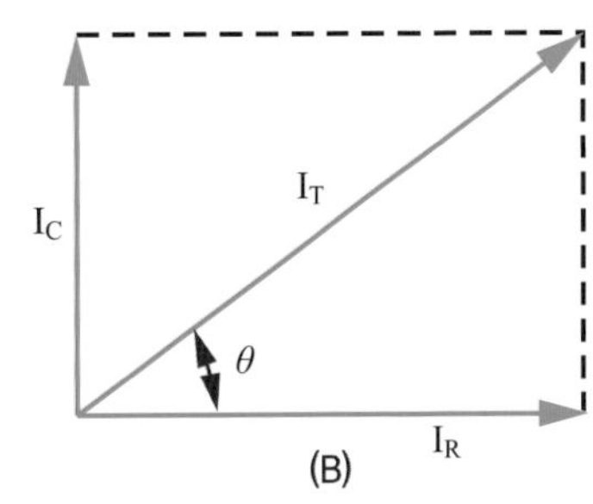

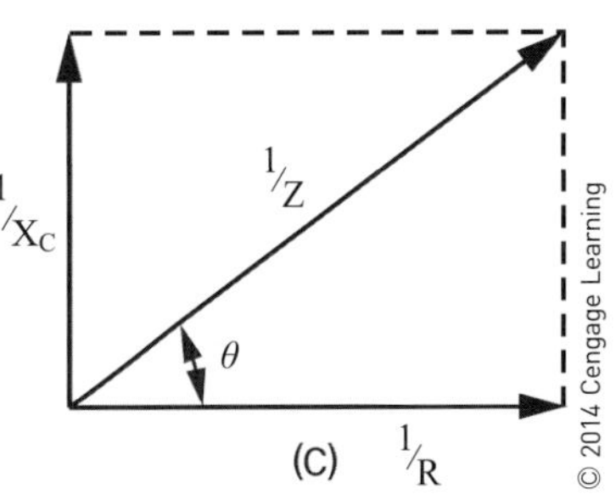

그림 13-11 벡터도는 병렬 용량성 회로를 해석하기 위해 사용할 수 있다.

렬 회로와 반대 방향으로 그리는 것에 주의하라. 또한 병렬 회로에서는 전압이 아닌 전류를 기준으로 고찰한다는 것을 기억하라.

병렬 회로의 저항이 항상 가장 작은 저항 값보다 작은 것처럼 RL 병렬 회로 또는 RC **병렬 회로**의 임피던스는 각각의 저항과 리액턴스 값보다 작다. 병렬 회로의 임피던스를 결정하는 데 벡터도를 사용할 수 있으나, R, X, Z의 역수를 사용해야만 한다. 이것은 병렬 회로의 임피던스 계산을 좀 더 복잡하게 한다. 벡터로 정확하게 표시하기 위해 병렬 회로에 대하여 앞에서 설명한 삼각 함수를 적용할 수 있다. 그림 13-10과 13-11에 대해 수학적으로 임피던스를 정리하면 다음과 같다.

유도성 회로:

$$I = \sqrt{I_R^2 + I_L^2}$$

$$1/Z = 1/R + 1/X_L$$

용량성 회로:

$$I = \sqrt{I_R^2 + I_C^2}$$

$$1/Z = 1/R + 1/X_C$$

13-2 질문

1. 벡터도를 사용하여 병렬 회로를 해석할 때, 전류를 사용하는 이유는 무엇인가?
2. 유도성 회로에서 전류는 전압보다 위상이 앞서는가 아니면 뒤지는가?
3. 리액티브 회로에서 임피던스는 각각의 저항 또는 리액턴스 값보다 큰가 아니면 작은가?

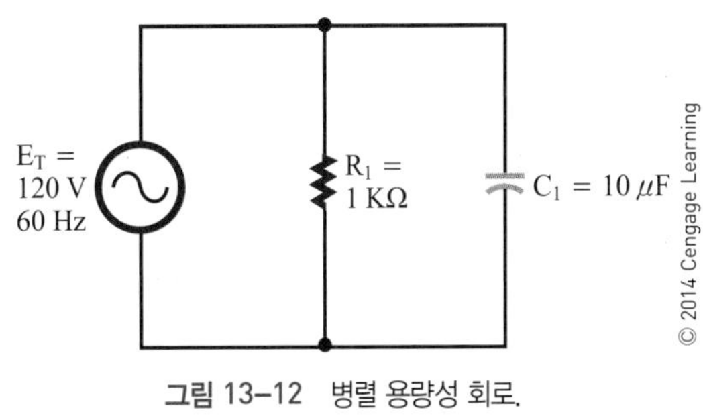

그림 13-12 병렬 용량성 회로.

4. 피타고라스 정리를 사용하여, 그림 13-10에 보여준 회로의 전류를 계산하여라. 전체 전압은 60 Hz에서 120 V, R = 150 Ω, L = 265 mH이다.
5. 그림 13-12 회로의 임피던스를 계산하여라.

13-3 전력

순수 저항성 교류 회로의 전력 소비는 쉽게 계산된다. 평균 전력은 유효 전류와 유효 전압을 곱하여 구한다. 그림 13-13A는 순시 전력 소비가 같은 축에 전류와 전압을 그리고 나서 전력 곡선을 그리기 위해 곱셈을 수행하면 순시 전력 소비를 구할 수 있음을 나타내고 있다.

같은 원리로 리액티브 회로(B)에도 적용이 가능하다. 순수 인덕턴스를 포함하는 회로는 전류가 전압보다 90도 뒤처진다는 것을 기억하라. 이러한 회로의 전력 곡선을 그리면 중심이 0인 교번 파형이 발생한다. 유도성 회로의 순수한 전력 소비는 아주 낮다.

전력 파형이 양(+)인 부분 동안에 인덕터는 에너지를

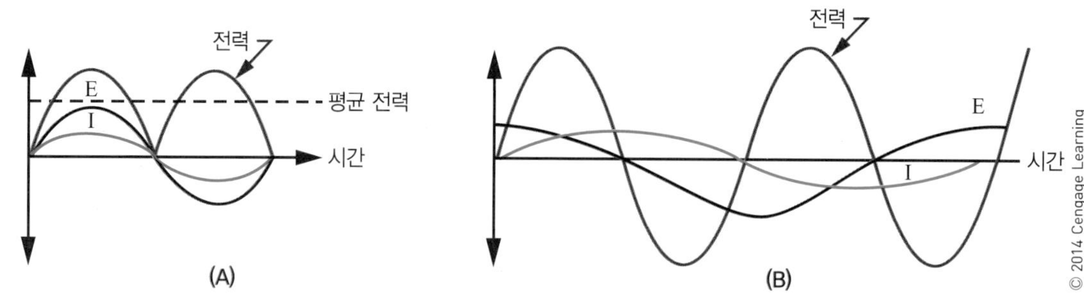

그림 13–13 (A) 저항성 회로의 전력 소모는 0이 아니다. (B) 리액티브 회로에서 전력손실은 없다.

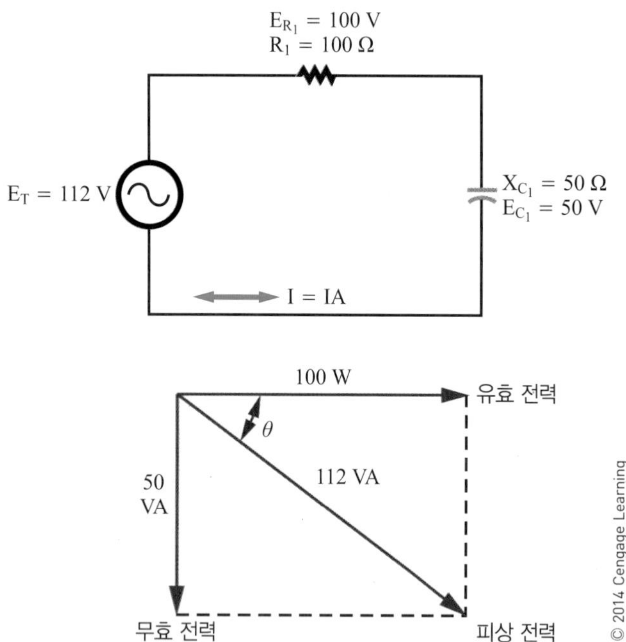

그림 13–14 리액티브 회로에서, 저항에서 소비되는 전력과 리액턴스에 공급되는 리액티브 전력을 벡터적으로 합하면 피상 전력 벡터를 구할 수 있다.

받아서 자계의 형태로 저장한다. 파형이 음(−)인 부분 동안에는 자계는 약해지며 코일은 저장된 에너지를 회로에 반환한다. 차이점은 커패시터가 전계에 에너지를 저장하고 전압과 전류의 위상 관계가 반대가 되는 것이다. 비슷한 상황이 순수 커패시턴스 회로에서도 발생한다.

회로에 저항이 연결되면 위상각은 90도보다 더 작아지며 전력 곡선은 양의 값으로 이동하고, 회로는 에너지를 반환하는 것 보다 더 많은 에너지를 얻게 된다. 그러나 회로의 용량성 또는 유도성 부분은 여전히 에너지를 저장과 방출을 하고 있으므로 전력 소비는 전혀 없게 된다. 전력 손실은 전적으로 저항에만 기인한다. 회로에서 저항성 부분만이 전력을 소비한다는 것을 기억하라.

그림 13–14는 용량성 회로를 보여준다. 피타고라스 정리를 사용하여 100옴의 저항과 50옴의 커패시턴스의 합성 임피던스(Z)는 다음과 같이 대략 112옴이 된다는 것을 알 수 있다.

$$Z = \sqrt{R_1^2 + X_C^2}$$
$$Z = \sqrt{100^2 + 50^2}$$
$$Z = 111.8\ \Omega$$

옴의 법칙을 이용하면 대략 1 A의 전류가 회로에 흐르게 된다. 저항 양단의 전압 강하는 100 V가 되며, 그래서 저항에서 소비되는 유효 전력은 대략 100 W가 된다.

회로의 용량성 성분은 전력 소비가 없으나 전원 전압과 회로 전류를 곱하면 112 W의 답을 얻게 된다. 여기서 약 12 W의 차이가 생기는데 이 차이는 각 소자들의 전압의 위상 차이에 의하여 생긴 것이다. 그림에서 유효 전력에 대하여 전원 전압과 전류를 곱하여 얻어진 전력을 **피상 전력**(apparent power)이라고 하며, 112볼트 암페어(VA)로 표시된다. 회로의 유효 전력은 피상 전력보다 결코 클 수가 없다. 볼트 암페어(VA)의 피상 전력과 와트(W)로 표시되는 유효 전력과의 비를 **역률**(power factor)이라고 한다.

벡터도는 역률을 해석하는 데 사용할 수 있다. 회로의 위상각이 주어지면 역률은 위상각에 코사인(cosine)을 취하여 계산한다. 그림 13–14에서와 같이 역률은 전원 전압에 대한 E_R의 비와 같다. 데이터를 이용하여 역률을 구하

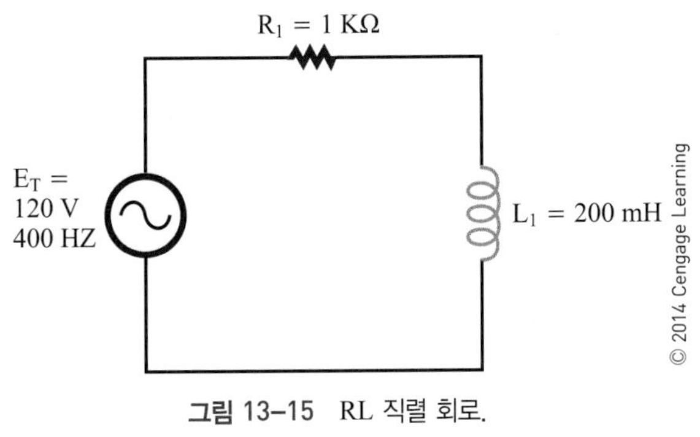

그림 13–15 RL 직렬 회로.

는 데 몇 가지 방법이 있다. 순수 저항 회로에서 유효 전력은 피상 전력과 같으며 이때의 역률은 1이다. 순수 유도성 및 용량성 회로에서 유효 전력은 0이 되며, 따라서 피상 전력은 의미가 없고 역률은 0이 된다. 역률은 피상 전력 부하를 조정해야 하는 중공업 및 송배전 분야에서 매우 중요한 고려 사항이 된다.

13-3 질문

1. 유도성 회로의 순수 소비 전력은 무엇이며, 그 이유는 무엇인가?
2. 유효 전력과 피상 전력과의 관계는 무엇인가?
3. 역률을 정의하여라.
4. 그림 13–15의 회로에서 피상 전력을 구하여라.
5. 역률이 산업체에서 중요한 이유는 무엇인가?

13-4 공진

공진은 전자공학을 포함하여 여러 분야에서 발생하는 현상이다. 공진 소자는 확산과 감쇠효과를 발생한다. 전자공학에서 공진 회로는 원하는 주파수를 통과시키며 다른 모든 주파수는 차단한다. X_L과 X_c를 직렬 또는 병렬로 조합하면 여러 가지 독특한 응용 분야에 이용할 수 있다. 공진 회로는 라디오나 텔레비전 수상기를 동조하여 특정 주파수의 방송을 수신할 수 있게 해준다. 동조 회로는 커패시터와 병렬로 연결된 코일로 이루어져 있다. 병렬 동조 회로는 공진 주파수에서 최대 임피던스를 갖는다. 동조 회로는 라디오부터 레이더에 이르기까지 다양한 종류의 통신 장비에 핵심이 된다.

공진은 유도성 리액턴스와 용량성 리액턴스가 같을 때 발생한다. 앞에서 언급했듯이 유도성 리액턴스는 주파수와 함께 증가하며, 용량성 리액턴스는 주파수가 증가하면 감소한다. 유도성 및 용량성 성분이 교류 회로로 구성된다면 각 성분이 가지는 리액턴스 값과 같아지는 특정 주파수가 존재하게 된다. 이러한 조건을 **공진**(resonance)이라고 하며, 이런 특성을 포함하는 회로를 **공진 회로**라고 한다. 이러한 공진현상을 발생시키려면 인덕턴스와 커패시턴스가 모두 있어야 한다.

모든 공진 회로에는 약간의 저항이 존재한다. 저항은 공진 주파수에 영향을 주지는 않지만 이 책의 뒷부분에서 설명하는 다른 공진 회로 매개변수에 영향을 준다.

인덕턴스와 커패시턴스의 값은 회로의 특정 공진 주파수를 결정한다. 이 두 값을 변화시키면 다양한 공진 주파수 값을 얻게 된다. 일반적으로 인덕턴스와 커패시턴스의 값이 커지면 공진 주파수는 작아진다. 따라서 인덕턴스와 커패시턴스의 값이 작아지면 공진 주파수는 커진다.

LC 회로의 공진 주파수보다 크거나 낮은 주파수에서 회로는 어떤 표준 교류 회로처럼 동작한다. 공진은 수신기 및 송신기, 특정 산업 장비 및 시험 장비를 동조시키는 무선 주파수에 필요하다. 또한 공진 회로는 오디오 증폭기와 전원 공급장치에는 잡음을 발생하므로 바람직하지 않다. 공진 회로는 오디오 대역 주파수에는 사용되지 않는다.

13-4 질문

1. 공진은 언제 발생하는가?
2. 공진 회로는 어디에 사용되는가?
3. 성분의 크기와 공진 주파수 사이의 관계는 무엇인가?
4. 공진 회로란 무엇인가?
5. 공진 회로의 공진 주파수보다 더 큰 주파수에서는 무슨 일이 일어나는가?

요약

- 옴의 법칙은 직류 회로에서와 같이 교류 회로에도 적용된다.
- 인덕터에 흐르는 교류 전류는 전압보다 90도 뒤처진다(ELI).
- 커패시터에 흐르는 교류 전류는 전압보다 90도 앞선다(ICE).
- 위상각을 알 때 전압 또는 전류를 결정하는 데 삼각 함수를 이용하여 벡터로 표시할 수 있다.
- 저항과 인덕턴스 또는 커패시턴스의 합성저항을 임피던스라고 한다.
- 피상 전력은 전압과 전류를 곱하여 구하며 단위는 VA이다.
- 피상 전력과 유효 전력의 비를 역률이라고 한다.
- 역률은 송배전 분야에서 매우 중요하다.
- 공진 회로는 방송국의 특정 주파수에 동조시키는 회로에 사용이 가능하다.
- 공진은 동조 회로의 무선 주파수용으로 사용된다.

연습 문제

1. 다음 그림의 회로에서 X_c, X_L, X, Z, I_T는 어떤 값을 가지는가?

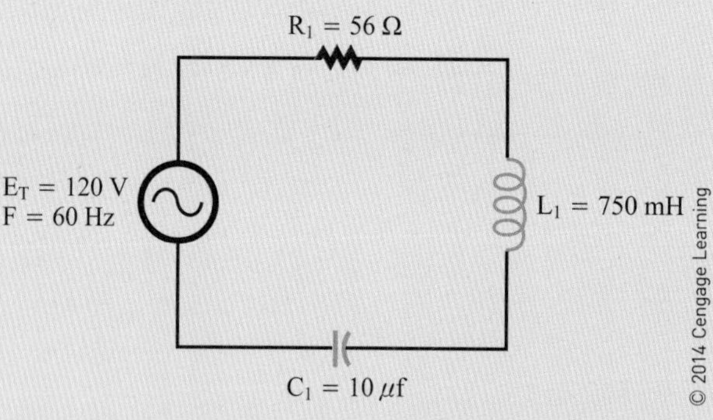

2. 다음 그림의 회로에서 I_c, I_L, I_x, I_R, I_z는 어떤 값을 가지는가?

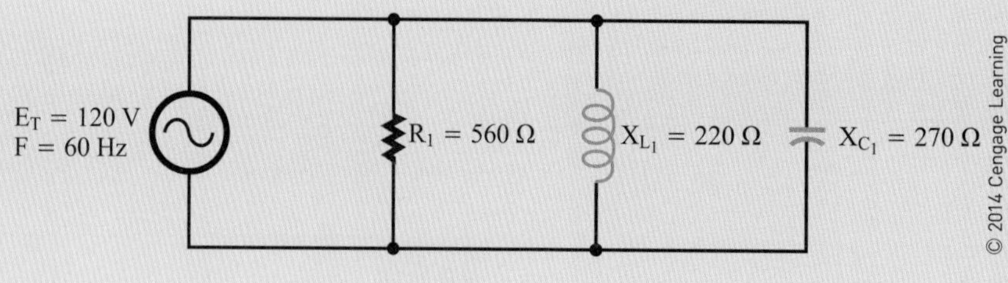

14장

변압기
Transformers

학습 목표

이 장을 학습하면 다음을 할 수 있다.

- 변압기가 어떻게 동작하는지 설명할 수 있다.
- 변압기 정격을 어떻게 결정하는지 설명할 수 있다.
- 회로에서 변압기가 어떻게 동작하는지 설명할 수 있다.
- 승압, 강압 및 절연 변압기 간의 차이점을 설명할 수 있다.
- 변압기의 전압비, 전류비 및 권수비를 설명할 수 있다.
- 변압기의 응용을 설명할 수 있다.
- 변압기의 종류를 설명할 수 있다.

변압기는 한 회로에서 다른 회로로 교류 신호를 전송한다. 신호의 전송 방법에는 전압의 승압 및 강압을 비롯하여 전압의 변화 없이 통과시키는 방법이 있다.

14-1 전자기 유도

전기적으로 절연된 두 개의 코일을 나란히 배치하고 교류 전압을 하나의 코일 양단에 가하면 변화하는 자계가 발생한다. 이 변화하는 자계는 2차 코일에 전압을 유도한다. 이러한 현상을 **전자기 유도**(electromagnetic induction)라고 한다. 또 이러한 장치를 **변압기**(transformer)라고 한다.

변압기에 교류 전압을 인가하는 코일을 **1차 권선**이라 하고, 전압이 유도되는 다른 쪽 코일을 **2차 권선**이라고 한다. 유도 전압의 크기는 두 코일 사이의 상호 유도의 크기에 따라 다르다. 상호 유도의 크기는 **결합 계수**(coefficient of coupling)에 의해 결정된다. 결합 계수는 0과 1 사이의 값이며, 1은 1차 권선의 모든 자력선이 2차 권선과 쇄교하는 것을 의미하며, 0은 1차 권선의 자력선이 2차 권선과 전혀 쇄교하지 않는 것을 의미한다.

변압기의 설계는 전력과 전압 그리고 사용되는 주파수에 의해 결정된다. 예를 들면, 변압기의 용도는 코일을 감는 코어 재료의 종류에 따라 결정된다. 저주파수용에는 철심이 사용된다. 고주파수용에는 높은 주파수와 관련된 손실을 줄이기 위해 비금속 코어와 공심 코어가 사용된다.

변압기의 정격은 전력(W)보다 볼트-암페어(VA)의 단위를 사용한다. 이것은 2차 권선에 접속될 수 있는 부하의 종류 때문이다. 만약 부하가 순수 용량성 부하이면 리액턴

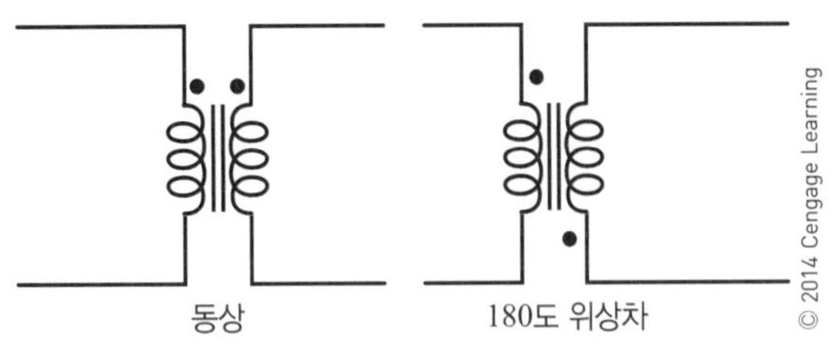

그림 14-1 위상 표시를 보여주는 변압기의 기호.

(A)

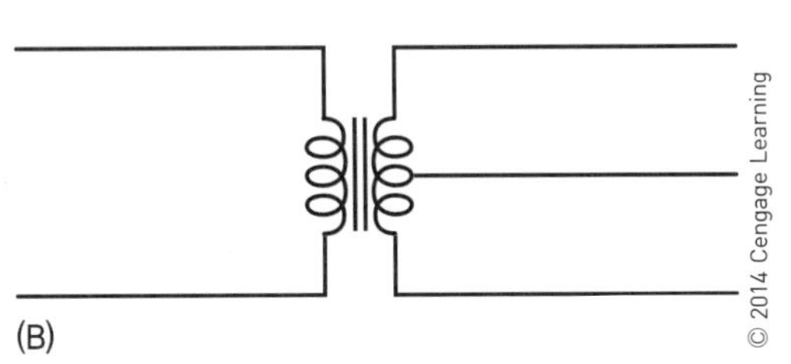

(B)

그림 14-2 (A) 2차 중간 탭을 갖는 변압기. (B) 2차 중간 탭을 갖는 변압기의 기호.

스는 전류가 과도하게 흐를 수 있다. 볼트-암페어 정격은 변압기에 부하가 접속되었을 때 변압기에 걸릴 최대 전류를 알 수 있지만, 전력(W) 정격은 최대 전류를 알 수 없으므로 별 의미가 없다.

그림 14-1은 변압기의 기호이다. 1차 권선과 2차 권선의 방향은 2차 권선에 유도되는 전압의 극성을 결정하게 된다. 교류 전압은 유도 전압과 동상 혹은 180도의 위상차를 보이게 된다. 작은 점(dot)은 극성을 나타내기 위한 변압기의 회로 기호이다.

변압기는 2차 권선에 중간 탭을 가진 경우가 있다(그림 14-2). **중간 탭 2차 권선**은 2차 권선이 두 개 있는 것과 같다. 각각의 전압은 2차 권선 양단 전압의 절반과 같다. 중간 탭은 교류 전압을 직류 전압으로 변환하는 전원 공급 장치에 사용된다. 변압기는 너무 높거나 낮은 선간 전압(line voltage)을 보상하기 위하여 1차 측에 설치할 수도 있다.

14-1 질문

1. 변압기는 어떻게 작동하는가?
2. 변압기의 설계는 무엇으로 결정하는가?
3. 변압기의 설계를 결정하는 응용의 예를 한 가지 들어라.
4. 변압기의 정격은 어떻게 나타내는가?
5. 변압기에 대한 기호를 그려라.

14-2 상호 인덕턴스

변압기에 부하를 연결하지 않으면 2차 측 전류는 흐르지 않는다(그림 14-3). 변압기는 전원에 연결되어 있기 때문에 1차 전류는 흐른다. 1차 전류는 1차 권선의 크기에 따라 달라진다. 1차 권선은 인덕터처럼 작용한다. 여자 전류는 1차 권선에 흐르는 적은 양의 전류이다. 여자 전류(exciting current)는 1차 권선의 철심 코어에 자계를 형성한다. 유도성 리액턴스 때문에 여자 전류는 인가 전압보다 위상이 뒤처지게 된다. 이러한 상태는 부하가 2차에 인가되면 바뀌게 된다.

2차 측에 부하가 인가되면 2차 측에 전류가 유도된다(그림 14-4). 변압기는 1차 권선 위에 2차 권선을 감는

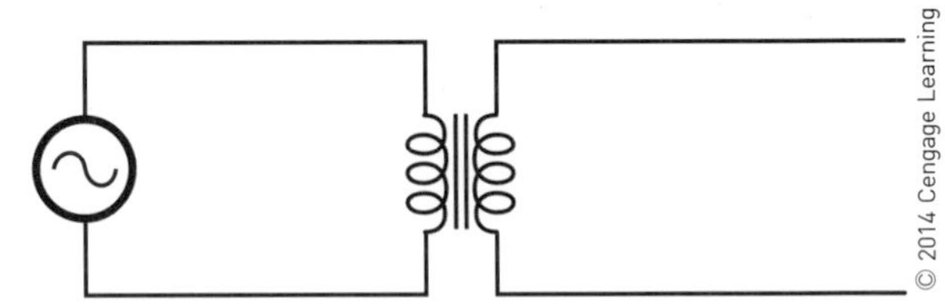

그림 14-3 2차 측에 부하가 없는 변압기.

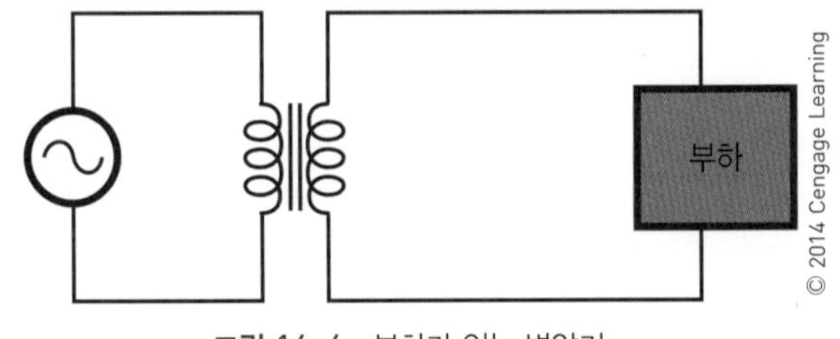

그림 14-4 부하가 있는 변압기.

다. 1차 전류에 의해 만들어진 자계는 2차 권선과 쇄교하게 된다. 2차 권선에 흐르는 전류는 자신의 자계를 만들게 된다. 2차 권선에 확장된 자계는 1차 권선과 쇄교하여 1차 측에 역방향으로 전압을 유도한다. 이 자계는 1차 측의 전류와 동일한 방향으로 증가하게 된다. 이러한 효과를 **상호 인덕턴스**(mutual inductance)라고 한다. 1차 권선은 2차 권선에 전압을 유도하고, 2차 권선은 다시 1차 권선에 전압을 유도하게 된다.

14-2 질문

1. 변압기에 부하가 연결되면 어떤 영향을 미치는가?
2. 변압기에 부하가 없을 때는 어떻게 작용하는가?
3. 변압기 권선은 어떻게 감겨져 있는가?
4. 상호 인덕턴스를 정의하여라.
5. 변압기의 2차 권선이 어떻게 1차 권선에 다시 전압을 유도하는지 그 방법을 설명하여라.

14-3 권수비

변압기의 권수비는 변압기가 승압, 강압 또는 전압의 변화 없이 통과하는 데 사용하는지의 여부에 따라 결정된다. **권수비**(turns ratio)는 2차 측 권선수를 1차 측 권선수로 나눈 값이 된다. 이것은 다음과 같이 표시된다.

$$\text{권수비} = \frac{N_s}{N_p}$$

여기서, N = 권선수

P = 1차

S = 2차

2차 측 전압이 1차 측 전압보다 큰 전압을 갖는 변압기를 **승압 변압기**라고 한다. 전압은 권수비에 따라 승압된다. 1차 전압에 대한 2차 전압의 비는 1차 권선수에 대한 2차 권선수의 비와 동일하다. 이것은 다음 식과 같이 표시된다.

$$\frac{E_S}{E_P} = \frac{N_S}{N_P}$$

따라서 승압 변압기의 권수비는 항상 1보다 크다.

예제 변압기의 1차 권선은 400회, 2차 권선은 1200회의 권선수를 갖는다. 교류 120 V를 1차 권선 양단에 인가했을 때, 2차 권선에 유도되는 전압은 얼마인가?

제시 값	풀이
$E_S = ?$	$\frac{E_S}{E_P} = \frac{N_S}{N_P}$
$E_P = 120\text{ V}$	$\frac{E_S}{120} = \frac{1200}{400}$
$N_S = 100$회	$E_S = 360\text{ V}$
$N_P = 400$회	

변압기에 손실이 없다고 가정하면 2차 측 전력은 1차 측 전력과 같다. 변압기는 전압을 승압할 수는 있어도 전력을 상승시킬 수는 없다. 2차 측 전력은 1차 측에서 공급하는 전력보다 결코 커질 수 없다. 따라서 변압기가 전압을 승압할 때 전류는 감소하게 되며, 그 결과 전력은 동일한 값을 유지하게 된다. 이것을 식으로 나타내면 다음과 같다.

$$P_P = P_S$$

$$(I_P)(E_P) = (I_S)(E_S)$$

전류는 권수비에 반비례한다. 이것을 식으로 나타내면 다음 식과 같다.

$$\frac{I_P}{I_S} = \frac{N_S}{N_P}$$

참고 권수비의 1차 측은 p로, 2차 측은 s로 나타낸다.

예제 변압기의 권수비가 10:1이다. 1차 전류가 100 mA면, 2차 전류는 얼마인가?

제시 값	풀이
$I_S = ?$	$\frac{I_P}{I_S} = \frac{N_S}{N_P}$
$N_P = 10$	$\frac{0.1}{I_S} = \frac{1}{10}$
$N_S = 1$	$I_S = 1\text{ A}$
$I_P = 100\text{ mA} = 0.1\text{ A}$	

임피던스 정합(impedance matching)은 변압기의 중요한 응용 분야 중 하나이다. 부하의 임피던스와 전원의 임피던스가 같을 때 최대 전력이 전달된다. 임피던스가 일치

하지 않으면 전력의 손실이 발생한다.

예를 들어, 어떤 트랜지스터 증폭기가 100 Ω 부하에 효율적으로 구동되고 있다면, 이것은 4 Ω 스피커에서는 효율적으로 구동될 수 없다. 변압기는 트랜지스터 증폭기와 스피커 사이에 사용되며 적절한 비율로 스피커의 임피던스를 조절할 수 있다. 이것은 권수비를 적절하게 선택함으로써 가능하다.

임피던스 비는 권수비의 제곱과 같다. 이것은 다음 식으로 표시된다.

$$\frac{Z_P}{Z_S} = \left(\frac{N_P}{N_S}\right)^2$$

예제 **100 Ω 전원에 4 Ω 스피커를 정합시키는 변압기의 권수비는 얼마인가?**

제시 값

$N_P = ?$

$N_S = ?$

$Z_P = 100$

$Z_S = 4$

풀이

$$\frac{Z_P}{Z_S} = \left(\frac{N_P}{N_S}\right)^2$$

$$\frac{100}{4} = \left(\frac{N_P}{N_S}\right)^2$$

$$\sqrt{25} = \frac{N_P}{N_S}$$

$$\frac{5}{1} = \frac{N_P}{N_S}$$

권수비는 5:1다.

14-3 질문

1. 승압 변압기와 강압 변압기는 무엇으로 결정되는가?
2. 변압기의 권수비를 결정하는 공식을 쓰라.
3. 변압기의 권수비로 전압이 결정되는 공식을 작성하여라.
4. 1차 권선에 100회, 2차 권선에 1,800회의 권선수를 갖는 변압기에 120 V를 인가했을 때 2차 측 출력은 얼마인가?
5. 10 kΩ의 전원을 600 Ω 부하에 정합시키는 변압기 권수비는 얼마인가?

14-4 변압기의 응용

변압기는 여러 가지 분야에 응용되고 있다. 이들 응용 분야에는 전압과 전류의 상승 및 강하, 임피던스 정합, 위상 이동, 절연, 직류차단 교류통과, 전압이 다른 여러 가지의 신호를 발생하는 것들이 있다.

가정과 산업체에 전력을 전송하기 위해서는 변압기를 사용해야만 한다. 발전소는 에너지원과 인접하여 위치하므로 전력을 아주 먼 거리로 전송해야만 한다. 전력을 전송하는 데 사용하는 전선은 저항을 가지고 있으므로, 전송하는 동안 전력 손실이 발생한다. 전력은 전류에 전압을 곱한 값과 같다.

$$P = IE$$

옴의 법칙은 전류는 전압에 비례하고, 저항에 반비례한다는 것이다.

$$I = E/R$$

따라서 전력 손실의 크기는 부하 저항의 크기에 비례하게 된다. 전력 손실을 줄이기 위한 가장 쉬운 방법은 전류를 작게 유지하는 것이다.

예제 **어떤 발전소에서 10 A로 8,500 V를 생산한다. 선로의 저항은 100 Ω이다. 선로의 전력 손실은 얼마인가?**

제시 값

$P = ?$

$I = 10\ A$

$E = ?$

$R = 100\ \Omega$

풀이

먼저, 전압강하를 구한다.

$$I = \frac{E}{R}$$

$$10 = \frac{E}{100}$$

$$E = 1000\ V$$

E를 사용하여 전력 손실을 구한다.

$$P = IE$$

$$P = (10)(1000)$$

$$P = 10{,}000\ W$$

예제 **변압기를 사용하여 1 A로 85,000 V까지 전압을 승압하면, 전력 손실은 얼마인가?**

제시 값

$I = 1\ A$

$E = ?$

$R = 100\ \Omega$

풀이

먼저, 전압강하를 구한다.

$$I = \frac{E}{R}$$

$$1 = \frac{E}{100}$$

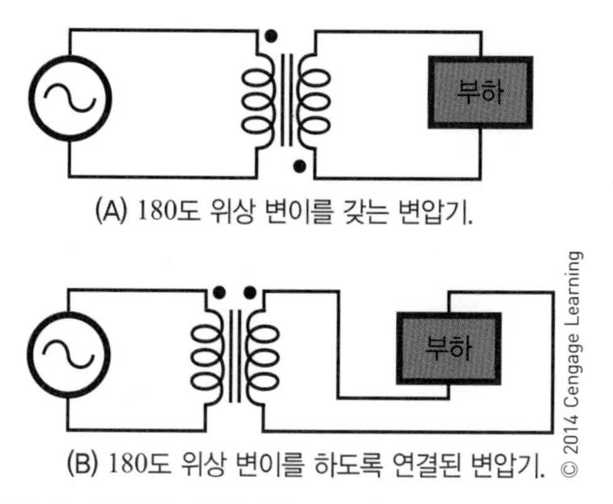

그림 14-5 변압기는 위상 변이를 발생하는 데 사용할 수 있다.

E = 100 V
E를 사용하여, 전력 손실을 구한다.
P = IE
P = (1)(100)
P = 100 W

변압기의 권선을 감는 방법에 따라 **위상 변이**(phase shift)가 결정된다. 1차 및 2차 권선을 같은 방향으로 감으면 입력 신호와 비교하여 출력 신호의 위상 변화는 없다. 만약 2차 권선을 1차 권선과 비교하여 반대 방향으로 감으면 출력 파형은 입력 파형에 비해 위상이 180도 이동한다. 위상 변이의 중요성을 그림에 나타냈다(그림 14-5).

참고 **위상은 부하에 연결되는 선을 바꾸면 간단하게 변화시킬 수 있다.**

직류 전압을 변압기에 인가하면 자계가 한 번 형성되고 나서 2차 측에는 아무런 현상이 나타나지 않는다. 변압기의 2차 측에 전압을 유도하려면 변화하는 전류가 필요하다. 변압기는 1차 측의 모든 직류 전압으로부터 2차 측을 분리시키는 데 사용할 수 있다(그림 14-6).

절연 변압기(insulation transformer)는 전자 장비를 시험하는 동안 교류 120 V, 60 Hz의 전원으로부터 전자 장비를 분리시키는 데 사용된다(그림 14-7). 이러한 변압기는 감전을 방지하기 위해 사용한다. 절연 변압기가 없으면 전원의 한 쪽 끝을 섀시에 연결한다. 만약 섀시를 캐비닛에서 분리하면 전기가 통하는 섀시는 감전 장해를 일으킨다. 이러한 상태는 전력선 코드를 양쪽 방향으로 모두 꽂을 수 있게 되어 변압기는 1차 및 2차 측 양쪽을 모두 접지시킬 수 없다. 절연 변압기는 전압을 승압 또는 강압시킬 수 없다.

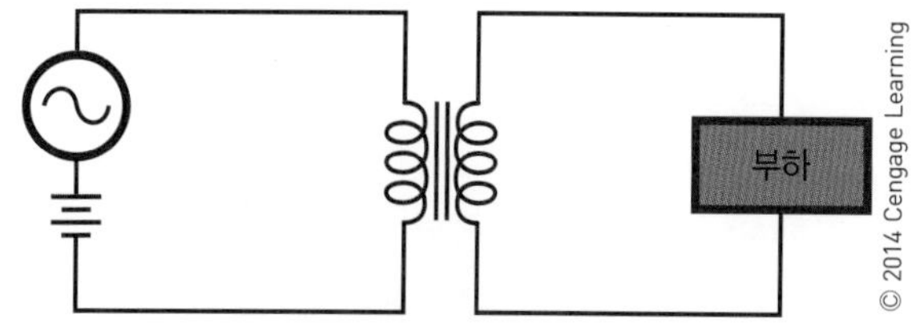

그림 14-6 변압기는 직류 전압을 차단하는 데 사용할 수 있다.

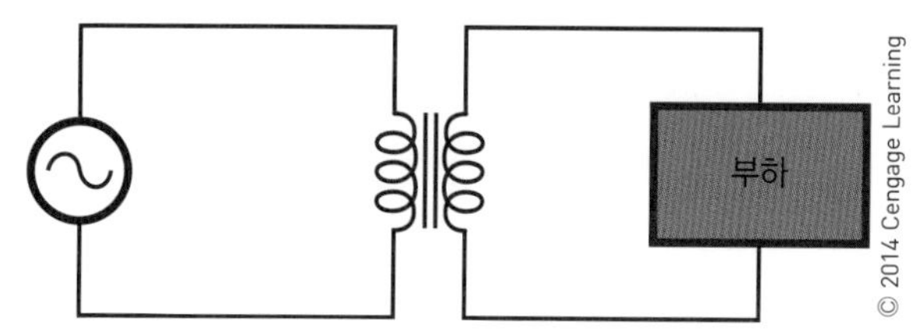

그림 14-7 절연 변압기는 접지를 통해 장비를 절연시켜 전기 감전을 예방하게 된다.

단권 변압기(autotransformer)는 전압을 승압 및 강압하기 위해 사용하는 장치이다. 이 변압기는 1차 권선과 2차 권선이 하나의 코어 위에 감겨진 특수한 형태의 변압기이다. 그림 14-8A는 강압용 단권 변압기를 보여준다. 2차 측이 적게 감겨졌기 때문에 전압은 전원 측보다 작다. 그림 14-8B는 승압용 단권 변압기를 보여준다. 2차 측이 1차 측보다 더 많이 감겨져 있기 때문에 전압은 승압한다. 단권 변압기의 단점은 2차 권선이 1차 권선으로부터 분리되지 않는다는 것이다. 반면에 단권 변압기의 장점은 저렴하고 일반 범용 변압기보다 제조가 쉽다는 것이다.

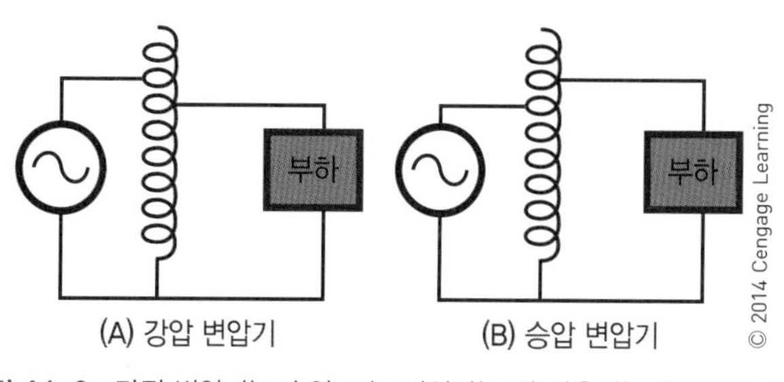

그림 14-8 단권 변압기는 승압 또는 강압하는 데 사용하는 변압기의 특별한 유형이다.

그림 14-9 가변 자동 변압기.

단권 변압기의 한 가지 특수한 형태는 가변 단권 변압기이다. 이것은 부하가 단권 변압기의 한쪽과 가동 암(movable arm)에 연결되어 있다(그림 14-9). 가동 암을 이동시키면 권수비가 변하게 됨에 따라 부하에 인가되는 전압이 변하게 된다. 출력 전압은 교류 0 V에서 130 V 사이에서 변하게 된다.

14-4 질문

1. 변압기의 응용에는 어떤 것들이 있는가?
2. 가정에 전력을 전송하는 데 변압기가 어떻게 사용되는가?
3. 변압기는 어떻게 입력 신호의 위상을 이동시키는가?
4. 전자 장비를 사용할 때 왜 절연 변압기가 중요한가?
5. 단권 변압기는 어디에 사용되는가?

요약

- 변압기는 1차 권선과 2차 권선의 두 개의 코일로 구성된다.
- 교류 전압이 1차 권선에 인가되면 2차 측 권선에 전압이 유도된다.
- 변압기는 한 회로에서 또 다른 회로에 교류 신호를 전송시킨다.
- 변압기는 승압 및 강압 그리고 변화 없는 신호를 전달한다.
- 변압기는 특정 주파수에서 동작하도록 설계되었다.
- 변압기의 정격은 볼트-암페어(VA)로 나타낸다.
- 철심 변압기에 사용되는 기호는 다음과 같다.

- 변압기의 권수비는 변압기가 승압, 강압 또는 전압의 변화 없이 사용하는지의 여부를 결정한다.

$$권수비 = \frac{N_S}{N_P}$$

- 1차 전압에 대한 2차 전압의 비는 1차 권선수에 대한 2차 권선수의 비와 같다.
- 2차 전압이 1차 전압보다 더 크게 발생되는 변압기를 승압 변압기라고 한다.
- 승압 변압기의 권수비는 항상 1보다 크다.
- 2차 전압이 1차 전압보다 더 작게 발생되는 변압기를 강압 변압기라고 한다.
- 강압 변압기의 권수비는 항상 1보다 작다.
- 승압 및 강압되는 전압은 권수비에 의해 결정된다.
- 변압기 응용 분야에는 임피던스 정합, 위상 변이, 절연, 직류차단 교류통과 및 전압이 다른 여러 가지 신호 발생이 있다.
- 절연 변압기는 신호의 변화 없이 통과시킨다.
- 절연 변압기는 전기 감전을 예방하기 위해 사용된다.
- 단권 변압기는 승압 또는 강압용으로 사용된다.
- 단권 변압기는 1차와 2차 측 절연이 없는 독특한 변압기이다.

연습 문제

1. 변압기의 2차 측에 어떻게 전압을 유도하는지 전자기 유도를 이용하여 설명하여라.
2. 변압기의 정격 용량을 나타내는 데 와트(W)가 아닌 볼트-암페어(VA)를 사용하는 이유는 무엇인가?
3. 2차 측에 부하가 없는 변압기와 2차 측에 부하를 갖는 변압기의 차이점은 무엇인가?
4. 변압기는 위상 변이를 어떻게 만드는가?
5. 변압기가 어떻게 직류 신호를 차단할 수 있는지 그 방법을 설명하여라.
6. 변압기의 인가 전압이 120 V이고, 2차 전압이 12 V일 때, 1차 권선이 400회라면 2차 권선수는 얼마인가?
7. 16 Ω의 전원에 4 Ω의 스피커를 정합하기 위해 필요한 임피던스 정합 변압기의 권수비는 얼마인가?
8. 주택 및 산업체에 전력을 전송하는 데 변압기가 왜 중요한지 그 이유를 설명하여라.
9. 절연 변압기는 어떻게 감전을 방지하는가?
10. 단권 변압기는 어디에 사용되는가?

3부

반도체 소자

15장

반도체의 기본
Semiconductor Fundamentals

학습 목표

이 장을 학습하면 다음을 할 수 있다.

- 반도체로 작용하는 재료를 설명할 수 있다.
- 공유 결합을 설명할 수 있다.
- N형 및 P형 반도체 재료를 만들기 위한 도핑 과정을 설명할 수 있다.
- 반도체 재료에서 도핑이 어떻게 전류를 흐르게 하는지를 설명할 수 있다.

반도체는 전자 장비의 기본 구성 요소이다. 일반적으로 사용되는 반도체에는 다이오드(정류하는 데 사용), 트랜지스터(증폭하는 데 사용) 그리고 집적회로(스위치 혹은 증폭하는 데 사용)가 있다. 반도체 소자의 1차 기능은 원하는 값으로 전압 또는 전류를 제어하는 것이다.

반도체의 장점은 다음과 같다.

- 크기와 무게가 작다.
- 저전압에서 전력 소비가 적다.
- 효율이 높다.
- 신뢰성이 높다.
- 위험한 환경에서 동작이 가능하다.
- 전원을 인가하면 즉시 동작한다.
- 대량 생산이 가능하다.

반도체의 단점은 다음과 같다.

- 온도 변화에 민감하다.
- 안정화를 위해 추가 구성 요소가 필요하다.
- 쉽게 손상된다(정격 전력 초과, 역방향 동작 전압 인가, 납땜할 때의 과도한 열에 의해).

15-1 게르마늄과 실리콘의 반도전성

반도체(semiconductor) 재료는 절연체와 도체 사이의 특성을 갖는다. 진성 반도체의 재료는 탄소(C), 게르마늄(Ge), 실리콘(Si)이다. 전자공학 응용에 적합한 재료는 게르마늄과 실리콘이다.

게르마늄(germanium)은 1886년에 발견된 부서지기 쉬운 회색 빛이 도는 흰색 원소이다. 이산화 게르마늄 분말은 어떤 종류의 석탄의 재로부터 회수하여 이 분말을 고체 형태의 순수한 게르마늄으로 환원시킨다.

실리콘(silicon)은 1823년에 발견되었다. 실리콘은 흰색 또는 무색의 화합물인 이산화 실리콘 형태로 지구 표면에 광범위하게 분포하고 있다. 이산화 실리콘(실리카)은 모래, 석영, 마노, 부싯돌에 많이 함유되어 있다. 이러한 이산화 실리콘은 고체 형태의 순수 실리콘으로 환원시킨다. 실리콘은 가장 널리 사용되는 반도체 재료이다.

순수한 **진성 물질**(intrinsic material)을 이용하려면 반도체 소자에 필요한 양질의 재료가 되도록 정제해야 한다.

1장에서 설명한 것처럼 원자의 중앙부에는 양성자와 중성자를 포함하는 원자핵이 있다. 양성자는 양(+) 전하를 가지고 있고 중성자는 전하를 가지고 있지 않다. 전자는 원자핵 주위의 궤도를 돌며 음전하를 갖는다. 그림 15-1은 실리콘 원자의 구조를 보여준다. 첫 번째 궤도는 두 개의 전자를, 두 번째 궤도는 여덟 개의 전자를, 그리고 바깥 궤도인 **가전자각**(valence shell)은 네 개의 전자를 가지고 있다. **원자가**(valence)는 전자를 얻거나 잃게 하는 원자의 능력을 나타내며 원자의 전기적 및 화학적 성질을 결정한다. 그림 15-2는 실리콘 원자의 가전자각에 네 개의 전자만 있는 실리콘 원자의 단순화한 그림을 보여준다.

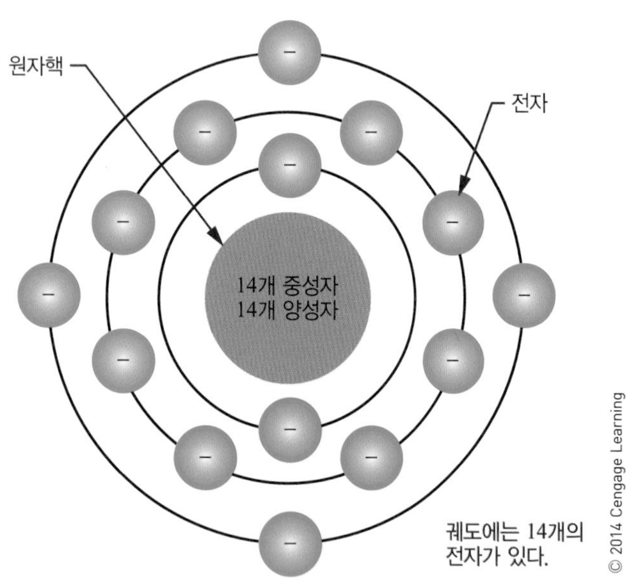

그림 15-1 실리콘의 원자 구조.

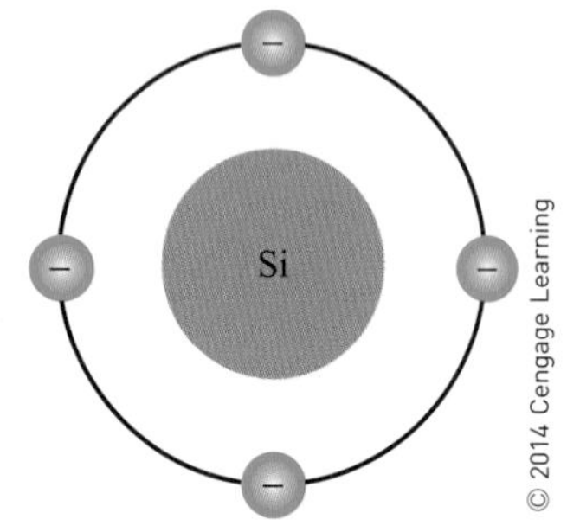

그림 15-2 가전자만을 나타낸 실리콘 원자.

가전자각을 완전히 채우기 위해 전자가 필요한 물질은 불안정한 상태이며 이를 활성 물질(active material)이라고 부른다. 활성 물질이 안정해지기 위해서는 가전자각에 전자들을 채워야 한다. 실리콘 원자는 **공유 결합**(covalent bonding)이라고 부르는 과정을 통해 다른 실리콘 원자와 그들의 가전자를 공유할 수 있다(그림 15-3). 공유 결합은 가전자를 공유함으로써 결정 구조를 형성한다.

이런 결정 구조 내의 각 원자는 자신의 전자 네 개와 다른 원자의 전자 네 개를 합쳐서, 총 여덟 개의 가전자를 갖는다. 이 공유 결합은 화학적으로 안정되어 있으므로 전기적인 활동을 하지 못한다.

순수 실리콘 결정은 상온에서 전도성이 약하여 부도체처럼 동작한다. 그러나 열에너지가 결정에 가해지면 일부 전자는 에너지를 흡수하여 더 높은 궤도로 이동하고, 공유 결합은 깨지며, 실리콘 결정은 전류가 흐를 수 있게 된다.

실리콘은 다른 반도체 재료와 같이 **부성 온도 계수**(negative temperature coefficient)를 가지고 있다. 때문에 실리콘의 온도가 증가하면 저항은 감소한다. 실리콘의 저항은 온도가 섭씨 6도 상승할 때마다 절반 값으로 감소한다.

실리콘과 마찬가지로 게르마늄도 가전자각에 네 개의

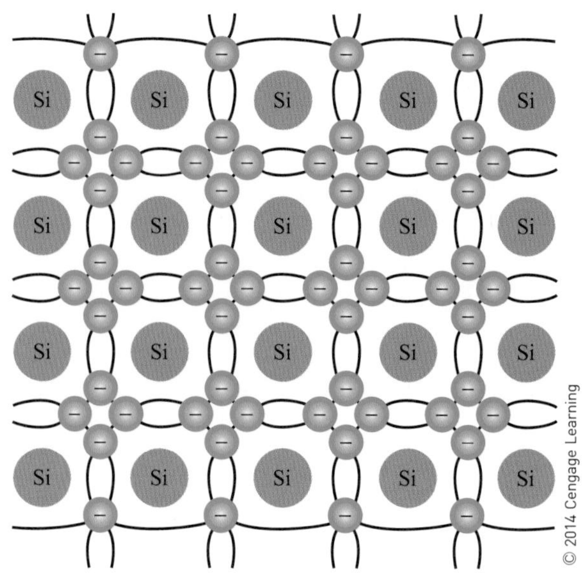

그림 15-3 공유 결합을 갖는 실리콘의 결정 구조.

전자를 가지고 결정 구조를 형성할 수 있다. 게르마늄의 저항은 온도가 섭씨 10도 상승할 때마다 절반으로 감소한다. 따라서 게르마늄은 실리콘보다 온도 변화에 대해 더 안정적이다. 그러나 게르마늄은 실리콘보다 전자를 방출하는 데 더 적은 열에너지가 필요하다. 상온에서 실리콘은 게르마늄보다 1,000배 이상의 저항을 갖는다.

열은 반도체에서 문제를 일으키는 잠재적 근원이고 제어하기 쉽지 않다. 따라서 좋은 회로 설계는 열 변화를 최소화하는 것이다. 이러한 저항 특성 때문에 대부분의 회로에서 게르마늄보다 실리콘을 더 선호한다. 그러나 일부 응용 시스템에서는 열에 민감한 소자들이 필요하다. 이러한 응용 시스템에는 게르마늄의 온도 계수가 장점이 될 수 있으므로 게르마늄이 사용된다.

초기의 모든 트랜지스터는 게르마늄으로 만들었다. 1954년까지 실리콘 트랜지스터는 만들어지지 않았다. 오늘날 실리콘은 대부분의 반도체 응용에 사용되고 있다.

15-1 질문

1. 반도체 재료는 무엇인가?
2. 다음 용어를 설명하여라.
   a. 공유 결합
   b. 부성 온도 계수
3. 왜 실리콘과 게르마늄은 반도체 물질로 여겨지는가?
4. 게르마늄보다 실리콘을 선호하는 이유는 무엇인가?
5. 반도체를 사용할 때 제어해야 하는 중요한 문제는 무엇인가?

15-2 순수 게르마늄과 실리콘의 전도성

반도체 재료의 전기적 동작은 온도에 크게 좌우된다. 매우 낮은 온도에서 가전자는 공유 결합에 의해 모원자에 단단히 붙잡혀있다. 이러한 가전자들은 이동할 수 없기 때문에 이 물질은 전류가 흐를 수 없다. 게르마늄과 실리콘 결정은 저온에서 부도체로 작용한다.

온도가 증가함에 따라 가전자는 불안정해진다. 이들 중 일부 전자들은 공유 결합을 깨고 한 원자에서 다른 원

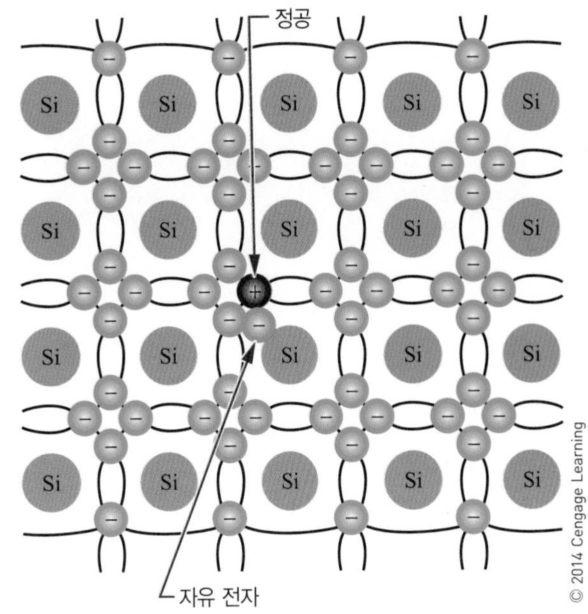

그림 15-4 정공은 전자의 공유 결합이 깨질 때 생성된다.

자로 불규칙적으로 이동하게 된다. 이러한 **자유 전자**(free electron)는 전압이 인가될 경우 소량의 전류가 흐르게 한다. 실온에서는 충분한 열에너지가 소수의 자유 전자를 생성하여 소량의 전류가 흐르게 한다. 온도가 증가하면 반도체 재료는 도체의 특성을 갖기 시작한다. 매우 높은 온도에서만 실리콘은 일반적인 도체처럼 동작된다. 대체로 일반적인 사용에서는 그렇게 높은 온도와 접하지 않는다.

전자가 공유 결합으로부터 떨어져 나가게 될 때 이전에 전자가 차지하고 있던 공간을 **정공**(hole)이라고 한다(그림 15-4). 2장에서 언급한 것과 같이 정공은 단순히 전자의 결핍을 나타낸다. 전자가 음전하를 갖고 있기 때문에 전자의 결핍자리는 음전하의 손실을 나타낸다. 따라서 정공은 양극(+)으로 충전된 입자의 특성을 가진다. 전자가 하나의 가전자각으로부터 정공을 가지고 있는 또 다른 가전자각으로 넘어가게 되면 그 자리에 정공을 남기게 된다. 이러한 활동이 계속되면 정공은 전자의 반대 방향으로 이동하는 것처럼 보인다.

각각 서로 대응하는 전자와 정공을 **전자-정공쌍**(electron–hole pair)이라고 부른다. 전자-정공쌍의 수는 온도 증가와 함께 증가한다. 상온에서는 소수의 전자-정공쌍이 존재한다.

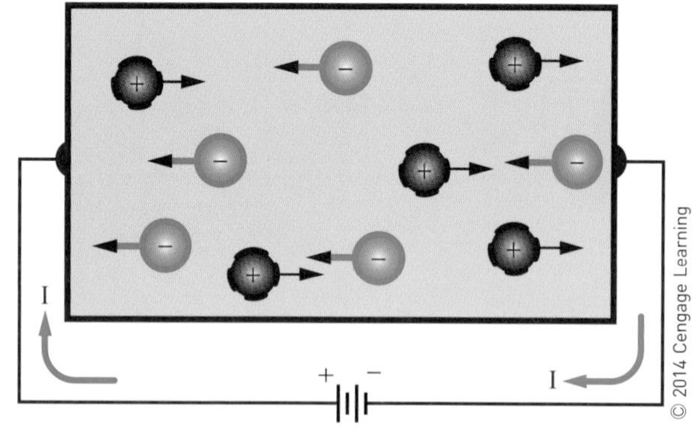

그림 15-5 순수 반도체 물질 내의 전류 흐름.

순수 반도체 물질은 전압이 인가되면 자유 전자들이 전압원의 양극 단자로 끌려간다(그림 15-5). 자유 전자의 이동에 의해 생성된 정공은 음극 단자를 향해 끌려가게 된다. 자유 전자들이 양극 단자로 흐르게 되면 같은 수의 음극 단자를 떠나는 전자들을 만들게 된다. 정공과 전자가 재결합함으로써 정공과 자유 전자의 존재는 모두 소멸된다.

복습해 보면, 정공은 전압원의 음극 단자를 향하여 지속적으로 이동한다. 전자는 항상 전압원의 양극 단자를 향하여 흐른다. 전자와 정공의 이동은 모두 반도체 내의 전류의 흐름을 형성한다. 전류의 양은 전자-정공쌍의 수에 의해 결정된다. 전류를 흘리는 능력은 물질의 온도와 함께 증가하게 된다.

15-2 질문

1. 순수 게르마늄은 어떻게 전류를 흐르게 할 수 있는가?
2. 전자가 반도체 물질을 통해 이동하는 과정을 설명하여라.
3. 순수 게르마늄에 전압이 인가되면 전자와 정공은 어떤 방향으로 이동하는가?
4. 정공과 전자가 재결합할 때 어떤 현상이 일어나는가?
5. 순수 반도체 물질에서 무엇이 전류의 양을 결정하는가?

15-3 도핑된 게르마늄과 실리콘의 전도성

순수 반도체는 주로 이론적인 관심사이다. 연구 개발에서는 순수 반도체 물질에 불순물(impurity)을 첨가하여

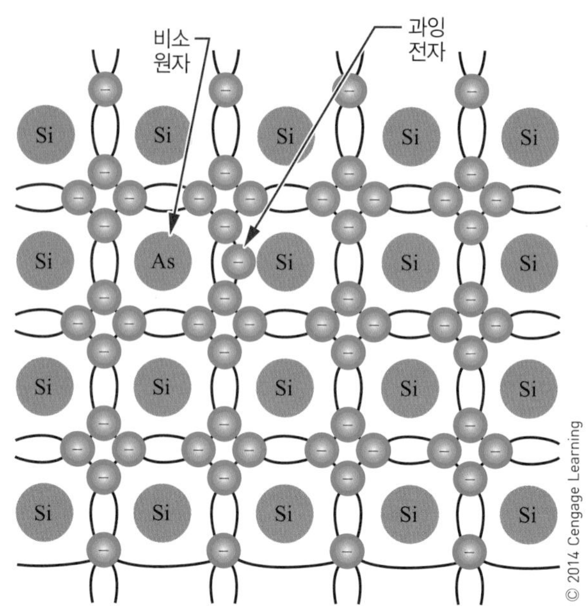

그림 15-6 비소 원자로 도핑된 실리콘 반도체 물질.

생기는 효과에 관심이 있다. 이러한 불순물들이 없다면 대부분의 반도체는 존재하지 않았을 것이다.

상온에서 게르마늄과 실리콘 같은 순수 반도체 물질은 소수의 전자-정공쌍을 유지한다. 이것은 아주 작은 전류의 전도를 의미한다. 전도도를 증가시키기 위해 도핑이라는 공정을 사용한다.

도핑(doping)은 반도체 물질에 불순물을 추가하는 공정이다. 이러한 도핑에는 두 가지 형태의 불순물이 사용된다. 첫 번째 형태로는 한 개의 원자에 다섯 개의 가전자를 가지고 있는 **5가물질**(pentavalent)이라고 하는 원소이다. 예로 비소와 안티몬이 있다. 또 다른 형태로는 한 개의 원자에 세 개의 가전자를 가지고 있는 **3가물질**(trivalent)의 원소이다. 예로 인듐과 갈륨이 있다.

순수 반도체 물질에 비소(As)와 같은 5가(또는 5족)물질을 도핑하면 순수 반도체 물질의 원자 중 일부는 비소 원자로 대체된다(그림 15-6). 비소 원자는 인접한 실리콘 원자와 공유 결합을 하여 가전자인 전자 네 개를 공유하게 되고, 비소 원자의 5번째 전자는 원자핵에 느슨하게 붙어 있어서 쉽게 자유 전자가 될 수 있다.

비소 원자는 과잉의 전자를 인접 원자에 제공하여 주기 때문에 **도너 원자**(donor atom)라고 부른다. 도핑된 반

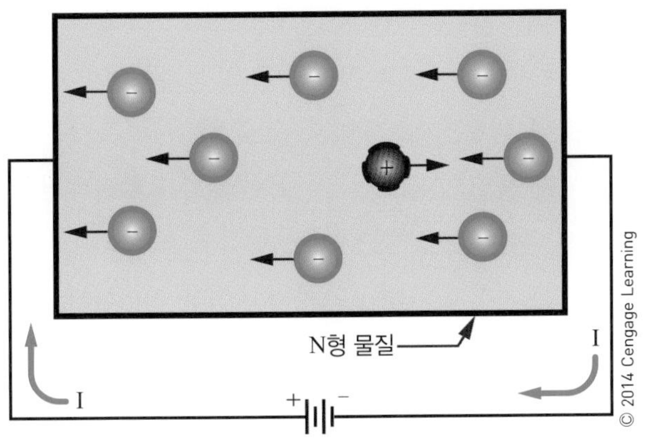

그림 15–7 N형 반도체 물질의 전류 흐름.

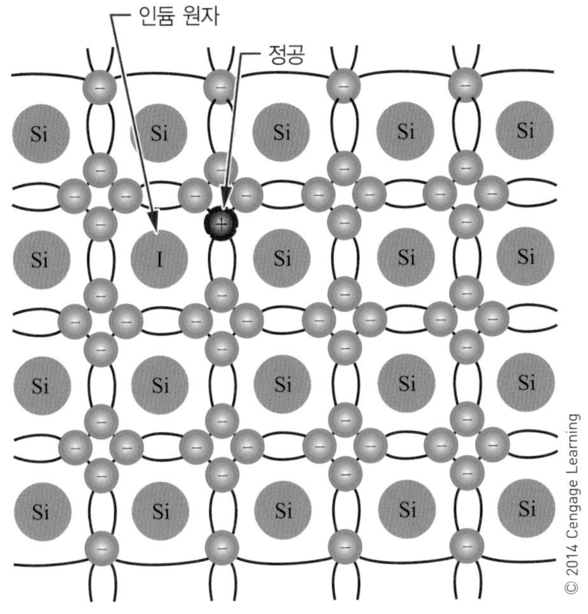

그림 15–8 인듐 원자로 도핑된 실리콘 반도체 물질.

도체 물질에는 많은 수의 도너 원자가 있다. 이것은 전류가 흐를 수 있게 하는 많은 자유 전자가 있다는 것을 의미한다.

상온에서 도핑된 자유 전자의 수는 전자-정공쌍의 수를 초과한다. 이것은 정공보다 더 많은 전자가 존재한다는 것을 의미한다. 따라서 전자를 **다수 캐리어**(majority carrier)라고 부른다. 정공은 **소수 캐리어**(minority carrier)이다. 음전하가 다수 캐리어이기 때문에 이 물질을 **N형 물질**(N–type material)이라고 부른다.

전압을 N형 물질에 인가하면(그림 15–7) 도너 원자에 의해 생성된 자유 전자는 양극 단자를 향하여 흐른다. 그 외의 전자는 원자의 공유 결합으로부터 벗어나 양극 단자를 향하여 흐른다. 공유 결합에서 벗어난 이동 자유 전자는 전자–정공쌍을 생성한다. 여기에 상응하는 정공은 음극 단자를 향하여 흐른다.

반도체 물질이 인듐(I)과 같은 3가(또는 3족)물질로 도핑되면 인듐 원자는 인접한 세 개의 원자들과 세 개의 가전자를 공유하게 된다(그림 15–8). 이는 공유 결합에서 정공을 만들게 된다.

결합에 참가하고 남은 여분의 정공은 전자들이 쉽게 하나의 공유 결합에서 다음 공유 결합으로 이동하게 해준다. 정공은 쉽게 전자를 받아들이기 때문에 이러한 여분의 정공을 만드는 원자를 **억셉터 원자**(acceptor atom)라고 부른다.

정상적인 조건하에서 이런 물질에서 정공의 수는 전자의 수를 크게 초과한다. 따라서 정공은 다수 캐리어이며 전자는 소수 캐리어가 된다. 양전하가 다수 캐리어이기 때문에 이 물질을 **P형 물질**(P–type material)이라고 부른다.

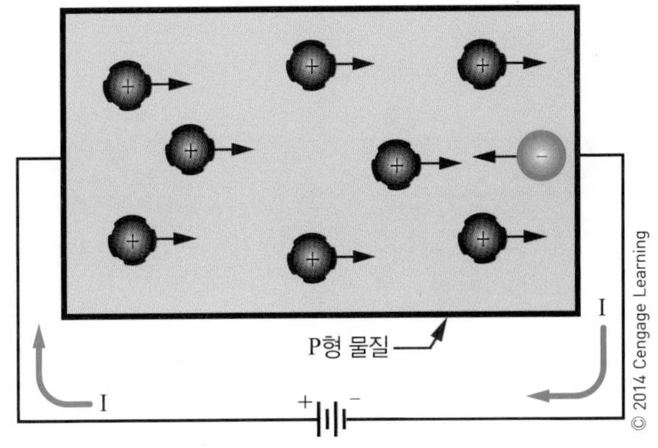

그림 15–9 P형 반도체 물질의 전류 흐름.

전압을 P형 반도체 물질에 인가하면 정공은 음극 단자를 향해 이동하며, 전자는 양극 단자 쪽으로 이동한다(그림 15–9). 정공은 억셉터 원자에 의해 만들어지기도 하지만 전자가 공유 결합을 끊고 나가 전자-정공쌍을 만든다.

N형과 P형 반도체 물질은 순수 반도체 물질보다 훨씬 더 높은 전도도를 가지게 된다. 이러한 전도성은 불순물을 첨가하거나 제거함으로써 증가시키거나 감소시킬 수 있

다. 반도체 물질에 불순물이 더 대량으로 많이 도핑될수록 전기 저항은 더 낮아진다.

15-3 질문

1. 반도체 물질의 도핑 공정을 설명하여라.
2. 도핑에 쓰이는 두 가지 불순물은 무엇인가?
3. 도핑했을 때 반도체 물질이 N형인지 P형인지를 결정하는 것은 무엇인가?
4. 도핑이 어떻게 반도체 물질에 전류가 흐르게 하는가?
5. 반도체 물질의 전도성을 무엇으로 결정하는가?

요약

- 반도체 물질은 부도체(절연체)와 도체 사이의 특성을 갖는 재료이다.
- 순수 반도체 물질에는 게르마늄(Ge), 실리콘(Si), 탄소(C)가 있다.
- 대부분의 반도체 소자로 실리콘이 사용된다.
- 원자가는 원자가 전자를 잃거나 얻게 되는 원자 고유의 특성을 가지고 있다.
- 반도체 물질은 반만 채워진 가전자각을 가진다.
- 결정은 원자가 공유 결합을 통해 가전자들을 서로 공유함으로써 형성된다.
- 반도체 물질은 온도 상승에 따라 저항이 감소되는 부성 온도 계수를 갖는다.
- 열은 전자가 반도체 물질의 공유 결합을 깨뜨리게 함으로써 문제를 야기한다.
- 반도체 물질은 온도가 증가하면 전자들은 하나의 원자에서 다른 원자로 이동한다.
- 정공은 가전자각 내에 전자가 없음을 의미한다.
- 순수 반도체 물질에 전압을 인가하여 전위차가 생기면 전자는 양극 단자로, 정공은 음극 단자로 향하는 흐름을 만든다.
- 반도체 물질에서 전류의 흐름은 전자의 흐름과 정공의 이동으로 구성된다.
- 도핑은 반도체 물질에 불순물을 추가하는 공정이다.
- 5가(또는 5족)물질은 다섯 개의 가전자를 갖는 원자이며, N형 물질을 만들기 위해 사용된다.
- 3가(또는 3족)물질은 세 개의 가전자를 갖는 원자이며, P형 물질을 만들기 위해 사용된다.
- N형 물질에서 전자는 다수 캐리어이며, 정공은 소수 캐리어이다.
- P형 물질에서 정공은 다수 캐리어이며, 전자는 소수 캐리어이다.
- N형과 P형 반도체 물질은 순수 반도체 물질보다 훨씬 더 높은 전도도를 가진다.

연습 문제

1. 실리콘을 게르마늄보다 더 선호하는 이유는 무엇인가?
2. 부성 온도 계수에 의해 무슨 일이 일어나는가?
3. 반도체 물질을 형성할 때 공유 결합이 왜 중요한가?
4. 상온에서 순수 실리콘을 통해 전자가 이동하는 방법을 설명하여라.
5. 게르마늄의 온도 계수는 언제 장점으로 작용할 수 있는가?
6. 반도체 물질에서 전류는 어떻게 흐르는가?
7. 순수 실리콘 물질을 N형 물질로 변환하는 공정을 설명하여라.
8. N형 물질을 어떻게 정의하는가?
9. 전압이 인가될 때 N형 반도체 물질은 어떤 현상이 발생하는지를 설명하여라.
10. 도핑된 반도체 물질은 순수 반도체 물질과 비교해 전도성이 높은가 아니면 낮은가?
11. 반도체 물질의 전도성은 어떻게 증가시킬 수 있는가?

16장

PN 접합 다이오드

P–N Junction Diodes

학습 목표

이 장을 학습하면 다음을 할 수 있다.

- 접합 다이오드는 무엇이고 어떻게 만들어지는지를 설명할 수 있다.
- 공핍 영역과 장벽 전압을 정의할 수 있다.
- 다이오드의 순방향 바이어스와 역방향 바이어스의 차이를 설명할 수 있다.
- 다이오드에 대한 기호를 표시하고 그릴 수 있다.
- 다이오드의 세 가지 제조기술을 설명할 수 있다.
- 가장 일반적인 다이오드 패키지를 확인할 수 있다.
- 저항계를 사용하여 다이오드를 검사할 수 있다.

다이오드는 가장 간단한 형태의 반도체이다. 이러한 다이오드는 한 방향으로만 전류를 흐르게 한다. 다이오드를 학습함으로써 얻게 되는 반도체에 대한 지식은 다른 종류의 반도체 소자에도 적용된다.

16-1 PN 접합

순수한 진성 반도체 물질에 5가물질 또는 3가물질로 도핑하면 도핑된 물질은 다수 캐리어에 따라 N형 또는 P형 반도체라고 부른다. 각 유형의 전하는 각 원자의 양성자와 전자의 수가 동등하기 때문에 중성 상태가 된다.

전자들이 자유롭게 이동하기 때문에 반도체 물질의 각 유형에는 독립적인 전하가 존재하게 된다. 이동하는 전자와 정공들을 **이동전하**(mobile charge)라고 한다. 이동전하와 더불어 전자를 얻어 양성자보다 전자가 더 많은 각 원자는 음전하로 간주된다. 마찬가지로 전자를 잃은 각 원자는 전자보다 더 많은 양성자를 가지기 때문에 양전하로 간주된다. 1장에서 설명한 것처럼, 이러한 전기를 띤 원자들을 음이온 혹은 양이온이라 부른다. N형 및 P형 반도체 물질은 항상 같은 수의 이동전하 및 이온들을 갖게 된다.

다이오드(diode)는 N형 물질과 P형 물질을 함께 접합시켜서 만든다(그림 16–1). 이 물질들을 서로 접촉시킴으로써 하나의 접합이 형성된다. 이러한 소자를 **접합 다이오드**(junction diode)라고 한다.

접합이 형성되면 접합부 인근의 이동전하는 강하게 반대쪽으로 끌려가서 접합부를 향하여 흘러간다. 전하가 축적됨에 따라 이러한 활동은 증가한다. 그중의 일부 전자는 접합부를 넘어서 P형 물질의 접합부 인근에 있는 정공을

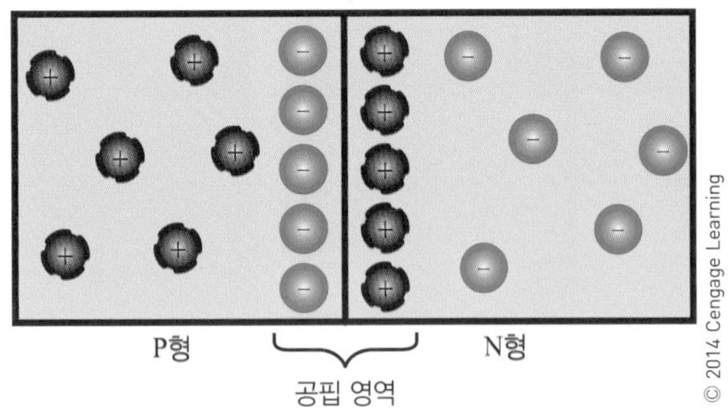

그림 16–1 PN 접합을 형성하기 위해 P형 및 N형 반도체를 접합해서 만들어진 다이오드.

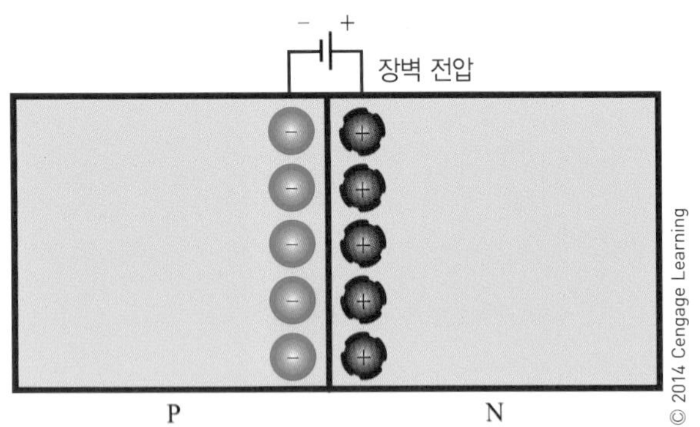

그림 16–2 PN 접합 양단에 존재하는 장벽 전압.

채운다. N형 물질에서는 접합부 인근에서 전자가 고갈된다. 이와 같이 전자와 정공이 고갈되는 접합부 인근의 영역을 **공핍 영역**(depletion region)이라 부른다. 이 영역은 접합부 양쪽에 있으며 거리가 짧다.

공핍 영역에는 다수 캐리어가 없다. 그리고 N형과 P형 반도체는 더 이상 전기적으로 중성이 아니다. 접합부 부근의 N형 물질에는 양전하를, P형 물질에는 음전하를 띠게 된다.

공핍 영역은 더 이상 커지지 않는다. 결합 활동이 급속히 줄어들어 공핍 영역이 작아진다. 크기는 접합 양쪽에 형성된 반대 전하에 의해 제한을 받는다. 음전하는 전자를 반발하여 전자가 접합을 넘지 못하게 한다. 양전하는 자유전자를 흡수하여 이들을 공핍 영역 뒤쪽에 머물게 한다.

이러한 각 양단의 반대 전하들은 **장벽 전압**(barrier voltage)이라 불리는 전위를 생성한다. 장벽 전압은 PN 접합 양단에 걸쳐 존재하더라도 외부 전압원으로 간주될 수 있다(그림 16–2).

장벽 전압은 수십 분의 일 볼트로 아주 작다. 일반적으로 장벽 전압은 게르마늄 PN 접합에서는 0.3 V, 그리고 실리콘 PN 접합에서는 0.7 V가 된다.

외부 전압원을 인가하면 이 전압은 분명해진다.

16-1 질문

1. 다음 용어를 설명하여라.
   a. 도너 원자
   b. 억셉터 원자
   c. 다이오드
2. N형 물체가 P형 물체와 결합될 때 어떤 현상이 일어나는가?
3. 공핍 영역은 어떻게 형성되는가?
4. 장벽 전압이란 무엇인가?
5. 게르마늄 다이오드와 실리콘 다이오드의 일반적인 장벽 전압은 얼마인가?

16-2 다이오드의 바이어스

다이오드에 전압을 인가할 때 이 전압을 **바이어스 전압**(bias voltage)이라고 한다. 그림 16–3은 전압원에 연결된 PN 접합 다이오드를 보여준다. 안전한 값으로 전류를 제한하기 위해 다이오드에는 저항이 추가된다.

그림에 나타낸 회로에서 전압원의 음극 단자는 N형 물질에 연결되어 있다. 이렇게 하면 전자들은 음극에서 밀려나가 PN 접합을 향하여 가게 된다. 접합의 P 영역 위에 축적된 자유 전자들은 양극 단자로 끌려간다. 이러한 작용은 P 영역에 있는 음전하를 상쇄시켜서 장벽 전압이 없어지게 되어 전류가 흐르게 된다. 외부에서 인가된 전압이 장벽 전압보다 크게 되는 경우에 전류가 흐르게 된다.

전압원은 N형 물질을 통해서 그 안에 포함된 자유 전자들을 끊임없이 흐르게 한다. P형 물질의 정공도 접합부를 향해 이동한다. 정공과 전자는 접합부에서 결합하여 서로 소거하는 것처럼 보인다. 그러나 전자와 정공이 결합할 때 새로운 전자와 정공이 전압원의 전극에 나타나게 된다.

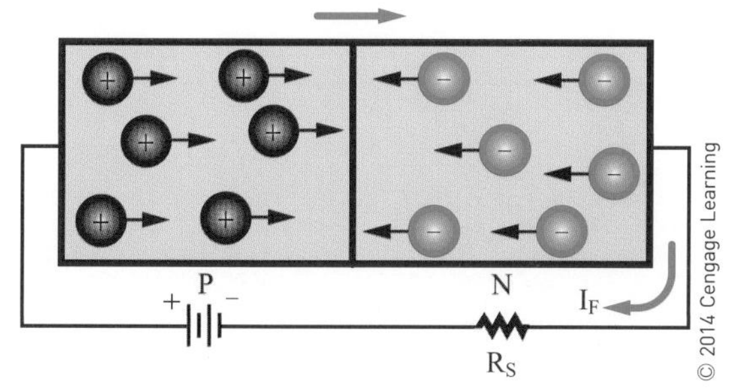

그림 16–3 순방향 바이어스로 접속된 PN 접합 다이오드.

따라서 외부 전압원이 가해지는 동안 다수 캐리어는 PN 접합을 향하여 계속 이동하게 된다.

전자는 다이오드의 P측을 통해 흐르며 전압원의 양극으로 끌려간다. 전자가 P형 물질을 떠날 때 정공이 만들어져 PN 접합으로 이동하여 그곳에서 다른 전자와 결합한다. 이와 같이 다이오드에 P형 물체로부터 N형 물체로 전류가 흐르면, 이 다이오드는 **순방향 바이어스**(forward bias)되었다고 부른다.

다이오드가 순방향 바이어스 되었을 때 흐르는 전류는 P형 및 N형 물질의 전기 저항과 회로의 외부 저항에 의해 제한을 받는다. 다이오드의 저항은 작다. 따라서 외부 전압이 직접 다이오드에 인가되면 순방향 바이어스 다이오드에는 큰 전류가 흐르게 된다. 이러한 큰 전류는 다이오드가 손상될 수 있는 충분한 열이 발생할 수 있다. 이런 순방향의 큰 전류를 제한하기 위해서 외부 저항을 다이오드와 직렬로 연결해야 한다.

외부 전압이 장벽 전압보다 크고 적절하게 연결되었을 때, 다이오드는 순방향으로 전류가 흐른다. 게르마늄 다이오드는 0.3 V의 최소 순방향 바이어스가 필요하며, 실리콘 다이오드는 0.7 V의 최소 순방향 바이어스가 필요하다.

일단 다이오드가 동작되면 전압강하가 발생한다. 이러한 전압강하는 장벽 전압과 같으며 **순방향 전압강하**(forward voltage drop, E_F)라고 부른다. 게르마늄 다이오드의 전압강하는 0.3 V, 실리콘 다이오드는 0.7 V이다. 순방향 전류(I_F)의 전체 크기는 외부 전압(E), 순방향 전압강하(E_F) 그리고 외부 저항(R)의 함수이다. 이러한 관계는 옴의 법칙을 사용하여 다음 식과 같이 표시할 수 있다.

$$I = \frac{E}{R}$$

$$I_F = \frac{E - E_F}{R}$$

예제 **어떤 실리콘 다이오드가 150 Ω의 외부 저항에 12 V의 바이어스 전압에 연결되어 있다. 총 순방향 전류는 얼마인가?**

제시 값	풀이
$I_F = ?$	$I_F = \frac{E - E_F}{R}$
$E = 12\ V$	
$R = 150\ \Omega$	$I_F = \frac{12 - 0.7}{150}$
$E_F = 0.7\ V$	$I_F = 0.075\ A$ 또는 75 mA

순방향 바이어스된 다이오드는 외부 전압의 음극 단자에는 N형 물체가 연결되며, 양극 단자에는 P형 물체가 연결된다. 이러한 단자가 반대로 연결되면 다이오드는 동작되지 않으며, 이때 다이오드는 **역방향 바이어스**(reverse bias)로 연결되어 있다고 한다(그림 16–4). 이러한 구성에서 N형 물체 내의 자유 전자는 외부 전원의 양극 단자 쪽으로 끌려간다. 이는 PN 접합의 영역에서 양이온의 수를 증가시키며, 접합의 N측 공핍 영역의 폭을 증가시킨다. 또한 전자들도 전압원의 음극 단자를 떠나 P형 물질로 들어간다. 이러한 전자들은 접합부 P측의 공핍 영역의 폭을 증가시키는 음극 단자를 향해 이동하는 정공들을 만들면서 PN 접합부 근처에 있는 정공들을 채우게 된다. 이러한 전반적인 효과는 바이어스를 인가하지 않았을 때와 순방향 바이어스 인가 때 보다도 공핍 영역을 더 넓게 만든다.

역방향 바이어스 전압은 장벽 전압을 증가시킨다. 장

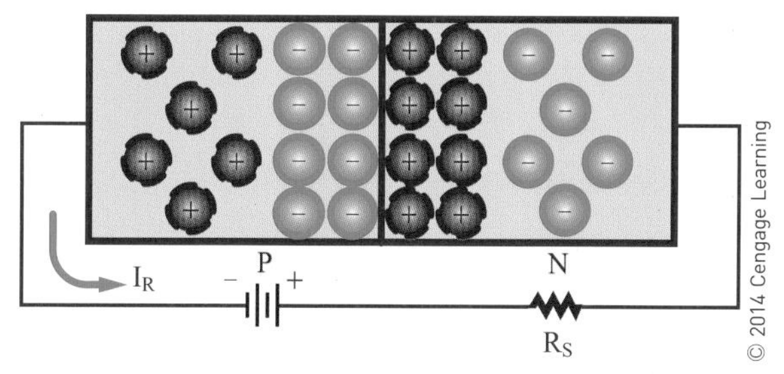

그림 16–4 역방향 바이어스로 접속된 PN 접합 다이오드.

벽 전압이 외부 전압원과 같아지면 정공과 전자는 전류가 흐르지 못하게 한다. 역방향 바이어스가 인가되면 작은 전류가 흐른다. 이러한 누설 전류는 소수 캐리어로 인해 발생되며 **역방향 전류**(reverse current, I_R)라고 부른다. 상온에서 소수 캐리어는 극소수에 불과하다. 온도가 증가함에 따라 더 많은 전자-정공쌍이 만들어진다. 이는 다수 캐리어의 수와 누설 전류를 증가시킨다.

모든 PN 접합 다이오드는 작은 누설 전류를 발생한다. 게르마늄 다이오드의 누설 전류는 마이크로 암페어 단위이고, 실리콘 다이오드는 나노 암페어 단위로 측정된다. 게르마늄이 온도에 더 민감하기 때문에 누설 전류값이 더 크다. 이러한 게르마늄의 단점은 작은 장벽 전압으로 인해 상쇄된다.

요약하면 PN 접합 다이오드는 단방향 소자로 순방향으로 바이어스될 때 전류가 흐른다. 역방향 바이어스일 때는 작은 누설 전류만 흐른다. 이것은 다이오드를 정류기로 사용할 수 있는 특성이 된다. 정류기는 교류 전압을 직류 전압으로 변환한다.

16-2 질문

1. 바이어스 전압이란 무엇인가?
2. PN 접합 다이오드를 통하여 전류가 흐르도록 하는 데 필요한 최소 전압은 무엇인가?
3. 어떤 게르마늄 다이오드가 9 V 외부 바이어스 전압과 180 Ω의 외부 저항에 연결되어 있을 때, 전체 순방향 전류는 얼마인가?
4. 순방향 바이어스와 역방향 바이어스의 차이는 무엇인가?
5. PN 접합 다이오드에서 누설 전류란 무엇인가?

16-3 다이오드의 특성

게르마늄과 실리콘 다이오드는 과도한 열과 역전압에 의해 손상될 수 있다. 제조 업체에서는 안전하게 취급할 수 있도록 **최대 순방향 전류**(I_F max)를 명시한다. 제조 업체는 또한 최대 안전 역방향 전압인 **최대 역전압**(peak inverse voltage, PIV)도 명시한다. PIV를 초과하는 경우

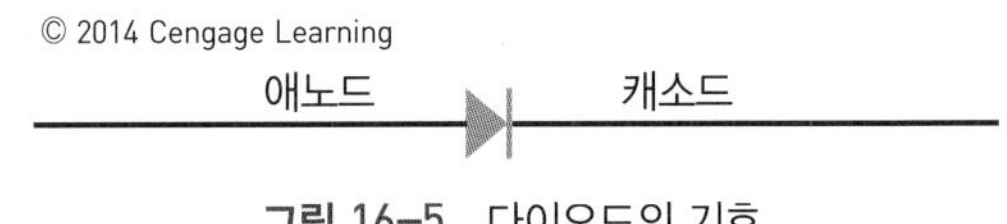

그림 16-5 다이오드의 기호.

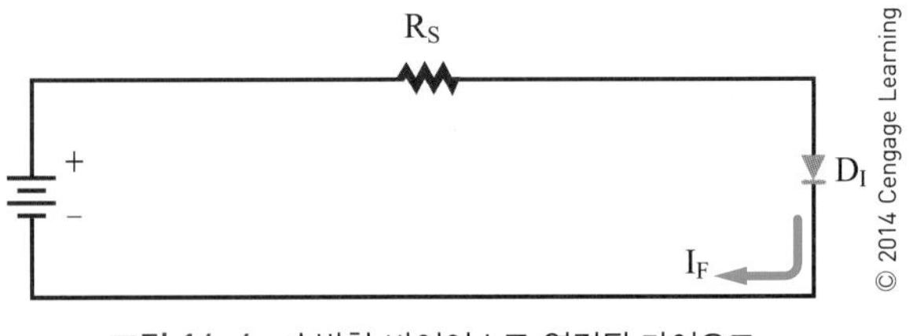

그림 16-6 순방향 바이어스로 연결된 다이오드.

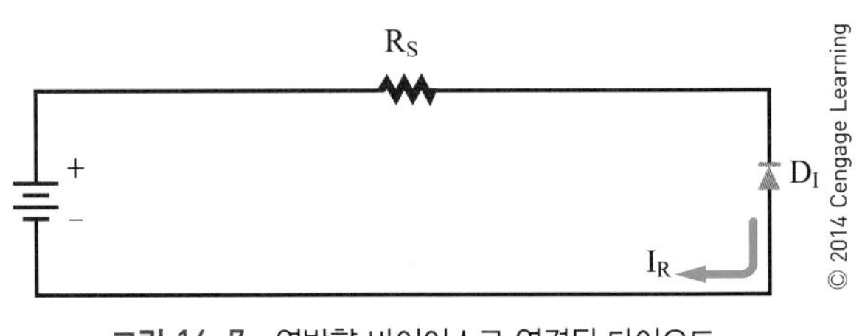

그림 16-7 역방향 바이어스로 연결된 다이오드.

큰 역방향 전류가 흐르고 과도한 열이 발생하며 다이오드에 손상을 주게 된다.

상온에서의 역방향 전류는 작다. 온도가 증가하면 역방향 전류가 증가하고 다이오드의 정상적인 동작을 방해한다. 게르마늄 다이오드는 역방향 전류가 실리콘 다이오드보다 더 크며, 온도가 섭씨 10도 증가할 때마다 대략 두 배 정도로 증가한다.

다이오드의 기호를 그림 16-5에 나타냈다. P영역은 화살표, N영역은 막대로 표시된다. 순방향 전류는 P영역에서 N영역으로 흐른다(화살표 방향). N영역을 **캐소드**(cathode)라고 하며, P영역을 **애노드**(anode)라고 한다. 캐소드는 전자를 공급하고 애노드는 전자를 받는다.

그림 16-6은 순방향 바이어스 다이오드를 보여준다. 음극 단자는 캐소드에 연결되며 양극 단자는 애노드에 연결된다. 이러한 구성은 순방향 전류를 흐르게 한다. 순방향 전류를 안전한 값으로 제한하기 위하여 저항(R_s)을 회로에 직렬로 연결한다.

그림 16-7은 역방향 바이어스로 연결된 다이오드를 보여준다. 음극 단자는 애노드에 연결되고, 양극 단자는

캐소드에 연결된다. 역방향 바이어스에서는 작은 역방향 전류(I_R)가 흐른다.

16-3 질문

1. 게르마늄이나 실리콘 다이오드에서 역방향 전류는 어떤 문제를 일으키는가?
2. 다이오드에 대한 기호를 그리고, 명칭을 기록하여라.
3. 순방향 바이어스 다이오드를 포함한 회로를 그려라.
4. 역방향 바이어스 다이오드를 포함한 회로를 그려라.
5. 왜 순방향 바이어스된 다이오드에 저항을 직렬로 연결하는가?

16-4 다이오드의 제조 기술

다이오드의 PN 접합은 성장 접합, 합금 접합 또는 확산 접합의 세 가지 형태 중 한 가지로 제조된다. 이들 각각의 제조 방법은 서로 다르다.

초기에 사용했던 성장 접합 방법은 진성 반도체 물질과 P형 불순물을 석영 용기에 넣고 용융될 때까지 열을 가한다. 그리고 다음에 **종자**(seed)라고 부르는 작은 반도체 결정을 용융액 속에 떨어뜨린다. 종자 결정을 서서히 회전시키면서 용융액이 종자에 달라붙도록 용융액으로부터 서서히 끌어 올린다. 종자 결정에 달라붙어 성장된 용융액은 냉각과 복원되면서 종자와 같은 결정 특성을 보이게 된다. 종자 결정을 빼내면서 N형과 P형 불순물을 번갈아 도핑시킨다. 도핑은 순수 반도체 결정에 불순물을 첨가하는 과정으로 자유 전자 또는 정공의 수를 증가시킨다. 이러한 도핑은 성장할 때 결정 내에 N형 및 P형 층을 형성한다. 이렇게 만들어진 결정은 PN 영역으로 얇게 자른다.

합금 접합 방법으로 반도체를 제조하는 것은 매우 간단하다. 인듐 등 3가(또는 3족)물질의 작은 펠릿(pellet)을 N형 반도체 결정 위에 배치한다. 펠릿이 용해되고 부분적으로 반도체 결정이 용해될 때까지 펠릿과 결정을 가열한다. 두 물질이 결합된 영역은 P형 물질을 형성한다. 열을 제거하면 물질은 재결정화 되며, 고체 PN 접합이 형성된다.

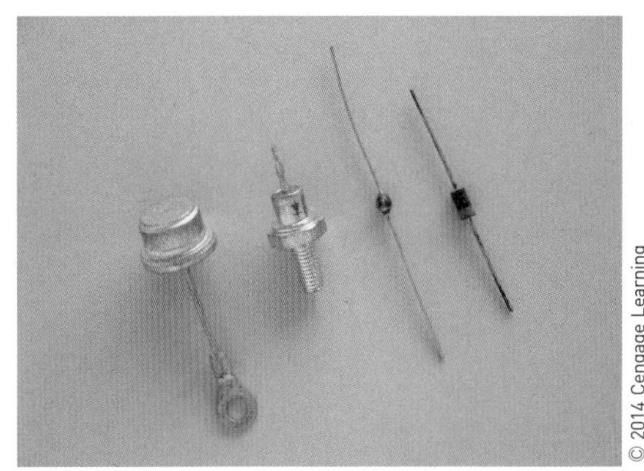

그림 16-8 일반적인 다이오드 패키지.

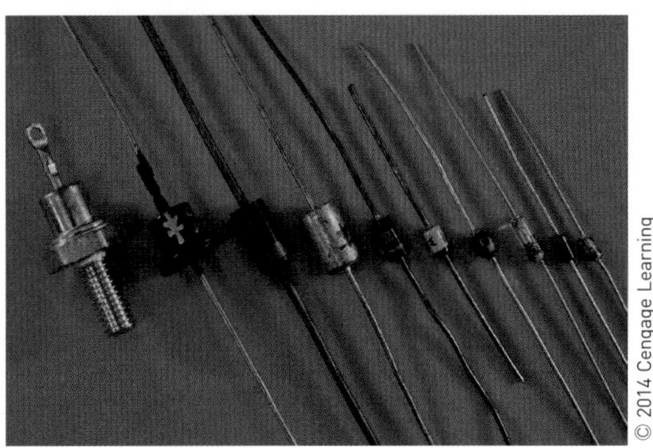

그림 16-9 다이오드용 패키지.

확산 접합 방법은 현재 가장 많이 사용하는 방법이다. 마스크를 웨이퍼(wafer)라고 하는 얇은 N형 또는 P형 반도체 물질 위에 놓는다. 다음에 웨이퍼를 오븐 안에 놓고 기체 상태의 불순물에 노출시킨다. 매우 높은 온도에서 불순물 원자는 웨이퍼의 노출된 표면을 통해 침투와 확산을 한다. 확산의 깊이는 노출의 길이와 온도에 의해 제어된다.

PN 접합이 형성되면 다이오드는 기계적인 충격과 외부 환경으로부터 보호하기 위해 패키지(package)를 해야 한다. 패키지도 다이오드를 회로에 접속할 수 있도록 해야 한다. 패키지 방식은 다이오드의 응용 목적에 따라 결정된다(그림 16-8). 큰 전류가 다이오드를 통해 흐른다면 패키지는 과열로부터 접합 상태를 유지하도록 설계되어야 한다. 그림 16-9는 3 A이하 정격의 다이오드에 대한 패키지를 보여준다. 캐소드는 그 끝에 흑색, 흰색 또는 은색의 띠를 둘러서 표시한다.

16-4 질문

1. 다이오드 제조 방법 세 가지는 무엇인가?
2. 다이오드 제조 방법 중에서 다른 방법보다 선호되는 방법은 무엇인가?
3. 네 가지의 일반적인 다이오드 패키지를 그려라.
4. 정격이 3 A 이하의 다이오드 패키지에서 캐소드는 어떻게 표시하는가?
5. 다이오드를 제조한 이후 패키지를 하는 이유는 무엇인가?

16-5 PN 접합 다이오드의 검사

저항계를 이용하여 순방향 저항과 역방향 저항의 비를 측정하여 다이오드를 검사할 수 있다. 저항의 비는 한 방향으로 전류를 통과시키고 다른 방향으로는 전류를 차단하는 다이오드의 특성을 나타낸다.

게르마늄 다이오드는 순방향 저항이 수백 Ω으로 낮고, 반대로 역방향 저항은 100,000 Ω 이상으로 큰 값을 갖는다. 실리콘 다이오드는 게르마늄보다 순방향 저항과 역방향 저항이 모두 높다. 다이오드를 저항계로 검사할 때 순방향 저항은 낮고 역방향 저항은 높은 값을 보여야 한다.

주의 **일부 저항계는 높은 전압의 배터리를 사용하므로 PN 접합을 파괴할 수도 있다.**

저항계 단자의 극성은 저항계의 리드에 나타낸다. 적색은 양(+), 흑색은 음(−) 또는 공통(com)이다. 저항계의 양(+)의 리드를 다이오드의 애노드에 연결하고, 음(−)의 리드는 캐소드에 연결하는 경우 다이오드는 순방향 바이어스가 된다. 이렇게 연결되면 전류는 다이오드를 통과해서 흐르며 계기는 낮은 저항값을 표시한다. 계기의 리드를 반대로 연결하는 경우에 다이오드는 역방향 바이어스가 된다. 이때 적은 양의 전류가 흘러야 하고, 계기는 높은 저항값을 나타내게 된다.

다이오드의 저항이 순방향과 역방향 저항값이 모두 낮으면 이것은 단락된 것이다. 반면에 다이오드의 순방향과 역방향 둘 다 높은 저항값을 보이면 이것은 단선된 것이다. 대부분의 저항계는 다이오드를 정확하게 검사할 수 있도록 제조되고 있다.

참고 **고장 수리에 사용되는 일부 저항계는 개방 회로 리드 전압이 0.3 V 이하이다. 이러한 계기로는 다이오드의 순방향 저항을 측정하는 데 사용할 수 없다.**

순방향 전압은 다이오드의 장벽 전압(실리콘은 0.7 V, 게르마늄은 0.3 V)보다 커야 도통된다.

저항계는 표시가 없는 다이오드의 캐소드(음극)와 애노드(양극)를 확인하는 데 사용할 수 있다. 저항계의 저항값이 낮으면, 양극 리드에는 애노드(양극)가 연결되고 음극 리드에는 캐소드(음극)가 연결된 것이다.

16-5 질문

1. 저항계로 어떻게 다이오드를 검사하는가?
2. 저항계로 다이오드를 검사할 때 조심해야 하는 것은 무엇인가?
3. 다이오드가 단락되면 저항계는 어떻게 표시되는가?
4. 다이오드가 단선되면 저항계는 어떻게 표시되는가?
5. 저항계를 사용하여 어떻게 표시가 없는 다이오드의 음극(캐소드) 끝을 확인할 수 있는가?

요약

- 접합 다이오드는 N형 물질과 P형 물질을 함께 접합해서 만들어진다.
- 접합 근처 영역을 공핍 영역이라고 한다. 전자들은 N형에서 P형으로 넘어가므로 접합 근처에서 전자와 정공은 모두 공핍된다.
- 공핍 영역의 크기는 접합 양쪽의 전하에 의해 제한된다.
- 접합에서 전하는 장벽 전압이라고 부르는 전압을 만든다.
- 장벽 전압은 게르마늄에서는 0.3 V, 실리콘에서는 0.7 V이다.
- 외부 전압이 장벽 전압보다 큰 경우에만 다이오드를 통해 전류가 흐른다.

- 순방향으로 바이어스된 다이오드는 전류를 흐르게 한다. P형 물질에는 양극 단자가 연결되고 N형 물질에는 음극 단자가 연결된다.
- 다이오드가 역방향 바이어스가 되면 미소한 누설 전류만 흐른다.
- 다이오드는 단일방향 소자이다.
- 제조 업체는 다이오드의 최대 순방향 전류 및 역방향 전압(PIV)을 명기한다.
- 다이오드의 회로 기호는 다음과 같다.

- 다이오드의 캐소드(음극)는 N형 물질이며, 애노드(양극)는 P형 물질이다.
- 다이오드의 제조 방법에는 성장 접합, 합금 접합 및 확산 접합 방법이 있다.
- 확산 접합 방법은 가장 흔하게 사용되는 방법이다.
- 3 A 이하의 다이오드 패키지는 캐소드(음극) 끝은 흑색, 흰색 또는 은색 띠로 나타낸다.
- 다이오드는 저항계로 역방향 저항값과 순방향 저항값을 비교하여 검사할 수 있다.
- 다이오드가 순방향으로 바이어스되면 저항값은 작다.
- 다이오드가 역방향으로 바이어스되면 저항값은 크다.

연습 문제

1. PN 접합 다이오드는 무슨 일을 하는가?
2. 실리콘 PN 접합 다이오드가 어떤 조건하에서 도통하는가?
3. PN 접합 다이오드의 순방향 및 역방향 바이어스의 예를 그려라(회로 기호를 사용할 것).
4. 다이오드를 제조하는 과정을 설명하여라.
5. 공핍 영역에서 다수 캐리어는 무엇인가?
6. 다이오드에서 무엇이 외부 전압으로 표시되는가?
7. 왜 다이오드를 전원에 연결할 때 외부 저항을 연결하여야 하는가?
8. 실리콘 다이오드가 도통하는 데 인가되는 전압은 몇 V인가?
9. 실리콘 다이오드에 12 V가 연결되어 100 mA가 흐르게 된다면, 외부 저항의 값은 얼마인가?
10. 어느 방향으로도 도통이 되는 다이오드를 만들 수 있는가?
11. 다이오드의 누설 전류를 어떻게 증가시킬 수 있는가?
12. 다이오드 검사에서 캐소드(음극)를 식별하는 과정을 설명하여라.

17장

제너 다이오드
Zener Diodes

학습 목표

이 장을 학습하면 다음을 할 수 있다.

- 제너 다이오드의 기능 및 특성을 설명할 수 있다.
- 제너 다이오드에 대한 기호를 그릴 수 있다.
- 제너 다이오드가 어떻게 전압 조정기로 작동하는지를 설명할 수 있다.
- 제너 다이오드를 검사하기 위한 절차를 설명할 수 있다.

제너 다이오드는 PN 접합 다이오드와 아주 밀접한 관련이 있다. 이러한 제너 다이오드는 역방향 전류의 장점을 활용하여 제조되었다. 또한 제너 다이오드는 전압을 제어하기 위한 다양한 응용 분야에 폭 넓게 사용된다.

17-1 제너 다이오드의 특성

앞에서 설명했듯이 높은 역 바이어스 전압이 다이오드에 인가되면 높은 역방향 전류가 흘러 과도한 열이 발생하여 다이오드가 손상될 수 있다. 손상이 일어나는 인가 역전압을 **항복 전압**(breakdown voltage, Ez) 또는 **최대 역전압**(peak reverse voltage)이라고 부른다. **제너 다이오드**(zener diode)라 불리는 특수 다이오드는 역방향 바이어스에서 동작하도록 연결한다. 또한 제너 다이오드는 항복 전압을 초과하는 전압에서 동작하도록 설계되어 있다. 이 항복 영역을 **제너 영역**(zener region)이라고 한다.

제너 다이오드에 파괴를 가져올 정도로 충분히 높은 역방향 바이어스 전압을 인가하면 높은 역방향 전류(I_Z)가 흐르게 된다. 역방향 전류는 항복이 일어날 때까지는 낮은 값이다. 그러나 항복이 일어난 후에는 역방향 전류가 급속히 증가한다. 이러한 현상은 역방향 전압이 증가하면 제너 다이오드의 저항이 감소하기 때문이다.

제너 다이오드의 항복 전압(E_Z)은 다이오드의 고유저항에 의해 결정된다. 이러한 저항은 제조 중에 사용되는 도핑 방법에 의해 조정된다. 정격 항복 전압은 **제너 테스트 전류**(I_{ZT})에서의 역전압을 나타낸다. 제너 테스트 전류는 다이오드로 조정할 수 있는 최대 역방향 전류보다 다소 적다. 항복 전압은 일반적으로 1~20 %의 허용 오차를 가지도록 정격이 정해져 있다.

제너 다이오드의 특성은 온도가 상승할 때 전력 손실이 감소하는 것이다. 따라서 특정 온도에 대한 전력 소모 정격(power dissipation rating)이 주어진다. 전력 정격은 또한 리드의 길이에도 관계있으며, 리드의 길이가 짧을수록 더 많은 전력을 소모한다. **감쇠계수**(derating factor)는

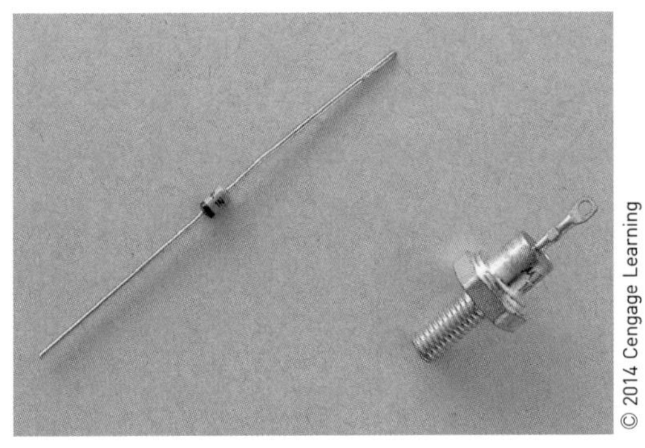

그림 17-1 제너 다이오드.

양극(애노드) 음극(캐소드)

그림 17-2 제너 다이오드의 기호.

다이오드 제조 업자가 제공하는 것으로서, 명시된 전력 정격 표로부터 다른 온도에서의 전력 정격을 확인하기 위한 것이다. 예를 들어, 6 mW/℃의 감쇠계수는 매 섭씨 1도마다 전력 정격이 6 mW로 감소한다는 것을 의미한다.

제너 다이오드도 PN 접합 다이오드와 같이 패키지를 한다(그림 17-1). 저전력 제너 다이오드는 유리 또는 에폭시에 장착한다. 또한 고전력 제너 다이오드는 금속 케이스에 장착한다. 제너 다이오드의 기호는 캐소드의 막대선 위에 대각선을 긋는 것을 제외하면 PN 접합 다이오드와 비슷하다(그림 17-2).

17-1 질문

1. 제너 다이오드의 고유한 특징은 무엇인가?
2. 제너 다이오드는 회로에 어떻게 연결하는가?
3. 제너 다이오드의 항복 전압은 무엇으로 결정하는가?
4. 제너 다이오드의 감쇠계수는 무엇으로 결정되는가?
5. 제너 다이오드를 나타내는 기호를 그려라.

17-2 제너 다이오드의 정격

최대 제너 전류(I_{ZM})는 제조 업자가 규정한 최대 전력 소모 정격을 초과하지 않고 제너 다이오드에 흘릴 수 있는 최대 역방향 전류이다. **역방향 전류**(I_R)는 항복하기 이전의 누설 전류를 의미하며, 어떤 특정한 **역방향 전압**(reverse voltage, E_R)에서의 값으로 규정된다. 역방향 전압은 제너 전압(E_Z)의 약 80 % 정도이다.

5 V 이상의 항복 전압을 가진 제너 다이오드는 양(+)의 제너 전압 온도계수를 갖는다. 이것은 온도가 증가함에 따라 항복 전압이 증가함을 의미한다. 4 V 미만의 항복 전압을 갖는 제너 다이오드는 온도 상승에 따라 항복 전압이 감소되는 음(−)의 제너 전압 온도계수를 가진다. 이것은 온도가 증가함에 따라 항복 전압이 감소함을 의미한다. 4 V와 5 V 사이의 항복 전압을 갖는 제너 다이오드는 양(+)과 음(−)의 전압 온도계수를 갖는다.

온도 보상 제너 다이오드는 제너 다이오드를 PN 접합 다이오드와 직렬로 연결하여 만든다. 이때 PN 접합 다이오드는 순방향 바이어스로 하고, 제너 다이오드는 역방향 바이어스로 한다. 다이오드를 잘 선택하면 온도계수가 같고 극성이 반대인 것을 선택할 수 있다. 적절한 온도 보상을 하기 위해서는 두 개 이상의 PN 접합 다이오드가 더 필요하다.

17-2 질문

1. 제너 다이오드의 최대 제너 전류는 무엇으로 결정하는가?
2. 제너 다이오드의 최대 제너 전류와 역방향 전류의 차이는 무엇인가?
3. 양(+)의 제너 전압 온도 계수는 무엇을 의미하는가?
4. 음(−)의 제너 전압 온도 계수는 무엇을 의미하는가?
5. 제너 다이오드의 온도 보상은 어떻게 하는가?

17-3 제너 다이오드 전압 조절기

제너 다이오드는 전압을 안정화 또는 제어하는 데 사용할 수 있다. 예를 들어, 직류 출력을 일정하게 유지하는 전력선의 전압 변화 혹은 부하의 저항 변화를 보상하여 직류 출력을 일정하게 유지하는 데 사용할 수 있다.

그림 17-3은 일반적인 제너 다이오드 전압 조절기 회로를 보여준다. 제너 다이오드는 저항 Rs와 직렬로 연결된다. 저항은 제너 항복 영역에서 동작되도록 제너 다이오

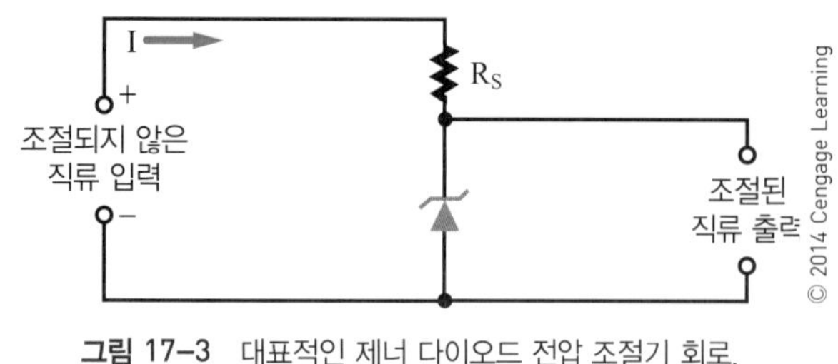

그림 17-3 대표적인 제너 다이오드 전압 조절기 회로.

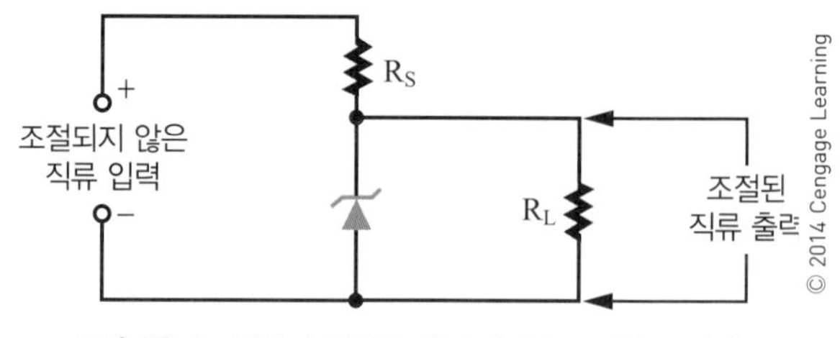

그림 17-4 부하가 연결된 제너 다이오드 전압 조절기.

드에 충분한 전류가 흐르게 한다. 직류 입력 전압은 제너 다이오드 항복 전압보다 높아야 한다. 제너 다이오드 양단의 전압강하는 제너 다이오드의 전압 정격과 같다. 제너 다이오드는 다이오드의 **제너 전압 정격**(zener voltage rating, E_Z)이라고 부르는 특정한 항복 전압 정격을 갖도록 제조된다. 저항 양단의 전압강하는 제너(항복) 전압과 입력 전압 사이의 차와 같다.

입력 전압은 증가 혹은 감소할 수 있다. 따라서 이러한 현상은 제너 다이오드를 통해 흐르는 전류를 증가시키거나 감소시킨다. 제너 다이오드가 제너 전압 혹은 항복 영역에서 동작될 때, 입력 전압을 증가시키는 큰 전류가 제너 다이오드를 통해 흐르게 된다. 그러나 제너 전압은 일정하게 유지된다. 제너 다이오드는 입력 전압의 증가를 방해한다. 왜냐하면 전류가 증가할 때 저항은 감소하기 때문이다. 이는 입력 전압의 변화에도 제너 다이오드의 제너 출력 전압은 일정하게 유지하도록 한다. 이러한 입력 전압의 변화는 직렬 저항 양단에 걸쳐 나타난다. 저항은 제너 다이오드에 직렬로 연결되며 전압강하의 총합은 입력 전압과 같아야 한다. 출력 전압은 제너 다이오드 양단에서 얻어진다.

제너 다이오드와 직렬 저항을 변화시킴으로써 출력 전압을 증가 혹은 감소시킬 수 있다. 따라서 회로는 일정한 전압을 공급하는 것으로 간주된다. 회로를 설계할 때, 회로에 흐르는 전류는 전압과 마찬가지로 간주되어야 한다. 외부 부하는 부하 저항과 출력 전압에 의해 결정되는 특정한 **부하 전류**(load current, I_L)가 필요하다(그림 17-4). 부하 전류와 제너 전류는 직렬 저항을 통해 흐른다. 직렬 저항은 제너 전류가 항복 영역에서 제너 다이오드를 적절히 유지하고 전류가 흐를 수 있도록 선정해야 한다.

부하 저항이 증가하면 부하 전류는 감소한다. 이것은 부하 저항 양단의 전압을 증가시킨다. 하지만 제너 다이오드는 더 많은 전류를 흐르게 하여 어떠한 변화에도 대항하게 된다. 직렬 저항을 통해 흐르는 제너 전류와 부하 전류의 합은 일정하게 유지된다. 이러한 작용은 직렬 저항 양단에 걸쳐 동일한 전압을 유지하게 된다.

마찬가지로, 부하 전류가 증가하는 경우에는 제너 전류가 감소하여 일정한 전압을 유지하게 된다. 이러한 작용은 입력 전압과 마찬가지로 출력 전류의 변화에 대해서도 회로를 조정할 수 있게 한다.

17-3 질문

1. 제너 다이오드의 실제 기능은 무엇인가?
2. 제너 다이오드 전압 조절기 회로의 회로도를 그려라.
3. 제너 다이오드 전압 조절기 회로의 전압을 어떻게 변화시킬 수 있는가?
4. 제너 다이오드 전압 조절기를 설계하는 데 고려되어야 하는 것은 무엇인가?
5. 제너 다이오드 전압 조절기의 출력 전압을 일정하게 유지하는 방법을 설명하여라.

17-4 제너 다이오드의 검사

제너 다이오드는 저항계를 이용하여 단선, 단락 및 누설 전류를 신속하게 검사할 수 있다. 저항계는 PN 접합 다이오드와 같은 방식으로 순방향 및 역방향 바이어스 상태로 연결한다. 그러나 이러한 검사는 제너 다이오드가 정격값에서 조정되고 있는지 여부에 대한 정보를 제공하지

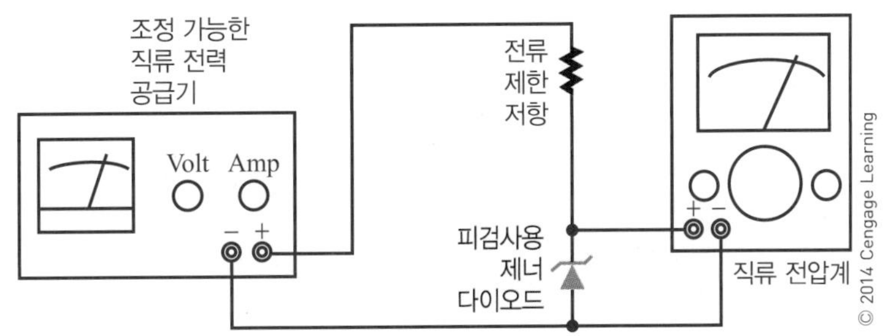

그림 17-5 제너 다이오드 전압 조절기 검사를 위한 회로구성.

는 않는다. 그러한 정보를 위해 조절기 검사는 전압과 전류를 모두 나타낼 수 있는 전원 공급장치를 사용하여 검사를 수행하여야 한다.

그림 17-5는 제너 다이오드 조절기 검사에 대한 적절한 설치를 보여준다. 전원 공급장치의 출력은 피검사용 제너 다이오드와 직렬로 전류 제한 저항이 연결된다. 전압계는 제너 전압을 모니터하며 검사 중인 제너 다이오드 양단에 연결된다. 출력 전압은 특정한 전류가 제너 다이오드를 통해 흐를 때까지 서서히 증가하게 된다. 그 전류는 특정한 제너 전류(I_Z)의 각 양단에 걸쳐 다양하게 변하게 된다. 전압이 일정하게 유지되는 경우 제너 다이오드는 정상적으로 동작하고 있는 것이다.

17-4 질문

1. 저항계로 제너 다이오드를 검사하기 위한 과정을 설명하여라.
2. 저항계로 제너 다이오드를 검사할 때 검사되지 않는 요소는 무엇인가?
3. 제너 다이오드의 항복 전압을 검사하기 위해 연결하는 회로도를 그려라.
4. 질문 3의 회로에서 제너 다이오드가 제대로 동작되는지의 여부를 어떻게 확인하는지 그 방법을 설명하여라.
5. 저항계를 사용하여 제너 다이오드의 음극(캐소드)을 어떻게 결정하는가?

요약

- 제너 다이오드는 항복 전압(최대 역방향 전압)보다 큰 전압에서 동작하도록 설계되었다.
- 제너 다이오드의 항복 전압은 다이오드의 고유저항에 의해 결정된다.
- 제너 다이오드는 규정된 항복(제너) 전압으로 제조된다.
- 제너 다이오드의 전력 손실은 온도와 리드의 길이에 달려 있다.
- 제너 다이오드의 기호는 다음과 같다.

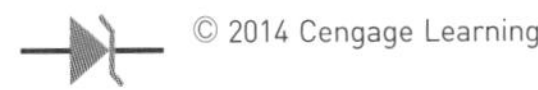

- 제너 다이오드는 PN 접합 다이오드와 동일한 패키지를 한다.
- 5 V보다 큰 항복 전압을 갖는 제너 다이오드는 양(+)의 제너 전압 온도계수를 가진다.
- 4 V 미만의 항복 전압을 갖는 제너 다이오드는 음(−)의 제너 전압 온도계수를 가진다.
- 제너 다이오드는 전압을 안정화 또는 조절하는 데 사용된다.
- 제너 다이오드 전압 조절기는 입력 전압 또는 출력 전류의 변화에도 불구하고 일정한 출력 전압을 제공한다.
- 제너 다이오드는 저항계를 통해 단선, 단락 및 누설 전류를 신속하게 검사할 수 있다.
- 제너 다이오드가 적절한 전압으로 조절이 되고 있는지 확인하기 위해 전압 조절기 검사를 하여야 한다.

연습 문제

1. 항복 전압을 초과하는 경우 제너 다이오드에는 어떤 현상이 발생하는가?
2. 제너 다이오드의 항복 전압은 어떻게 결정되는가?
3. 제너 다이오드의 온도가 증가하면 전력 처리 능력은 어떻게 되는가?
4. 제너 다이오드 정격을 결정하는 사양을 열거하여라.
5. 제너 다이오드로 부하 전압을 조절하는 회로의 기호를 그려라.
6. 제너 다이오드가 어떻게 전압 조절기 회로로 동작하는지를 설명하여라.
7. 제너 다이오드가 어떻게 전압 조절기로 일정한 전압을 유지하는가?
8. 제너 다이오드를 검사하는 방법을 회로 기호를 사용하여 그려라.
9. 제너 다이오드의 전압 정격을 검사하는 과정을 설명하여라.
10. 제너 다이오드가 제대로 동작되는지를 알아보려면 제너 다이오드를 어떻게 검사해야 하는가?

18장

쌍극 트랜지스터
Bipolar Transistors

학습 목표

이 장을 학습하면 다음을 할 수 있다.

- 트랜지스터의 제조 방법과 트랜지스터의 두 가지 구성에 대해 설명할 수 있다.
- NPN 트랜지스터와 PNP 트랜지스터의 기호를 그릴 수 있다.
- 트랜지스터의 분류 방법을 설명할 수 있다.
- 참고 매뉴얼과 식별 번호(2NXXXX)를 사용하여 트랜지스터의 기능을 설명할 수 있다.
- 일반적으로 사용하는 트랜지스터 패키지를 알 수 있다.
- 트랜지스터를 동작시키는 바이어스 방법을 설명할 수 있다.
- 트랜지스터 시험기와 저항계를 가지고 트랜지스터를 검사하는 방법을 설명할 수 있다.
- 트랜지스터를 교체하여 사용하는 절차를 설명할 수 있다.

1948년에 벨 연구소는 최초의 동작하는 접합 트랜지스터를 개발했다. 트랜지스터는 전자의 흐름을 제어하기 위해 3요소, 2접합 소자로 구성된다. 3요소에 인가되는 전압을 변화시켜서 증폭, 발진 및 스위칭을 위해 전류의 크기를 제어할 수 있다. 이러한 응용은 24장, 25장, 26장에서 다루게 된다.

18-1 트랜지스터의 제조

반도체 다이오드에 제3의 층이 추가되면 전력, 전류 또는 전압을 증폭할 수 있다. 이러한 소자를 **쌍극 트랜지스터**(bipolar transistor)라고 하며 **접합 트랜지스터**(junction transistor) 또는 단순히 **트랜지스터**(transistor)라고도 부른다. 여기서는 트랜지스터라는 용어를 사용하기로 한다.

트랜지스터는 접합 다이오드와 마찬가지로 게르마늄이나 실리콘으로 제조되나 실리콘이 더 일반적이다. 도핑 영역이 두 개인 다이오드에 비교하여 트랜지스터는 세 개의 교대로 도핑된 영역으로 구성된다. 이러한 세 개의 영역은 두 가지 방법 중 하나로 정해진다.

첫 번째 방법은 P형 물질을 두 개의 N형 물질 사이에 끼워 넣어 NPN 트랜지스터를 형성하는 것이다(그림 18–1). 두 번째 방법은 두 개의 P형 물질 사이에 N형 물질을 끼워 넣어 PNP 트랜지스터를 형성하는 것이다(그림 18–2).

이러한 두 가지 유형의 트랜지스터는 모두 중간 지역을 **베이스**(base)라 하고 바깥 지역을 **이미터**(emitter)와 **컬렉터**(collector)라고 부른다. 이미터, 베이스, 컬렉터는 각각 E, B, C로 표시한다.

N P N
이미터
컬렉터
베이스

(A) NPN 트랜지스터의 블록 다이어그램

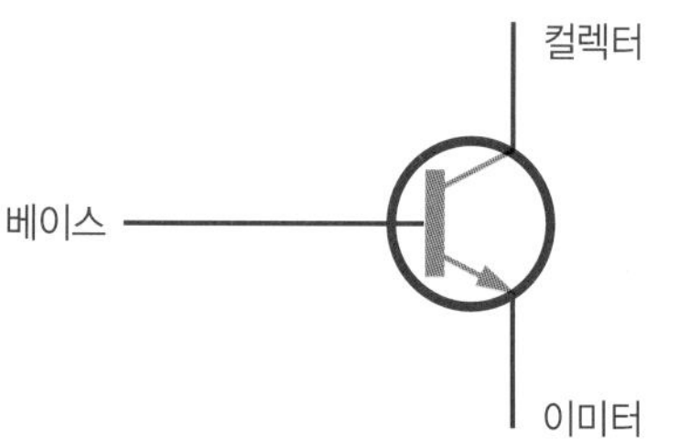

(B) NPN 트랜지스터의 기호

그림 18–1 NPN 트랜지스터.

(A) PNP 트랜지스터의 블록 다이어그램

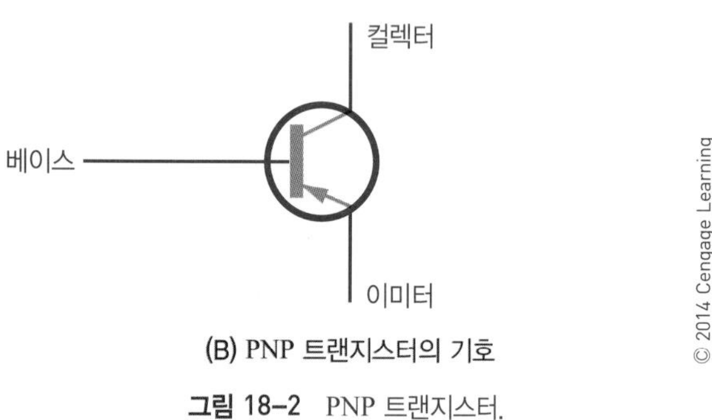

(B) PNP 트랜지스터의 기호

그림 18–2 PNP 트랜지스터.

18-1 질문

1. PN 접합 다이오드의 제조와 트랜지스터의 제조가 어떻게 다른가?
2. 트랜지스터의 두 유형은 무엇인가?
3. 트랜지스터의 3 단자(부분)를 무엇이라 하는가?
4. NPN 트랜지스터와 PNP 트랜지스터의 회로 기호를 그려라.
5. 트랜지스터는 어떤 용도로 사용하는가?

18-2 트랜지스터의 종류 및 패키지

트랜지스터는 다음과 같은 방법으로 분류된다.

1. 유형에 따라(NPN 또는 PNP)
2. 사용된 재료에 따라(게르마늄 또는 실리콘)
3. 주요 용도에 따라(고전력 또는 저전력, 스위칭 또는 고주파수)

대부분 트랜지스터는 번호에 의해 식별된다. 이러한 번호는 2와 문자 N으로 시작하며 최대 네 개의 숫자를 가진다. 이러한 기호는 두 개의 접합을 가지는 트랜지스터 소자임을 알게 한다.

패키지는 트랜지스터를 보호하는 역할을 하며 이미터, 베이스, 컬렉터 영역을 전기적으로 연결할 수 있도록 한

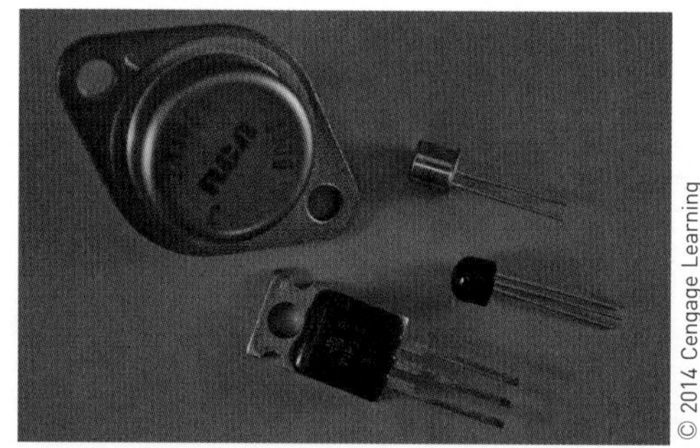

그림 18–3 다양한 트랜지스터 패키지.

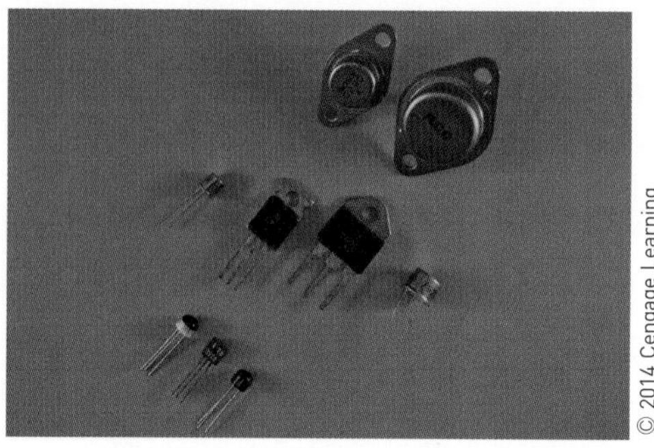

그림 18–4 일반적인 트랜지스터 패키지.

다. 또한 패키지는 방열체로서, 트랜지스터로부터 과도한 열을 제거하고 열 손상을 방지함으로써 열을 추출할 수 있는 역할을 한다. 패키지에는 광범위한 응용 분야에 적합한 여러 가지 형태가 있다(그림 18-3).

트랜지스터 패키지는 크기와 형태로 나타낸다. 가장 일반적인 패키지 식별은 문자 TO(transistor outline) 다음에 숫자가 뒤따르게 구성된다. 그림 18-4에 몇 가지 일반적인 트랜지스터 패키지를 나타냈다.

트랜지스터 패키지의 분류 방법이 여러 가지이므로 각 소자의 이미터, 베이스, 컬렉터 리드를 식별하는 방법은 쉽지 않다. 패키지 각 소자의 단자를 식별하기 위해서는 제조 업체의 사양서를 참조하는 것이 가장 좋은 방법이다.

18-2 질문

1. 트랜지스터를 어떻게 분류하는가?
2. 트랜지스터를 식별하는 데 사용되는 기호는 무엇인가?
3. 트랜지스터 패키지의 목적은 무엇인가?
4. 트랜지스터 패키지의 명칭은 어떻게 나타내는가?
5. 트랜지스터의 베이스, 이미터, 컬렉터 리드를 결정하는 가장 좋은 방법은 무엇인가?

18-3 트랜지스터 동작의 기초

다이오드는 정류기이며 트랜지스터는 증폭기이다. 트랜지스터는 다양한 방법으로 사용할 수 있지만 기본적인 기능은 신호의 전류를 증폭하거나 신호를 스위칭하는 것이다.

트랜지스터는 이미터, 베이스 및 컬렉터 영역이 원하는 방식으로 상호 작용이 되도록 외부 전압에 의해 적절히 바이어스 되어야 한다. 트랜지스터가 바르게 바이어스 되면, 이미터 접합은 순방향 바이어스가 되고 컬렉터 접합은 역방향 바이어스가 된다. 순방향 바이어스된 NPN 트랜지스터를 그림 18-5에 나타냈다.

순방향 바이어스에 의해 전자가 NPN 트랜지스터의 이미터로부터 흐르게 된다. 순방향 바이어스는 이미터 단자와 베이스 단자 사이에 걸린 양(+) 전압을 갖는다. 이

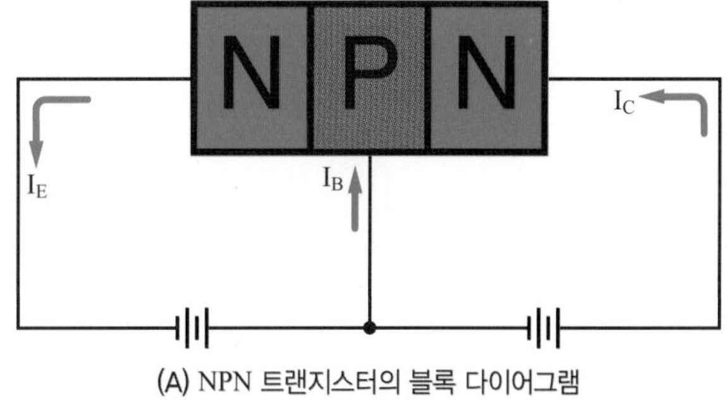

(A) NPN 트랜지스터의 블록 다이어그램

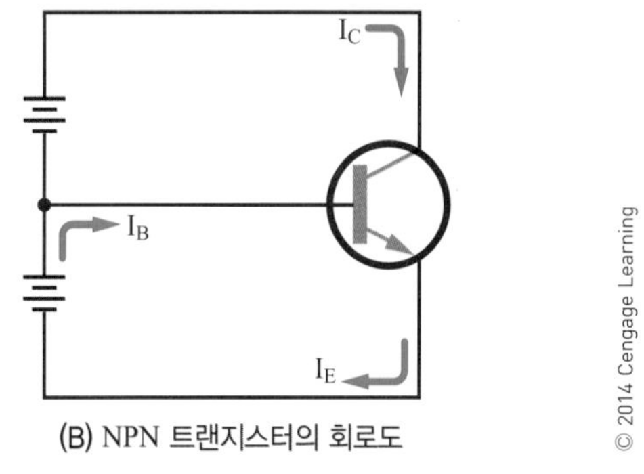

(B) NPN 트랜지스터의 회로도

그림 18–5 순방향 바이어스된 NPN 트랜지스터.

러한 양(+) 전위는 이미터로부터 전자를 이끌어서 전자가 흐르게 한다. 베이스로 끌려온 전자들은 컬렉터에 인가된 양(+) 전위에 끌려간다. 이들 대부분의 전자들은 컬렉터로 끌려가서 역방향 바이어스 전압의 양극으로 들어간다. 소수 전자들은 베이스 영역으로 흡수되어 거기에 미량의 전자 흐름을 유지하게 된다. 이러한 작용이 일어나려면 베이스 영역이 매우 얇아야만 한다. 순방향 바이어스된 PNP 트랜지스터는 배터리 전원이 반대가 되어야 한다(그림 18-6).

NPN과 PNP 트랜지스터 사이의 차이점은 두 가지로, 배터리 극성과 전자의 흐름이 반대이다.

다이오드와 마찬가지로 장벽 전압이 트랜지스터 내에도 존재한다. 트랜지스터의 경우 장벽 전압은 이미터-베이스 접합 양단에 생성된다. 이러한 장벽 전압을 초과해야만 전자들이 접합을 통해 흐를 수 있다. 트랜지스터의 내부 장벽 전압은 사용되는 반도체 재료의 형태에 의해 결정된다. 다이오드에서와 같이, 내부 장벽 전압은 게르마늄 트랜지스터는 0.3 V이고 실리콘 트랜지스터는 0.7 V이다.

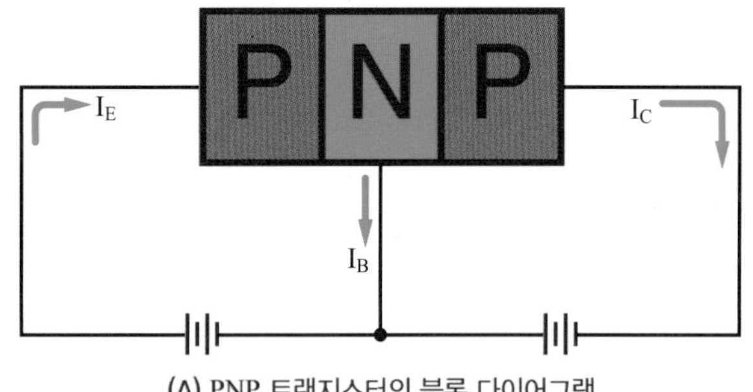

(A) PNP 트랜지스터의 블록 다이어그램

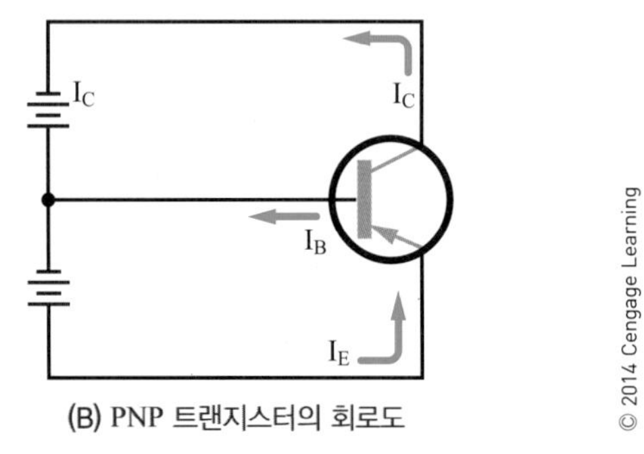

(B) PNP 트랜지스터의 회로도

그림 18-6 순방향 바이어스된 PNP 트랜지스터.

또한 트랜지스터의 컬렉터-베이스 접합은 이미터에서 공급된 많은 전자들을 끌어당길 수 있도록 충분히 높은 양(+) 전위 상태가 되어야 한다. 컬렉터-베이스 접합에 인가되는 역 바이어스 전압은 일반적으로 이미터-베이스 접합 양단의 순방향 바이어스 전압보다 더 높다.

18-3 질문

1. 트랜지스터의 기본 기능은 무엇인가?
2. 트랜지스터를 바이어스하는 적절한 방법은 무엇인가?
3. NPN 트랜지스터와 PNP 트랜지스터의 바이어스의 차이는 무엇인가?
4. 게르마늄 트랜지스터 및 실리콘 트랜지스터의 장벽 전압은 얼마인가?
5. 컬렉터-베이스와 이미터-베이스 접합 바이어스 전압의 차이는 무엇인가?

18-4 트랜지스터의 검사

일반적으로 트랜지스터는 고장 없이 장시간 동안 동작하는 반도체 소자이다. 트랜지스터의 고장은 일반적으로 지나치게 높은 온도, 전류 또는 전압이 원인이 된다. 또한 트랜지스터의 고장은 극단적인 기계적 압력에 의해 발생할 수도 있다. 이러한 전기적 또는 기계적인 오용의 결과로 인해, 트랜지스터는 내부적으로 단선 또는 단락되거나 동작에 영향을 줄 만큼 특성이 바뀌기도 한다. 트랜지스터가 올바르게 작동하는지의 여부를 확인하기 위해 트랜지스터를 점검하는 방법에는 저항계와 트랜지스터 테스터를 이용하는 두 가지 방법이 있다.

기존의 저항계는 트랜지스터를 회로에서 분리하여 결함 여부를 검사할 수 있다. 이러한 저항 검사는 이미터와 베이스, 컬렉터와 베이스, 이미터와 컬렉터의 두 접합부 사이를 검사한다. 트랜지스터 테스터를 이용할 때는 테스터의 리드선을 트랜지스터 임의의 두 단자 사이에 연결하여 저항값을 측정한 후, 테스터의 리드선을 거꾸로 연결하여 저항값을 측정한다. 테스터로 측정한 트랜지스터의 처음 두 단자 간의 저항값은 10,000옴 이상으로 높을 것이다. 다음 두 단자에 대한 트랜지스터의 저항값은 10,000옴보다 더 작을 것이다.

트랜지스터의 각 접합은 순방향 바이어스 때에는 낮은 저항값을 보이고 역방향 바이어스 때에는 높은 저항값을 보인다. 저항계 내 배터리는 순방향과 역방향 바이어스의 전압원이다. 정확한 저항값은 트랜지스터의 종류에 따라

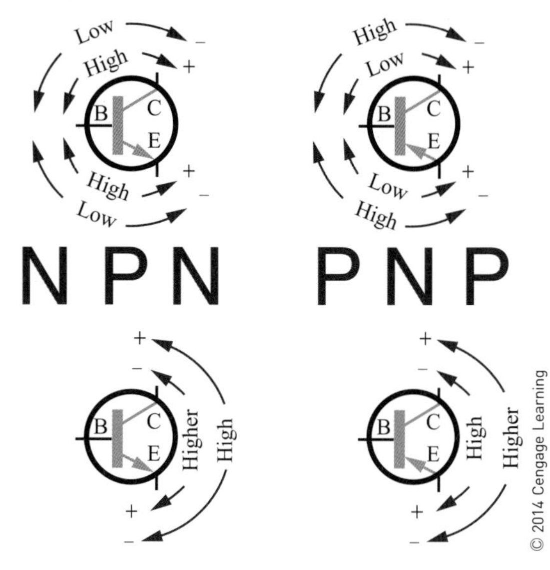

그림 18-7 트랜지스터 접합부의 저항 측정.

다양하지만 저항계 리드선을 거꾸로 연결하면 항상 변한다. 이 검사 방법은 NPN 또는 PNP 트랜지스터에 대한 것이다(그림 18–7).

트랜지스터가 이러한 검사에서 불합격하면 이는 결함이 있다는 것이다. 더욱 신뢰할 수 있는 검사를 하는 방법은 트랜지스터 테스터를 사용하는 것이다.

트랜지스터 테스터는 트랜지스터와 다이오드를 검사하기 위해 특별히 설계되었다. 여기에는 회로 내부 시험기와 회로 외부 시험기 등 두 가지 형태가 있다. 두 가지 모두 다 동일한 패키지에 들어 있다(그림 18–8).

주의 다이오드와 마찬가지로 저항계 단자 전압은 트랜지스터의 접합부 사이의 최대 전압 정격을 초과해서는 안 된다. 눈금 값이 낮은 일부 저항계는 테스트 중인 트랜지스터에 손상 전류를 제공할 수 있다. 예방조치로서는, 가장 안전한 최대 범위로부터 시작해서 적절한 판독을 할 수 있는 범위로 변경하는 것이 좋다.

트랜지스터의 증폭 능력은 트랜지스터의 대략적인 성능에 달려 있다. 회로 내부 테스터는 트랜지스터를 회로에서 분리할 필요가 없는 장점이 있다. 회로 외부 테스터는 트랜지스터가 정상인지 불량인지를 결정할 뿐만 아니라 누설 전류도 측정할 수 있다.

트랜지스터 테스터는 전압, 전류 및 신호를 조정하는 장치가 있다. 적절한 사용을 위해서는 제조 업체의 사용 설명서를 참조하기 바란다.

그림 18–8 트랜지스터 테스터.

18-4 질문

1. 트랜지스터가 고장 나게 하는 원인은 무엇인가?
2. 트랜지스터를 검사하는 두 가지 방법은 무엇인가?
3. 저항계를 사용할 때 NPN 트랜지스터는 어떤 결과를 보여야 하는가?
4. 저항계로 트랜지스터를 검사할 때 어떤 주의를 해야 하는가?
5. 상용 트랜지스터 테스터의 두 가지 형태는 무엇인가?

18-5 트랜지스터의 교체

트랜지스터 제조 업자는 트랜지스터를 교체할 수 있도록 인터넷 게시를 포함하여 수많은 안내서를 준비하였다. 대부분의 트랜지스터 교체는 신뢰성 있게 수행할 수 있다.

트랜지스터의 목록이 없거나 트랜지스터의 번호가 없는 경우에 정확한 교체를 위해 다음 절차를 사용할 수 있다.

1. NPN인가 아니면 PNP인가? 첫 번째 정보는 회로도의 기호이다. 회로도가 없는 경우, 이미터와 컬렉터 사이에 인가된 전압원의 극성을 결정해야 한다. 컬렉터 전압이 이미터 전압에 대해 양(+)이면 NPN 소자이다. 컬렉터 전압이 이미터 전압에 대해 음(−)이면 PNP 소자이다. 트랜지스터의 각 형태에 대한 컬렉터 전압의 극성을 기억하기 쉬운 방법을 그림 18–9에 나타내었다.
2. 게르마늄인가 아니면 실리콘인가? 이미터에서 베이

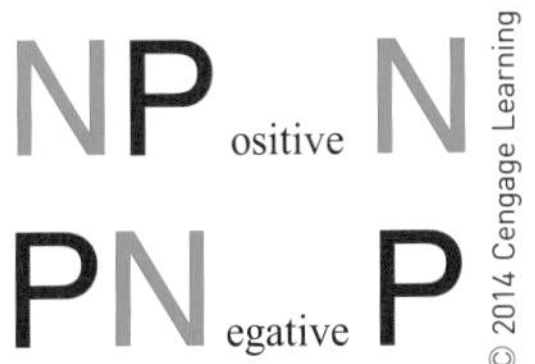

그림 18–9 컬렉터 전압의 극성을 기억하는 방법.

스까지의 전압을 측정한다. 그 전압이 약 0.3 V이면 게르마늄 트랜지스터이다. 전압이 약 0.7 V이면 실리콘 트랜지스터이다.

3. 동작 주파수 범위는? 회로의 종류가 오디오 영역, 킬로헤르츠(Khz) 영역 또는 메가헤르츠(Mhz) 영역에서 동작되는지의 여부를 확인하고 결정한다.
4. 동작 전압은? 컬렉터와 이미터, 컬렉터와 베이스, 이미터와 베이스의 전압들이 회로도 혹은 실제 전압 측정에 의해 표시되어야 한다. 대체용으로 선택된 트랜지스터는 적어도 동작 전압의 3~4배 되는 전압 정격을 가져야 한다. 이는 대부분의 회로가 가지는 전압 스파이크, 과도 현상 및 고유 서지(surge)에 대한 보호에 도움이 된다.
5. 컬렉터의 전류 요건은? 실제 전류를 결정하는 가장 쉬운 방법은 전류계로 컬렉터 회로의 전류를 측정하는 것이다. 이것은 최대 전력 조건에서 측정해야 한다. 또한 측정 전류의 3~4배가 되도록 안전 계수를 고려해야 한다.
6. 최대 전력 소모는? 최대 전압과 컬렉터 전류를 사용하여 요구되는 최대 전력(P = IE)을 결정한다. 트랜지스터는 다음과 같은 회로 형태에서 전력 손실을 결정하는 중요한 요소이다.
   - 입력단, AF 또는 RF(50~200 mW)
   - IF단 및 드라이버단(200 mW~1 W)
   - 고전력 출력단(1 W 이상)
7. 전류 이득은? h_{fe} 혹은 베타(β)라고 하는 공통 이미터 소신호 직류 전류 이득을 고려해야 한다. 일반적인 이득 범주는 다음과 같다.
   - RF 믹서, IF, AF(80~150)
   - RF 및 AF 드라이버(25~80)
   - RF 및 AF 출력(4~40)
   - 고이득 프리 앰프 및 동기화 분리기(150~500)
8. 케이스 형태는? 종종 본래의 부품과 교체품 사이에 케이스의 형태에 차이가 없다. 케이스 형태와 크기는 단지 기계적인 맞춤이 요구될 때 필요하다. 열전달을 촉진하기 위해 전력 소자에는 실리콘 그리스를 사용해야 한다.
9. 리드 배열 형태는? 이것은 교체 트랜지스터의 중요한 고려 사항이 아니다. 다만 삽입과 외관을 좋게 하기 위해 살펴볼 사항이다.

18-5 질문

1. 트랜지스터의 교체를 위한 권고사항은 어디서 찾아볼 수 있는가?
2. 트랜지스터가 게르마늄인지 실리콘인지가 왜 문제가 되는가?
3. 트랜지스터를 대체할 때 동작 주파수, 전압, 전류 및 전력 정격이 왜 중요한가?
4. 트랜지스터의 베타(β)는 무엇을 의미하는가?
5. 트랜지스터를 교체할 때 트랜지스터의 케이스와 리드 배열 형태가 중요한가?

요약

- 트랜지스터는 3층 소자로, 전력과 전압을 증폭하고 스위칭하는 데 사용된다.
- 쌍극 트랜지스터는 접합 트랜지스터 또는 단순히 트랜지스터라고 한다.
- 트랜지스터는 NPN 또는 PNP로 구성할 수 있다.
- 트랜지스터의 중간 영역을 베이스라고 하며, 두 개의 외부 영역을 이미터 및 컬렉터라고 부른다.
- NPN과 PNP 트랜지스터에서 사용되는 회로도 기호는 다음과 같다.

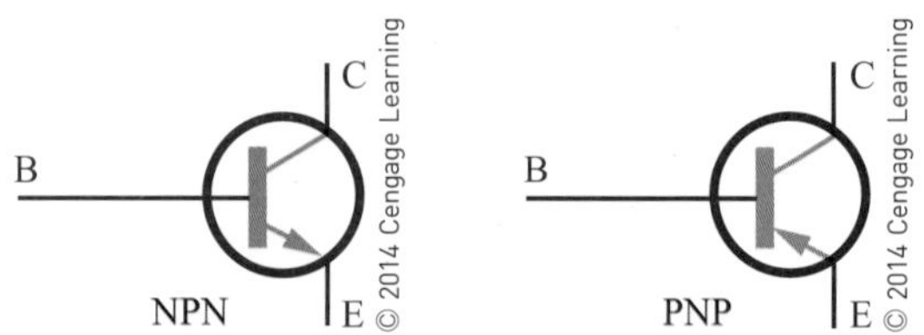

- 트랜지스터는 NPN 또는 PNP, 실리콘 또는 게르마늄, 고전력 또는 저전력 그리고 스위칭 또는 고주파수 여부에 따라 분류된다.
- 트랜지스터는 2N의 접두어와 최대 4자리의 숫자를 붙

여서 식별한다.

- 트랜지스터 패키지는 보호, 방열 그리고 리드를 지지하는 역할을 한다.
- 트랜지스터 패키지는 문자 TO(transistor outline)로 식별한다.
- 트랜지스터가 적절하게 바이어스되면, 이미터-베이스는 순방향 바이어스가 되고 컬렉터-베이스는 역방향 바이어스가 된다.
- PNP 트랜지스터 바이어스 전원은 NPN 바이어스 전원과 반대이다.
- 게르마늄 트랜지스터의 내부 장벽 전압은 0.3 V이고 실리콘 트랜지스터는 0.7 V이다.
- 컬렉터-베이스 접합에 인가되는 역 바이어스 전압은 이미터-베이스 접합에 인가되는 순방향 바이어스 전압보다 높다.
- 트랜지스터를 저항계로 검사하는 경우, 각 접합은 순방향 바이어스에는 낮은 저항값을, 역방향 바이어스 때는 높은 저항값을 나타낸다.
- 트랜지스터 테스터는 회로 내부 및 외부에서 트랜지스터를 검사할 수 있다.

연습 문제

1. NPN 및 PNP 트랜지스터의 구조를 설명하여라.
2. 트랜지스터를 패키지한 이후에 어떻게 식별하는가?
3. 트랜지스터의 패키지는 어떤 기능을 하는가?
4. 트랜지스터 패키지의 리드는 어떻게 결정되는가?
5. 다이오드와 트랜지스터의 차이점은 무엇인가?
6. 트랜지스터의 접합은 순방향 바이어스, 역방향 바이어스 또는 바이어스가 없을 수 있다. 정상 상태에서 트랜지스터의 이미터-베이스와 컬렉터-베이스 접합 양단에는 어떤 바이어스가 걸리는가?
7. 저항계로 정상인 트랜지스터를 검사할 때, 각 접합 양단의 저항값은 어떻게 되는가?
8. 저항계를 사용하여 트랜지스터의 종류와 미지의 이미터, 베이스 및 컬렉터 리드를 식별하는 데 어떤 어려움이 있는가?
9. 회로에 트랜지스터를 연결할 때, 왜 기술자는 트랜지스터가 NPN 또는 PNP인지 알아야만 하는가?
10. 트랜지스터 테스터로 트랜지스터를 검사하는 것과 저항계로 트랜지스터를 검사하는 것이 어떻게 다른가?

19장

전계 효과 트랜지스터(FET)

Field Effect Transistors

학습 목표

이 장을 학습하면 다음을 할 수 있다.

- 트랜지스터, JFET, MOSFET 간의 차이를 설명할 수 있다.
- P채널 및 N채널 JFET, 공핍 MOSFET와 증가형 MOSFET에 대한 기호를 그릴 수 있다.
- 어떻게 JFET, 공핍형 MOSFET 및 증가형 MOSFET가 동작되는지를 설명할 수 있다.
- JFET와 MOSFET의 각 부분을 식별할 수 있다.
- MOSFET를 취급할 때 준수해야만 하는 안전 조치를 설명할 수 있다.
- 저항계를 가지고 JFET와 MOSFET를 검사하는 절차를 설명할 수 있다.

전계 효과 트랜지스터(FET)의 역사는 줄리어스 릴렌필드(Julius Lillenfield)가 접합 FET와 절연 게이트 FET를 발명했던 1925년으로 거슬러 올라간다. 이러한 소자들은 모두 오늘날 전자 기술을 선도하고 있다. 이 장에서는 접합 FET와 절연 게이트 FET의 이론을 살펴 본다.

19-1 접합 FET

접합 전계 효과 트랜지스터(JFET)는 다수 캐리어만을 사용하여 동작하는 단극(unipolar) 트랜지스터이다. JFET는 전압으로 동작하는 소자이다. JFET는 N형 및 P형 반도체 물질로 제조되며 전자 신호를 증폭할 수 있으나 쌍극(bipolar) 트랜지스터와 다르게 구성되며 동작 원리도 다르다. JFET를 구성하는 방법을 알면 JFET가 어떻게 동작하는지 이해하는 데 도움이 된다.

JFET의 제조는 기판 또는 가볍게 도핑된 반도체 물질의 베이스로 시작된다. **기판**(substrate)은 P형 물질이나 N형 물질이 될 수 있다. 기판의 PN 접합은 성장법 및 확산법을 사용하여 만들어진다(16장 참조). PN 접합의 모양은 중요하다. 그림 19–1은 기판에 포함된 영역의 횡단면을 보여준다. U자 모양의 영역을 **채널**(channel)이라고 하며 기판의 상부 표면은 같은 높이로 되어 있다. P형 기판

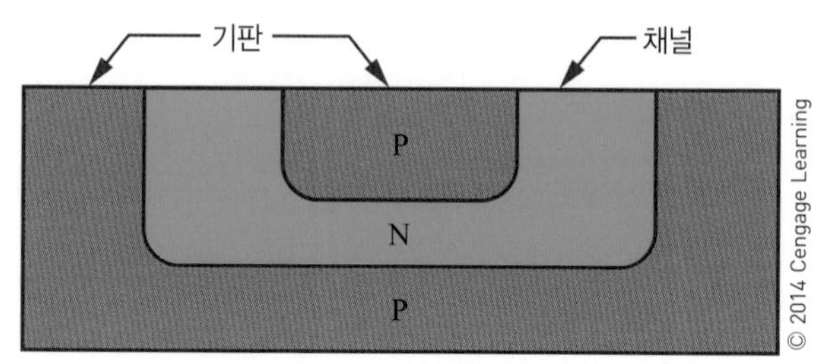

그림 19–1 N채널 JFET의 단면도.

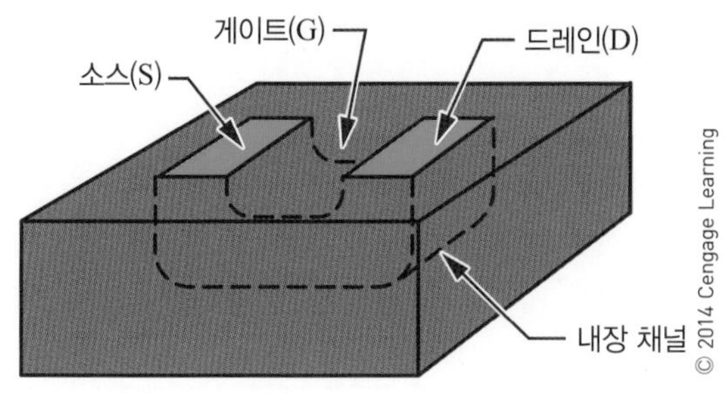

그림 19-2 N채널 JFET에 대한 리드선의 연결.

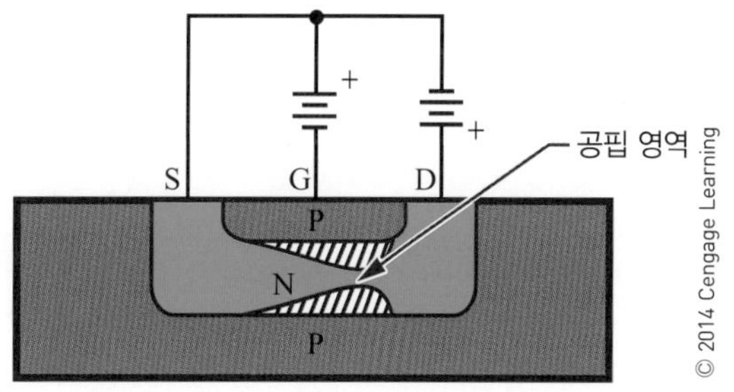

그림 19-3 순방향 바이어스된 N채널 JFET.

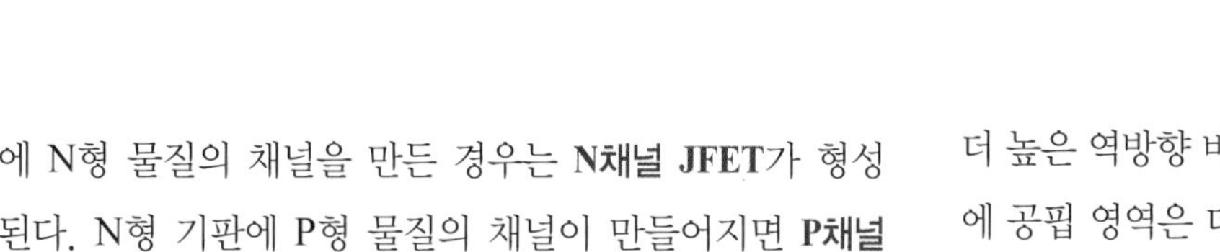

에 N형 물질의 채널을 만든 경우는 **N채널 JFET**가 형성된다. N형 기판에 P형 물질의 채널이 만들어지면 **P채널 JFET**가 형성된다.

JFET에 세 개의 전기적인 접속이 만들어진다(그림 19-2). 하나의 리드는 기판에 연결되어 게이트(gate, G)를 형성한다. 또 하나의 리드는 채널의 양 끝에 연결되어 소스(source, S)와 **드레인**(drain, D)을 형성한다. 채널은 대칭이기 때문에 어떤 리드가 소스(S) 또는 드레인(D)에 연결되느냐는 문제되지 않는다.

JFET가 동작하려면 두 개의 외부 바이어스 전압이 필요하다. 전압원 중 하나(E_{DS})는 소스(S)와 드레인(D) 사이에 연결되어 전류가 채널을 통해 흐르도록 한다. 다른 전압원(E_{GS})은 게이트(G)와 소스(S) 사이에 연결된다. 이러한 전압원은 채널을 통해 흐르는 전류의 양을 제어한다. 그림 19-3은 순방향 바이어스된 N채널 JFET를 보여준다.

전압원 E_{DS}는 전원이 드레인에 대해 음(−)이 되도록 연결한다. 이것은 N형 물질 내의 다수 캐리어가 전자이기 때문이다. 소스-드레인 전류를 FET의 드레인 전류(I_D)라고 한다. 이 채널은 공급 전압(E_{DS})에 대하여 저항 역할을 한다.

게이트-소스 전압(E_{GS})은 게이트(G)가 소스에 비하여 음(−)의 값을 갖도록 연결한다. 이렇게 하면 게이트에 의해 PN 접합이 형성되고 채널이 역방향 바이어스가 되기 때문이다. 이것은 PN 접합 주변에 공핍 영역을 형성하며, 이 영역은 채널의 길이를 따라 안쪽으로 확산된다. E_{DS} 전압이 E_{GS} 전압에 추가되어 소스 양단에 나타나는 것보다 더 높은 역방향 바이어스 전압을 만들기 때문에 드레인 끝에 공핍 영역은 더 넓어지게 된다.

공핍 영역의 크기는 E_{GS}에 의해 제어된다. E_{GS}가 증가하면 공핍 영역이 넓어진다. E_{GS}의 감소는 공핍 영역을 좁아지게 한다. 공핍 영역이 증가하면, 차례로 공핍 영역을 통해 흐르는 전류의 양을 감소시켜 채널의 크기를 효과적으로 줄이게 된다. 따라서 E_{GS}는 채널을 통해 흐르는 드레인 전류 (I_D)를 제어하는 데 사용할 수 있다. E_{GS}가 증가하면 드레인 전류(I_D)는 감소한다.

정상적인 작동에서 입력 전압은 게이트와 소스 사이에 인가된다. 그 결과로 흐르는 출력 전류는 **드레인 전류**(drain current, I_D)가 된다. JFET에서 입력 전압은 출력 전류를 제어하는 데 사용된다. 트랜지스터에서 출력 전류를 제어하기 위해 입력 전압이 아니라 입력 전류가 사용된다.

왜냐하면 게이트-소스 전압이 역방향 바이어스가 되므로 JFET는 매우 큰 입력 저항을 갖기 때문이다. 만약 게이트-소스 전압이 순방향 바이어스인 경우에는 채널에 큰 전류가 흐름으로써 입력 저항을 떨어뜨리고 소자의 이득을 감소시킨다. 드레인 전류 I_D를 0까지 감소시키는 데 필요한 게이트-소스 전압의 크기를 **게이트-소스 차단 전압**($E_{GS(off)}$)이라고 부른다. 이 값은 소자 제조업자가 지정한다.

드레인-소스 전압(E_{DS})은 JFET의 공핍 영역 전체를 제어한다. E_{DS}가 증가하면 I_D 또한 증가한다. 그러다가 I_D가 안정화되고 E_{DS}가 계속 증가함에 따라 아주 서서히 증가하는 한 점에 도달하게 된다. 이것은 소수 캐리어 공핍 현상이 발생하여, I_D가 E_{DS}에 비례하여 증가할 수 없는 점까지 공핍 영역의 크기가 증가하기 때문에 발생한다. 또한 채널의 저항도 I_D가 서서히 증가함에 따라 E_{DS}의 증가와 함께 증가한다. 그러나 공핍 영역이 확장되고 채널의 폭은 줄어들므로 I_D는 안정화된다. 이러한 경우가 발생할 때 I_D는 **핀치 오프**(pinch off)되었다고 말한다. I_D를 핀치 오프하거나 제한하는 데 필요한 E_{DS}의 값을 **핀치 오프 전압**(pinch off voltage, E_p)이라고 한다. 제조업자는 일반적으로 E_{GS}가 0일 때의 E_p를 제공한다. E_p는 항상 E_{GS}가 0과 같을 때 $E_{GS(off)}$에 근접한다. E_p가 E_{GS}와 같을 때 드레인 전류는 핀치 오프된다.

P채널과 N채널 JFET는 같은 특성을 갖는다. 그들 사이의 주요 차이점은 채널을 통한 드레인 전류(I_D)의 방향이다. P채널 JFET는 바이어스 전압(E_{GS}, E_{DS})의 극성이 N채널 JFET와 반대가 된다.

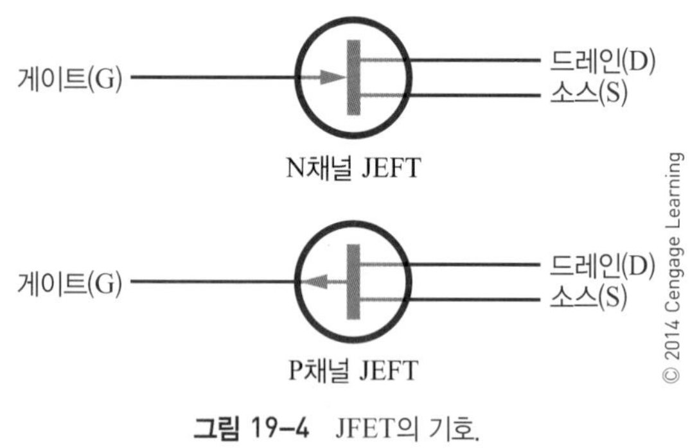

그림 19-4 JFET의 기호.

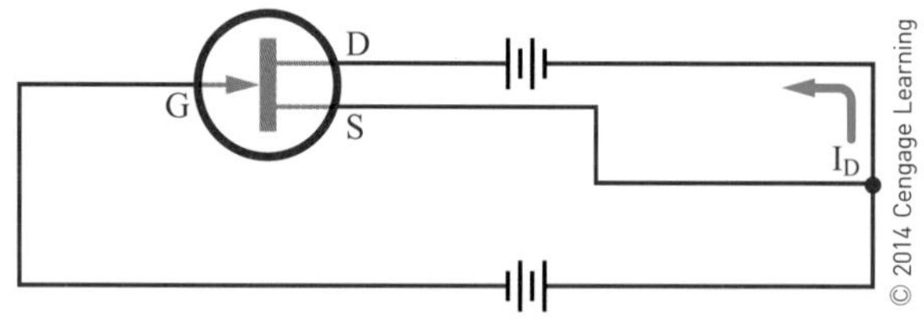

그림 19-5 N채널 JFET를 바이어스하는 데 필요한 극성.

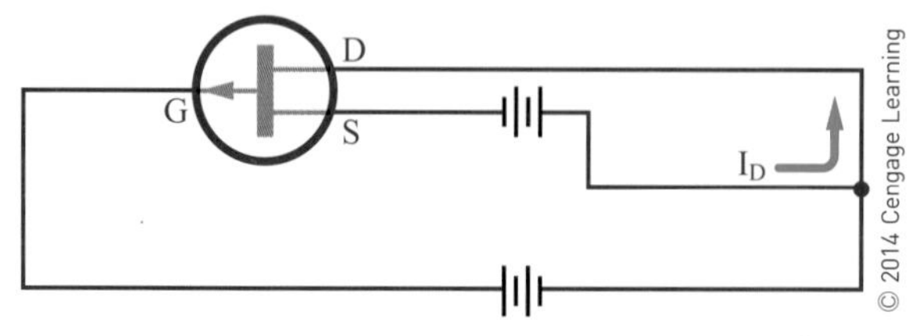

그림 19-6 P채널 JFET를 바이어스하는 데 필요한 극성.

N채널 및 P채널 JFET에 사용되는 회로도 기호가 그림 19-4에 표시되었다. N채널 JFET를 바이어스하기 위해 필요한 극성은 그림 19-5에, 그리고 P채널 JFET를 바이어스하기 위해 필요한 극성을 그림 19-6에 나타내었다.

19-1 질문

1. JFET는 쌍극 트랜지스터와 제조 방법이 어떻게 다른지를 설명하여라.
2. JFET의 전기적인 접속방법 세 가지를 설명하여라.
3. JFET에서 어떻게 전류가 차단되는가?
4. JFET에 관한 다음 용어를 정의하여라.
   a. 공핍 영역
   b. 핀치 오프 전압
   c. 소스
   d. 드레인
5. P채널과 N채널 JFET의 회로도를 그리고 명칭을 쓰라.

19-2 공핍형 절연 게이트 FET(MOSFET)

절연 게이트 FET는 PN 접합을 사용하지 않는다. 대신에 산화물의 얇은 층에 의해 반도체 채널로부터 전기적으로 절연된 금속 게이트를 사용한다. 이러한 소자를 **금속-산화물 반도체 전계 효과 트랜지스터**(MOSFET 또는 MOST)라고 한다.

MOSFET는 N채널의 N형 소자와 P채널의 P형 소자의 두 가지 중요한 형태가 있다. N채널을 갖는 N형은 0 V의 바이어스가 게이트에 인가될 때에 도통되므로 **공핍형 모드**(depletion mode) 소자라고 한다. 공핍형 모드에서 전자들은 게이트 바이어스 전압이 전자들을 고갈시킬 때까지 도통된다. 드레인 전류는 음(−)의 바이어스가 게이트에 인가되면 고갈된다. P채널을 갖는 P형은 **증가형 모드**(enhancement mode) 소자이다. 증가형 모드에서는 일반적으로 게이트의 바이어스 전압에 의해 도움이 되거나 증가될 때까지 전자의 흐름은 차단된다. 비록 P채널 공핍형 MOSFET와 N채널 증가형 MOSFET가 있기는 하지만

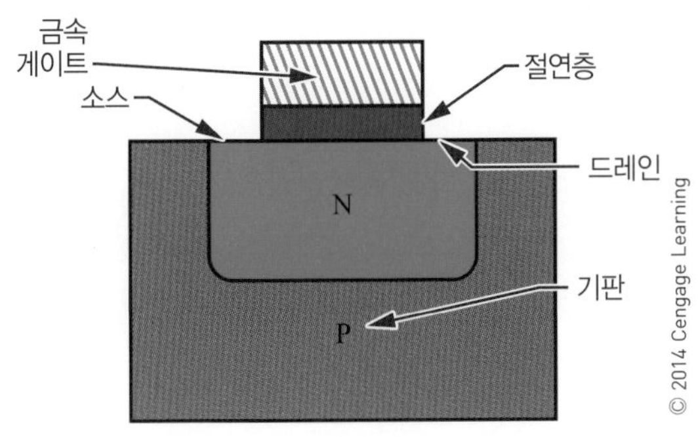

그림 19-7 N채널 공핍형 MOSFET.

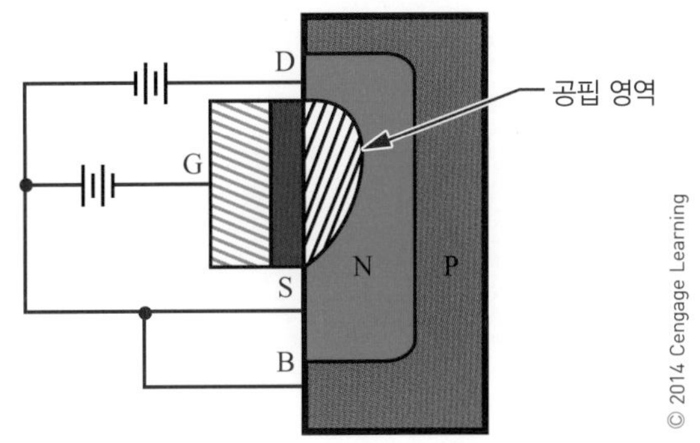

그림 19-8 바이어스 전원을 가진 N채널 공핍형 MOSFET.

일반적으로 사용하지는 않는다.

그림 19-7은 **N채널 공핍형 MOSFET**의 단면도를 보여준다. 이것은 P형 기판에 N채널을 주입하여 형성된다. 얇은 이산화 규소의 절연층을 채널에 침투시키고, 채널의 끝들은 전선에 부착할 수 있도록 노출시켜서 소스(S)와 드레인(D)으로 작용하도록 한다. 얇은 금속층은 N채널 위의 절연층에 붙인다. 이 금속층은 게이트 역할을 한다. 부가하여 리드를 기판에 붙인다. 금속 게이트는 반도체 채널로부터 절연되며 게이트와 채널이 PN 접합을 형성하지 못하게 한다. 금속 게이트는 JFET에서와 같이 채널의 전도성을 제어하는 데 사용된다.

그림 19-8에 N채널을 갖는 MOSFET를 나타냈다. JFET에서 드레인은 항상 소스에 대해 양(+)의 전압을 가진다. N채널에서 다수 캐리어는 전자이며, 소스로부터 드레인까지 드레인 전류(I_D)가 흐르게 한다. JFET에서 드레인 전류는 게이트-소스 바이어스 전압(E_{GS})에 의해 제어된다. 소스 전압이 0이면 많은 수의 다수 캐리어(전자)가 채널에 존재하기 때문에 상당한 드레인 전류가 소자를 통해 흐르게 된다. 게이트 전압이 음(−)이 되면 다수 캐리어가 고갈되어 드레인 전류가 감소한다. 음(−)의 게이트 전압이 충분히 증가하는 경우에는 드레인 전류는 0으로 떨어지게 된다. MOSFET와 JFET의 차이점 중 하나는, N채널 공핍형 MOSFET의 게이트도 소스에 대하여 양(+)의 값으로 만들 수 있다는 것이다. 이것은 JFET에서는 할 수 없는 것으로 그 이유는 게이트와 채널 PN 접합이 순방향 바이어스되기 때문이다.

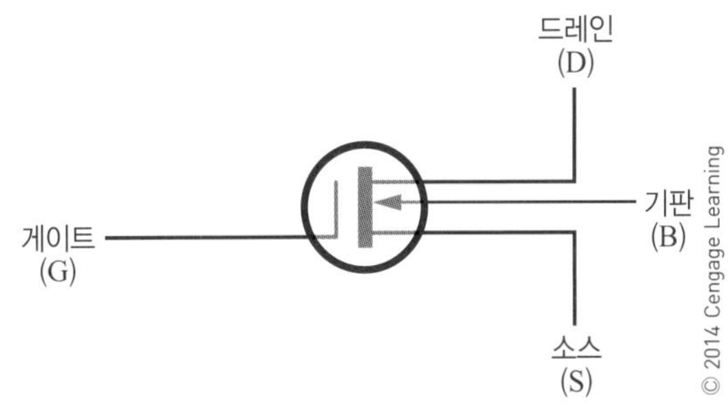

그림 19-9 N채널 공핍형 MOSFET 기호.

공핍형 MOSFET의 게이트 전압이 양(+)이 되면 이산화 규소 절연층은 어떤 전류도 게이트 리드를 통해 흐르지 못하게 한다. 입력 저항이 높은 상태가 되면 더 많은 다수 캐리어(전자)가 채널 안으로 끌려가면서 채널의 전도성을 향상시킨다. 양(+)의 게이트 전압은 MOSFET 드레인 전류를 증가시키는 데 사용할 수 있고, 음(−)의 게이트 전압은 드레인 전류를 감소시키는 데 사용할 수 있다. 음(−)의 게이트 전압이 N채널 MOSFET를 고갈시키는 데 필요하기 때문에 이를 공핍형 모드 소자라고 부른다. 게이트 전압이 0일 때 대량의 드레인 전류가 흐른다. 모든 공핍형 모드 소자는 게이트 전압이 0일 때 도통된다.

N채널 공핍형 MOSFET는 그림 19-9에 보여준 기호로 표시된다. 게이트 리드는 소스와 드레인 리드로부터 분리되어 있음에 유의하라. 기호에서 기판 리드의 화살표는 N채널 소자를 표시하기 위해 안쪽으로 가리키고 있다. 일부 MOSFET는 소스 리드에 내부적으로 연결된 기판으로 구성되며 별도의 기판 리드를 사용하지 않는 것도 있다.

적절히 바이어스된 N채널 공핍형 MOSFET를 그림

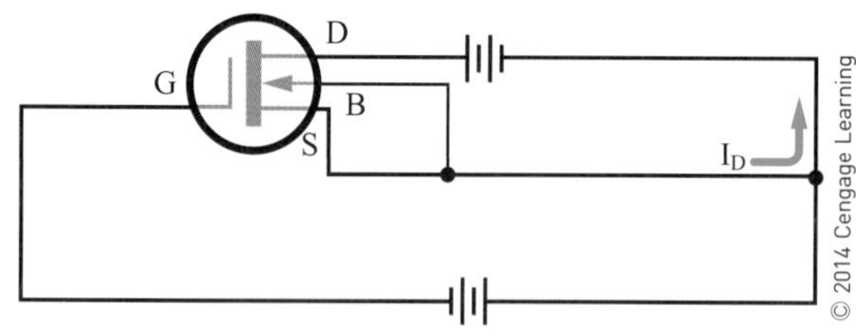

그림 19–10 순방향 바이어스된 N채널 공핍형 MOSFET.

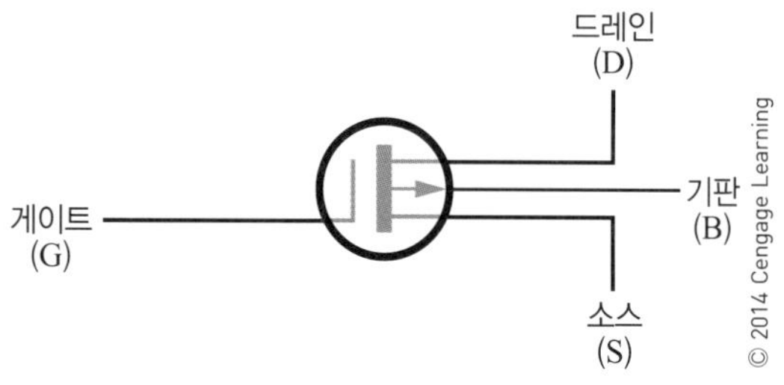

그림 19–11 P채널 공핍형 MOSFET 기호.

19–10에 나타내었다. N채널 JFET와 같은 방법으로 바이어스되어 있다는 것에 유의하라. 드레인–소스 간 전압(E_{DS})은 드레인이 전원에 대해 항상 양(+)으로 인가되어야만 한다. 게이트–소스 전압(E_{GS})은 반대 극성으로 인가될 수 있다. 일반적으로 기판은 내부 또는 외부로 전원에 연결된다. 특별한 응용 프로그램에서 기판은 게이트 또는 FET 회로의 다른 지점에 연결될 수 있다.

공핍형 MOSFET는 또한 P채널 소자로 제조될 수 있다. P채널 소자는 N채널 소자와 동일한 방식으로 작동한다. 그 차이점은 다수 캐리어가 정공이라는 것이다. 드레인 리드는 소스에 비하여 음(–)의 값이며 드레인 전류는 반대 방향으로 흐른다. 게이트는 소스에 비하여 양(+) 또는 음(–)의 값일 수 있다.

P채널 공핍형 MOSFET에 대한 기호를 그림 19–11에 나타내었다. 그림에서 P채널과 N채널 기호 사이의 유일한 차이점은 기판 리드의 화살표 방향이다.

N채널 및 P채널 공핍형 MOSFET는 서로 대칭이다. 소스와 드레인 리드는 서로 교환될 수 있다. 특별한 응용으로, 게이트를 드레인 영역과 떼어 놓아 게이트와 드레인 사이의 커패시턴스를 감소시키기도 한다. 게이트가 떼어져 있으면 소스와 드레인 리드는 서로 교환될 수 없다.

19-2 질문

1. MOSFET는 JFET와 제조 방법이 어떻게 다른가?
2. MOSFET가 어떻게 전류를 흐르게 하는지 설명하여라.
3. JFET와 MOSFET의 작동 시의 주요 차이점은 무엇인가?
4. P채널과 N채널 JFET의 회로도를 그리고 명칭을 표시하여라.
5. JFET와 MOSFET에 있는 어떤 리드가 상호 교환 가능한가?

19-3 증가형 절연 게이트 FET(MOSFET)

공핍형 MOSFET는 보통 때에는 도통(on) 상태를 갖는 소자이다. 즉 게이트–소스 전압이 0일 때 상당한 양의 드레인 전류가 흐른다. 이러한 소자는 많은 응용 프로그램에 유용하다. 또한 보통 때에 차단(off) 상태인 소자도 중요하다. 즉 적절한 E_{GS}의 값이 인가될 때만 전도되는 소자이다. 그림 19–12는 일반적인 off 디바이스로 작용하는 MOSFET를 보여준다. 이것은 공핍형 MOSFET와 유사하지만 전도 채널이 없다. 대신에 소스와 드레인 영역이 각각 기판 내로 확산된다. 그림은 N형 기판과 P형의 소스와 드레인 영역을 보여준다. 그림과 반대 방향의 배치 또한 사용될 수 있다. 리드 배치는 공핍형 MOSFET와 동일하다.

P채널 증가형 MOSFET는 반드시 소스에 비하여 드레인이 음(–)의 값으로 바이어스되어야 한다. 단지 드레인–소스 전압(E_{DS})만이 인가될 때는 드레인 전류가 흐르지 않는다. 이것은 소스와 드레인 사이에 전도 채널이 없기 때문이다. 게이트가 소스에 비하여 음(–)의 값이 되면 정공

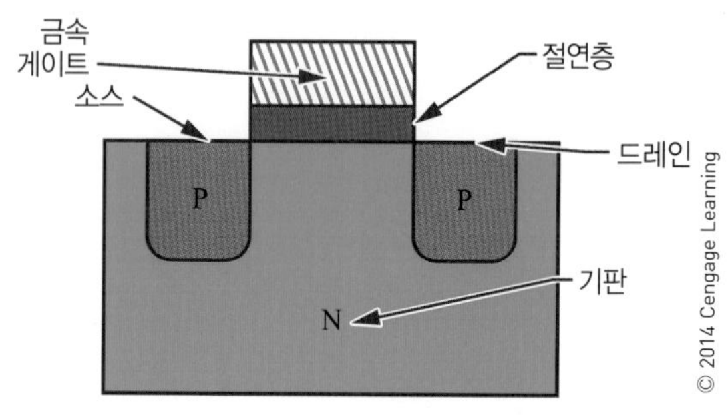

그림 19–12 P채널 증가형 MOSFET.

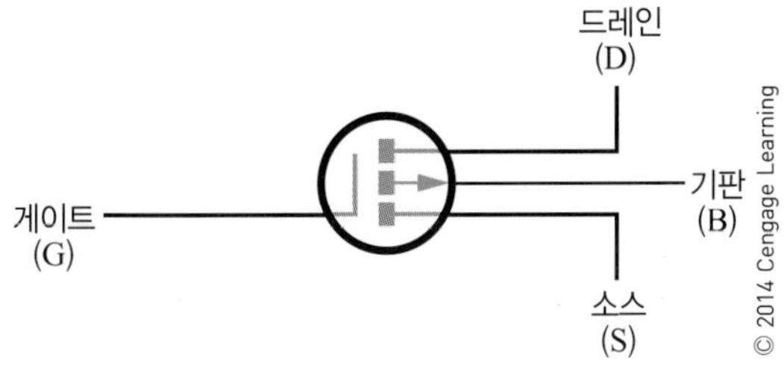

그림 19-13 P채널 증가형 MOSFET 기호.

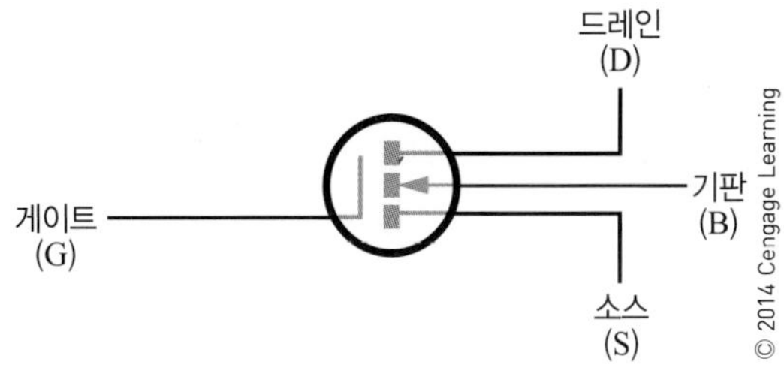

그림 19-15 N채널 증가형 MOSFET 기호.

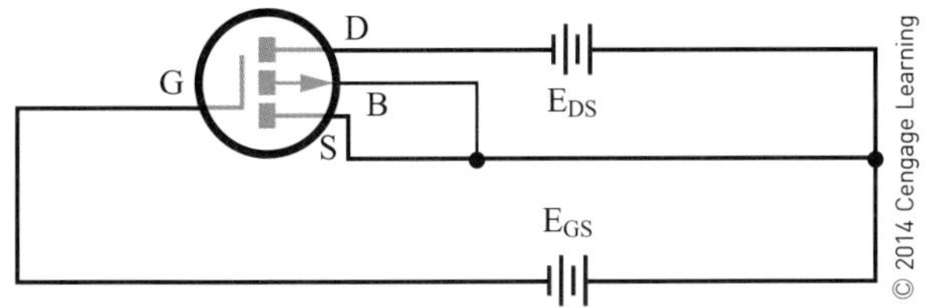

그림 19-14 순방향 바이어스된 P채널 증가형 MOSFET.

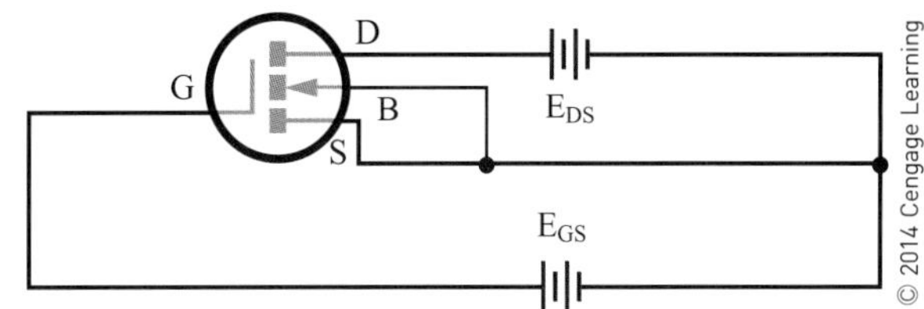

그림 19-16 적절하게 바이어스된 N채널 증가형 MOSFET.

이 게이트를 향해 끌려가, 드레인에서 소스로 전류가 흐르는 P형 채널을 만든다. 음(-)의 게이트 전압이 증가하면 채널의 크기가 증가하며 훨씬 많은 전류가 흐른다. 게이트 전압이 증가할 때 채널의 크기도 커져서 더 많은 드레인 전류가 흐르게 된다.

P채널 증가형 MOSFET의 게이트는 작동에 영향을 주지 않으면서 소스에 비하여 양(+)의 값이 될 수 있다. MOSFET의 드레인 전류는 0이고, 양(+)의 게이트 전압을 인가하여도 이 전류는 줄일 수 없다.

P채널 증가형 MOSFET에 대한 기호를 그림 19-13에 나타냈다. 이것은 소스, 드레인 그리고 기판 영역을 상호 연결하는 데 점선을 사용하는 것을 제외하고는 P채널 공핍형 MOSFET와 동일하다. 이는 보통 때에는 차단(off) 되어 있음을 의미한다. P채널을 나타내기 위하여 화살표가 바깥쪽을 가리키고 있다.

적절하게 바이어스된 P채널 증가형 MOSFET를 그림 19-14에 나타냈다. MOSFET의 드레인이 E_{DS}로 인해 소스에 비해 음(-)이 된다는 것을 유의하라. E_{GS}도 소스에 비하여 게이트가 음(-)이 된다. E_{GS}가 0볼트에서 증가하고 게이트에 음(-) 전압을 인가하는 경우, 상당한 양의 드레인 전류가 흐른다. 기판은 일반적으로 소스에 연결되지만 특별한 응용에서는 기판과 소스가 다양한 전위가 될 수도 있다.

N채널 증가형 MOSFET 또한 제조될 수 있다. 이들 소자는 양(+)의 게이트 전압으로 작동하여 전자가 게이트로 끌려가서 N형 채널을 형성한다. 그렇지 않으면 이 소자는 P채널 소자와 같은 기능을 한다.

그림 19-15는 N채널 증가형 MOSFET에 대한 기호를 보여준다. 화살표가 N채널을 나타내기 위해 안쪽으로 향하는 것을 제외하고는 P채널 소자와 비슷하다. 그림 19-16은 적절하게 바이어스된 N채널 증가형 MOSFET를 보여준다.

MOSFET는 JFET와 마찬가지로 대칭적이다. 따라서 소스와 드레인은 일반적으로 서로 전도되거나 교환이 가능하다.

19-3 질문

1. 공핍형 MOSFET와 증가형 MOSFET는 어떻게 서로 다른가?
2. 증가형 절연 게이트 FET가 어떻게 동작하는지 설명하여라.
3. P채널 및 N채널 증가형 MOSFET에 대한 기호를 그리고 명칭을 쓰라.
4. MOSFET에는 왜 네 개의 리드가 있는가?
5. 증가형 MOSFET의 어떤 리드가 반전될 수 있는가?

19-4 MOSFET의 안전 예방 조치

MOSFET를 취급하고 사용할 때 확실하게 안전 예방 조치가 준수되어야 한다. 최대 정격 전압 E_{GS}에 대한 제조업자의 사양서를 확인하는 것이 중요하다.

주의 만일 E_{GS}가 너무 많이 증가하면 얇은 절연층이 파괴되어 소자를 못쓰게 된다. 절연층은 민감하기 때문에 소자의 리드를 연결할 때 정전기에 의해서도 파괴될 수 있다. 소자를 장착하거나 취급할 때 손가락의 정전기가 MOSFET 리드로 전달될 수 있다.

소자가 파손되는 것을 방지하기 위해 일반적으로 MOSFET는 리드를 서로 단락시켜서 발송된다. 단락 기법에는 단락 도선(wire)으로 리드를 감싸는 방법, 소자를 단락 고리(shorting ring)에 넣는 방법, 소자를 전도성 거품(conductive foam)에 눌러 넣는 방법, 여러 개의 소자를 함께 테이핑(taping)하는 방법, 정전기 방지 튜브(tube)에 담는 방법 및 금속 박편(foil)에 싸는 방법이 있다.

최신 MOSFET는 내부적으로 게이트와 소스 사이에 전기적으로 연결된 제너 다이오드로 보호하고 있다. 다이오드는 정전기 방전과 회로 내부 과도 현상에 대해 보호하며 외부 단락 장치는 필요하지 않다. 전자공학에서 **과도 현상**(transient)은 부하변동, 전압원의 차이, 선로의 충격파에 대해 조정하는 동안 존재하는 전류의 일시적인 성분이다.

다음 절차에 따라 보호장치가 없는 MOSFET라도 안전하게 보호받을 수 있다.

1. 회로에 설치하기 전에 리드 상호 간에 서로 단락하여야 한다.
2. 소자를 취급하는 손은 금속 팔찌를 사용하여 접지하여야 한다.
3. 납땜 인두의 팁은 접지하여야 한다.
4. 회로에 전원이 도통(on) 상태일 때는 회로에 MOSFET를 삽입하거나 제거해서는 안 된다.

19-4 질문

1. MOSFET를 매우 주의 깊게 처리해야 하는 이유는 무엇인가?
2. 어떤 전압원이 초과하면 MOSFET가 손상되는가?
3. 운송 중 MOSFET를 보호하기 위해 사용되는 방법은 무엇인가?
4. 최신 MOSFET를 보호하기 위해 어떤 예방 조치가 도입되고 있는가?
5. 보호장치가 없는 MOSFET를 취급할 때 준수되어야만 하는 절차를 설명하여라.

19-5 FET의 검사

전계 효과 트랜지스터를 검사하는 것은 일반적인 트랜지스터를 검사하는 것보다 더 복잡하다. FET를 실제로 검사하기 전에 다음 사항이 고려되어야 한다.

1. 소자가 JFET인가 아니면 MOSFET인가?
2. FET가 N채널 소자인가 아니면 P채널 소자인가?
3. MOSFET가 증가형 모드 소자인가 아니면 공핍형 모드 소자인가?

회로에서 FET를 제거하거나 조정하기 전에 JFET인지 아니면 MOSFET인지를 확인한다. MOSFET는 취급 시에 다음의 주의 사항을 따라 하지 않으면 쉽게 손상될 수 있다.

1. 사용할 준비가 될 때까지 모든 MOSFET의 리드는 단락 상태를 유지한다.
2. MOSFET를 취급하는 손은 확실히 접지시킨다.
3. MOSFET의 삽입 혹은 제거하기 전에 회로의 전원을 반드시 끈다.

JFET와 MOSFET는 상용 트랜지스터 테스터 또는 저항계를 사용하여 검사할 수 있다. 상용 트랜지스터 테스터를 사용하는 경우 적절한 스위치 설정을 위해 사용 설명서를 참조한다.

저항계로 JFET 검사하기

1. R × 100 범위의 저전압 저항계를 사용한다.
2. 테스트 리드의 극성을 결정한다. 적색은 양(+)이고 흑색은 음(−)이다.
3. 순방향 저항을 다음과 같이 확인한다.
   a. N채널 JFET: 게이트에 양극 리드를 연결하고 소스나 드레인에 음극 리드를 연결한다. 소스와 드레인은 채널로 연결되기 때문에 한쪽만 검사하면 된다. 순방향 저항은 낮은 값이어야 한다.
   b. P채널 JFET: 게이트에 음극 리드를 연결하고 소스 또는 드레인은 양극 리드를 연결한다.
4. 역방향 저항은 다음과 같이 확인한다.
   a. N채널 JFET: 게이트에 저항계의 음극 리드를 연결하고 소스 또는 드레인에는 양극 리드를 연결한다. JFET는 무한대의 저항값을 나타내어야 한다. 낮은 저항값은 단락 혹은 누설을 나타낸다.
   b. P채널 JFET: 게이트에 저항계의 양극 리드를 연결하고 소스 혹은 드레인에는 음극 리드를 연결한다.

저항계로 MOSFET 검사하기

순방향과 역방향 저항은 가장 높은 눈금에서 저전압 저항계로 검사되어야 한다. MOSFET는 절연 게이트 때문에 매우 높은 입력 저항을 갖는다. 계기는 게이트와 소스 사이의 순방향 및 역방향 저항 테스트 모두 무한대의 저항을 나타내어야 한다. 이보다 더 낮은 저항 값이면 게이트와 소스 혹은 드레인 사이의 절연이 파괴되었음을 의미한다.

19-5 질문

1. FET를 실제로 검사하기 전에 어떤 질문에 대답해야 하는가?
2. 회로에서 소자를 제거하기 전에 그 소자가 JFET인지 아니면 MOSFET인지 아는 것이 왜 중요한가?
3. 저항계를 사용하여 JFET를 검사하는 방법을 설명하여라.
4. 저항계를 사용하여 MOSFET를 검사하는 방법을 설명하여라.
5. 상용 트랜지스터 테스터로 JFET 또는 MOSFET를 검사하는 절차를 설명하여라.

요약

- JFET는 신호를 제어하기 위해 접합 대신 채널을 사용한다(트랜지스터에서는 접합을 사용).
- JFET의 세 개 리드는 게이트, 소스 그리고 드레인에 붙어 있다.
- JFET를 제어하기 위해 입력 신호는 게이트와 소스 사이에 인가된다.
- JFET는 매우 높은 입력 저항을 갖는다.
- JFET에 대한 기호는 다음과 같다.

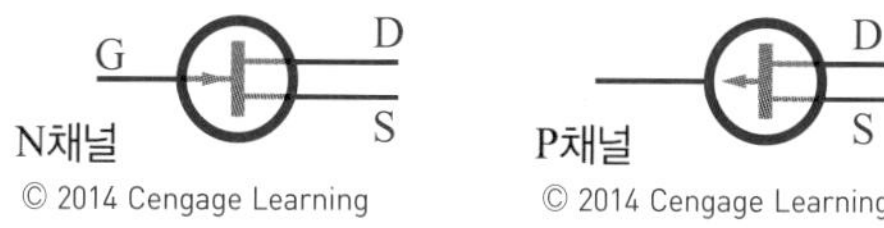

© 2014 Cengage Learning © 2014 Cengage Learning

- MOSFET(절연 게이트 FET)는 얇은 산화물층으로 채널로부터 금속 게이트를 격리한다.
- 공핍형 모드 MOSFET는 일반적으로 N채널 소자이며 통상 도통(on) 상태로 분류한다.
- 증가형 모드 MOSFET는 일반적으로 P채널 소자이며 통상 차단(off) 상태이다.
- JFET와 MOSFET 사이의 차이점 중 하나는 MOSFET의 게이트가 양(+) 혹은 음(−)으로 만들어질 수 있다는 것이다.
- 공핍형 MOSFET에 대한 회로도 기호는 다음과 같다.

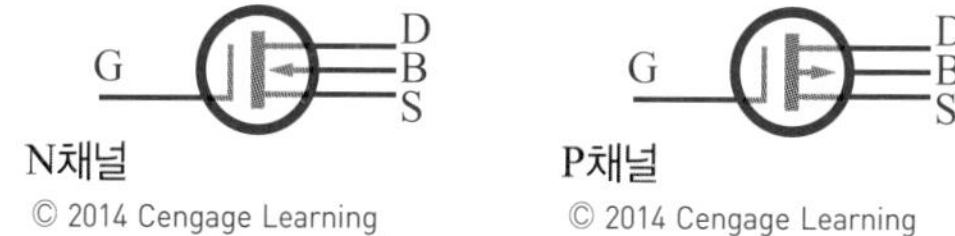

© 2014 Cengage Learning © 2014 Cengage Learning

- 대부분의 JFET와 MOSFET는 소자가 상호 대칭이므로 소스와 드레인 리드는 상호 교환할 수 있다.
- 증가형 MOSFET에 대한 기호는 다음과 같다.

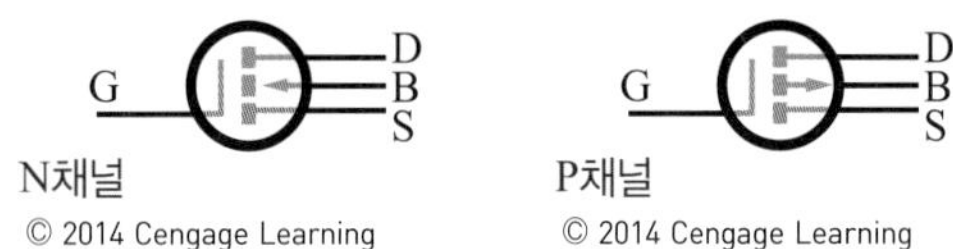

© 2014 Cengage Learning © 2014 Cengage Learning

- MOSFET는 채널로부터 금속 게이트를 분리하는 얇은 산화물층의 파괴를 피하기 위해 신중하게 처리되어야 한다.
- 손가락의 정전기 전하는 MOSFET를 손상시킬 수 있다.
- 소자를 사용하기 전에 MOSFET의 리드를 서로 단락시켜야 한다.
- MOSFET를 취급할 때는 손목에 접지된 금속 손목 팔찌를 착용하여야 한다.
- MOSFET를 회로에 납땜할 때 납땜 인두를 접지시켜 사용하고, 회로에 전원이 꺼져 있는지 확인하여야 한다.
- JFET와 MOSFET는 상용 트랜지스터 테스터 또는 저항계를 사용하여 검사할 수 있다.

연습 문제

1. N채널 및 P채널 JFET와 MOSFET에 대한 기호를 그려라.
2. JFET의 두 가지 외부 바이어스 전압을 무엇이라 부르는가?
3. FET의 핀치 오프 전압은 무엇을 의미하는지 설명하여라.
4. JFET의 핀치 오프 전압은 어떻게 결정되는가?
5. 공핍형 MOSFET가 무엇인지 그 의미를 설명하여라.
6. 공핍형 MOSFET와 증가형 MOSFET의 차이점은 무엇인가?
7. 증가형 MOSFET가 차단과 같은 동작은 어떤 모드인가?
8. MOSFET를 취급할 때 지켜야 할 안전 예방 수칙을 기술하여라.
9. 저항계로 JFET를 검사하는 방법을 설명하여라.
10. 저항계로 MOSFET를 검사하는 방법을 설명하여라.

20장

사이리스터(SCR)

Thyristors

학습 목표

이 장을 학습하면 다음을 할 수 있다.

- 사이리스터의 일반적인 유형을 정의할 수 있다.
- SCR과 TRIAC, DIAC이 회로에서 어떻게 동작하는지 설명할 수 있다.
- SCR과 TRIAC, DIAC의 회로도 기호를 그리고 단자명을 표시할 수 있다.
- 다양한 유형의 사이리스터의 회로 응용을 식별할 수 있다.
- 다양한 유형의 사이리스터 패키지를 식별할 수 있다.
- 저항계를 이용하여 사이리스터를 검사할 수 있다.

사이리스터(thyristor)는 전자 제어 스위치에 사용되는 광범위한 반도체 부품으로, PNPN 재생 궤환으로 온/오프 상태를 유지하는 쌍안정 동작을 갖는 반도체 소자이다. **쌍안정 동작**(bistable action)은 두 개의 안정 상태 중 하나로 고정됨을 뜻한다. **재생 궤환**(regenerative feedback)이란 출력의 일부를 다시 입력으로 공급함으로써 높은 출력을 얻는 방법이다.

사이리스터는 직류와 교류 전원의 제어가 필요한 상황에서 널리 이용되는데, 부하에 전력을 인가하거나 제거하기 위해 이용된다. 또한 조광기 제어나 모터 속도 제어처럼, 전력을 조절하거나 부하에 인가되는 전력량을 조절하기 위해 이용되기도 한다.

20-1 실리콘 제어 정류기

실리콘 제어 정류기(silicon-controlled rectifiers; SCR)는 가장 잘 알려진 사이리스터로 주로 **SCR**이라고 부른다. 이 정류기는 세 개의 단자(애노드, 캐소드, 게이트)를 가지며, 주로 스위치로 이용된다. SCR은 한 방향으로만 전류를 제어하기 때문에 기본적으로 정류기이다. SCR이 전력 트랜지스터보다 유리한 점은 외부 회로에 따라 작은 트리거 신호로 큰 전류를 제어할 수 있다는 점이다. SCR은 게이트 신호가 제거된 후 온(on) 상태를 유지하기 위해 전류의 흐름이 필요하다. 전류 흐름이 0으로 떨어지면 SCR이 차단되며 SCR을 다시 온(on) 상태로 하려면 게이트 신호를 다시 인가해야 한다. 전력 트랜지스터로 동일한 크기의 전류를 제어하려면 SCR보다 10배로 큰 트리거 신호가 필요하다.

SCR은 교대로 도핑된 네 개의 반도체 층으로 구성된 반도체 소자이다. 그것은 확산 또는 확산합금법을 이용해 실리콘으로 만들어진다. 그림 20-1은 SCR의 단순화된 구조를 보여준다. 네 개의 계층을 샌드위치처럼 결합하

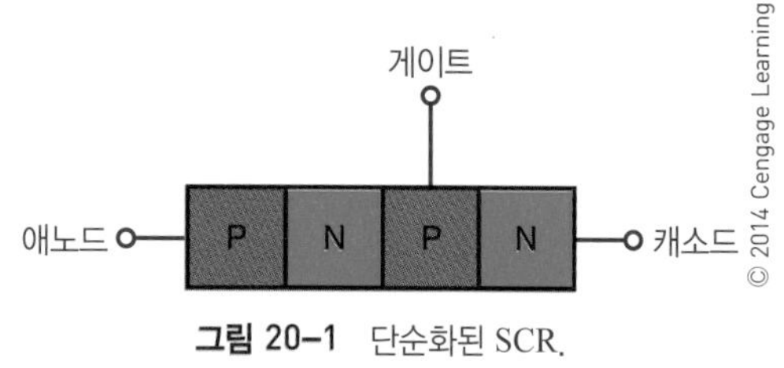

그림 20-1 단순화된 SCR.

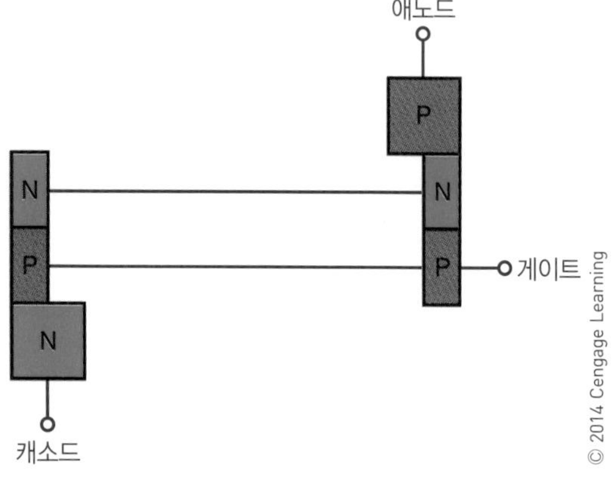

그림 20-2 등가 SCR.

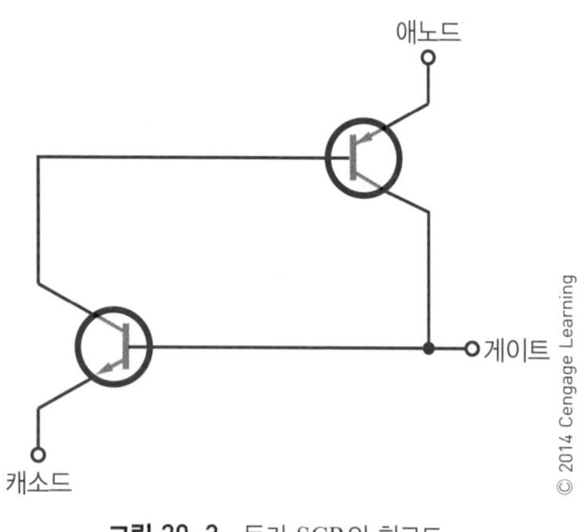

그림 20-3 등가 SCR의 회로도.

여 세 개의 접합부를 형성한다. 리드는 세 개의 층에만 부착되어, 애노드(anode)와 캐소드(cathode), 게이트(gate)를 형성한다.

그림 20-2는 네 개 층이 3층 소자 두 개로 나눈 것을 보여준다. 이 장치는 상호 연결되어 재생 궤환 쌍(regenerative feedback pair)을 구성하는 PNP와 NPN 트랜지스터이다. 그림 20-3은 이 트랜지스터들의 회로도를 보여준다. 이 그림은 애노드가 캐소드에 대해 양(+)의 값이고, 게이트가 개방된 것을 보여준다. NPN 트랜지스터는 이미터 접합부가(PNP 트랜지스터의 컬렉터 또는 게이트 신호가 공급하는) 순방향 바이어스 전압을 받지 않기 때문에 도통되지 않는다. NPN 트랜지스터의 컬렉터가 도통되지 않으므로 PNP 트랜지스터는 도통되지 않는다(NPN 트랜지스터의 컬렉터가 PNP 트랜지스터의 베이스 구동 전류를 제공하므로). 이 회로는 이런 조건에서 전류가 캐소드에서 애노드로 흐르도록 허용하지 않는다.

게이트가 캐소드에 대해 양(+)의 상태가 되면, NPN 트랜지스터의 이미터 접합이 순방향 바이어스가 되고 NPN 트랜지스터가 도통된다. 따라서 베이스 전류가 PNP 트랜지스터를 통해 흐르게 되고 이로 인해 PNP 트랜지스터가 도통된다. PNP 트랜지스터를 통해 흐르는 컬렉터 전류는 베이스 전류가 NPN 트랜지스터를 통해 흐르도록 한다. 두 트랜지스터는 서로를 도통 상태로 유지하여 전류가 애노드에서 캐소드로 계속해서 흐르게 한다. 게이트 전압이 순간적으로만 인가되더라도 이러한 작용이 일어난다. 순간적인 전압이 회로가 도통 상태로 전환하게 하고 게이트 전압이 제거되어도 회로가 계속 도통 상태를 유지하도록 한다. 애노드 전류는 외부 회로에 의해서만 제한된다. SCR을 오프(off) 상태로 전환하려면 애노드–캐소드 전압을 유지값(보통은 0에 가까움) 이하로 낮춰야 한다. 그렇게 하면 두 트랜지스터가 모두 오프(off) 상태로 되고 게이트 전압이 다시 인가될 때까지 오프(off) 상태가 유지된다.

SCR은 양(+)의 입력 게이트 전압에 의해 온(on) 상태가 되고, 애노드–캐소드 전압이 0으로 내려감으로써 오프(off) 상태가 된다. SCR이 온(on) 상태가 되어 높은 캐소드–애노드 전류를 도통하면 순방향으로 도통된다. 캐소드–애노드 바이어스 전압의 극성이 바뀌면 소량의 누설 전류만 역방향으로 흐른다.

그림 20-4는 SCR의 기호를 보여준다. 이것은 게이트 리드가 부착된 다이오드 기호이다. 리드들은 보통 K(캐소드), A(애노드), G(게이트)로 표시한다. 그림 20-5는 몇 가지 SCR 패키지를 보여준다.

순방향 바이어스된 SCR은 그림 20-6에서 볼 수 있다. 게이트 전압을 인가하고 제거하기 위해 스위치가 사용

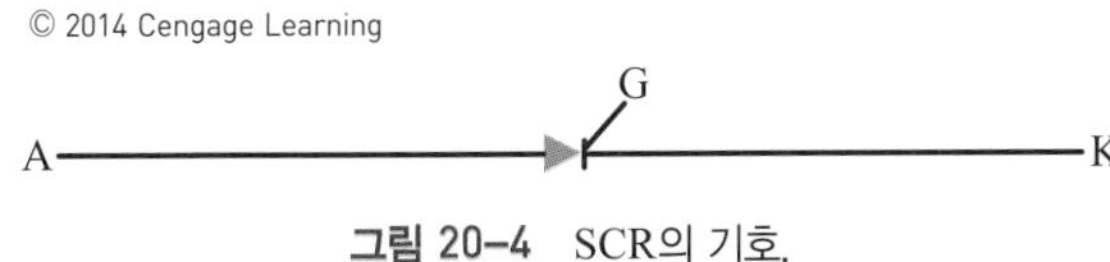

그림 20-4 SCR의 기호.

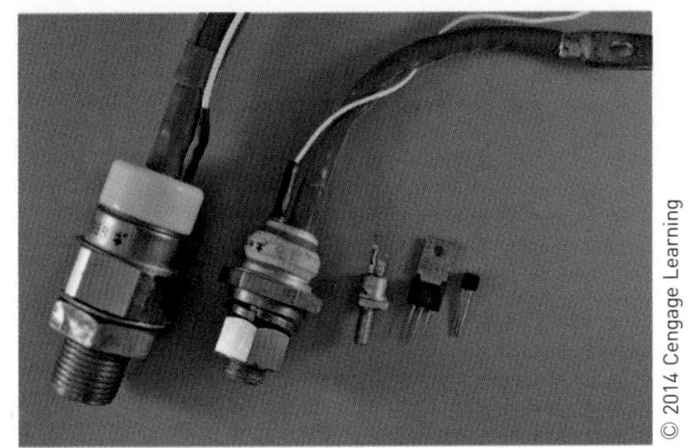

그림 20-5 일반적인 SCR 패키지.

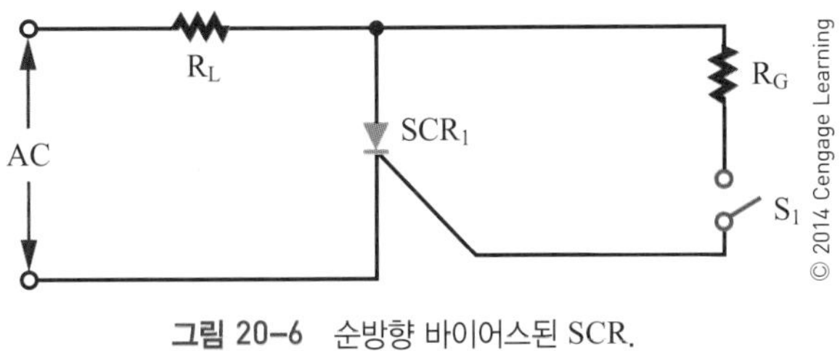

그림 20-6 순방향 바이어스된 SCR.

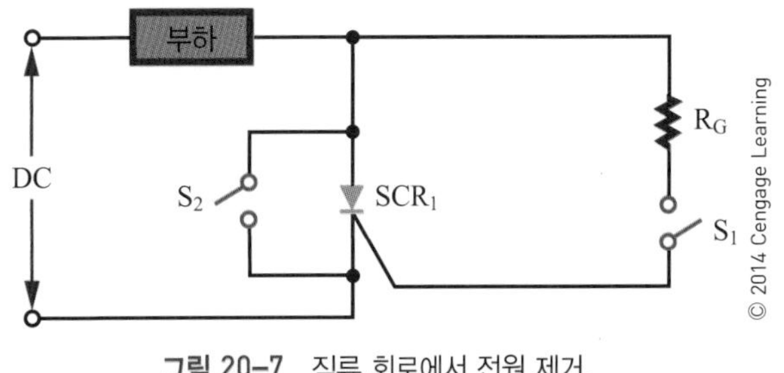

그림 20-7 직류 회로에서 전원 제거.

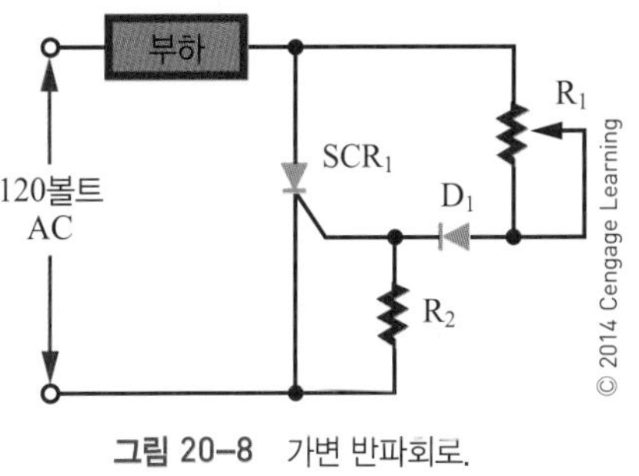

그림 20-8 가변 반파회로.

된다. 전류를 지정된 게이트 전류로 제한하기 위해 저항 R_G가 사용된다. 애노드-캐소드 전압은 교류 전압원에서 공급된다. 이 소자가 온(on)이 될 때 애노드-캐소드 전류를 지정된 게이트 전류까지 제한하기 위해 직렬 저항(R_L)이 사용된다. 저항 R_L이 없으면 SCR이 손상될 만큼 높은 애노드-캐소드 전류가 흐르게 된다.

SCR은 주로 다양한 유형의 부하에 대한 직류와 교류 전력을 인가하는 것을 제어하기 위해 이용되며 회로를 개폐시키는 스위치로 이용할 수 있다. 또한 부하에 인가되는 전력의 양을 변화시키는 데에도 이용할 수 있다. SCR을 이용하면 소량의 게이트 전류로 큰 부하 전류를 제어할 수 있다.

SCR을 직류 회로에 사용하는 경우 부하에서 전력을 제거하지 않고 SCR을 오프(off) 상태로 만드는 값싼 방법은 없다. 이 문제는 SCR에 스위치를 연결함으로써 해결할 수 있다(그림 20-7). 스위치 S_2가 닫히면 SCR을 차단한다. 그러면 애노드-캐소드 전압이 0으로 감소하여 순방향 전압이 유지값 아래로 내려가 SCR이 오프(off) 상태가 된다.

SCR을 교류 회로에 사용하는 경우, 각 교류 입력의 한 사이클 중 반 사이클 동안에만 도통이 일어나 애노드를 캐소드에 대해 양(+)의 값이 되도록 한다. 게이트 전류를 계속해서 인가하면 SCR이 계속해서 도통된다. 게이트 전류를 제거하면 교류 신호의 절반 이내에서 SCR이 오프(off) 상태가 되어 게이트 전류가 재인가될 때까지 오프(off) 상태로 남는다. 이는 사용 가능한 전력의 절반만 부하에 인가될 수 있음을 뜻한다. 각 사이클의 모든 교번 주기에서 SCR을 이용해 전류를 제어하는 것이 가능하다. 이것은 SCR에 인가하기 전에 교류 신호를 정류하여 각 사이클의 교번 주기 모두가 동일한 방향으로 흐르도록 만들어 줌으로써 가능하다.

그림 20-8은 단순한 가변 반파회로를 보여준다. 이 회로는 애노드 전압 신호의 전기각이 0도에서 90도로 위상이 이동하는 것을 보여준다. 다이오드 D_1은 애노드 공급 전압의 음의 반주기 동안 역방향 게이트 전압을 차단한다.

20-1 질문

1. SCR이 트랜지스터보다 스위치로 더 좋다고 생각되는 이유는 무엇인가?
2. SCR이 어떻게 구성되는지 기술하라.
3. SCR이 어떻게 동작하는지 설명하여라.
4. SCR의 기호를 그리고 단자명을 표시하여라.
5. SCR을 응용한 예에는 어떤 것들이 있는가?

20-2 TRIAC

트라이악(TRIAC)은 3극 교류 반도체(Triode AC semiconductor)의 약어이다. TRIAC은 SCR과 동일한 개폐 특성을 가지고, 두 개의 SCR에 의하여 양방향에서 전류를 제어할 수 있도록 한 것이다. TRIAC은 서로 등을 대고 병렬로 연결된 두 개의 SCR과 등가이다(그림 20-9).

TRIAC은 어느 방향으로의 전류 흐름도 제어할 수 있기 때문에, 다양한 유형의 부하에 대한 교류 전력의 인가를 제어하는 데 널리 이용된다. TRIAC은 게이트 전류를 적용하면 온(on) 상태가 되고, 동작 전류를 유지 레벨 이하로 낮추면 오프(off) 상태가 되며, 단자를 통해 순방향과 역방향 전류를 도통하도록 설계되어 있다.

그림 20-10은 TRIAC의 단순화된 구조도를 보여준다. TRIAC은 PNPN 소자와 병렬로 배치된 4층 NPNP 소자이다. 그것은 단일 게이트를 통해 게이트 전류에 반응하도록 되어있다. 입력 및 출력 단자는 **주단자1**(MT_1)과 **주단자2**(MT_2)로 구분되어 있다. 단자들은 소자의 반대편 끝에서 PN 접합부를 사이에 두고 서로 연결되어 있다. MT_1은 게이트 단자에서 전압과 전류 측정의 기준점이다. 게이트(G)는 MT_1과 동일한 쪽에서 PN 접합부에 연결되어 있다. MT_1에서 MT_2로의 신호는 NPNP 직렬층 또는 PNPN 직렬층을 통과해야 한다.

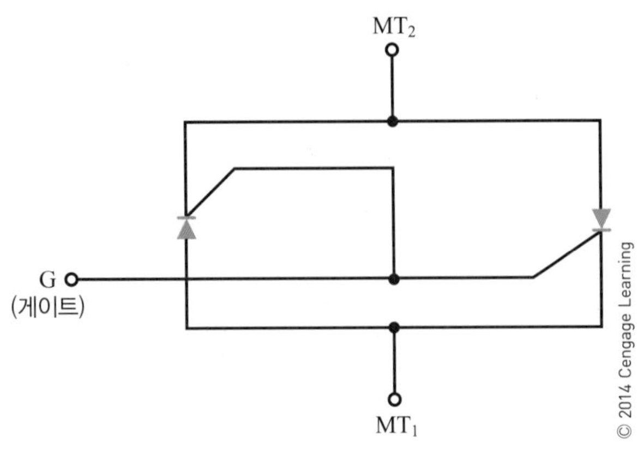

그림 20-9 등가 TRIAC.

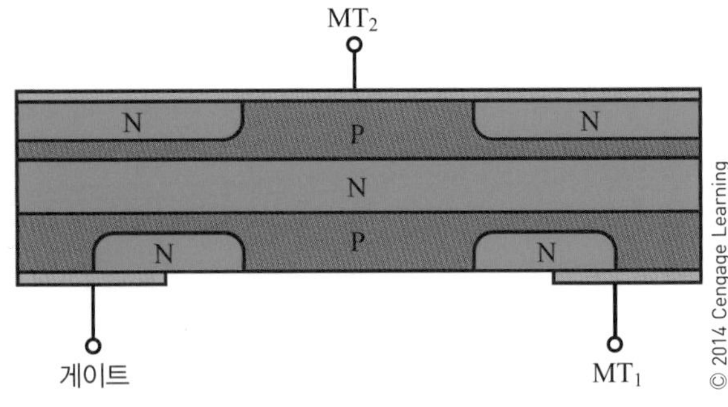

그림 20-10 단순화된 TRIAC.

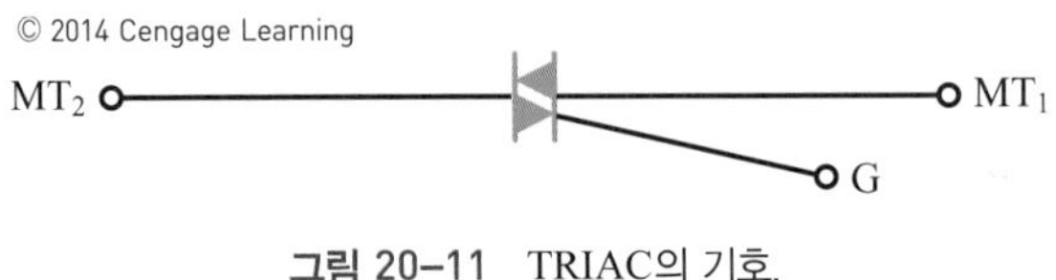

그림 20-11 TRIAC의 기호.

그림 20-12 일반적인 TRIAC 패키지.

TRIAC의 기호는 그림 20-11에서 볼 수 있다. 그것은 하나의 게이트 리드로 반대 방향에서 연결된 두 개의 병렬 다이오드로 구성된다. 단자는 MT_1, MT_2, G(게이트)로 표시되어 있다. 그림 20-12는 몇 가지 TRIAC 패키지를 보여준다.

TRIAC은 교류 스위치로 이용될 수 있다(그림 20-13). 또한 부하에 인가되는 교류 전류량을 제어하는 데

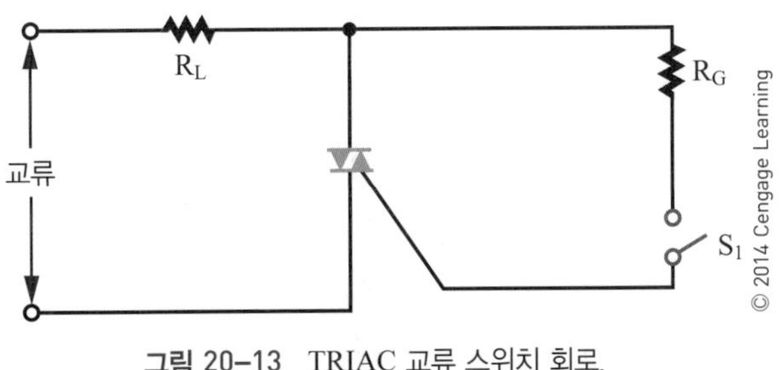

그림 20-13 TRIAC 교류 스위치 회로.

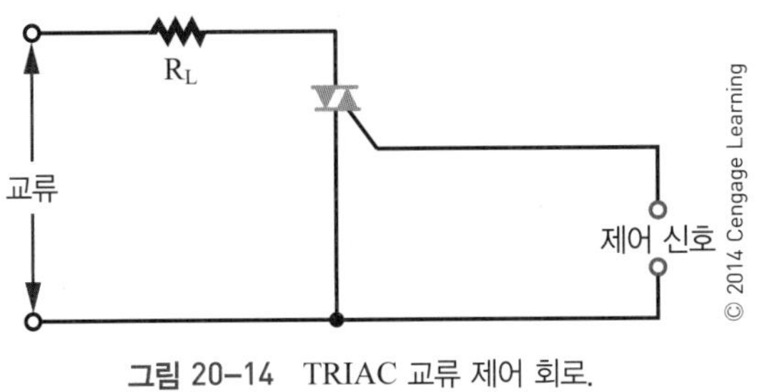

그림 20-14 TRIAC 교류 제어 회로.

도 이용할 수 있다(그림 20-14). TRIAC은 모든 사용 가능한 전력을 부하에 인가한다. 부하에 인가되는 교류 전류량에 변화를 주기 위해 TRIAC이 이용되는 경우, 그것이 적절한 시기에 동작하도록 보장하기 위해 특별한 트리거 장치가 필요하다. TRIAC이 반대 방향으로 흐르는 게이트 전류에 대한 감도가 똑같지 않기 때문에 트리거 장치는 필수적이다.

TRIAC은 SCR에 비해 단점이 있다. TRIAC은 25 A의 전류 정격을 갖지만, SCR은 1400 A의 높은 전류 정격을 갖는다. TRIAC의 최대 전압 정격은 500 V인데 반해, SCR은 2600 V이다. TRIAC은 저주파용(50~400 Hz)으로 설계된 반면, SCR은 최대 30,000 Hz까지 처리할 수 있다. TRIAC은 또한 유도성 부하에 대한 전력을 전환하는 데도 어려움이 있다.

20-2 질문

1. TRIAC과 SCR의 차이는 무엇인가?
2. TRIAC이 어떻게 구성되어 있는지 기술하여라.
3. TRIAC의 회로도 기호를 그리고 단자명을 표시하여라.
4. TRIAC을 응용한 예로는 어떤 것들이 있는가?
5. TRIAC과 SCR의 장단점을 비교하여라.

20-3 양방향 트리거 다이오드

TRIAC이 비대칭 트리거 특성을 갖기 때문에, 다시 말해 반대 방향으로 흐르는 게이트 전류에 대한 감도가 동일하지 않기 때문에 TRIAC 회로에 양방향 트리거 다이오드를 이용한다. 가장 빈번하게 이용되는 트리거 소자는 **DIAC**(Diode AC)이다.

DIAC은 트랜지스터와 같은 방식으로 구성되며, 교대로 도핑된 세 개의 층을 갖는다(그림 20-15). 유일한 구성 상의 차이는 DIAC의 양 접합 주위의 도핑 농도가 동일하다는 것이다. 리드는 바깥 층에만 부착된다. 리드가 두 개뿐이기 때문에, 이 장치는 PN 접합 다이오드처럼 패키지된다.

두 개의 접합이 동일하게 도핑되어, DIAC은 전류 흐름의 방향에 관계없이 동일한 영향을 미친다. 접합 중 하나는 순방향 바이어스 다른 하나는 역방향 바이어스가 걸린다. 역방향 바이어스 접합부는 DIAC을 통해 흐르는 전류를 제어한다. DIAC은 마치 서로 등을 대고 직렬로 연결된 두 개의 PN 접합 다이오드를 포함하고 있는 것처럼 작용한다(그림 20-16). DIAC은 어느 방향으로든 인가된 전압이 역방향 바이어스 접합부가 항복되어 제너 다이오드처럼 도통되기 시작할 만큼 높아질 때까지 오프(off) 상태를 유지한다. 항복은 도통이 일어나기 시작되는 지점에 발생한다. 그러면 DIAC이 온(on) 상태로 바뀌고 전류가 회로 내 직렬 저항에 의해 제한된 값까지 올라가게 된다.

DIAC의 기호는 그림 20-17에서 볼 수 있다. TRIAC과 비슷하지만, DIAC의 경우 게이트 리드가 없다는 점

그림 20-15 단순화된 DIAC.

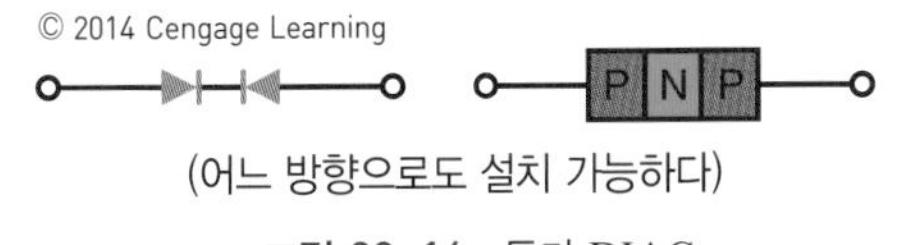

(어느 방향으로도 설치 가능하다)
그림 20-16 등가 DIAC.

그림 20-17 DIAC의 기호.

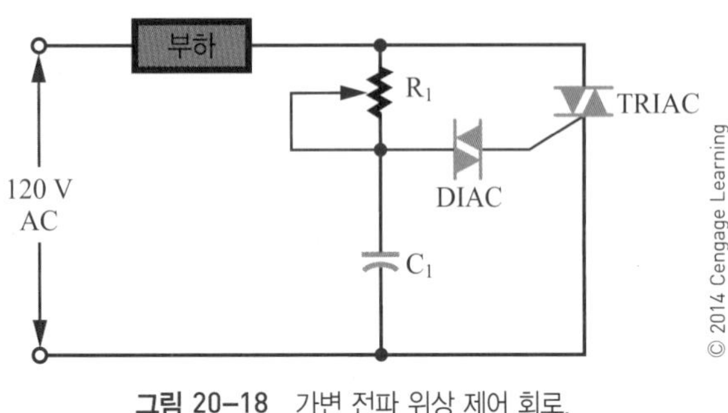

그림 20-18 가변 전파 위상 제어 회로.

이 다르다.

DIAC은 TRIAC의 트리거 장치로 가장 흔히 이용된다. DIAC이 온(on) 상태가 될 때마다, 전류가 TRIAC 게이트를 통해 흐르게 하여 TRIAC을 온(on) 상태로 만든다. DIAC은 교류 신호의 전파 제어를 위해 TRIAC과 결합하여 이용한다. 그림 20-18은 가변 전파 위상 제어 회로이다. 가변 저항 R_1과 커패시터 C_1이 위상 변이 회로를 구성한다. C_1에 걸리는 전압이 DIAC의 항복 전압에 이르면, C_1은 부분적으로 DIAC을 통해 TRIAC의 게이트로 방전한다. 이러한 방전은 TRIAC을 도통되도록 트리거하는 펄스를 만든다. 이 회로는 램프, 히터 그리고 소형 전기 모터의 속도를 제어하는 데 유용하다.

20-3 질문

1. DIAC은 회로의 어디에 이용되는가?
2. DIAC이 어떻게 구성되는지 기술하여라.
3. DIAC이 회로 내에서 어떻게 동작하는지 설명하여라.
4. DIAC의 회로 기호를 그리고, 단자명을 표시하라.
5. DIAC과 TRIAC을 이용한 전파 위상 제어 회로의 회로도를 그려라.

20-4 사이리스터의 검사

다른 반도체 소자와 마찬가지로 사이리스터도 고장 날 수 있다. 사이리스터는 상용 검사장비나 저항계로 검사할 수 있다.

사이리스터를 검사하기 위한 상용 검사장비를 이용하려면, 스위치 설정과 판독을 위해 제조업자의 매뉴얼을 참조하라.

저항계를 사용하면 결함 있는 사이리스터를 대부분 검출할 수 있다. 이 방법은 한계상태에 있거나 전압에 민감한 소자는 감지할 수 없다. 그러나 사이리스터의 상태를 잘 보여줄 수 있다.

저항계로 SCR 검사하기

1. 저항계 리드의 극성을 결정한다. 적색 리드선은 양(+), 흑색 리드선은 음(−)이다.
2. 저항계 리드의 양(+)을 캐소드, 음(−)을 애노드에 연결한다. 저항값은 1 MΩ을 초과해야 한다.
3. 리드를 역으로 하여, 캐소드에 음(−)을 애노드에 양(+)을 연결한다. 이때도 저항값이 1 MΩ을 초과해야 한다.
4. 저항계 리드를 단계 3에서처럼 연결한 상태로 게이트를 애노드와 단락시킨다(게이트 리드를 애노드 리드에 접촉). 저항이 1 MΩ 미만으로 떨어져야 한다.
5. 게이트와 애노드 간에 단락을 제거한다. 저항계의 저저항 범위가 이용되는 경우 저항이 낮게 머물러야 한다. 고저항 범위가 이용되는 경우, 저항이 1 MΩ 이상으로 복귀해야 한다. 고저항 범위에서는 단락이 제거되었을 때 저항계는 게이트가 래치 상태(온 상태)를 유지할 만큼 충분한 전류를 공급하지 않는다.
6. 저항계 리드를 SCR에서 제거하고 검사를 반복한다. 일부 저항계는 단계 5에서 중요한 결과를 제공하지 않으므로 단계 4만으로 충분하다.

저항계로 TRIAC 검사하기

1. 저항계 리드의 극성을 결정한다.
2. 저항계 리드의 양(+)을 MT_1에, 음(−)을 MT_2에 연결한다. 저항값이 높아야 한다.

3. 저항계 리드를 단계 2처럼 연결한 상태로 게이트를 MT_1과 단락시킨다. 저항이 떨어져야 한다.
4. 단락을 제거한다. 낮은 저항값이 유지되어야 한다. 큰 게이트 전류가 요구되는 경우 저항계는 TRIAC이 래치 상태를 유지할 만큼 충분한 전류를 공급하지 못할 수 있다.
5. 리드를 제거하여 단계 2처럼 다시 연결한다. 저항값이 다시 올라가야 한다.
6. 게이트를 MT_2에 단락시킨다. 저항값이 떨어져야 한다.
7. 단락을 제거한다. 낮은 저항값이 유지되어야 한다.
8. 리드를 제거하여 반대로 음(−)을 MT_1, 양(+)을 MT_2에 연결한다. 저항값이 높아야 한다.
9. 게이트를 MT_1에 단락시킨다. 저항값이 떨어져야 한다.
10. 단락을 제거한다. 낮은 저항값이 유지되어야 한다.
11. 리드를 제거하고 동일한 구성으로 다시 연결한다. 저항값이 다시 올라가야 한다.
12. 게이트를 MT_2에 단락시킨다. 저항값이 떨어져야 한다.
13. 단락을 제거한다. 낮은 저항값이 유지되어야 한다.
14. 리드를 제거하여 다시 연결한다. 저항값이 높아야 한다.

저항계로 DIAC 검사하기

저항계로 DIAC을 검사할 때, 어느 방향에서건 낮은 저항값은 소자가 열려 있지 않음(결함이 없음)을 뜻한다. 이는 소자가 단락되었음을 뜻하는 것이 아니다. DIAC을 계속 검사하려면 단자의 전압을 확인하기 위한 특수 회로 구성이 필요하다(그림 20−19).

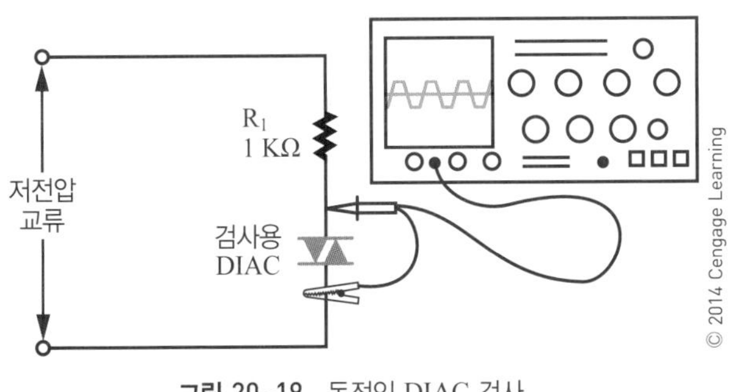

그림 20−19 동적인 DIAC 검사.

20-4 질문

1. 트랜지스터 테스터를 이용해 SCR을 검사하기 위한 스위치 설정값과 표시를 기술하여라.(매뉴얼 참고)
2. 트랜지스터 테스터를 이용해 TRIAC을 검사하기 위한 스위치 설정값과 표시를 기술하여라.(매뉴얼 참고)
3. 저항계로 SCR을 검사하기 위한 절차를 기술하여라.
4. 저항계로 TRIAC을 검사하기 위한 절차를 기술하여라.
5. 저항계로 DIAC을 검사하기 위한 절차를 기술하여라.

요약

- 사이리스터에는 SCR(실리콘 제어 정류기)과 TRIAC, DIAC이 있다.
- SCR은 양의 게이트 신호에 의해 한 방향으로 전류를 제어한다.
- SCR의 애노드−캐소드 전압을 0으로 줄이면 오프(off) 상태가 된다.
- SCR을 이용하여 교류와 직류 회로의 전류를 모두 제어할 수 있다.
- SCR의 기호는 아래와 같다.

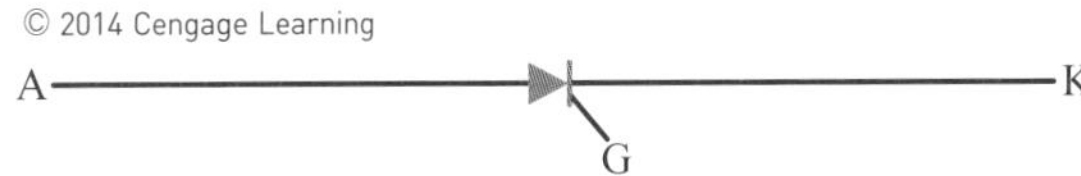

- TRIAC은 양방향 3극 사이리스터이다.
- TRIAC은 양 또는 음의 게이트 신호에 의해 어느 방향으로든지 전류를 제어한다.
- TRIAC의 기호는 아래와 같다.

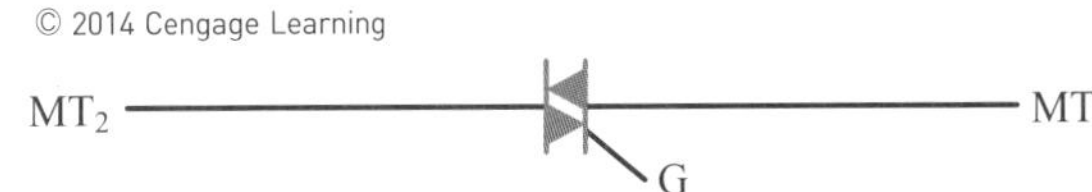

- TRIAC은 25 A까지의 전류 정격을 가지고 있지만, SCR은 최대 1400 A까지 처리할 수 있다.
- TRIAC은 전압 정격이 500 V인데 비해, SCR은 최대 2600 V이다.
- TRIAC은 400 Hz까지의 주파수를 처리하는 데 비해, SCR은 최대 30,000 Hz까지 처리할 수 있다.

- TRIAC은 비대칭 트리거 특성을 갖기 때문에, DIAC을 이용할 필요가 있다.
- DIAC은 양방향 트리거 다이오드이다.
- DIAC의 기호는 아래와 같다.

- DIAC은 TRIAC의 트리거 장치로 가장 많이 이용된다.
- 사이리스터는 상용 트랜지스터 테스터 또는 저항계를 이용해 검사할 수 있다.

연습 문제

1. PN 접합 다이오드와 SCR의 차이는 무엇인가?
2. SCR이 도통 상태가 된 후에, 애노드 공급 전압이 SCR을 통해 흐르는 애노드 전류에 어떤 영향을 미치는가?
3. 정현파를 그리고 그 위에 SCR이 차단되는 지점을 표시하여라.
4. 부하 저항은 SCR 회로를 통해 흐르는 전류에 어떤 영향을 미치는가?
5. TRIAC이 SCR에 비해 갖는 장점은 무엇인가?
6. TRIAC이 SCR에 비해 갖는 단점은 무엇인가?
7. DIAC이 TRIAC의 게이트 회로에 이용되는 이유는 무엇인가?
8. SCR을 검사하는 과정을 기술하여라.
9. 사이리스터를 검사할 때, 검사할 수 없는 것은 무엇인가?
10. DIAC을 검사하기 위한 회로도 구성을 그려라.

21장

집적회로
Integrated Circuits

학습 목표

이 장을 학습하면 다음을 할 수 있다.

- 집적회로의 중요성을 설명할 수 있다.
- 집적회로의 장단점을 설명할 수 있다.
- 집적회로의 주요 부품을 설명할 수 있다.
- 집적회로 구성을 위해 이용되는 네 가지의 공정을 설명할 수 있다.
- 주요 집적회로 패키지를 설명할 수 있다.
- 집적회로의 종류를 나열할 수 있다.

트랜지스터와 기타 반도체 소자는 작은 크기와 낮은 전력 소모로 인해 전자 회로의 크기를 줄일 수 있게 하였다. 그리고 이제는 개별 부품뿐만 아니라 완전한 회로까지 반도체의 원리를 확대하는 것이 가능하다. 집적회로의 목적은 부품과 회로를 분리하지 않고 증폭이나 스위치 기능처럼 특정한 기능을 수행할 단일 소자를 개발하는 것이다.

다음과 같은 몇 가지 요소 덕분에 집적회로가 널리 사용되고 있다.

- 회로가 복잡하지만 신뢰할 수 있다.
- 전력 소모가 적다.
- 크기가 작고 무게가 가볍다.
- 경제적인 생산이 가능하다.
- 시스템 문제에 대한 새롭고 보다 나은 해결책을 제공한다.

21-1 집적회로의 소개

집적회로(integrated circuit; IC)는 기존의 저전력 트랜지스터보다 크지 않은 패키지에 들어 있는 완전한 전자 회로이다. 회로는 다이오드와 트랜지스터, 저항, 커패시터로 구성된다. 집적회로는 트랜지스터와 다른 반도체 소자를 만드는 것과 동일한 기술과 물질로 만들어진다.

집적회로의 가장 뚜렷한 장점은 작은 크기이다. 집적회로는 약 $0.8\,\text{cm}^2$ 정도의 반도체 물질로 이루어진 칩으로 구성된다. 집적회로가 군사 및 항공 우주산업 프로그램에서 광범위하게 이용되는 것은 바로 작은 크기 때문이다. 집적회로는 또한 계산기를 탁상용 기기에서 휴대용 기기로 바꿔놓았다. 한때 여러 개의 방을 차지할 만큼 큰 크기였던 컴퓨터 시스템은 이제 집적회로 덕분에 휴대용으로 나오고 있다.

이러한 소형 집적회로는 전통적인 트랜지스터 회로보다 전력 소모가 적고 처리 속도도 빠르다. 또한 내부 부품을 연결함으로써 전자의 이동 시간이 감소된다.

집적회로는 직접 연결되는 트랜지스터 회로보다 더 믿을 수 있다. 집적회로에서 내부 부품은 영구적으로 연결되어 있다. 모든 부품이 동시에 구성되어 오류가 일어날 가능성을 줄였다. 집적회로가 만들어진 후에는 최종 조립 전에 사전 검사를 거친다.

많은 집적회로가 동시에 생산된다. 이는 상당한 비용 절감을 가져온다. 생산자들은 완전하고 표준화된 집적회로 생산 라인을 제공한다. 여전히 요구 조건에 맞춰 특수 목적 집적회로를 생산할 수 있지만 수량이 적을 경우 비용이 높아진다.

집적회로는 전자 장비를 만들 때 필요한 부품의 수를 줄여준다. 이로써 재고가 줄고 그 결과 생산자에 대한 간접비가 줄어서 전자 장치의 원가가 추가로 감소된다.

집적회로는 몇 가지 단점도 가지고 있다. 집적회로는 대량의 전류와 전압을 처리할 수 없다. 높은 전류는 과도한 열을 발생시켜 소자에 손상을 준다. 또한 높은 전압은 다양한 부품 간의 절연을 파괴한다. 대부분의 집적회로는 mA 범위에서 5~15 V를 소모하는, 소모 전력 1 W 미만의 저전력 소자이다.

집적회로는 네 종류의 부품인 다이오드, 트랜지스터, 저항, 커패시터로만 이루어진다. 다이오드와 트랜지스터는 가장 구성하기 쉽다. 저항은 저항값이 클수록 크기가 커진다. 커패시터는 저항보다 더 큰 공간을 필요로 하며 용량이 커지면서 크기도 커진다.

또한 집적회로는 내부 부품을 분리할 수 없기 때문에 수리가 불가능하다. 따라서 개별 부품이 아닌 개별 회로에 의해 문제가 확인된다. 그런데 매우 복잡한 시스템의 유지보수를 단순하게 만든다는 점에서 이러한 단점은 오히려 장점이 될 수도 있다. 또한 유지보수 인력이 장비를 수리하는 데 소요되는 시간을 줄여준다.

모든 요인들을 고려할 때 장점이 단점보다 많다고 볼 수 있다. 집적회로는 전자 장비의 크기와 무게, 비용을 감소시켜주면서 신뢰성은 증가시킨다. 집적회로가 보다 정교화됨에 따라 보다 광범위한 임무를 수행할 수 있게 되었다.

21-1 질문

1. 집적회로를 정의하여라.
2. 집적회로의 장점은 무엇인가?
3. 집적회로의 단점은 무엇인가?
4. 집적회로에는 어떤 부품들이 포함되는가?
5. 결함이 있는 집적회로를 수리하기 위한 절차는 무엇인가?

21-2 집적회로의 제조 방법

집적회로는 제조 방법에 따라 분류된다. 일반적인 제조 방법으로는 모놀리식, 박막식, 후막식, 하이브리드식이 있다.

모놀리식 집적회로(monolithic IC)는 트랜지스터와 동일한 방식으로 구성되지만 몇 가지 추가적 단계가 포함된다. 이 집적회로는 7~10 cm 직경, 약 0.25 mm 두께의 원형 실리콘 웨이퍼(wafer)로부터 시작된다. 이것은 집적회로가 구성되는 기판 역할을 한다. 많은 집적회로가 이처럼 웨이퍼 위에서 동시에 형성되는데, 웨이퍼의 크기에 따라 수백 개까지 만들어진다. 웨이퍼 상의 집적회로는 대체로 크기와 형태가 같고 부품의 개수와 형태도 같다(그림 21-1).

제조 후에 웨이퍼 상태에서 집적회로를 검사한다. 검사 후에는 웨이퍼를 개별 칩으로 자른다. 각각의 칩은 모든 부품과 해당 회로와 관련된 연결부를 포함하는 한 개의 완전한 집적회로를 이룬다. 그런 뒤 품질 관리 검사를 통

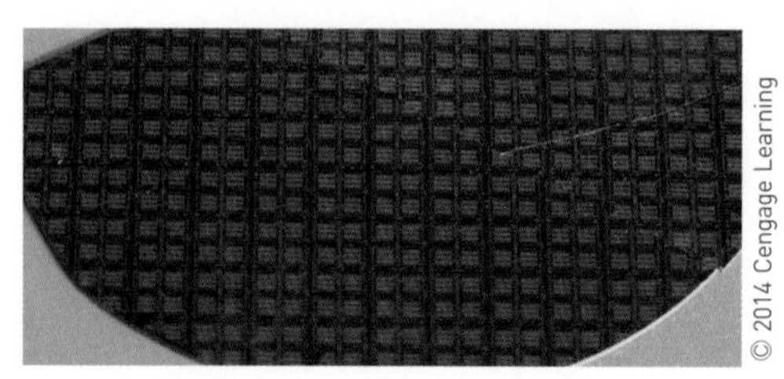

그림 21-1 웨이퍼 상의 집적회로.

과한 각각의 칩이 패키지 속에 장착된다. 수많은 집적회로가 동시에 만들어지지만 그중에 몇 개만이 이용 가능하다. 이를 수율(yield)이라고 하는데 불합격품과 비교하여 사용 가능한 집적회로의 최대수를 가리킨다.

박막 집적회로(thin-film IC)는 보통 6.5 cm^2 미만의 유리 또는 세라믹으로 된 절연 기판 위에 형성된다. 부품(저항과 커패시터)은 극도로 얇은 금속막과 기판 위에 융착된 산화물로 구성된다. 그런 다음 얇고 긴 금속 띠를 융착시켜 부품을 연결한다. 다이오드와 트랜지스터는 별개의 반도체 소자로 구성되어 적절한 위치에 부착된다. 저항은 0.00025 mm 두께의 기판 표면에 탄탈룸이나 니크롬을 융착시켜서 만든다. 저항의 값은 각 띠의 길이와 폭, 두께에 따라 결정된다. 전도체는 금이나 백금, 알루미늄 같은 내부 저항이 작은 금속으로 만들어진다. 이 공정으로 정밀도 ±0.1 % 범위의 저항을 생산할 수 있다. 또한 저항들 사이에 ±0.01 %의 정밀도를 얻을 수도 있다. 정밀도는 특정 회로의 올바른 작동을 위해 중요하다.

박막 커패시터는 극도로 얇은 유전체에 의해 분리되는 두 개의 얇은 금속층으로 구성된다. 한 금속층이 기판에 융착되고, 그런 다음 유전체용 금속 위에 산화물 코팅이 형성된다. 유전체는 산화탄탈륨이나 산화실리콘, 산화알루미늄 같은 절연 물질에서 만들어진다. 금이나 탄탈륨, 백금으로 만든 상판이 유전체에 융착된다. 커패시터 값은 판 면적을 조정하고 유전체의 두께와 종류를 달리하여 얻을 수 있다.

다이오드와 트랜지스터 칩은 모놀리식 기법을 이용해 만드는데 기판에 영구 장착된다. 그런 다음 극도로 얇은 전선을 이용하여 전기적으로 박막 회로에 연결된다.

증발(evaporation)이나 스퍼터링(sputtering) 공정을 이용하여 부품과 전도체에 이용되는 물질을 기판에 융착한다. 융착 공정은 기판에 자리잡은 물질이 융착할 때까지 진공 상태로 가열해야 한다. 그러면 기포가 기판에 응결되어 얇은 막을 형성한다.

스퍼터링 공정은 가스로 충전된 챔버(chamber)에 높은 전압을 가한다. 높은 전압은 가스를 이온화하여 융착할 물질에 이온을 퍼붓는다. 이로 인해 물질 내에서 원자가 떨어져 나가 기판을 향해 표류하여 거기서 얇은 막으로 융착된다. 적절한 필름 융착 위치를 확보하기 위해 마스크가 이용된다. 또 다른 방법은 기판을 완전하게 코팅하여 원치 않는 부분을 잘라내는 것이다.

후막 집적회로(thick-film IC)로 제조하는 것은, 스크린 인쇄 공정을 이용하여 저항, 커패시터 및 전도체를 기판 위에 형성한다. 기판 위에 가는 철사 스크린을 놓고 고무롤러로 밀어 금속화된 잉크가 스크린으로 들어가게 한다. 여기서 스크린이 마스크 역할을 한다. 그런 뒤 기판과 잉크를 600℃ 이상으로 가열하여 잉크가 굳게 한다.

후막 커패시터는 낮은 값(pF 단위)을 갖는다. 더 높은 값이 필요한 경우 별개의 커패시터를 이용한다. 후막 부품들은 0.025 mm 두께이며 분간할 수 있는 정도의 두께가 아니다. 후막 부품은 기존의 개별 부품(discrete component)과 비슷하다.

하이브리드 집적회로(hybrid IC)는 모놀리식과 후막식, 박막식, 개별 부품을 이용하여 만든다. 그래서 모놀리식 회로를 이용하여 높은 수준의 회로 복잡성을 확보하는 한편 필름 형성 기법으로 극도로 정교한 부품 값과 허용 오차의 장점을 이용할 수 있다. 개별 부품들은 비교적 대량의 전력을 처리할 수 있기 때문에 이용된다.

몇 개의 회로만 만들 것이라면 하이브리드 집적회로를 이용하는 편이 비용이 덜 든다. 하이브리드 구성에서 주된 비용은 부품의 배선과 조립 그리고 소자의 최종 포장이다. 하이브리드 회로는 개별 부품을 이용하기 때문에 모놀리식 집적회로보다 크고 무겁다. 또한 같은 이유로 모놀리식 회로에 비해 신뢰성이 떨어진다.

21-2 질문

1. 집적회로를 구성하기 위해 어떤 방법들이 이용되는가?
2. 집적회로 제조를 위한 모놀리식 공정을 기술하여라.
3. 후막 제조 공정과 박막 제조 공정의 차이점은 무엇인가?
4. 하이브리드 집적회로는 어떻게 구성되는가?
5. 집적회로를 만들 때 어떤 공정을 이용할지를 결정하는 것은 무엇인가?

21-3 집적회로의 패키지

집적회로는 트랜지스터와 저항, 커패시터 같은 상호연결된 반도체 소자 수백 개에서 수백만 개로 이루어진 얇은 칩이다. 2004년에는 칩 크기가 1 cm^2 정도가 일반적이었으나 더 큰 칩도 생산되었다.

집적회로는 습기와 먼지 및 기타 오염 물질로부터 보호해줄 패키지 속에 장착된다. 가장 대중적인 패키지 디자인은 **이중 직렬 패키지**(dual in-line package; DIP)이다(그림 21-2). DIP는 다양한 크기의 집적회로를 수용하기 위해 몇 가지 크기로 생산된다. 칩 하나당 100개 이하의 전기부품으로 구성된 **소규모 집적회로**(small-scale integration; SSI)(1960년대 초반)와 100개에서 3,000개 사이의 부품으로 구성된 **중규모 집적회로**(medium-scale integration; MSI)(1960년대 후반), 3,000개에서 100,000개 사이의 부품으로 구성된 **대규모 집적회로**(large-scale integration; LSI)(1970년대), 100,000개에서 1,000,000개 사이의 전기부품으로 구성된 **초대규모 집적회로**(very large-scale integration; VLSI)(1980년대) 등이 여기에 포함된다. ULSI(ultra-large-scale integration)는 **극초대규모 집적회로**를 뜻하며, VLSI와 질적인 차이는 없지만 마케팅에서 칩의 복잡성을 강조하기 위해 사용되는 용어이다. 집적회로의 종류는 그림 21-3에 나타내었다.

메모리를 포함한 전체 컴퓨터 시스템을 담고 있는, 자르지 않은 웨이퍼를 이용하는 WSI(wafer-scale integration)는 1980년대에 개발되었으나, 결함 없는 생산 공정을 만드는 문제 때문에 실패했다. WSI에 뒤이어 SOC(system-on-chip)가 설계되었다. 이 공정은 일반적으로 별도의 칩에서 생산되어 인쇄회로기판에서 연결되는 부품들이 마이크로프로세서와 메모리, 주변 인터페이스, 입출력 논리 제어, A/D 변환기 등의 전자 시스템 전체를 포함하는 하나의 단일 칩이 되도록 설계한다.

그림 21-2 DIP 집적회로.

1980년대에 VLSI 회로의 핀 개수는 DIP 패키지의 실질적인 한계치를 초과했다. 이로 인하여 **PGA**(pin grid array)와 **LCC**(leadless chip carrier) 패키지로 이어졌다. 미세한 리드 간격을 이용하는 표면 실장 패키지는 1980년대에 대중화되었다. 1990년대 후반에 이르러 핀 개수가 많은 소자들은 **PQFP**(plastic quad flat package)와 **TSOP**(thin small outline package) 패키지를 이용했다.

패키지는 세라믹이나 플라스틱으로 만든다. 플라스틱은 값이 저렴한 편이며 동작 온도가 0 ℃에서 70 ℃ 사이로 대부분의 상황에서 사용하기에 적합하다. 세라믹 소자는 값이 비싸지만 습기와 오염으로부터 보호 기능이

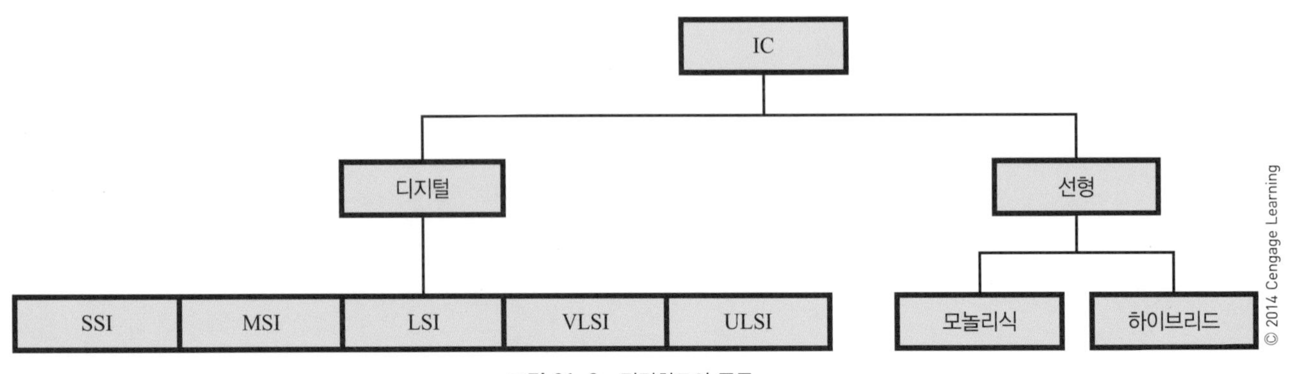

그림 21-3 집적회로의 종류.

더 뛰어나다. 또한 보다 광범위한 온도 범위(−55 ℃에서 +125 ℃ 사이)에서 동작한다. 세라믹 소자는 군사, 항공, 중대한 산업 분야에 권장된다.

미니 DIP라고 불리는 8핀짜리 소형 DIP는 소수의 입출력을 갖는 소자에 이용되며 대부분 모놀리식 집적회로에 이용된다.

평탄팩(flat−pack)은 DIP보다 작고 얇아서 공간이 제한된 상황에서 이용된다. 그것은 금속이나 세라믹으로 만들며, −55 ℃에서 +125 ℃ 사이의 온도 범위에서 사용된다.

집적회로를 패키지한 후에는 그것이 모든 전기 사양을 충족하는지 확인하기 위해 광범위한 온도에 걸쳐 검사를 실시한다.

21-3 질문

1. 집적회로 패키지의 기능은 무엇인가?
2. 어떤 패키지가 집적회로에 가장 자주 이용되는가?
3. 어떤 물질이 집적회로 패키지에 이용되는가?
4. 세라믹 패키지의 장점은 무엇인가?
5. 평탄팩 집적회로 패키지의 장점은 무엇인가?

21-4 집적회로의 취급

집적회로는 흔히 정전기 방전(electrostatic discharge, ESD)이라고 하는 정전기에 의해 쉽게 손상될 수 있다. 정전기 방전(ESD)은, 두 개의 양전하로 대전된 물질이 마찰하거나 분리되어 전자가 이동하여 한쪽이 음전하로 대전될 때 발생한다. 어느 한쪽 물질이 전도체와 접촉하면 접지와 동일한 전위가 될 때까지 전류가 흐른다. ESD는 일반적으로 환경이 건조한 겨울철에 더 많이 발생한다.

집적회로에 손상을 주는 대부분의 정전기 방전은 3000 V 미만으로 너무 약해서 잘 느껴지지 않는다. 대부분의 IC에는 정전기 손상에 취약함을 알리는 경고 표시가 있다(그림 21−4). 어떤 집적회로는 정전기 방지 튜브나 캐리어 안에 차폐되어 있다. IC에 기호나 라벨이 없다고 해서 정전기에 취약하지 않다는 것을 의미하지는 않는

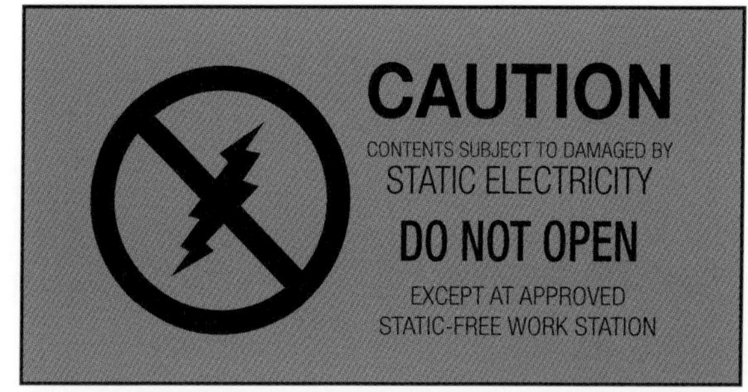

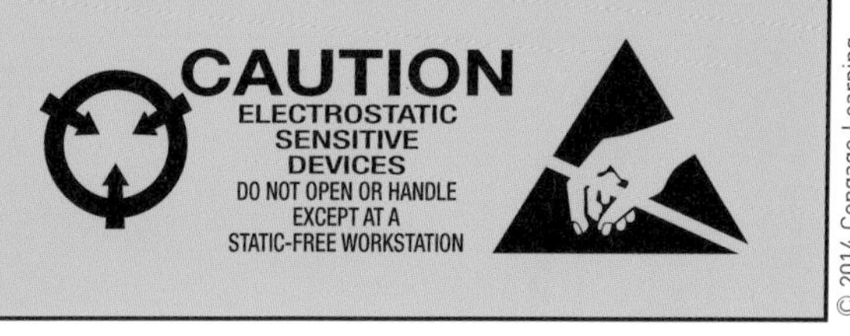

그림 21−4 ESD에 쉽게 손상될 수 있는 소자의 패키지에 인쇄된 경고 표시.

다는 것을 기억해야 한다.

집적회로 내부에서 정전기 방전은 산화물층이나 접합부를 파괴한다. 이러한 정전기 방전은 ESD 잠복 결함을 일으켜서 소자가 손상된 경우에도 제대로 동작되는 것처럼 보이게 한다. 그러다 점차 약해져서 나중에 고장이 발생한다. ESD의 잠복 결함을 검사할 방법은 없다.

다음 목록이 정전기 방전으로 인한 IC 손상을 최소화하는 데 도움이 될 것이다.

1. 항상 매뉴얼과 IC 패키지 재료에서 ESD 경고 및 지침을 확인한다.
2. 접지된 손목 팔찌를 착용하여 신체 내에 쌓인 정전기를 방전한다.
3. IC가 옷이나 정전기가 있을 수 있는 다른 비접지 물질과 접촉하지 않도록 한다.
4. IC를 취급할 때 발을 끄는 등의 물리적 운동을 최소화한다.

5. IC 패키지를 제거하기 전에 항상 방전시킨다. 소자를 회로에 배치할 때까지 패키지를 접지 상태로 유지한다.
6. IC를 만지기 전에 방전 경로를 제공하기 위해 항상 그것이 놓인 표면을 접촉한다.
7. 회로에 배치할 준비가 된 상태에서만 IC를 취급한다.
8. IC를 제거하여 교체할 때 리드에 접촉하는 것을 피한다.
9. IC가 포함된 회로로 작업하는 경우 정전기를 일으킬 수 있는 일체의 물질도 접촉하지 않는다.

21-4 질문

1. 정전기 방전(ESD)이란 무엇인가?
2. ESD가 어떻게 발생하는가?
3. 집적회로가 정전기에 취약하다는 것을 어떻게 알 수 있는가?
4. 정전기 방전이 집적회로에 어떤 결과를 초래하는가?
5. ESD에 취약한 것으로 표시된 IC를 취급하는 최선의 방법을 기술하여라.

요약

- 집적회로는 다음과 같은 장점 때문에 인기가 있다.
  - 회로가 복잡하지만 신뢰할 수 있다.
  - 전력 소모가 적다.
  - 크기가 작고 무게가 가볍다.
  - 경제적인 생산이 가능하다.
  - 시스템 문제에 대한 새롭고 보다 나은 해결책을 제공한다.
- 집적회로는 대전류나 고전압을 처리하지 못한다.
- 집적회로에 다이오드와 트랜지스터, 저항, 커패시터만 이용된다.
- 집적회로는 수리할 수 없으며 교체만 가능하다.
- 집적회로는 모놀리식, 박막식, 후막식, 하이브리드식 기법으로 제조한다.
- 가장 대중적인 집적회로 패키지는 DIP(이중 직렬 패키지)이다.
- 집적회로 패키지는 세라믹이나 플라스틱으로 만드는데, 플라스틱이 가장 많이 이용된다.
- 정전기 방전(ESD)은 집적회로에 손상을 줄 수 있다.
- ESD 손상에 쉽게 영향을 받는 집적회로는 경고 표시가 붙어있다.
- 집적회로에 숨겨진 ESD 결함을 검사하는 방법은 알려진 것이 없다.
- 집적회로를 취급할 때는 항상 접지된 손목 팔찌를 착용한다.
- 집적회로의 리드에 접촉하는 것을 항상 피해야 한다.
- 집적회로로 작업을 할 때 정전기가 발생하는 일체의 물건을 만지지 않는다.

연습 문제

1. 집적회로는 무엇으로 구성되는가?
2. 집적회로를 포함하는 회로에서 어떻게 고장 문제를 해결할 수 있는가?
3. 집적회로를 만들기 위해 이용되는 세 가지 제조 방법은 무엇인가?
4. '칩'이라는 단어는 무엇을 가리키는가?
5. 하이브리드 IC에 포함되는 것에는 무엇이 있는가?
6. 하이브리드 IC 회로의 사용은 언제 도움이 되는가?
7. 많이 사용되는 DIP 패키지의 크기는 얼마인가?
8. WSI에 대하여 SOC는 무엇을 의미하는가?
9. 항공 우주산업과 군사산업에서 가장 많이 사용하는 패키지 형태는 무엇인가?
10. DIP와 평탄팩 사이의 차이점은 무엇인가?

22장

광전 소자
Optoelectric Devices

학습 목표

이 장을 학습하면 다음을 할 수 있다.

- 빛에 반응하는 반도체 소자의 세 가지 유형을 설명할 수 있다.
- 빛의 주요한 주파수 범위를 분류할 수 있다.
- 주요 감광 소자를 이해하고 그들의 동작과 응용을 설명할 수 있다.
- 주요 발광 소자를 이해하고 그들의 동작과 응용을 설명할 수 있다.
- 광전자 소자와 관련된 회로도 기호를 그리고 단자명을 표시할 수 있다.
- 광전자 소자에 사용되는 패키지를 설명할 수 있다.

일반적으로 반도체 특히 반도체 다이오드는 광전자 공학에 중요하게 사용된다. 여기서 반도체 소자는 가시광선, 적외선, 자외선 범위에서 전자기 방사(빛 에너지)와 상호 작용하도록 설계된다.

빛과 상호 작용하는 세 가지 유형의 소자는 다음과 같다.

- 광검출 소자
- 광변환 소자
- 발광 소자

사용되는 반도체 재료와 도핑(doping) 기술이 특정 소자의 적절한 빛의 파장을 결정한다.

22-1 빛의 기본 원리

빛(light)은 인간의 눈으로 볼 수 있는 전자기파이다. 빛은 무선 주파수와 유사한 방법으로 진행하는 것으로 생각된다. 무선 주파수와 마찬가지로 빛은 파장으로 측정한다.

빛은 초당 300,000 km를 진공을 통하여 전파된다. 빛의 속도는 다양한 매질을 통과함에 따라 감소한다. 빛의 주파수 범위는 300~300,000,000 GHz(기가 = 1,000,000,000)이고, 이 주파수 범위 중에서 극히 일부분의 대역이 인간의 육안으로 볼 수 있는 부분이다. 이 가시 영역은 400,000~750,000 GHz 부분이다. 적외선은 400,000 GHz 이하이고, 자외선은 750,000 GHz 이상에 위치한다. 주파수 범위의 상한에 있는 광파(light wave)는 하한에 있는 광파보다 에너지가 크다.

22-1 질문

1. 빛이란 무엇인가?

2. 인간의 육안으로 볼 수 있는 빛의 주파수 범위는 얼마인가?
3. 적외선이란 무엇인가?
4. 자외선이란 무엇인가?
5. 가장 큰 에너지를 가진 빛은 어떤 형태의 광파인가?

22-2 감광 소자

광전지(photocell)는 가장 오래된 광전자 소자이다. 이것은 빛의 세기가 변하면 내부 저항이 변하는 감광 소자이다. 저항의 변화는 여기에 입사하는 빛에 비례하지 않는다. 광전지는 황화카드뮴(CdS)이나 셀렌화카드뮴(CdSe) 같은 감광 물질로 만든다.

그림 22-1은 몇몇 대표적인 광전지를 보여준다. 감광 물질을 S형 유리나 세라믹의 절연기판에 침적시켜서 접촉 길이를 크게 한다. 광전지는 다른 어떤 소자보다 빛에 민감하다. 저항은 수백 Ω에서 수백 MΩ까지 변화할 수 있다. 광전지는 약한 빛을 이용하는 응용 분야에 유용하다. 이것은 300 mW 정도의 저전력을 소모하면서 200~300 V의 전압에도 견딘다. 광전지의 단점은 빛의 변화에 대해서 반응이 느리다는 것이다.

그림 22-2는 광전지를 나타내는 기호이다. 화살표는 감광 소자임을 나타낸다. 때로는 감광 소자를 나타내기 위해 그리스 문자 람다(λ)가 사용되기도 한다.

광전지는 사진 장비, 침입 탐지기, 자동문 개폐기, 기타 빛의 강도 측정을 위한 다양한 시험 장비에 대한 광측정 장치에 사용된다.

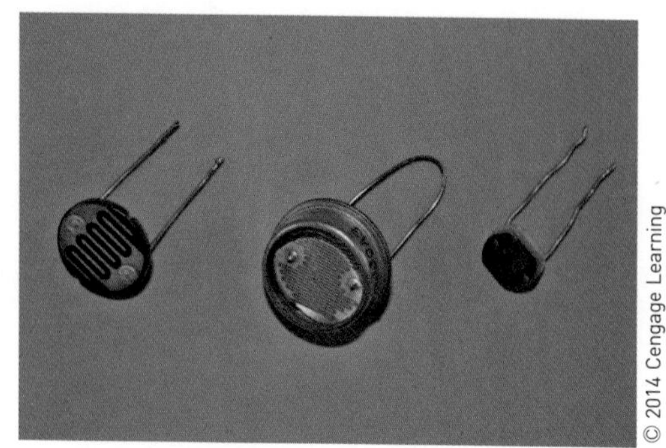

그림 22-1 광전지.

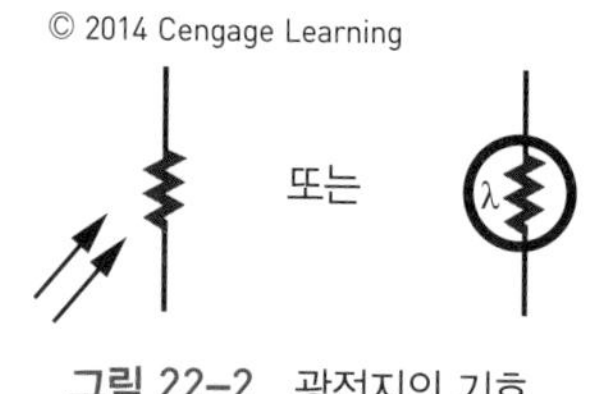

그림 22-2 광전지의 기호.

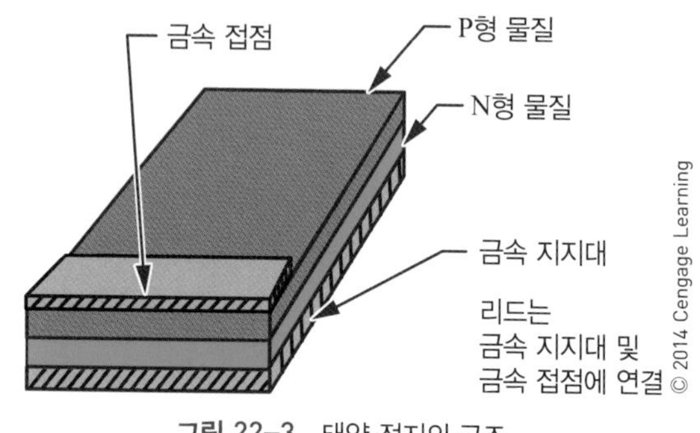

그림 22-3 태양 전지의 구조.

태양 전지(photovoltaic cell: solar cell)는 빛 에너지를 직접 전기 에너지로 변환한다. 태양 전지는 대부분 태양에너지를 전기 에너지로 변환하는 목적에 사용된다.

태양 전지는 가장 널리 사용되는 반도체 물질인 실리콘으로 만들어진 PN 접합 소자이다. 그림 22-3은 제조 방법을 보여준다. P층과 N층이 PN 접합을 형성한다. 금속 지지대와 금속 접점은 전기적인 접점과 같은 역할을 한다. 이것은 큰 표면적을 가지도록 설계한다.

태양 전지의 표면을 자극하는 빛은 그 에너지의 대부분을 반도체 물질의 원자에 공급한다. 빛 에너지는 궤도에 있는 가전자(valence electron)를 쳐서 자유 전자를 만든다. 공핍 영역 부근의 전자들은 N형 물질로 끌려가서 PN 접합 양단에 작은 전압을 생성한다. 빛이 강해지면 전압도 높아진다. 태양 전지를 자극하는 모든 빛 에너지가 자유 전자를 생성하는 것은 아니다. 사실상 태양 전지는 극히 비효율적인 장치로 최고 효율이 15~20 %이다. 태양 전지는 전기적인 출력을 입력된 빛 에너지에 포함된 전체 파워와 비교했을 때 비효율적이다.

한 개의 태양 전지는 50 mA에서 0.45 V의 저전압 출력을 낸다. 원하는 전류와 전압을 얻으려면 이들을 직렬 및 병렬로 연결해야 한다.

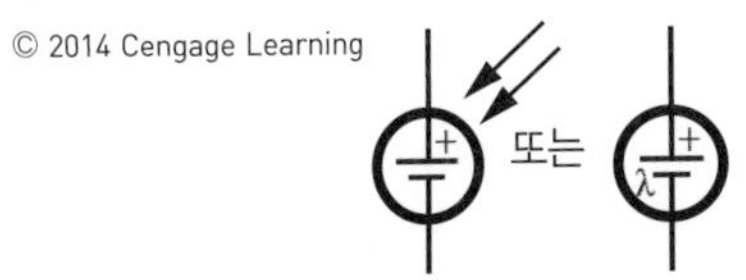

그림 22-4 태양 전지의 기호.

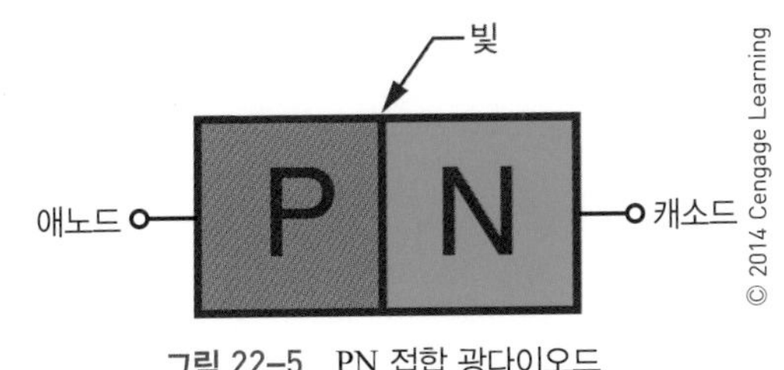

그림 22-5 PN 접합 광다이오드.

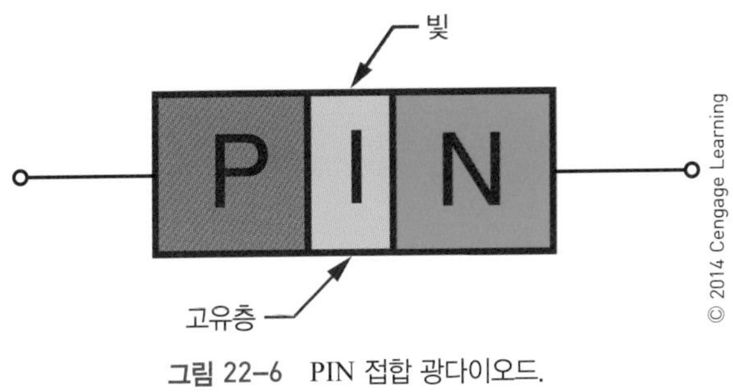

그림 22-6 PIN 접합 광다이오드.

응용 범위는 사진 장치의 노출계, 동영상 프로젝터 사운드트랙 디코더, 위성의 배터리 충전기 등이다.

태양 전지의 기호는 그림 22-4에 제시되었다. 양극 단자는 플러스(+) 기호로 표시한다.

광다이오드(photodiode) 역시 PN 접합을 이용하고, 그 구성이 태양 전지와 유사하다. 이것은 광가변 저항으로서 광전지에서와 동일한 방법으로 쓰인다. 광다이오드는 주로 실리콘으로 만드는 반도체 소자이다. 이는 두 가지 방법으로 구성된다. 하나의 방법은 단순히 PN 접합이다(그림 22-5). 또 다른 방법은 P영역과 N영역 사이에 순수 반도체층(도핑을 하지 않음)을 삽입하여 PIN 광다이오드(그림 22-6)를 생성하는 것이다.

PN 접합 광다이오드는 전류를 생성하는 것이 아니라 전류를 제어하는 데 쓰인다는 것을 제외하고는 태양 전지 이론과 동일한 바탕 위에서 동작한다. 광다이오드 양단에 역방향 전압을 인가하면 공핍 영역이 넓어진다. 빛 에너지가 광다이오드에 입사되면 이것이 공핍 영역으로 들어가서 자유 전자를 생성시킨다. 전자들은 바이어스 전원의 +쪽으로 끌려가고, 역방향으로 소량의 전류가 흐른다. 빛 에너지가 증가하면 좀 더 많은 자유 전자가 생성되어 더 큰 전류가 흐른다.

PIN 광다이오드(PIN photodiode)는 P영역과 N영역 사이에 순수 반도체층을 가지고 있다. 이는 공핍 영역을 효과적으로 확장한다. 공핍 영역이 넓어지면 PIN 광다이오드가 더 낮은 빛의 주파수에도 응답할 수 있게 된다. 저주파 광선은 낮은 에너지를 가지고 있어서 자유 전자를 생성하기 전에 공핍 영역을 좀 더 깊이 투과해야 한다. 공핍 영역이 넓어지면 자유 전자가 생성되는 기회가 더 많아진다. PIN 광다이오드는 광범위하게 사용할 수 있다.

PIN 광다이오드는 순수 반도체층 때문에 내부 커패시턴스가 작다. 이 때문에 빛의 강도에 광다이오드가 빠르게 응답할 수 있다. 빛의 강도에 따른 역방향 전류에 보다 선형적인 변화가 일어난다.

광다이오드의 장점은 빛의 변화에 빠르게 응답한다는 것이고, 어떤 감광 소자보다도 빠르다. 단점은 다른 감광 소자에 비하여 출력이 작다는 것이다.

그림 22-7은 대표적인 광다이오드 패키지를 보여준다. 유리창은 빛 에너지가 광다이오드를 자극할 수 있게 한다. 광다이오드의 기호는 그림 22-8에 나타내었다. 전형적인 회로는 그림 22-9에 제시되었다.

광트랜지스터(phototransistor)는 두 개의 PN 접합을 가

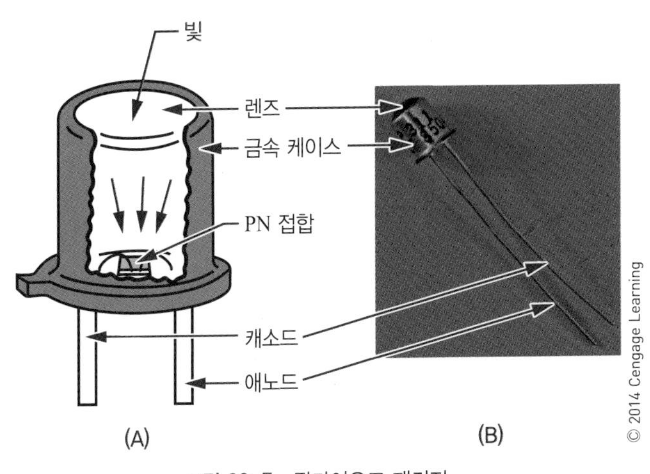

그림 22-7 광다이오드 패키지.

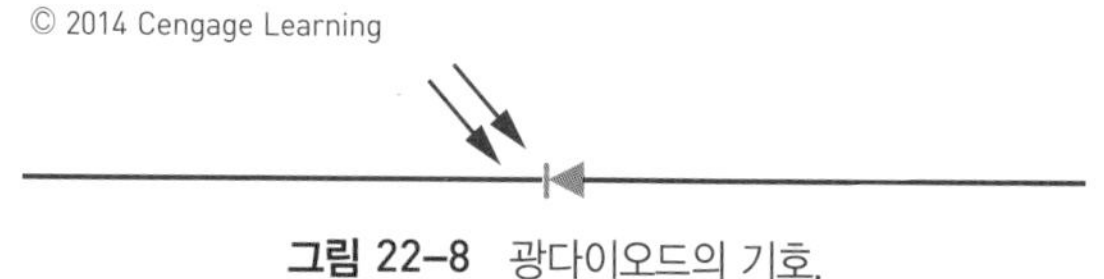

그림 22-8 광다이오드의 기호.

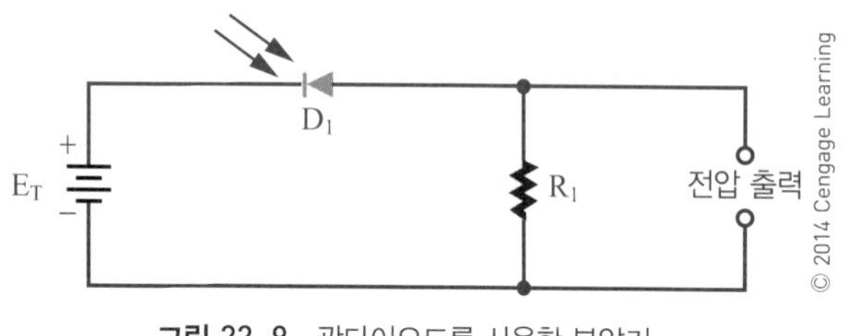

그림 22-9 광다이오드를 사용한 분압기.

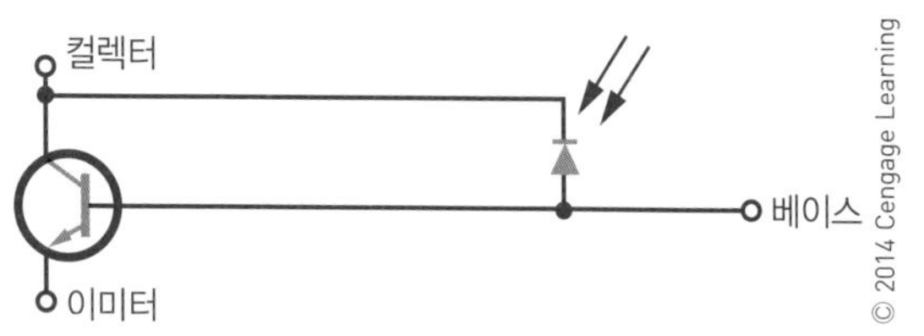

그림 22-10 광트랜지스터에 대한 등가 회로.

진 다른 트랜지스터처럼 구성된다. 이것은 표준 NPN 트랜지스터와 유사하다. 광다이오드처럼 사용되며, 세 개의 리드(이미터, 베이스, 컬렉터)가 있다는 것을 제외하고는 광다이오드처럼 패키지에 장착된다. 그림 22-10은 광트랜지스터의 등가 회로를 보여준다. 트랜지스터의 도통은

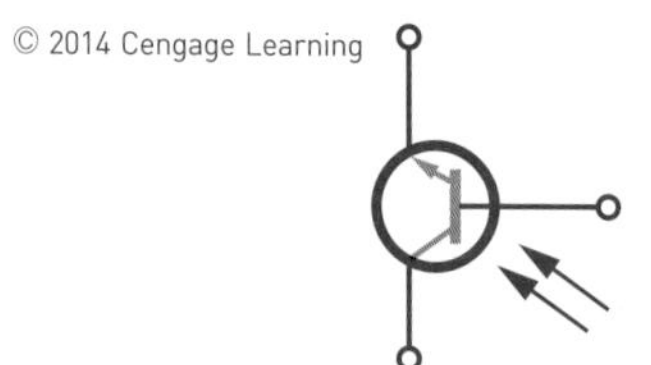

그림 22-11 광트랜지스터의 기호.

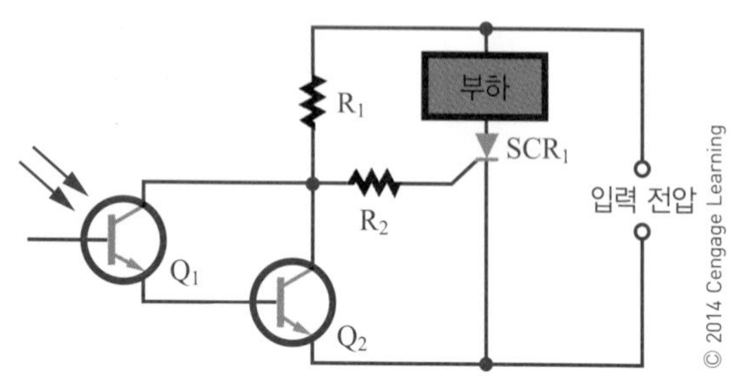

그림 22-12 어둠동작 직류 스위치.

광다이오드의 도통 여부에 달려 있다. 베이스 리드는 거의 사용되지 않는다. 그것이 사용되는 경우, 용도는 트랜지스터의 동작(on) 지점을 조정하기 위한 것이다.

광트랜지스터는 광다이오드와 비교하여 높은 출력 전류를 낼 수 있다. 빛의 변화에 대한 응답은 광다이오드에 비해 느리다. 출력 전류를 크게 하는 만큼 희생이 따르는 것이다.

응용 분야는 광타코미터, 감광노출제어기, 화염감지기, 물체 계수기, 기계적인 위치지시기 등이 포함된다.

그림 22-11은 광트랜지스터의 기호를 보여준다. 그림 22-12는 대표적인 회로 응용을 보여준다.

22-2 질문

1. 광전지가 어떻게 동작하는지 설명하여라.
2. 태양 전지가 어떻게 동작하는지 설명하여라.
3. 두 가지 형태의 광다이오드의 차이는 무엇인가?
4. 광트랜지스터는 광다이오드의 어떤 점을 개선한 것인가?
5. 광전지, 태양 전지, 광다이오드, 광트랜지스터의 회로도 기호를 그리고 단자명을 표시하여라.

22-3 발광 소자(LED)

발광 소자는 전류가 흐르면 빛을 발하며 전기 에너지를 빛 에너지로 변환한다. **발광 다이오드**(light emitting diode: LED)는 가장 보편적으로 널리 쓰이는 반도체 발광 소자이다. 반도체 부품이므로 기존 전구에서 고장의 주원인인 필라멘트가 없으므로 수명이 영구적이다.

어떤 PN 접합 다이오드도 전류가 흐르면 빛을 발산할 수 있다. 빛은 자유 전자가 정공과 결합하여 여분의 에너지를 빛의 형태로 발산되어 생성된다. 발산되는 빛의 주파수는 다이오드를 구성할 때 사용된 반도체 물질의 종류에 의해 결정된다. 일반 다이오드는 패키지에 불투명한 물질을 사용하므로 빛을 발산하지 않는다.

LED는 단순히 전류가 그 접합을 통하여 흐를 때 빛을 발산하는 PN 접합 다이오드이다. 빛은 육안으로 볼 수 있

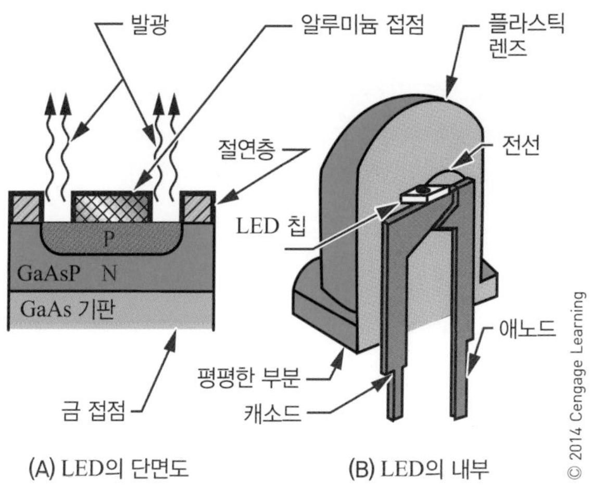

그림 22-13 LED의 구조.

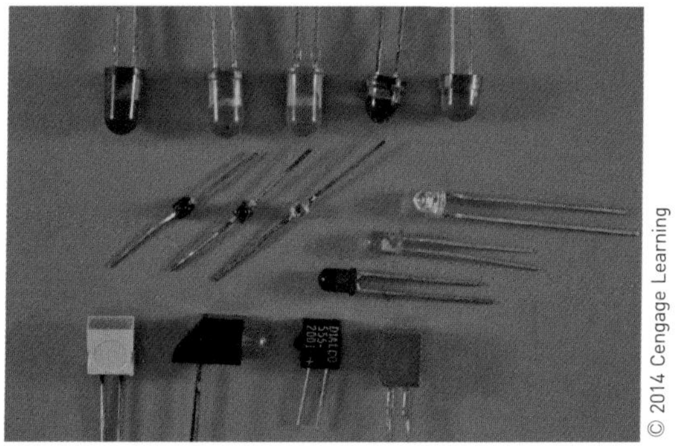

그림 22-14 일반적인 LED 패키지.

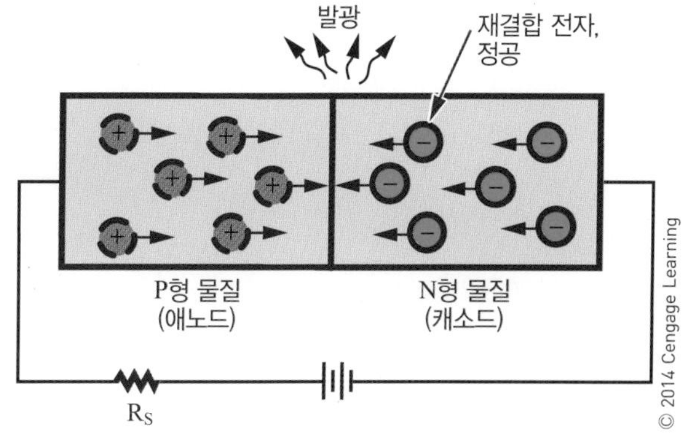

그림 22-15 순방향 바이어스된 LED.

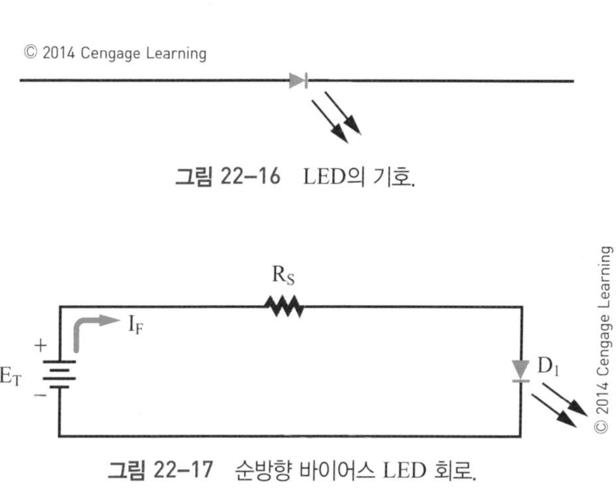

그림 22-16 LED의 기호.

그림 22-17 순방향 바이어스 LED 회로.

는데 이는 LED가 반투명 물질로 패키지 안에 장착되었기 때문이다. 발산되는 빛의 주파수는 LED 구성에 사용된 물질에 달려 있다. 갈륨비소(GaAs)는 적외선 영역에서 빛을 발하며 사람의 눈에는 보이지 않는다. 갈륨비소인(GaAsP)은 적색 가시광선을 발산한다. 인의 함유량이 달라지면 다른 주파수의 빛을 얻을 수 있다. LED는 적외선, 적색, 주황색, 황색, 녹색, 청색, 자외선, 분홍색, 보라색, 백색과 같은 색상을 사용할 수 있다. LED의 색상은 플라스틱 렌즈의 색상으로 결정되는 것이 아니라 만드는 데 사용된 반도체 물질에 의해 결정된다.

그림 22-13은 LED의 구조를 보여준다. P층은 얇게 만들어서 PN 접합 부근의 빛 에너지가 그것을 통하여 조금만 이동하도록 하였다.

LED를 만든 후 빛을 최적으로 발산할 수 있도록 설계된 패키지에 장착한다. 그림 22-14는 좀 더 보편적인 몇 가지 LED 패키지를 보여준다. 대부분의 LED는 빛을 모아서 강하게 하는 렌즈를 갖고 있다. 케이스는 자연적인 빛이 강하게 방출되도록 색상을 가진 필터로 작용한다.

참고 **LED의 캐소드 리드는 길이가 짧거나, 플라스틱 렌즈 베이스가 평평한 부분이 있거나 광원을 들어 올릴 때 깃발 같은 구조를 가진 리드로 구별할 수 있다.**

주의 **LED를 절대로 배터리나 전원공급장치에 직접 연결하지 말 것.**

회로에서 LED는 순방향 바이어스로 연결되어 빛을 발산한다(그림 22-15). 순방향 바이어스가 1.2 V를 초과해야 순방향 전류가 흐를 수 있다. LED가 과도한 전압이나 전류에 의해 쉽게 파손될 수 있으므로 전류 흐름을 제한하기 위한 저항을 직렬로 연결한다.

LED의 기호는 그림 22-16에 나타내었다. 그림 22-17은 순방향 바이어스 회로이다. 인가된 전압에 의해 흐르는 순방향 전류(I_F)를 제한하기 위해 직렬 저항(R_S)이 사용된다.

주의 LED를 절대로 병렬로 연결하지 말 것. 각 LED는 직렬 저항이 있어야 한다. LED는 직렬로 연결하여야 한다.

그림 22-18은 디지털 판독에 사용되는 7-세그먼트(7-segment) 디스플레이를 형성하기 위해 배열된 LED를 보여준다. 그림 22-19는 광트랜지스터와 함께 사용되어 **광커플러**(optical coupler)를 형성하는 LED를 보여준다. 두 소자 모두 하나의 패키지 안에 장착되어 있다. 광커플러는 하나의 LED와 하나의 광트랜지스터로 이루어진다. 광커플러의 출력은 LED에 의해 생성된 빛을 이용하는 입력과 결합한다.

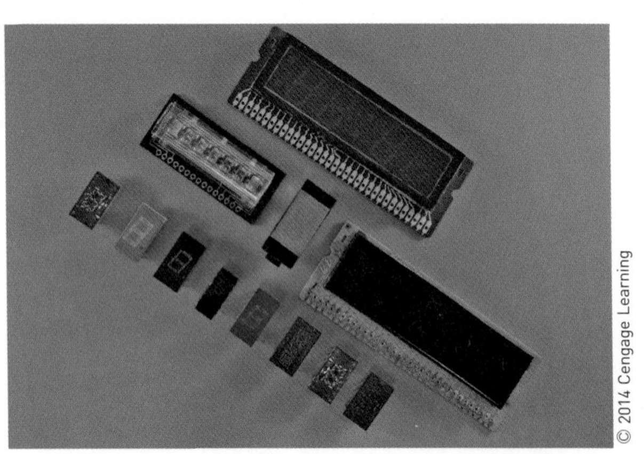

그림 22-18 디지털 판독용 LED의 7-세그먼트 디스플레이.

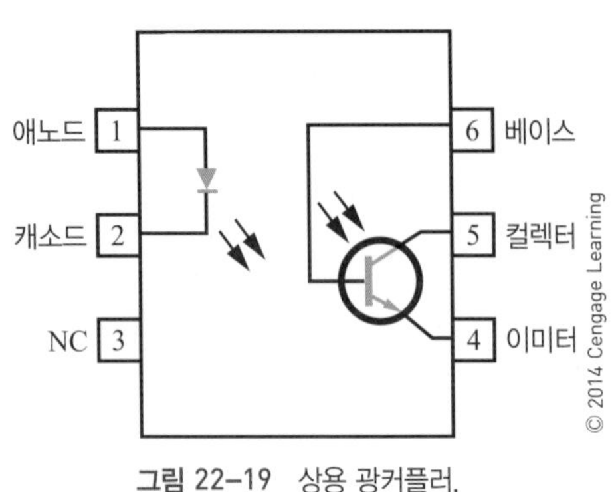

그림 22-19 상용 광커플러.

참고 오늘날 고휘도 LED는 자동차와 트럭의 조명과 같은 일상적인 응용 분야와 가정과 사무실의 대체 조명으로 사용되고 있다. 고휘도 LED는 광원의 낮은 에너지 소모와 긴 수명이 요구되는 곳에 사용된다.

LED로 가는 신호는 변할 수 있으며 이는 사용할 수 있는 빛의 양을 변화시킨다. 광트랜지스터는 가변적인 빛을 전기 에너지로 다시 변환한다. 하나의 광커플러는 어떤 회로가 신호를 다른 회로로 전달하는 것을 가능하게 하며 높은 수준의 전기적 절연을 가능하게 한다.

22-3 질문

1. LED는 기존의 다이오드와 어떻게 다른지 설명하여라.
2. LED는 어떻게 다양한 색상의 빛을 발하는가?
3. LED 패키지가 방출된 빛을 어떻게 강화할 수 있는가?
4. LED의 기호를 그리고 단자명을 표시하여라.
5. 광커플러의 기능은 무엇인가?

요약

- 빛에 반응하는 반도체 소자는 광검출 소자, 광변환 소자, 발광 소자로 구분할 수 있다.
- 빛은 사람의 눈으로 볼 수 있는 전자의 방사이다.
- 빛의 주파수 영역은 다음과 같다.
  - 적외선: 400,000 GHz 미만
  - 가시광선: 400,000~750,000 GHz
  - 자외선: 750,000 GHz 초과
- 감광 소자는 광전지, 태양 전지, 광다이오드, 광트랜지스터를 포함한다.
- 발광 소자는 LED를 포함한다.
- LED는 다양한 색상으로 사용할 수 있다.
- 광커플러는 발광 소자와 감광 소자를 결합한 것이다.
- 감광 소자의 기호는 다음과 같다.
  - 광전지

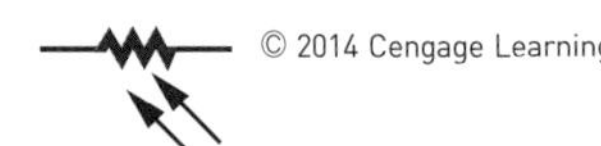

• 태양 전지

• 광다이오드

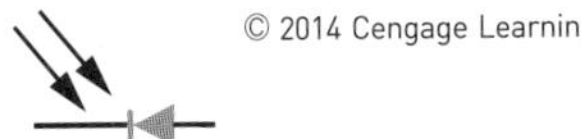

• 광트랜지스터

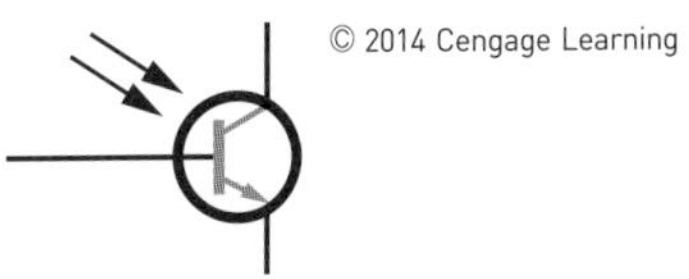

• LED

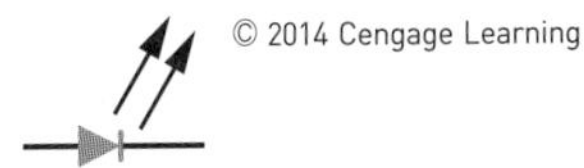

연습 문제

1. 빛의 스펙트럼과 주파수를 보여주는 표를 작성하여라.
2. 높은 주파수 범위의 빛의 파장이 더 강한 에너지를 갖는 이유는 무엇인가?
3. 빛의 세기의 변화에 가장 빠른 반응 시간을 갖는 감광 소자는 무엇인가?
4. 빠른 응답이 필요한 곳에 광전지가 사용되지 않는 이유는 무엇인가?
5. 태양 전지의 기능을 설명하여라.
6. 실용적인 응용 분야에서 태양 전지는 어떻게 연결되는가?
7. 광다이오드와 광트랜지스터 중에서 어떤 감광 소자가 응용 범위가 더 넓은가? 그 이유는 무엇인가?
8. LED는 어떻게 빛을 만들어내는가?
9. LED에 흐르는 전류의 양이 발산된 빛의 세기에 어떻게 영향을 미치는가?
10. 광커플러의 기능은 무엇인가?

4부

선형 전자회로

23장

전원공급장치
Power Supplies

학습 목표

이 장을 학습하면 다음을 할 수 있다.

- 전원공급장치의 용도를 설명할 수 있다.
- 전원공급장치 회로와 부품의 블록선도를 그릴 수 있다.
- 세 가지 상이한 정류기의 구성을 설명할 수 있다.
- 필터의 기능을 설명할 수 있다.
- 전압조정기의 두 가지 기본 유형과 작동 방식을 설명할 수 있다.
- 전압 체배기의 기능을 설명할 수 있다.
- 전압 분배기의 기능을 설명할 수 있다.
- 과전압과 과전류 보호회로를 설명할 수 있다.

전원공급장치(power supply)는 다양한 회로에 전압을 공급하기 위하여 사용되며 기본 원리는 같다.

전원공급장치의 일차 기능은 교류(AC)를 직류(DC)로 변환하는 것이다. 전원공급장치는 변압기를 이용하여 교류 입력 전압을 높이거나 낮출 수 있다.

원하는 수준의 전압이 되면 그것을 정류라고 하는 과정을 통해 직류 전압으로 변환한다. 정류된 전압에도 여전히 교류 성분이 포함되어 있는데, 그것을 리플(ripple) 주파수라고 한다. 리플 주파수는 필터로 제거된다.

출력 전압을 일정한 수준으로 유지하기 위하여 전압조정기가 사용되는데, 전압조정기는 출력 전압을 일정한 수준으로 유지시켜준다.

23-1 전원용 변압기

그림 23-1의 회로는 교류를 직류로 변환하는 기본적인 회로를 나타내고 있다. 이 회로는 전원용 변압기 없이 교류 전원의 정현파를 직류로 변환하고 있다. 이런 유형의 회로는 부하가 입력 전압보다 높거나 낮은 전압을 요구할 때 이에 대응하지 못한다는 단점이 있다.

이 기본적인 회로의 또 다른 단점은 교류 전원의 한쪽이 정류기 회로와 연결되고, 다른 한쪽은 기기의 섀시(chassis)와 연결된다는 것이다. 이것은 섀시가 사용자와 차단되어 있지 않은 경우 심각한 감전의 위험 요소로 나타날 수 있다.

기기가 두 개의 핀으로 이루어진 플러그를 사용할 때,

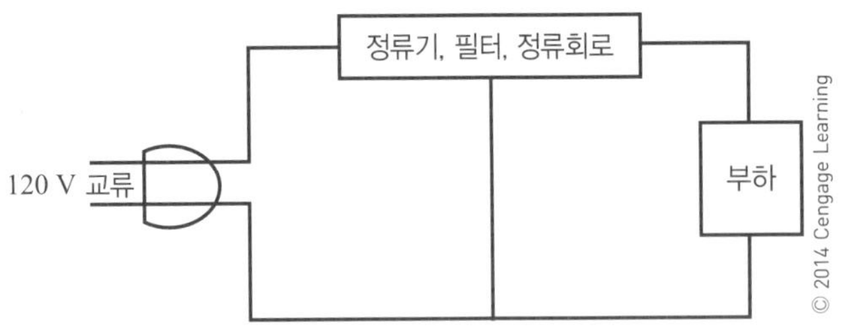

그림 23-1 교류를 직류로 변환하는 기본적인 회로.

그림 23-2 흰색 플러그는 유극 플러그이다. 한쪽 핀이 다른 쪽보다 넓다. 넓은 핀이 교류 전원의 중성선 측에 접속되어, 치명적인 감전의 위험을 줄여준다.

기기를 교류 전원에 연결하는 방식에는 두 가지가 있다. 하나는 섀시를 교류 전원의 활선 측(hot side)에 직접 연결할 수 있다. 사용자가 접지와 섀시를 동시에 접촉하면 치명적인 감전이 될 수 있다.

두 개의 핀으로 이루어진 플러그를 가진 시험 장비를 사용할 때 한 핀이 역방향 결선으로 연결되는 경우 시험 장비의 두 핀 사이에 전압이 존재할 수 있고, 이것이 치명적일 수 있다. 그림 23-2는 두 개의 2핀 플러그를 나타내고 있다. 하나는 플러그의 핀 폭이 동일하고, 다른 하나는 한쪽 핀 폭이 다른 것에 비해 넓은데, 이것을 **유극 플러그**(polarized plug)라고 한다. 유극 플러그는 기기를 연결할 때 섀시를 활선 측으로 잘못 접속되는 것을 방지한다. 넓은 핀이 교류 전원의 중성선 측(neutral side)에 연결된다.

전원용 변압기가 내장되지 않은 기기는 저렴한 제품인 경향이 있다. 이러한 기기들은 플라스틱 케이스와 손잡이 및 스위치를 사용하여 잠재적인 감전의 위험을 제거한다. 변압기가 내장되지 않은 기기를 운용할 때는 절연 변압기를 사용해야 한다(그림 23-3). 절연 변압기는 섀시를

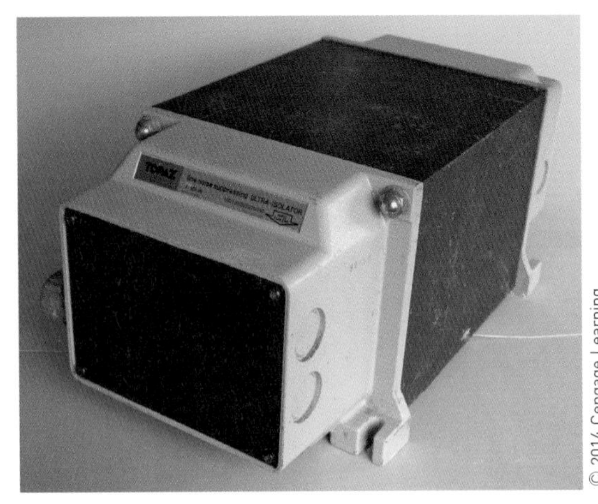

그림 23-3 절연 변압기는 기기의 섀시를 교류 전원으로부터 분리하여 감전 사고를 예방한다.

교류 전원으로부터 차단하여 우발적인 감전을 예방한다.

따라서 전원공급장치에서는 전원공급장치를 교류 전원으로부터 분리하기 위해 전원용 변압기가 사용된다. 또한 높은 전압이 요구될 때는 승압을 위해, 낮은 전압이 요구될 때는 강압을 위해 전원용 변압기가 사용된다. 전원공급장치에서 전원용 변압기가 사용되는 경우 교류 전원은 변압기의 1차 측 전력 정격이 첫 번째 고려 사항이다. 가장 일반적인 1차 측 정격은 110~120 V와 220~240 V이다. 다음 고려 사항은 전원용 변압기의 주파수이다. 일부 주파수는 50~60 Hz와 400 Hz 그리고 10,000 Hz이다. 세 번째 고려 사항은 전원용 변압기의 2차 측 전압과 전류 정격이다. 마지막 고려 사항은 전력 처리 능력, 즉 VA(볼트-암페어) 정격인데, 이는 기본적으로 전원용 변압기의 2차 측으로 전달할 수 있는 전력의 양이다. 이것은 2차 측에 연결할 수 있는 부하 때문에 볼트-암페어로 표시한다.

23-1 질문

1. 전원공급장치에서 변압기를 사용하는 이유는 무엇인가?
2. 전원공급장치에서 전원용 변압기는 어떻게 연결되는가?
3. 전원공급장치에 전원용 변압기를 사용할 때 안전을 위해 고려할 사항은 무엇인가?
4. 전원공급장치용으로 전원용 변압기를 선택할 때 중요한 사항은 무엇인가?
5. 전원용 변압기의 정격은 어떻게 표시하는가?

23-2 정류기 회로

정류기 회로(rectifier circuit)는 전원공급장치의 핵심이다. 그 기능은 교류 입력 전압을 직류 전압으로 변환하는 것이다. 전원공급장치에서 사용되는 정류 회로에는 **반파 정류기**(half-wave rectifier), **전파 정류기**(full-wave rectifier), **브리지 정류기**(bridge rectifier)의 세 가지 유형이 있다.

그림 23-4는 기본적인 반파 정류기를 보여준다. 다이오드가 부하와 직렬로 연결되어 있다. 이 회로에서 전류는 다이오드 때문에 한 방향으로만 흐른다.

그림 23-5는 정현파의 양(+)의 반 사이클 동안의 반파 정류기를 보여준다. 다이오드는 순방향 바이어스되며, 이는 부하에 전류가 흐를 수 있게 해준다. 이렇게 해서 사이클의 양(+)의 반 사이클이 부하에 전개되도록 한다.

그림 23-6은 정현파의 음(-)의 반 사이클 동안의 회로를 보여준다. 다이오드는 현재 역방향 바이어스되어 있으며 도통되지 않는다. 전류가 부하에 흐르지 않기 때문에 부하에 전압강하가 일어나지 않는다.

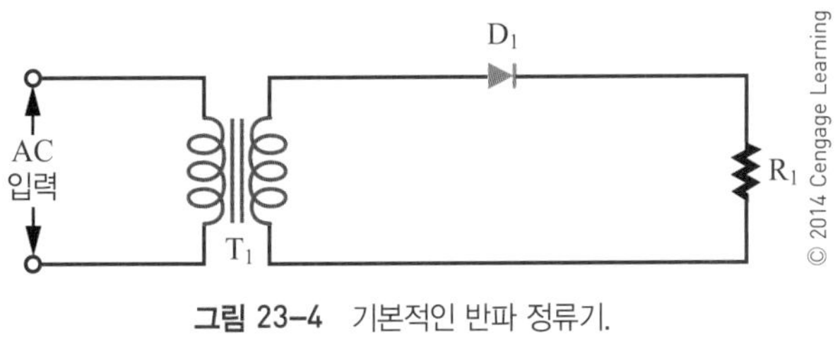

그림 23-4 기본적인 반파 정류기.

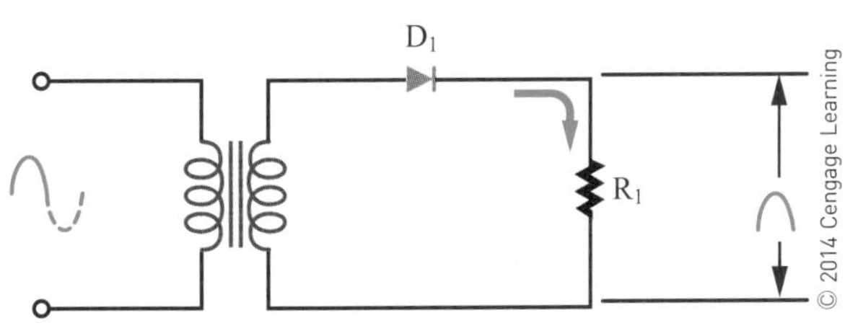

그림 23-5 양(+)의 반 사이클 동안의 반파 정류기.

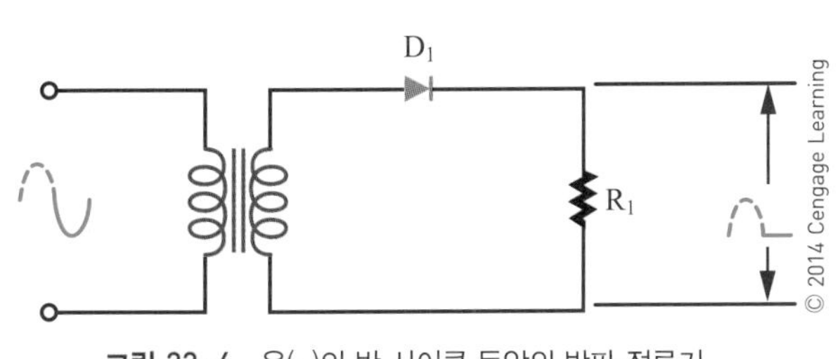

그림 23-6 음(-)의 반 사이클 동안의 반파 정류기.

반파 정류기는 입력 사이클의 절반 동안에만 작동한다. 출력은 다이오드가 회로에서 어떻게 연결되었느냐에 따라 양(+) 또는 음(-) 펄스가 된다. 펄스의 주파수는 입력 주파수와 같고 이를 **리플 주파수**(ripple frequency)라고 한다.

출력의 극성은 회로에서 다이오드가 연결되는 방향에 따른다(그림 23-7). 전류는 다이오드를 통과해 애노드(anode: 양극)에서 캐소드(cathode: 음극)로 흐른다. 전류가 다이오드를 통해 흐를 때 애노드의 끝에서 전자의 궁핍 현상이 일어나 애노드를 양극(+)이 되게 한다. 다이오드의 방향을 바꾸면 전원공급장치의 극성이 바뀐다.

반파 정류기는 각 사이클의 절반 동안만 전류가 흐른다는 심각한 단점이 있다. 이 단점을 극복하기 위해 전파 정류기가 사용된다.

그림 23-8은 기본적인 전파 정류기 회로를 보여준다. 이 회로에는 두 개의 다이오드와 한 개의 중간 탭이 있는 변압기가 필요하다. 중간 탭은 접지한다. 변압기의 각 단자의 전압은 서로 180도의 위상 차를 갖는다.

그림 23-9는 입력 신호의 양(+)의 반 사이클 동안의

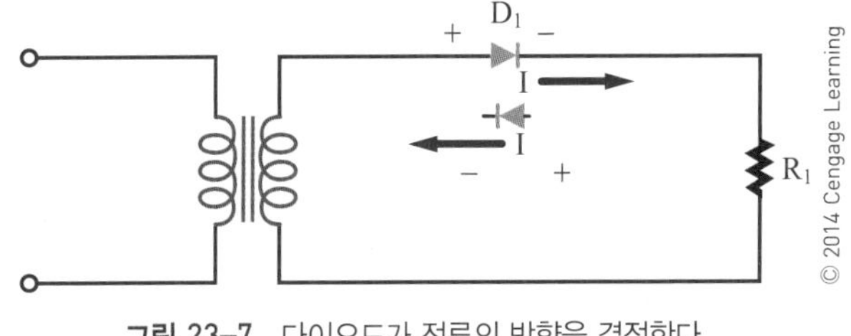

그림 23-7 다이오드가 전류의 방향을 결정한다.

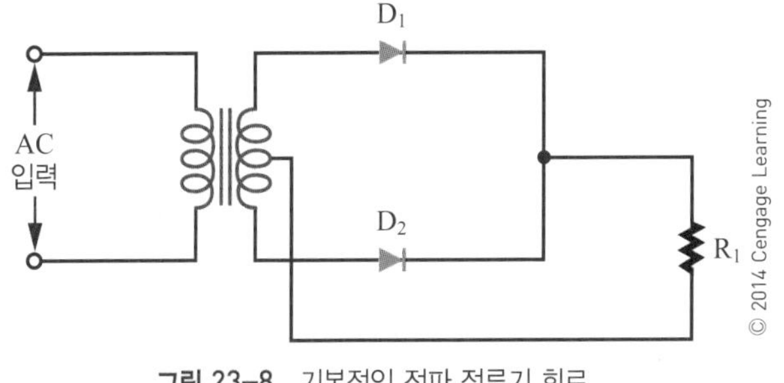

그림 23-8 기본적인 전파 정류기 회로.

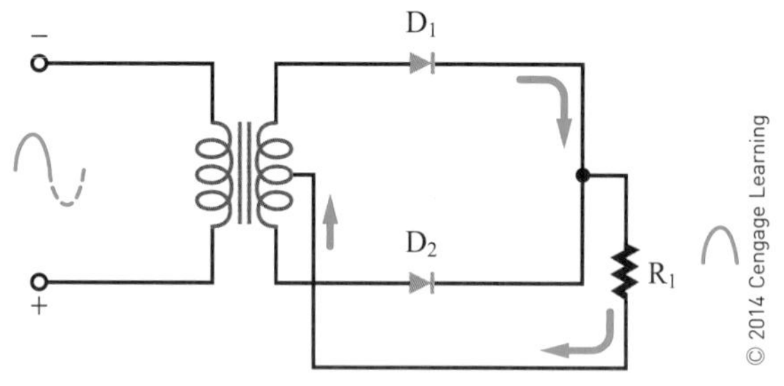

그림 23-9 양(+)의 반 사이클 동안의 전파 정류기 회로.

전파 정류기를 보여준다. 다이오드 D_1의 애노드가 플러스(+)가 되고 다이오드 D_2의 애노드가 마이너스(−)가 된다. 다이오드 D_1이 순방향 바이어스되어 도통되는 반면 다이오드 D_2는 역방향 바이어스되어 도통되지 않는다. 전류는 변압기 2차 측 상단에서 다이오드 D_1과 부하를 거쳐 변압기의 중간으로 흐른다. 이것은 양(+)의 반주기가 부하에 걸리도록 해준다.

그림 23-10은 음(−)의 반주기 동안의 전파 정류기 회로를 보여준다. 다이오드 D_2의 애노드는 플러스(+)가 되고 다이오드 D_1의 애노드는 마이너스(−)가 된다. 이제 다이오드 D_2가 순방향 바이어스되어 도통된다. 다이오드 D_1은 역방향 바이어스되어 도통되지 않는다. 전류는 변압기 2차 측 하단에서 다이오드 D_2와 부하를 거쳐 변압기의 중간 탭으로 흐른다.

전파 정류기에서 두 번의 반 사이클 모두 전류가 흐른다. 이것은 리플 주파수가 입력 주파수의 2배라는 것을 의미한다. 전파 정류기는 동일한 변압기에 대해 출력 전압이 반파 정류기의 절반이라는 단점이 있다. 이 단점은 브리지 정류기 회로를 이용함으로써 극복할 수 있다.

그림 23-11은 브리지 정류기 회로를 보여준다. 전류가 한 방향으로만 부하를 통해 흐르도록 네 개의 다이오드가 배치된다.

그림 23-12는 입력 신호의 양(+)의 교번 동안의 전류의 흐름을 보여준다. 전류는 전원용 변압기의 2차 측 상단에서 위로 다이오드 D_3를 거치고, 부하를 거치고, D_2를 거쳐 전원용 변압기의 2차 측 하단으로 흐른다. 부하에는 완전한 전압이 걸린다.

그림 23-13은 입력 신호의 음(−)의 교번 동안의 전류의 흐름을 보여준다. 전원용 변압기 2차 측의 하단은 플러스(+)가 되고, 상단은 마이너스(−)가 된다. 전류는 전원용

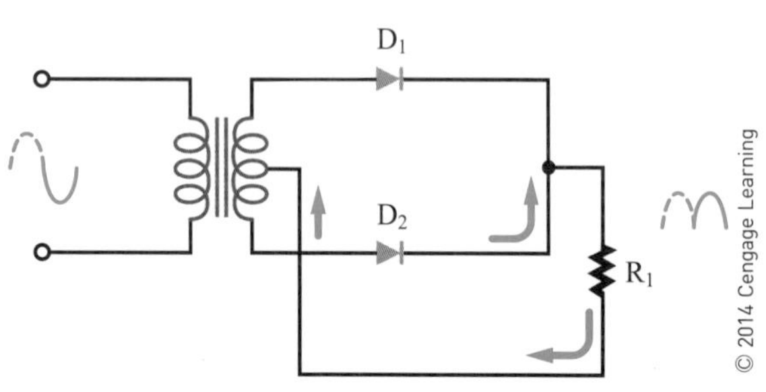

그림 23-10 음(−)의 반 사이클 동안의 전파 정류기 회로.

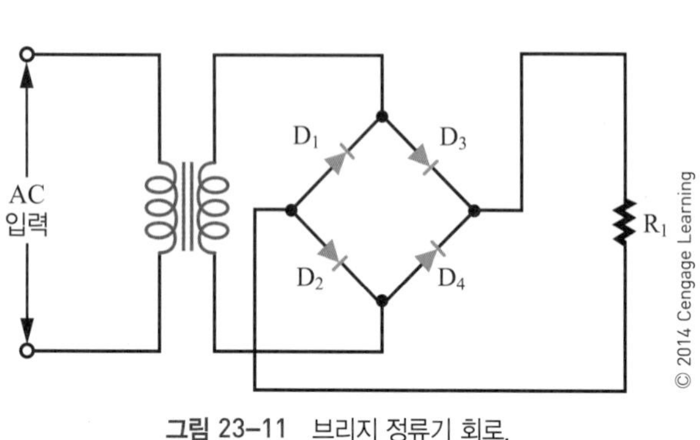

그림 23-11 브리지 정류기 회로.

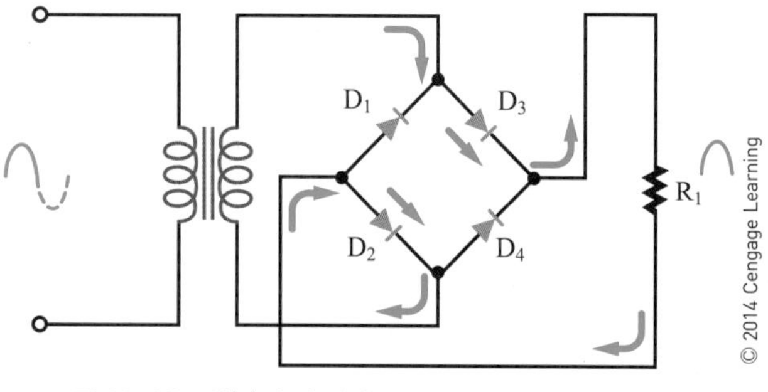

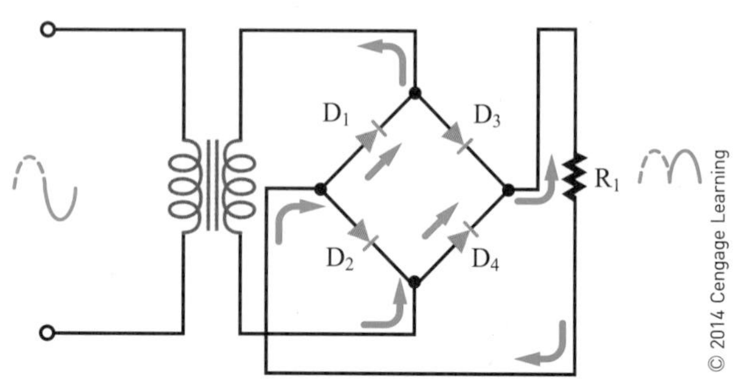

그림 23-13 음(−)의 반 사이클 동안의 브리지 정류기 회로.

그림 23-12 양(+)의 반 사이클 동안의 브리지 정류기 회로.

변압기의 2차 측 하단에서 다이오드 D_4를 거치고, 부하와 D_1을 거쳐 전원용 변압기의 2차 측 상단으로 흐른다. 전류가 양(+)의 반 사이클 동안과 같은 방향으로 부하를 통해 전류가 흐른다는 것에 유의하여야 한다. 다시 부하에는 완전한 전압이 걸린다.

브리지 정류기 회로는 입력 정현파 신호의 두 개의 반 사이클에서 모두 작동하기 때문에 일종의 전파 정류기 회로이다. 브리지 정류기의 장점은 2차 측에 중간 탭이 있는 전원용 변압기를 필요로 하지 않다는 것이다. 브리지 회로를 작동하기 위하여 변압기가 필요하지 않다. 변압기는 전압을 승압 또는 강압하기 위해 또는 절연을 하기 위해서만 사용된다.

정류기의 차이를 요약하면 다음과 같다. 반파 정류기의 장점은 단순하고 비용이 적게 든다는 것이다. 반파 정류기는 한 개의 다이오드와 한 개의 전원용 변압기만 있으면 된다. 그러나 입력 신호의 절반만 이용하기 때문에 효율적이지 않다. 또한 저전류 응용 분야로 제한된다.

전파 정류기는 반파 정류기에 비해 효율적이다. 전파 정류기는 정현파의 두 교번에서 모두 작동한다. 전파 정류기의 높은 리플 주파수는 여과하기가 용이하다. 단점은 중간에 탭이 있는 전원용 변압기가 필요하다는 것이다. 출력 전압은 같은 전원용 변압기에 대해서도 중간 탭으로 인해 반파 정류기보다 낮다.

브리지 정류기는 전원용 변압기 없이도 작동할 수 있다. 그러나 전압을 승압 또는 강압하기 위해 전원용 변압기가 필요하다. 브리지 정류기의 출력은 전파 정류기나 반파 정류기보다 높다. 단점은 브리지 정류기에 네 개의 다이오드가 필요하다는 것이다. 하지만 다이오드는 중간 탭 변압기에 비해 저렴하다.

23-2 질문

1. 전원공급장치에서 정류기의 기능은 무엇인가?
2. 정류기를 전원공급장치에 연결하는 세 가지 구성 방식은 무엇인가?
3. 이 세 가지 구성 방식의 차이는 무엇인가?
4. 각 정류기 구성 방식이 다른 방식에 비해 갖는 장점은 무엇인가?
5. 어떤 정류기 구성 방식이 가장 좋은 선택인가? 그 이유는 무엇인가?

23-3 필터 회로

정류기 회로의 출력은 맥동(pulsating)하는 직류 전압이다. 이것은 대부분의 전자 회로에 부적합하다. 따라서 대부분의 전원공급장치에는 정류기에 **필터**(filter)가 있어서 맥동하는 직류 전압을 평활한 직류 전압으로 변환한다. 가장 간단한 필터는 정류기 출력에 병렬로 연결된 **커패시터 필터**(capacitor filter)이다(그림 23-14). 그림 23-15는 커패시터 필터가 있는 것과 없는 정류기의 출력을 비교한다.

커패시터는 다음과 같은 방식으로 회로에 영향을 미친다. 다이오드의 애노드가 플러스(+)가 되면 회로에 전류

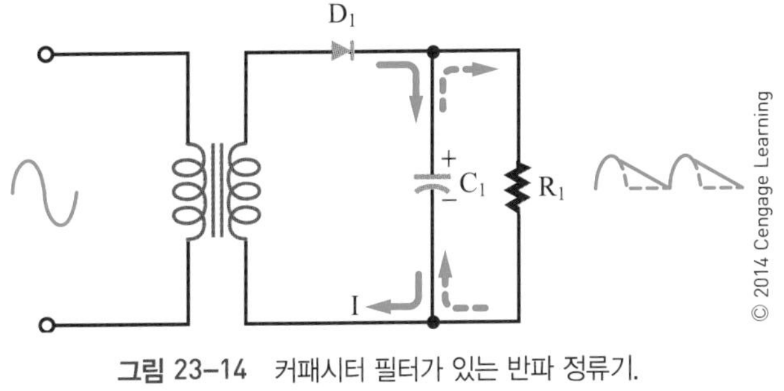

그림 23-14 커패시터 필터가 있는 반파 정류기.

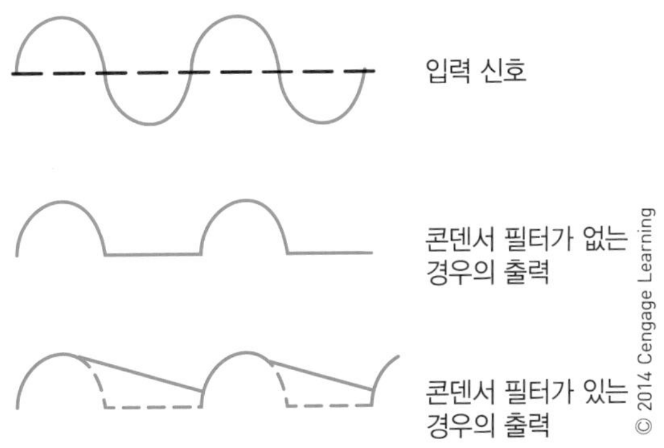

그림 23-15 커패시터 필터가 있는 경우와 없는 경우의 반파 정류기의 출력.

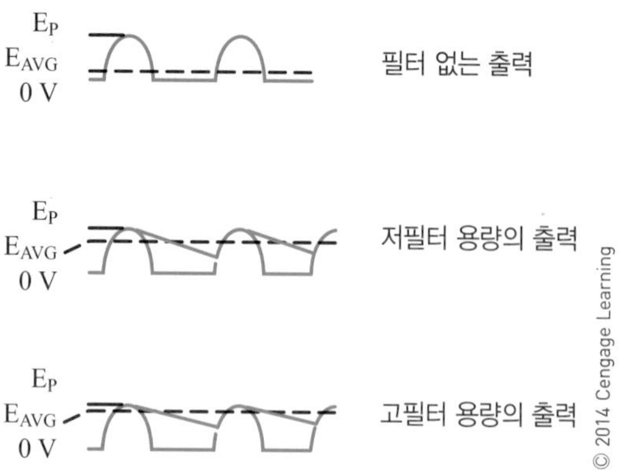

그림 23-16 다양한 커패시터 필터가 반파 정류기 출력에 미치는 영향.

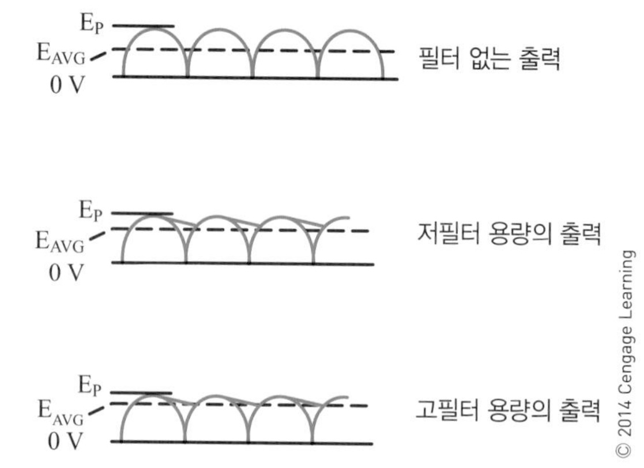

그림 23-17 다양한 커패시터 필터가 전파 정류기 또는 브리지 정류기 출력에 미치는 영향.

가 흐른다. 동시에 커패시터 필터에 그림 23-14에 표시된 극성으로 충전한다. 입력 신호의 90도 지점에서 커패시터가 완전히 충전되어 회로의 최대 전위에 도달한다.

입력 신호가 마이너스 방향으로 하강하기 시작하면 커패시터가 부하를 통해 방전한다. 부하의 저항이 RC 시정수에 의해 커패시터의 방전 속도를 제어한다. 방전 시정수는 사이클 시간에 비해서 길다. 따라서 커패시터가 방전을 마치기 전에 사이클이 완료된다. 이렇게 해서 첫 1/4 사이클 후에 부하로 통하는 전류가 커패시터 방전에 의해 공급된다. 커패시터가 방전함에 따라 커패시터에 저장된 전압은 낮아진다. 하지만 커패시터가 완전히 방전되기 전에 정현파의 다음 사이클이 시작된다. 이것은 다이오드의 애노드가 플러스(+)가 되는 원인이 되어 다이오드가 도통되도록 한다. 커패시터가 다시 충전되고 사이클이 반복된다. 그 결과 펄스가 평활해지고 출력 전압이 실제로 상승한다(그림 23-16).

커패시터의 용량이 클수록 RC 시정수가 길고 커패시터가 천천히 방전되어 출력 전압이 높아지는 효과가 있다. 커패시터가 있으면 회로 내의 다이오드가 짧은 시간 동안 도통할 수 있다. 다이오드가 도통하지 않을 때는 커패시터가 부하에 전류를 공급한다. 부하에서 큰 전류가 필요한 경우 대용량 커패시터를 사용하여야 한다.

전파 정류기나 브리지 정류기와 병렬로 연결된 커패시터 필터도 방금 설명한 반파 정류기 회로의 커패시터 필터와 매우 비슷한 역할을 한다. 그림 23-17은 전파 정류기나 브리지 정류기의 출력을 보여준다. 리플 주파수는 반파 정류기의 2배이다. 커패시터 필터가 정류기 출력단에 추가되면 다음 펄스가 발생하기 전에 커패시터가 너무 많이 방전되지 않는다. 출력 전압은 높아진다. 대용량 커패시터가 사용되는 경우 출력이 입력 신호의 최대 전압과 비슷해진다. 이렇게 해서 커패시터는 반파 회로보다 전파 회로에서 필터링을 더 잘 해낸다.

커패시터 필터의 목적은 정류기에서 나오는 맥동하는 직류 전압을 평활하게 하는 것이다. 직류 전압에 남아있는 리플은 필터의 성능을 결정한다. 큰 용량의 커패시터를 사용하거나 부하 저항을 늘려서 리플을 낮출 수 있다. 일반적으로 부하 저항은 회로 설계에 의해 결정된다. 따라서 커패시터 필터의 크기는 리플의 양에 의해 결정된다.

커패시터 필터가 정류기 회로에 사용된 다이오드에 추가 스트레스를 가한다는 것을 인식해야 한다. 커패시터 필터가 사용된 반파 정류기와 전파 정류기는 그림 23-18과 같다. 커패시터는 2차 전압의 첨두값(peak value)으로 충전하고 이 값을 입력 사이클 동안 유지한다. 다이오드가 역방향 바이어스되면 최대 음(−) 전압이 다이오드의 애노드에 걸린다. 커패시터 필터가 다이오드의 캐소드에 최대 양(+) 전압을 유지한다. 다이오드에 걸린 전위차가 2차 측 최대값의 2배가 된다. 다이오드는 이 전압을 견딜 수 있는 것으로 선택해야 한다.

역방향 바이어스 때 다이오드가 견딜 수 있는 최대 전

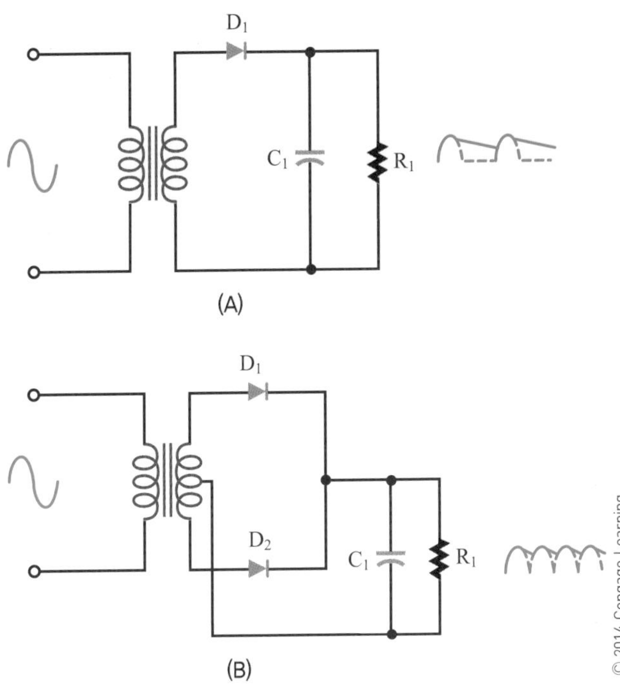

그림 23-18 커패시터 필터가 있는 반파 정류기(A)와 전파 정류기(B).

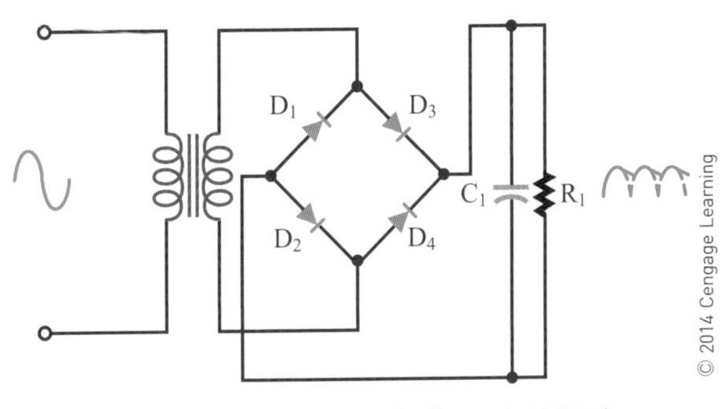

그림 23-19 커패시터 필터가 있는 브리지 정류기.

압을 최대 역전압(Peak Inverse Voltage; PIV)이라고 한다. 다이오드는 PIV가 첨두값의 2배 이상인 것을 선택해야 한다. 이상적으로 보면 입력 전압의 변동을 허용하기 위해 다이오드는 정격값의 80 %에서 작동되어야 한다. 이것은 반파 정류기와 전파 정류기에 대해서는 맞는 말이지만 브리지 정류기에 대해서는 맞지 않다.

브리지 정류기의 다이오드는 2차 측의 첨두값보다 더 큰 전압에 노출되지 않는다. 그림 23-19에서 어떤 다이오드도 입력 신호의 첨두값 이상으로 노출되지 않는다. 낮은 PIV 정격의 다이오드를 사용할 수 있다는 것이 브리지 정류기의 또 다른 장점이다.

23-3 질문

1. 전원공급장치에서 필터의 역할은 무엇인가?
2. 가장 간단한 필터 구성은 무엇인가?
3. 리플 주파수란 무엇인가?
4. 커패시터 필터는 어떻게 선택하는가?
5. 필터를 추가할 때 발생하는 부정적인 효과에 대해 서술하여라.

23-4 전압조정기

전원공급장치의 출력 전압을 변화시키는 데에는 두 가지 요소가 있다. 첫 번째는 전원공급장치의 입력 전압을 변화시킴으로써 출력 전압을 증가 또는 감소시킬 수 있다. 두 번째는 부하 저항을 변화시킴으로써 전류를 변화시킬 수 있다.

많은 회로들이 특정 전압에서 동작하도록 설계된다. 전압이 변하는 경우 회로의 동작이 영향을 받는다. 따라서 전원공급장치는 부하와 입력 전압의 변동에 관계없이 일정한 출력을 생산해야 한다. 이를 위해 필터 다음에 **전압조정기**(voltage regulator)가 추가된다.

전압조정기에는 **병렬 전압조정기**(shunt voltage regulator)와 **직렬 전압조정기**(series voltage regulator)의 두 가지 방식이 있다. 이러한 이름은 부하와 연결되는 방식에 따라 붙여진 것이다. 병렬 전압조정기는 부하와 병렬로 연결되는 반면, 직렬 전압조정기는 부하와 직렬로 연결된다. 직렬 전압조정기가 더 효율적이고 전력을 덜 소모하기 때문에 병렬 전압조정기보다 인기가 많다. 병렬 전압조정기는 부하의 단락으로부터 조정기를 보호하는 제어 장치로서 작용한다.

그림 23-20은 기본적인 제너 다이오드 조정기 회로를 보여준다. 이것은 병렬 전압조정기이다. 제너 다이오드는 저항과 직렬로 연결된다. 조정되지 않은 직류 전압인 입력 전압이 제너 다이오드와 저항에 모두 인가되어 제너 다이오드가 역방향으로 바이어스된다. 저항은 작은 전류가 흐르도록 허용하여 제너 다이오드가 제너 항복 영역을 유지하도록 한다. 입력 전압은 다이오드의 제너 항복 전압보다

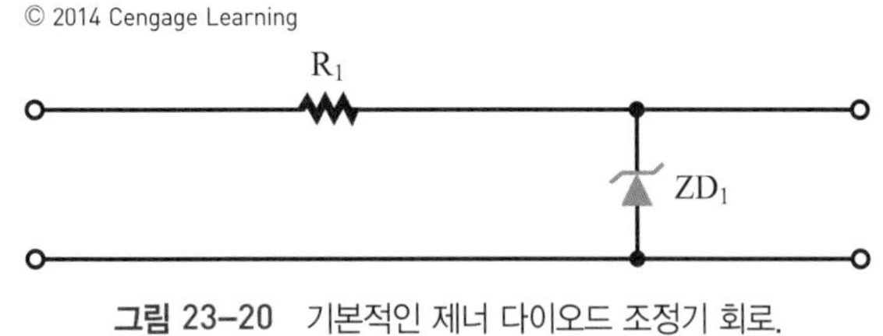

그림 23-20 기본적인 제너 다이오드 조정기 회로.

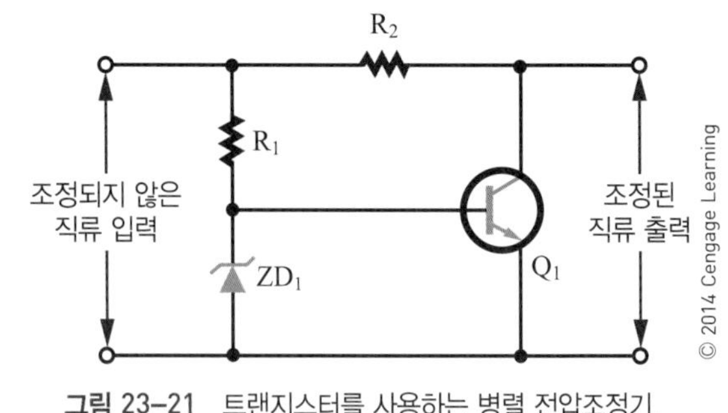

그림 23-21 트랜지스터를 사용하는 병렬 전압조정기.

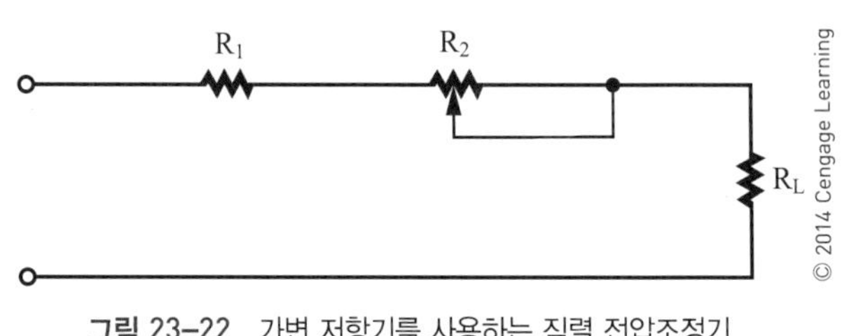

그림 23-22 가변 저항기를 사용하는 직렬 전압조정기.

높아야 한다. 제너 다이오드에 걸리는 전압은 제너 다이오드의 정격 전압과 같다. 저항에 걸리는 전압강하는 제너 다이오드의 전압과 입력 전압의 차이와 같다.

그림 23-20에 나타낸 회로는 변화하는 입력 전압에 대해 일정한 출력 전압을 제공한다. 전압의 어떤 변화도 저항에서 나타난다. 전압강하의 합은 입력 전압과 동일해야 한다. 출력 제너 다이오드와 직렬 저항을 변경하여 출력 전압을 높이거나 낮출 수 있다.

부하 저항과 출력 전압이 부하를 통과하는 전류를 결정한다. 부하 전류와 제너 전류는 직렬 저항을 통해 흐른다. 제너 전류가 제너 다이오드를 항복 영역에 유지하고 전류가 흐르는 것을 허용할 수 있도록 직렬 저항을 신중하게 선택해야 한다.

부하 전류가 증가하면 제너 전류가 감소하고, 부하 전류와 제너 전류가 함께 일정한 전압을 유지한다. 이는 회로가 입력 전압뿐만 아니라 출력 전류의 변화도 조정하도록 해준다.

그림 23-21은 하나의 트랜지스터를 사용하는 병렬 전압조정기 회로를 보여준다. 트랜지스터 Q_1이 부하와 병렬로 되어 있음에 유의하라. 부하에서 단락이 일어나는 경우 이것이 조정기를 보호한다. 두 개 이상의 트랜지스터를 사용하는 보다 복잡한 병렬 조정기도 있다.

직렬 전압조정기는 병렬 전압조정기보다 대중적이다. 가장 간단한 직렬 조정기는 부하와 직렬로 연결한 가변 저항기이다(그림 23-22). 저항을 연속적으로 조절하여 부하에 일정한 전압을 유지한다. 직류 전압이 증가하면 저항이 감소하고 더 많은 전압이 강하한다. 이것은 직렬 저항기에 걸린 전압을 추가로 강하하여 부하에서의 전압강하를 일정하게 유지한다.

가변 저항은 또한 부하 전류의 변화도 보상할 수 있다. 부하 전류가 증가하면 가변 저항에서 더 많은 전압이 강하되고, 그 결과 부하에서는 더 적은 전압이 강하된다. 전류가 증가하는 동시에 저항을 감소시킬 수 있으면 가변 저항에서 강하되는 전압이 일정하게 유지될 수 있고, 그 결과 부하 전류의 변화에도 불구하고 일정한 출력 전압을 유지할 수 있다.

실제로는 전압과 전류의 변화를 보상하기 위해 저항을 수동으로 조절하는 것은 너무 어렵다. 따라서 가변 저항을 트랜지스터(그림 23-23)로 대체하여 부하 전류가 흐르도록 하는 것이 보다 효율적이다. 트랜지스터의 베이스 전류에 변동을 주면, 트랜지스터가 바이어스되어 더 많거나 더 적은 전류를 도통할 수 있다. 회로가 자동 조절되도록 하기 위해서는 추가 구성 요소가 필요하다(그림 23-24). 이러한 구성 요소들이 트랜지스터가 입력 전압이나 부하 전류의 변화를 자동적으로 보상할 수 있게 해준다.

그림 23-25는 간단한 직렬 조정기를 보여준다. 입력은 조정되지 않은 직류 전압이고, 출력은 조정된 낮은 직류 전압이다. 트랜지스터는 이미터 폴로어(emitter follower)로 연결되었고, 이는 베이스와 이미터 사이에 위상 반전이 없음을 의미한다. 이미터 전압은 베이스 전압

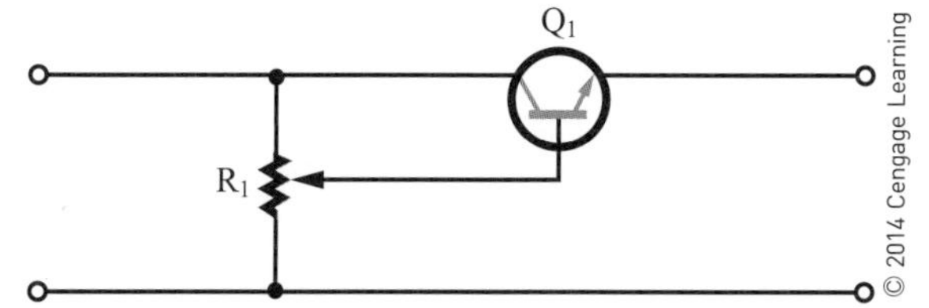

그림 23-23 수동식 가변 저항기를 사용하는 트랜지스터 직렬 전압조정기.

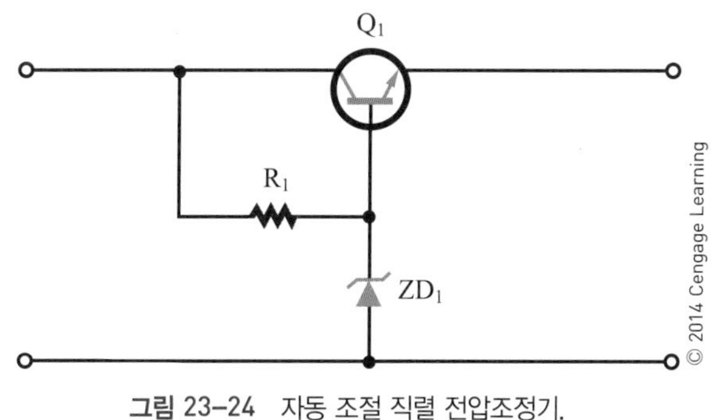

그림 23-24 자동 조절 직렬 전압조정기.

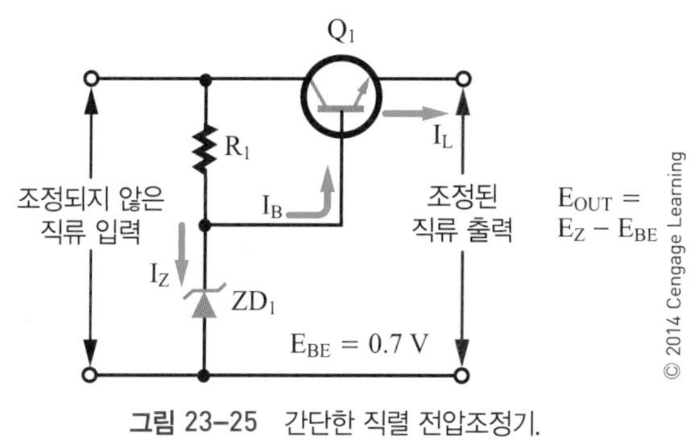

그림 23-25 간단한 직렬 전압조정기.

에 따라간다. 부하는 트랜지스터의 이미터와 접지 사이에 연결된다. 트랜지스터의 베이스 전압은 제너 다이오드에 의해 설정된다. 따라서 출력 전압은 제너 전압에서 트랜지스터의 베이스-이미터 접합에서 강하된 전압인 0.7 V를 뺀 것과 같다.

입력 전압이 트랜지스터를 통해 증가하면 출력 전압도 증가하는 경향이 있다. 베이스 전압은 제너 다이오드에 의해 설정된다. 이미터가 베이스보다 양(+)이 되면 트랜지스터의 컨덕턴스는 감소한다. 트랜지스터가 적게 도통할 때 입력과 출력 사이에 큰 저항이 있는 것과 같은 방식으로 작용한다. 입력 전압에서 증가분의 대부분은 트랜지스터에서 강하되고 출력 전압에서는 적은 부분만 증가한다.

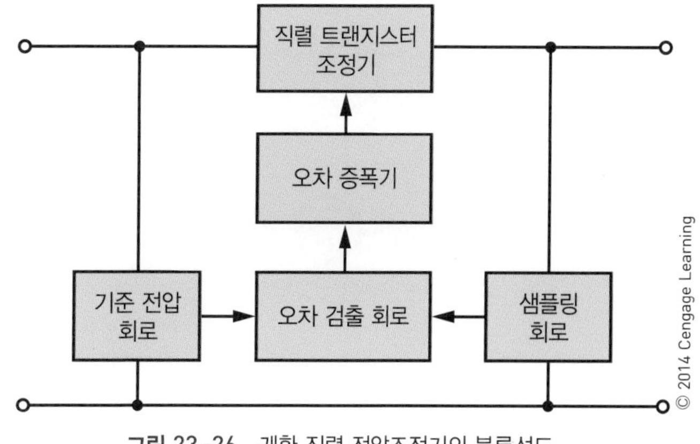

그림 23-26 궤환 직렬 전압조정기의 블록선도.

이미터 폴로어 전압조정기는 제너 다이오드의 전력 정격이 커야 한다는 단점이 있다. 큰 전력을 처리할 수 있는 제너 다이오드는 값이 비싸다.

직렬 조정기보다 대중적인 유형은 궤환 조정기이다. 궤환 조정기는 출력 전압을 모니터링하는 궤환 회로로 구성된다. 출력 전압이 변화하는 경우 제어 신호가 트랜지스터의 컨덕턴스를 제어하는 현상이 나타난다. 그림 23-26은 궤환 조정기의 블록선도를 보여준다. 조정되지 않은 직류 전압이 조정기의 입력에 인가되면 조정된 낮은 직류 출력 전압이 조정기의 출력 단자에 나타난다.

출력 단자에 샘플링 회로(sampling circuit)가 있다. 샘플링 회로는 출력 전압의 샘플을 오차 검출 회로로 보내는 전압 분배기이다. 출력 전압에 변화가 있으면 전압이 변한다.

오차 검출 회로는 샘플링된 전압을 기준 전압과 비교한다. 기준 전압을 만들기 위해 제너 다이오드가 사용된다. 샘플 전압과 기준 전압 사이의 차이가 오차 전압(error voltage)이다. 오차 증폭기는 오차 전압을 증폭한다. 오차 증폭기는 직렬 트랜지스터의 도통을 제어한다. 트랜지스터는 출력 전압의 변동을 보상하기 위해 더 많게 또는 더 적게 도통한다.

그림 23-27은 궤환 전압조정기 회로를 보여준다. 저항 R_3, R_4, R_5가 샘플링 회로를 형성한다. 트랜지스터 Q_2는 오차 검출 및 오차 증폭 회로의 두 가지 역할을 한다. 제너 다이오드 D_1과 저항 R_1은 기준 전압을 만든다. 트랜

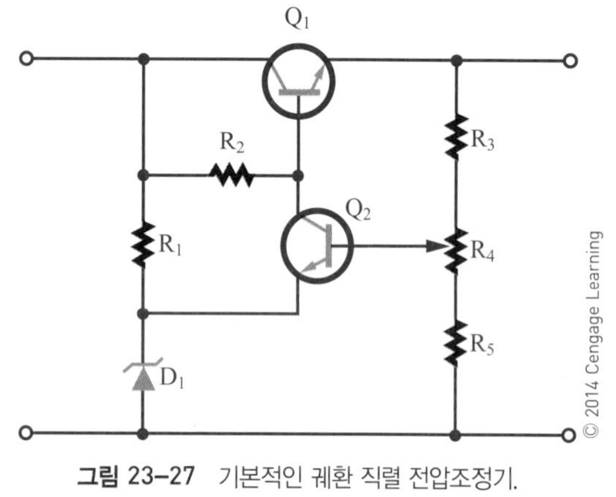

그림 23-27 기본적인 궤환 직렬 전압조정기.

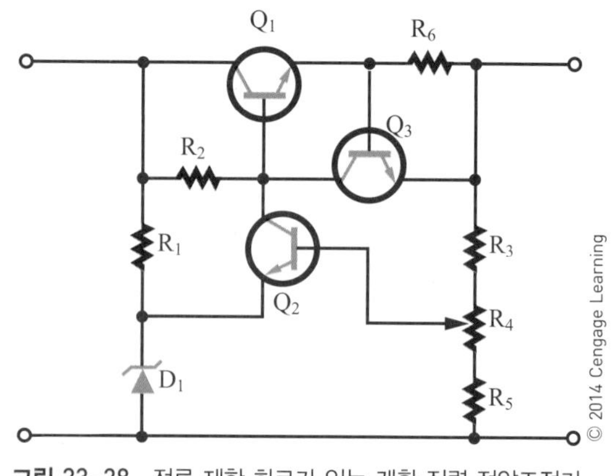

그림 23-28 전류 제한 회로가 있는 궤환 직렬 전압조정기.

지스터 Q_1은 직렬 트랜지스터 조정기이다. 저항 R_2는 트랜지스터 Q_2에 대한 컬렉터 부하 저항 및 트랜지스터 Q_1에 대한 바이어스 저항이다.

출력 전압을 증가시키려고 하는 경우 샘플 전압도 증가한다. 이것은 트랜지스터 Q_2의 베이스에 바이어스 전압을 증가시킨다. 트랜지스터 Q_2의 이미터 전압은 제너 다이오드 D_1에 의해 일정하게 유지된다. 그 결과 트랜지스터 Q_2가 더 많이 도통하고 저항 R_2를 통과하는 전류가 증가한다. 차례로 트랜지스터 Q_2의 컬렉터 전압과 트랜지스터 Q_1의 베이스 전압이 감소한다. 이는 트랜지스터 Q_1의 순방향 바이어스를 감소시켜 더 적게 도통하도록 한다. 이는 부하에서 더 작은 전압강하가 발생하고 전압의 증가를 상쇄하도록 한다.

출력 전압은 가변 저항 R_4에 의해 정확하게 조절될 수 있다. 조정기의 출력 전압을 증가시키려면, 가변 저항 R_4의 와이퍼가 음의 방향으로 더 이동해야 한다. 이것은 트랜지스터 Q_2의 베이스에서 샘플 전압을 감소시켜 순방향 바이어스를 감소시킨다. 이렇게 하면 트랜지스터 Q_2의 도통이 감소하고, 이로 인해 트랜지스터 Q_2의 컬렉터와 트랜지스터 Q_1의 베이스 전압이 증가한다. 이것은 트랜지스터 Q_1에 순방향 바이어스를 증가시키고 이로 인해 도통이 증가한다. 부하에 더 많은 전류가 흐르고 출력 전압이 증가한다.

직렬 전압조정기의 심각한 단점은 트랜지스터가 부하와 직렬로 되어있다는 것이다. 부하의 단락으로 트랜지스터를 파괴할 수 있는 큰 전류가 흐를 수 있다. 트랜지스터를 통해 흐르는 전류를 안전한 수준으로 유지하기 위한 회로가 필요하다.

그림 23-28은 직렬 전압조정기의 트랜지스터를 통과하는 전류를 제한하는 회로를 보여준다. 이 회로는 궤환 직렬 전압조정기에 추가된 것이다. 트랜지스터 Q_3 및 저항 R_6가 전류 제한 회로를 형성한다. 트랜지스터 Q_3가 도통되려면 베이스-이미터 접합이 최소 0.7 V로 순방향 바이어스되어야 한다. 베이스와 이미터 사이에 0.7 V가 인가되면 트랜지스터가 도통된다. R_6가 1 Ω이면 트랜지스터 Q_3의 베이스에 0.7 V를 전개하는 데 필요한 전류는 다음과 같다.

$$I = \frac{E}{R}$$

$$I = \frac{1}{0.7}$$

$$I = 0.7\text{ A 또는 }700\text{ mA}$$

700 mA 미만의 전류가 흐르면 트랜지스터 Q_3의 베이스-이미터 전압은 0.7 V 미만이며 차단 상태를 유지한다. 트랜지스터 Q_3가 차단되는 경우 회로가 존재하지 않는 것처럼 작용한다. 전류가 700 mA를 초과하는 경우 저항 R_6에 걸리는 전압강하는 0.7 V 이상으로 증가한다. 그 결과 트랜지스터 Q_3가 저항 R_2를 통해 도통되고, 따라서 트랜지스터 Q_1의 베이스에 전압이 감소하며, 그로 인해 더 적게 도통된다. 전류는 700 mA 이상으로 증가할 수 없

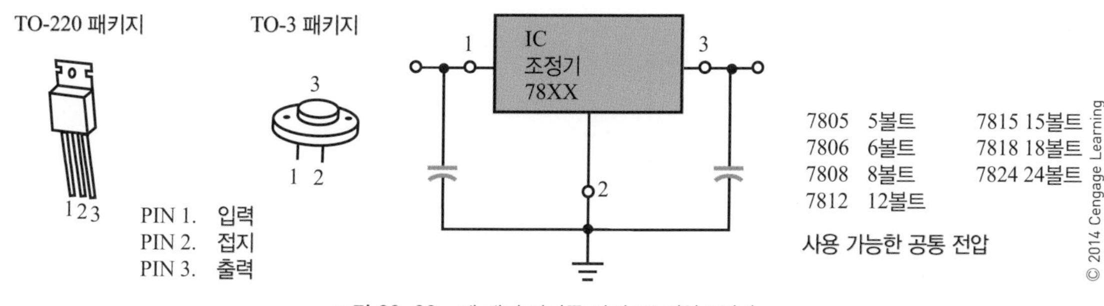

그림 23-29 세 개의 단자를 가진 IC 전압조정기.

다. 저항 R_6의 값을 조정하여 제한할 수 있는 전류의 양을 조절할 수 있다. 저항 R_6값의 증가는 전류값의 제한을 낮춘다.

궤환 직렬 전압조정기는 많은 부품이 필요하다는 또 다른 단점이 있다. 이 문제는 집적회로(IC) 전압조정기를 사용함으로써 극복할 수 있다.

오늘날의 IC 전압조정기는 가격이 저렴하고 사용이 쉽다. 대부분의 IC 전압조정기는 세 개의 단자(입력, 출력 및 접지)가 있으며 정류기의 필터링된 출력에 직접 연결할 수 있다(그림 23-29). IC 전압조정기는 양극과 음극의 다양한 출력 전압을 제공한다. 필요한 전압이 표준 전압이 아닌 경우 조절식 IC 전압조정기를 사용할 수 있다.

IC 전압조정기를 선택하는 데 있어서, 조정되지 않은 전원공급장치의 전기적 특성과 함께 전압과 부하 전류의 요구사항을 알아야 한다. 출력 전압으로 IC 전압조정기의 등급을 정한다. 고정식 전압조정기는 세 개의 단자가 있으며 하나의 출력 전압만을 제공한다. 플러스(+) 전압과 마이너스(−) 전압 모두 사용 가능하다. 2중 극성(dual-polarity) 전압조정기는 플러스(+) 전압과 마이너스(−) 전압 모두 제공할 수 있다. 고정식과 2중 극성 전압조정기는 모두 조절 가능한 전압조정기로 사용할 수 있다. IC 전압조정기를 사용하는 경우 제조업체의 사양서를 참조하라.

23-4 질문

1. 전원공급장치에서 전압조정기의 역할은 무엇인가?
2. 전압조정기의 기본적인 두 가지 유형은 무엇인가?
3. 어떤 유형의 전압조정기가 더 많이 사용되는가?
4. 간단한 제너 다이오드 전압조정기의 회로도를 그리고 어떻게 작동하는지 설명하여라.
5. 궤환 직렬 조정기의 블록선도를 그리고 어떻게 작동하는지 설명하여라.

23-5 전압 체배기

앞에서 다루었던 모든 예에서 직류 전압은 입력 정현파의 첨두값으로 제한되었다. 높은 직류 전압이 필요한 경우 승압 변압기를 사용한다. 그러나 승압 변압기 없이도 높은 직류 전압이 발생할 수 있다. 변압기를 이용하지 않고 높은 직류 전압이 발생할 수 있는 회로를 **전압 체배기**(voltage multiplier)라고 부른다. **2배전압기**(voltage doubler)와 **3배전압기**(voltage tripler)의 두 가지 전압 체배기가 있다.

그림 23-30은 반파 2배전압기를 보여준다. 이것은 입력 신호 첨두값의 2배인 직류 출력 전압을 발생한다. 그림 23-31은 입력 신호의 음(−)의 반 사이클 전압 부분 동안의 회로를 보여준다. 다이오드 D_1이 도통되고, 그림과 같은 경로를 따라 전류가 흐른다. 커패시터 C_1이 입력 신호의 첨두값으로 충전된다. 방전 경로가 없기 때문에 커패시터 C_1이 충전된 상태로 유지된다. 그림 23-32는 입력 신호의 양(+)의 반 사이클 전압 부분을 보여준다. 이때 커패시터 C_1은 마이너스의 첨두값으로 충전되어 있다. 이는 다이오드 D_1이 역방향 바이어스되도록 하고 다이오드 D_2가 순방향 바이어스되도록 한다. 이것은 다이오드 D_2가 도통되도록 하여 커패시터 C_2를 충전한다. 커패시터 C_1은

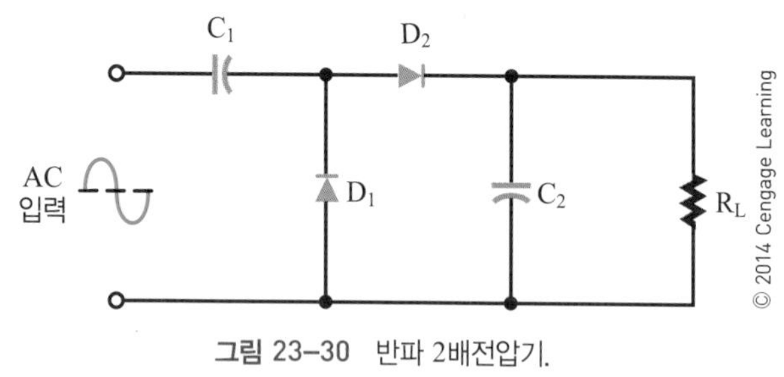

그림 23-30 반파 2배전압기.

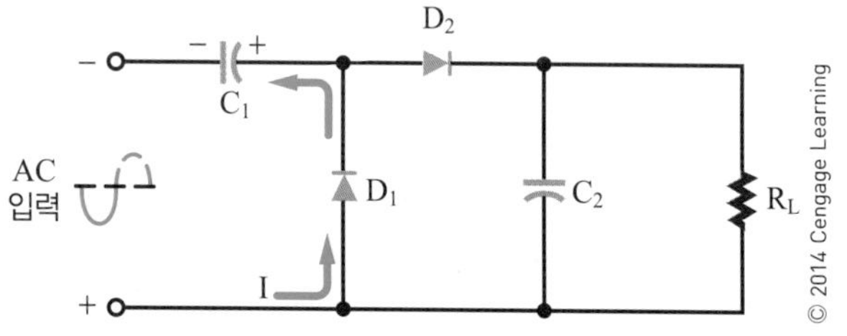

그림 23-31 입력 신호의 음(−)의 반 사이클 동안의 반파 2배전압기.

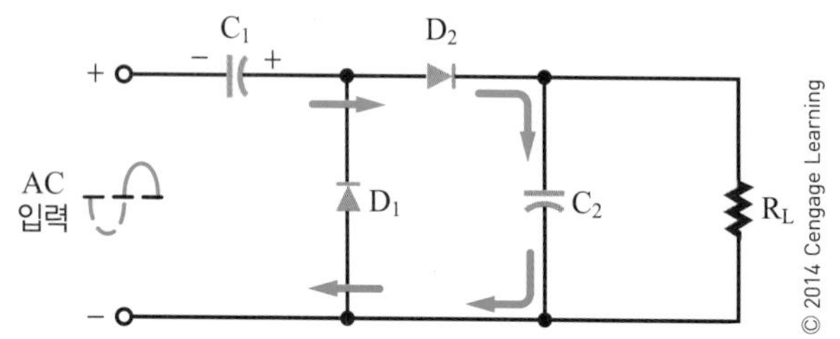

그림 23-32 입력 신호의 양(+)의 반 사이클 동안의 반파 2배전압기.

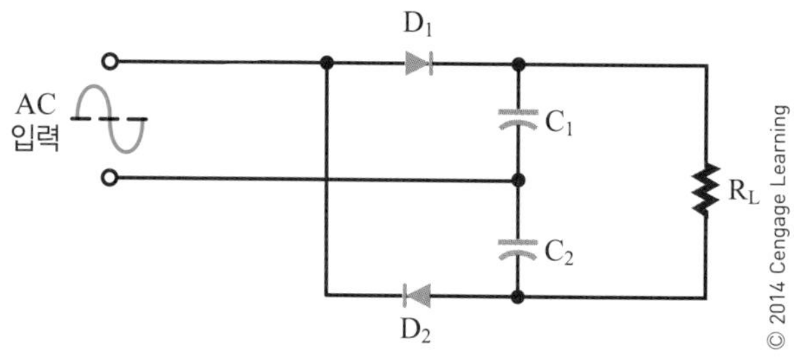

그림 23-33 전파 2배전압기.

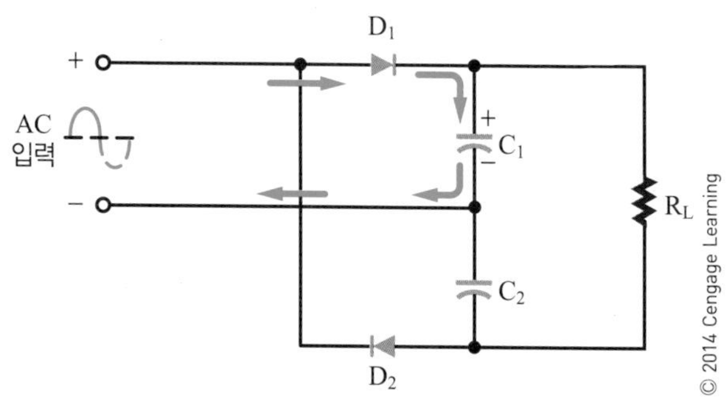

그림 23-34 입력 신호의 양(+)의 반 사이클 전압 부분 동안의 전파 2배전압기.

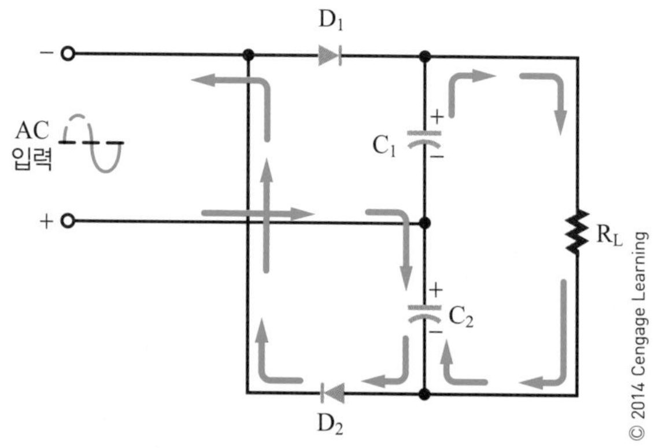

그림 23-35 입력 신호의 음(−)의 반 사이클 전압 부분 동안의 전파 2배전압기.

최대 마이너스(−) 값으로 충전되므로, 커패시터 C_2는 입력 신호 첨두값의 2배까지 충전된다.

정현파가 양(+)의 반주기에서 음(−)의 반주기로 변화함에 따라, 커패시터 C_2가 다이오드 D_2를 역방향 바이어스되도록 유지하기 때문에 다이오드 D_2는 차단되어 있다. 커패시터 C_2가 부하로 방전되면서 부하는 일정한 전압을 유지한다. 따라서 커패시터 C_2는 커패시터 필터의 역할도 한다. 커패시터 C_2는 입력 신호의 양(+)의 반주기 동안만 충전하고, 결과적으로 리플 주파수는 60 Hz이다(따라서 이름이 '반파 2배전압기'이다). 반파 2배전압기의 한 가지 단점은 60 Hz 리플 주파수 때문에 필터링이 어렵다는 것이다. 다른 단점은 커패시터 C_2의 정격 전압이 교류 입력 신호 첨두값의 최소한 두 배는 되어야 한다는 것이다.

전파 2배전압기는 반파 2배전압기의 일부 단점을 극복한다. 그림 23-33은 전파 2배전압기로 동작하는 회로의 회로도이다. 그림 23-34는 입력 신호의 양(+)의 반 사이클 전압에서 커패시터 C_1이 교류 입력 신호의 첨두값까지 다이오드 D_1을 통해 충전되는 것을 보여준다. 그림 23-35는 음(−)의 반 사이클 전압에서 커패시터 C_2가 입력 신호의 첨두값까지 다이오드 D_2를 통해 충전되는 것을 보여준다.

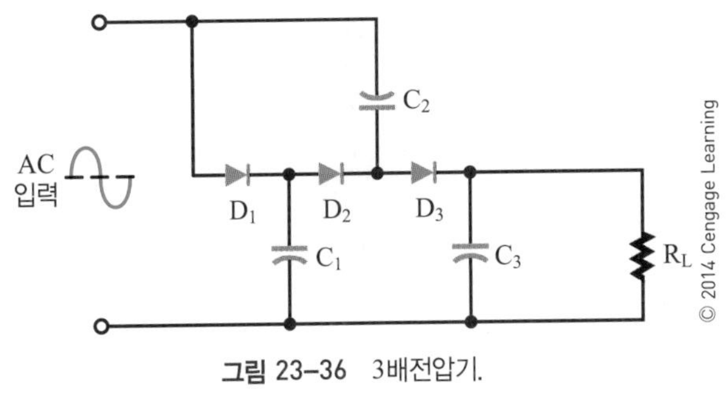

그림 23-36 3배전압기.

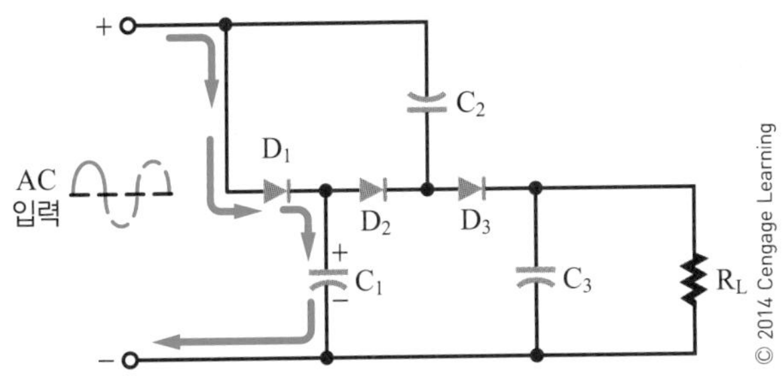

그림 23-37 입력 신호의 첫 번째 양(+)의 반 사이클 동안의 3배전압기.

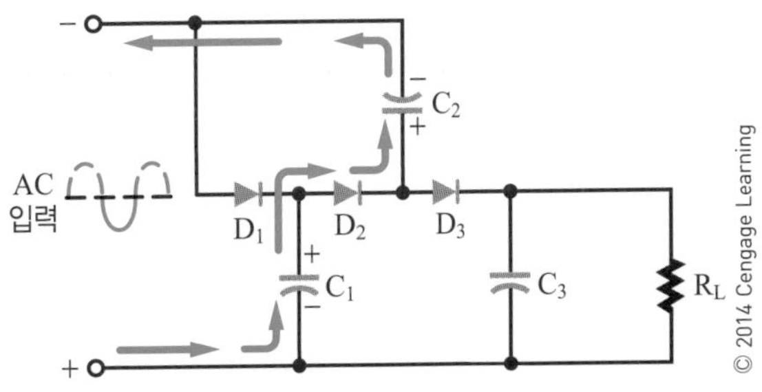

그림 23-38 입력 신호의 음(−)의 반 사이클 동안의 3배전압기.

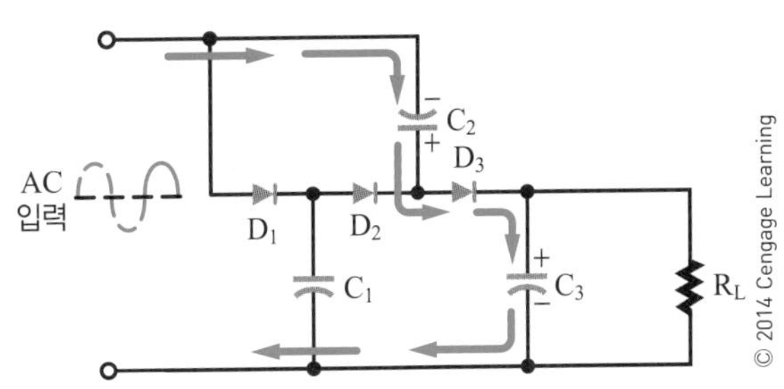

그림 23-39 입력 신호의 두 번째 양(+)의 반 사이클 동안의 3배전압기.

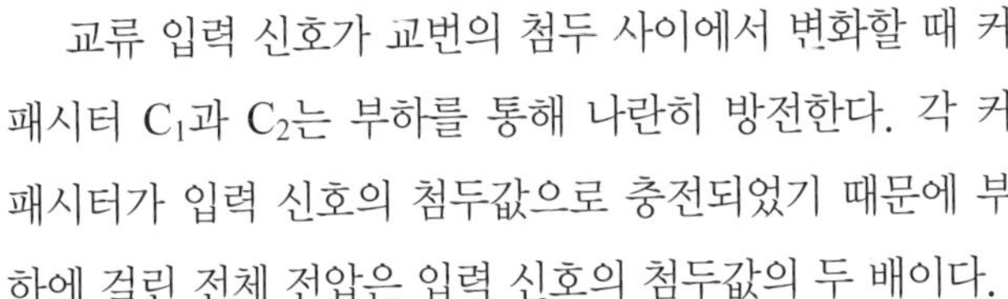

교류 입력 신호가 교번의 첨두 사이에서 변화할 때 커패시터 C_1과 C_2는 부하를 통해 나란히 방전한다. 각 커패시터가 입력 신호의 첨두값으로 충전되었기 때문에 부하에 걸린 전체 전압은 입력 신호의 첨두값의 두 배이다.

커패시터 C_1과 C_2는 입력 신호가 첨두에 이르는 동안 충전된다. 커패시터 C_1과 C_2가 모두 각 사이클 동안 충전되기 때문에 리플 주파수는 120 Hz이다. 커패시터 C_1과 C_2가 부하에 출력 전압을 분할하므로 각각의 커패시터는 입력 신호의 첨두값이 적용된다.

그림 23-36은 3배전압기의 회로를 나타낸다. 그림 23-37에서 입력 신호의 양(+)의 반 사이클 부분은 다이오드 D_1을 바이어스하여 도통되도록 한다. 이는 입력 신호의 첨두값까지 커패시터 C_1을 충전한다. 커패시터 C_1은 다이오드 D_2에 양(+)의 전위를 배치한다.

그림 23-38은 입력 신호의 음(−)의 반 사이클 부분을 보여준다. 다이오드 D_2는 이제 순방향 바이어스되었기 때문에 전류가 커패시터 C_1을 통해 커패시터 C_2까지 흐른다. 이것은 커패시터 C_1에 저장된 전압 때문에 첨두값의 두 배로 커패시터 C_2를 충전한다.

그림 23-39는 다음 번 양(+)의 반 사이클을 보여준다. 이것이 커패시터 C_2에 첨두값의 3배인 전위차가 생기게 한다. 커패시터 C_2의 상부 플레이트는 첨두값의 2배의 양(+)의 첨두값을 갖는다. 다이오드 D_3의 애노드는 접지에 대해 첨두값의 3배인 양(+)의 값을 갖는다. 이것이 커패시터 C_3를 첨두값의 3배까지 충전한다. 이것이 부하에 인가되는 전압이다.

23-5 질문

1. 전압 체배기의 기능은 무엇인가?
2. 반파 2배전압기의 회로도를 그리고, 어떻게 작동하는지 설명하여라.
3. 전파 2배전압기의 회로도를 그려라.
4. 3배전압기의 회로도를 그려라.
5. 2배전압기와 3배전압기에서 사용되는 커패시터에 대한 요구사항은 무엇인가?

23-6 전압 분배기

전압 분배기(voltage dividers)는 작은 전압을 필요로 하는 응용 분야에서 높은 전압을 낮은 전압으로 변환하기 위해 사용될 수 있다. 옴의 법칙은 이해해야 할 가장 중요한 개념 중 하나이다. 이 법칙은 어떤 회로를 통과하는 전류는 회로에 걸리는 전압에 비례하고 저항에 반비례한다는 것이다.

$$\text{전류} = \frac{\text{전압}}{\text{저항}}$$

$$I = \frac{E}{R}$$

그림 23-40의 예는 실생활에서 사용하는 전압 분배기의 실제 예이다. 전압원은 120 V 교류의 표준 교류 전원으로 여기에서 120 V 직류로 변환되었다(여기에서는 손실이 없는 것으로 가정한다). 원하는 것은 이 120 V 직류의 전원을 특정 기기(라디오, 카세트 플레이어, CD 플레이어 등)의 제조자가 지정한 낮은 전압원으로 분할하는 전압 분배기 회로망이다. 요구하는 전압이 6 V이고 부하가 200 mA의 전류를 흘린다고 가정하자. 나머지 전압은 열로 방출된다. 기기에 필요한 전압에 대한 부하 전류를 미리 알 필요가 있음을 명심해야 한다.

그림 23-41을 참고로 해서, 저항 R_2에 흐르기 원하는 전류의 양을 선택하고 과정을 시작한다. 이 예에서 임의의 전류값으로 10 mA가 선택되었다. 이것은 R_2에 흐르는 전류가 10 mA이고 A 지점의 전압이 6 V라는 것을 의미한다. 따라서 R_2를 다음과 같이 구할 수 있다.

$$I_2 = \frac{E_2}{R_2}$$

$$0.01 = \frac{6}{R_2}$$

$$600\ \Omega = R_2$$

다음으로 저항 R_1과 R_2 사이의 접점을 검사한다. 이 지점에서 전류의 합산이 이루어진다. R_2에 흐르는 전류가 10 mA이고, 6 V 부하를 통해 200 mA의 전류가 합류한다. 이것은 총 210 mA의 전류가 저항 R_1을 통해 흐른다는 것을 의미한다.

과정의 마지막 단계는 R_1의 값을 계산하는 것이다. 저항 R_1의 값을 구하는 최종 계산은 A 지점에 210 mA의 전류가 흐른다는 것에 기초한다. 또한 A 지점에서 요구하는 전압은 6 V이다. 전원 전압은 120 V이고, 따라서 저항 R_1에는 120 V − 6 V, 즉 114 V가 강하되어야 한다.

$$I_1 = \frac{E_1}{R_1}$$

$$0.210 = \frac{114}{R_1}$$

$$543\ \Omega = R_1$$

이 회로에서 필요한 저항값은 정확한 값이 아니라 반올림한 값이다. 허용 오차 1 %에 가장 가까운 저항값은 549 Ω(그림 23-42)이고, 허용 오차 2 %, 5 % 및 10 %에 가장 가까운 저항은 560 Ω(그림 4-5)이다.

저항 R_1은 전력을 소비하고 전력 정격이 너무 작을 경우 전력을 열로 발산한다. 저항에 의해 소모되는 전력량은 전력 공식, P = IE를 이용해 구할 수 있다. R_1에 걸리는 전압은 114 V이고, 전류는 210 mA이다.

$$P_{R1} = I_{R1} E_{R1}$$

$$P_{R1} = (0.210)(114)$$

$$P_{R1} = 23.94\ W$$

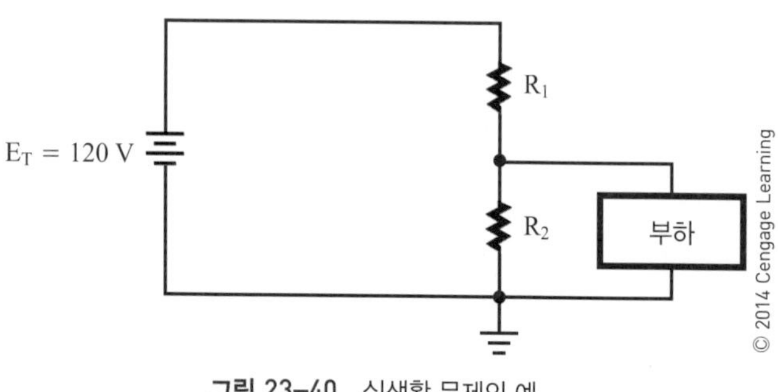

그림 23-40 실생활 문제의 예.

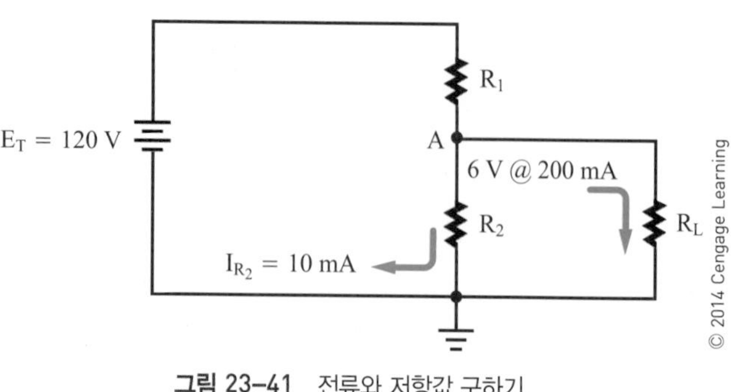

그림 23-41 전류와 저항값 구하기.

허용 오차 1 % 저항값			
100	178	316	562
102	182	324	576
105	187	332	590
107	191	340	604
110	196	348	619
113	200	357	634
115	205	365	649
118	210	374	665
121	215	383	681
124	221	392	698
127	226	402	715
130	232	412	732
133	237	422	750
137	243	432	768
140	249	442	787
143	255	453	806
147	261	464	825
150	267	475	845
154	274	487	866
158	280	499	887
162	287	511	909
165	294	523	931
169	301	536	953
174	309	549	976

그림 23-42 허용 오차 1 % 저항값 도표.

저항 R_1은 23.94 W를 소모해야 한다. 안전율을 고려하여 정격 전력을 소모 전력의 최소 두 배로 선택할 필요가 있다. 실제 사용하는 저항은 560 Ω, 50 W 저항이 존재하며, 이 응용 분야에 적당할 것이다.

23-6 질문

1. 전압 분배기가 고전압을 저전압으로 변환하는 방법을 설명하여라.
2. 전류가 명시되지 않은 기기에서 부하 전류를 구하는 방법을 설명하여라.
3. 그림 23-41의 R_2에 흐르는 전류가 10 mA임을 밝혀라.
4. 그림 23-41에서 R_2에 걸리는 전압은 얼마인가? 그리고 그 이유는 무엇인가?
5. 그림 23-41의 회로에서 부하에 걸리는 전압을 항상 6 V로 유지하기 위해 필요한 것은 무엇인가?

23-7 회로 보호 장치

전원공급장치의 고장으로부터 부하를 보호하기 위해 **과전압 보호회로**(over-voltage protection circuit)가 사용된다.

그림 23-43은 **지렛대**(crowbar)라고 하는 과전압 보호회로를 보여준다. 부하와 병렬로 연결된 SCR은 보통 도통되지 않고 차단되어 있다. 출력 전압이 정해진 수준 이상으로 상승하는 경우, SCR이 작동하고 부하에 대해 단락 회로를 구성한다. 부하에 대한 단락 회로로 인해 부하에는 전류가 거의 흐르지 않게 된다. 이것이 부하를 완전히 보호한다. 부하에 대한 단락 회로가 전원공급장치를 보호하지는 않는다. 전원공급장치의 출력이 단락되고 따라서 전원공급장치의 퓨즈가 끊어지게 된다.

제너 다이오드는 SCR이 작동하는 전압 수준을 설정하는 역할을 한다. 제너 다이오드는 제너 전압을 초과하는 전압으로부터 부하를 보호한다. 공급 전압이 제너 다이오드의 정격 전압을 초과하지 않는 한 다이오드는 도통되지 않는다. 이것이 SCR을 차단된 상태로 유지시킨다.

공급 전압이 고장으로 인해 제너 전압을 초과하는 경우 제너 다이오드가 도통된다. 이것이 SCR에 게이트 전류를 생성하여 SCR이 동작하도록 하고 부하에 대해 단락

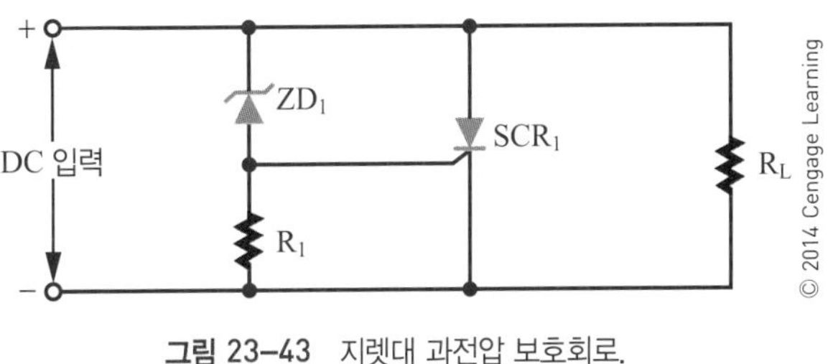

그림 23-43 지렛대 과전압 보호회로.

회로를 만든다. SCR이 대용량의 단락 전류를 다룰 수 있을 만큼 커야 한다는 것에 유의해야 한다.

지나친 과도 전압으로부터 회로를 보호하기 위해 **바리스터**(varistor)가 사용된다. 바리스터는 전자 부품이며, 가장 일반적인 유형은 **금속 산화물 바리스터**(Metal-Oxide Varistor; MOV)이다. MOV는 스위칭과 유도 뇌 서지로부터 각종 전자 부품과 반도체 소자를 보호한다. 높은 과도 전압에 노출되었을 때 MOV는 전압을 안전한 수준으로 고정시킨다. MOV는 잠재적으로 파괴적인 에너지를 흡수하여 열로 발산함으로써 회로 부품을 보호한다.

MOV 장치는 주로 산화 아연으로 만들어지는데, 여기에 소량의 비스무트, 코발트, 망간 및 기타 금속 산화물이 첨가된다. MOV는 에너지 처리 능력을 높이기 위해 병렬로 연결될 수 있다. 또한 전압 정격을 더 높게 하고 전압 정격을 표준 간격으로 증가시키기 위해 직렬로 연결할 수도 있다.

MOV는 첨두 전류 정격이 40 A부터 70,000 A에 이르는 것을 사용할 수 있다.

또 다른 보호 장치는 **퓨즈**(fuse)이다(그림 23-44). 퓨즈는 과부하가 발생하면 끊어지는 장치이다. 퓨즈는 본질적으로 두 금속 단자 사이에 이어진 작은 도선(wire) 조각이다. 가운데가 비어있는 유리관이 양쪽으로 떨어진 금속 단자를 잡고 있고 내부의 도선을 보호한다. 일반적으로 퓨즈는 전원공급장치 변압기의 1차 측과 직렬로 배치된다. 전원공급장치에 큰 전류가 흐르는 경우 퓨즈 도선이 과열되어 녹아 내린다. 이것은 더 이상 전류가 흐를 수 없도록 회로를 개방한다. 퓨즈의 유리관은 시각적으로 퓨즈가 용단되었는지 여부를 확인할 수 있게 한다.

퓨즈는 **일반 퓨즈**(normal fuse)와 **지연 용단 퓨즈**(**slow blow fuse**)로 분류된다. 일반 퓨즈는 전류가 초과하자마자 끊어진다. 어떤 회로에서는 과부하를 매우 신속하게 제거하기 때문에 이것이 장점이 된다. 지연 용단 퓨즈는 퓨즈가 용단되기 전에 짧은 시간 동안 과부하를 견딜 수 있다. 퓨즈 도선이 천천히 가열되기 때문에 짧은 시간 동안에 과부하가 발생한다. 과부하가 몇 초 이상 계속되면 퓨즈가 용단된다. 지연 용단 퓨즈는 용융 후에 떨어진 퓨즈 도선을 끌어당기는 스프링을 포함하는 경우도 있다. 일부 회로는 전류 서지를 견딜 수 있다. 이런 회로는 지연 용단 퓨즈가 일반 퓨즈보다 선호된다.

퓨즈는 항상 교류 전원의 활선(전기가 살아있는 선)의 스위치 뒤쪽에 설치된다. 이렇게 해야 퓨즈가 용단되었을 때 변압기를 교류 전원으로부터 분리시킨다. 퓨즈를 스위치 뒤쪽에 설치해야 용단된 퓨즈를 교체할 때 안전하게 전원을 제거할 수 있다.

퓨즈의 단점은 용단될 때마다 교체해야 한다는 것이다. **회로차단기**(circuit breaker)는 퓨즈와 같은 일을 하지만 과부하가 발생할 때마다 교체하지 않아도 된다. 대신 회로차단기는 과부하가 발생한 후에 수동으로 리셋(reset)할 수 있다(그림 23-45). 회로차단기는 퓨즈와 같은 방식으로 회로에 연결된다.

23-7 질문

1. 지렛대 과전압 보호회로는 어떻게 작동하는가?
2. 퓨즈가 회로에 사용될 경우 어떻게 작동하는가?

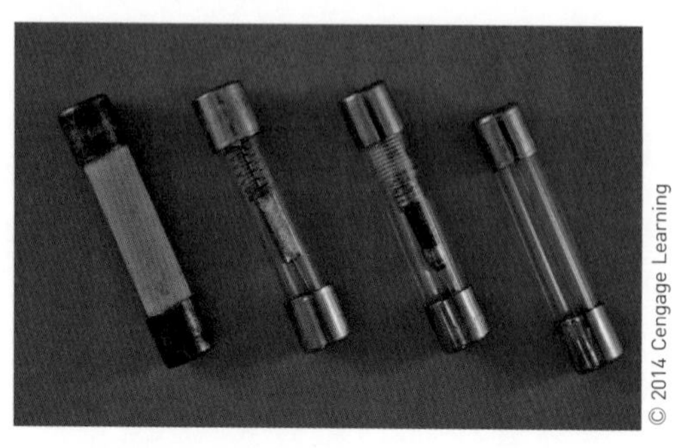

그림 23-44 전자회로 보호에 사용되는 퓨즈.

그림 23-45 전자회로 보호에 사용되는 회로차단기.

3. 퓨즈의 유형에는 무엇이 있는가?
4. 회로 보호용 퓨즈는 회로의 어디에 위치하는가?
5. 회로차단기는 퓨즈에 비해 어떤 장점이 있는가?

요약

- 전원공급장치의 주 목적은 교류를 직류로 변환하는 것이다.
- 전원용 변압기가 포함된 전원공급장치는 전원으로부터 분리되어 있지 않다.
- 전원용 변압기는 절연 및 승압 또는 강압을 위해 전원공급장치에서 사용된다.
- 정류 회로는 입력 교류 전압을 맥동 성분이 있는 직류 전압으로 변환한다.
- 기본적인 정류기 회로에는 반파 정류기, 전파 정류기 그리고 브리지 정류기가 있다.
- 반파 정류기는 간단하고 전파 정류기나 브리지 정류기보다 저렴하다.
- 전파 정류기는 반파 정류기보다 효율적이다.
- 브리지 정류기는 변압기 없이도 작동할 수 있다.
- 맥동 성분이 있는 직류 전압을 평활한 직류 전압으로 변환하려면 회로에서 정류기 뒤에 필터가 있어야 한다.
- 부하와 병렬로 연결된 커패시터는 효과적인 필터이다.
- 전압조정기는 부하와 입력 전압의 변화에 관계없이 일정한 출력을 제공한다.
- 전압조정기는 회로에서 필터 다음에 위치한다.
- 전압조정기의 두 가지 기본 유형은 직렬 전압조정기와 병렬 전압조정기이다.
- 직렬 전압조정기는 병렬 전압조정기보다 효율적이고, 따라서 더 많이 이용된다.
- 전압 체배기는 변압기의 도움 없이 입력 전압보다 높은 직류 전압을 제공할 수 있는 회로이다.
- 2배전압기와 3배전압기는 전압 체배기이다.
- 전압 분배기는 높은 전압을 낮은 전압으로 낮출 수 있다.
- 지렛대 회로는 과전압 보호를 위해 설계된 회로이다.
- 퓨즈는 과부하로부터 회로를 보호한다.
- 퓨즈는 일반 퓨즈와 지연 용단 퓨즈로 분류된다.
- 회로차단기는 퓨즈와 같은 일을 하지만 과부하가 걸릴 때마다 교체하지 않아도 된다.

연습 문제

1. 전원공급장치용으로 전원용 변압기를 선택할 때 고려해야 할 네 가지 사항은 무엇인가?
2. 전원공급장치에서 전원용 변압기의 역할은 무엇인가?
3. 정류기는 전원공급장치에서 어떤 목적으로 사용되는가?
4. 전파 정류회로와 브리지 정류회로의 장점과 단점은 무엇인가?
5. 커패시터 필터가 맥동하는 직류 전압을 평활한 직류 전압으로 변환하는 과정을 설명하여라.
6. 커패시터 필터의 용량은 어떤 기준으로 선택하는가?
7. 직렬 전압조정기는 어떻게 출력 전압을 일정하게 유지하는가?
8. 조정기 회로를 선택할 때 어떤 회로의 특성을 알아야 하는가?
9. 전압 체배기의 실질적인 용도는 무엇인가?
10. 전파 2배전압기는 반파 2배전압기에 비해 어떤 장점이 있는가?
11. 과전압 보호를 위해 어떤 유형의 소자가 사용되는가?
12. 과전류 보호를 위해 어떤 유형의 소자가 사용되는가?

24장

증폭기의 기초
Amplifier Basics

학습 목표

이 장을 학습하면 다음을 할 수 있다.

- 증폭기의 목적을 설명할 수 있다.
- 트랜지스터 증폭기 회로의 세 가지 기본 구성을 설명할 수 있다.
- 증폭기의 클래스를 설명할 수 있다.
- 직접 결합 증폭기, 음향 증폭기, 영상 증폭기, RF 증폭기, IF 증폭기, 연산 증폭기의 작동을 설명할 수 있다.
- 다양한 유형의 증폭기 회로에 대한 회로도를 그리고 기호를 표시할 수 있다.

증폭기(amplifier)는 전자 신호의 진폭을 증가시키기 위해 이용되는 전자 회로이다. 낮은 전압을 높은 전압으로 변환하기 위해 설계된 회로를 전압 증폭기라 하고, 낮은 전류를 높은 전류로 변환하기 위해 설계된 회로를 전류 증폭기라 한다.

24-1 증폭기의 구성

트랜지스터가 **증폭**(amplification)하려면, 입력 신호를 받아 입력 신호보다 큰 출력 신호를 만들 수 있어야 한다.

입력 신호는 트랜지스터 내의 전류 흐름을 제어한다. 이것은 다시 부하를 통해 전압을 제어한다. 트랜지스터 회로는 외부 전원(V_{cc})에서 전압을 취하여 출력 전압의 형태로 부하 저항(R_L)에 인가하도록 설계되어 있다. 출력 전압은 작은 입력 전압에 의해 제어된다.

트랜지스터는 주로 증폭 장치로 이용된다. 이러한 증폭을 달성하는 방식은 여러 가지가 있다. 트랜지스터는 세 가지 회로 구성에 연결될 수 있다.

세 가지 회로 구성에는 **베이스 공통 회로**(common-base circuit)와 **이미터 공통 회로**(common-emitter circuit), **컬렉터 공통 회로**(common-collector circuit)가 있다. 각각의 구성에서 트랜지스터의 전극 중 하나가 공통 기준점 역할을 하고, 다른 두 개의 전극은 입력 및 출력 연결부 역할을 한다. 각각의 구성은 NPN 또는 PNP 트랜지스터를 이용하여 구성할 수 있다. 각각의 구성에서 트랜지스터의 이미터-베이스 접합은 **순방향 바이어스**(forward biased)가 되는 반면, 컬렉터-베이스 접합은 역방향 바이어스가 된다. 각 구성은 나름대로의 장점과 단점을 가지고 있다.

베이스 공통 회로(그림 24-1)에서 입력 신호는 이미터-베이스 회로로 들어가고, 출력 신호는 컬렉터-베이

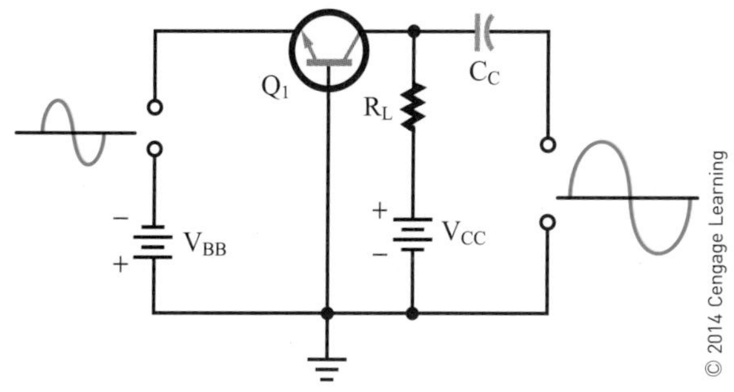

그림 24-1 베이스 공통 증폭기 회로.

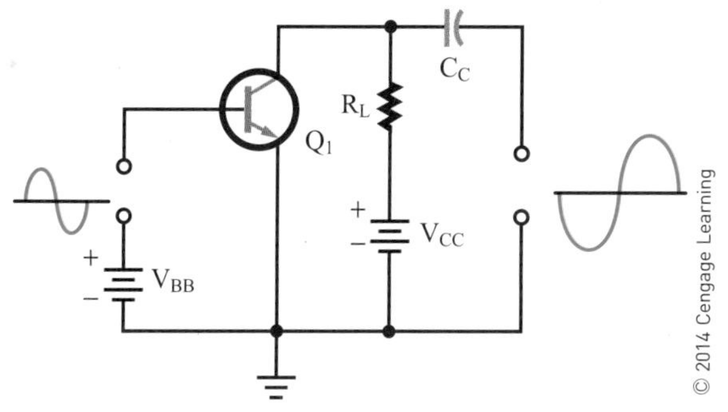

그림 24-2 이미터 공통 증폭기 회로.

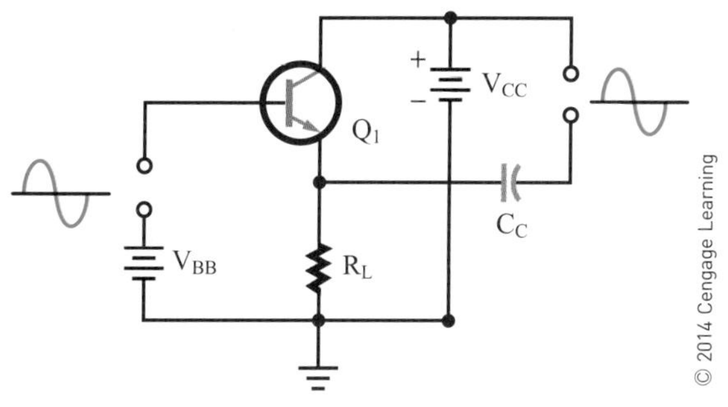

그림 24-3 컬렉터 공통 증폭기 회로.

회로 유형	입력 저항	출력 저항	전압 이득	전류 이득	전력 이득
베이스 공통	낮음	높음	높음	1 미만	중간
이미터 공통	중간	중간	중간	중간	높음
컬렉터 공통	높음	낮음	1 미만	중간	중간

그림 24-4 증폭기 회로의 특성.

증폭기 유형	입력 파형	출력 파형
베이스 공통		
이미터 공통		
컬렉터 공통		

그림 24-5 증폭기 회로의 입력-출력 위상 관계.

스 회로로 나온다. 베이스는 입력 회로와 출력 회로에 공통되는 요소이다.

이미터 공통 회로(그림 24-2)에서, 입력 신호는 베이스-이미터 회로로 들어가고 출력 신호는 컬렉터-이미터 회로에서 나온다. 이미터는 입력 및 출력 회로에 공통된다. 이러한 트랜지스터 연결 방법은 가장 널리 이용된다.

세 번째 연결 방법(그림 24-3)은 컬렉터 공통 회로이다. 이 구성에서 입력 신호는 베이스-컬렉터 회로로 들어가고, 출력 신호는 이미터-컬렉터 회로에서 나온다. 여기서 컬렉터는 입력과 출력 회로에 대해 공통된다. 이 회로는 임피던스 매칭 회로로 이용된다.

그림 24-4는 세 가지 회로 구성에 대한 입력-출력 저항과 전압, 전류, 전력 이득을 표로 보여주고 있다. 그림 24-5는 세 가지 구성에 대한 입력 및 출력 파형의 위상 관계를 나타낸다.

이미터 공통 구성은 입력-출력 신호의 위상을 반전시킨다.

24-1 질문

1. 트랜지스터 증폭기 회로의 세 가지 기본 구성에 대한 회로도를 그려라.
2. 다음 회로 구성의 특성을 나열하여라.
   a. 베이스 공통 회로
   b. 이미터 공통 회로
   c. 컬렉터 공통 회로
3. 세 가지 구성의 입력-출력 위상 관계를 보여주는 도표를 만들어라.

4. 세 가지 구성의 입력-출력 저항을 보여주는 도표를 만들어라.
5. 세 가지 구성의 전압, 전류, 전력 이득을 보여주는 도표를 만들어라.

24-2 증폭기 바이어스

트랜지스터 증폭기 회로의 기본 구성은 베이스 공통과 이미터 공통, 컬렉터 공통이다. 모두 적절한 바이어스를 위한 두 가지 전압을 갖는다. 베이스-이미터 접합은 순방향 바이어스, 베이스-컬렉터 접합은 역방향 바이어스가 되어야 한다. 그러나 하나의 전원에서 두 바이어스 전압이 모두 제공될 수 있다.

이미터 공통 회로 구성이 가장 자주 이용되기 때문에, 여기서는 이 구성에 대해 설명한다. 베이스 공통 및 컬렉터 공통 회로에는 동일한 원칙이 적용된다.

그림 24-6은 단일 전압원을 이용하는 이미터 공통 트랜지스터 증폭기를 보여준다. 그림 24-7에서는 회로의 구조도를 보여준다. 전압원은 $+V_{cc}$라고 표시되어 있다. 접지 기호는 전압원 V_{cc}의 마이너스(−) 측이다. 단일 전압원이 베이스-이미터 접합과 베이스-컬렉터 접합에 적절한 바이어스를 제공한다. 적절한 작동을 위해 전압을 분배하기 위해 두 개의 저항(R_B와 R_L)이 이용된다. 컬렉터 부하 저항 R_L이 컬렉터와 직렬로 되어있다. 컬렉터 전류가 흐르면 저항 R_L에 전압강하가 발생한다. 저항 R_L에서 강하된 전압과 트랜지스터의 컬렉터-이미터 접합에서 강하된 전압이 총 인가 전압에 가산되어야 한다.

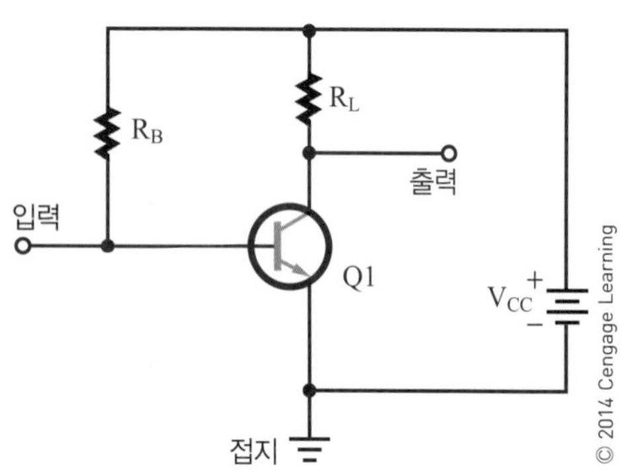

그림 24-6 단일 전압원을 갖는 이미터 공통 증폭기.

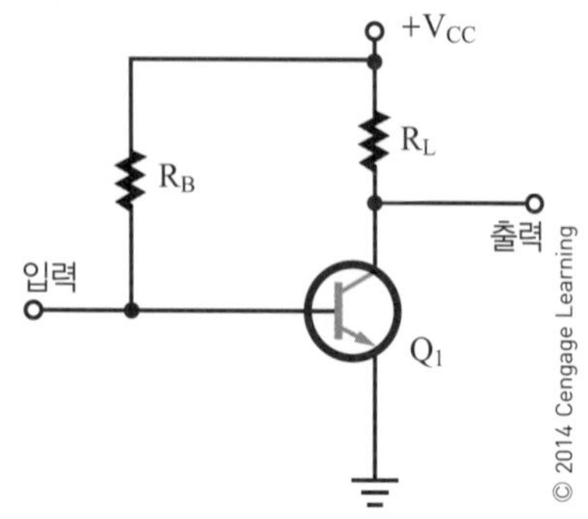

그림 24-7 단일 전압원을 갖는 이미터 공통 증폭기의 회로도.

베이스와 전압원 사이에 연결된 저항 R_B가 베이스에서 흘러나오는 전류의 양을 제어한다. 저항 R_B에 흐르는 베이스 전류는 저항에 걸리는 전압을 만들어낸다. 전압원에서 나오는 전압의 대부분이 저항에서 강하된다. 약간의 전압이 트랜지스터의 베이스-이미터 접합에서 강하되며 이것만으로도 적절한 순방향 바이어스를 제공하기에 충분하다.

단일 전압원으로 필요한 순방향 바이어스와 역방향 바이어스를 제공할 수 있다. NPN 트랜지스터의 경우, 트랜지스터의 베이스와 컬렉터는 이미터에 대하여 양(+)이어야 한다. 따라서 전압원은 저항 R_B와 R_L을 통해 베이스와 컬렉터에 연결될 수 있다. 이 회로는 종종 베이스 바이어스 회로라고 불리는데, 저항 R_B와 전압원이 베이스 전류를 제어하기 때문이다.

트랜지스터의 베이스와 이미터 사이, 또는 입력 단자와 접지 사이에 입력 신호가 인가된다. 입력 신호는 이미터 접합의 순방향 바이어스를 증가시키거나 감소시킨다. 이렇게 해서 컬렉터 전류가 변하게 되고 따라서 R_L의 전압도 변하게 된다. 출력 단자와 접지 사이에서 출력 신호가 발생한다.

그림 24-7에 제시된 회로는 불안정하다. 왜냐하면 신호를 인가하지 않은 채로 바이어스 전류의 변동을 보상할 수 없기 때문이다. 온도 변화는 트랜지스터의 내부 저항을 달라지게 하고, 이는 또 바이어스 전류를 변하게 한다. 이렇게 되면 트랜지스터 작동점이 옮겨져서 트랜지스

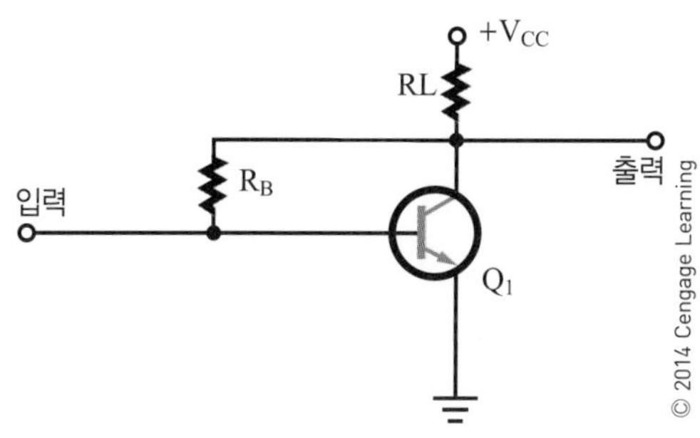

그림 24-8 컬렉터 궤환을 갖는 이미터 공통 증폭기.

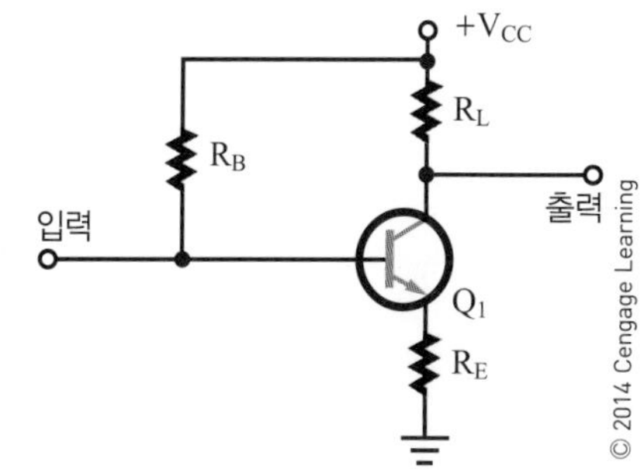

그림 24-9 이미터 궤환을 갖는 이미터 공통 증폭기.

터의 이득이 감소된다. 이런 현상을 **온도 불안정성**(thermal instability)이라고 부른다.

트랜지스터 증폭기 회로에서 온도 변화에 대한 보상이 가능하다. 원치 않는 출력 신호가 회로 입력에 궤환되면, 그 신호는 변화를 방해하게 된다. 이를 **부궤환**(negative feedback)이라고 한다(그림 24-8). 부궤환을 이용하는 회로에서 베이스 저항 R_B는 트랜지스터의 컬렉터에 직접 연결된다. 컬렉터의 전압이 저항 R_B를 통해 흐르는 전류를 결정한다. 이렇게 하면 베이스 전류가 감소되고, 이로 인해 컬렉터 전류가 줄어든다. 이것을 컬렉터 궤환 회로(collector feedback circuit)라고 한다.

그림 24-9는 또 다른 유형의 궤환을 보여준다. 이 회로는 그림 24-7에 보이는 것과 유사하지만, 저항 R_E가 이미터 전극과 직렬로 연결되어 있다는 점에 차이가 있다. 저항 R_B와 R_E, 트랜지스터의 이미터-베이스 접합이 전압원 V_{cc}와 직렬로 연결된다.

온도가 상승하면 컬렉터 전류가 증가한다. 그러면 이미터 전류 또한 증가하고, 저항 R_E에 걸리는 전압이 증가하며, 저항 R_B에 걸리는 전압이 감소한다. 그러면 베이스 전류가 감소하고, 컬렉터 전류와 이미터 전류 모두 감소된다. 트랜지스터의 이미터에서 궤환이 발생되기 때문에 이 회로를 이미터 궤환 회로(emitter feedback circuit)라고 한다.

이런 유형의 회로에는 한 가지 문제가 있다. 저항 R_E뿐만 아니라 부하 저항 R_L과 트랜지스터에서 교류 입력 신호가 발생한다는 것이다. 이렇게 되면 회로의 총 이득이 감소한다. 이미터 저항 R_E에 커패시터를 추가하면(그림

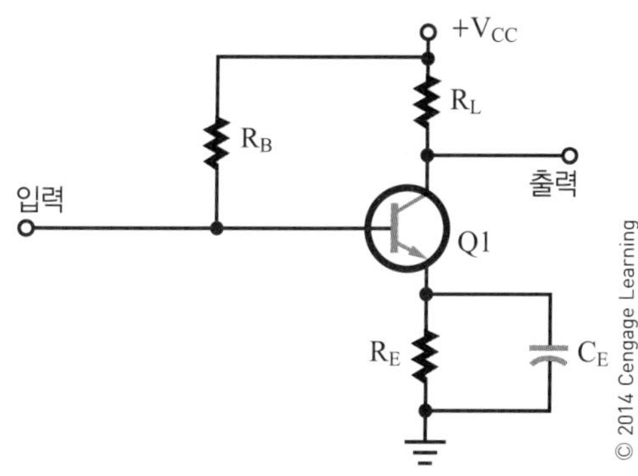

그림 24-10 바이패스 커패시터가 있는 이미터 궤환.

24-10) 교류 신호가 저항 R_E를 우회한다. 이런 커패시터를 종종 **바이패스 커패시터**(bypass capacitor)라고 부른다.

바이패스 커패시터는 교류 신호에 낮은 임피던스를 제공함으로써 R_E 주변에 갑작스러운 전압 변화가 나타나는 것을 방지한다. 바이패스 커패시터는 저항 R_E가 제공하는 궤환 행위를 방해하지 않으면서 저항 R_E 주변의 전압을 일정하게 유지한다.

전압 분배기 궤환 회로(그림 24-11)는 이보다 더 많은 안전성을 제공한다. 이 회로는 가장 널리 이용되는 회로이다. 전압원 V_{cc}에서 직렬로 연결된 두 개의 저항 R_1과 R_2가 저항 R_B를 대신한다. 이 저항들은 전압원을 두 개의 전압으로 분배한다.

저항 R_2는 R_1에 비해 전압강하가 적다. 베이스에서의 전압은 접지에 대해 저항 R_2에 걸리는 전압과 같다. 전압 분배기의 목적은 트랜지스터 베이스에서 접지까지 일정한 전압을 유지하는 것이다. 저항 R_2를 통한 전류의 흐름은 베이스를 향한다. 따라서 베이스에 연결된 저항 R_2의 말

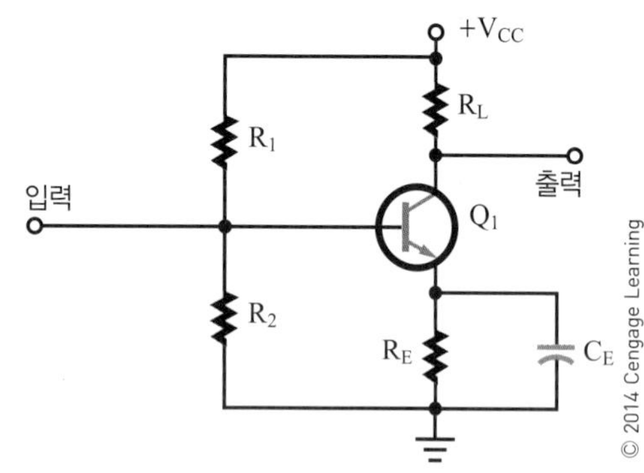

그림 24-11 전압 분배기 궤환을 갖는 이미터 공통 증폭기.

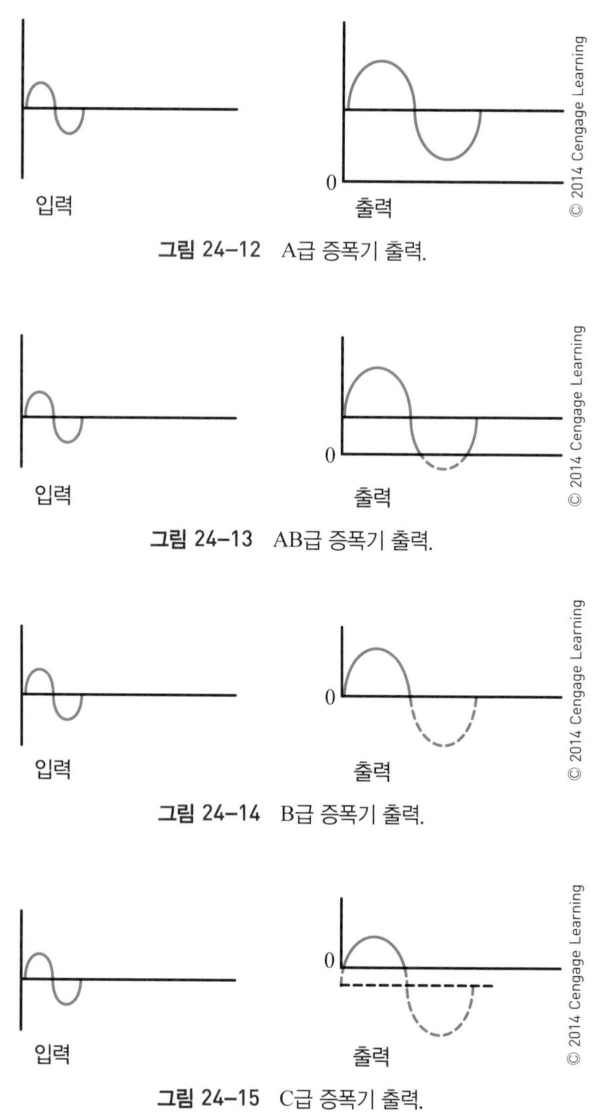

그림 24-12 A급 증폭기 출력.

그림 24-13 AB급 증폭기 출력.

그림 24-14 B급 증폭기 출력.

그림 24-15 C급 증폭기 출력.

단은 접지에 대해 양(+) 전위이다.

이미터 전류가 저항 R_E를 통해 흐르기 때문에, R_E에서 강하된 전압이 이미터에 연결된 말단에서보다 더 양(+) 전위가 된다. 이미터-베이스 접합에서 발생되는 전압은 저항 R_2와 저항 R_E에서 발생된 두 양의 전압 사이의 차이다. 적절한 순방향 바이어스가 발생하려면 베이스가 이미터보다 조금 더 양(+)이 되어야 한다.

온도가 올라가면 컬렉터와 이미터 전류 또한 증가한다. 이미터 전류의 증가는 이미터 저항 R_E 주변의 전압강하의 증가를 초래한다. 이렇게 되면 이미터가 접지에 대해 더 양(+) 전위가 된다. 그러면 이미터-베이스 접합 주변의 순방향 바이어스가 감소되어, 베이스 전류가 줄어든다. 베이스 전류가 감소되면 컬렉터와 이미터 전류가 감소된다. 온도가 내려가면 반대되는 현상이 일어난다. 베이스 전류가 증가하여 컬렉터와 이미터 전류가 증가하는 것이다.

지금까지 말한 증폭기 회로는 모든 인가된 교류 입력 신호가 출력에서 나타나도록 바이어스되어 있다. 더 높은 전압일 때를 제외하면 출력 신호는 입력 신호와 같다. 전류가 전체 주기에 걸쳐 흐르도록 바이어스된 증폭기는 A급 증폭기(class A amplifier)로 작동되고 있다(그림 24-12).

전체 주기보다 작지만 반주기보다는 큰 부분 동안 출력 전류가 흐르도록 바이어스된 증폭기는 **AB급 증폭기**(class AB amplifier)로 작동하고 있다. 절반보다 크지만 전체보다는 작은 교류 입력 신호는 AB급 모드에서 증폭된다(그림 24-13).

출력 전류가 입력 주기의 절반 동안만 흐르도록 바이어스된 증폭기는 B급 증폭기(class B amplifier)로서 작동한다. B급 모드에서는 교류 입력 신호의 절반만 증폭된다(그림 24-14).

출력 전류가 교류 입력 주기의 절반 미만에서 흐르도록 바이어스된 증폭기는 C급 증폭기(class C amplifier)로 작동한다. C급 모드에서는 반주기보다 짧은 신호가 증폭된다(그림 24-15).

앞서 언급된 유형 중에 A급 증폭기가 가장 선형적이며 왜곡 정도가 가장 적다. 또한 출력 정격이 낮으며 효율이 가장 떨어진다. 이 증폭기는 예를 들어 라디오와 텔레

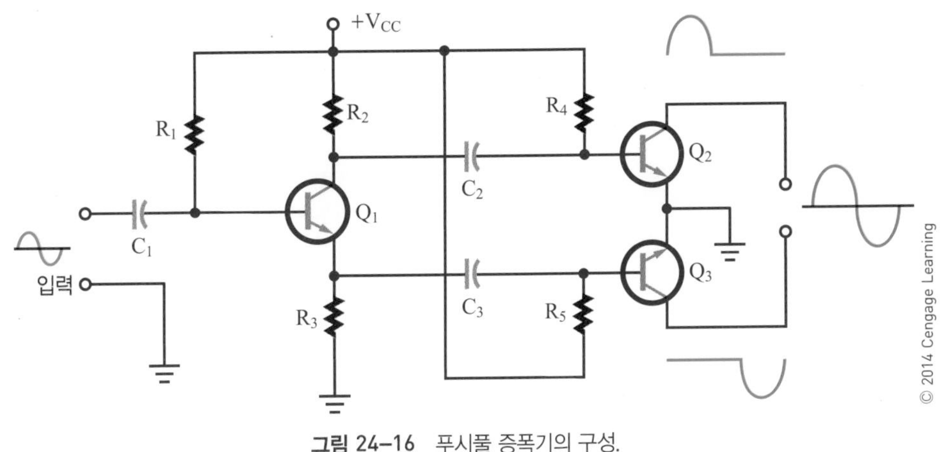

그림 24-16 푸시풀 증폭기의 구성.

비전의 음성 신호 증폭처럼 전체 신호를 유지해야 하는 상황에서 널리 응용된다. 그럼에도 A급 작동에 요구되는 높은 전력 처리 능력 때문에 트랜지스터는 주로 AB급 또는 B급 모드에서 작동된다.

AB, B, C급 증폭기는 입력 신호의 일부만을 증폭하기 때문에 상당량의 왜곡을 초래한다. 전체 교류 입력 신호를 증폭하려면, 푸시풀(push-pull) 형태로 연결된 두 개의 트랜지스터가 필요하다(그림 24-16). B급 증폭기는 스테레오 시스템과 PA 증폭기(public address amplifier)의 출력단으로, 그리고 많은 산업용 제어에 이용된다. C급 증폭기는 라디오와 텔레비전 송신을 위해 이용되는 RF(무선 주파수) 반송파 같은 단일 주파수가 증폭되는 고출력 증폭기와 송신기에 이용된다.

24-2 질문

1. 단일 전압원을 이용하는 공통 이미터 트랜지스터 증폭기의 회로도를 그려라.
2. 트랜지스터 증폭기에서 온도 변화는 어떻게 보상되는가?
3. 전압 분배기 궤환 회로의 회로도를 그려라.
4. 증폭기의 급(class)을 열거하고 각각의 출력을 나타내어라.
5. 증폭기의 각 클래스의 응용을 열거하여라.

24-3 증폭기의 결합

더 큰 증폭을 얻기 위해 트랜지스터 증폭기들이 함께 연결될 수 있다. 그러나 한 증폭기의 바이어스 전압이 다른 증폭기의 작동에 영향을 미치는 것을 방지하기 위해 결합(coupling) 기법을 이용해야 한다. 사용하는 결합 기법은 다른 회로의 작동을 방해하지 않아야 한다. 결합 기법에는 **저항-커패시턴스 결합**(resistance-capacitance coupling)과 **임피던스 결합**(impedance coupling), **변압기 결합**(transformer coupling), **직접 결합**(direct coupling)이 있다.

저항-커패시턴스 결합 또는 RC 결합은 그림 24-17에서 보여주는 것처럼 연결된 두 개의 저항과 한 개의 커패시터로 구성된다. 저항 R_3는 제1단의 컬렉터 부하 저항이다. 커패시터 C_1은 직류 차단 및 교류 결합 커패시터이다. 저항 R_5와 R_6은 제2단의 베이스-이미터 접합을 위한 입력 부하 저항과 직류 복귀 저항이다. 저항-커패시턴스 결합은 주로 음향 증폭기에 이용된다.

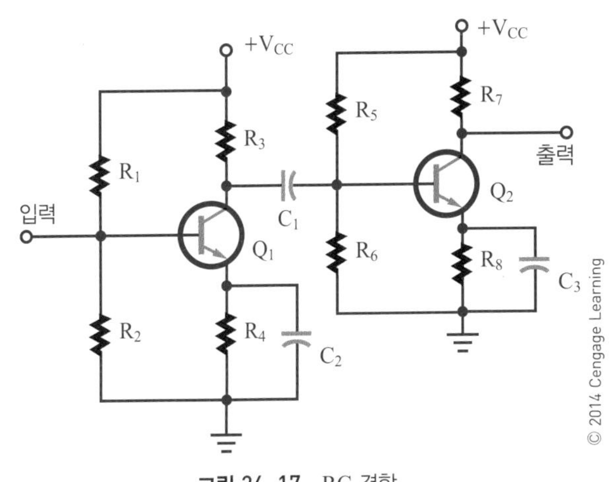

그림 24-17 RC 결합.

결합 커패시터 C_1은 저주파 감쇄를 최소화하기 위해 낮은 리액턴스를 가져야 한다. 일반적으로 10~100 마이크로패럿의 높은 정전용량 값이 이용된다. 결합 커패시터는 주로 전해 커패시터이다.

주파수가 감소하면 결합 커패시터의 리액턴스는 증가한다. 저주파수 한계는 결합 커패시터의 크기에 의해 결정된다. 사용되는 트랜지스터의 유형은 고주파수 한계를 결정한다.

임피던스 결합 방법은 RC 결합 방법과 비슷하지만 증폭 1단에서 컬렉터 부하 저항 대신 인덕터가 이용된다(그림 24-18).

임피던스 결합은 RC 결합과 똑같이 작동한다. 이 방법의 장점은 인덕터가 권선에서 아주 낮은 직류 저항을 갖는다는 점이다. 부하 저항에서처럼 인덕터에서 교류 출력 신호가 발생된다. 그러나 인덕터는 저항보다 적은 전력을 소모하기 때문에 회로의 전체적 효율성은 증가한다.

임피던스 결합의 단점은 주파수에 따라 인덕턴스 리액턴스가 증가한다는 점이다. 전압 이득은 주파수에 따라 다르다. 이런 유형의 결합은 아주 협소한 주파수 대역을 증폭해야 하는 단일 주파수 증폭에 이상적이다.

변압기 결합 회로에서는 두 개의 증폭단이 변압기를 통해 결합된다(그림 24-19). 변압기는 높은 임피던스 소스를 낮은 임피던스 부하에 효과적으로 맞출 수 있다. 단점은 변압기가 크고 비싸다는 것이다. 또한 변압기 결합 증폭기는 인덕터 결합 증폭기와 마찬가지로 협소한 주파수 대역에만 이용된다.

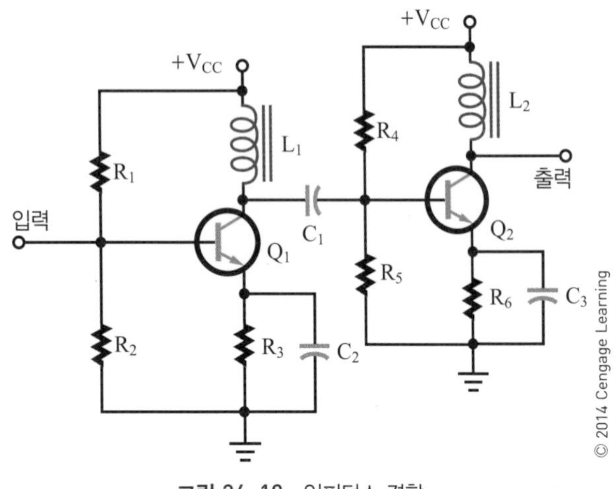

그림 24-18 임피던스 결합.

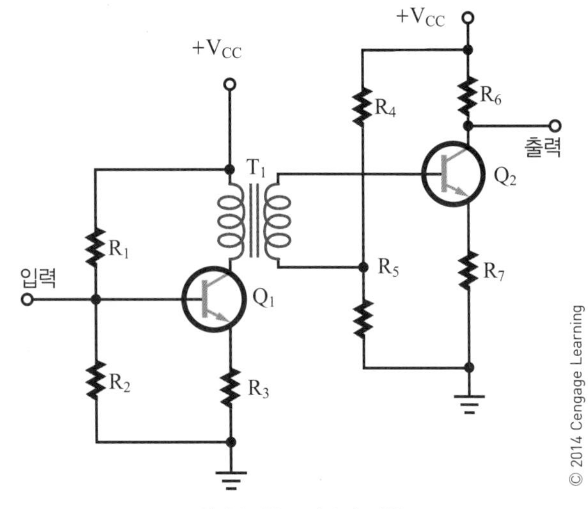

그림 24-19 변압기 결합.

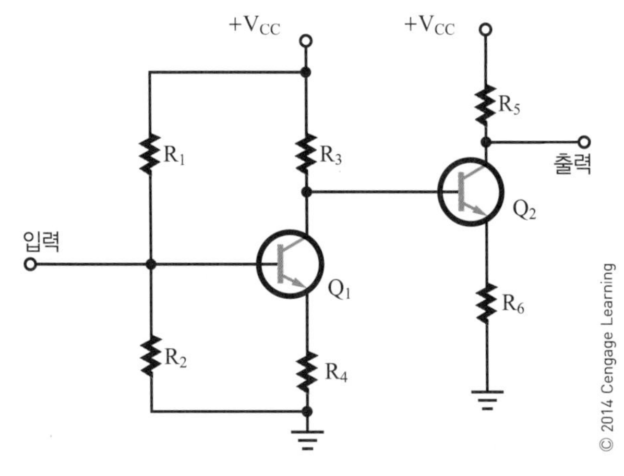

그림 24-20 직접 결합.

아주 낮은 주파수나 직류 신호를 증폭해야 할 때 직접 결합(직결) 방법이 이용된다(그림 24-20). 직접 결합 증폭기는 광범위한 주파수에 걸쳐서 단일 전류 또는 전압 이득을 제공한다. 이런 유형의 증폭기는 주파수를 0 Hz(직류)에서 수천 Hz까지 증폭할 수 있다. 그러나 직접 결합 증폭기는 저주파수에서 가장 잘 응용된다.

직접 결합 증폭기의 단점은 안정성이 낮다는 것이다. 1단의 출력 전류가 조금이라도 변하면 2단에서 그 변화가 증폭된다. 이런 현상이 발생하는 이유는 2단이 기본적으로 1단에 의해 바이어스되기 때문이다. 안정성을 개선하기 위해서는 값비싼 정밀 부품을 사용하는 것이 요구된다.

24-3 질문

1. 증폭기의 네 가지 결합 기법은 무엇인가?
2. RC 결합은 어디에서 이용되는가?
3. 저주파수와 고주파수 결합을 결정하는 것은 무엇인가?
4. RC 결합에 임피던스 결합이 이용되는 이유를 설명하여라.
5. 직접 결합 증폭기의 단점에 대해 설명하여라.

요약

- 증폭기란 전자 신호의 진폭을 증대하기 위해 이용되는 전자 회로이다.
- 트랜지스터는 주로 증폭 장치로 이용된다.
- 세 가지 트랜지스터 증폭기 구성은 베이스 공통, 컬렉터 공통, 이미터 공통이다.
- 컬렉터 공통 증폭기는 임피던스 매칭에 이용된다.
- 이미터 공통 증폭기는 입력-출력 신호의 위상 반전을 제공한다.
- 모든 트랜지스터는 적절한 바이어스를 위해서 두 개의 전압을 필요로 한다.
- 단일 전압원으로 전압 분배기 배열을 이용하여 순방향 바이어스와 역방향 바이어스 전압을 공급할 수 있다.
- 전압 분배기 궤환 배열은 가장 흔히 이용되는 바이어스 배열이다.
- 트랜지스터 증폭기는 입력 신호의 전체 또는 일부가 출력에 나타나도록 바이어스될 수 있다.
- A급 증폭기는 출력 전류가 주기 전체에 걸쳐 흐르도록 바이어스된다.
- AB급 증폭기는 출력 전류가 입력 주기의 전체보다 작지만 절반보다 큰 부분에서 흐르도록 바이어스된다.
- B급 증폭기는 출력 전류가 입력 주기의 절반에만 흐르도록 바이어스된다.
- C급 증폭기는 출력 전류가 입력 주기의 절반 미만에서 흐르도록 바이어스된다.
- 트랜지스터끼리 연결하기 위해 이용되는 결합 기법에는 저항-커패시턴스 결합, 임피던스 결합, 변압기 결합, 직접 결합이 있다.
- 직접 결합 증폭기는 저주파수에서 높은 이득을 위해, 또는 직류 신호의 증폭을 위해 이용된다.

연습 문제

1. 증폭을 위해 트랜지스터가 이용되는 방식을 간략히 설명하여라.
2. 트랜지스터 증폭기 구성 중 이미터 공통 증폭기가 가장 널리 이용되는 이유를 설명하여라.
3. 트랜지스터와 관련된 열 불안정성과 그것을 보상하기 위한 방법을 기술하여라.
4. 음향 시스템에는 어떤 급의 증폭기가 가장 좋으며, 입력 신호의 왜곡을 최소화하기 위해 그것을 어떻게 구성하는가?
5. RC 결합을 이용하여 두 증폭기를 결합할 때, 커패시터는 어떤 기능을 하는가?
6. 어떤 요인이 트랜지스터의 이득에 영향을 주고, 그것을 보상하기 위해 무엇을 해야 하는가?
7. 증폭기의 동작 클래스가 어떻게 증폭기의 바이어스에 영향을 미치는가?
8. 증폭기끼리 연결할 때 어떤 요인을 고려해야 하는가?
9. 증폭기의 작동 주파수는 증폭기를 결합하는 데 이용되는 결합 방법에 어떤 영향을 미치는가?
10. 직접 결합 증폭기의 단점을 어떻게 극복할 수 있는가?

25장

증폭기의 응용
Amplifier Applications

학습 목표

이 장을 학습하면 다음을 할 수 있다.

- 다음과 같은 증폭기의 작동에 대해 설명할 수 있다.
  - 직접 결합 증폭기
  - 음향 증폭기
  - 영상 증폭기
  - RF 증폭기
  - IF 증폭기
  - 연산 증폭기
- 다양한 유형의 증폭기 회로에 대한 회로도를 설명할 수 있다.

증폭기는 전자 신호의 진폭을 증대하기 위해 고안된 전자 회로라고 정의할 수 있다. 증폭기 회로는 전자 장치에서 가장 기본적인 회로 중 하나이다. 증폭기 회로는 신호 레벨을 확대하고 소리를 크게 만들며 회로에 이득을 제공한다. 이득은 전자 신호의 진폭을 높이는 전자 회로의 능력이다. 이 장에서는 증폭기 회로의 몇 가지 독특한 유형을 살펴본다.

25-1 직접 결합 증폭기

직접 결합 증폭기(direct-coupled amplifier) 또는 **DC 증폭기**(DC amplifier)는 저주파수에서 높은 이득 또는 직류 신호의 증폭을 위해 이용된다. DC 증폭기는 또한 결합 회로망을 통한 주파수 손실을 제거하기 위해서도 이용된다. DC 증폭기의 응용 분야로는 컴퓨터와 측정 및 테스트 장비, 산업 제어 장비 등이 포함된다.

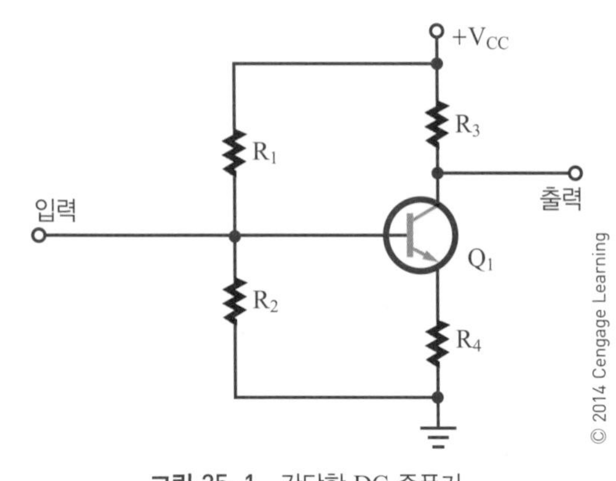

그림 25–1 간단한 DC 증폭기.

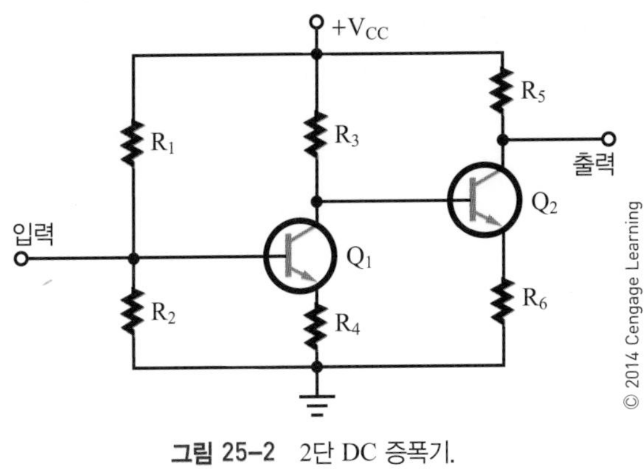

그림 25-2 2단 DC 증폭기.

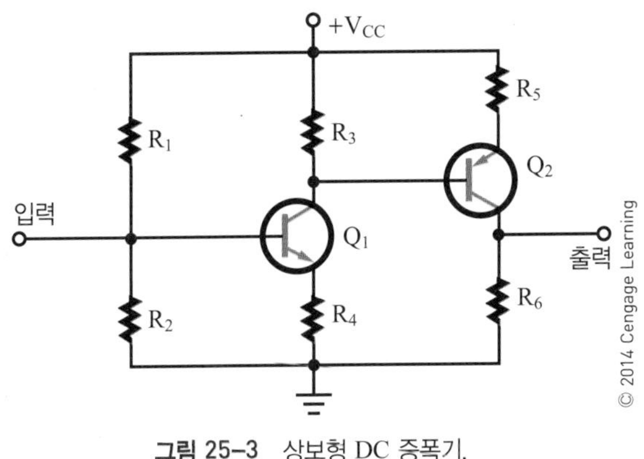

그림 25-3 상보형 DC 증폭기.

그림 25-1에서 간단한 DC 증폭기를 볼 수 있다. 공통 이미터 증폭기는 가장 흔히 이용되는 증폭기 중 하나이다. 회로에는 전압 분배기 바이어스와 이미터 궤환이 포함되어 있다. 이런 유형의 회로는 결합 커패시터를 이용하지 않는다. 트랜지스터 베이스에 입력이 직접 인가된다. 출력은 컬렉터에서 얻는다.

DC 증폭기는 전압 이득과 전류 이득을 모두 제공할 수 있지만 주로 전압 증폭기로 이용된다. 전압 이득은 교류 신호와 직류 신호 모두에 대해 균일하다.

대부분의 응용 분야에서 1단의 증폭만으로는 충분치 않으며, 높은 이득을 얻기 위해서는 2단 이상이 필요하다. 2단 이상 결합된 것을 **다단 증폭기**(multistage amplifier)라고 부른다. 그림 25-2는 2단 증폭기를 보여준다. 입력 신호가 제1단에서 증폭되고, 증폭된 신호가 제2단에서 트랜지스터의 베이스에 인가된다. 회로의 총 이득은 두 단의 전압 이득의 곱이 된다. 예를 들어 제1단과 제2단 모두 10의 전압 이득을 얻는 경우 회로의 총 이득은 100이다.

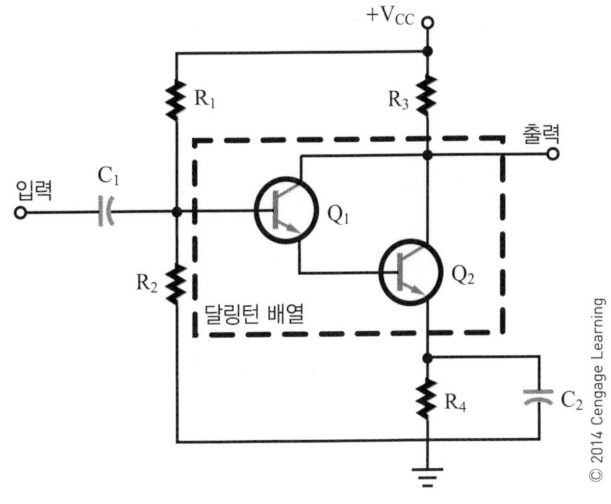

그림 25-4 달링턴 배열.

그림 25-3은 NPN 트랜지스터와 PNP 트랜지스터가 모두 이용되는 또 다른 유형의 2단 DC 증폭기를 보여준다. 이런 유형의 회로를 **상보형 증폭기**(complementary amplifier)라고 부른다. 이 회로는 그림 25-2에 보이는 회로와 동일한 방식으로 기능한다. 차이는 제2단 트랜지스터가 PNP 트랜지스터라는 것이다. PNP 트랜지스터는 거꾸로 뒤집어져 있어 이미터와 컬렉터가 적절히 바이어스된다.

그림 25-4는 두 개의 트랜지스터가 함께 연결되어 하나의 단위로 동작하는 회로를 보여준다. 이러한 회로 배열을 **달링턴 배열**(Darlington arrangement)이라고 부른다. 트랜지스터 Q_1은 트랜지스터 Q_2의 도통(conduction)을 제어하기 위해 이용된다. 트랜지스터 Q_1의 베이스에 인가되는 입력 신호는 트랜지스터 Q_2의 베이스를 제어한다. 달링턴 배열은 이미터(E)와 베이스(B), 컬렉터(C), 이렇게 세 개의 전극을 갖는 하나의 패키지일 수 있다. 그것은 단순한 DC 증폭기로서 이용될 수 있지만 매우 높은 전압 이득을 제공한다.

다단 증폭기의 주요 단점은 온도 불안정성이 높다는 것이다. 3단 또는 4단의 DC 증폭기를 필요로 하는 회로에서, 최종 출력단에서 원래의 직류 또는 교류 신호를 증폭하는 것이 아니라 크게 왜곡된 신호를 증폭할 수 있다. 달

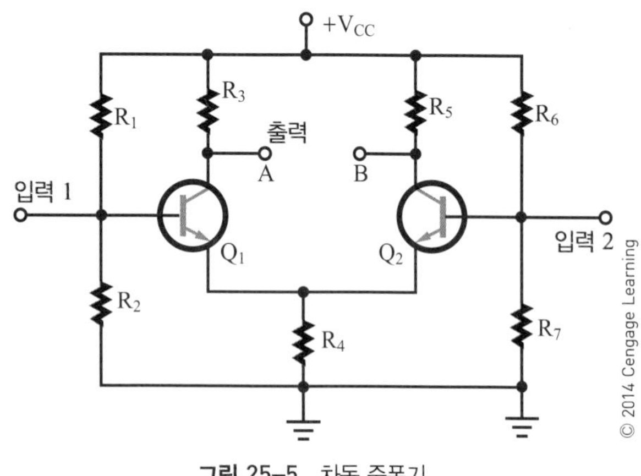

그림 25–5 차동 증폭기.

링턴 배열에도 같은 문제가 존재한다.

높은 이득과 온도 안정성이 모두 요구되는 응용 분야에서는 다른 유형의 증폭기가 필요하다. 이런 유형을 **차동 증폭기**(differential amplifier)라 한다(그림 25–5). 그것은 두 개의 별도의 입력 단자를 가지며, 한 개 또는 두 개의 출력을 제공할 수 있다는 점에서 독특하다. 트랜지스터 Q_1의 입력 단자에 신호가 인가되면, 보통의 증폭기에서처럼 출력 A와 접지 사이에 증폭된 신호가 생성된다. 그러나 또한 저항 R_4에 작은 신호가 발생하여 트랜지스터 Q_2의 이미터에 인가된다. 트랜지스터 Q_2는 공통 베이스 증폭기의 기능을 하며 베이스에서 신호를 증폭시킨다. 출력 B와 접지 사이에 증폭된 출력 신호가 생성된다. B에서 생산된 출력은 출력 A와 위상이 180도 다르다. 그래서 차동 증폭기는 전통적인 증폭기보다 훨씬 널리 사용된다.

일반적으로 차동 증폭기는 출력과 접지 사이의 출력을 얻기 위해 이용되지 않는다. 출력 신호는 보통 출력 A와 출력 B 사이에서 얻는다. 두 개의 출력의 위상이 180도 다르기 때문에 두 지점 간에 상당한 출력 전압이 발생한다. 입력 신호는 어느 쪽 입력 단자든 인가될 수 있다.

차동 증폭기는 Q_1과 Q_2가 가까이 배치되어 있어서 온도 변화에 동일하게 영향을 받기 때문에 상당한 수준의 온도 안정성을 가지고 있다. 또한 트랜지스터 Q_1과 Q_2의 컬렉터 전류는 동일한 양만큼 증감하는 경향이 있어서 출력 전압이 일정하게 남는다.

차동 증폭기는 일반적으로 집적회로와 전자 장비에 광범위하게 사용되며, 직류와 교류 신호의 진폭을 모두 증가시키고 비교하기 위해 이용된다. 하나 이상의 차동 증폭기를 연결하여 더 높은 총 이득을 얻는 것도 가능하다. 어떤 경우 차동 증폭기가 1단으로 이용되고, 뒤이어 전통적인 증폭기가 이용되기도 한다. 특유의 다목적성과 온도에 대한 안전성 때문에 차동 증폭기는 DC 증폭기의 가장 중요한 유형이다.

25-1 질문

1. 회로에서 DC 증폭기는 언제 사용되는가?
2. 주로 이용되는 DC 증폭기는 어떤 종류의 증폭기인가?
3. 다음과 같은 회로의 회로도를 그려라.
   a. 상보형 증폭기
   b. 달링턴 배열
   c. 차동 증폭기
4. 차동 증폭기는 전통적인 증폭기와 어떻게 다른가?
5. 차동 증폭기는 주로 어디에 이용되는가?

25-2 음향 증폭기

음향 증폭기(audio amplifier)는 20~20,000 Hz 주파수 범위에서 교류 신호를 증폭한다. 전체 음향 범위를 증폭할 수도 있고 또는 그 일부만을 증폭할 수도 있다.

음향 증폭기는 **전압 증폭기**(voltage amplifier)와 **전력 증폭기**(power amplifier)의 두 범주로 나뉜다. 전압 증폭기는 주로 높은 전압 이득을 얻기 위해 이용되며, 전력 증

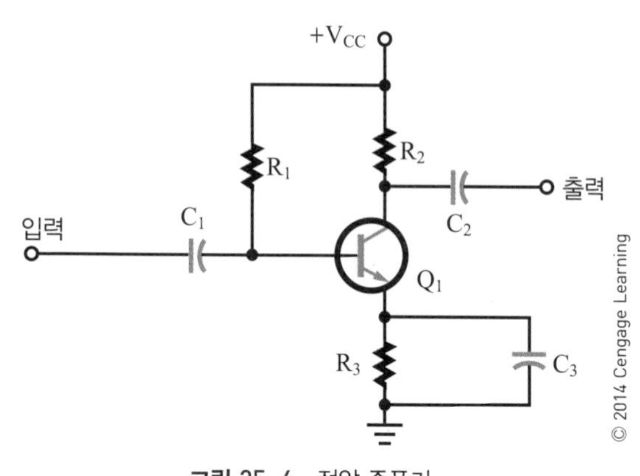

그림 25–6 전압 증폭기.

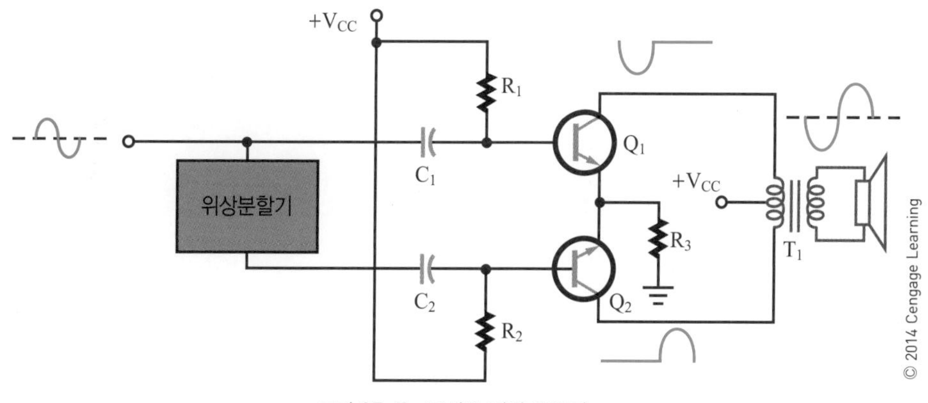

그림 25-7 푸시풀 전력 증폭기.

폭기는 부하에 대량의 전력을 전달하기 위해 이용된다. 예를 들어 전압 증폭기는 일반적으로 신호의 전압 수준을 전력 증폭기를 구동할 수 있을 만큼 증가시키기 위해 이용된다. 그런 다음 전력 증폭기가 스피커나 기타 고출력 기기 같은 부하를 구동하기 위해 높은 출력을 공급한다. 일반적으로 전압 증폭기는 A급 증폭기로 작동하는 경향이 있고, 전력 증폭기는 B급 증폭기로 작동하는 경향이 있다.

그림 25-6은 간단한 전압 증폭기를 보여준다. 그림에 나타난 회로는 공통 이미터 회로이다. 이 회로는 왜곡을 최소화하기 위해 A급 증폭기로 동작하는 경향이 있다. 이 증폭기는 광범위한 주파수에 걸쳐서 상당한 전압 이득을 제공할 수 있다. 결합 커패시터 때문에 이 회로는 직류 신호를 증폭할 수 없다.

두 개 이상의 전압 증폭기가 연결되어 높은 증폭을 제공할 수 있다. 여러 개의 단이 RC로 결합될 수도 있고, 변압기로 결합될 수도 있는데, 변압기 결합이 보다 효율적이다. 변압기는 두 단의 입력과 출력의 임피던스를 맞추기 위해 사용된다. 이렇게 하여 제2단이 제1단을 과부하 다운(loading down)시키는 것을 막아준다. **과부하 다운**(loading down)이란 어떤 기기가 너무 큰 부하를 생성하여 너무 많은 전류를 끌어옴으로써 출력에 심각한 영향을 미치는 상태를 말한다. 두 단을 연결하기 위해 이용되는 변압기는 **단간 변압기**(interstage transformer)라고 부른다.

일단 충분한 수준의 전압을 이용할 수 있게 되면 부하를 구동하기 위해 전력 증폭기가 이용된다. 전력 증폭기는 특정 부하를 구동하도록 설계되어 있으며 와트로 등급이 매겨진다. 일반적으로 부하의 범위는 4~16 Ω까지이다.

그림 25-7은 **푸시풀 증폭기**(push-pull amplifier)라고 하는 두 개의 트랜지스터로 이루어진 전력 증폭기 회로를 보여준다. 회로의 위쪽 절반은 아래쪽 절반이 거울에 비친 것과 같은 모양이다. 위쪽과 아래쪽 절반 각각은 하나의 트랜지스터이다. 출력 전압은 입력 신호의 교류 반주기 동안 변압기의 1차 코일에 걸쳐서 발생된다. 두 트랜지스터 모두 AB급 또는 B급인 경향이 있다. 푸시풀 증폭기로의 입력은 상보적 신호를 요구한다. 다시 말해 한 신호가 다른 신호에 대해 반전되어 있어야 한다. 그러나 두 개의 신호는 동일한 진폭과 주파수를 가져야 한다. 상보적 신호를 생성하는 회로를 **위상분할기**(phase splitter)라고 한다. 그림 25-8은 단일 트랜지스터 위상분할기를 보여준다. 상보적 출력은 트랜지스터의 컬렉터와 이미터로부터 얻는

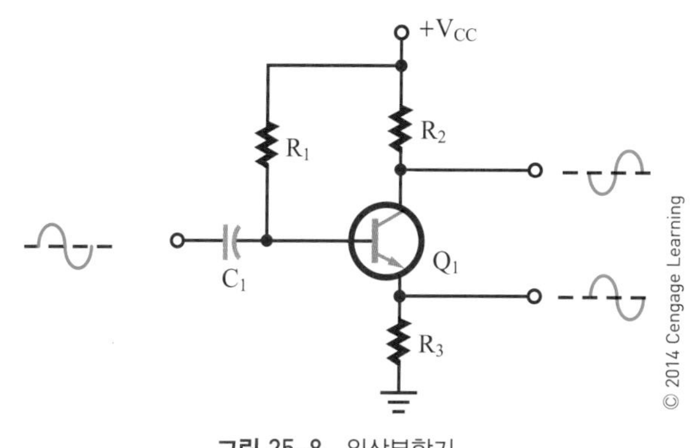

그림 25-8 위상분할기.

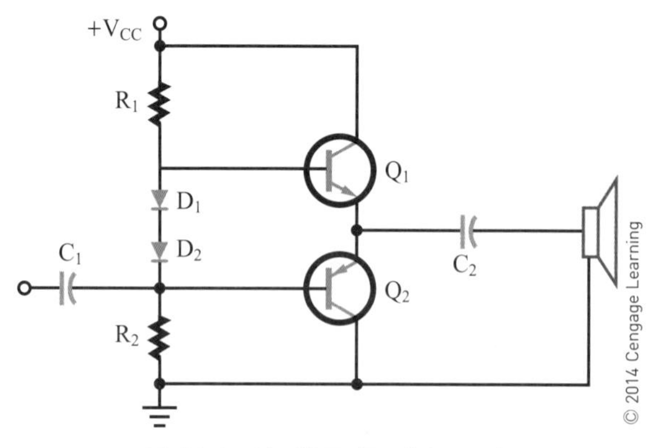

그림 25-9 상보형 푸시풀 전력 증폭기.

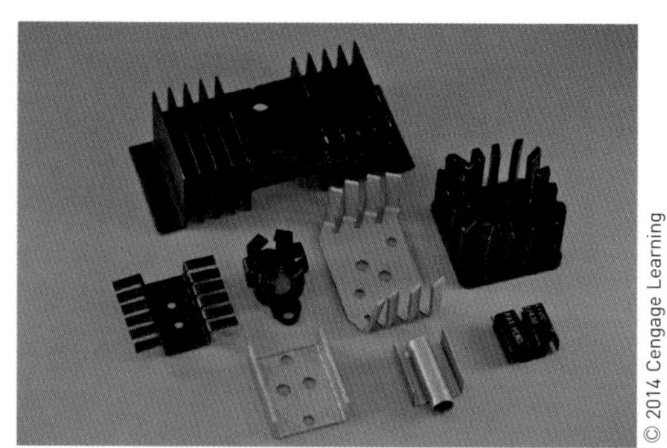

그림 25-11 다양한 종류의 방열판.

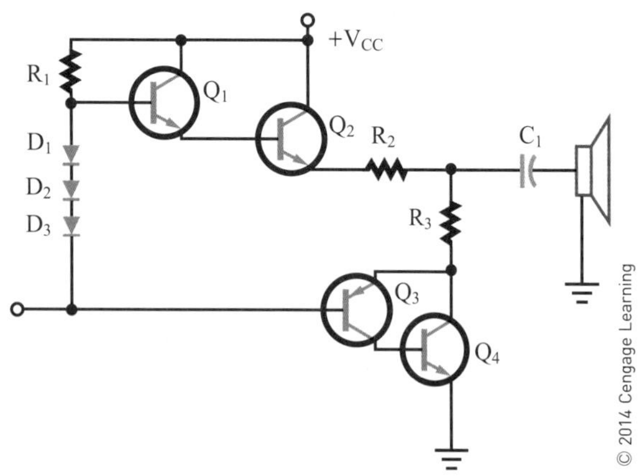

그림 25-10 준 상보형 전력 증폭기.

다. 위상분할기는 최초 왜곡을 제공하기 위해 A급 증폭기로서 작동된다. DC 컬렉터와 이미터 전압 간의 차이를 상쇄하기 위해 결합 커패시터가 필수적이다.

위상분할기가 필요 없는 푸시풀 증폭기는 **상보형 푸시풀 증폭기**(complementary push-pull amplifier)라고 부른다. 이것은 푸시풀 활동을 달성하기 위해 NPN 트랜지스터와 PNP 트랜지스터를 이용한다(그림 25-9). 두 개의 트랜지스터가 이미터와 직렬로 연결된다. 각 트랜지스터에 바이어스가 적절히 걸려 있을 때, 베이스와 이미터 사이는 0.7 V, 두 베이스 사이는 1.4 V이다. 두 개의 다이오드가 1.4 V의 차이를 일정하게 유지하는 데 도움을 준다. 출력은 결합 커패시터를 통해 두 개의 이미터 사이에서 얻는다.

10 W를 초과하는 증폭기의 경우, NPN과 PNP 트랜지스터가 동일한 특성을 갖도록 맞추기 어렵고 비용도 많이 든다. 그림 25-10은 출력 트랜지스터를 위해 두 개의 NPN 트랜지스터를 이용하는 회로를 보여준다. 전력 트랜지스터는 두 개의 저출력 NPN과 PNP 트랜지스터로 구동되고, 위쪽의 트랜지스터 세트는 달링턴 구성으로 연결된다. 아래쪽 트랜지스터 세트는 PNP 트랜지스터와 NPN 트랜지스터를 이용한다. 이것들이 하나의 단위로 작동하며 PNP 트랜지스터처럼 반응한다. 이런 유형의 증폭기는 **준 상보형 증폭기**(quasi-complementary amplifier)라고 부르는데, 상보형 증폭기처럼 작동하지만 고출력 상보형 출력 트랜지스터를 필요로 하지는 않는다.

전력 증폭기가 발생시키는 대량의 전력 때문에 어떤 부품은 뜨거워질 수 있다. 이처럼 열이 오르는 것을 방지하기 위해 **방열판**(heat sink)이 사용된다. 방열판은 열이 방사될 수 있는 넓은 면적을 제공하는 장치이다. 그림 25-11은 트랜지스터와 함께 이용되는 다양한 종류의 방열판을 보여준다.

25-2 질문

1. 음향 증폭기는 어떤 주파수대에서 이용되는가?
2. 음향 증폭기의 두 가지 유형은 무엇인가?
3. 단간 변압기란 무엇인가?
4. 다음과 같은 증폭기의 회로도를 그려라.
   a. 푸시풀 증폭기
   b. 상보형 푸시풀 증폭기
   c. 준 상보형 증폭기
5. 증폭기에서 발생하는 과도한 열을 어떻게 제거할 수 있는가?

25-3 영상 증폭기

영상 증폭기(video amplifier)는 영상(화상) 정보를 증폭하기 위해 이용되는 광대역 증폭기이다. 영상 증폭기의 주파수 범위는 음향 증폭기보다 커서 수 Hz에서부터 5 MHz 또는 6 MHz에 이른다. 예를 들어 텔레비전은 60 Hz에서 4 MHz의 단일 대역폭을 필요로 하며, 레이더는 30 Hz에서 2 MHz의 대역폭을 필요로 한다. 톱니파형이나 펄스파형을 이용하는 회로에서는 가장 낮은 주파수의 1/10부터 가장 높은 주파수의 10배까지의 주파수 범위를 감당할 필요가 있다. 비정현파 파형에는 많은 고조파가 포함되고 모두 균등하게 증폭되어야 하기 때문에 확장된 범위가 필수적이다.

영상 증폭기는 주파수 응답에서 우수한 균일성을 필요로 하기 때문에 직류 결합 또는 RC 결합이 사용된다. 직류 결합은 최고의 주파수 응답을 제공하는 반면, RC 결합은 경제적 이점이 있다. RC 결합 증폭기는 또한 영상 증폭기에 적절한 중간 주파수대에서 평탄 응답을 갖는다. **평탄 응답**(flat response)은 명시된 주파수대 내에서 증폭기의 이득 차이가 아주 작음을 나타내기 위해 사용하는 용어이다. 그런 증폭기에 대해 좌표로 만든 응답 곡선은 거의 직선에 가깝다. 따라서 '평탄 응답'이라고 하는 것이다.

트랜지스터 증폭기의 고주파수 응답을 제한하는 한 가지 요인은 병렬 커패시턴스이다. 트랜지스터의 접합에는 작은 커패시턴스가 존재한다. 커패시턴스는 접합 크기와 트랜지스터 전극 사이의 공간에 의해 결정된다. 순방향 바이어스 베이스-이미터 접합은 역방향 바이어스 컬렉터-베이스 접합보다 커패시턴스가 더 크다.

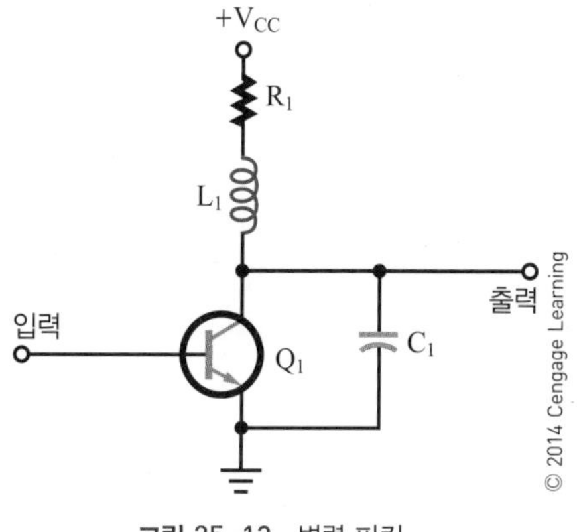

그림 25-12 병렬 피킹.

병렬 커패시턴스의 영향을 줄이고 트랜지스터 영상 증폭기의 주파수 반응을 높이기 위해, 지그재그로 감은 피킹 코일(peaking coil)이 이용된다. 그림 25-12는 **병렬 피킹**(shunt-peaking) 방법을 보여준다. 작은 인덕터가 부하 저항과 직렬로 배치된다. 낮은 주파수대와 중간 주파수대에서 피킹 코일은 증폭기 응답에 별로 영향을 미치지 않는다. 높은 주파수에서는 인덕터가 회로의 정전용량으로 공진하여 출력 임피던스가 증가하고 이득이 높아진다.

또 다른 방법은 작은 인덕터를 단간 결합 커패시터와 직렬로 삽입하는 것이다. 이 방법은 **직렬 피킹**(series peaking)이라고 부른다(그림 25-13). 피킹 코일은 두 단의 입력 및 출력 정전용량을 효과적으로 격리시킨다.

종종 두 종류의 이점을 모두 취하기 위해 직렬 피킹과 병렬 피킹이 결합되어 이용되기도 한다(그림 25-14). 이

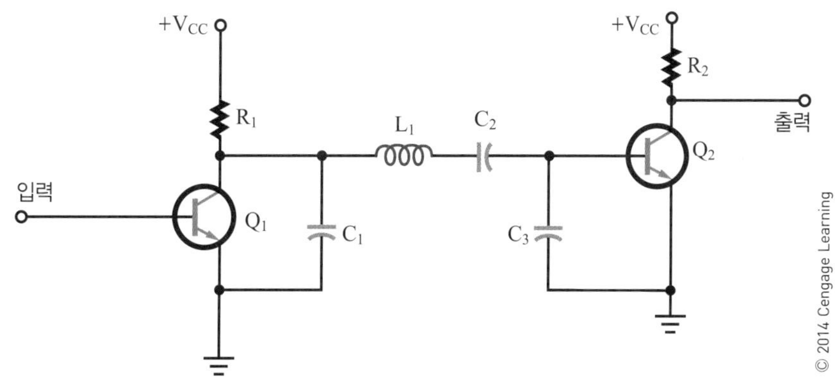

그림 25-13 직렬 피킹.

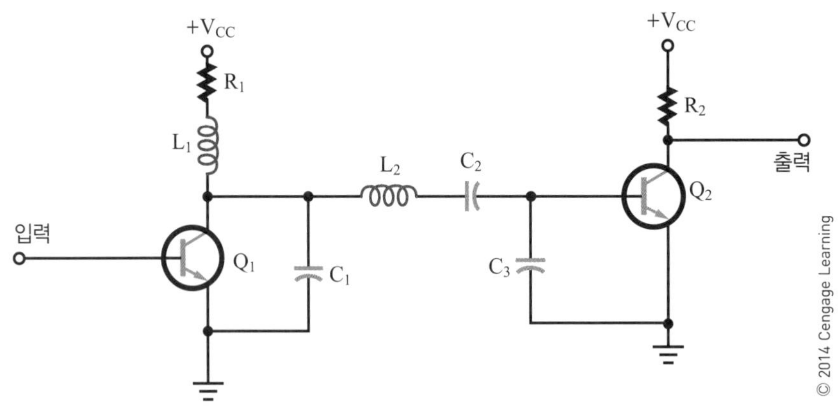

그림 25-14 직렬-병렬 피킹.

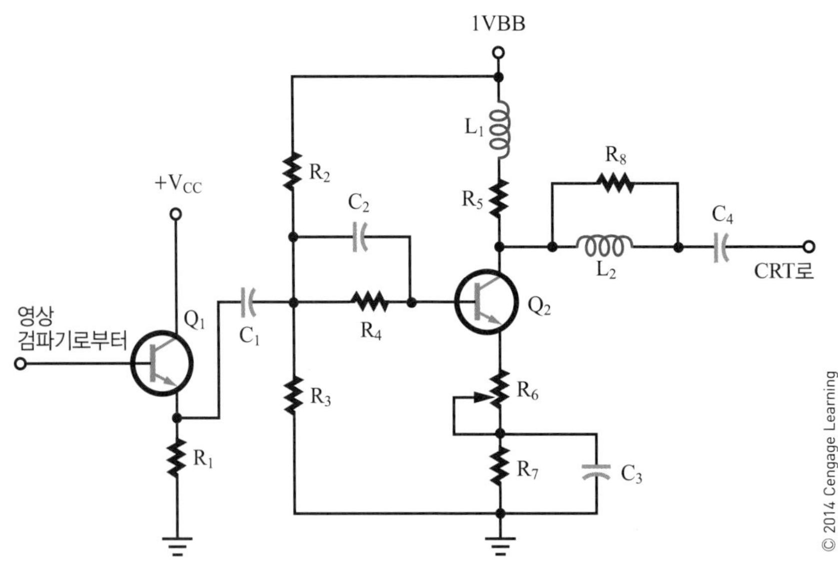

그림 25-15 텔레비전 수상기의 영상 증폭기.

런 결합은 대역폭을 5 MHz 이상까지 연장할 수 있다.

영상 증폭기가 이용되는 가장 흔한 예는 텔레비전 수상기와 컴퓨터 모니터이다(그림 25-15). 트랜지스터 Q_1은 이미터 폴로어(follower)로 연결된다. 트랜지스터 Q_1에 대한 입력은 영상 검파기에서 나온다. 영상 검파기는 중간 주파수로부터 영상 신호를 복원한다. 트랜지스터 Q_2의 컬렉터 회로에는 병렬 피킹 코일(L_1)이 있다. 신호 출력 경로에는 직렬 피킹 코일(L_2)이 있다. 이어서 영상 신호는 결합 커패시터 C_4를 통해 수상관으로 결합된다.

25-3 질문

1. 영상 증폭기란 무엇인가?
2. 영상 증폭기의 주파수 범위는 얼마인가?
3. 영상 증폭기에 어떤 결합 기법이 이용되는가?
4. 다음 용어를 정의하여라.
   a. 병렬 피킹
   b. 직렬 피킹
5. 영상 증폭기는 어디에서 이용되는가?

25-4 RF 및 IF 증폭기

RF(radio-frequency: 무선 주파수) **증폭기**는 주로 AM, FM 또는 TV 수상기의 제1단에서 사용되며 다른 증폭기와 유사하다. RF 증폭기는 주로 작동하는 주파수 범위에 있어서 차이가 있는데, RF 증폭기의 주파수 범위는 10,000 Hz~30,000 MHz 사이이다. RF 증폭기에는 동조 증폭기와 비동조 증폭기가 있다. **비동조 증폭기**(untuned amplifier)에서는 큰 RF 범위에 걸쳐서 응답이 기대된다. **동조 증폭기**(tuned amplifier)에서는 작은 범위의 주파수에 걸쳐서 또는 단일 주파수에서 높은 증폭이 기대된다. 보통 RF 증폭기가 언급될 때 달리 명시하지 않는 한 주로 동조 증폭기라고 가정한다.

수신기에서 RF 증폭기는 신호를 증폭하고 적절한 주파수를 선택하는 역할을 한다. 송신기에서 RF 증폭기는 안테나에 적용하기 위해 단일 주파수를 증폭하는 역할을 한다. 기본적으로 수신기 RF 증폭기는 전압 증폭기이며 송신기 RF 증폭기는 전력 증폭기이다.

수신기 회로에서 RF 증폭기는 충분한 이득을 제공하고 내부 노이즈 발생이 낮고, 우수한 선택도를 제공하고 선택된 주파수에 잘 응답한다.

그림 25-16은 AM 라디오에 이용되는 RF 증폭기를

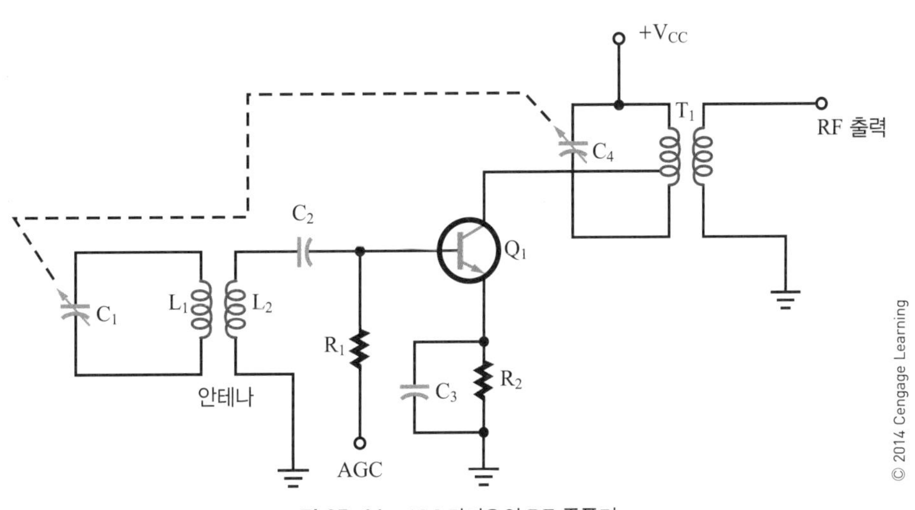

그림 25-16 AM 라디오의 RF 증폭기.

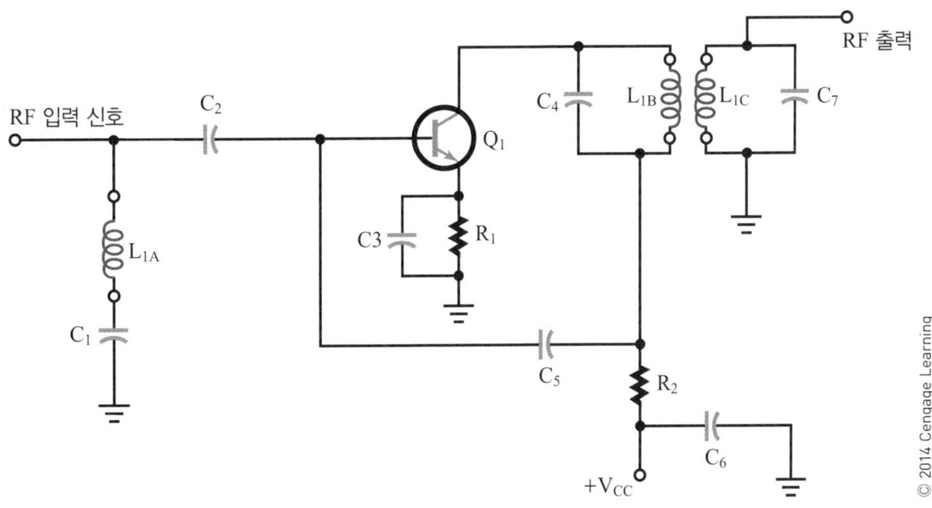

그림 25-17 텔레비전 VHF 튜너의 RF 증폭기.

보여준다. C_1과 C_4 커패시터는 안테나와 출력 변압기를 동일한 주파수로 동조시킨다. 입력 신호는 자력에 의해 트랜지스터 Q_1의 베이스에 결합된다. 트랜지스터 Q_1은 A급 증폭기로 동작한다. 커패시터 C_4와 변압기 T_1은 컬렉터 부하 회로에 대한 공진 주파수에서 높은 전압 이득을 제공한다. 변압기 T_1은 트랜지스터와 우수한 임피던스 정합을 위해 중간 탭으로 연결되어 있다.

그림 25-17은 텔레비전 VHF 튜너에 이용되는 RF 증폭기를 보여준다. L_{1A}, L_{1B}, L_{1C} 코일에 의해 회로가 동조된다. 채널 선택기가 동조되면 새로운 코일 세트가 회로로 전환된다. 이렇게 하면 각 채널에 대해 필요한 대역폭 반응을 제공할 수 있다. L_{1A}와 C_1, C_2로 구성되는 동조 회로에서 입력 신호가 발생된다. 트랜지스터 Q_1은 A급 증폭기로 동작한다. 컬렉터 출력 회로는 이중 동조 변압기다. 코일 L_{1B}는 커패시터 C_4에 의해 동조되고, 코일 L_{1C}는 커패시터 C_7에 의해 동조된다. 저항 R_2와 커패시터 C_6은 RF가 전원공급장치로 들어가서 다른 회로와 상호 작용하는 것을 방지하기 위한 감결합 필터(decoupling filter)를 구성한다.

유 형	수신 RF	공통 IF	대역폭
AM 라디오	535~1605 kHz	455 kHz	10 kHz
FM 라디오	88~108 MHz	10.7 MHz	150 kHz
텔레비전			
채널 2~6	54~88 MHz	41~47 MHz	6 MHz
채널 7~13	174~216 MHz		
채널 14~83	470~890 MHz		

그림 25-20 라디오와 텔레비전 주파수 비교.

AM 라디오에서 유입되는 RF 신호는 일정한 **IF**(intermediate frequency: 중간 주파수) 신호로 변환된다. 그런 다음 신호를 사용 가능한 수준으로 키우기 위해 고정형 동조 IF 증폭기가 이용된다. **IF 증폭기**(IF amplifier)는

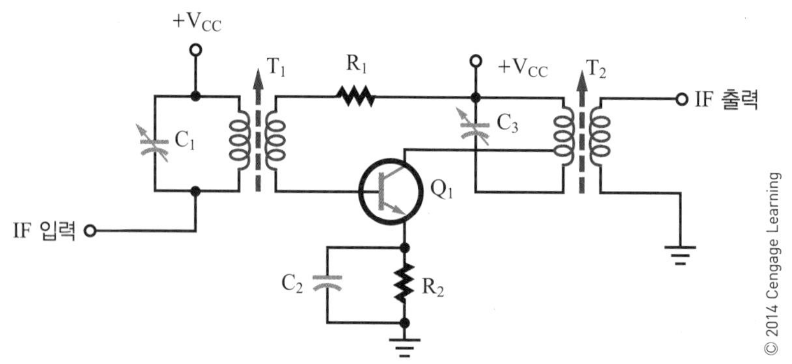

그림 25-18 AM 라디오의 IF 증폭기.

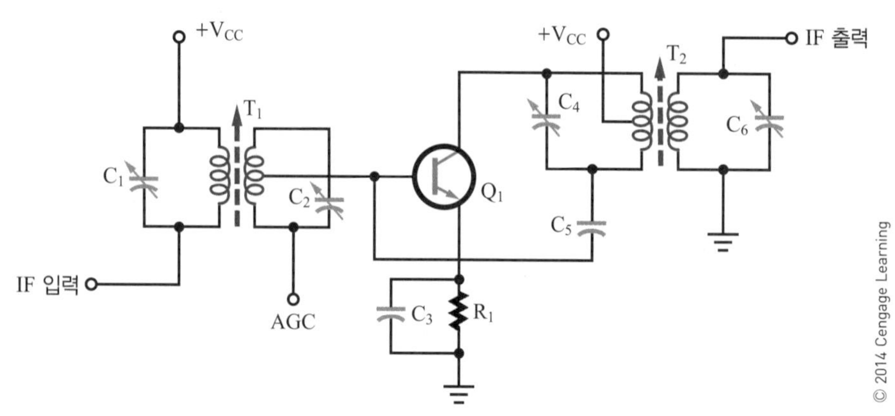

그림 25-19 텔레비전 수상기의 IF 증폭기.

단일 주파수 증폭기이다. 일반적으로 신호를 적절한 수준으로 키우기 위해 두 개 이상의 IF 증폭기가 이용된다. 수신기의 감도는 신호 대 잡음 비(S/N)에 의해 결정된다. 이득이 높을수록 감도가 좋다. 그림 25-18은 일반적인 AM 라디오의 IF 증폭기를 보여준다. IF 주파수는 455,000 Hz이다. 그림 25-19는 텔레비전 수신기의 IF 증폭기를 보여준다. 그림 25-20은 라디오 수신기와 텔레비전 수신기의 주파수를 비교하고 있다.

25-4 질문

1. RF 증폭기는 다른 증폭기와 어떻게 다른가?
2. RF 증폭기의 두 가지 유형은 무엇인가?
3. RF 증폭기는 어디에서 사용되는가?
4. IF 증폭기란 무엇인가?
5. IF 증폭기의 특별한 점은 무엇인가?

25-5 연산 증폭기

연산 증폭기(operational amplifier)는 **op-amp**라고도 부른다. op-amp는 교류 및 직류 신호를 증폭하는 데 공히 이용되는 아주 높은 이득의 증폭기이다. 일반적으로 연산 증폭기의 출력 이득은 입력의 20,000배에서 1,000,000배에 이른다. 그림 25-21은 연산 증폭기에 이용되는 회로도 기호를 보여준다. 음(−)의 입력은 **반전 입력**(inverting input)이라고 하며, 양(+)의 입력은 **비반전 입력**(noninverting input)이라고 한다.

그림 25-22는 연산 증폭기의 블록선도이다. 연산 증폭기는 3단으로 구성된다. 각각의 단은 고유한 특성을 가진 증폭기이다.

입력단은 차동 증폭기이다. 그래서 연산 증폭기가 입

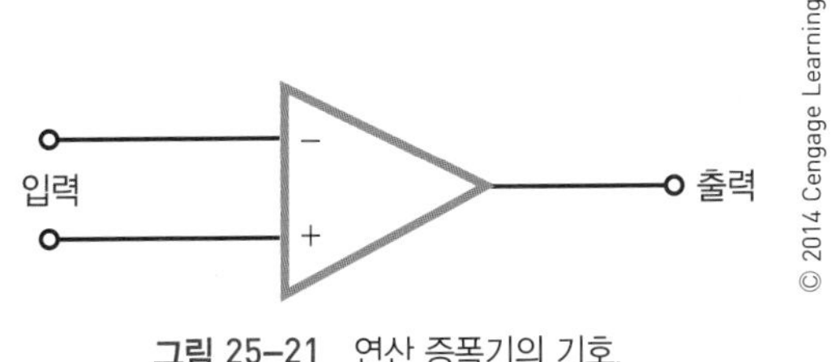

그림 25-21 연산 증폭기의 기호.

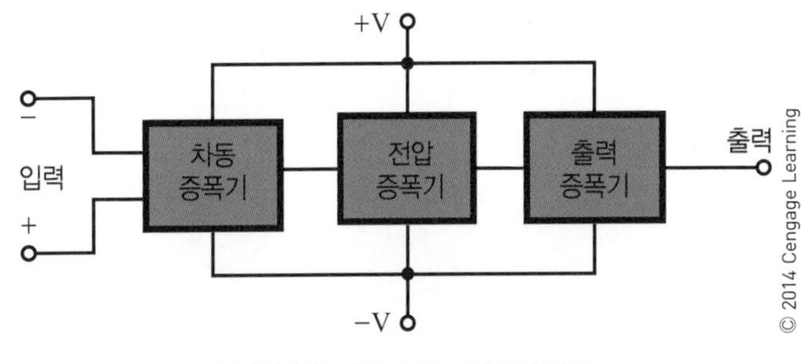

그림 25-22 연산 증폭기의 블록선도.

력 신호 사이의 차이에만 반응할 수 있다. 또한 차동 증폭기는 차동 입력 전압만을 증폭하며 두 입력 모두에 공통적인 신호에는 영향을 받지 않는다. 이를 **공통 모드 제거**(common-mode rejection)라 부른다. 공통 모드 신호제거는 60 Hz의 잡음이 있을 때 작은 신호를 측정할 때 유용하다. 두 입력 모두에 공통인 60Hz 잡음은 거부되며, 연산 증폭기는 두 입력 사이의 작은 차이만을 증폭시킨다. 차동 증폭기는 직류 수준으로 연장되는 저주파 응답을 갖는다. 이는 차동 증폭기가 저주파 교류 신호뿐 아니라 직류 신호에도 응답할 수 있음을 뜻한다.

제2단은 고이득 전압 증폭기이다. 이 단은 여러 개의 달링턴쌍 트랜지스터로 구성되며, 200,000 이상의 전압 이득을 제공하고, 연산 증폭기 이득의 대부분을 공급한다.

마지막 단은 출력 증폭기이다. 일반적으로 이것은 상보형 이미터 폴로어 증폭기로, 연산 증폭기에 저출력 임피던스를 부여하기 위해 이용된다. 연산 증폭기는 몇 밀리암페어의 전류를 부하에 전달할 수 있다.

일반적으로 연산 증폭기는 ±5~±15 V 범위에서 2중 전압전원공급기로부터 전력을 공급받도록 되어 있다. 양(+)의 전원은 접지에 대하여 +5~+15 V를 전달한다. 음(−)의 전원은 접지에 대해 −5~−15까지 전달한다. 이렇게 하면 접지에 대하여 출력 전압이 양(+)에서 음(−)으로 움직일 수 있다. 그러나 특정한 경우에는 연산 증폭기가 단일 전압원에서 작동할 수도 있다.

대표적인 연산 증폭기의 회로도는 그림 25-23에 나타나 있다. 그림에서 보이는 연산 증폭기는 741이라고 부른다. 이 증폭기는 주파수 보상을 요구하지 않으며, 단락이

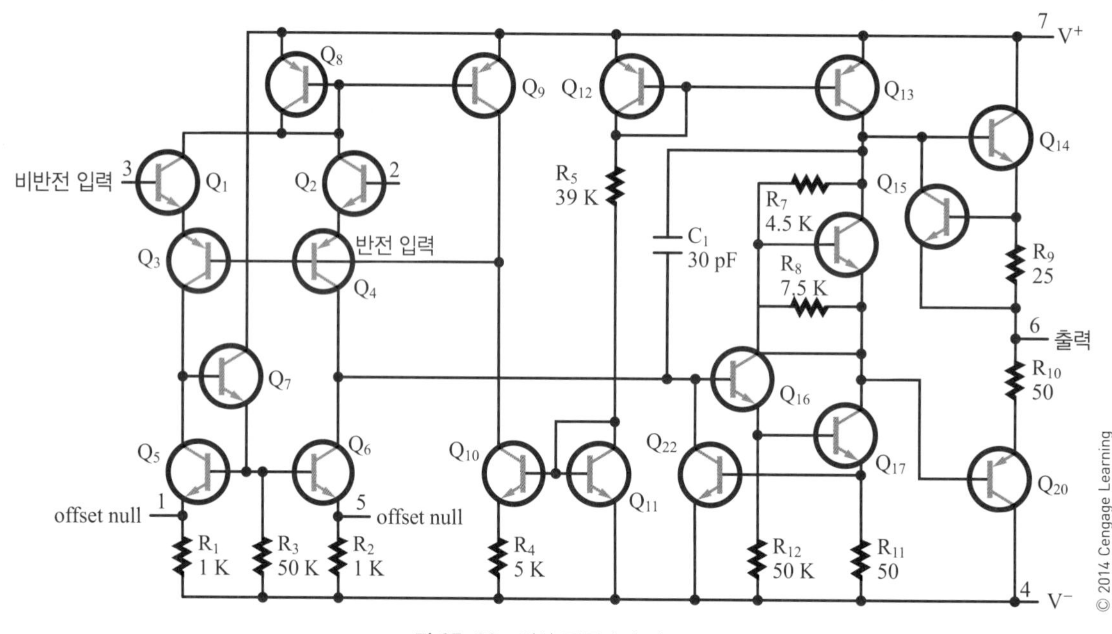

그림 25–23 연산 증폭기의 회로도.

차단되고, 래치 업(latch up) 문제가 없다. 또한 저렴한 비용으로 우수한 성능을 제공하기 때문에 가장 흔히 이용되는 연산 증폭기이다. 단일한 패키지에 두 개의 741 연산 증폭기를 포함하는 장치는 747 연산 증폭기라고 부른다. 결합 커패시터가 사용되지 않기 때문에 회로는 교류 신호뿐 아니라 직류 신호도 증폭할 수 있다.

연산 증폭기의 정상적인 작동 방식은 폐루프 모드이다. **폐루프 모드**(closed−loop mode)는 궤환을 이용한다는 점에서 궤환을 이용하지 않는 **개루프 모드**(open−loop mode)와 비교된다. 폐루프 모드에서는 많은 감쇠 궤환이 이용된다. 이렇게 하면 연산 증폭기의 총 이득이 줄어들지만 더 큰 안정성을 제공한다.

폐루프 작동 시, 출력 신호가 궤환 신호로서 입력 단말기의 하나로 인가된다. 이 궤환 신호는 입력 신호에 반대된다. 폐루프 회로에는 반전 회로와 비반전 회로의 두 가지 기본적 폐루프 회로가 있다. 반전 구성이 보다 더 대중적이다.

그림 25−24는 **반전 증폭기**(inverting amplifier)로 연결된 연산 증폭기를 보여준다. 저항 R_1을 통해 연산 증폭기의 반전(−) 입력 단자에 인가된다. 저항 R_2를 통해 궤환이 제공된다. 반전 입력 단자에서의 신호는 입력 전압과 출력 전압 모두에 의해 결정된다.

마이너스(−) 기호는 입력 신호가 양(+)일 때 음(−)의 출력 신호를 나타낸다. 플러스(+) 기호는 입력 신호가 음(−)일 때 양(+)의 출력 신호를 나타낸다. 출력은 입력과 위상이 180도 다르다. 저항 R_1 대 R_2의 비율에 따라, 반전

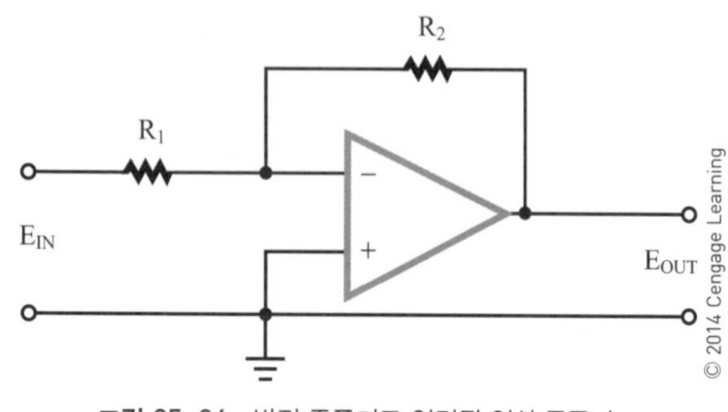

그림 25–24 반전 증폭기로 연결된 연산 증폭기.

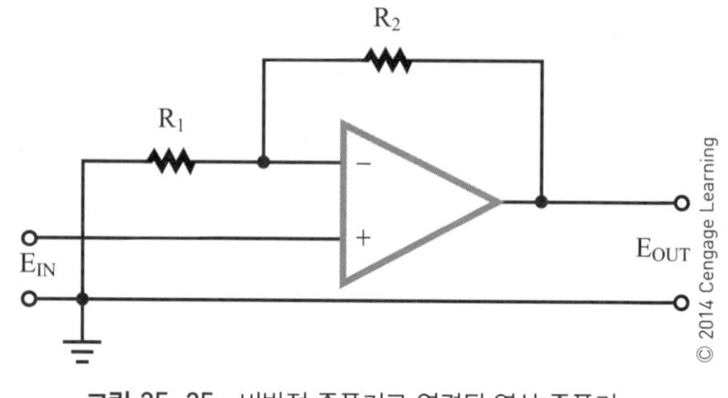

그림 25–25 비반전 증폭기로 연결된 연산 증폭기.

증폭기의 이득은 1보다 크거나 작거나, 같을 수 있다. 이득이 1일 때, 이를 **단위 이득 증폭기**(unity-gain amplifier)라고 하는데 입력 신호의 극성을 반대로 하는 데 이용된다.

그림 25-25는 **비반전 증폭기**(noninverting amplifier)로 연결된 연산 증폭기를 보여준다. 출력 신호는 입력 신호와 동상이다. 입력 신호는 연산 증폭기의 비반전 입력 단자에 인가된다. 출력 전압은 반전(−) 입력 단자로 궤환되는 전압을 생성하기 위해 저항 R_1과 R_2로 나뉜다. 비반전 입력 증폭기의 전압 이득은 항상 1보다 크다.

연산 증폭기의 이득은 주파수에 따라 다르다. 일반적으로 사양서에 주어진 이득은 직류 이득이다. 주파수가 증가하면 이득은 감소한다. 대역폭을 증가시키기 위한 수단이 없으면 연산 증폭기는 교류 신호를 증폭하는 데에만 유용하다. 대역폭을 증가시키려면, 이득을 감소하기 위해 궤환이 이용된다. 이득이 감소함으로써 동일한 양만큼 대역폭이 증가한다. 이렇게 하면 741 연산 증폭기 대역폭이 1 MHz로 증가할 수 있다.

연산 증폭기는 신호를 비교, 반전, 비반전시키는 것 외에도 몇 가지 다른 용도가 있다. 그것은 그림 25-26이 보여주는 것처럼 몇 가지 신호를 함께 추가하는 데 이용될 수 있다. 이것을 **가산 증폭기**(summing amplifier)라고 부른다. 부궤환(negative feedback)은 연산 증폭기의 반전 입력을 접지 전위에 아주 가깝게 유지한다. 따라서 모든 입력 신호는 전기적으로 서로 격리된다. 증폭기의 출력은 입력 신호의 반전된 합이다.

가산 증폭기에서 비반전 접지 입력을 위해 선택된 저항의 저항값은 입력 및 궤환 저항의 총 병렬 저항값과 같다. 궤환 저항이 증가하면 회로는 이득을 제공한다. 서로 다른 입력 저항을 사용하는 경우, 서로 다른 이득을 가진 입력 신호가 함께 추가될 수 있다.

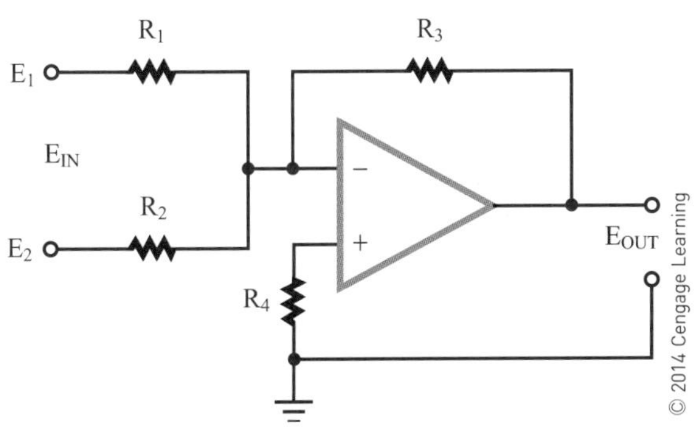

그림 25-26 가산 연산 증폭기로 연결된 연산 증폭기.

가산 증폭기는 음향 신호를 혼합할 때 이용된다. 각 입력 신호의 강도를 조절하기 위해 입력 저항에 대해 전위차계(potentiometer)가 이용된다.

또한 연산 증폭기는 능동 필터로도 이용될 수 있다. 저항과 인덕터, 커패시터를 이용하는 필터는 **수동 필터**(passive filters)라고 한다. **능동 필터**(active filters)는 집적회로를 이용하는 인덕터가 없는 필터이다. 능동 필터의 장점은 인덕터가 없다는 것인데, 인덕터의 크기 때문에 낮은 주파수에서 사용하기 편리하다.

그러나 연산 증폭기는 전원공급장치가 필요하고 열표류(thermal drift) 또는 부품 노화로 인해 진동이 발생할 수 있기 때문에 능동 필터로 이용할 때에는 불리한 점도 있다.

그림 25-27은 고역 필터로 이용되는 연산 증폭기를 보여준다. **고역 필터**(high-pass filter)는 특정 차단 주파

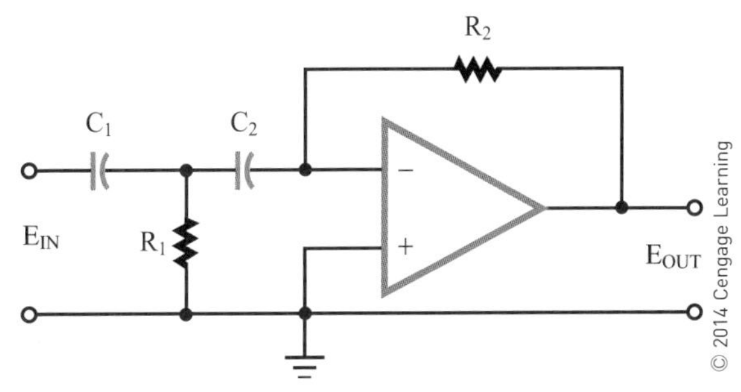

그림 25-27 고역 필터로 연결된 연산 증폭기.

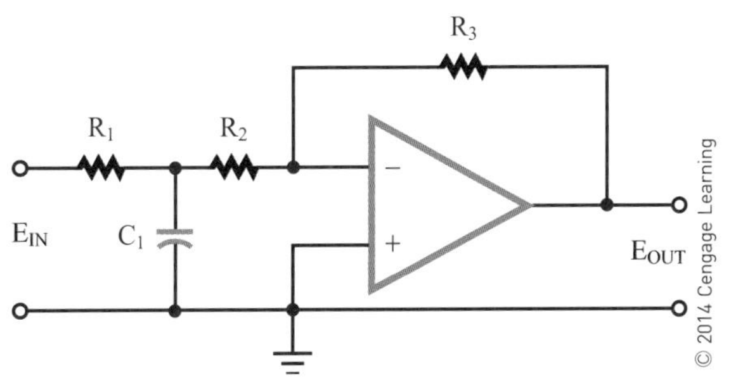

그림 25-28 저역 필터로 연결된 연산 증폭기.

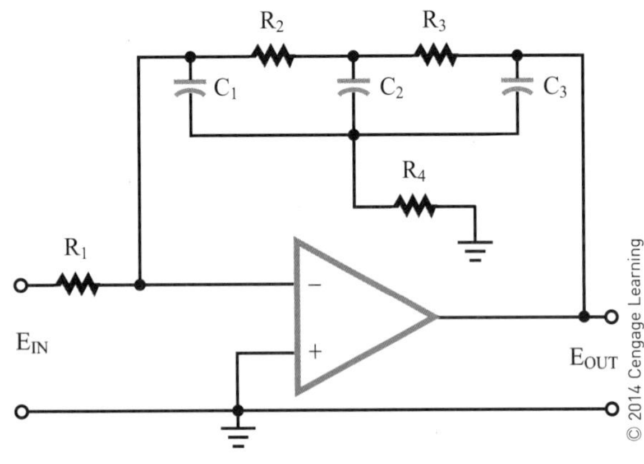

그림 25-29 대역 필터로 연결된 연산 증폭기.

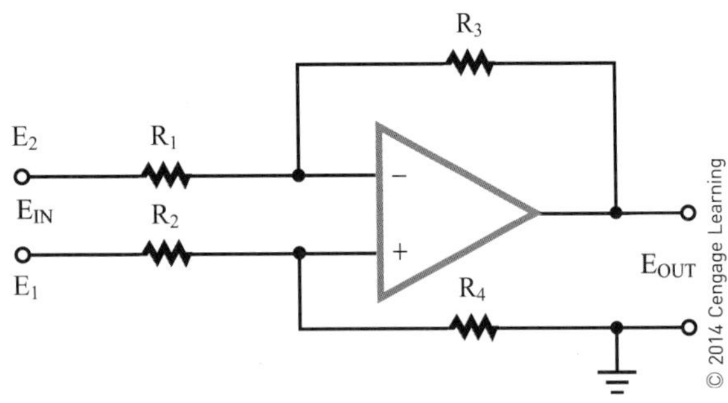

그림 25-30 차동 증폭기로 연결된 연산 증폭기.

수 이상인 높은 주파수를 통과시키고 낮은 주파수를 차단한다. 그림 25-28은 저역 필터로 이용되는 연산 증폭기를 보여준다. **저역 필터**(low-pass filter)는 낮은 주파수를 통과시키고 차단 주파수 이상의 높은 주파수를 차단한다. 그림 25-29는 대역 필터로 이용되는 연산 증폭기를 보여준다. **대역 필터**(band-pass filter)는 어떤 중심 주파수 주변의 주파수를 통과시키고, 이보다 낮은 주파수와 높은 주파수를 감쇠시킨다.

차동 증폭기(difference amplifier)는 한 신호에서 다른 신호를 뺀다. 그림 25-30은 기본적인 차동 증폭기를 보여준다. 이 회로는 E_1값에서 E_2값을 빼기 때문에 감산기(subtractor)라 부른다.

25-5 질문

1. 연산 증폭기란 무엇인가?
2. 연산 증폭기의 블록선도를 그려라.
3. 연산 증폭기의 작동 방식을 간략히 설명하여라.
4. 연산 증폭기의 정상 작동 모드는 무엇인가?
5. 연산 증폭기로 어떤 유형의 이득을 얻을 수 있는가?
6. 다음의 회로도를 그려라.
   a. 반전 증폭기
   b. 가산 증폭기
   c. 고역 필터
   d. 대역 필터
   e. 차동 증폭기

요약

- DC 증폭기는 주로 전압 증폭기로 이용된다.
- 차동 증폭기는 별도의 입력 단자 두 개를 가지며 하나 또는 두 개의 출력을 제공할 수 있다.
- 음향 증폭기는 20~20,000 Hz의 음향 범위에서 교류 신호를 증폭한다.
- 음향 증폭기의 두 가지 유형은 전압 증폭기와 전력 증폭기이다.
- 영상 증폭기는 영상 정보를 증폭하기 위해 이용되는 광대역 증폭기이다.
- 영상 주파수는 수 Hz에서 5~6 MHz로 연장된다.
- RF 증폭기는 10,000 Hz~30,000 MHz까지 작동한다.
- RF 증폭기의 두 가지 유형은 동조 증폭기와 비동조 증폭기이다.
- 연산 증폭기는 입력의 20,000~1,000,000배의 출력을 제공한다.
- 두 가지 기본 폐루프 모드는 반전 구성과 비반전 구성이다.

연습 문제

1. 어떤 조건에서 DC 증폭기가 이용되는가?
2. 고이득 DC 증폭기를 사용하여 온도 불안정성의 문제를 해결하는 방법을 설명하여라.
3. 음향 전압 증폭기와 음향 전력 증폭기의 주된 차이는 무엇인가?
4. 상보형 푸시풀 증폭기보다 준 상보형 전력 증폭기를 이용할 때 실질적인 이점은 무엇인가?
5. 영상 증폭기는 음향 증폭기와 어떻게 다른가?
6. 고주파수 영상 증폭기의 출력을 제한하는 데 어떤 요인이 관련되는가?
7. RF 증폭기의 용도는 무엇인가?
8. IF 증폭기는 회로에서 어떻게 이용되는가?
9. 연산 증폭기의 3단계를 구별하고 그 기능을 설명하여라.
10. 연산 증폭기는 어떤 종류의 응용에 이용되는가?

26장

발진기
Oscillators

학습 목표

이 장을 학습하면 다음을 할 수 있다.

- 발진기와 그 기능을 설명할 수 있다.
- 발진기의 주요 요구 조건을 설명할 수 있다.
- 탱크 회로가 어떻게 작동하는지, 그리고 탱크 회로와 발진기의 관계를 설명할 수 있다.
- 발진기의 블록선도를 그릴 수 있다.
- LC, 수정 및 RC 정현파 발진기 회로를 설명할 수 있다.
- 비정현파 이완 발진기를 설명할 수 있다.
- 정현파와 비정현파 발진기의 예를 그림으로 그릴 수 있다.

발진기는 교류를 생산하기 위한 비회전식 장치이다. 발진기는 라디오와 텔레비전, 통신 장비, 컴퓨터, 산업 제어장치, 타이머 같은 전자 제품에서 광범위하게 이용된다. 발진기가 없었다면 대부분의 전자 회로는 실현이 거의 불가능하였을 것이다.

26-1 발진기의 기본

발진기는 반복적인 교류 신호를 발생하는 회로이다. 교류 신호의 주파수는 수 Hz에서 수백만 Hz에 이르기까지 다양하다. 발진기는 전력 생산을 위해 이용되는 기계식 발전기에 대한 대안이다. 발진기의 장점은 움직이는 부속이 없다는 것과 생산할 수 있는 교류 신호의 범위가 넓다는 점이다. 발진기의 출력은 사용되는 발진기 유형에 따라 정현파, 사각파, 톱니파일 수 있다. 발진기의 주된 요건은 출력이 일정해야 한다는 것이다. 다시 말해 출력은 주파수나 진폭이 변하지 않아야 한다.

인덕터와 커패시터가 병렬로 연결되면 이것을 **탱크 회로**(tank circuit)라고 한다. 탱크 회로가 외부 직류 공급원에 의해 자극을 받으면 발진하게 된다. 다시 말해 앞뒤로 움직이는 전류 흐름을 만들어낸다. 회로에 저항이 없다면 탱크 회로는 영원히 발진할 것이다. 그러나 탱크 회로의 저항은 전류로부터 에너지를 흡수하고 따라서 회로의 발진은 감쇠된다.

탱크 회로가 발진을 유지하려면 소멸되는 에너지를 대체해야 한다. 대체되는 에너지를 **양궤환**(positive feedback)이라고 한다. 양궤환은 발진을 유지하기 위해 출력 신호의 일부를 탱크 회로로 귀환시키는 것이다. 궤환은 탱

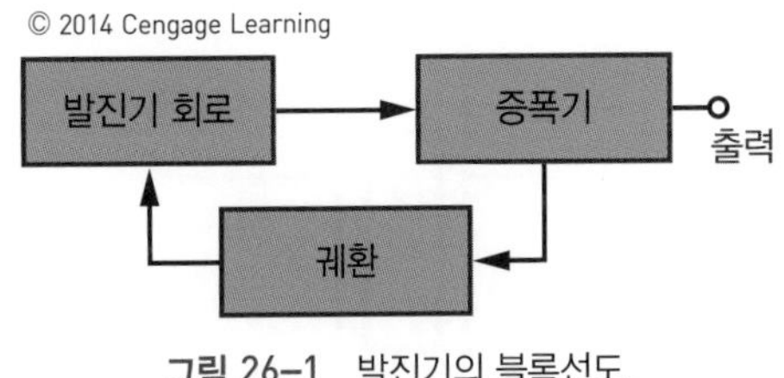

그림 26-1 발진기의 블록선도.

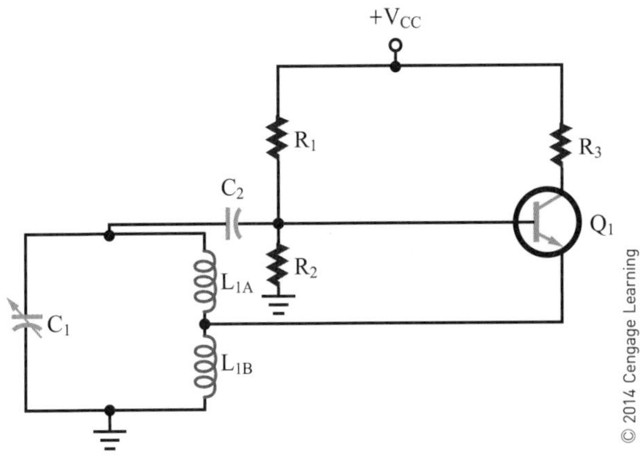

그림 26-2 직렬형 하틀리 발진기.

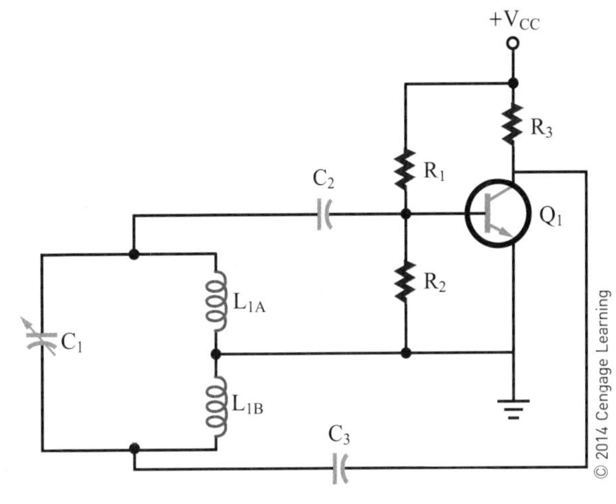

그림 26-3 병렬형 하틀리 발진기.

크 회로에서 신호와 위상이 같아야 한다. 그림 26-1은 발진기의 블록선도를 보여준다. 기본 발진기는 3부분으로 분해할 수 있다. 주파수를 결정하는 발진기 회로는 일종의 LC 탱크 회로이다. 증폭기가 탱크 회로의 출력 신호를 증가시킨다. 발진을 유지하기 위해 궤환 회로가 적당량의 에너지를 탱크 회로로 전달한다. 발진기 회로는 기본적으로 직류 전력을 이용해 교류 발진을 유지하는 폐루프이다.

26-1 질문

1. 발진기란 무엇인가?
2. 탱크 회로는 어떻게 작동하는가?
3. 탱크 회로가 계속 발진하게 만드는 것은 무엇인가?
4. 발진기의 블록선도를 그리고 기호를 표시하여라.
5. 발진기의 기본 부품의 기능은 무엇인가?

26-2 정현파 발진기

정현파 발진기(sinusoidal oscillator)는 정현파 출력을 만들어내는 발진기이다. 그것은 주파수를 결정짓는 구성 소자에 따라 분류된다. 정현파 발진기의 세 가지 기본 유형은 **LC 발진기**(LC oscillator)와 **수정 발진기**(crystal oscillator) 그리고 **RC 발진기**(RC oscillator)이다.

LC 발진기는 직렬 또는 병렬로 연결된 커패시터와 인덕터의 탱크 회로를 이용해 주파수를 결정한다. 수정 발진기는 LC 발진기와 유사하나, LC 발진기보다 더 높은 안정성을 유지한다. LC 발진기와 수정 발진기는 무선 주파수(RF) 범위에서 이용되며, 저주파수 응용 분야에는 적당하지 않다. 저주파수 응용 분야에서는 RC 발진기가 이용된다. RC 발진기는 저항-커패시터 회로망을 이용하여 발진기 주파수를 결정한다.

LC 발진기의 세 가지 기본 유형은 **하틀리 발진기**(Hartley oscillator)와 **콜피츠 발진기**(Colpitts oscillator), **클랩 발진기**(Clapp oscillator)이다. 그림 26-2와 26-3은 하틀리 발진기의 두 가지 기본 유형을 보여준다. **직렬형 하틀리 발진기**(series-fed Hartley oscillator)의 단점은 탱크 회로의 일부에 직류 전류가 흐른다는 점이다(그림 26-2). **병렬형 하틀리 발진기**(shunt-fed Hartley oscillator)는 궤환 라인에 결합 커패시터를 이용하여 탱크 회로 내의 직류 전류의 문제를 극복한다(그림 26-3).

콜피츠 발진기(그림 26-4)는 병렬형 하틀리 발진기와 유사하나, 두 개의 커패시터가 탭이 있는 인덕터를 대신한다는 점에서 다르다. 콜피츠 발진기는 하틀리 발진기보다

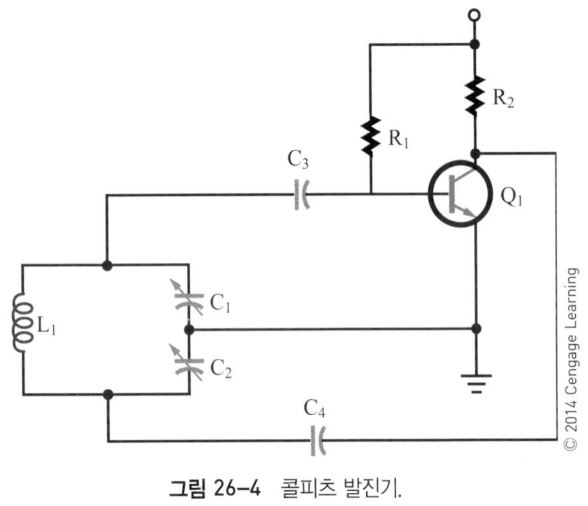

그림 26-4 콜피츠 발진기.

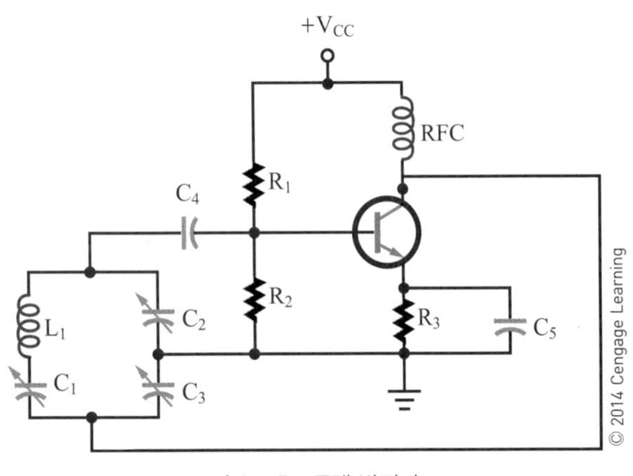

그림 26-5 클랩 발진기.

안정적이며 더 자주 이용된다.

클랩 발진기(그림 26-5)는 콜피츠 발진기의 한 변종이다. 주된 차이는 탱크 회로에서 커패시터가 인덕터와 직렬로 추가되어서 발진기 주파수를 동조할 수 있다는 점이다.

온도 변화와 구성품의 노화, 부하 요건의 변화는 발진기를 불안정하게 만든다. 안정성이 요구될 때는 수정 발진기가 이용된다.

수정(crystal)은 압력을 가하여 기계 에너지를 전기 에너지로 변환하거나 전압을 가해 전기 에너지를 기계 에너지로 변환할 수 있는 물질이다. 교류 전압을 인가하면 수정이 수축 이완을 반복하여 교류 신호의 주파수에 상응하는 기계적 진동을 만들어낸다.

수정은 특유의 구조 때문에 자연적인 진동 주파수를

그림 26-6 수정의 회로도 기호.

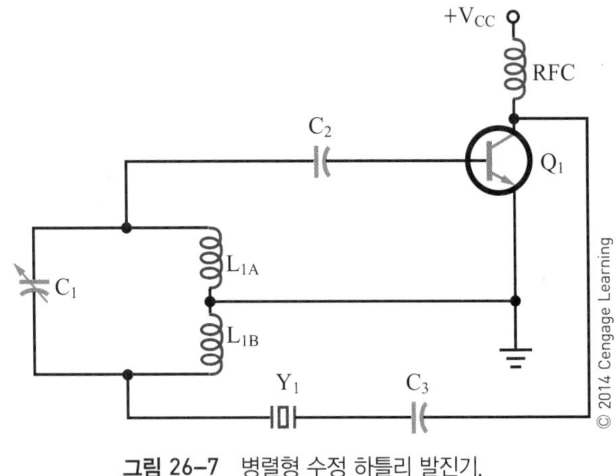

그림 26-7 병렬형 수정 하틀리 발진기.

갖는다. 만일 인가된 교류 신호가 자연 주파수와 일치하면 수정은 더 많이 진동하고, 교류 신호가 수정의 자연 주파수와 다르면 진동이 거의 발생하지 않는다. 수정의 기계적 진동 주파수는 일정하기 때문에 발진기 회로에 이상적이다.

수정에 가장 흔히 이용되는 물질은 로셸염(Rochelle salt)과 전기석(tourmaline), 석영(quartz)이다. 로셸염은 가장 큰 전기적인 활동을 하지만 쉽게 파손되는 반면, 전기석은 가장 전기적이지 않은 활동을 하지만 가장 강하다. 석영은 절충적이어서 양호한 전기적 활동을 하면서도 강하다. 석영은 발진기 회로에서 수정으로 가장 널리 사용된다.

수정 물질은 스프링으로 압력을 가하여 금속판이 수정과 접촉하도록 두 금속판 사이에 설치된다. 그런 다음 수정은 금속 패키지 안에 배치된다. 그림 26-6은 수정을 표현하기 위해 이용되는 회로도 기호를 보여준다. 문자 Y 또는 XTAL은 회로에서 수정을 가리킨다.

그림 26-7은 수정을 추가한 병렬형 하틀리 발진기를

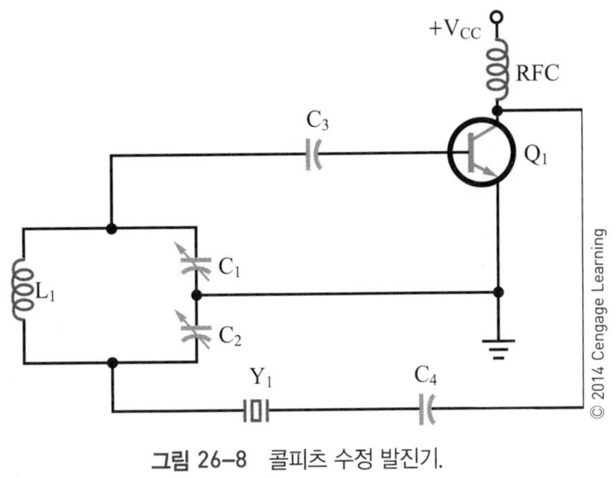

그림 26-8 콜피츠 수정 발진기.

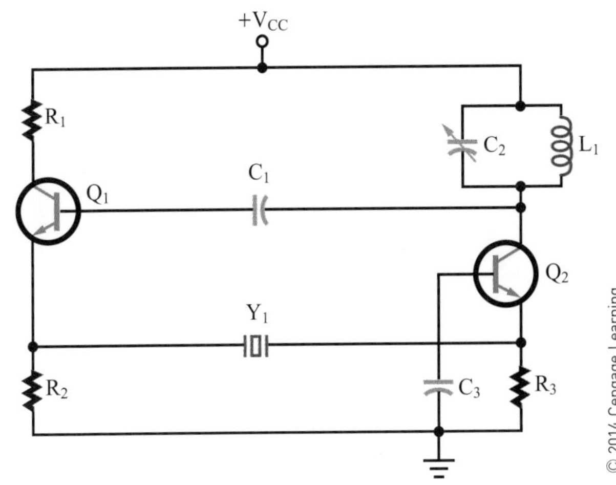

그림 26-10 버틀러 발진기.

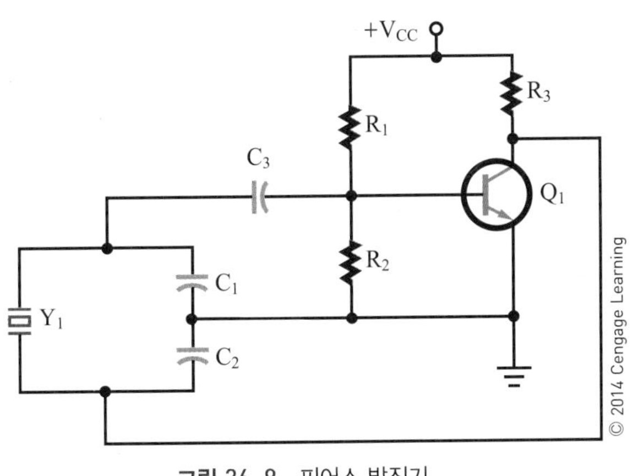

그림 26-9 피어스 발진기.

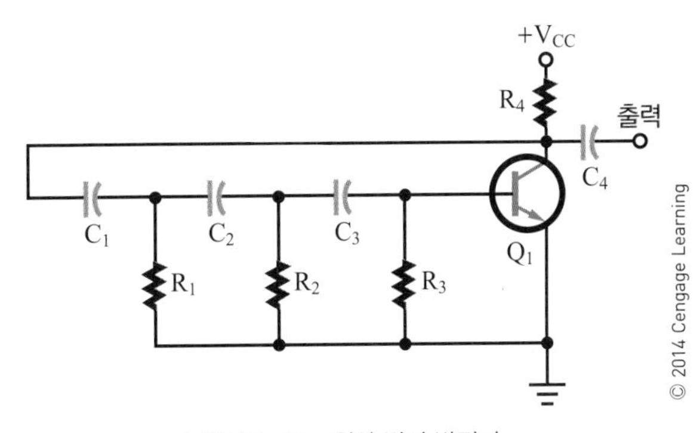

그림 26-11 위상 변이 발진기.

보여준다. 수정은 궤환 회로와 직렬로 연결되어 있다. 탱크 회로의 주파수가 수정 주파수에서 벗어나면, 수정의 임피던스가 증가하여 탱크 회로로 궤환이 감소한다. 이렇게 하면 탱크 회로가 수정의 주파수로 돌아올 수 있다.

그림 26-8은 하틀리 수정 발진기와 같은 방법으로 연결된 콜피츠 발진기를 보여준다. 수정은 탱크 회로로의 궤환을 제어한다. LC 탱크 회로는 수정 주파수에 동조된다.

그림 26-9는 **피어스 발진기**(Pierce oscillator)를 보여준다. 이 회로는 콜피츠 발진기와 유사하나, 탱크 회로 인덕터 대신 수정이 들어간다는 점에서 다르다. 수정은 탱크 회로 임피던스를 제어하여 궤환을 결정하고 발진기를 안정화한다.

그림 26-10은 **버틀러 발진기**(Butler oscillator)를 보여준다. 이것은 두 개의 트랜지스터로 된 회로이다. 탱크 회로를 이용하며 수정이 주파수를 결정한다. 탱크 회로는 수정 주파수에 동조되어야 하며 그렇지 않으면 발진기가 작동하지 않는다. 버틀러 발진기의 장점은 수정에 소량의 전압이 존재하기 때문에 수정에 대한 응력이 줄어든다는 것이다. 탱크 회로 부품을 교체함으로써 발진기가 수정의 배음 진동수(overtone frequency) 중의 하나에서 작동하도록 동조시킬 수 있다.

RC 발진기는 저항-커패시턴스 회로망을 이용하여 발진기 주파수를 결정한다. 정현파를 발생하는 두 가지 유형의 RC 발진기에는 위상 변이 발진기와 윈브리지 발진기가 있다.

위상 변이 발진기(phase-shift oscillator)는 위상 변이 RC 궤환 회로망을 갖는 전통적인 증폭기이다(그림 26-11). 궤환은 신호를 180도 바꿔야 한다. 용량성 리액턴스는 주파수 변화에 따라 변동하기 때문에 주파수에 민감하다. 각각의 RC 회로망 상의 위상 변이량을 줄이면 안정성

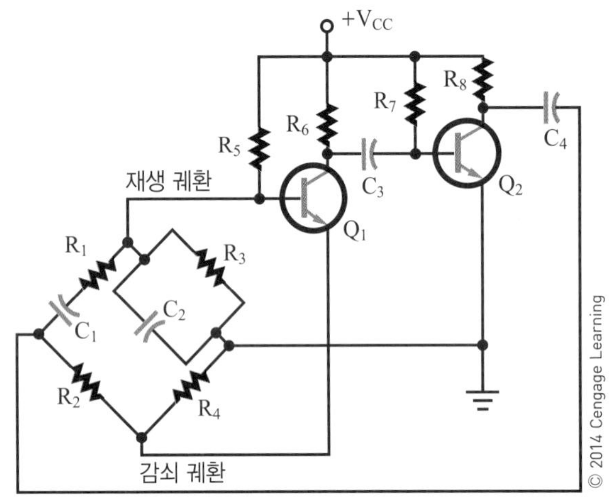

그림 26–12 윈브리지 발진기.

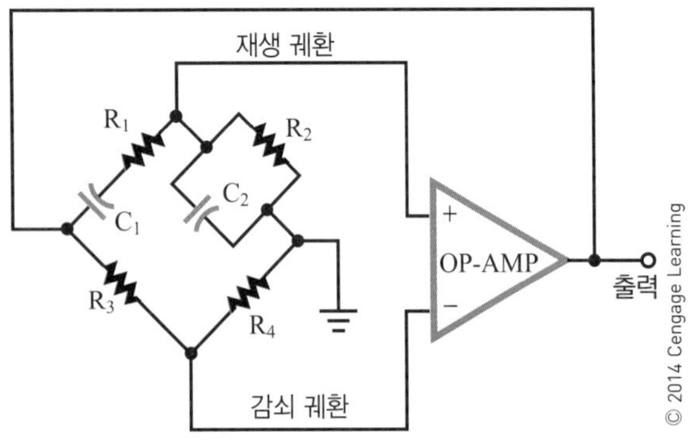

그림 26–13 IC 윈브리지 발진기.

이 개선된다. 그러나 결합된 RC 회로망에서 전력 손실이 있다. 트랜지스터는 이러한 손실을 상쇄할 만큼 충분한 이득이 있어야 한다.

윈브리지 발진기(Wien–bridge oscillator)는 진상(lead)–지상(lag) 회로망과 전압 분배기를 갖는 2단계 증폭기이다(그림 26–12). 진상–지상 회로망은 직렬 RC 회로망(R_1, C_1)과 병렬 회로망으로 구성된다. 출력 위상 각도가 어떤 주파수에 대해서는 앞서고, 어떤 주파수에 대해서는 뒤처지기 때문에 진상–지상 회로망이라고 부른다. 공진 주파수에서 위상 변이는 0도이고 출력 전압은 최대이다. 저항 R_2와 R_4는 감쇠 궤환을 발생시키기 위해 이용되는 전압 분배기 회로망을 구성한다. 재생 궤환(regenerative feedback)은 베이스에 인가되며, 감쇠 궤환(degenerative feedback)은 발진기 트랜지스터 Q_1의 이미터에 인가된다. 트랜지스터 Q_1의 출력은 트랜지스터 Q_2의 베이스에 용량적으로 결합되어 거기서 증폭되고 위상이 바뀌어 180도 회전한다. 출력은 커패시터 C_4에 의해 브리지 회로망에 결합된다.

그림 26–13은 집적회로 윈브리지 발진기를 보여준다. 연산 증폭기의 반전 및 비반전 입력단자가 윈브리지 발진기로 사용하기에 이상적이다. 연산 증폭기의 이득이 높아서 회로 손실을 상쇄한다.

26-2 질문

1. 정현파 발진기의 세 가지 유형은 무엇인가?
2. 세 가지 유형의 LC 발진기의 회로도를 그리고 기호를 표시하여라.
3. 콜피츠 발진기와 하틀리 발진기의 차이를 설명하여라.
4. LC 발진기의 안정성이 어떻게 개선될 수 있는가?
5. 정현파를 발생시키는 데 이용되는 RC 발진기의 두 가지 유형은 무엇인가?

26-3 비정현파 발진기

비정현파 발진기(nonsinusoidal oscillator)란 정현파(사인파) 출력을 만들지 않는 발진기를 말하며, 구체적인 비정현 파형이 따로 있는 것은 아니다. 비정현파 발진기 출력은 정사각형, 톱니형, 직사각형, 삼각형일 수 있고 또는 두 개의 파형을 결합한 형태일 수도 있다. 모든 비정현파 발진기의 공통적 특징은 **이완 발진기**(relaxation oscillator)의 형태라는 것이다. 이완 발진기는 발진 주기 1단계 동안 무효분에서 에너지를 저장하고 이완 단계에서 에너지를 서서히 배출한다.

블로킹 발진기(blocking oscillator)와 **멀티바이브레이터**(multivibrator)는 이완 발진기이다. 그림 26–14는 블로킹 발진기 회로를 보여준다. 이러한 이름이 붙게 된 것은 트랜지스터가 쉽게 차단 모드(blocking mode)로 되기 때문이다. 차단 조건은 커패시터 C_1의 방전에 의해 결정된다. 커패시터 C_1은 트랜지스터 Q_1의 이미터–베이스 접합을 통해 충전된다. 그러나 일단 커패시터 C_1이 충전되면

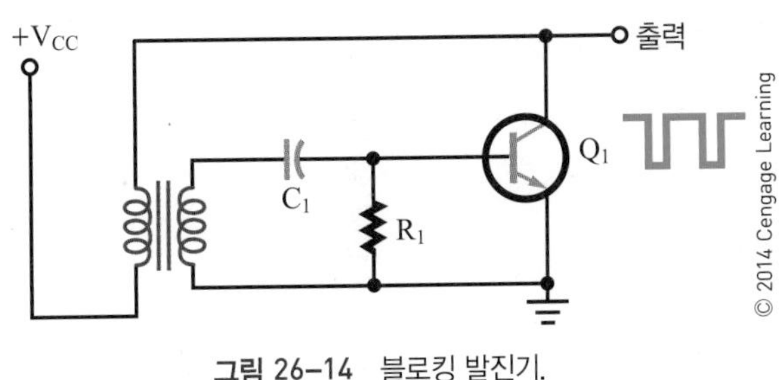

그림 26-14 블로킹 발진기.

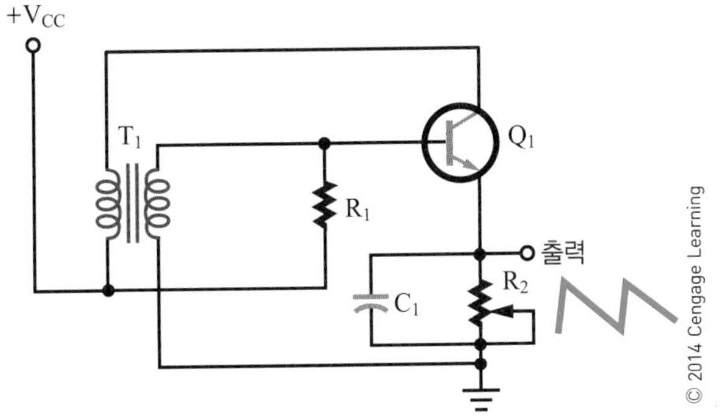

그림 26-15 블로킹 발진기가 발생시키는 톱니파형.

유일한 방전 경로는 저항 R_1을 통하는 것이다. 저항 R_1과 커패시터 C_1의 RC 시정수가 트랜지스터가 얼마나 오래 차단되는지를 결정하며, 또한 발진기 주파수도 결정한다. 긴 시정수는 낮은 주파수를 발생하고 짧은 시정수는 높은 주파수를 발생한다.

트랜지스터의 이미터 회로에 있는 RC 회로망으로부터 출력을 얻는 경우, 이 출력은 톱니형 파형이다(그림 26-15). RC 회로망은 발진 주파수를 결정하고 톱니형 출력을 생산한다. 트랜지스터 Q_1은 저항 R_1에 의해 순방향 바이어스가 걸린다. 트랜지스터 Q_1이 도통함에 따라 커패시터 C_1이 빠르게 충전된다. 커패시터 C_1의 위쪽 판에 걸리는 양의 전위는 이미터 접합에 역방향 바이어스를 걸어서 트랜지스터 Q_1을 뒤집는다. 커패시터 C_1은 저항 R_2를 통해 방전하여 톱니형 출력의 후단(하강 구간)을 만들어낸다. 커패시터 C_1이 방전하면 트랜지스터 Q_1에 다시 순방향 바이어스가 걸리고 도통되어 동작을 반복한다.

커패시터 C_1과 저항 R_2는 발진 주파수를 결정한다. 저항 R_2를 가변 저항으로 만들면 주파수를 조절할 수 있다. 저항 R_2의 저항값이 높으면 RC 시정수가 짧아지고, 이로 인해 높은 발진 주파수를 발생시킨다.

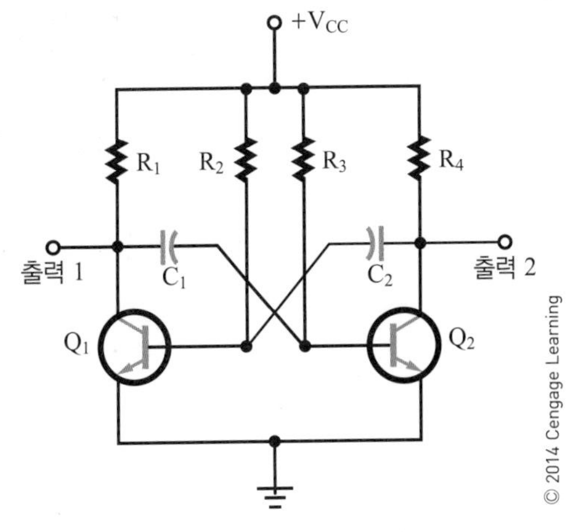

그림 26-16 자유 동작 멀티바이브레이터.

멀티바이브레이터(multivibrator)는 두 가지 일시적으로 안정된 상태 중 하나에서 동작할 수 있는 이완 발진기로, 하나의 일시적 상태에서 다른 일시적 상태로 빠르게 전환할 수 있다.

그림 26-16은 기본적인 자유 동작 멀티바이브레이터 회로를 보여준다. 이것은 결합된 두 단으로 이루어진 발진기로, 각 단에 대한 입력 신호를 나머지 단의 출력에서 얻도록 되어있다. 한 단이 차단되어 있는 동안 다른 단이 도통되어 두 단이 상태를 반전하는 지점에 이르게 된다. 재생 궤환 때문에 회로는 자유 동작한다. 발진 주파수는 결합 회로에 의해 결정된다.

비안정 멀티바이브레이터(astable multivibrator)는 자유 동작 멀티바이브레이터의 한 종류이다. 비안정 멀티바이브레이터의 출력은 사각형이다. 결합 회로들의 RC 시정수를 다양화하여 원하는 폭의 사각형 펄스를 얻을 수 있다. 저항과 커패시터 값을 변경하여 작동 주파수를 변경할 수 있다. 멀티바이브레이터의 주파수 안전성은 일반적인 블로킹 발진기보다 좋다.

비안정 멀티바이브레이터로 이용할 수 있는 집적회로는 555 타이머이다(그림 26-17). 이 집적회로는 많은 기능을 수행할 수 있다. 이것은 두 개의 비교 연산기와 한 개의 플립플롭, 한 개의 출력단 그리고 한 개의 방전 트랜지스터로 구성된다. 그림 26-18은 555 타이머가 비안정 멀

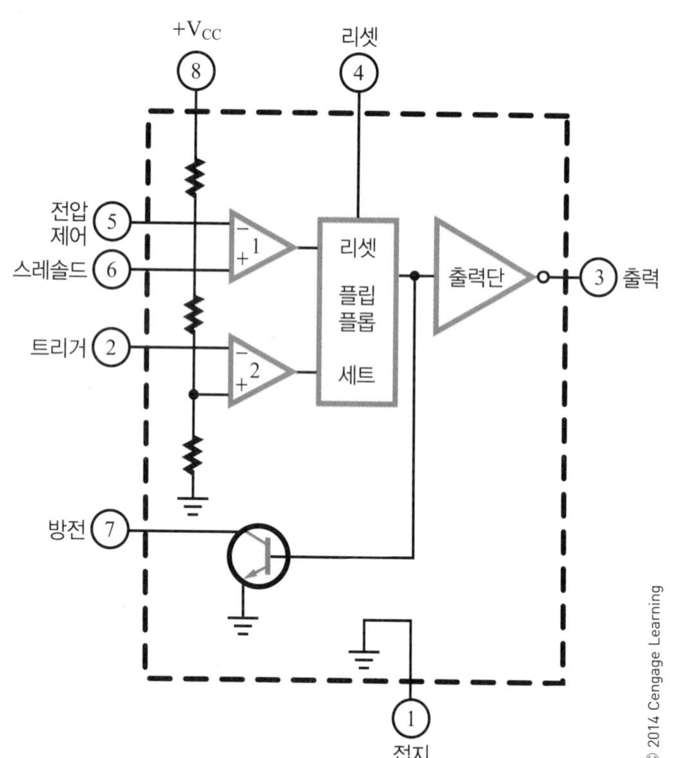

그림 26-17 555 타이머 집적회로.

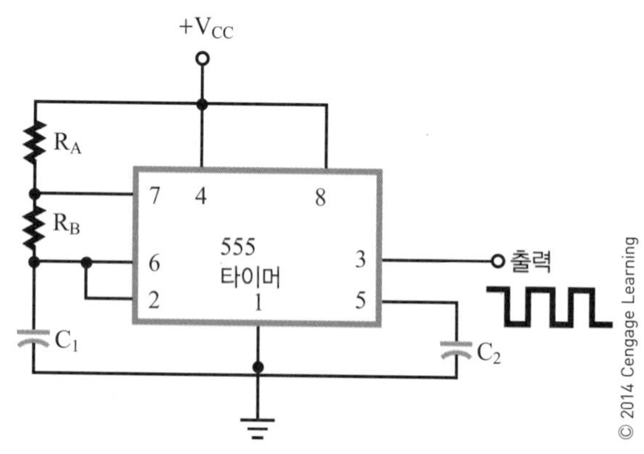

그림 26-18 555 타이머를 이용한 비안정 멀티바이브레이터.

티바이브레이터로 이용되는 회로도를 보여준다. 출력 주파수는 저항 R_A와 R_B, 커패시터 C_1에 의해 결정된다. 이 회로는 산업에서 널리 응용된다.

26-3 질문

1. 가장 흔히 이용되는 비정현 파형을 그려라.
2. 이완 발진기란 무엇인가?
3. 이완 발진기의 두 가지 예를 들어라.
4. 블로킹 발진기의 회로도를 그려라.
5. 비안정 멀티바이브레이터로 이용되는 555 타이머의 회로도를 그려라.

요약

- 발진기란 교류를 발생시키기 위한 비회전식 장치이다.
- 발진기의 출력은 정현파형이나 사각파형 또는 톱니파형일 수도 있다.
- 발진기의 주된 요건은 출력이 일정해야 하며 주파수나 진폭에서 차이가 없어야 한다.
- 커패시터가 인덕터와 병렬로 연결될 때 탱크 회로가 형성된다.
- 탱크 회로의 발진은 회로의 저항에 의해 약화된다.
- 탱크 회로가 발진을 유지하려면 양의 궤환이 요구된다.
- 발진기의 세 가지 기본 요소는 주파수 결정 장치와 진폭기, 궤환 회로이다.
- 정현파 발진기의 세 가지 기본 유형은 LC 발진기, 수정 발진기, RC 발진기이다.
- LC 발진기의 세 가지 기본 유형은 하틀리, 콜피츠, 클랩 발진기이다.
- 수정 발진기가 LC 발진기에 비해 더 많은 안정성을 제공한다.
- RC 발진기는 저항-커패시턴스 회로망을 이용하여 발진기 주파수를 결정한다.
- 비정현파 발진기는 정현파(사인파) 출력을 생산하지 않는다.
- 비정현파 발진기 출력에는 정사각형, 톱니형, 직사각형, 삼각형 또는 두 파형이 결합된 형태가 포함된다.
- 이완 발진기는 모든 비정현파 발진기의 기본이다.
- 이완 발진기는 발진 주기의 일부분 동안 무효분에서 에너지를 저장한다.
- 이완 발진기의 예로는 블로킹 발진기와 멀티바이브레이터가 있다.

연습 문제

1. 발진기의 부품을 나열하고, 발진기가 동작하기 위해서 각 부품이 어떤 일을 하는지 설명하여라.
2. 발진기에서 궤환의 기능은 무엇인가?
3. 직렬형 하틀리 발진기와 병렬형 하틀리 발진기의 차이는 무엇인가?
4. 발전기에서 수정은 어떤 기능을 수행하는가?
5. 어떻게 탱크 회로가 발진을 유지하는지 설명하여라.
6. 정현파 발진기의 주요한 유형에는 어떤 것들이 있는가?
7. 발진기 회로에 수정은 어떻게 이용되는가?
8. 비정현파 발진기는 정현파 발진기와 어떻게 다른가?
9. 어떤 종류의 구성 요소들이 비정현파 발진기를 구성하는가?
10. 비정현파 발진기가 만드는 세 가지 유형의 파형을 그려라.

27장

파형 정형 회로
Waveshaping Circuits

학습 목표

이 장을 학습하면 다음을 할 수 있다.

- 파형을 바꿀 수 있는 방법을 설명할 수 있다.
- 파형 구성에서 주파수 영역의 개념을 설명할 수 있다.
- 파형과 관련하여 펄스 폭과 듀티 사이클, 상승 시간, 하강 시간, 언더슈트, 오버슈트, 링잉을 정의할 수 있다.
- 미분기와 적분기가 어떻게 작동하는지 설명할 수 있다.
- 클리퍼와 클램퍼 회로를 설명할 수 있다.
- 단안정 멀티바이브레이터와 쌍안정 멀티바이브레이터의 차이를 설명할 수 있다.
- 파형 정형 회로의 회로도를 그릴 수 있다.

전자 장치에서 때로는 파형의 모양을 변경해야 할 필요가 있다. 정현파를 정사각형파로, 직사각형파를 펄스 파형으로, 펄스 파형을 정사각형파 또는 직사각형파로 바꿔야 할 수도 있다. 파형은 두 가지 방법으로 분석할 수 있다. 단위 시간당 진폭에 의한 파형 분석을 시간 영역 분석이라고 하며, 파형을 구성하는 정현파에 의한 파형 분석을 주파수 영역 분석이라고 한다. 이러한 개념은 모든 주기적인 파형이 정현파로 이루어져 있다는 가정에서 나온다.

27-1 비정현 파형

그림 27-1은 시간 영역(time domain) 개념에 의해 나타낸 세 가지 기본 파형을 보여준다. 보이는 세 개 파형은 정현파, 정사각형파, 톱니파이다. 비록 세 가지 파형은 서로 다르지만, 모두 동일한 주파수 주기를 갖는다. 다양한 전자 회로를 이용함으로써, 이런 파형은 형태를 변경할 수 있다.

주기파형(periodic waveform)은 모든 주기에 대해 파형이 동일한 파형이다. 주파수 영역(frequency domain) 개념에 따르면 모든 주기파형은 정현파로 이루어져 있다. 다시 말하면 서로 다른 진폭과 위상과 주파수를 갖는 많은 정현파(사인파)를 겹치면 어떤 형태의 주기파도 만들 수 있다. 정현파는 RC나 RL, LC 회로에 의해 왜곡되지 않는 유일한 파형이기 때문에 중요하다.

주기파형과 동일한 주파수를 갖는 정현파를 기본 주파

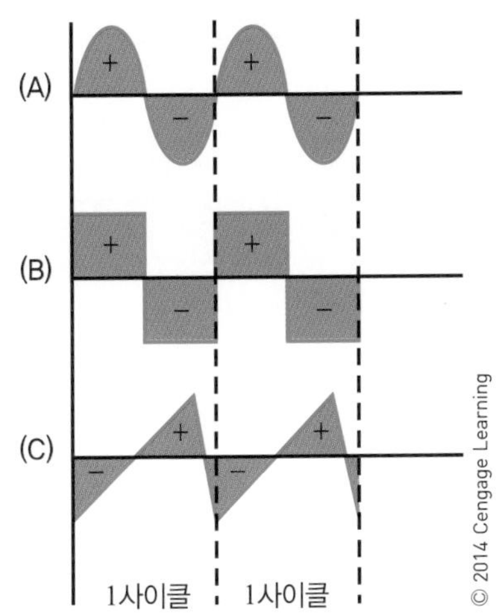

그림 27-1 세 가지 기본 파형: (A) 정현파, (B) 직사각형파, (C) 톱니파

(기본파)	제1고조파	1000 Hz
	제2고조파	2000 Hz
	제3고조파	3000 Hz
	제4고조파	4000 Hz
	제5고조파	5000 Hz

그림 27-2 기본 주파수 1000 Hz와 고조파 도표.

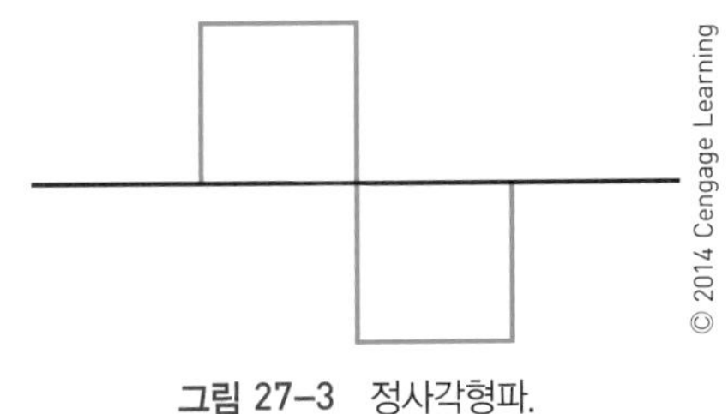

그림 27-3 정사각형파.

수라고 부른다. 기본 주파수는 또한 **제1고조파**(first harmonic)라고도 한다. 고조파는 기본 주파수의 배수들이다. 제2고조파는 기본 주파수의 2배수이고, 제3고조파는 기본 주파수의 3배수이다. 그림 27-2는 1000 Hz의 기본 주파수와 그에 대한 몇 가지 고조파를 보여준다. 고조파는 무한대의 방식으로 조합을 이루어 어떠한 주기파도 만들 수 있다. 이 주기파형에 포함되는 고조파의 유형과 수는 파형의 모양에 좌우된다.

예를 들어 그림 27-3은 정사각형파를 보여준다. 그림 27-4는 기본 주파수와 위상이 같은 0 기준선을 통과하는

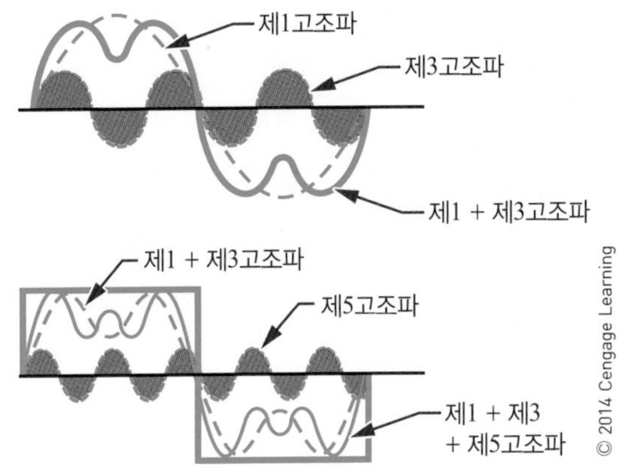

그림 27-4 주파수 영역법에 의한 정사각형파 형성.

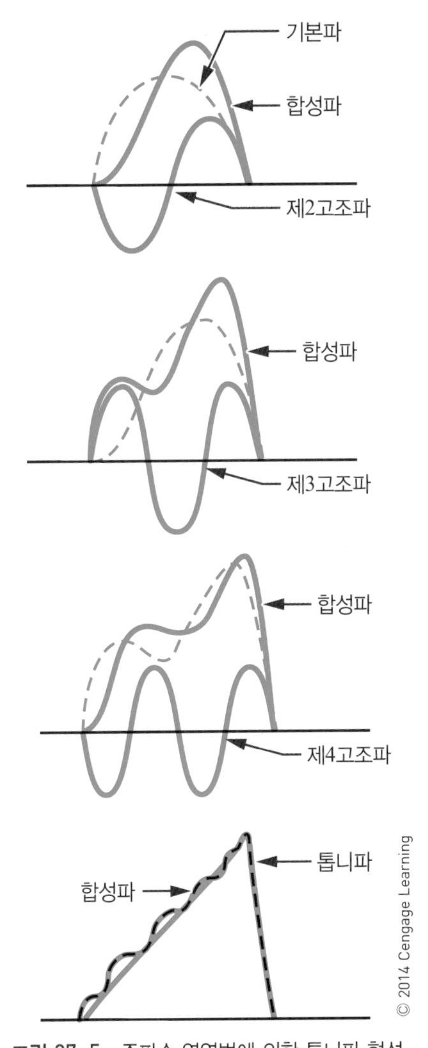

그림 27-5 주파수 영역법에 의한 톱니파 형성.

무한대의 홀수 고조파들과 기본 주파수가 결합하여 어떻게 정사각형파가 형성되는지를 보여준다.

그림 27-5는 톱니파형의 형성을 보여준다. 톱니파형

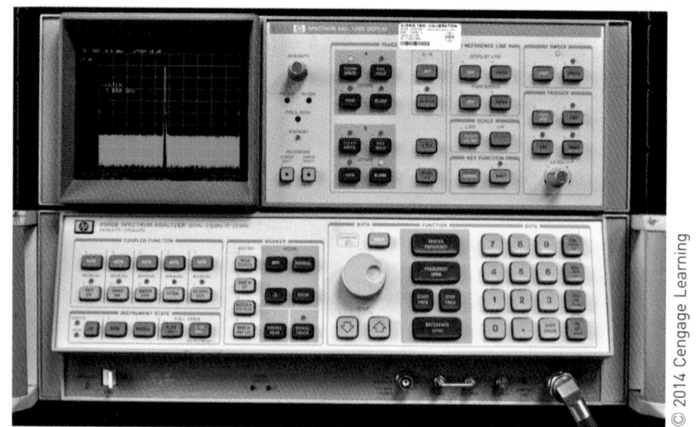

그림 27-6 스펙트럼 분석기.

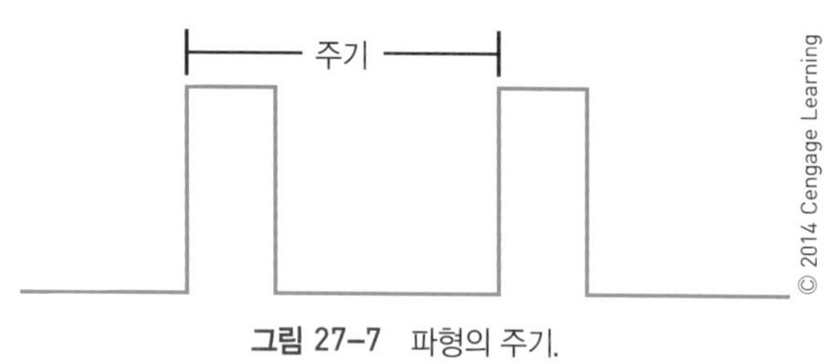

그림 27-7 파형의 주기.

은 기본 주파수 그리고 기본 주파수와 위상이 같은 홀수 고조파와 0 기준선을 통과하는 180도 위상이 다른 짝수 고조파로 구성된다.

오실로스코프는 시간 영역에서 파형을 표시하고 스펙트럼 분석기(그림 27-6)는 주파수 영역에서 파형을 표시한다. 주파수 영역 분석은 회로가 파형에 어떤 영향을 미치는지 파악하기 위해 이용할 수 있다.

주기파형(periodic waveform)은 주기적으로 간격이 발생하는 파형이다. 파형의 주기는 한 사이클의 임의의 어느 지점에서부터 다음 사이클의 동일한 지점까지의 시간으로 측정된다(그림 27-7).

펄스 폭(pulse width)은 펄스의 길이이다(그림 27-8). **듀티 사이클**(duty cycle)은 주기(period)에 대한 펄스 폭의 비율이다. 듀티 사이클은 각 주기 동안 펄스가 존재하는 시간을 가리키는 백분율로 나타낼 수 있다.

$$\text{듀티 사이클} = \frac{\text{펄스 폭}}{\text{주기}}$$

모든 펄스는 상승 시간과 하강 시간을 갖는다. **상승 시간**(rise time)은 펄스가 최대 진폭의 10 %에서 90 %로 상승하는 데 걸리는 시간이다. **하강 시간**(fall time)은 펄스가 최대 진폭의 90 %에서 10 %로 떨어지는 데 걸리는 시간이다(그림 27-9). 오버슈트(overshoot), 언더슈트(undershoot) 그리고 링잉(ringing)은 고주파 펄스에서 공통 사항이다(그림 27-10).

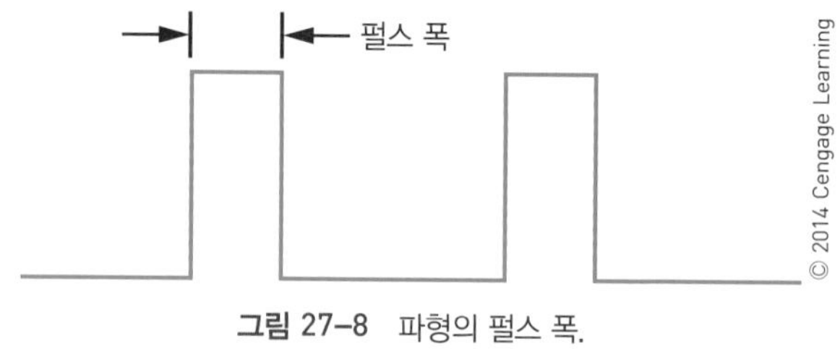

그림 27-8 파형의 펄스 폭.

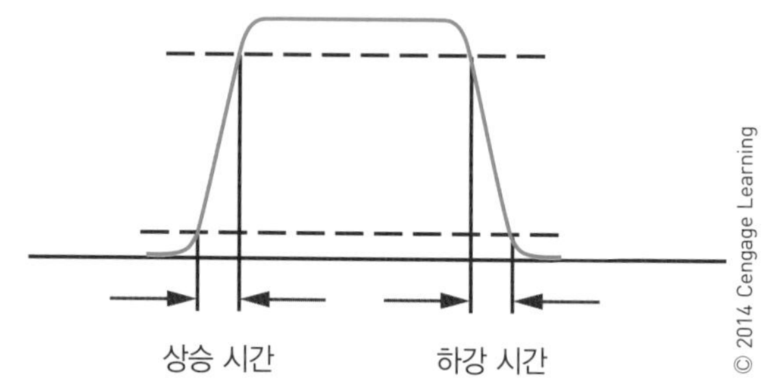

그림 27-9 파형의 상승 시간과 하강 시간은 파형의 최대 진폭의 10 %와 90 %에서 측정된다.

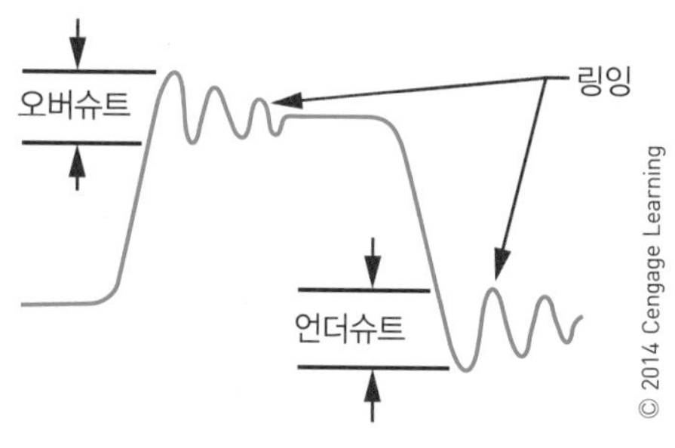

그림 27-10 오버슈트, 언더슈트, 링잉.

오버슈트(overshoot)는 파형의 선단이 정상적인 최대값을 초과할 때 발생한다. 언더슈트(undershoot)는 후단이 정상적인 최소값을 초과할 때 발생한다. **선단**(leading edge), 즉 상승 구간은 파형의 앞부분이고, **후단**(trailing edge), 즉 하강 구간은 파형의 뒷부분이다. 두 상태 모두 **링잉**(ringing)으로 알려진 진동 약화 현상이 뒤따른다. 이러한 상태들은 바람직하지 않지만 불안전한 회로 때문에 존재한다.

27-1 질문

1. 주파수 영역의 개념을 정의하여라.
2. 주파수 영역 개념에 따라 다음 파형이 어떻게 구성되는가?
   a. 정사각형파
   b. 톱니파
3. 주기파형이란 무엇인가?
4. 듀티 사이클이란 무엇인가?
5. 파형에 적용되는 오버슈트와 언더슈트, 링잉의 예를 그려라.

27-2 파형 정형 회로

RC 회로망은 복잡한 파형의 모양을 바꿔서 출력이 입력과 유사하지 않게 만들 수 있다. 왜곡의 정도는 RC 시정수에 의해 결정되며, 왜곡의 유형은 출력을 취하는 구성 요소에 의해 결정된다. 저항에서 출력이 나오는 경우 해당 회로를 **미분기**(differentiator)라고 부른다. 미분기는 타이밍 회로나 동기화 회로를 위해 정사각형파 또는 식사각형파로부터 뾰족한 파형을 만드는 데 이용된다. 미분기는 또한 트리거(trigger) 또는 마커(marker) 펄스를 만드는 데도 이용된다. 커패시터에서 출력이 나오는 경우 해당 회로를 **적분기**(integrator)라고 부른다. 적분기는 라디오와 텔레비전, 레이더, 컴퓨터의 파형 정형에 이용된다.

그림 27-11은 미분기 회로를 보여준다. 기본 주파수에 많은 고조파를 합쳐서 복잡한 파형이 만들어진다는 것을 기억할 필요가 있다. 복잡한 파형이 미분기에 인가되면, 각 주파수가 다르게 영향을 받는다. 저항 R에 대한 용량성 리액턴스(X_C)의 비율은 각 고조파마다 다르다. 이로 인해 다른 수준으로 각 고조파의 위상이 바뀌고 진폭이 감소된다. 이 결과는 원래 파형이 왜곡된 것이다. 그림 27-12는 정사각형파가 미분기에 인가될 때 어떻게 되는지를 보여준다. 그림 27-13은 여러 가지 상이한 RC 시정수가 미분기 회로에 미치는 영향을 보여준다.

적분기 회로는 미분기와 비슷하지만 출력이 커패시터에서 나온다는 점에서 차이가 있다(그림 27-14). 그림 27-15는 정사각형파를 적분기에 인가한 결과를 보여준다. 적분기는 미분기와 다른 방식으로 파형을 변화시킨다. 그림 27-16은 여러 가지 상이한 RC 시정수가 적분기에

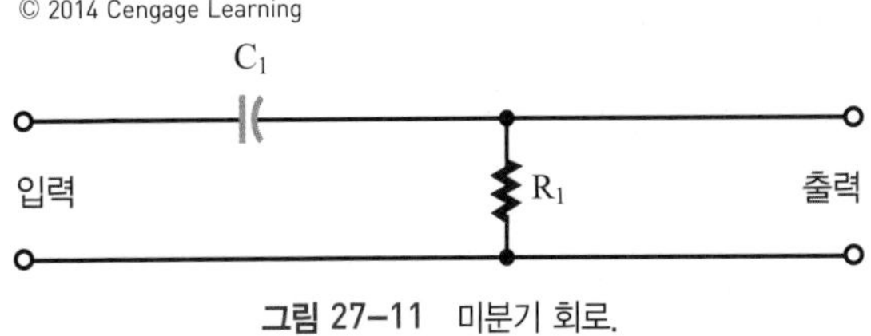

그림 27-11 미분기 회로.

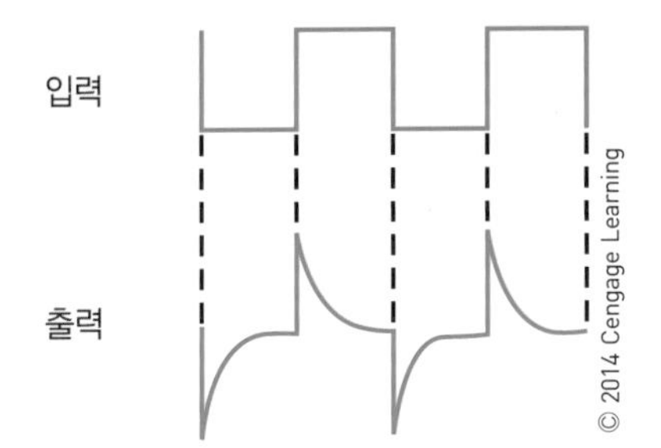

그림 27-12 미분기 회로에 정사각형파를 인가한 결과.

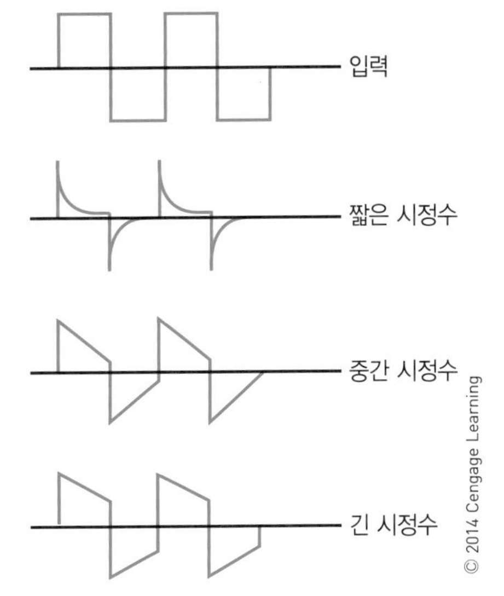

그림 27-13 상이한 시정수가 미분기 회로에 미치는 영향.

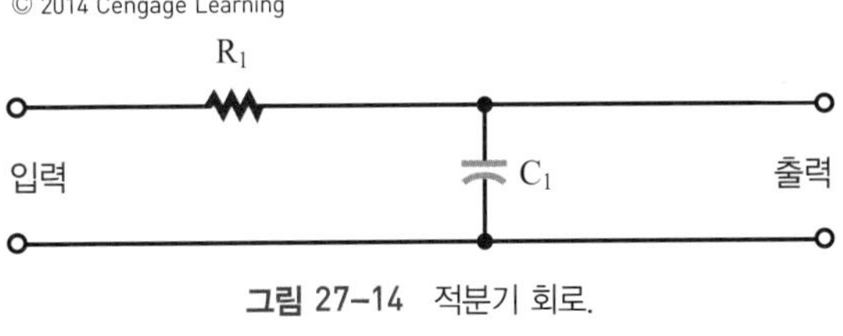

그림 27-14 적분기 회로.

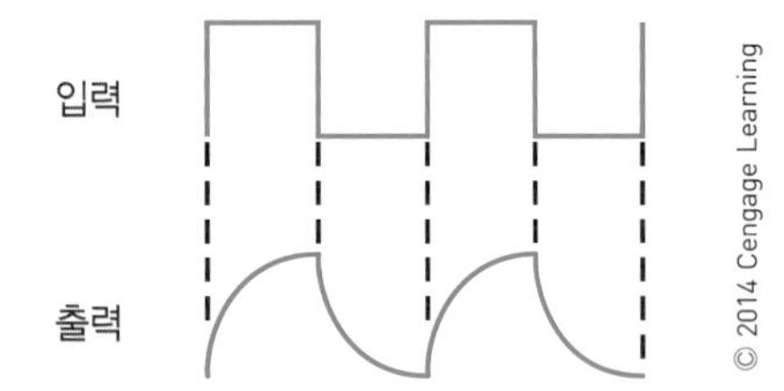

그림 27-15 정사각형파를 적분기 회로에 인가한 결과.

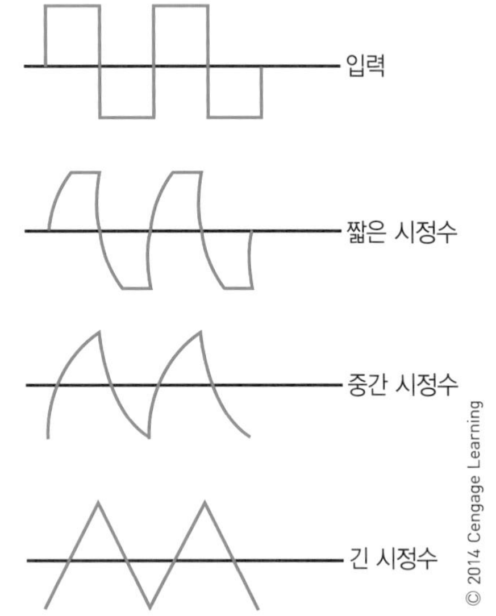

그림 27-16 상이한 시정수가 적분기 회로에 미치는 영향.

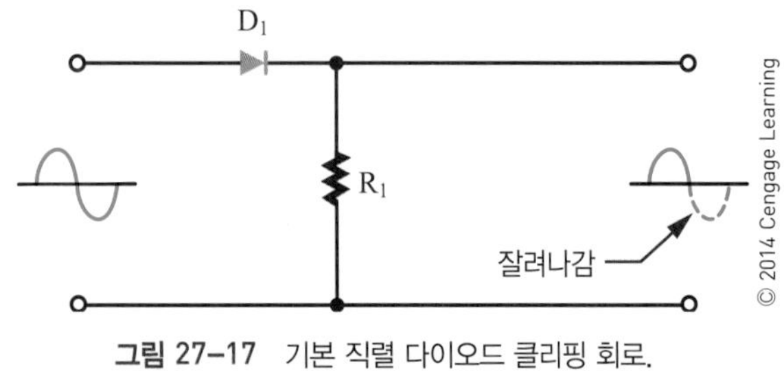

그림 27-17 기본 직렬 다이오드 클리핑 회로.

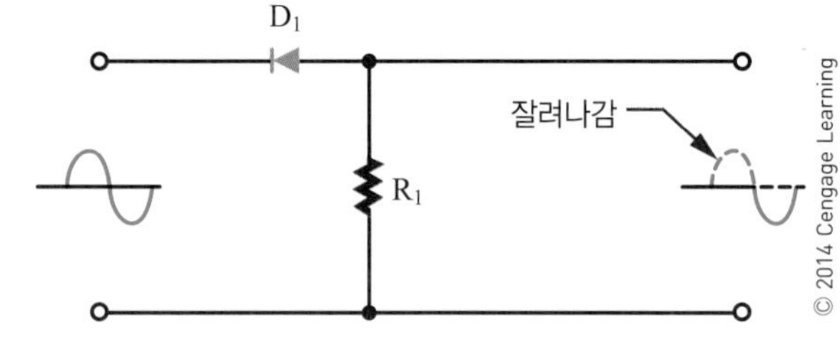

그림 27-18 클리핑 회로에서 다이오드를 반대로 했을 때의 결과.

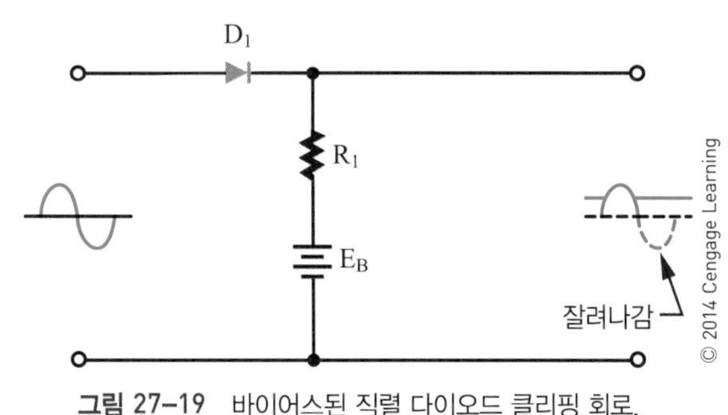

그림 27-19 바이어스된 직렬 다이오드 클리핑 회로.

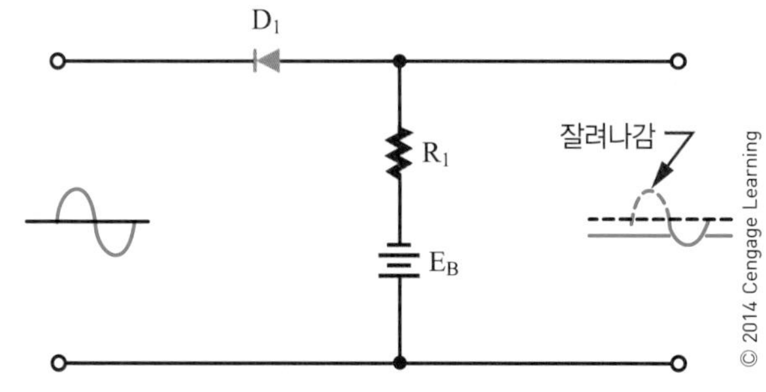

그림 27-20 바이어스된 직렬 클리핑 회로에서 다이오드와 바이어스 전원을 반대로 했을 때의 결과.

미치는 영향을 보여준다.

파형의 형태를 변화시킬 수 있는 또 다른 유형의 회로는 **클리핑 회로**(clipping circuit) 또는 **리미터 회로**(limiter circuit)이다(그림 27-17). 클리핑 회로는 인가된 신호의 첨두(피크)를 없애 정사각 모양을 만들거나 정현파 신호에서 직사각 파형으로 만들거나 파형의 양성(+) 부분이나 음성(−) 부분을 없애거나 입력 진폭을 일정한 수준으로 유지시키는 데 이용된다. 다이오드는 입력 신호의 양(+)의 주기 동안 순방향 바이어스되어 도통한다. 입력 신호의 음(−)의 주기 동안에는 다이오드가 역방향 바이어스되어 도통되지 않는다. 그림 27-18은 다이오드를 반대로 했을 때의 효과를 보여준다. 입력 신호의 양성(+) 부분이 잘려 나간다. 이 회로는 기본적으로 반파 정류기이다.

바이어스 전압을 이용함으로써 잘려나가는 신호의 양을 조절할 수 있다. 그림 27-19는 바이어스된 직렬 클리핑 회로를 보여준다. 다이오드는 입력 신호가 바이어스 전원을 초과할 때까지 도통할 수 없다. 그림 27-20은 다이오드와 바이어스 전원을 반전시킨 결과를 보여준다.

병렬 클리핑 회로는 직렬 클리핑 회로와 동일한 기능을 수행한다(그림 27-21). 차이가 있다면 출력이 다이오드에서 나온다는 점이다. 이 회로는 입력 신호의 음성(−)

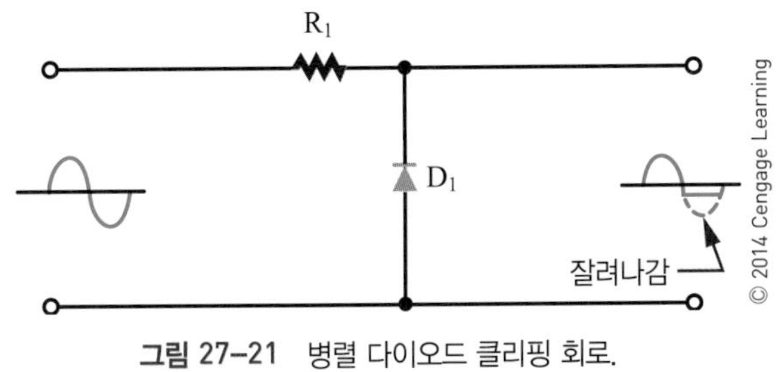

그림 27-21 병렬 다이오드 클리핑 회로.

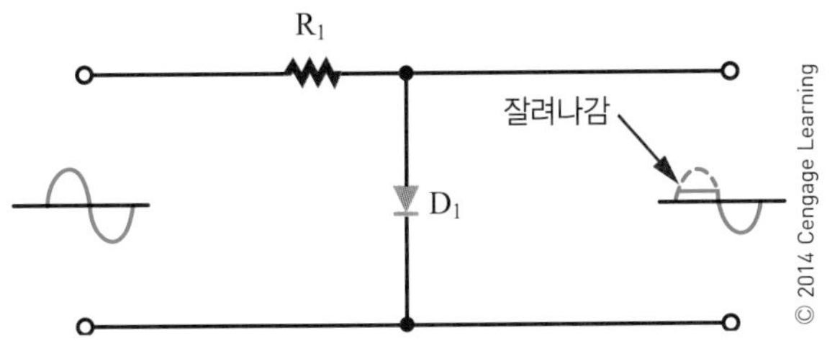

그림 27-22 병렬 다이오드 클리핑 회로에서 다이오드를 반대로 했을 때의 결과.

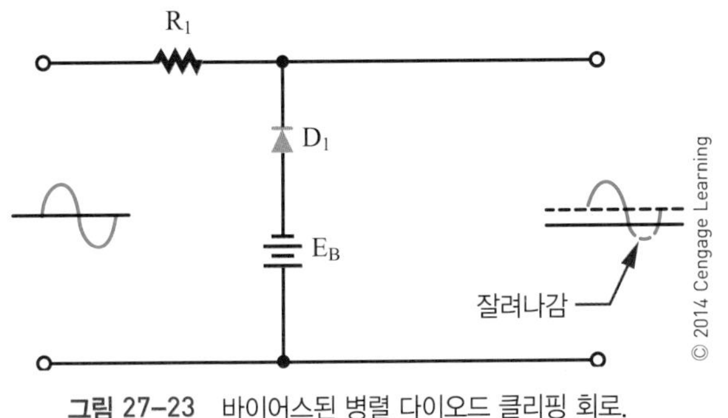

그림 27-23 바이어스된 병렬 다이오드 클리핑 회로.

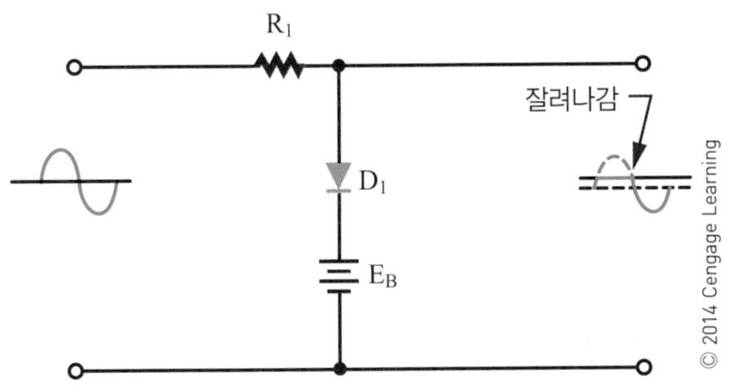

그림 27-24 병렬 다이오드 클리핑 회로에서 다이오드와 바이어스 전원을 반대로 했을 때의 결과.

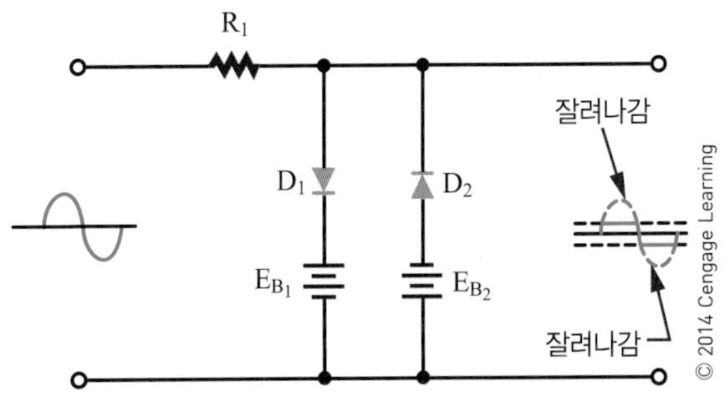

그림 27-25 양과 음 첨두를 모두 제한하기 위한 클리핑 회로.

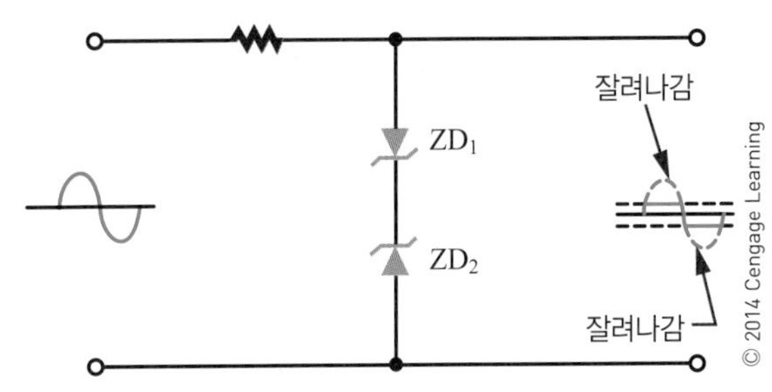

그림 27-26 양과 음 첨두를 모두 제한하기 위한 교류 회로.

부분을 잘라낸다. 그림 27-22는 다이오드를 반대로 했을 때의 결과를 보여준다. 병렬 클리핑 회로는 또한 그림 27-23과 그림 27-24에서 보이는 바와 같이 바이어스를 걸어 클리핑 수준을 변화시킬 수 있다.

양(+)과 음(−)의 첨두가 모두 제거되어야 한다면, 두 개의 바이어스된 다이오드가 이용된다(그림 27-25). 이렇게 하면 출력 신호가 두 첨두에 대해 정해진 값을 초과하지 않을 수 있다. 두 첨두를 제거하면 남은 신호는 일반적으로 정사각형파가 된다. 따라서 이 회로는 종종 정사각형파 발생기(square-wave generator)라고도 불린다.

그림 27-26은 음의 첨두와 양의 첨두를 모두 제한하는 또 다른 클리핑 회로를 보여준다. 따라서 출력은 제너 항복 전압으로 고정된다. 두 극한 사이에서는 어떤 제너 다이오드도 도통되지 않으며 입력 신호는 그대로 출력 위치로 전달된다.

가끔 파형의 직류 기준 레벨을 변경하는 것이 바람직할 때가 있다. **직류 기준 레벨**(DC reference level)은 측정할 때 사용하는 기준점이다. **클램핑 회로**(clamping circuit)는 파형의 최상부와 최하부를 주어진 직류 전압으로 고정하기 위해 이용할 수 있다. 클리핑 회로나 제한기(limiter) 회로와는 달리 클램핑 회로는 파형의 모양을 바꾸지는 않는다. 다이오드 클램핑 회로(그림 27-27)는 직류 재생 회로

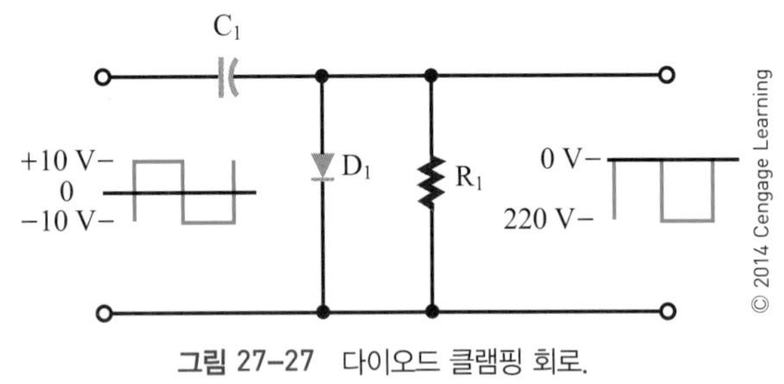

그림 27-27 다이오드 클램핑 회로.

라고도 부른다. 이 회로는 레이더와 텔레비전, 통신장비, 컴퓨터에 흔히 이용된다. 이 회로에서 정사각형파가 입력 신호에 인가된다. 회로의 목적은 파형 모양의 변화 없이 정사각형파의 최상부를 0 V로 고정하는 것이다.

27-2 질문

1. 다음 RC 회로망의 회로도를 그려라.
   a. 미분기
   b. 적분기
2. 적분기 회로와 미분기 회로의 기능은 무엇인가?
3. 다음 회로의 회로도를 그려라.
   a. 클리핑 회로
   b. 클램핑 회로
4. 클리핑 회로와 클램핑 회로의 기능은 무엇인가?
5. 다음 회로는 어디에서 응용되는가?
   a. 미분기 회로
   b. 적분기 회로
   c. 클리핑 회로
   d. 클램핑 회로

27-3 특수 목적 회로

단안정 멀티바이브레이터(monostable multivibrator)는 단 하나의 안정 상태를 갖는다. 그것은 각 입력 펄스에 대해 한 개의 출력 펄스를 생성하기 때문에, 단발 멀티바이브레이터(one-shot multivibrator)라고도 불린다. 출력 펄스는 일반적으로 입력 펄스보다 길다. 따라서 이 회로를 펄스 폭 연장기(pulse stretcher)라고도 부른다. 일반적으로 이 회로는 컴퓨터와 전자제어 회로 및 통신 장비에서 게이트로 이용된다.

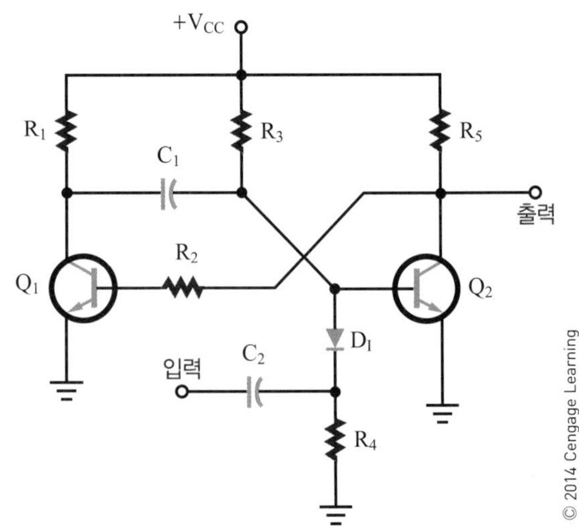

그림 27-28 단안정 멀티바이브레이터.

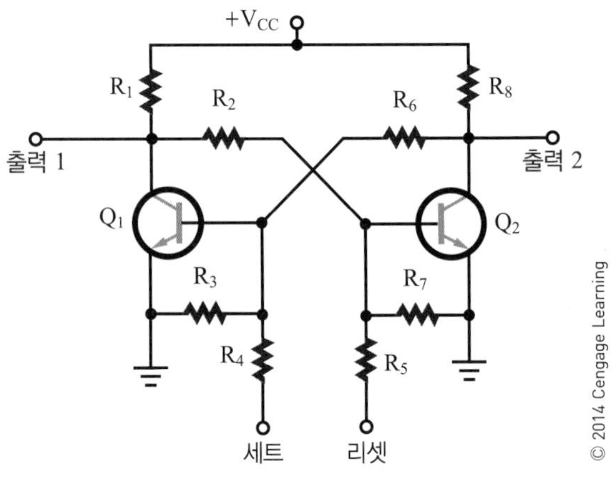

그림 27-29 기본 플립플롭 회로.

그림 27-28은 단안정 멀티바이브레이터의 회로도를 보여준다. 회로는 보통 안정 상태에 있다가 입력 트리거 펄스를 받으면 불안정 상태로 전환된다. 회로가 불안정 상태에 있는 시간의 길이는 저항 R_3과 커패시터 C_1의 RC 시정수에 의해 결정된다. 커패시터 C_2와 저항 R_4는 입력 펄스를 양(+)과 음(−)의 스파이크(spike)로 변환하기 위해 이용되는 미분 회로를 구성한다. 다이오드 D_1은 음(−) 스파이크만 통과시켜서 회로를 작동시킨다.

쌍안정 멀티바이브레이터(bistable multivibrator)는 두 개의 안정 상태를 갖는 멀티바이브레이터이다. 이 회로는 두 개의 입력이 한 주기를 완료하도록 요구한다. 한 입력에서 펄스가 회로를 안정 상태 중 하나로 설정(set)하고, 다른 입력에서 펄스가 다른 안정 상태로 재설정(reset)한다. 이 회로는 작동 방식 때문에 종종 **플립플롭**(flip–flop)이라고도 불린다(그림 27–29).

기본적인 플립플롭 회로는 정사각파형 또는 직사각파형을 발생하는데, 이러한 파형은 게이트 신호나 타이밍 신호로 사용되거나 2진 계수기 회로의 온–오프(on–off) 스위치동작에 사용된다. 2진 계수기 회로는 기본적으로 두 개의 트랜지스터 증폭기이며, 각 트랜지스터의 출력이 다른 트랜지스터의 입력에 결합된다. 입력 신호가 설정된 입력부에 인가되면 트랜지스터 Q_1이 켜지고, 그러면 트랜지스터 Q_2가 꺼진다. 트랜지스터 Q_2가 꺼지면, 트랜지스터 Q_1의 베이스에 양(+) 전위를 인가하여 Q_1을 도통 상태로 유지시킨다. 어떤 펄스가 리셋(reset)된 입력에 인가되면, 트랜지스터 Q_2가 도통하여 트랜지스터 Q_1을 끈다. 트랜지스터 Q_1을 끄면 Q_2는 도통 상태가 유지된다.

오늘날 독립된 형태의 플립플롭이 응용되는 경우는 거의 없다. 그러나 집적회로 형태의 플립플롭은 널리 응용되고 있다. 그것은 어쩌면 주파수 분할과 데이터 저장, 카운팅, 데이터 조작처리를 위해 이용되는 디지털 전자장치에서 가장 중요한 회로일 것이다.

또 다른 형태의 쌍안정 회로는 슈미트 트리거(Schmitt trigger)이다(그림 27–30). 슈미트 트리거의 한 가지 응용은 정현파나 톱니파 또는 기타 불규칙한 형태의 파형을 정사각파형이나 직사각파형으로 변환하는 것이다. 이 회로는 공통 이미터 저항(R_3)이 결합 회로망 중 하나를 대신한다는 점에서 전통적인 쌍안정 멀티바이브레이터와 다르다. 이것은 출력 파형이 더 빠르게 작동하고 또 선단(상승 구간)과 후단(하강 구간)을 더 직선적으로 재생하도록 한다.

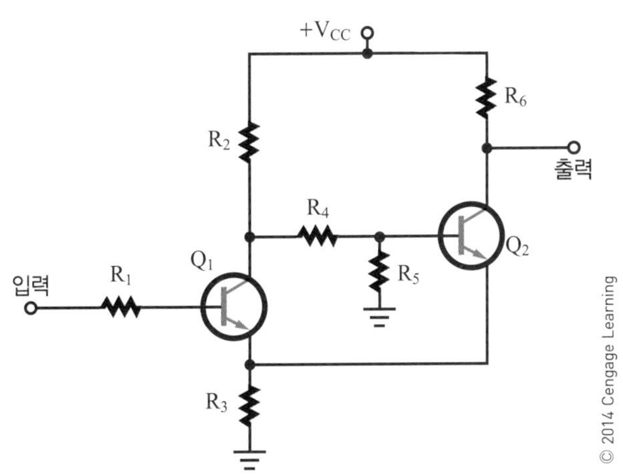

그림 27–30 기본적 슈미트 트리거 회로.

27-3 질문

1. 단안정 멀티바이브레이터란 무엇인가?
2. 단발 멀티바이브레이터의 회로도를 그려라.
3. 쌍안정 멀티바이브레이터란 무엇인가?
4. 플립플롭의 회로도를 그려라.
5. 슈미트 트리거는 전통적인 쌍안정 멀티바이브레이터와 어떻게 다른가?

요약

- 다양한 전자 회로를 이용하여 파형의 모양을 바꿀 수 있다.
- 주파수 영역의 개념은 모든 주기파가 정현파(사인파)로 이루어져있다고 가정한다.
- 주기파는 모든 주기에서 동일한 파형을 갖는다.
- 정현파는 RC, RL 또는 LC 회로에 의해 왜곡되지 않는 유일한 파형이다.
- 주파수 영역 개념에 따르면, 파형은 기본 주파수와 짝수 및 홀수 고조파의 조합으로 구성된다.
- 정사각형파는 기본 주파수와 무한대의 홀수 고조파의 조합으로 구성된다.
- 톱니파는 기본 주파수와 위상이 180도 다른 0 기준선을 통과하는 짝수와 홀수 고조파와 기본 주파수의 조합으로 구성된다.
- 주기파는 한 주기의 어떤 지점에서 다음 주기의 동일한 지점까지 측정된다.
- 펄스 폭은 펄스의 길이이다.
- 듀티 사이클은 주기에 대한 펄스 폭의 비이다.
- 펄스의 상승 시간은 최대 진폭의 10 %에서 90 %로 올라가는 데 걸리는 시간이다.

- 펄스의 하강 시간은 최대 진폭의 90 %에서 10 %로 떨어지는 데 걸리는 시간이다.
- 오버슈트와 언더슈트, 링잉은 불완전한 회로로 인해 발생하는 회로 내의 바람직하지 못한 현상이다.
- RC 회로는 복잡한 파형의 모양을 바꾸기 위해 이용할 수 있다.
- RC 회로 내 저항에서 출력이 나오는 경우, 그 회로를 미분기라고 부른다.
- RC 회로 내 커패시터에서 출력이 나오는 경우, 그 회로를 적분기라고 부른다.
- 클리핑 회로는 인가된 신호의 첨두를 절단해 직각으로 만들거나 진폭을 일정하게 유지하기 위해 이용된다.
- 클램핑 회로는 파형의 최상부 또는 최하부를 직류 전압으로 고정하기 위해 이용된다.
- 단안정 멀티바이브레이터(단발 멀티바이브레이터)는 각 입력 펄스당 하나의 출력 펄스를 생산한다.
- 쌍안정 멀티바이브레이터는 두 개의 안정 상태를 가지며 플립플롭이라고도 부른다.
- 슈미트 트리거는 특수 목적 쌍안정 멀티바이브레이터이다.

연습 문제

1. 파형의 주파수 영역 개념을 설명하여라.
2. 기본 주파수와 제1고조파는 어떤 관계인가?
3. 0.1 MHz의 주기와 50 kHz의 펄스 폭을 갖는 파형의 듀티 사이클을 계산하여라.
4. 파형 정형 회로에서 오버슈트나 언더슈트, 링잉 등의 문제가 발생하는 이유를 설명하여라.
5. 적분기와 미분기 파형 정형 회로가 어디에서 이용되는지 설명하여라.
6. 정현파를 직사각파형으로 바꾸기 위해 어떤 파형 정형 회로를 사용해야 하는가?
7. 신호의 직류 기준 레벨을 어떻게 바꿀 수 있는가?
8. 단안정 멀티바이브레이터와 쌍안정 멀티바이브레이터의 차이를 설명하여라.
9. 플립플롭의 중요성은 무엇인가?
10. 슈미트 트리거는 어떤 기능을 하는가?

5부

디지털 전자회로

28장

2진수 체계
Binary Number System

학습 목표

이 장을 학습하면 다음을 할 수 있다.

- 2진법을 설명할 수 있다.
- 2진수에서 각 비트별 자리값을 알 수 있다.
- 2진수를 10진수, 8진수, 16진수로 변환할 수 있다.
- 10진수와 8진수, 16진수를 2진수로 변환할 수 있다.
- 10진수를 8421 BCD 코드로 변환할 수 있다.
- 8421 BCD 코드를 10진수로 변환할 수 있다.

수(number) 체계는 코드(code)에 불과할 뿐이다. 별개의 값 각각에 할당된 기호가 있기 때문이다. 코드를 알면 수를 세는 것이 가능하다. 그리고 이것이 산술과 높은 형태의 수학으로 이어진다.

가장 단순한 수 체계는 2진법이다. 2진법은 두 숫자 0과 1만을 갖는다. 이 숫자는 10진법에서와 동일한 값을 갖는다.

2진법은 그 단순성 때문에 디지털 및 마이크로프로세서 회로에서 이용된다. 2진 데이터는 비트라고 하는 2진 숫자로 표현된다. **비트**(bit)라는 용어는 2진 디지트(binary digit)에서 나왔다.

28-1 2진수

10진법은 0에서 9까지 10개의 숫자를 포함하기 때문에 **베이스10**(base10) 시스템이라고 불린다. **2진법**(binary)은 두 개의 숫자 0과 1을 포함하기 때문에 **베이스2**(base2) 시스템이라고 불린다. 2진수에서 0 또는 1의 자리는 그 숫자 내에서의 값을 나타내는데, 이를 자리값(place value) 또는 가중치(weight value)라고 표현한다. 2진수에서 숫자의 자리값은 2의 승수로 증가한다.

	자리값					
	32	16	8	4	2	1
2의 승수:	2^5	2^4	2^3	2^2	2^1	2^0

2진수로 수를 세는 경우 숫자 0과 1로 시작한다. 1의 자리에 각 디지트(숫자 0 또는 1)가 이용되고 나면 2의 자리에 또 다른 디지트가 추가되어 10과 11로 수를 센다. 이렇게 모든 두 디지트 조합이 모두 이용되고 나면, 4의 자리에 세 번째 디지트가 추가되어 100, 101, 110, 111로 계

10진수	2진수 2^4 16	2^3 8	2^2 4	2^1 2	2^0 1
0	0	0	0	0	0
1	0	0	0	0	1
2	0	0	0	1	0
3	0	0	0	1	1
4	0	0	1	0	0
5	0	0	1	0	1
6	0	0	1	1	0
7	0	0	1	1	1
8	0	1	0	0	0
9	0	1	0	0	1
10	0	1	0	1	0
11	0	1	0	1	1
12	0	1	1	0	0
13	0	1	1	0	1
14	0	1	1	1	0
15	0	1	1	1	1
16	1	0	0	0	0
17	1	0	0	0	1
18	1	0	0	1	0
19	1	0	0	1	1
20	1	0	1	0	0
21	1	0	1	0	1
22	1	0	1	1	0
23	1	0	1	1	1
24	1	1	0	0	0
25	1	1	0	0	1
26	1	1	0	1	0
27	1	1	0	1	1
28	1	1	1	0	0
29	1	1	1	0	1
30	1	1	1	1	0
31	1	1	1	1	1

그림 28–1 10진수와 2진수의 등가관계.

속 수를 센다. 이제 8의 자리에는 네 번째 디지트가 필요하다. 그림 28–1은 2진수 계수 순서를 보여준다.

베이스2 시스템에서 주어진 자리의 수로 표현할 수 있는 가장 높은 수를 결정하려면 다음 공식을 이용한다.

$$\text{가장 높은 수} = 2^n - 1$$

여기서, n은 비트 수(또는 사용되는 자릿수)이다.

예제 2비트(두 개의 자리값)는 0에서 3까지 세는 데 이용할 수 있다. 왜냐하면,

$$2^n - 1 = 2^2 - 1 = 4 - 1 = 3$$

4비트(네 개의 자리값)는 0에서 15까지 세는데 필요하다. 왜냐하면,

$$2^n - 1 = 2^4 - 1 = 16 - 1 = 15$$

28-1 질문

1. 디지털 회로용으로 2진법이 10진법보다 뛰어난 점은 무엇인가?
2. 2진수는 어디에서 이용되는가?
3. 자리값의 수가 주어졌을 때 2진수의 최대값은 어떻게 구하는가?
4. 다음에 대한 2진수 최대값은 무엇인가?
   a. 4비트 b. 8비트 c. 12비트 d. 16비트
5. 다음 10진수를 2진수로 변환하여라.
   a. 3_{10} b. 7_{10} c. 16_{10} d. 31_{10}

28-2 2진수와 10진수의 변환

앞서 언급한 것처럼 2진수는 자리값을 가진 가중치 숫자(neighted number)이다. 2진수의 값은 각 디지트와 자리값을 곱한 다음에 이들을 모두 더함으로써 10진수를 구할 수 있다. 다음의 예에서 2진수를 10진수로 변환하는 방법을 볼 수 있다.

예제

	자리값 32	16	8	4	2	1
2진수:	1	0	1	1	0	1

변환값:

$$\begin{aligned} &1 \times 32 = 32 \\ &0 \times 16 = 0 \\ &1 \times 8 \;\;= 8 \\ &1 \times 4 \;\;= 4 \\ &0 \times 2 \;\;= 0 \\ +&1 \times 1 \;\;= 1 \\ \hline &101101_2 = 45_{10} \end{aligned}$$

숫자 45는 2진수 101101와 등가인 10진수이다.

소수의 경우도 10진법에서 숫자를 10진수의 소수점 오른쪽에 두는 것처럼 디지트를 2진수 소수점의 오른쪽에 둠으로써 2진 형식으로 표현할 수 있다. 소수점의 오른쪽에 있는 모든 디지트는 2의 음의 승수, 즉 소수 자리값인 가중치를 갖는다.

2의 승수 자리값

$2^5 = 32$

$2^4 = 16$

$2^3 = 8$

$2^2 = 4$

$2^1 = 2$

$2^0 = 1$

소수점

$$2^{-1} = \frac{1}{2^1} = \frac{1}{2} = 0.5$$

$$2^{-2} = \frac{1}{2^2} = \frac{1}{4} = 0.25$$

$$2^{-3} = \frac{1}{2^3} = \frac{1}{8} = 0.125$$

$$2^{-4} = \frac{1}{2^4} = \frac{1}{16} = 0.0625$$

예제 **2진수 111011.011의 10진수 값을 구하여라.**

2진수	자리값	변환값
1	× 32	= 32
1	× 16	= 16
1	× 8	= 8
0	× 4	= 0
1	× 2	= 2
1	× 1	= 1
0	× 0.5	= 0
1	× 0.25	= 0.25
+1	× 0.125	= 0.125
111011.011_2		$= 59.375_{10}$

디지털 장비로 일을 할 때, 2진 형식을 10진 형식으로 변환하거나 그 반대로 변환할 필요가 종종 있다. 10진수를 2진수로 변환하는 가장 일반적인 방식은 10진수를 2로 계속 나누고 나눌 때마다 나머지를 써내려 가는 것이다. 나머지들을 역순으로 배열한 값이 2진수가 된다.

예제 **11_{10}을 2진수로 변환하기 위해, 계속 2로 나눈다 (LSB = 최하위 비트).**

$11 \div 2 = 5$ 와 나머지 1 LSB

$5 \div 2 = 2$ 와 나머지 1

$2 \div 2 = 1$ 과 나머지 0

$1 \div 2 = 0$ 과 나머지 1 ↓

($1 \div 2 = 0$은 2가 더 이상 1로 나눌 수 없다는 것을 의미하며, 그래서 1이 나머지이다).

10진수 11은 2진수 1011과 동일하다.

위의 과정은 10진수 25_{10}를 2진수로 변환하는 경우에 아래의 예처럼 숫자를 순서대로 적음으로써 과정을 간소화할 수 있다.

예제

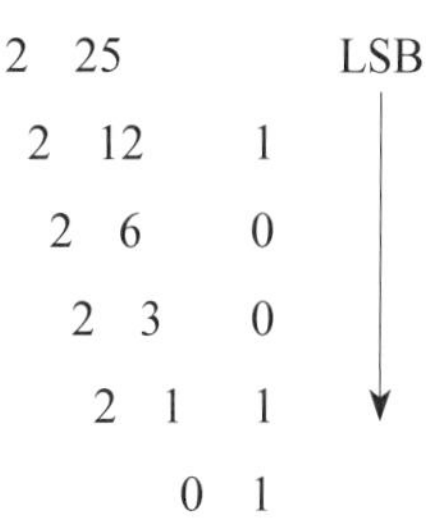

10진수 25는 2진수 11001과 등가이다.

소수는 조금 다르게 변환된다. 해당 수에 2를 곱하고, 발생한 올림수를 2진 소수로 기록하는 것이다.

예제 **10진수 0.85를 2진 소수로 변환하기 위해서 차례로 2를 곱한다.**

$0.85 \times 2 = 1.70 = 0.70$ 과 올림수 1 LSB

$0.70 \times 2 = 1.40 = 0.40$ 과 올림수 1

$0.40 \times 2 = 0.80 = 0.80$ 과 올림수 0

$0.80 \times 2 = 1.60 = 0.60$ 과 올림수 1

$0.60 \times 2 = 1.20 = 0.20$ 과 올림수 1

$0.20 \times 2 = 0.40 = 0.40$ 과 올림수 0 ↓

원하는 정확도에 도달할 때까지 계속 2를 곱한다. 10진수 0.85는 2진수 0.110110과 등가이다.

예제 10진수 20.65를 2진수로 변환하여라. 20.65를 정수 20과 소수 0.65로 나누고 앞에서 설명한 방법을 이용한다.

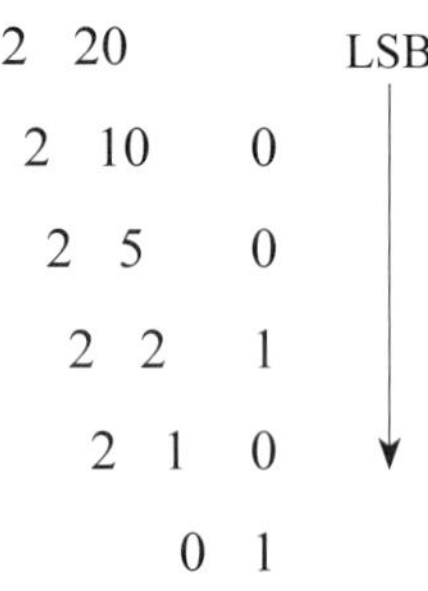

10진수 20 = 2진수 10100

그리고

0.65 × 2 = 1.30 = 0.30과 올림수 1 LSB
0.30 × 2 = 0.60 = 0.60과 올림수 0
0.60 × 2 = 1.20 = 0.20과 올림수 1
0.20 × 2 = 0.40 = 0.40과 올림수 0
0.40 × 2 = 0.80 = 0.80과 올림수 0
0.80 × 2 = 1.60 = 0.60과 올림수 1
0.60 × 2 = 1.20 = 0.20과 올림수 1
10진수 0.65 = 2진수 0.1010011

두 수를 합산하면 $20.65_{10} = 10100.1010011_2$가 된다. 소수의 변환을 7비트에서 끝냈기 때문에, 이 12비트 수는 근사치이다.

28-2 질문

1. 8비트 2진수에서 각 자리값은 얼마인가?
2. 소수점 오른쪽으로 여덟 자리에 대한 각각의 자리값은 얼마인가?
3. 다음의 2진수를 10진수로 변환하여라.
   a. 1001_2
   b. 11101111_2
   c. 11000010_2
   d. 10101010.1101_2
   e. 10110111.0001_2
4. 10진수를 2진수로 어떻게 변환하는가?
5. 다음 10진수를 2진수로 변환하여라.
   a. 27_{10} b. 34.6_{10}
   c. 346_{10} d. 321.456_{10}
   e. 7465_{10}

28-3 8진수

예전에는 컴퓨터가 **8진수**(octal numbers)를 이용하여 2진수를 표현했다. 8진수를 이용하면 2진수를 세 자리 단위로 끊어서 큰 2진수를 읽을 수 있었다. 이렇게 하면 컴퓨터에 2진수를 입력하고 읽을 수 있는 속도를 높여서, 오류를 줄일 수 있었다.

그림 28-2는 8진수와 등가인 10진수와 2진수를 보여준다. 8진수의 장점은 그것이 2진수의 3비트에서 직접 변환된다는 점이다. **8진법**(octal number system)은 **베이스**

10진수	2진수	8진수
0	00 000	0
1	00 001	1
2	00 010	2
3	00 011	3
4	00 100	4
5	00 101	5
6	00 110	6
7	00 111	7
8	01 000	10
9	01 001	11
10	01 010	12
11	01 011	13
12	01 100	14
13	01 101	15
14	01 110	16
15	01 111	17
16	10 000	20
17	10 001	21
18	10 010	22
19	10 011	23
20	10 100	24
21	10 101	25
22	10 110	26
23	10 111	27
24	11 000	30
25	11 001	31
26	11 010	32
27	11 011	33
28	11 100	34
29	11 101	35
30	11 110	36
31	11 111	37

그림 28-2 10진수와 2진수, 8진수의 등가관계.

8(base 8) **시스템**이라고도 한다. 여덟 개의 디지트(0~7)가 존재하며, 이것이 10진법(0~9)처럼 순환된다.

2진수를 8진수로 변환하려면 다음 예제에서처럼 2진수를 오른쪽에서부터 시작하여 3자리씩 분리한다.

예제 **2진수:** 100101001110000111010_2

3자리씩 분리: $100\ 101\ 001\ 110\ 000\ 111\ 010_2$

8진수로 변환: $100\ 101\ 001\ 110\ 000\ 111\ 010_2$

$4\quad 5\quad 1\quad 6\quad 0\quad 7\quad 2_8$

8진수 등가값은 4516072_8이다.

8진수를 2진수 등가값으로 변환하려면, 과정을 거꾸로 하여 다음 예제에서처럼 8진수를 2진수 3자리씩 묶어서 변환한다.

예제 **8진수:** 1672054_8

숫자 분리: $1\quad 6\quad 7\quad 2\quad 0\quad 5\quad 4_8$

2진수로 변환: $001\ 110\ 111\ 010\ 000\ 101\ 100_2$

8진수 등가값: 001110111010000101100_2

앞의 0은 제거하여 다음과 같이 나타낸다.

1110111010000101100_2

2진수와 마찬가지로 8진수의 각 수는 자리값을 가진 가중치 숫자이다. 8진수의 값은 각 디지트와 자리값의 곱으로 구할 수 있다. 그림 28-3은 8진수의 자리값을 보여준다. 8진수를 10진수로 변환하는 방법은 다음 예제에 나타나 있다.

예제 **8진수:** 6072_8

변환값:

$6 \times 512 = 3072$

$0 \times 64 = 0$

$7 \times 8 = 56$

$2 \times 1 = 2$

$6072_8 = 3130_{10}$

10진수를 8진수 등가값으로 변환하려면, 2382_{10}을 8진수로 변환하는 다음 예제와 같이 10진수를 8로 계속 나눠야 한다.

8의 승수	자리값
8^0	1
8^1	8
8^2	64
8^3	512
8^4	4096
8^5	32768
8^6	262144
8^7	2097152

그림 28–3 8진수의 자리값.

예제 **10진수:** 2382_{10}

$2832 \div 8 = 354$ 와 나머지 0(LSB)

$354 \div 8 = 44$ 와 나머지 2

$44 \div 8 = 5$ 와 나머지 4

$5 \div 8 =$ 나눠지지 않으므로 5(MSB = 가장 중요한 비트)

따라서 $2382_{10} = 5420_8$

28-3 질문

1. 왜 컴퓨터는 8진수를 이용하는가?
2. 다음 2진수를 10진수로 변환하여라.
   a. 10101111111001000100_2
   b. 1111011010000110101_2
   c. $1001110011100010100 1_2$
3. 다음 8진수를 2진수로 변환하여라.
   a. 75634201_8
   b. 36425107_8
   c. 17536420_8
4. 다음 8진수를 10진수로 변환하여라.
   a. 653_8
   b. 4721_8
   c. 75364_8
5. 다음 10진수를 8진수로 변환하여라.
   a. 453_{10}
   b. 1028_{10}
   c. 32047_{10}

28-4 16진수

16진법(hexadecimal number systems)은 주로 마이크로프로세서에 기반한 4, 8, 16, 32, 64비트 시스템의 데이터를 입력하거나 판독하기 위해 이용된다. 16진수를 이용하면 2진수를 4자리 단위로 끊어서 데이터 입력 시의 오류 가능성을 줄일 수 있다.

16진법은 **베이스16**(base16) **시스템**이라고 부른다. 0, 1, 2, 3, 4, 5, 6, 7, 8, 9, A, B, C, D, E, F, 이렇게 열여섯 개의 수가 있다. 그림 28-4는 16진수와 등가인 10진수와 2진수를 보여준다. 16진수의 장점은 2진수 4비트로 직접 변환이 된다는 것이다.

10진수	2진수	16진수
0	0 0000	0
1	0 0001	1
2	0 0010	2
3	0 0011	3
4	0 0100	4
5	0 0101	5
6	0 0110	6
7	0 0111	7
8	0 1000	8
9	0 1001	9
10	0 1010	A
11	0 1011	B
12	0 1100	C
13	0 1101	D
14	0 1110	E
15	0 1111	F
16	1 0000	10
17	1 0001	11
18	1 0010	12
19	1 0011	13
20	1 0100	14
21	1 0101	15
22	1 0110	16
23	1 0111	17
24	1 1000	18
25	1 1001	19
26	1 1010	1A
27	1 1011	1B
28	1 1100	1C
29	1 1101	1D
30	1 1110	1E
31	1 1111	1F

그림 28-4 16진수의 10진수와 2진수 등가값.

2진수를 16진수로 변환하려면, 아래의 예제에서 보이는 것처럼 해당 2진수를 오른쪽에서부터 시작하여 네 개씩 분리하여야 한다.

예제 **2진수:** 100101001110000111010_2

4자리씩 분리: $1\ 0010\ 1001\ 1100\ 0011\ 1010_2$

16진수로 변환: $1\ 0010\ 1001\ 1100\ 0011\ 1010_2$

$1 \quad 2 \quad 9 \quad C \quad 6 \quad A_{16}$

16진수 등가값은 $129C6A_{16}$

16진수를 2진수 등가값으로 변환하려면, 과정을 거꾸로 하여 다음 예제에서 보이는 것처럼 16진수를 2진수 4자리씩 묶어서 변환한다.

예제 **16진수:** $6A7F4D2C_{16}$

수를 나눈다: $6 \quad A \quad 7 \quad F \quad 4 \quad D \quad 2 \quad C_{16}$

2진수로 변환: $0011\ 1010\ 0111\ 1111\ 0100\ 1101\ 0010\ 1100_2$

2진수 등가값: $00111010011111110100110100101100_2$

맨 앞부분의 0을 떼어내면 다음과 같은 값이 나온다.

$111010011111110100110100101100_2$

2진수와 마찬가지로, 각각의 16진수는 자리값을 갖는다. 16진수의 값은 각 디지트와 자리값의 곱을 더함으로써 구할 수 있다. 그림 28-5는 16진수 자리값을 보여준다. 16진수를 10진수로 변환하는 방법은 다음과 같은 예제에서 볼 수 있다.

예제 **16진수:** 4AC916

변환값:
$$\begin{aligned} 4 \times 4096 &= 16384 \\ (10)A \times 256 &= 2560 \\ (12)C \times 16 &= 192 \\ 9 \times 1 &= 9 \\ \hline 4AC9_{16} &= 19145_{10} \end{aligned}$$

10진수를 16진수 등가값으로 변환하려면, 41929_{10}을 8진수로 변환하는 다음의 예에서 보여주는 것처럼, 해당

16의 승수	자리값
16^0	1
16^1	16
16^2	256
16^3	4096
16^4	65536
16^5	1048576
16^6	16777216
16^7	268435456

그림 28–5 16진수의 자리값.

숫자를 16으로 나눠야 한다.

예제 **10진수:** 41929_{10}

41929 ÷ 16 = 2620 과 나머지 9 (LSB)

2620 ÷ 16 = 163 과 나머지 12(C)

163 ÷ 16 = 10 과 나머지 3

10 ÷ 16 = 나눠지지 않으므로 10(A) (MSB)

그래서 값은 $41929_{10} = A3C9_{16}$

28-4 질문

1. 왜 컴퓨터는 16진수를 이용하는가?
2. 다음 2진수를 16진수로 변환하여라.
   a. $10101111111001000100 0_2$
   b. 1111011010000110101_2
   c. $1001110011100010110 1_2$
3. 다음의 16진수를 2진수로 변환하여라.
   a. $42C1_{16}$
   b. $5B07_{16}$
   c. $A75C642E_{16}$
4. 다음 16진수를 10진수로 변환하여라.
   a. $6E53_{16}$
   b. $A7C1_{16}$
   c. $7F3BE_{16}$
5. 다음 10진수를 16진수로 변환하여라.
   a. 45374_{10}
   b. 32047_{10}
   c. 67326_{10}

28-5 BCD 코드

8421 코드(8421 code)는 네 개의 2진 디지트로 구성된 **BCD**(binary coded decimal: 2진화10진수) **코드**로, 0부터 9를 나타내기 위해 이용된다. 8421이라는 명칭은 4비트의 2진 자리값을 가리킨다.

2의 승수:	2^3	2^2	2^1	2^0
2진 자리값:	8	4	2	1

이 코드의 주요한 장점은 10진수와 2진수 형식 사이의 변환이 쉽다는 점이다. 8421 코드는 주로 사용되는 BCD 코드이며, 특별히 언급되지 않는 한 BCD 코드를 가리킨다.

각각의 10진 디지트(0에서 9)는 다음과 같이 2진수 조합으로 나타낸다.

10진수	8421 코드
0	0000
1	0001
2	0010
3	0011
4	0100
5	0101
6	0110
7	0111
8	1000
9	1001

네 개의 2진 디지트로 열여섯 개의 숫자(2^4)를 나타낼 수 있지만, 9보다 큰 6개의 코드 조합(1010, 1011, 1100, 1101, 1110, 1111)은 8421 코드에서는 유효하지 않다.

8421 코드에서 10진수를 표현하려면, 각각의 10진 디지트를 적절한 4비트 코드로 대체해야 한다.

예제 **다음 10진수를 BCD 코드로 변환하여라.** 5, 13, 124, 576, 8769.

$$5_{10} = 0101_{BCD}$$
$$13_{10} = 0001\ 0011_{BCD}$$
$$124_{10} = 0001\ 0010\ 0100_{BCD}$$
$$576_{10} = 0101\ 0111\ 0110_{BCD}$$
$$8769_{10} = 1000\ 0111\ 0110\ 1001_{BCD}$$

8421 코드 수의 10진수 등가값을 구하려면, 코드를 4비트 단위로 나누어야 한다. 그런 다음 각각의 4비트 단위로 표현되는 10진 자릿수를 적는다.

예제 **다음 BCD 코드 각각에 대한 10진수로 변환하여라.**

10010101, 1001000, 1100111, 1001100101001, 1001100001110110.

$$1001\ 0101_{BCD} = 95_{10}$$
$$0100\ 1000_{BCD} = 48_{10}$$
$$0110\ 0111_{BCD} = 67_{10}$$
$$0001\ 0011\ 0010\ 1001_{BCD} = 1329_{10}$$
$$1001\ 1000\ 0111\ 0110_{BCD} = 9876_{10}$$

28-5 질문

1. 8421 코드란 무엇이며 어떻게 이용되는가?
2. BCD 코드의 장점은 무엇인가?
3. BCD 코드와 16진법의 유사점은 무엇인가?
4. 다음의 10진수를 BCD 코드로 변환하여라.
   a. 17_{10}
   b. 100_{10}
   c. 256_{10}
   d. 778_{10}
   e. 8573_{10}
5. 다음 BCD 코드를 10진수로 변환하여라.
   a. $1000\ 0010_{BCD}$
   b. $0111\ 0000\ 0101_{BCD}$
   c. $1001\ 0001\ 0011\ 0100_{BCD}$
   d. $0001\ 0000\ 0000\ 0000_{BCD}$
   e. $0100\ 0110\ 1000\ 1001_{BCD}$

요약

- 2진법은 가장 단순한 수 시스템이다.
- 2진법은 두 개의 수, 0과 1로 이루어진다.
- 2진법은 디지털 및 컴퓨터 시스템을 위한 데이터를 나타내기 위해 이용된다.
- 2진 데이터는 비트(bit)라고 하는 2진 디지트(digit)로 나타낸다.
- 비트라는 용어는 2진 디지트(binary digit)에서 나온 말이다.
- 2진수에서 상위 디지트의 자리값은 2의 승수로 증가한다.
- 베이스2에서 주어진 자릿수에서 나타낼 수 있는 가장 큰 값은 $2^n - 1$이며, 여기서 n은 비트의 수를 나타낸다.
- 2진수의 값은 각 디지트와 그 자리값의 곱을 더함으로써 10진수를 구할 수 있다.
- 소수는 2의 마이너스 승수로 나타낸다.
- 10진수를 2진수로 변환하려면 10진수를 2로 나누고, 각각의 나눗셈 후에 나머지를 써내려 간다. 나머지를 역순으로 배열한 값이 2진수가 된다.
- 8진수는 2진수를 세 자리 단위로 끊음으로써 큰 2진수를 읽을 수 있게 해준다.
- 8진법은 베이스8이라고 부른다.
- 8진수를 10진수로, 10진수를 8진수로 변환할 때 2진법과 유사한 과정이 이용된다.
- 16진법은 데이터 입력 시 오류를 감소시키기 위하여 2진수를 네 자리 단위로 끊어서 사용한다.
- 16진법은 베이스16 시스템이다.
- 16진법은 마이크로프로세서를 기반으로 하는 시스템에 이용된다.
- 16진법은 8진법, 2진법과 유사한 과정으로 10진수와 상호 변환을 한다.
- 8421 코드, 즉 BCD 코드는 0에서 9까지 디지트를 나타내기 위해 이용된다.
- BCD 코드의 장점은 10진수 형태와 2진수 형태의 숫자 사이의 변환이 쉽다는 것이다.

연습 문제

1. 0에서 27까지의 10진수를 2진수로 어떻게 나타내는가?
2. 10진수 100을 나타내는 데 요구되는 2진 비트 수는 얼마인가?
3. 10진수를 2진수로 변환하는 과정을 기술하여라.
4. 다음 2진수를 10진수로 변환하여라.
   a. 100101.001011_2
   b. 111101110.11101110_2
   c. 1000001.00000101_2
5. 다음 2진수를 8진수로 변환하여라.
   a. $110010010111001010100111000011101_2$
   b. $001100011011111001001111001101002_2$
   c. $10011010110001001100111101000110_2$
6. 다음 8진수를 2진수로 변환하여라.
   a. 653172_8
   b. 773012_8
   c. 033257_8
7. 다음 8진수를 10진수로 변환하여라.
   a. 317204_8
   b. 701253_8
   c. 035716_8
8. 다음 10진수를 8진수로 변환하여라.
   a. 687_{10}
   b. 9762_{10}
   c. 18673_{10}
9. 다음 2진수를 16진수로 변환하여라.
   a. $110010010111001010100111000011101_2$
   b. $00110001101111100100111100110100_2$
   c. $10011010110001001100111101000110_2$
10. 다음 16진수를 2진수로 변환하여라.
    a. $7B23C67F_{16}$
    b. $D46F17C9_{16}$
    c. $78F3E69D_{16}$
11. 다음 16진수를 10진수로 변환하여라.
    a. $3C67F_{16}$
    b. $6F17C9_{16}$
    c. $78F3E69D_{16}$
12. 다음 10진수를 16진수로 변환하여라.
    a. 687_{10}
    b. 9762_{10}
    c. 18673_{10}
13. 10진수를 BCD로 변환하는 과정을 기술하여라.
14. 다음 BCD 수를 10진수로 변환하여라.
    a. $0100\ 0001\ 0000\ 0110_{BCD}$
    b. $1001\ 0010\ 0100\ 0011_{BCD}$
    c. $0101\ 0110\ 0111\ 1000_{BCD}$

29장

기초 논리 게이트
Basic Logic Gates

학습 목표

이 장을 학습하면 다음을 할 수 있다.

- 기초 논리 게이트의 기능을 파악하고 설명할 수 있다.
- 기초 논리 회로의 기호를 그릴 수 있다.
- 기초 논리 회로의 진리표를 그릴 수 있다.

모든 디지털 장비는 단순하거나 아니면 복잡한 몇 개의 기본 회로로 구성되어 있다. 논리 소자라고 불리는 이 회로들은 2진 데이터에 대해 논리함수를 수행한다.

두 가지 유형의 논리회로가 있다. 판단 논리회로는 2진 입력을 감시하고 입력의 상태와 논리회로의 특성에 따라 출력을 만들고, 메모리 회로는 2진 데이터를 저장하기 위해 이용된다.

29-1 AND 게이트

AND 게이트(논리곱 게이트)는 두 개 이상의 입력과 단일한 출력을 갖는 논리회로이다. AND 게이트는 모든 입력이 1일 때만 출력이 1이 된다. 입력 중에 0이 하나라도 있으면 출력은 0이 된다.

그림 29–1은 AND 게이트에 이용되는 표준 기호를 보여준다. AND 게이트는 하나 이상의 입력을 가질 수 있다. 그림에서 보이는 것은 두 개와 네 개, 여덟 개의 입력에 대한 일반적으로 이용되는 게이트를 나타낸다.

AND 게이트의 연산은 그림 29–2의 표로 요약된다. **진리표**(truth table)는 가능한 각각의 입력에 대한 출력을 보여준다. 입력은 A와 B로 나타내고, 출력은 Y로 나타낸다. 진리표에서 가능한 조합의 총수는 다음 공식으로 구한다.

$$N = 2^n$$

여기서, N = 가능한 조합의 총수
n = 입력 변수의 총수

예제

입력 변수가 두 개인 경우, $N = 2^2 = 4$

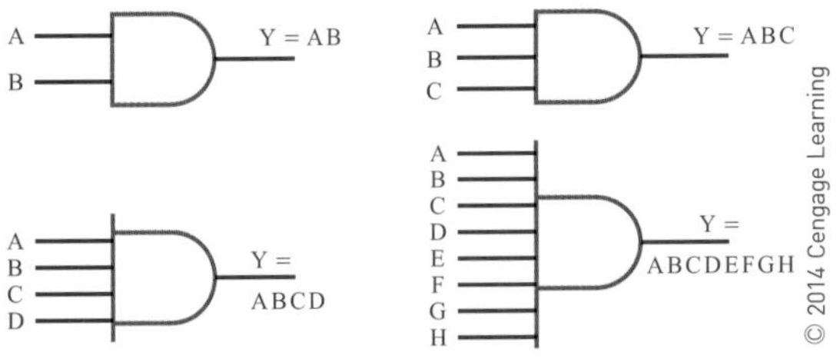

그림 29–1 AND 게이트의 논리 기호.

입력		출력
A	B	Y
0	0	0
0	1	0
1	0	0
1	1	1

그림 29–2 두 개의 입력을 갖는 AND 게이트의 진리표.

입력 변수가 세 개인 경우, $N = 2^3 = 8$

입력 변수가 네 개인 경우, $N = 2^4 = 16$

입력 변수가 여덟 개인 경우, $N = 2^8 = 256$

그리고 AND 게이트는 곱셈 규칙을 이용한다. **AND 함수**(AND function)는 곱셈과 같은 결과를 나타내는 것으로 알려져 있다. AND 게이트의 출력은 방정식 $Y = A \cdot B$, 또는 $Y = AB$로 표현된다. AND 함수는 일반적으로 두 변수 A와 B를 AB로 나타낸다.

29-1 질문

1. 어떤 조건에서 AND 게이트가 출력 1을 갖는가?
2. 두 개의 입력을 갖는 AND 게이트를 나타낼 때 사용되는 기호를 그려라.
3. 세 개의 입력을 갖는 AND 게이트의 진리표를 작성하여라.
4. AND 게이트로 어떤 논리 연산이 수행되는가?
5. AND 게이트의 대수학적 출력은 무엇인가?

29-2 OR 게이트

OR 게이트(논리합 게이트)는 입력 중 하나라도 1이면 출력이 1이 된다. 모든 입력이 0이면 출력이 0이다. 두 개의 입력을 갖는 OR 게이트의 출력은 그림 29–3의 진리표에 나와있다. 가능한 조합의 총수는, N = 22 = 4로 표현된다. 진리표는 네 개의 조합을 모두 보여준다.

입력		출력
A	B	Y
0	0	0
0	1	1
1	0	1
1	1	1

그림 29–3 두 개의 입력을 갖는 OR 게이트의 진리표.

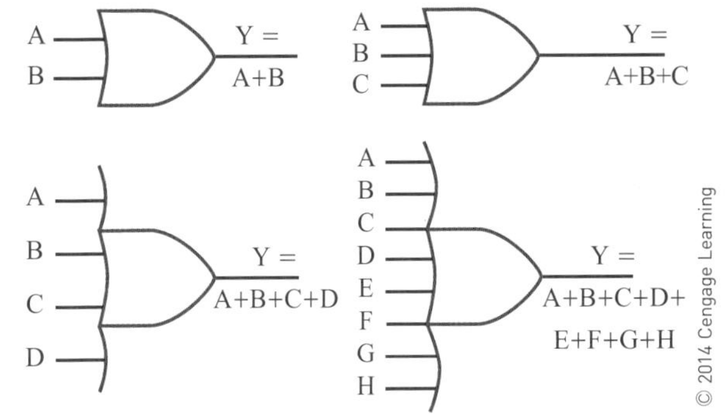

그림 29–4 OR 게이트의 논리 기호.

OR 게이트는 기본적인 덧셈 연산을 수행한다. OR의 출력에 대한 대수학적 표현은 $Y = A + B$이다. + 기호는 **OR 함수**(OR function)를 의미한다.

그림 29–4는 OR 게이트의 논리 기호를 보여준다. 입력은 A와 B로, 출력은 Y로 표시된다. OR 게이트는 하나 이상의 입력을 가질 수 있다. 표에서 보이는 것은 2개, 3개, 4개, 8개의 입력을 갖는 OR 게이트이다.

29-2 질문

1. 어떤 조건에서 OR 게이트가 출력 1을 갖는가?
2. 입력이 두 개인 OR 게이트를 나타낼 때 사용되는 기호를 그려라.
3. 입력이 세 개인 OR 게이트의 진리표를 작성하여라.
4. OR 게이트에 의해 어떤 연산이 수행되는가?
5. OR 게이트의 출력을 나타내는 대수학적 표현은 무엇인가?

29-3 NOT 게이트

가장 단순한 논리회로는 **NOT 게이트**(NOT gate)이다. 그것은 역함수(inversion function) 또는 보함수(complementation function) 기능을 수행하며, 부정회로(NOT 회로)라 불린다.

부정회로의 목적은 출력 상태를 입력 상태와 반대로 만드는 것이다. 논리회로와 연관된 두 개의 상태는 1과 0이다. 1 상태는 0 상태보다 전압이 높다는 것을 표시하여 **high**로 불리기도 한다. 0 상태는 1 상태보다 전압이 낮음을 표시하여 **low**라고도 불린다. 1 또는 high가 부정회로의 입력에 인가되는 경우, 0 또는 low가 출력에 나타난다. 0 또는 low가 부정회로의 입력에 인가되는 경우, 1 또는 high가 출력에 나타난다.

부정회로의 연산은 그림 29-5에 요약되어 있다. 부정회로에 대한 입력은 A라고 표시되고, 출력 Y는 $\overline{A}$로 표시된다. A 문자 위의 막대는 A의 보수라는 것을 의미한다. 부정함수는 하나의 입력만을 받기 때문에 두 개의 입력 조합만이 가능하다.

부정회로 또는 역함수를 나타내기 위해 이용되는 기호는 그림 29-6에 나타나 있다. 기호의 삼각형 부분은 회로를 나타내며, 작은 동그라미는 회로의 역 또는 보수 특성을 나타낸다. 기호 선택은 부정회로가 어디에 쓰이느냐에 따라 결정된다. 부정회로가 1을 유효 입력으로 이용하면 그림 29-6A와 같은 기호가 이용된다. 부정회로가 0을 유효 입력으로 이용하는 경우 그림 29-6B와 같은 기호가 이용된다.

입력	출력
A	Y
0	1
1	0

그림 29-5 부정회로의 진리표.

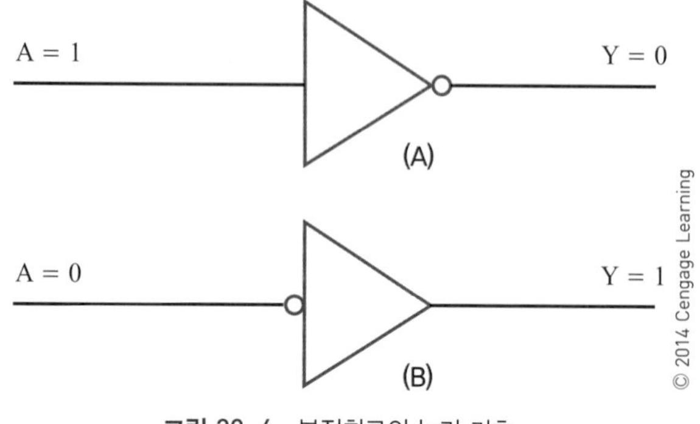

그림 29-6 부정회로의 논리 기호.

29-3 질문

1. NOT 회로(부정회로)는 어떤 연산을 수행하는가?
2. NOT 회로의 진리표를 작성하여라.
3. NOT 회로를 나타내기 위해 이용되는 기호들을 그려라.
4. NOT 회로를 나타내기 위해 왜 두 가지 다른 기호가 이용되는가?
5. NOT 게이트의 대수학적 합은 어떻게 되는가?

29-4 NAND 게이트

NAND 게이트(NAND gate)는 부정회로와 AND 게이트의 조합이다. NAND 게이트라고 부르는 이유는 그것이 NOT-AND 함수를 수행하기 때문이다. NAND 게이트는 가장 흔히 이용되는 논리 함수이다. AND 게이트, OR 게이트, 부정회로(인버터) 또는 이 함수들의 어떤 조합을

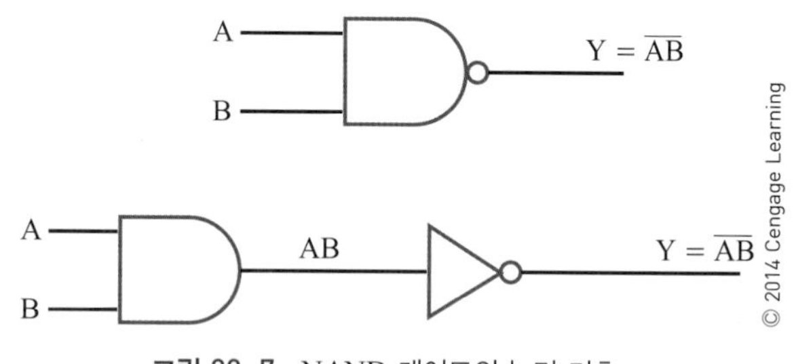

그림 29-7 NAND 게이트의 논리 기호.

입력		출력
A	B	Y
0	0	1
0	1	1
1	0	1
1	1	0

그림 29-8 두 개의 입력을 갖는 NAND 게이트의 진리표.

구성하는 데도 이용될 수 있기 때문이다.

NAND 게이트를 위한 논리 기호는 그림 29-7에서 볼 수 있다. 또한 AND 게이트와 부정회로(인버터)에 대한 NAND 게이트의 등가 관계도 볼 수 있다. 기호의 출력에 달린 작은 동그라미 모양은 AND 함수의 역을 의미한다. 그림 29-8은 두 개의 입력을 가진 NAND 게이트의 진리표를 보여준다. 여기서 NAND 게이트의 출력은 AND 게이트의 출력의 보수라는 데 주목하라. 입력에 0이 하나라도 있으면 출력은 1이 된다.

NAND 게이트 출력에 대한 대수학적 공식은 $Y=\overline{AB}$이다. 여기서 Y는 출력이고, A와 B는 입력이다. NAND 게이트는 2개, 3개, 4개, 8개, 13개의 입력을 가질 수 있다.

NAND 게이트는 가장 널리 이용되는 게이트이다. NAND 게이트는 가용성과 유연성 덕분에 다른 유형의 게이트에 대해서도 이용될 수 있다. 그림 29-9는 두 개의 입력을 갖는 NAND 게이트가 어떻게 다른 논리 함수를 형성하는 데 이용되고 있는지 보여준다.

29-4 질문

1. NAND 게이트란 무엇인가?
2. NAND 게이트가 회로에 자주 이용되는 이유는 무엇인가?
3. NAND 게이트를 표현하기 위해 이용되는 논리 기호를 그려라.
4. NAND 게이트의 대수학적 표현식은 무엇인가?
5. 세 개의 입력을 갖는 NAND 게이트의 진리표를 작성하여라.

29-5 NOR 게이트

NOR 게이트(NOR gate)는 부정회로와 OR 게이트가 결합된 것이다. 그 이름은 NOT-OR 함수에서 유래했다. NAND 게이트와 마찬가지로, NOR 게이트는 또한 AND 게이트, OR 게이트, 부정회로(인버터)를 구성하는 데도 이용될 수 있다.

NOR 게이트의 논리 기호는 그림 29-10에서 볼 수 있다. 또한 OR 게이트와 부정회로(인버터)에 대한 등가 관계도 볼 수 있다. 기호의 출력에 달린 작은 동그라미 모양은 OR 함수의 역을 의미한다.

그림 29-11은 두 개의 입력을 가진 NOR 게이트의 진리표를 보여준다. 출력이 OR 함수 출력의 보수라는 것에 유의하라. 두 입력 모두에 0이 적용되는 경우에만 출력이 1이 되며, 하나의 입력이라도 1이면 출력은 0이 된다.

NOR 게이트 출력에 대한 대수학적 표현식은 $Y=\overline{A+B}$이다. 여기서 Y는 출력이며, A와 B는 입력이다. NOR 게이트는 2개, 3개, 4개, 8개의 입력을 가질 수 있다.

29-5 질문

1. NOR 게이트란 무엇인가?
2. NOR 게이트가 디지털 회로 설계에 어째서 유용한가?
3. NOR 게이트를 표현하기 위해 이용되는 논리 기호를 그려라.
4. NOR 게이트의 대수학적 표현식은 무엇인가?
5. 세 개의 입력을 갖는 NOR 게이트의 진리표를 작성하여라.

29-6 XOR 게이트와 XNOR 게이트

일반적이지는 않지만 여전히 중요한 게이트 중 하나는 **배타적 논리합 게이트** 또는 **XOR**(**exclusive OR gate**)라고 불리는 게이트이다. XOR 게이트는 몇 개의 입력을 가질 수 있는 OR 게이트와 달리 두 개의 입력만을 갖는다. 그러나 입력의 어느 하나라도 1이면 출력이 1이 된다는 점에서 XOR는 OR 게이트와 유사하다. 그러나 두 개의 입력이 모두 1이거나 0인 경우에는 OR 게이트와 다르다. 이 경우 출력은 0이 된다.

XOR 게이트에 대한 기호는 그림 29-12에서 볼 수 있다. 또한 등가의 논리회로도 볼 수 있다. 그림 29-13은 XOR 게이트의 진리표를 보여준다. 대수학적 출력은 $Y=\overline{A\oplus B}$라고 표현할 수 있으며, "Y는 A와 B의 배타적 논리합(A exclusive or B)과 같다"로 읽는다.

XOR 게이트의 보수는 **배타적 부정 논리합 게이트** 또는 **XNOR**(**exclusive NOR gate**)이다. 그 기호는 그림 29-14에서 볼 수 있다. 출력에 보이는 작은 동그라미 모양은 역 또

논리	논리 기호	NAND 게이트만을 사용하는 논리 함수
인버터	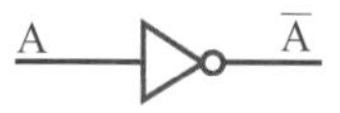 A, $\overline{A}$	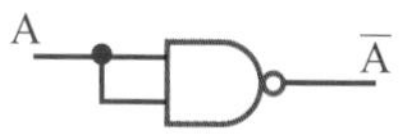 A, $\overline{A}$
AND	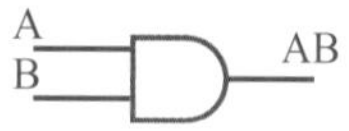 A, B, AB	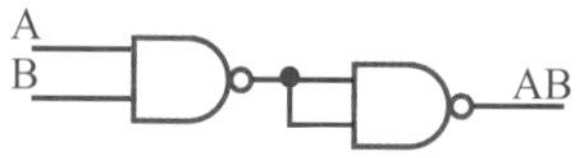 A, B, AB
OR	 A, B, A+B	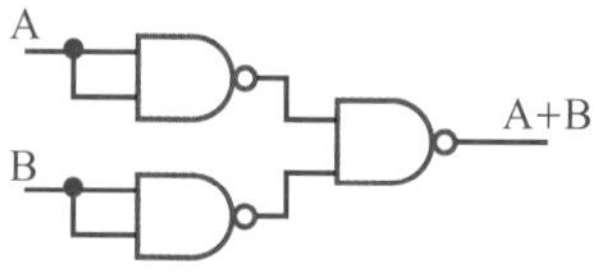 A, B, A+B
NOR	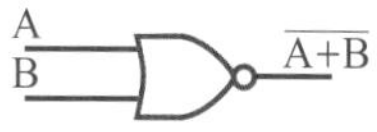 A, B, $\overline{A+B}$	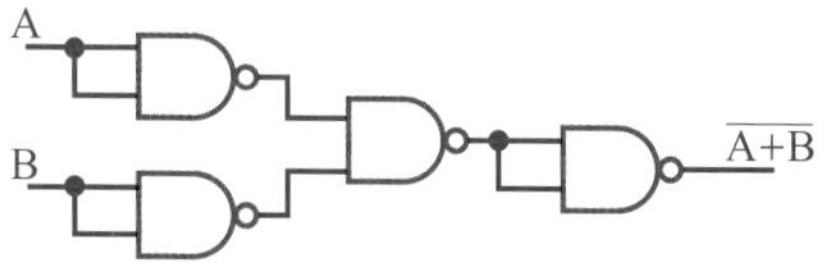 A, B, $\overline{A+B}$
XOR	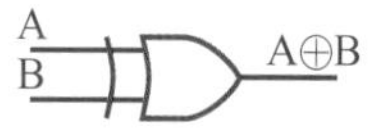 A, B, A⊕B	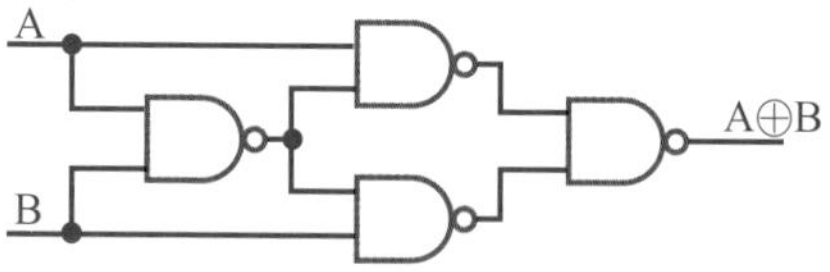 A, B, A⊕B
XNOR	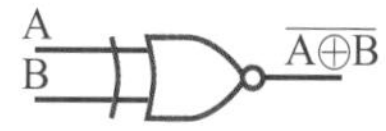 A, B, $\overline{A \oplus B}$	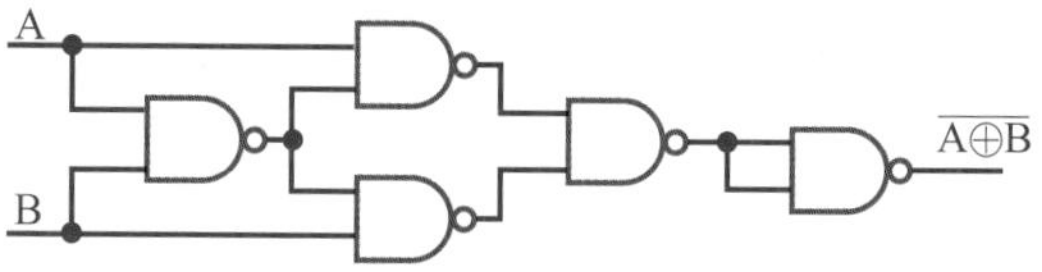 A, B, $\overline{A \oplus B}$

그림 29–9 NAND 게이트를 이용하여 다른 논리회로를 형성.

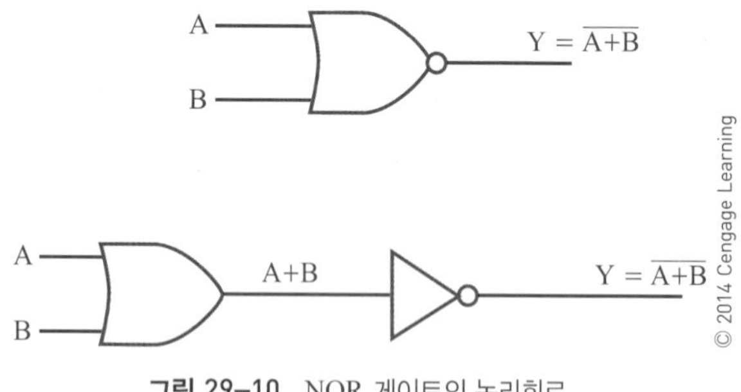

그림 29–10 NOR 게이트의 논리회로.

입력		출력
A	B	Y
0	0	1
0	1	0
1	0	0
1	1	0

그림 29–11 두 개의 입력을 갖는 NOR 게이트의 진리표.

그림 29-12 XOR 게이트의 논리 기호.

입력		출력
A	B	Y
0	0	0
0	1	1
1	0	1
1	1	0

그림 29-13 XOR 게이트의 진리표.

그림 29-14 XNOR 게이트의 논리 기호.

입력		출력
A	B	Y
0	0	1
0	1	0
1	0	0
1	1	1

그림 29-15 XNOR 게이트의 진리표.

는 보수를 뜻한다.

또한 등가 논리회로도 나타나 있다. 그림 29-15는 XNOR 게이트의 진리표를 보여준다. 대수학적 출력은 $Y = \overline{A \oplus B}$로 표시하며, "Y는 A와 B의 배타적 부정 논리합(A exclusive nor B)과 같다"로 읽는다.

29-6 질문

1. OR 게이트와 XOR 게이트 간의 차이는 무엇인가?
2. XOR 게이트를 나타내기 위해 사용하는 기호를 그려라.
3. XOR 게이트의 진리표를 작성하라.
4. XNOR 게이트를 나타내기 위해 사용하는 기호를 그려라.
5. XOR와 XNOR 게이트에 대한 대수학적 표현식을 작성하여라.

29-7 버퍼

버퍼(buffer)란 전통적인 게이트를 다른 회로와 분리하고 높은 회로 부하나 팬아웃(fan-out)에 높은 구동 전류를 제공하는 특수 논리 게이트이다. 팬아웃이란 단일한 논리 게이트 출력에 연결되는 입력 게이트의 수를 말한다. 버퍼는 비반전 입력 및 출력을 제공한다. 입력이 1이면 출력이 1, 입력이 0이면 출력이 0이다. 그림 29-16은 기본 버퍼에 대한 회로 기호와 진리표를 보여준다.

또 다른 형태의 버퍼는 그림 29-17에서 진리표와 함께 나와있는 **3상태 버퍼**(three-state buffer)이다. 3상태 버퍼는 일반적인 1과 0 출력 상태를 갖지만, 고 임피던스 상태라고 하는 제3의 상태도 갖는다. 이 상태는 입력 회로

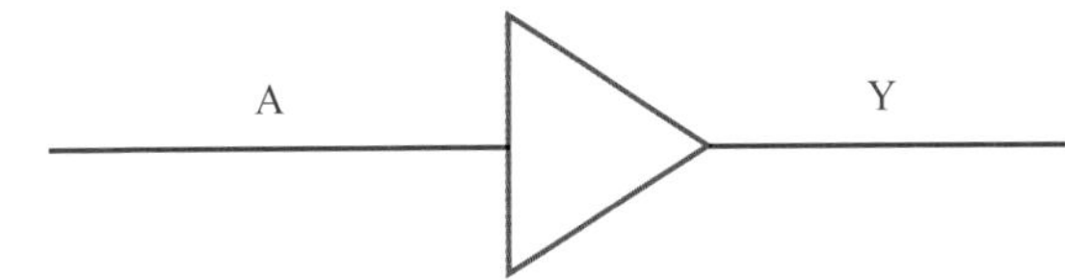

입력	출력
A	Y
0	0
1	1

그림 29-16 버퍼의 논리 기호와 진리표.

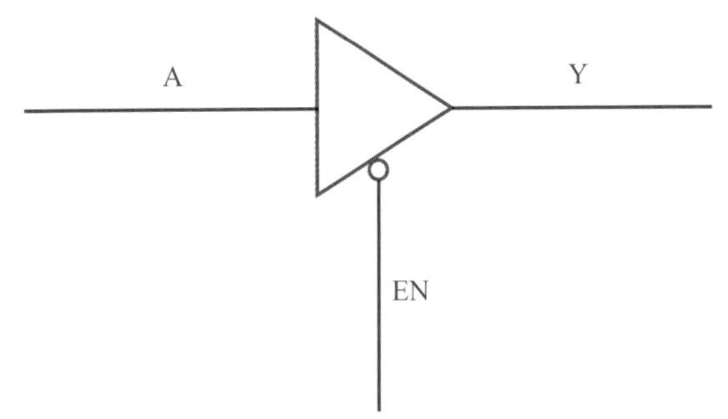

입력		출력
A	EN	Y
0 또는 1	0	0 또는 1
0 또는 1	1	출력 없음

그림 29-17 3상태 버퍼와 진리표.

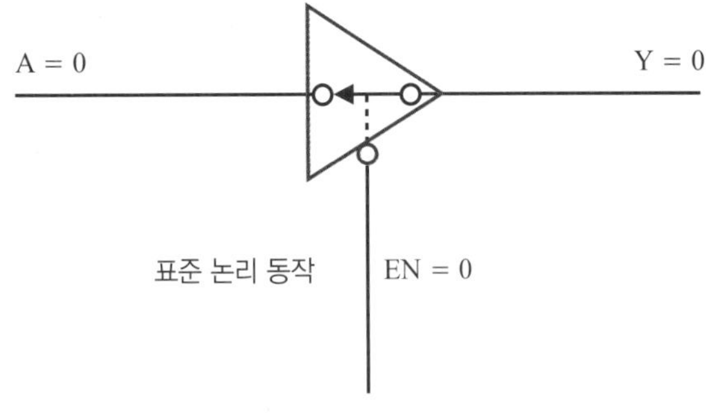

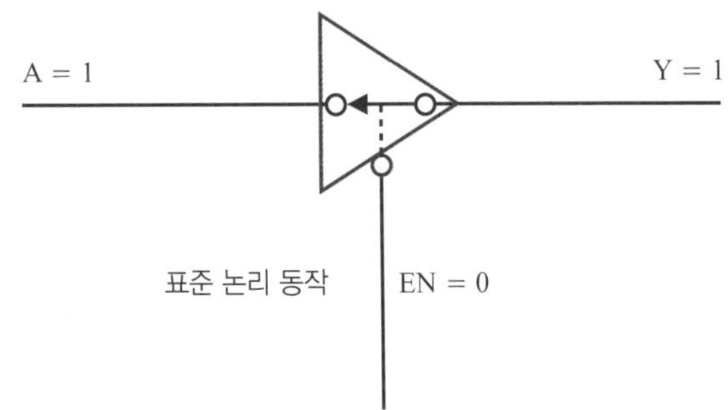

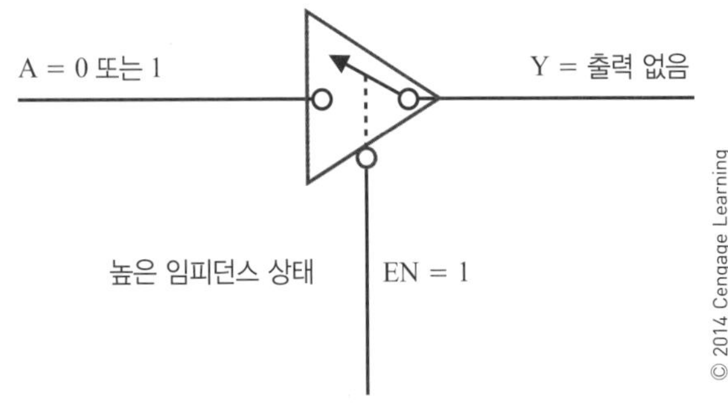

그림 29–18 3상태 버퍼가 작동하는 방식.

와 출력 간에 개방 회로를 제공하며, EN 라인에 의해 제어된다. EN 라인은 가능(enable)/불능(disable) 제어 입력을 나타낸다. 그림 29–18은 3상태 버퍼가 어떻게 작동하는지 보여준다.

29-7 질문

1. 버퍼는 부정회로와 어떻게 다른가?
2. 버퍼가 어떤 기능을 수행하는가?
3. 버퍼와 3상태 버퍼에 대한 기호를 그려라.
4. 3상태 버퍼의 진리표를 작성하여라.
5. 3상태 버퍼에서 출력이 없으려면 어떤 조건이 존재해야 하는가?

요약

- AND 게이트는 모든 입력이 1일 때 출력이 1이 된다.
- AND 게이트는 기본적 곱셈 연산을 수행한다.
- OR 게이트는 입력이 하나라도 1이면 출력이 1이 된다.
- OR 게이트는 기본적인 덧셈 연산을 수행한다.
- NOT 게이트는 역함수 또는 보함수 기능을 수행한다.
- NOT 게이트는 출력을 입력 상태의 반대 상태로 변환한다.
- NAND 게이트는 AND 게이트와 부정회로(인버터)를 결합한 것이다.
- NAND 게이트는 입력이 하나라도 0이면 출력이 1이 된다.
- NOR 게이트는 OR 게이트와 부정회로(인버터)를 결합한 것이다.
- NOR 게이트는 두 입력 모두 0일 때만 출력이 1이 된다.
- 배타적 논리합(XOR) 게이트는 두 입력이 다를 때만 출력이 1이 된다.
- 배타적 부정 논리합(XNOR) 게이트는 두 입력이 동일할 때만 출력이 1이 된다.
- 버퍼는 종래의 게이트를 다른 회로에서 분리시킨다.
- 버퍼는 높은 부하 또는 팬아웃에 높은 전류를 제공한다.
- 3상태 버퍼는 높은 임피던스라는 제3의 상태를 갖는다.

연습 문제

1. 여섯 개의 입력을 갖는 AND 게이트의 회로 기호를 그려라.
2. 네 개의 입력을 갖는 AND 게이트의 진리표를 작성하여라.
3. 여섯 개의 입력을 갖는 OR 게이트의 회로 기호를 그려라.
4. 네 개의 입력을 갖는 OR 게이트의 진리표를 작성하여라.
5. NOT 회로의 목적은 무엇인가?
6. 입력 신호에 대한 부정회로는 출력 신호에 대한 부정회로와 어떻게 다른가?
7. 여덟 개의 입력을 갖는 NAND 게이트의 회로도를 그려라.
8. 네 개의 입력을 갖는 NAND 게이트의 진리표를 작성하여라.
9. 여덟 개의 입력을 갖는 NOR 게이트의 회로도를 그려라.
10. 네 개의 입력을 갖는 NOR 게이트의 진리표를 작성하여라.
11. XOR 게이트가 갖는 의미는 무엇인가?
12. XNOR 게이트는 최대 몇 개까지 입력을 가질 수 있는가?
13. 버퍼의 회로도를 그려라.
14. 버퍼의 목적은 무엇인가?
15. 3상태 버퍼의 회로도를 그려라.

30장

논리회로의 간략화
Simplifying Logic Circuits

학습 목표

이 장을 학습하면 다음을 할 수 있다.

- 베이치 다이어그램의 기능을 설명할 수 있다.
- 베이치 다이어그램을 이용하여 부울 표현식을 간략화하는 방법을 설명할 수 있다.
- 카르노 도의 기능을 설명할 수 있다.
- 카르노 도를 이용하여 부울 표현식을 간략화하는 방법을 설명할 수 있다.

디지털 회로는 컴퓨터뿐 아니라 측정, 자동 제어, 로봇 같은 전자 장치와 판단을 요구하는 상황에서 점점 더 많이 이용되고 있다. 이러한 모든 응용은 다섯 개의 기본 논리회로(AND, OR, NAND, NOR, NOT)에서 형성된 복잡한 스위치 회로가 필요하다.

이러한 게이트들이 갖는 의미는 두 가지 연산 조건만을 갖는다는 점이다. 게이트들은 on(1) 아니면 off(0)이다. 논리 게이트가 상호 연결되어 보다 복잡한 회로를 구성할 때, 가능한 가장 단순한 회로를 얻는 것이 필수적이다.

부울 대수학(Boolean algebra)은 복잡한 스위치 기능을 방정식 형태로 표현할 방법을 제시한다. **부울 표현식**(Boolean expression) 중 하나는 논리회로의 출력을 입력의 측면에서 표현하는 방정식이다. 베이치 다이어그램과 카르노 도는 논리 방정식을 가장 단순한 형식으로 축소하는 빠르고 쉬운 방법을 제시한다.

30-1 베이치 다이어그램

베이치 다이어그램(Veitch diagrams)은 복잡한 논리 방정식을 가장 단순한 형식으로 축소하는 빠르고 쉬운 방법을 제시한다. 이 다이어그램은 1개, 2개, 3개, 4개의 변수에 대해 구성할 수 있다. 그림 30-1은 몇 가지 베이치 다이어그램을 보여준다.

베이치 다이어그램을 이용하려면, 예제에서처럼 다음 단계를 따라야 한다.

1. 변수의 개수에 따라 다이어그램을 그린다.
2. 각각의 항을 나타내는 각각의 칸에 X를 표시하여 논리 함수를 표현한다.
3. 인접한 X를 8개나 4개, 2개, 1개 단위로 묶어서 간략화된 논리 함수를 얻는다. 모든 X가 묶음에 포함될 때까지 계속 묶는다.
4. 하나의 묶음당 하나의 항을 갖도록 'OR'로 표현한

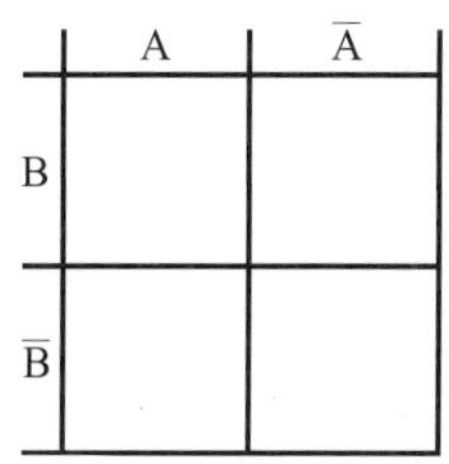

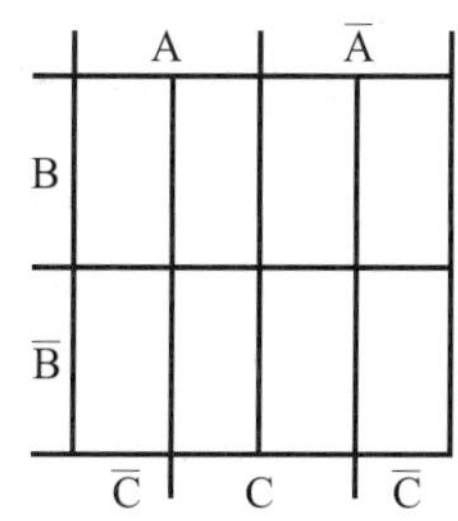

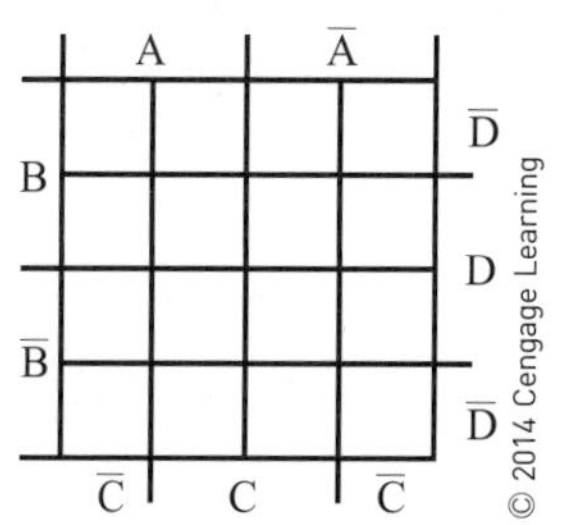

그림 30-1 2개, 3개, 4개의 변수를 갖는 베이치 다이어그램.

다(각각의 표현식을 베이치 다이어그램으로 구성하고, '+' 기호를 이용하여 OR로 표현한다. 예를 들어 ABC+BCD).

5. 간략화된 표현식을 작성한다.

예제 $AB + \overline{A}B + A\overline{B} = Y$**를 가장 단순한 형태로 간략화하여라.**

1단계. 베이치 다이어그램을 그린다. 두 개의 변수 A와 B가 있으므로, 2변수 차트를 이용한다.

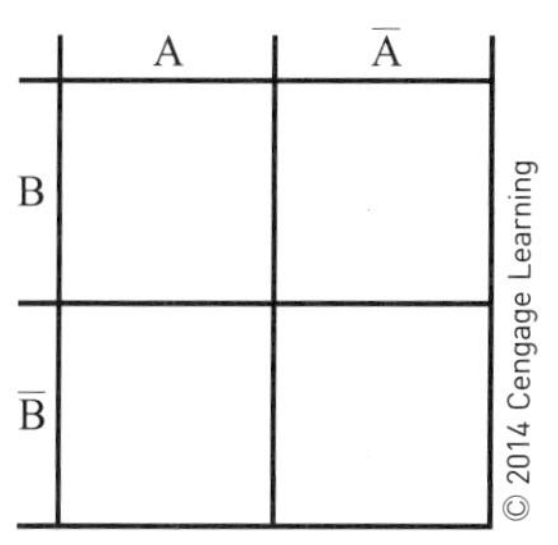

2단계. 각각의 항을 나타내는 각각의 칸에 X를 표시하여 논리 함수를 표현한다.

AB	$+$	$\overline{A}B$	$+$	$A\overline{B}$
첫 번째		두 번째		세 번째 항

첫 번째 항 AB를 표시한다.

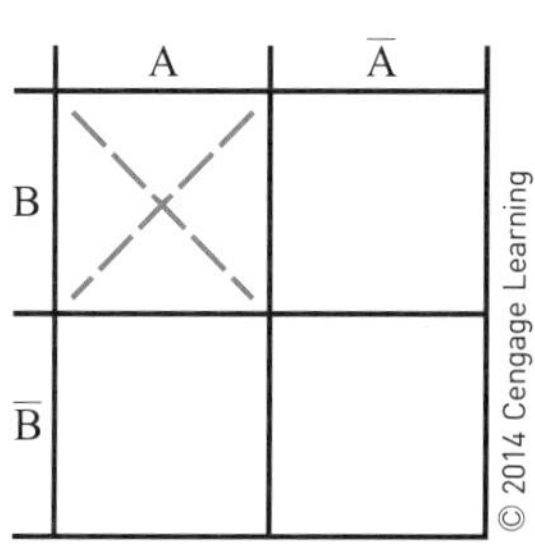

두 번째 항 $\overline{A}B$를 표시한다.

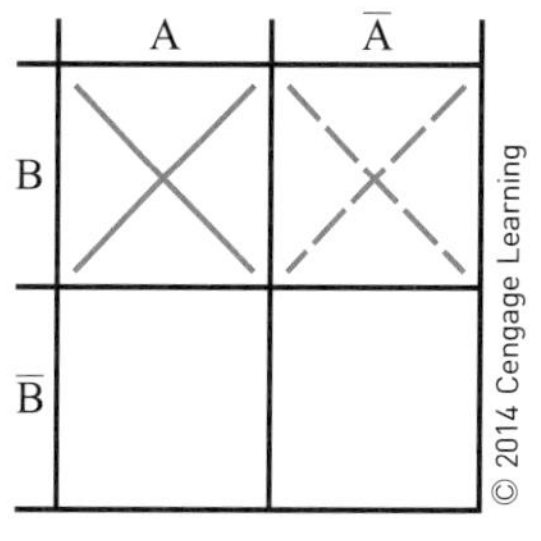

세 번째 항 $A\overline{B}$를 표시한다.

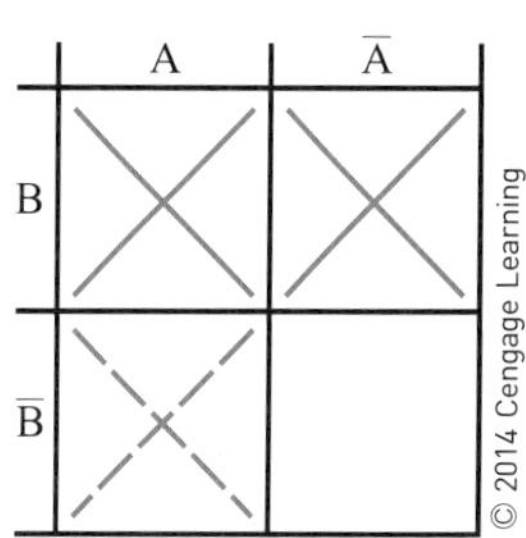

3단계. 가능한 가장 큰 단위로 인접한 X를 묶는다. 가장 큰 묶음부터 차트 분석을 시작한다. 여기서 가장 큰 묶음은 두 개 묶음이다.

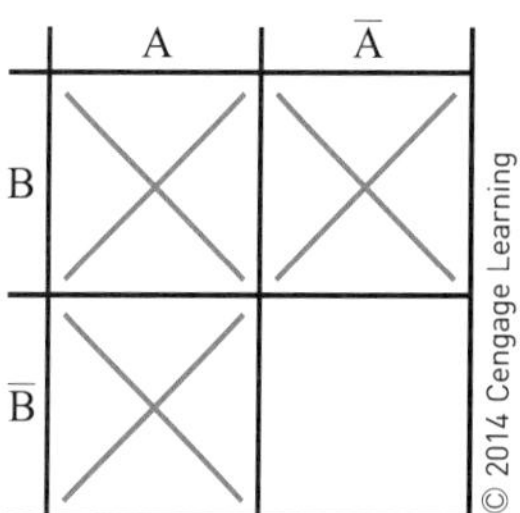

한 가지 가능한 묶음은 점선으로 표시된 것이다.

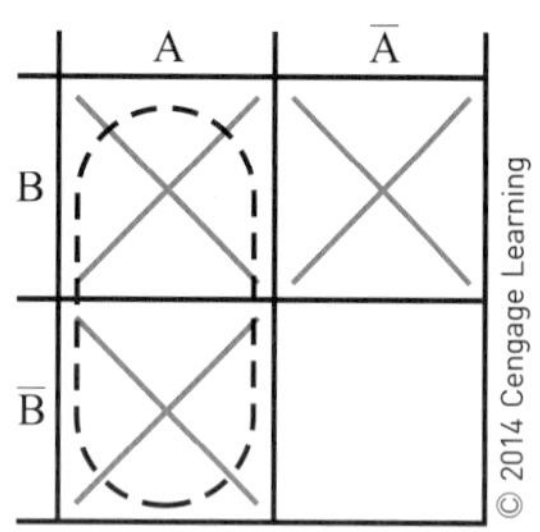

또 다른 묶음은 이 점선으로 표시된 것이다.

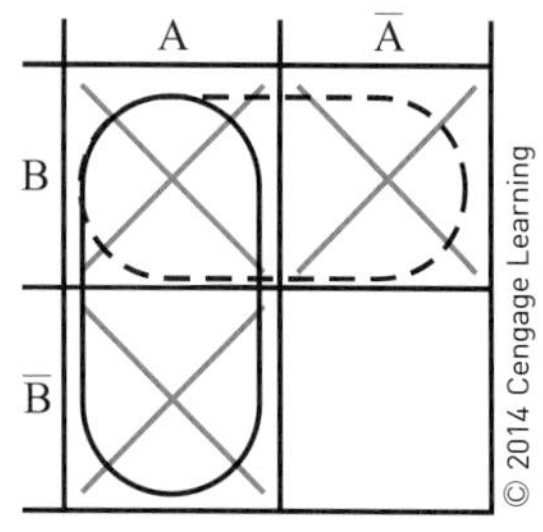

4단계. 묶음을 'OR'로 표시한다. A 또는 B = A + B

5단계. 베이치 다이어그램에서 얻을 수 있는 $AB + \overline{A}B + A\overline{B} = Y$에 대한 간략화된 표현식은 $A + B = Y$이다.

예제 $ABC + AB\overline{C} + A\overline{B}\overline{C} + \overline{A}\overline{B}\overline{C} = \overline{Y}$**에 대한 간략화된 표현식을 구하여라.**

1단계. 3변수 베이치 다이어그램을 그린다.

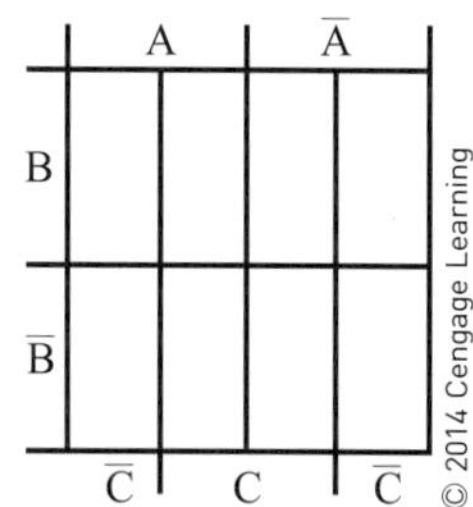

2단계. 베이치 다이어그램의 각 항에 X를 표시한다.

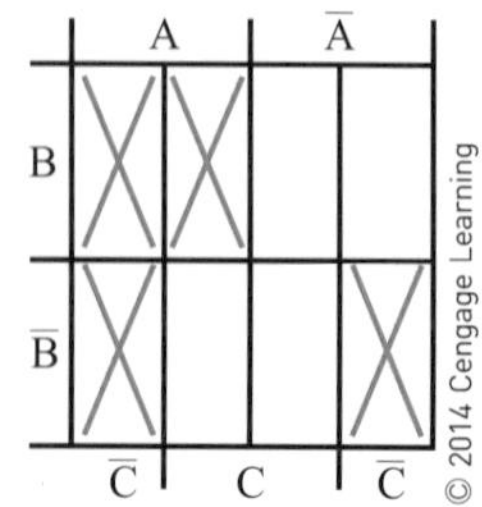

3단계. 항들을 묶는다.

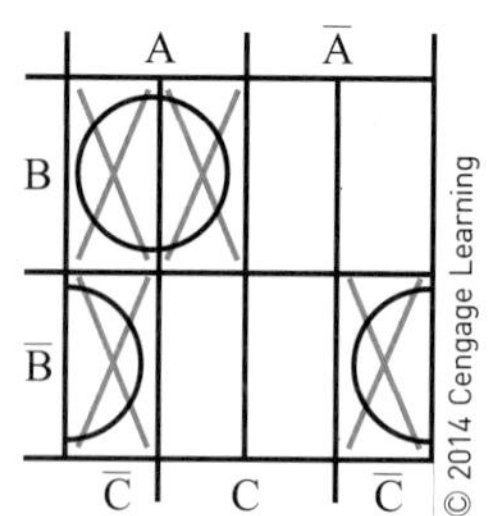

4단계. 각 묶음에 대한 항을 작성한다. 표현식당 하나의 항은 AB, $\overline{B}\overline{C}$이다.

5단계. 간략화된 표현식은 $AB + \overline{B}\overline{C} = Y$이다.

아래쪽 두 칸은 일반적이지 않은 묶음임을 유의하라. 베이치 다이어그램의 네 모서리가 공처럼 연결되어 있다.

예제 **다음 식을 간략화하여라.**

$\overline{A}BCD + \overline{A}\overline{B}CD + \overline{A}\overline{B}\overline{C}D + A\overline{B}\overline{C}\overline{D} +$
$A\overline{B}\overline{C}D + \overline{A}B\overline{C}D = Y$

1단계. 4변수 베이치 다이어그램을 그린다.

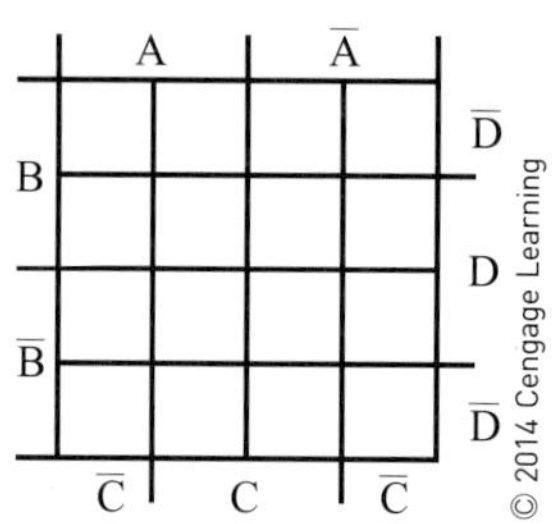

2단계. 베이치 다이어그램의 각 항에 X를 표시한다.

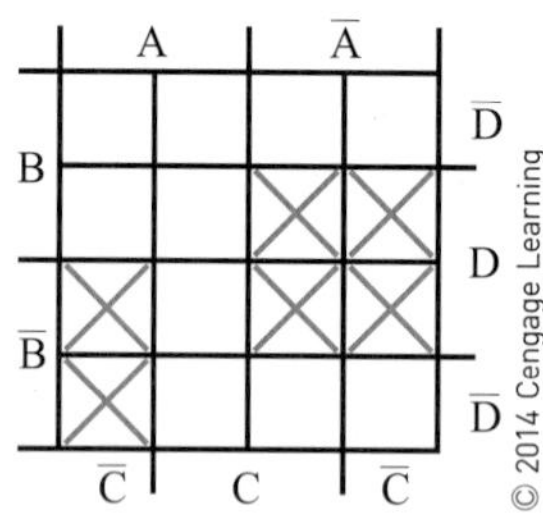

3단계. 항들을 묶는다.

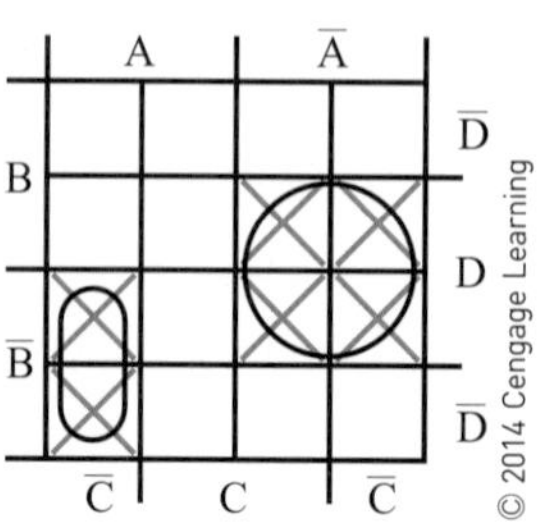

4단계. 각 묶음에 대한 항을 작성한다. 표현식당 하나의 항은 $\overline{A}D$, $A\overline{B}\overline{C}$이다.

5단계. 항들을 'OR'로 표시하여 간략화된 표현식을 작성한다. $\overline{A}D + A\overline{B}\overline{C} = Y$

30-1 질문

1. 베이치 다이어그램의 기능은 무엇인가?
2. 한 개의 베이치 다이어그램에 몇 개의 변수를 나타낼 수 있는가?
3. 베이치 다이어그램을 이용하기 위한 단계를 나열하여라.
4. 베이치 다이어그램을 이용하여 다음 3변수 표현식을 단순화하여라.
   a. $A\overline{B}C + \overline{A}\overline{B}C + AB\overline{C} + A\overline{B}\overline{C} + \overline{A}\overline{B}\overline{C} = Y$
   b. $A\overline{B}C + A\overline{B}\overline{C} + AB\overline{C} + ABC + AB + \overline{A}\overline{B}\overline{C} = Y$
5. 베이치 다이어그램을 이용하여 다음 4변수 표현식을 간략화하여라.
   a. $ABCD + A\overline{B}\overline{C}D + \overline{A}BC\overline{D} + \overline{A}\overline{B}\overline{C}D$
   $+ A\overline{B}\overline{C}\overline{D} + \overline{A}\overline{B}CD + AB\overline{C}\overline{D} = Y$
   b. $A\overline{B} + \overline{A}BD + \overline{B}\overline{C}D + \overline{B}\overline{C} + \overline{A}BCD = Y$

30-2 카르노 도

복잡한 부울 표현식을 간략화하기 위한 또 하나의 기법은 1953년에 모리스 카르노가 개발한 **카르노 도**(Karnaugh maps)이다. 그의 기법은 베이치 다이어그램과 유사하다. 그림 30-2는 몇 가지 카르노 도를 보여준다. 베이치 다이어그램이나 카르노 도로 변수가 5개 또는 6개인 문제를 풀기는 버거울 수 있다. 이런 문제들은 다른 기법이나 그런 용도로 특수 설계된 컴퓨터 소프트웨어로 푸는 것이 최선이다.

카르노 도를 이용하려면 다음 단계를 따른다.

1. 변수의 개수에 따라 다이어그램을 그린다. 그림 30-2에서와 같이, 2변수는 $2^2 = 4$칸, 3변수는 $2^3 = 8$칸, 4변수는 $2^4 = 16$칸이 필요하다. 이것은 베이치 다이어그램도 마찬가지이다.
2. 각각의 항을 나타내는 각각의 칸에 '1'을 표시하여 논리 함수를 표현한다.

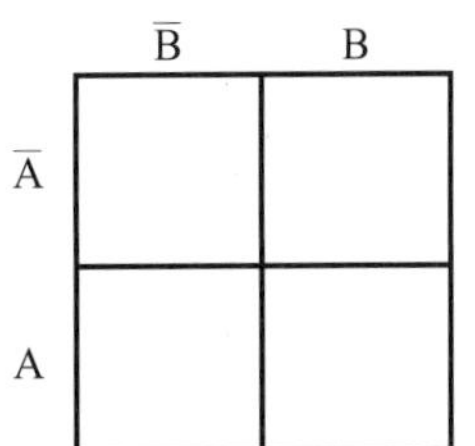

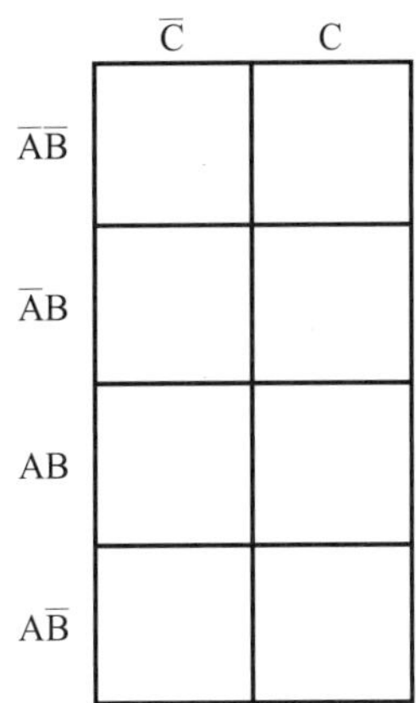

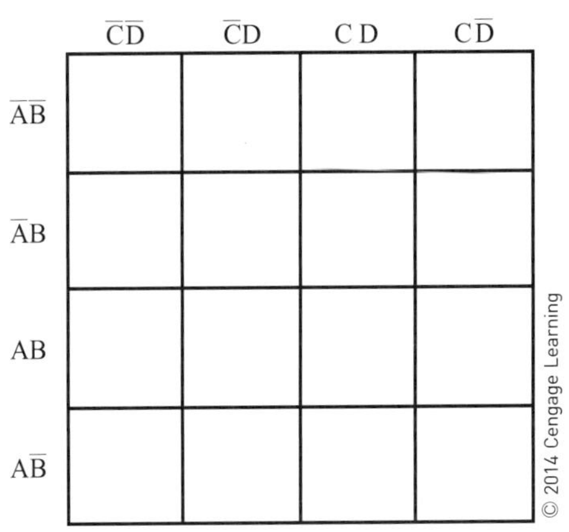

그림 30-2 2개, 3개, 4개의 변수를 갖는 카르노 도.

3. 인접한 1을 여덟 개나 네 개, 두 개 단위로 묶어서 간략화된 논리 함수를 얻는다. 모든 1이 묶음에 포함될 때까지 계속 묶는다.
4. 묶음당 하나의 항을 갖도록 'OR'로 표현한다(각각의 표현식을 카르노 도로 구성하고, '+' 기호를 이용하여 OR로 표현한다. 예를 들어 ABC + BCD).
5. 간략화된 표현식을 작성한다.

예제 $AB + \overline{A}B + A\overline{B} = Y$**를 간략화된 형식으로 축소하여라.**

1단계. 카르노 도를 그린다. 두 개의 변수 A와 B가 있으므로, 2변수 도표를 이용한다.

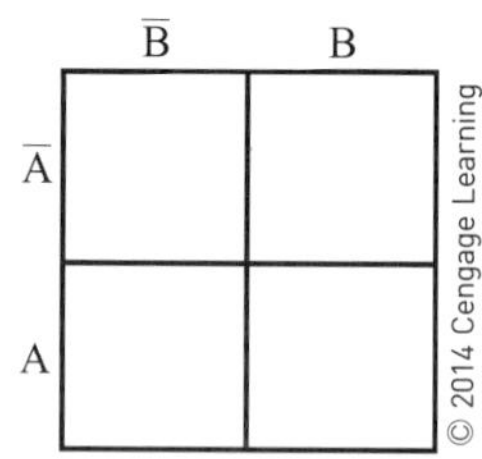

2단계. 각각의 항을 나타내는 각각의 칸에 '1'을 표시하여 논리 함수를 표현한다.

AB: 첫 번째 항

$\overline{A}$B: 두 번째 항

A$\overline{B}$: 세 번째 항

첫 번째 항 AB를 표시한다.

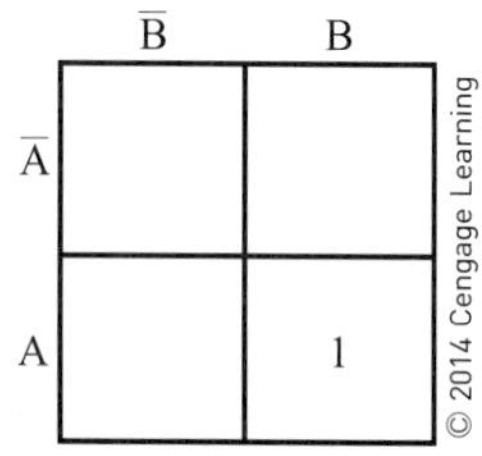

두 번째 $\overline{A}$B항을 표시한다.

	$\overline{B}$	B
$\overline{A}$		1
A		1

© 2014 Cengage Learning

세 번째 A$\overline{B}$항을 표시한다.

	$\overline{B}$	B
$\overline{A}$		1
A	1	1

© 2014 Cengage Learning

3단계. 인접한 1을 가능한 가장 큰 단위로 묶는다. 가능한 가장 큰 묶음부터 도표 분석을 시작한다. 여기서 가장 큰 묶음은 두 개 묶음이다.

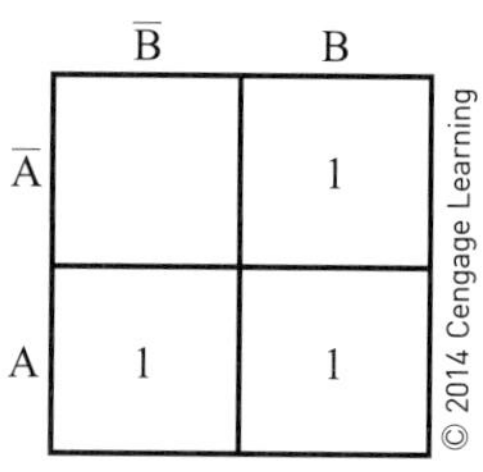

한 가지 가능한 묶음은 점선으로 나타내었다.

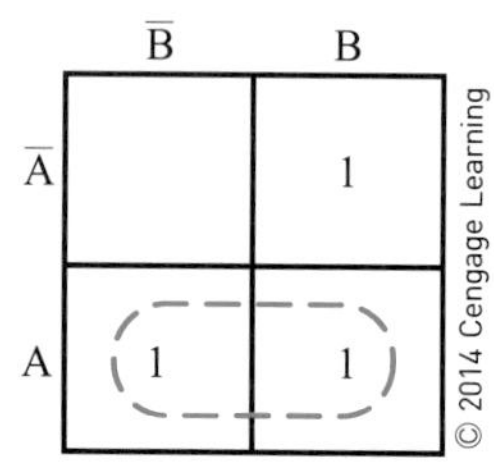

또 하나의 묶음은 점선으로 나타내었다.

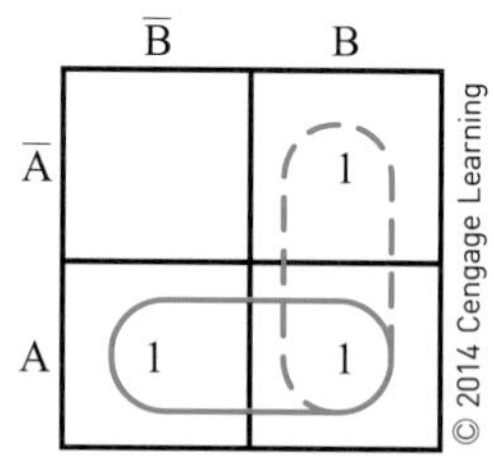

4단계. 묶음을 'OR'로 표시한다. A 또는 B = A + B

5단계. 카르노 도로 구한 AB + $\overline{A}$B + A$\overline{B}$ = Y에 대한 간략화된 표현식은 A + B = Y이다.

예제 아래에 대한 간략화된 표현식을 구하여라.

ABC + AB$\overline{C}$ + A$\overline{B}\overline{C}$ + $\overline{A}\overline{B}\overline{C}$ = Y

1단계. 카르노 도를 그린다. 세 개의 변수 A, B, C가 있으며, 따라서 3변수 도표를 이용한다.

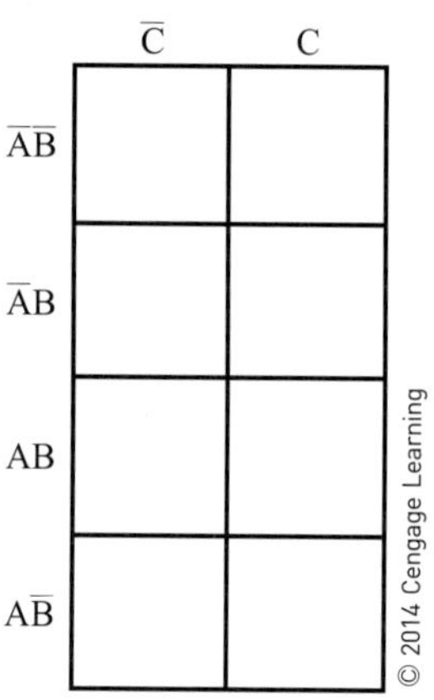

2단계. 각각의 항을 나타내는 각각의 칸에 '1'을 표시한다.

	$\overline{C}$	C
$\overline{A}\overline{B}$	1	
$\overline{A}B$		
AB	1	1
$A\overline{B}$	1	

3단계. 인접한 1을 가능한 가장 큰 단위로 묶는다.

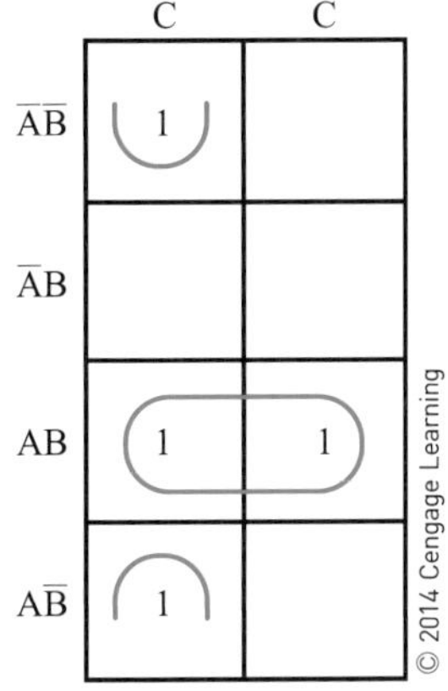

4단계. 표현식당 항을 하나로 하여, 각 묶음에 대한 항을 적는다: AB, $\overline{B}\overline{C}$.

5단계. 간략화된 표현식은 $AB + \overline{B}\overline{C} = Y$이다.

예제 **$\overline{A}BCD + \overline{A}\overline{B}CD + \overline{A}\overline{B}\overline{C}D + A\overline{B}\overline{C}\overline{D} + A\overline{B}\overline{C}D + \overline{A}B\overline{C}D = Y$에 대한 간략화된 표현식을 구하여라.**

1단계. 카르노 도를 그린다. 네 개의 변수 A, B, C가 있으며, 따라서 4변수 도표를 이용한다.

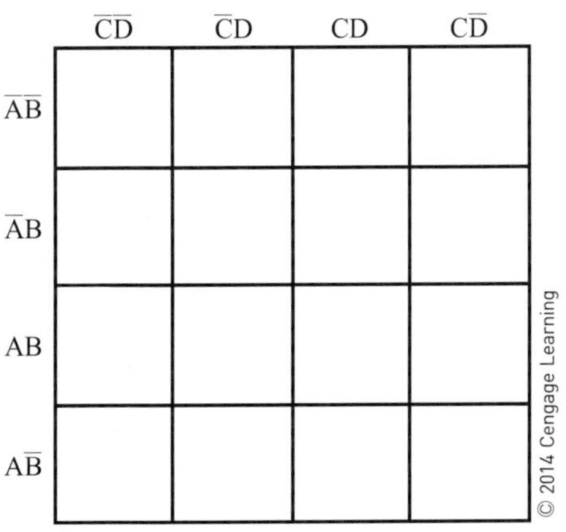

2단계. 각각의 항을 나타내는 각각의 칸에 '1'을 표시한다.

	$\overline{C}\overline{D}$	$\overline{C}D$	CD	$C\overline{D}$
$\overline{A}\overline{B}$		1	1	
$\overline{A}B$		1	1	
AB				
$A\overline{B}$	1	1		

3단계. 인접한 1을 가능한 가장 큰 단위로 묶는다.

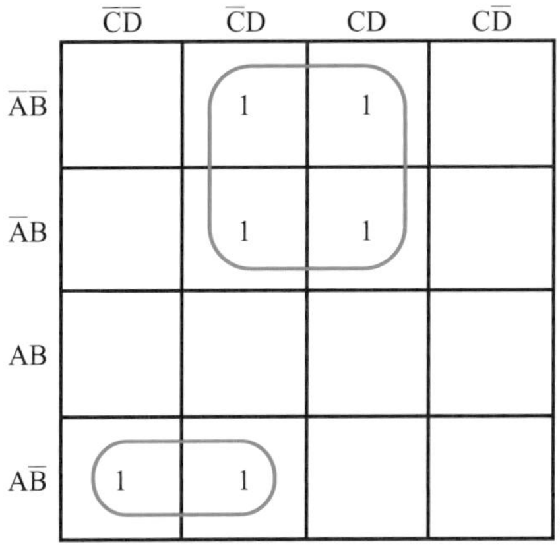

	$\overline{C}\overline{D}$	$\overline{C}D$	CD	$C\overline{D}$
$\overline{A}\overline{B}$		1	1	
$\overline{A}B$		1	1	
AB				
$A\overline{B}$	1	1		

4단계. 표현식당 항을 하나로 하여, 각 묶음에 대한 항을 적는다: $\overline{A}D$, $A\overline{B}\overline{C}$.

5단계. 간략화된 표현식은 $\overline{A}D + A\overline{B}\overline{C} = Y$이다.

30-2 질문

1. 카르노 도의 기능은 무엇인가?
2. 하나의 카르노 도에 몇 개의 변수를 나타낼 수 있는가?
3. 카르노 도를 이용하기 위한 단계를 나열하여라.
4. 베이치 다이어그램을 이용하여 다음 3변수 표현식을 간략화하여라.
   a. $A\overline{B}C + \overline{A}\overline{B}C + AB\overline{C} + A\overline{B}\overline{C} + \overline{A}\overline{B}\overline{C} = Y$
   b. $A\overline{B}C + A\overline{B}\overline{C} + AB\overline{C} + ABC + AB + \overline{A}\overline{B}\overline{C} = Y$
5. 카르노 도를 이용하여 다음 4변수 표현식을 간략화하여라.
   a. $ABCD + A\overline{B}\overline{C}D + \overline{A}BC\overline{D} + \overline{A}\overline{B}\overline{C}D + A\overline{B}\overline{C}\overline{D} + \overline{A}\overline{B}CD + AB\overline{C}\overline{D} = Y$
   b. $A\overline{B} + \overline{A}BD + \overline{B}\overline{C}D + \overline{B}\overline{C} + \overline{A}BCD = Y$

요약

- 베이치 다이어그램은 복잡한 표현식을 가장 단순한 형태로 축소하는 빠르고 쉬운 방법을 제시한다.
- 베이치 다이어그램은 2개, 3개, 또는 4개의 변수로 구성할 수 있다.
- 가장 간략한 논리식은 베이치 다이어그램에서 X를 1개, 2개, 4개, 또는 8개 단위로 묶고 묶인 항을 'OR'로 표시하여 얻는다.
- 베이치 다이어그램과 마찬가지로, 카르노 도도 복잡한 부울(Boolean) 표현식을 가장 단순한 형태로 축소하는 빠르고 쉬운 방법을 제시한다.
- 카르노 도는 2개, 3개, 또는 4개의 변수로 구성할 수 있다.
- 가장 간략한 논리식은 카르노 도에서 X를 1개, 2개, 4개, 또는 8개 단위로 묶고 묶인 항을 'OR'로 표시하여 얻는다.

연습 문제

1. 베이치 다이어그램을 이용하여 논리회로를 간략화하는 절차를 기술하여라.
2. 베이치 다이어그램을 이용하여 다음 부울 표현식을 간략화하여라.
   a. $\bar{A}\bar{B}\bar{C} + A\bar{B}\bar{C} + AB\bar{C} + A\bar{B}C + \bar{A}B\bar{C} = Y$
   b. $\bar{A}B\bar{C} + A\bar{B}C + A\bar{B}\bar{C} + A\bar{B}C + ABC + \bar{A}\bar{B}C = Y$
   c. $\bar{A}BC\bar{D} + A\bar{B}\bar{C}D + \bar{A}CD + A\bar{B}C + \bar{A}\bar{B} + A\bar{B}\bar{C}\bar{D}$ $= Y$
   d. $\bar{A}\bar{B}\bar{C}D + A\bar{B}\bar{C}\bar{D} + A\bar{B}C\bar{D} + A\bar{B}\bar{C}D + A\bar{B}CD +$ $\bar{A}\bar{B}CD + ABCD = Y$
   e. $A\bar{B}\bar{C}\bar{D} + \bar{A}\bar{B}\bar{C}\bar{D} + \bar{A}B\bar{C}D + \bar{A}\bar{B}CD + \bar{A}BCD +$ $\bar{A}\bar{B}CD + AB\bar{C}\bar{D} + ABC\bar{D} + A\bar{B}C\bar{D} = Y$
3. 카르노 도를 이용하여 논리회로를 간략화하는 절차를 기술하여라.
4. 카르노 도를 이용하여 다음 부울 표현식을 간략화하여라.
   a. $\bar{A}\bar{B}\bar{C} + A\bar{B}\bar{C} + AB\bar{C} + A\bar{B}C + \bar{A}B\bar{C} = Y$
   b. $\bar{A}B\bar{C} + A\bar{B}C + A\bar{B}\bar{C} + A\bar{B}C + ABC + \bar{A}\bar{B}C = Y$
   c. $\bar{A}BC\bar{D} + A\bar{B}\bar{C}D + \bar{A}CD + A\bar{B}C + \bar{A}\bar{B} + A\bar{B}\bar{C}\bar{D}$ $= Y$
   d. $\bar{A}\bar{B}\bar{C}D + A\bar{B}\bar{C}\bar{D} + A\bar{B}C\bar{D} + A\bar{B}\bar{C}D + A\bar{B}CD +$ $\bar{A}\bar{B}CD + ABCD = Y$
   e. $A\bar{B}\bar{C}\bar{D} + \bar{A}\bar{B}\bar{C}\bar{D} + \bar{A}B\bar{C}D + \bar{A}\bar{B}CD + \bar{A}BCD +$ $\bar{A}\bar{B}CD + AB\bar{C}\bar{D} + ABC\bar{D} + A\bar{B}C\bar{D} = Y$

31장

순차 논리회로

Sequential Logic Circuits

학습 목표

이 장을 학습하면 다음을 할 수 있다.

- 플립플롭의 기능을 설명할 수 있다.
- 플립플롭의 기본 유형을 설명할 수 있다.
- 플립플롭을 표현하기 위한 기호를 그릴 수 있다.
- 플립플롭이 디지털 회로에서 어떻게 이용되는지 설명할 수 있다.
- 카운터와 시프트 레지스터가 어떻게 작동하는지 설명할 수 있다.
- 다양한 유형의 카운터와 시프트 레지스터를 설명할 수 있다.
- 카운터와 시프트 레지스터를 표현하기 위한 기호를 그릴 수 있다.
- 카운터와 시프트 레지스터의 응용을 설명할 수 있다.

순차 논리회로(sequential logic circuits)는 타이밍 장치 및 기억장치로 구성된 회로이다. 순차 논리회로에 대한 기본 구성 요소는 플립플롭(flip-flop)이다. 플립플롭이 결합하여 카운터와 시프트 레지스터, 메모리를 구성한다.

플립플롭은 멀티바이브레이터라고 하는 디지털 회로 범주에 속한다. 멀티바이브레이터란 두 개의 능동소자로 이루어진 재생 회로이다. 그것은 한 소자가 오프 상태로 있는 동안 다른 장치가 전도하도록 설계되어 있다. 멀티바이브레이터는 2진수를 저장하고 펄스 수를 세고, 산술연산을 동기화하고 디지털 시스템에서 기타 필수 기능을 수행할 수 있다.

멀티바이브레이터의 유형에는 쌍안정 상태, 단안정 상태, 비안정 상태, 이렇게 세 가지가 있다. 쌍안정 멀티바이브레이터를 플립플롭이라고 부른다.

31-1 플립플롭

플립플롭은 출력이 high 전압(1) 또는 low 전압(0)인 쌍안정 멀티바이브레이터이다. 트리거라고 하는 입력이 인가될 때까지 출력은 high 또는 low 상태를 유지한다.

기본 플립플롭은 **RS 플립플롭**(RS flip-flop)이다. 그것은 두 개의 교차 연결 게이트 NOR 또는 NAND에 의해 구성된다(그림 31-1). RS 플립플롭은 두 개의 출력 Q와 $\overline{Q}$, 두 개의 제어 입력 R(Reset)과 S(Set)을 갖는다. 출력은 항상 서로 반대 또는 보수이다. 즉, Q = 1이면 $\overline{Q} = 0$

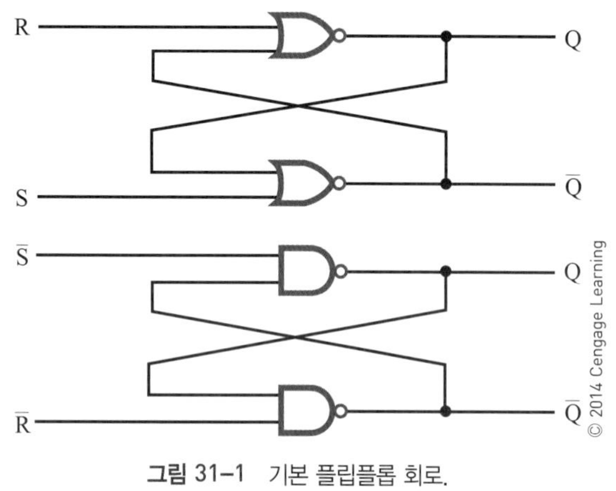

그림 31–1 기본 플립플롭 회로.

이고, 그 반대도 마찬가지이다.

회로의 작동을 이해하기 위해 출력 Q와 입력 R, 입력 S가 모두 low라고 가정한다. 출력 Q의 low가 게이트 2의 입력 중 하나에 연결된다. 입력 S는 low이다. 게이트 2의 출력은 high이다. 이 high는 게이트 1의 입력과 결합하여 출력을 low로 유지한다. 출력 Q가 low이면, 플립플롭은 Reset 상태라고 한다. 게이트 2의 입력 S에 high가 인가될 때까지 이 상태로 영원히 유지된다. 게이트 1의 입력 R이 low이기 때문에 출력은 high로 바뀐다. 출력 Q가 high일 때 플립플롭은 Set 상태라고 말한다. 입력 R에 high가 인가되어 플립플롭을 Reset으로 만들 때까지 Set 상태가 유지된다.

입력 R과 S에 동시에 high가 인가되면 '불법(illegal)' 또는 '불허(unallowed)' 조건이 발생한다. 이 경우 출력 Q와 $\overline{Q}$ 모두 low가 되려고 하는데, 플립플롭 작동의 정의를 위배하지 않고서는 출력 Q와 $\overline{Q}$가 같은 상태가 될 수 없다. 입력 R과 S에서 high가 동시에 제거되면 두 출력 모

입력		출력	
R	S	Q	$\overline{Q}$
0	0	NC	NC
1	0	0	1
0	1	1	0
1	1	0	0

NC = 변화 없음

그림 31–2 RS 플립플롭의 진리표.

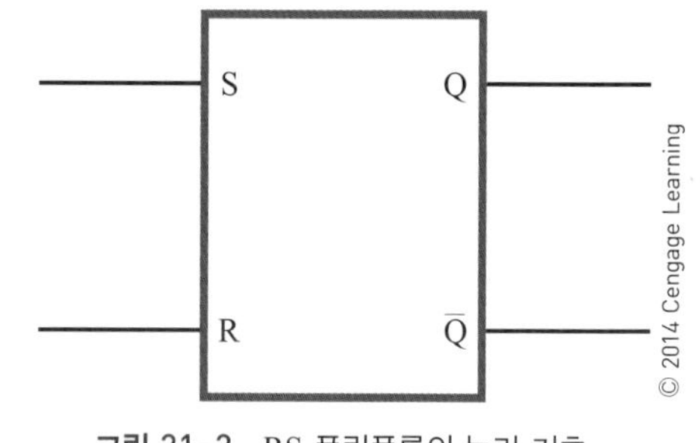

그림 31–3 RS 플립플롭의 논리 기호.

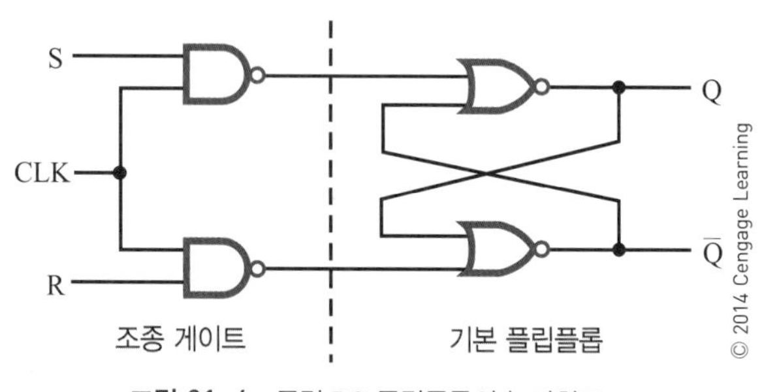

그림 31–4 클럭 RS 플립플롭의 논리회로.

두 high로 가려 할 것이다. 그런데 게이트에 항상 차이가 있기 마련이므로, 한 게이트가 우위를 차지하여 high가 되고 나머지 게이트는 low로 남게 된다. 예측할 수 없는 동작 방식이 존재하므로 플립플롭의 출력 상태를 결정할 수 없게 된다.

그림 31–2는 RS 플립플롭의 동작에 관한 진리표를 보여준다. 그림 31–3은 RS 플립플롭을 표현하기 위해 이용되는 간략화된 기호이다.

또 다른 유형의 플립플롭은 **클럭 플립플롭**(clocked flip–flop)이라고 부른다. 이것은 동작을 위해 추가적 입력이 요구된다는 점에서 RS 플립플롭과 다르다. 제3의 입력은 클럭(clock) 또는 트리거(trigger)라고 한다. 그림 31–4는 클럭 플립플롭의 논리회로를 보여준다. 플립플롭의 어느 한쪽 입력이 high이면 플립플롭이 작동하여 상태가 바뀐다. '조종 게이트(steering gate)'라고 표시된 부분이 클럭 펄스를 어느 한 입력 게이트로 조종 또는 유도한다.

클럭 플립플롭은 클럭 펄스가 있을 때 입력 S와 R의 논리 상태에 의해 제어된다. 클럭 펄스의 상승 에지(leading edge)가 인가될 때만 플립플롭의 상태 변동이 일어난

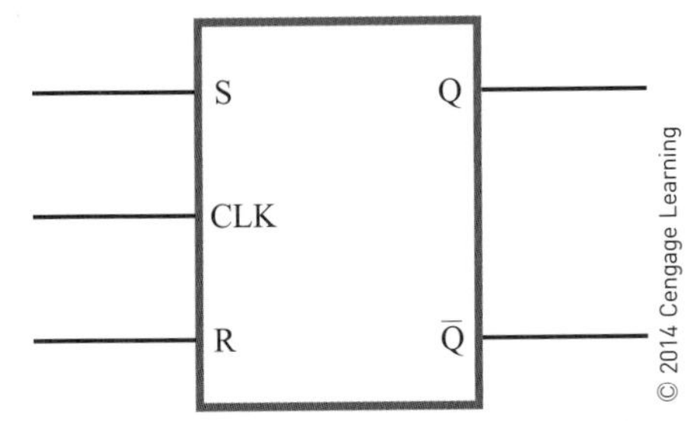

그림 31-5 상승 에지 트리거형 RS 플립플롭의 논리 기호.

다. 클럭 펄스의 상승 에지가 low에서 high로 전환된다. 이는 펄스가 0 전압 수준에서 양의 전압 수준으로 가는 것을 뜻한다. 이것을 상승 에지 트리거형이라고 표현한다(펄스의 에지가 회로를 트리거한다).

클럭 입력이 low이면 플립플롭의 상태에 영향을 주지 않고 입력 S와 R이 바뀔 수 있다. 입력 S와 R의 영향이 느껴지는 때는 클럭 펄스가 발생할 때뿐이다. 이를 동기 작동(synchronous operation)이라고 한다. 플립플롭은 클럭과 보조를 맞춰 작동한다. 각각의 단계가 정확한 순서로 수행되어야 하는 컴퓨터와 계산기에서 동기 작동은 중요하다. 그림 31-5는 상승 에지 트리거형 RS 플립플롭을 표현하기 위한 논리 기호를 보여준다.

한 개의 데이터 비트(1 또는 0)만 저장하는 상황에서는 **D 플립플롭**(D flip-flop)이 유용하다. 그림 31-6은 D 플립플롭의 논리회로를 보여준다. D 플립플롭은 단일한 데이터 입력과 클럭 입력을 갖는다. D 플립플롭은 지연 플립플롭(delay flip-flop)이라고도 부른다. D 입력이 출력(Q)에 이르는 것이 1 클럭 펄스만큼 지연되기 때문이다. 때로는 D 플립플롭이 PS(Preset) 입력과 CLR(Clear) 입력을 갖는다. PS 입력은 0이나 low가 출력 Q에 인가되기 전에 출력 Q를 1로 설정한다. CLR 입력은 0이나 1에 의해 Q 출력이 활성화되면, 그것을 클리어(제거)하여 0으로 만든다.

JK 플립플롭(JK flip-flop)은 가장 널리 이용하는 플립플롭이다. 그것은 다른 유형의 플립플롭이 가진 모든 특징을 갖는다. 그것은 또한 에지에 의해 트리거되어, 능동 클럭 에지에 존재하는 J와 K 입력에서만 데이터를 받아들인다(high에서 low로, 또는 low에서 high로). 그럼으로써 정확한 순간에 J와 K의 입력 데이터를 받을 수 있다. JK 플립플롭의 논리 선도와 기호는 그림 31-7에서 볼 수 있다. J와 K는 입력이다. JK 플립플롭의 중요한 특징은 J와 K 입력이 모두 high이면 반복되는 클럭 펄스가 상태를 바꾸게 한다. 두 개의 비동기 입력 PS와 CLR이 동기 입력과 J와 K 데이터 입력, 클럭 입력에 우선한다. JK 플립플

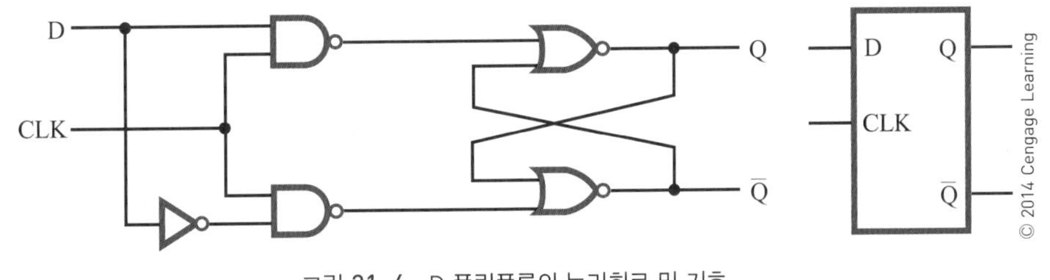

그림 31-6 D 플립플롭의 논리회로 및 기호.

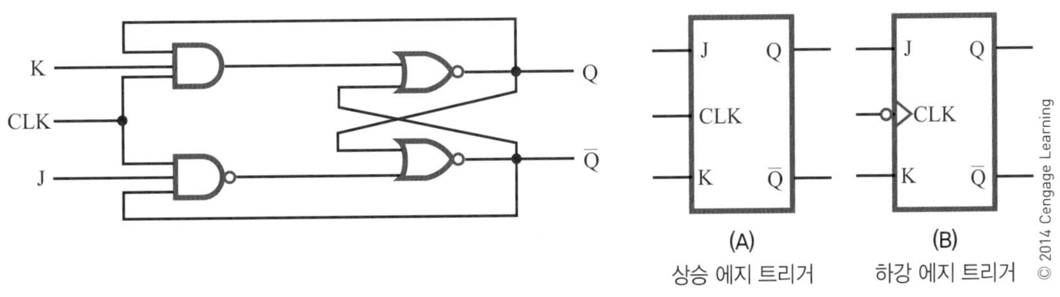

그림 31-7 JK 플립플롭의 논리회로 및 기호.

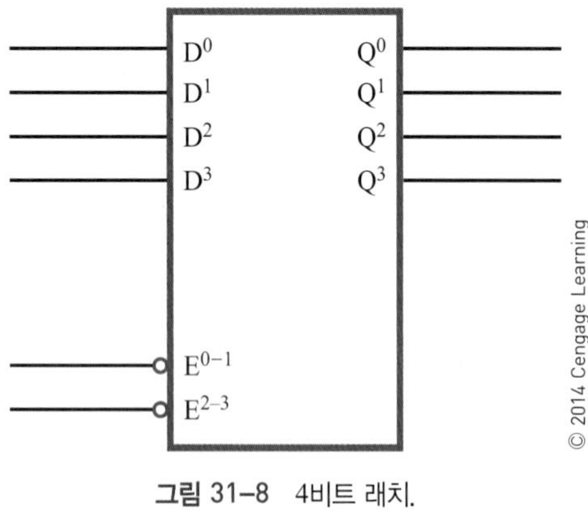

그림 31-8 4비트 래치.

롭은 많은 디지털 회로, 특히 카운터 회로에 널리 이용된다. 카운터는 거의 모든 디지털 시스템에서 찾을 수 있다.

래치(latch)는 임시 버퍼 메모리 역할을 하는 장치이다. 래치는 입력 신호가 제거된 뒤에도 데이터를 유지하기 위해 이용된다. D 플립플롭은 래치 장치의 좋은 예이다. 다른 유형의 플립플롭 역시 이용될 수 있다.

래치는 7세그먼트 표시장치에 입력할 때 이용된다. 입력 신호가 삭제되었을 때, 래치가 없으면 표시되는 정보가 삭제된다. 래치가 있으면 정보가 업데이트될 때까지 표시된다.

그림 31-8은 4비트 래치를 보여준다. 단일 IC 패키지에 네 개의 D 플립플롭이 들어 있다. E(enable) 입력은 D(플립플롭)의 클럭 입력과 유사하다. E(enable) 라인이 low 또는 0으로 내려가면 데이터는 래치된다. 즉, E(enable) 라인이 high나 1일 때 출력은 입력을 따른다. 이는 출력이 입력 상태로 바뀐다는 것이다. 예를 들어 입력이 high이면 출력도 high가 되고, 입력이 low면 출력은 low가 된다. 이런 조건을 **투명 래치**(transparent latch)라고 부른다.

31-1 질문

1. 플립플롭이란 무엇인가?
2. 플립플롭의 종류에는 어떤 것들이 있는가?
3. 클럭 플립플롭이란 무엇을 의미하는가?
4. 동기 입력과 비동기 입력 간에는 어떤 차이가 있는가?
5. 래치란 무엇인가?

31-2 카운터

카운터(counter)는 클럭 입력에 의해 활성화되면 숫자의 열 또는 상태를 세는 논리회로이다. 카운터의 출력은 어떤 주어진 시간에 카운터에 저장된 2진수를 표시한다. 카운터가 카운트를 진행하여 원래 상태로 되돌아가기 전의(재순환) 카운트 수나 상태의 수를 카운터의 **모듈러스**(modulus)라고 한다.

플립플롭은 그림 31-9에서 보이는 것처럼 연결하면

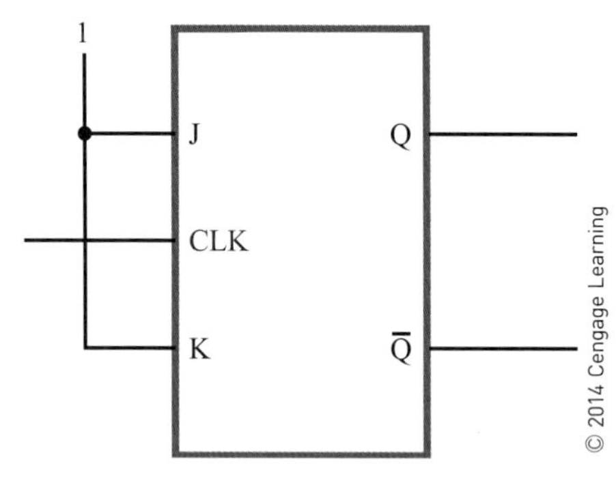

그림 31-9 계수용으로 설정된 JK 플립플롭.

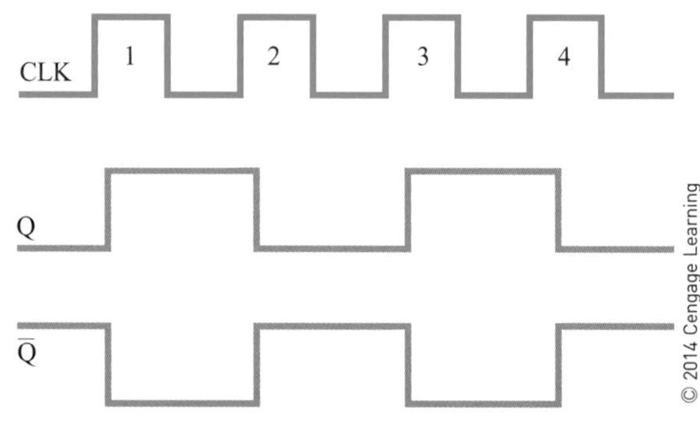

그림 31-10 카운터로 설정된 JK 플립플롭의 입력 및 출력 파형.

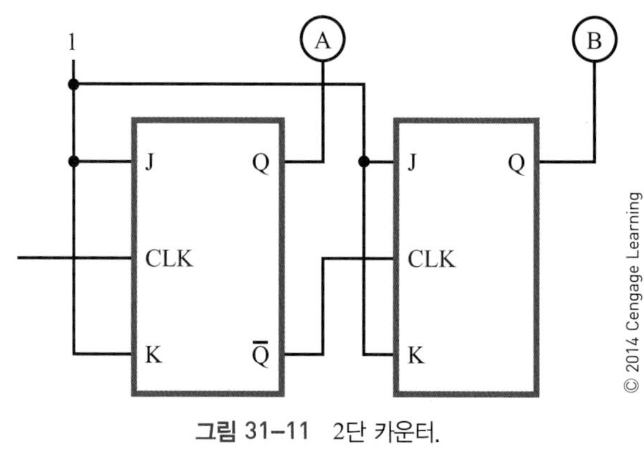

그림 31-11 2단 카운터.

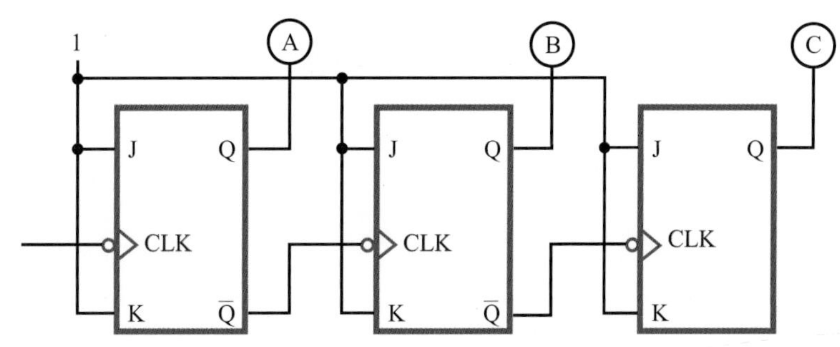

클럭 펄스의 수	2진 카운트 순서			10진 카운트
	C	B	A	
0	0	0	0	0
1	0	0	1	1
2	0	1	0	2
3	0	1	1	3
4	1	0	0	4
5	1	0	1	5
6	1	1	0	6
7	1	1	1	7
8	0	0	0	0

카운트 순서

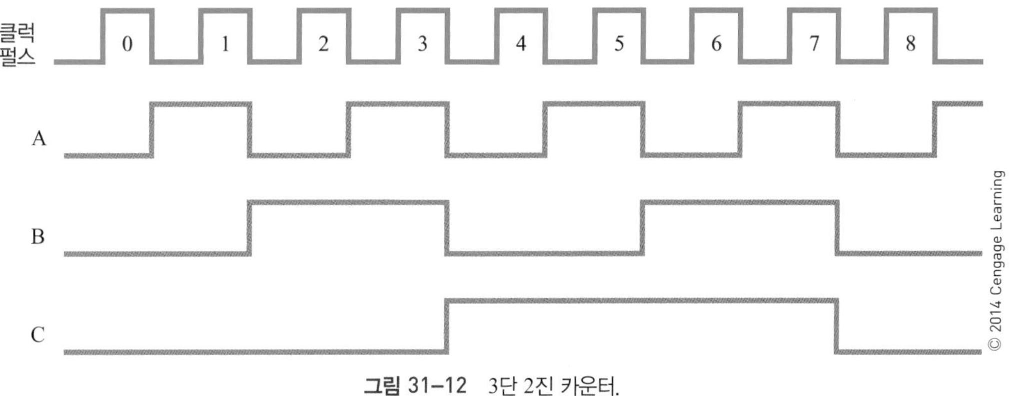

그림 31–12 3단 2진 카운터.

단순한 카운터 역할을 할 수 있다. 플립플롭의 초기값이 리셋(reset)이라고 가정할 경우, 첫 번째 클럭 펄스가 그것을 세트(set)로 만든다(Q = 1). 두 번째 클럭 펄스는 그것을 리셋(reset)으로 만든다(Q = 0). 해당 플립플롭은 세트(set)와 리셋(reset)을 가지므로, 두 개의 클럭 펄스가 발생한 것이다.

그림 31–10은 플립플롭의 출력 파형을 보여준다. 출력 Q가 홀수 클럭 펄스 뒤에는 high(1)이고, 짝수의 클럭 펄스 뒤에는 low(0)라는 데 유의하라. 따라서 출력이 high이면 홀수의 클럭 펄스가 발생한 것이다. 출력이 low이면 클럭 펄스가 없거나 짝수의 클럭 펄스가 발생한 것이다. 이 경우는 어느 것이 발생되었는지 알 수가 없다.

하나의 플립플롭은 제한된 계수열(0 또는 1)을 갖는다. 계수 능력을 증가시키려면 추가적인 플립플롭이 필요하다. 카운터가 존재할 수 있는 2진 상태의 최대수는 카운터 내 플립플롭의 개수에 의해 결정된다. 이것을 다음과 같이 표현할 수 있다.

$$N = 2^n$$

여기서, N = 카운터 상태의 최대수
n = 카운터 내 플립플롭의 수

2진 카운터는 카운터의 배열을 위해 클럭 펄스를 어떻게 이용하느냐에 따라 두 범주에 속한다. 두 범주로는 **비동기식**(asynchronous)과 **동기식**(synchronous)이 있다.

비동기식은 '동시에 일어나지 않음'을 뜻한다. 카운터 작동과 관련하여, 비동기식은 플립플롭이 동시에 상태를 바꾸지 않음을 뜻한다. 이는 클럭 펄스가 각 단계의 클럭 입력에 연결되지 않기 때문이다. 그림 31-11은 비동기 작동을 위해 연결된 2단 카운터를 보여준다. 카운터 내 각각의 플립플롭을 **단**(stage)이라 칭한다.

제1단의 $\overline{Q}$ 출력이 제2단의 클럭 입력에 결합되어 있다는 것을 주목하라. 제2단은 제1단의 출력 전환으로 트리거되는 경우에만 상태가 바뀐다. 플립플롭을 통한 지연 때문에 두 번째 플립플롭은 클럭 펄스가 인가되는 동시에 상태가 바뀌지는 않는다. 따라서 두 플립플롭은 결코 동시에 트리거되지 않으며, 따라서 비동기 작동을 한다.

비동기식 카운터는 일반적으로 **리플 카운터**(ripple counters)라고 불린다. 입력 클럭 펄스를 제1 플립플롭이 먼저 느끼고, 제1 플립플롭을 통한 지연 때문에 그 영향을 제2 플립플롭이 즉시 느끼지 못한다. 다단 카운터에서는 플립플롭마다 지연이 느껴지기 때문에, 입력 클럭 펄스의 영향은 카운터를 통해 '물결처럼' 퍼져나간다. 그림 31-12는 3단 2진 카운터와 각 단에 대한 타이밍 도표를 보여준다. 또한 진리표가 계수열을 보여준다.

동기식이란 '동시에 일어남'을 뜻한다. **동기식 카운터**(synchronous counter)는 각 단에 동시에 클럭 펄스가 인가된다. 이것은 클럭 입력을 카운터의 각 단에 연결함으로써 가능하다(그림 31-13). 동기식 카운터는 또한 각 플립플롭에 병렬로 연결되어 있어서 **병렬 카운터**(parallel counter)라고도 부른다.

동기식 카운터는 다음과 같이 작동한다. 처음에 카운터는 두 플립플롭이 모두 0 상태인 리셋(reset)으로 되어 있다. 첫 번째 클럭 펄스가 인가되면, 첫 번째 플립플롭이 토글되면서 출력이 high가 된다. 두 번째 플립플롭은 입력에서부터 출력 상태의 실질적 변경까지의 지연 때문에 토글되지 않는다. 따라서 두 번째 플립플롭의 출력 상태에 변화가 없다. 두 번째 클럭 펄스가 인가되면, 첫 번째 플립플롭이 토글되며 출력이 low가 된다. 첫 번째 플립플롭으로부터 high의 출력이 있기 때문에, 두 번째 플립플롭이 토글되며 출력이 high가 된다. 네 번의 클럭 펄스 뒤에 카운터는 원래 상태로 돌아간다. 그림 31-14는 2단 동기식 카운터의 이러한 단계들에 대한 타이밍 도표를 보여준다.

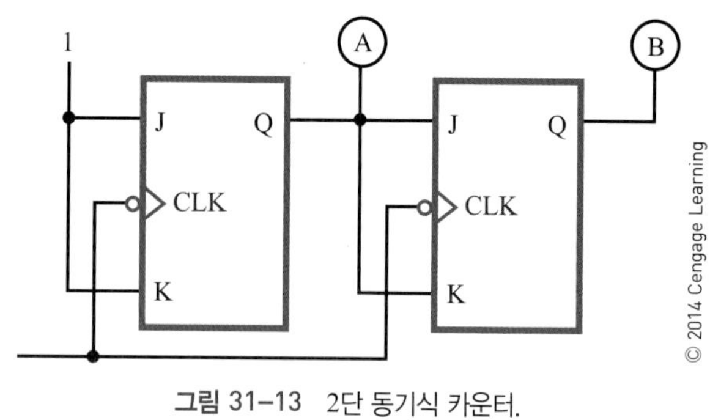

그림 31-13 2단 동기식 카운터.

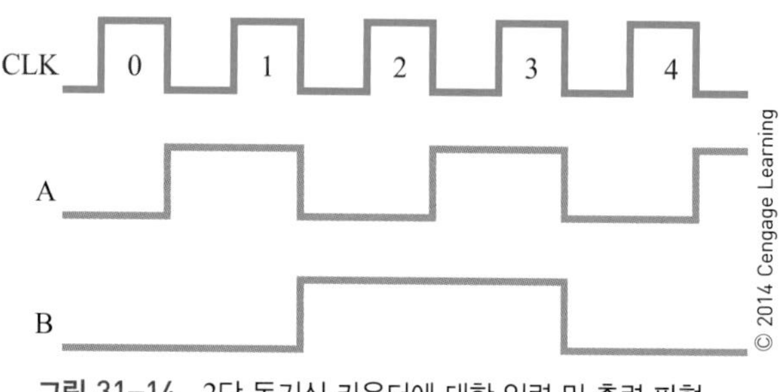

그림 31-14 2단 동기식 카운터에 대한 입력 및 출력 파형.

그림 31-15는 3단 2진 카운터와 타이밍 도표를 보여준다. 그림 31-16은 4단 동기식 카운터와 논리 기호를 보여준다.

카운터의 한 가지 응용은 주파수 분할이다. 하나의 플립플롭은 두 차례의 입력 펄스마다 출력 펄스를 생산한다. 따라서 본질적으로 2로 나눠서 출력이 입력 주파수의 절반이 되는 장치이다. 2단 2진 카운터는 4로 나눠서 출력이 입력 클럭 주파수의 1/4이 되는 장치이다. 4단 2진 카운터는 16으로 나눠서 출력이 입력 클럭 주파수의 1/16이 되는 장치이다(그림 31-17).

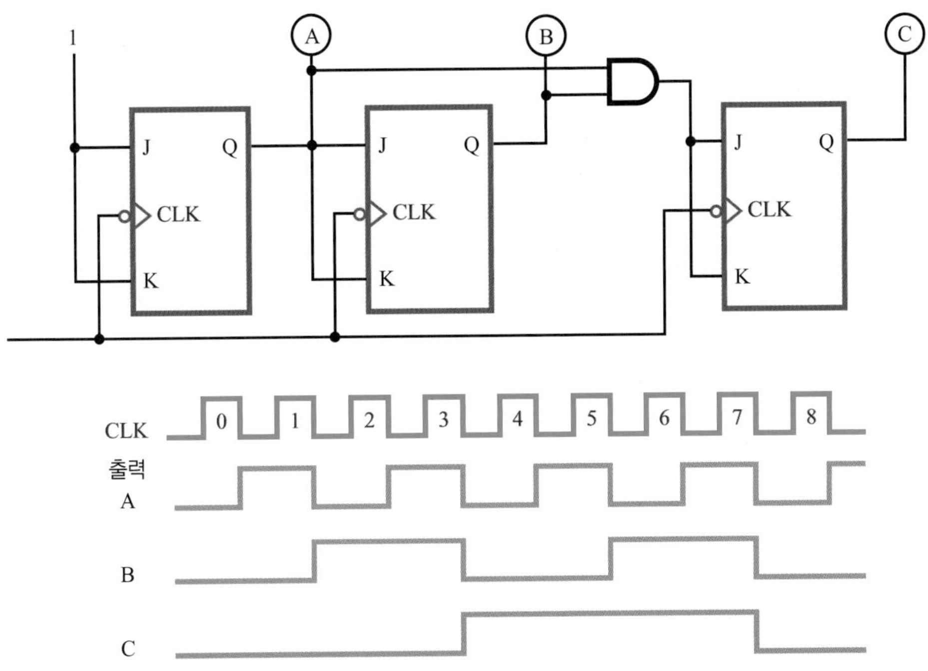

클럭 펄스의 수	2진 카운트 순서			10진 카운트
	C	B	A	
0	0	0	0	0
1	0	0	1	1
2	0	1	0	2
3	0	1	1	3
4	1	0	0	4
5	1	0	1	5
6	1	1	0	6
7	1	1	1	7
8	0	0	0	0

그림 31–15 3단 2진 카운터와 타이밍 도표.

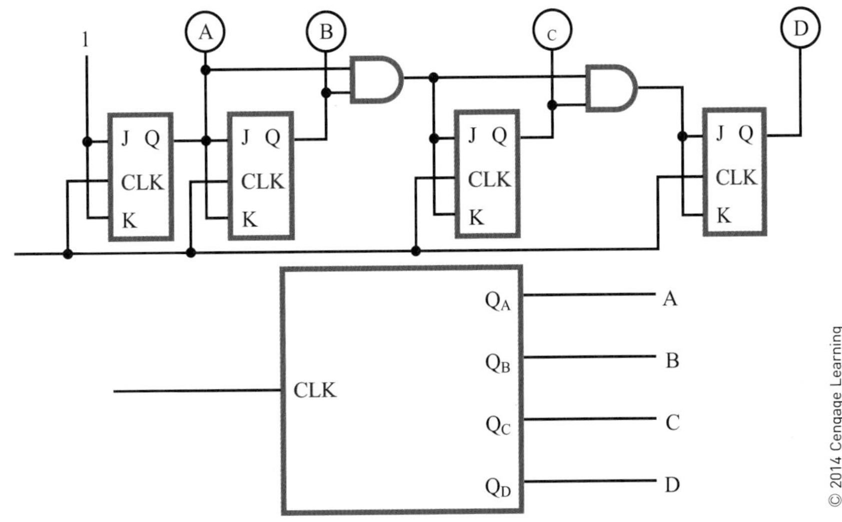

그림 31–16 4단 동기식 카운터의 논리 기호.

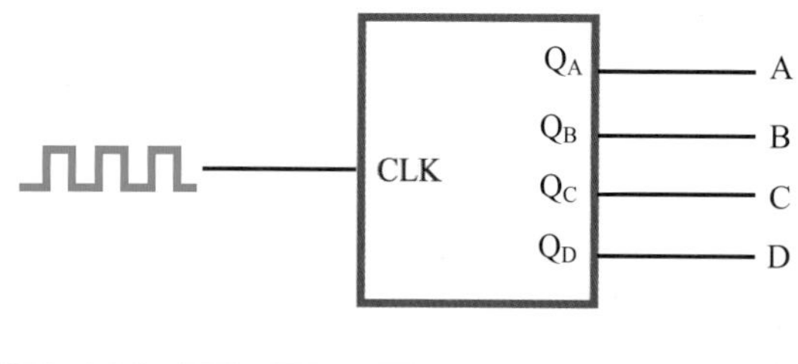

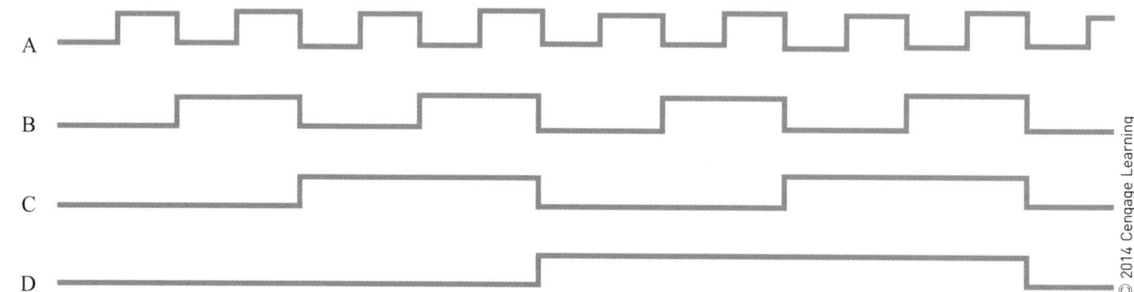

그림 31-17 주파수 분할기로서 카운터.

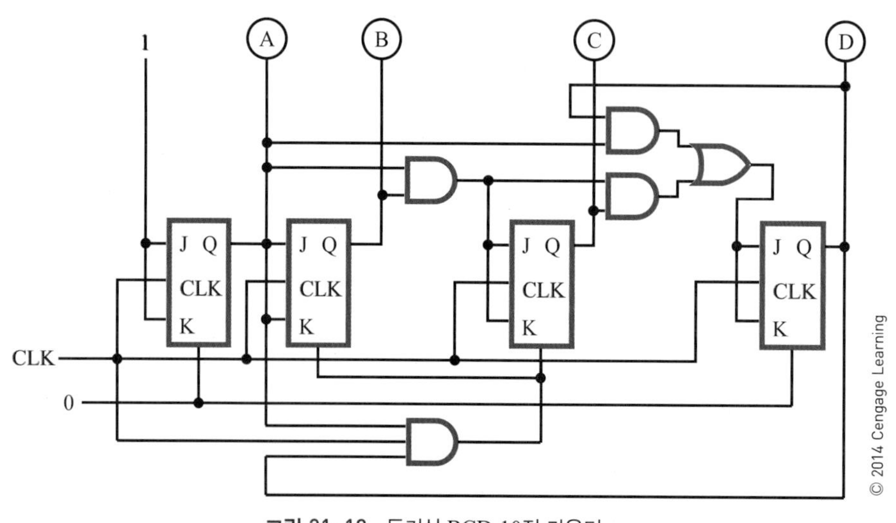

그림 31-18 동기식 BCD 10진 카운터.

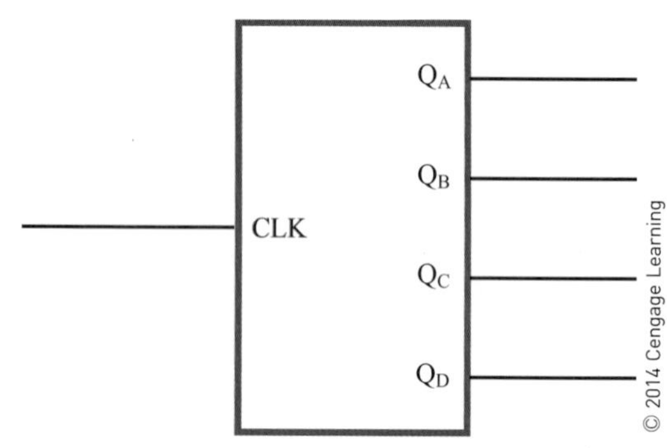

그림 31-19 10진 카운터의 논리 기호.

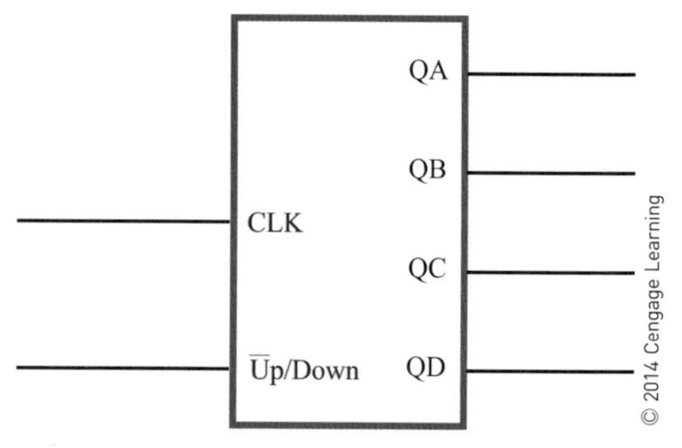

그림 31-20 가역 카운터의 논리 기호.

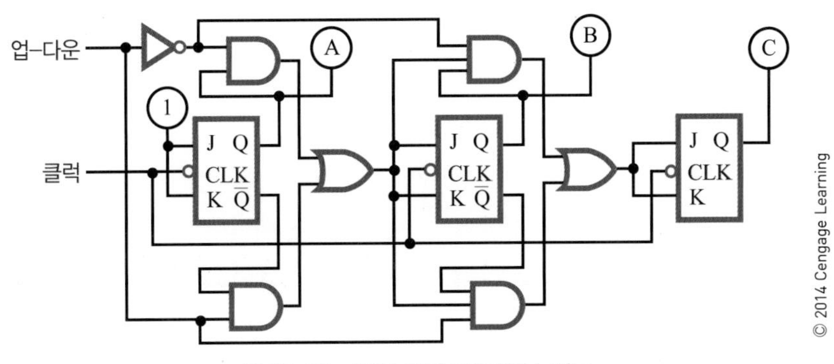

그림 31-21 BCD 가역 카운터의 논리도.

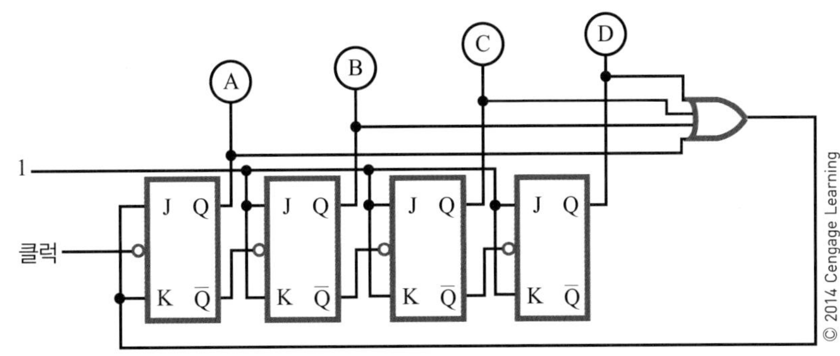

그림 31-22 첫 번째 플립플롭의 JK 입력에 low를 인가하면 토글되는 것을 막아서 계수를 멈춘다.

n단으로 이루어진 2진 카운터는 클럭 주파수를 2^n으로 나눈다. 예를 들어 3단 카운터는 $8(2^3)$로 주파수를 분할하고, 4단 카운터는 $16(2^4)$으로, 5단 카운터는 $32(2^5)$로 분할한다. 카운터의 모듈러스는 분할 계수와 같다는 것에 유의하라.

10진 카운터(decade counters)는 계수열에서 모듈러스 10, 즉, 카운트 순서에서 10개의 상태를 갖는다. 일반적인 10진 카운터는 2진화 10진수 순차를 만들어내는 BCD(8421) 카운터이다(그림 31-18). AND와 OR 게이트는 아홉 번째 상태를 감지하고, 카운터가 다음 클럭 펄스에서 재순환하도록 한다. 10진 카운터의 기호는 그림 31-19에 나타나있다.

업-다운 카운터(up-down counter)는 특정한 순서를 통해 어느 방향으로건 계수할 수 있다. 이 카운터는 또한 양방향 카운터라고 불리기도 한다. 이 카운터는 계수열 어느 지점에서든 반전될 수 있다. 그 기호는 그림 31-20에서 볼 수 있다. 업-다운 카운터는 몇 단으로도 구성될 수 있다. 그림 31-21은 BCD 업-다운 카운터의 논리 선도를 보여준다. JK 플립플롭의 입력은 AND 게이트의 출력이 업(up) 회로인지 다운(down) 회로인지 결정하는 업-다운(up-down) 입력에 의해 활성화된다.

논리 게이트 또는 논리 게이트의 조합을 이용하여 어느 계수열 뒤에라도 카운터를 정지시킬 수 있다. 게이트의 출력은 리플 카운터에서 첫 번째 플립플롭의 입력으로 궤환된다. 만일 첫 번째 플립플롭의 JK 입력에 0이 궤환되면(그림 31-22), 첫 번째 플립플롭이 토글되는 것을 막아서 계수가 중단된다.

31-2 질문

1. 카운터는 어떤 기능을 수행하는가?
2. 8단 카운터에서 몇 개의 계수열이 사용 가능한가?
3. 비동기식 카운터는 어떻게 작동하는가?
4. 동기식 카운터는 비동기식 카운터와 어떻게 다른가?
5. 원하는 지점에서 어떻게 카운터를 정지시킬 수 있는가?

31-3 시프트 레지스터

시프트 레지스터(shift register)는 데이터를 임시 저장하기 위해 널리 이용되는 순차 논리회로이다. 병렬 또는 직렬 형식으로 데이터를 시프트 레지스터에 입력하거나 삭제할 수 있다. 그림 31-23은 시프트 레지스터에 대한 네 가지 데이터 입출력 방법을 보여준다. 한 번에 1비트씩 데이터를 한 저장 매체에서 다른 저장 매체로 옮길 수 있는 특징 때문에, 시프트 레지스터는 다양한 논리 연산을 수행하는 데 있어서 유용하다.

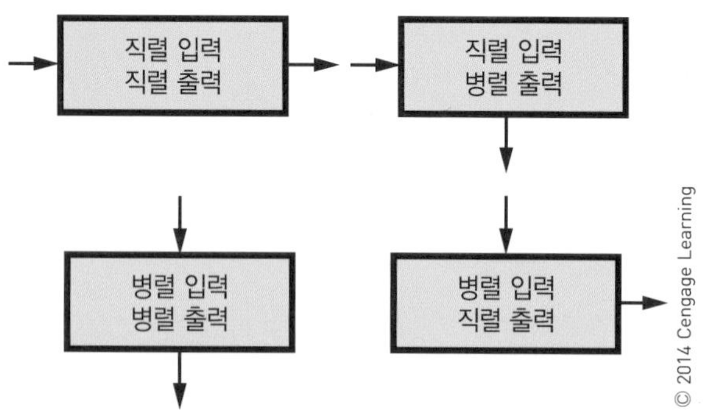

그림 31-23 시프트 레지스터에 대한 데이터 입출력 방법.

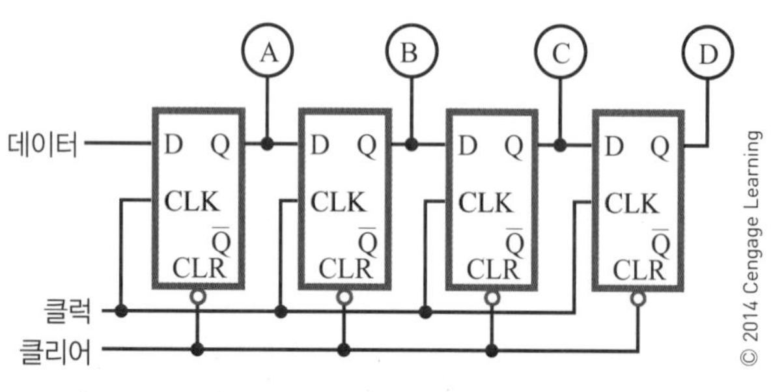

그림 31-24 네 개의 플립플롭으로 구성된 시프트 레지스터.

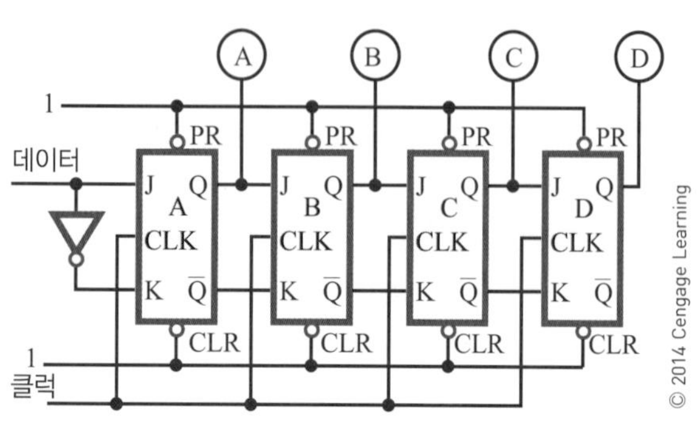

그림 31-25 JK 플립플롭으로 구성된 전형적인 시프트 레지스터.

시프트 레지스터는 플립플롭을 함께 연결한 구조이다. 플립플롭은 레지스터가 필요로 하는 모든 기능을 가지며, 리셋(reset)되거나, 프리셋(preset)되거나, 토글되거나, 1 또는 0 레벨로 조정할 수 있다. 그림 31-24는 네 개의 플립플롭으로 만든 기본적인 시프트 레지스터를 보여준다. 이것은 네 개의 2진 저장 소자로 구성되기 때문에 4비트 시프트 레지스터라고 부른다. 이 시프트 레지스터의 중요한 특징 중 하나는 데이터를 왼쪽이나 오른쪽으로 여러 비트를 옮길 수 있다는 점이다. 이것은 특정 계수로 숫자를 곱하거나 나누는 것과 같은 효과이다. 각각의 입력 클럭 펄스에 대하여 데이터가 한 번에 1비트 자리만큼 옮겨진다. 클럭 펄스는 전체 시프트 레지스터 작동을 제어한다.

그림 31-25는 JK 플립플롭으로 구성된 전형적인 4비트 시프트 레지스터를 보여준다. 직렬 데이터와 그 보수

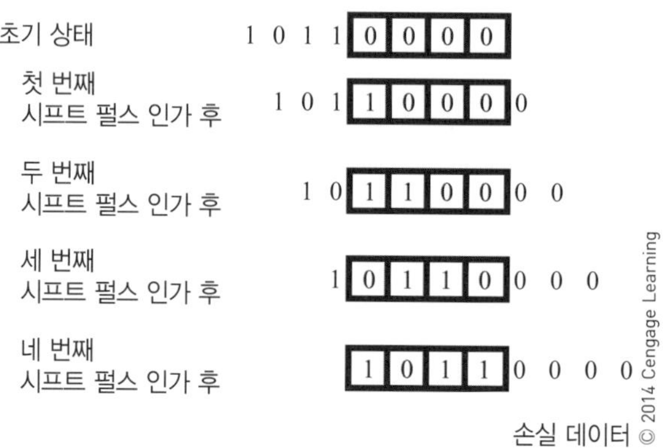

그림 31-26 시프트 레지스터에 숫자를 저장하는 단계.

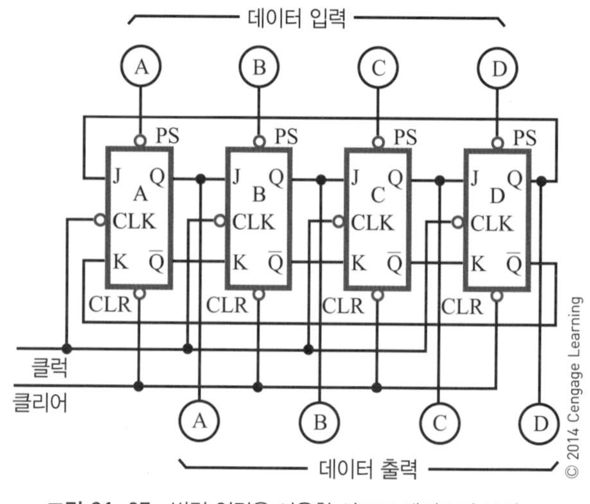

그림 31-27 병렬 입력을 이용한 시프트 레지스터 부하.

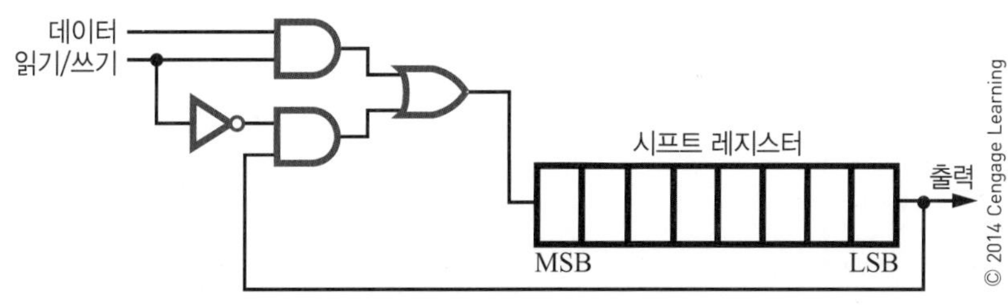

그림 31-28 데이터를 유지하고 판독하기 위한 시프트 레지스터 회로.

가 A 플립플롭의 JK 입력에 인가된다. 다른 플립플롭은 하나의 출력이 다음 입력에 연결된 종속적 연결구조를 갖는다. 모든 플립플롭의 토글은 함께 연결되며, 클럭 펄스가 이 라인에 인가된다. 모든 플립플롭이 동시에 토글되므로 이는 동기식 회로이다. 또한 각 플립플롭의 클리어 입력이 함께 연결되어 리셋 라인을 구성한다. 입력에 인가되는 데이터는 플립플롭을 통해 각 클럭 펄스당 1비트 자리씩 이동된다. 예를 들어 2진수 1011이 시프트 레지스터의 입력에 인가되고 시프트 펄스가 인가되면, 시프트 레지스터에 저장된 수는 외부에서 숫자가 이동되어 들어오는 동안 밖으로 이동되어 소실된다. 그림 31-26은 시프트 레지스터에 숫자를 저장하기 위한 단계들의 순서를 보여준다.

시프트 레지스터의 가장 일반적인 응용 중 하나는 직렬에서 병렬로 또는 병렬에서 직렬로 데이터의 변환이다. 그림 31-27은 시프트 레지스터에 어떻게 병렬 입력이 부하될 수 있는지 보여준다. 병렬 연산을 위해 입력 데이터가 시프트 레지스터로 미리 저장된다. 앞서 말한 것처럼, 일단 시프트 레지스터에 있는 데이터는 직렬로 나올 수 있다.

직렬에서 병렬 데이터 변환의 경우, 클럭 펄스가 주어지면 데이터가 시프트 레지스터로 이동된다. 일단 데이터가 시프트 레지스터로 들어오면, 개별 플립플롭의 출력이 동시에 감시되고 데이터는 목적지로 이동하게 된다.

시프트 레지스터는 곱셈이나 나눗셈 같은 수학적 연산을 수행할 수 있다. 시프트 레지스터에 저장된 2진수를 오른쪽으로 이동하면 그 수를 2의 승수로 나눈 것과 같은 효과를 갖는다. 반면 시프트 레지스터에 저장된 2진수를 왼쪽으로 이동하면, 2의 승수로 그 수를 곱하는 것과 같은 효과를 갖는다. 시프트 레지스터는 숫자의 곱셈과 나눗셈을 수행하는 간단하고 저렴한 수단이다.

시프트 레지스터는 종종 임시 저장을 위해서 이용되며, 여러 개의 2진수를 저장할 수 있다. 이런 응용을 위해서는 3가지 요건이 있다. 첫째, 데이터를 수용하고 저장할 수 있어야 한다. 둘째, 명령에 따라 데이터를 검색하거나 판독할 수 있어야 한다. 셋째, 데이터를 읽을 때 손실이 없어야 한다. 그림 31-28은 시프트 레지스터가 저장된 데이터를 읽고 유지할 수 있도록 하기 위해 요구되는 외부 회로를 보여준다. 읽기/쓰기 라인이 high일 때 새로운 데이터를 시프트 데이터에 저장할 수 있다. 일단 데이터가 저장되면, 읽기/쓰기 라인이 low가 되고 게이트 2가 활성화되어 데이터를 판독하는 동안 데이터가 재순환하게 된다.

31-3 질문

1. 시프트 레지스터의 기능은 무엇인가?
2. 시프트 레지스터의 중요한 특징은 무엇인가?
3. 시프트 레지스터는 무엇으로 구성되는가?
4. 시프트 레지스터의 일반적 응용에는 어떤 것이 있는가?
5. 시프트 레지스터는 어떤 수학적 연산을 수행할 수 있으며, 어떻게 수행하는가?

31-4 메모리

메모리(memory)는 디지털 데이터를 임시 또는 영구적으로 저장하는 기능을 한다. 저장된 데이터가 디지털 시스템에서 사용되는 방식이 다양하기 때문에, 저마다 특별한 용도로 설계된 다양한 메모리가 발전해 왔다.

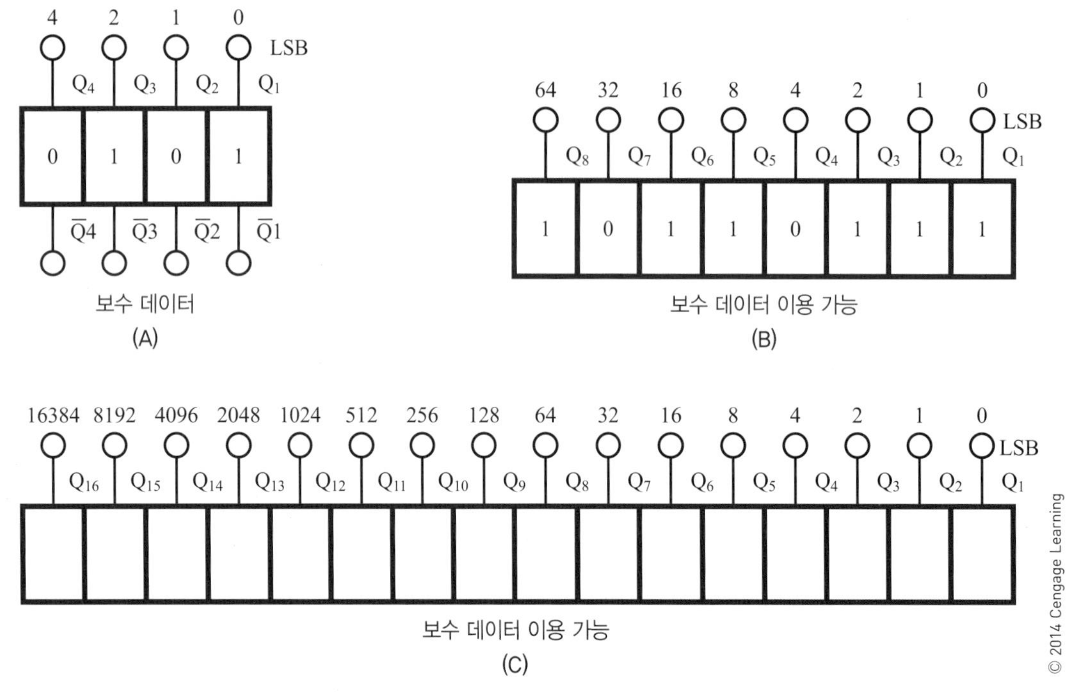

그림 31-29 4, 8, 16비트 레지스터 회로.

메모리는 저장 레지스터로 구성된다. 저장 레지스터는 프로그램이나 데이터 같은 디지털 데이터를 단기간 동안 디지털 시스템에 저장한다. 플립플롭은 저장 레지스터의 기본 구성 요소이다.

4비트 레지스터는 **니블**(nibble)이라고 하는 네 개의 비트를 저장하고, 8비트 레지스터는 **바이트**(byte)라고 부르는 여덟 개의 비트를 저장하며, 더 큰 레지스터는 **워드**(word)를 저장한다. 일반적인 워드 크기는 16, 32, 64, 128비트이다. 그림 31-29에 4, 8, 16비트의 레지스터 회로가 나타나 있다. Q 출력을 봄으로써, 어떤 레지스터에서나 저장된 데이터의 상태를 점검할 수 있다. Q̄ 출력을 보면 보수 데이터 역시 이용할 수 있다.

그림 31-30은 대용량 메모리 구성에 데이터가 어떻게 저장되는지 보여준다. 1 또는 0을 저장할 수 있는 소자들의 행렬이 구체적인 주소로 디코더가 찾을 수 있는 워드로 구성된다.

메모리가 통합된 회로(메모리칩)를 만드는 데 이용되는 기술은 양극성(또는 transistor to transistor logic; TTL) 또는 MOS(metal-oxide semiconductor) 트랜지스터에 기초한다. 양극성 메모리는 MOS 메모리보다 빠르지만, MOS 메모리가 더 높은 밀도로 포장이 가능하여 양극성 메모리에 필요한 것과 동일한 면적에서 더 많은 메모리 장소를 제공해 준다.

데이터는 임의접근 메모리 RAM과 읽기전용 메모리 ROM, 이렇게 두 종류의 메모리에 디지털로 저장된다. **RAM**(random access memory)은 프로그램과 데이터, 제어 정보 등의 임시 저장을 위해 이용된다. 그것은 저장된 데이터에 임의접근을 제공하여 모든 저장 장소에 동일한 시간에 도달하게 된다. RAM은 데이터를 읽고 쓰는 기능을 모두 갖는다. 또한 휘발성이어서 전원이 끊어지면 저장된 데이터가 손실된다.

RAM은 정적 RAM과 동적 RAM, 이렇게 두 가지 종류가 있다. **정적 RAM**(static RAM; SRAM)은 쌍안정 회로를 저장 소자로 이용하며, 전원이 제거되면 데이터가 소실된다. **동적 RAM**(dynamic RAM; DRAM)은 커패시터를 이용해 데이터를 저장한다는 점에서 다르다. 이 RAM의 단점은 시간이 지나면서 커패시터가 방전되기 때문에 저장된 데이터를 유지하려면 주기적으로 충전이나 재생을

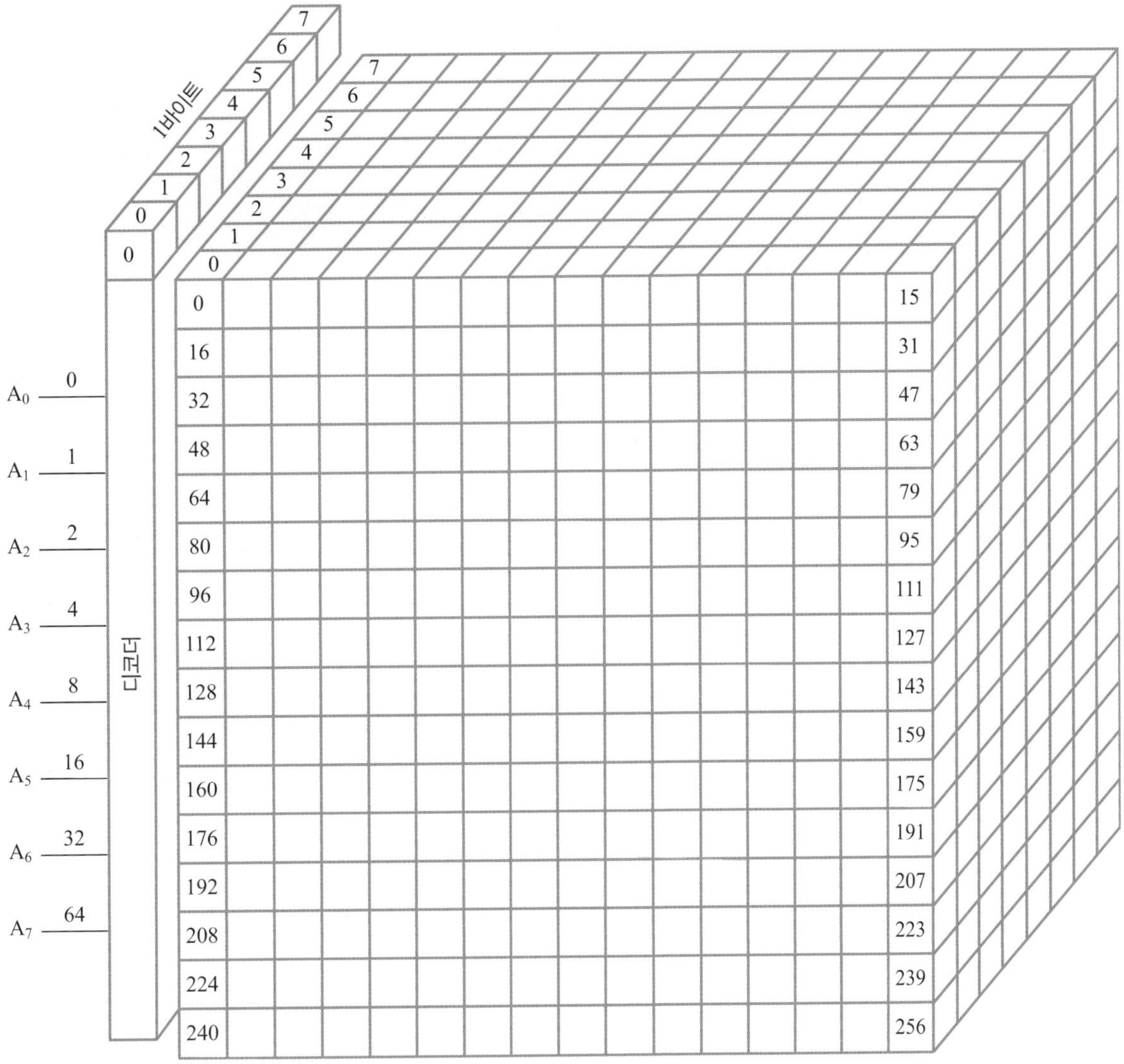

그림 31-30 대용량 메모리 배열(8비트).

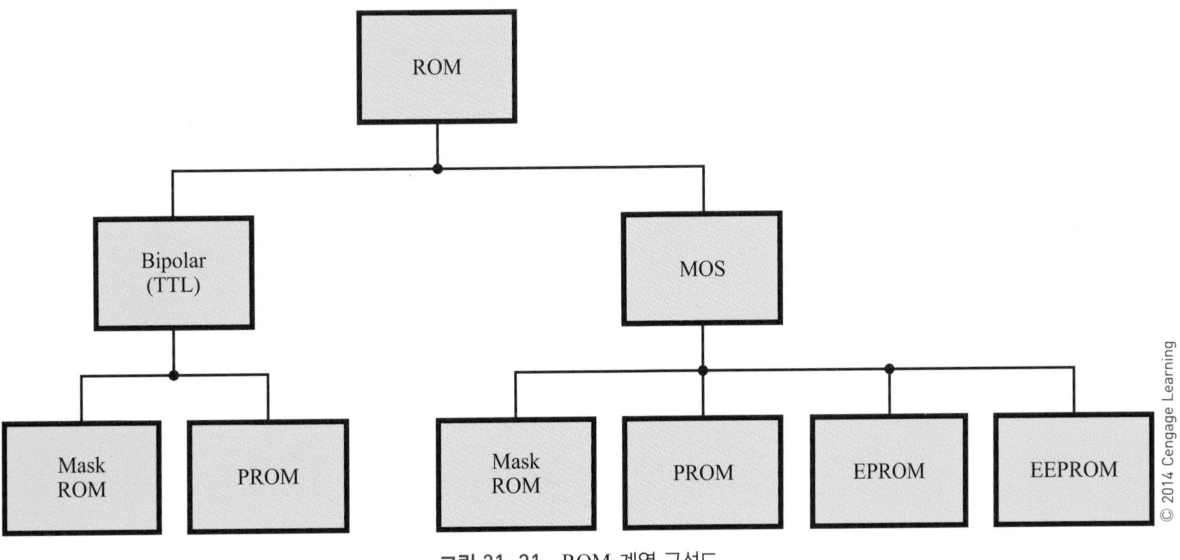

그림 31-31 ROM 계열 구성도.

해줘야 한다는 것이다. 추가적인 지원 회로가 필요하지만, SRAM은 여전히 저렴하고 밀도도 높아 필요한 회로판 면적을 줄여준다.

읽기전용 메모리 ROM(read-only memory)은 데이터를 영구 저장할 수 있고 언제든 메모리에서 데이터를 읽을 수 있으나 데이터를 입력할 수는 없다. ROM은 비휘발성 메모리로 간주된다. 전원을 제거해도 저장된 데이터는 유지된다. ROM은 생산 중에 영구 ROM으로 또는 사용자가 교체할 수 있도록 프로그램될 수 있으나, 쉽게 변경할 수 없으며 버너(burner)라고 하는 특수 장치가 요구된다.

그림 31-31은 ROM 계열 구성도를 보여준다. 생산 과정에서 마스크를 프로그래밍하는 과정이 있다. 생산 중에 마스크를 통해 트랜지스터-이미터 연결이 이루어지거나 이루어지지 않을 수 있다. 마스크는 프로그래밍을 한다.

프로그램 가능 읽기전용 메모리(Programmable ROM; PROM)는 생산된 후에 프로그램 할 수 있다. PROM에 가용성 링크를 끊어서 프로그램을 입력할 수 있다. 처음에는 모든 이미터 링크가 모든 저장 장소에 1로 연결된다. 0이 나타나는 이미터 링크는 높은 전류 서지로 끊어서 연다. PROM은 재프로그램 할 수 없다.

전기소거식 프로그램 가능 ROM(electrically erasable PROM; EEPROM)은 프로그램 할 수도 있고 전하를 이용하여 삭제할 수도 있다. 고전압(약 21볼트)을 인가함으로써, 1바이트 또는 전체 칩을 1,000분의 10초 만에 삭제할 수 있다. 삭제는 회로 내의 칩으로 이루어진다. EEPROM은 텔레비전 위성 시스템의 고객 가이드처럼 데이터를 나중에 사용하기 위해 보존할 필요가 있을 때 이용된다.

31-4 질문

1. 메모리란 무엇인가?
2. 메모리 칩을 만들기 위해 이용되는 두 가지 기술은 무엇인가?
3. 메모리의 두 가지 종류는 무엇인가?
4. '휘발성'이라는 말은 무엇을 뜻하는가?
5. EPROM 메모리를 마스크 ROM으로 변환하는 것이 이로울 수 있는 상황을 기술하여라.

요약

- 플립플롭은 출력이 high이거나 low인 쌍안정 멀티바이브레이터이다.
- 플립플롭의 유형에는 다음과 같은 것들이 포함된다.
  - RS 플립플롭
  - 클럭 RS 플립플롭
  - D 플립플롭
  - JK 플립플롭
- 플립플롭은 카운터 같은 디지털 회로에 이용된다.
- 래치는 임시 버퍼 메모리이다.
- 카운터는 숫자열이나 상태를 셀 수 있는 논리회로이다.
- 단일 플립플롭은 0 또는 1의 계수열을 만든다.
- 카운터가 가질 수 있는 2진 상태의 최대수는 카운터에 포함된 플립플롭의 수에 의해 결정된다.
- 카운터는 비동기식이거나 동기식일 수 있다.
- 비동기식은 리플 카운터라도 불린다.
- 동기식은 모든 단에 동시에 클럭 펄스를 인가한다.
- 시프트 레지스터는 데이터를 임시로 저장하기 위해 이용된다.
- 시프트 레지스터는 함께 연결된 플립플롭으로 구성된다.
- 시프트 레지스터는 데이터를 왼쪽이나 오른쪽으로 이동할 수 있다.
- 시프트 레지스터는 직렬에서 병렬, 병렬에서 직렬 데이터 변환을 위해 이용된다.
- 시프트 레지스터는 곱셈과 나눗셈을 수행할 수 있다.
- 메모리는 데이터를 임시 또는 영구적으로 저장한다.
- 메모리는 시프트 레지스터로 구성된다.
- 4비트 레지스터는 니블을 저장한다.
- 8비트 레지스터는 바이트를 저장한다.
- 16비트 레지스터는 워드를 저장한다.

- 양극성 메모리가 MOS 메모리보다 빠르다.
- MOS 메모리는 더 높은 밀도로 포장이 가능해서 양극성 메모리와 동일한 면적에서 더 많은 기억 장소를 제공한다.
- 데이터는 두 종류의 메모리에 저장되며, 그 종류에는 임의접근 메모리(RAM)와 읽기전용 메모리(ROM)가 있다.
- RAM은 두 종류가 있으며, 그 종류에는 정적 RAM(SRAM)과 동적 RAM(DRAM)이 있다.
- 프로그램 가능 읽기전용 메모리(PROM)는 생산 후에 프로그램할 수 있다.
- 전기소거식 PROM(EEPROM)은 전하를 이용하여 프로그램하고 삭제할 수 있다.

연습 문제

1. RS 플립플롭이 Q 출력의 high에서 $\overline{Q}$ 출력의 high로 어떻게 상태를 바꾸는지 설명하여라.
2. D 플립플롭과 클럭 RS 플립플롭의 주된 차이는 무엇인가?
3. 카운터는 어떤 구성 요소로 이루어지며, 어떻게 구성되는가?
4. 10까지 센 다음 반복하는 카운터의 회로도를 그려라.
5. 시프트 레지스터는 카운터와 어떻게 다른가?
6. 시프트 레지스터를 어떤 기능 또는 응용으로 사용할 수 있는가?
7. 비트, 니블, 바이트, 워드를 정의하여라.
8. 보수 데이터(complementary data)란 무엇을 의미하는가?
9. MOS 메모리 또는 쌍극 메모리의 장점은 무엇인가?
10. 정적 RAM과 동적 RAM의 차이는 무엇인가?
11. RAM과 ROM의 차이는 무엇인가?
12. 재프로그램할 수 있는 ROM에는 어떤 것이 있는가?

32 장

조합 논리회로

Combinational Logic Circuits

학습 목표

이 장을 학습하면 다음을 할 수 있다.

- 인코더, 디코더, 멀티플렉서, 가산기, 감산기, 비교기의 기능을 설명할 수 있다.
- 인코더, 디코더, 멀티플렉서, 가산기, 감산기, 비교기의 도식 기호를 식별할 수 있다.
- 조합 논리회로를 적용할 수 있는 분야를 이해할 수 있다.
- 서로 다른 조합 논리회로의 진리표를 전개할 수 있다.

32-1 인코더
32-2 디코더
32-3 멀티플렉서
32-4 산술회로
32-5 프로그램 가능 논리 장치

조합 논리회로(combinational logic circuits)는 매우 복잡한 회로를 만들기 위해 기본적인 AND 게이트, OR 게이트, 인버터 등을 조합하여 구성한 회로이다. 조합 논리회로의 출력은 입력의 상태, 사용된 게이트 형태, 그리고 게이트의 상호연결에 의해 결정된다. 조합회로의 가장 일반적인 형태는 디코더, 인코더, 멀티플렉서, 그리고 산술회로 등이다.

32-1 인코더

인코더(encoder)는 하나 또는 다수의 입력을 받아들이고 2진 멀티비트를 출력하는 조합 논리회로이다. 인코딩은 입력으로서의 어떤 키보드 문자나 숫자를 2진수나 BCD 형태의 코드화된 출력으로 변환하는 과정이다.

그림 32-1은 **10진-2진 인코더**(decimal to binary encoder)를 보여준다. 이것의 기능은 0부터 9까지의 단일 숫자를 입력으로 받아 4비트 코드의 숫자로 나타내는 것이다. 이것은 10라인 대 4라인 인코더라고도 한다. 즉 키보드로 숫자 4를 입력하면 라인 4에 low값이나 0이 입력되고, 출력으로 4비트 코드 0100을 발생시킨다.

그림 32-2는 **10진-2진 우선순위 인코더**(decimal to binary priority encoder)를 보여준다. 주요 기능은 동시에 두 개의 입력이 주어질 때 인코더는 입력을 표시하는 최상위 10진수에 대해 BCD 출력을 발생시킨다. 예를 들어, 5와 2가 적용된다면 BCD 출력은 1010 또는 5의 역이다. 이러한 형태의 인코더는 하나의 집적회로 내에 내장된 약 30개

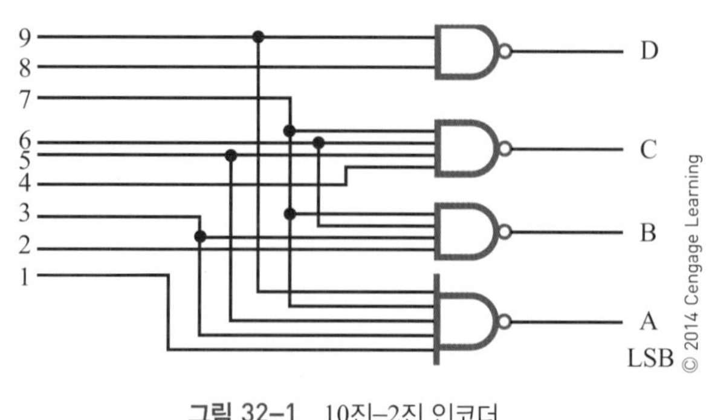

그림 32-1 10진-2진 인코더.

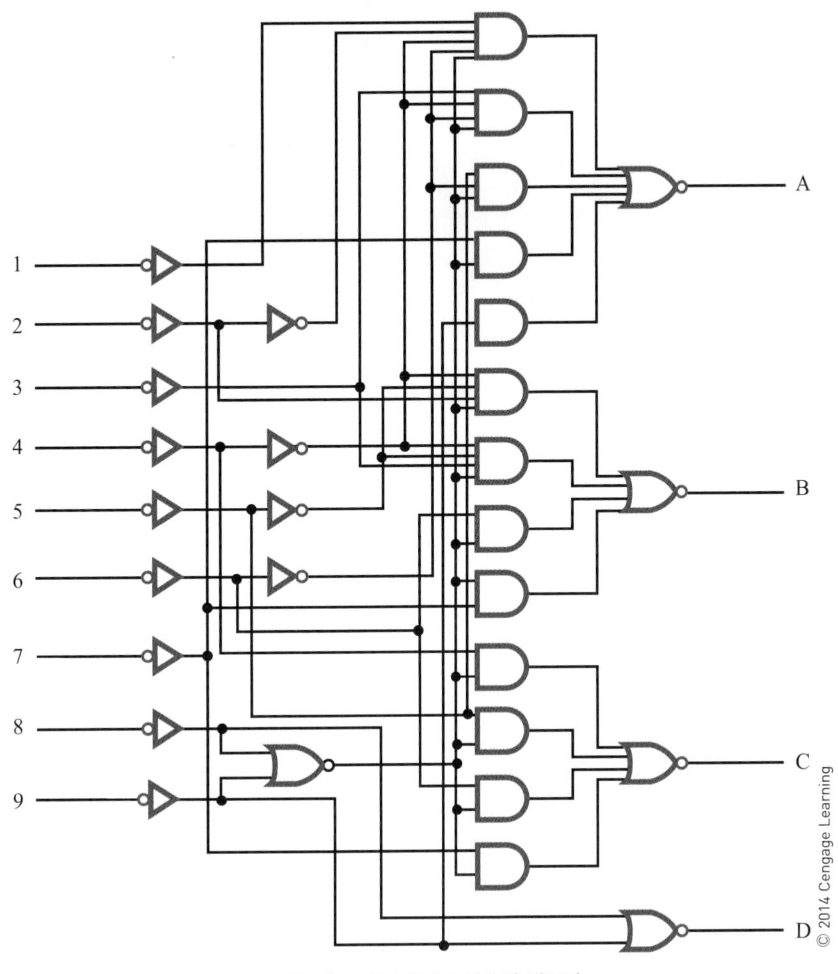

그림 32–2 10진–2진 우선순위 인코더.

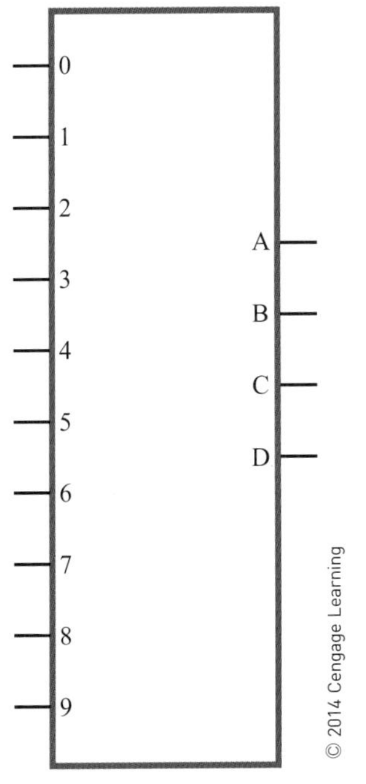

그림 32–3 10진–2진 우선순위 인코더의 논리회로.

의 논리 게이트로 구성된다. 그림 32–3은 우선순위 인코더의 논리 기호를 보여준다.

이러한 형태의 인코더는 키보드로부터 입력된 10진값을 8421 BCD 코드로 바꾸는 데 사용된다. 10진–2진 인코더와 10진–2진 우선순위 인코더는 키보드에 의한 입력이 존재하는 어느 곳에서나 발견할 수 있다. 예를 들어 계산기, 휴대전화, 컴퓨터 키보드 입력, 전자 타자기, 전화기, 텔레타이프라이터(TTY) 등에서 볼 수 있다.

32-1 질문

1. 인코딩이란 무엇인가?
2. 인코더로 무엇을 할 수 있는 것인가?
3. 보통 인코더와 우선순위 인코더의 차이는 무엇인가?
4. 10진–2진 우선순위 인코더의 논리 기호를 그려라.

32-2 디코더

디코더(decoder)는 가장 흔히 사용되는 조합 논리회로 중의 하나이다. 디코더는 복잡한 2진 코드를 인식할 수 있는 숫자나 문자로 변환한다. 예를 들어, 디코더는 BCD 숫자를 10개의 가능한 10진수 중 하나로 변환하는 것이다. 이와 같은 디코더의 출력값은 10진수를 판독하거나 표시하기 위해 사용된다. 이러한 형태의 디코더는 10 중 1 디코더 또는 4라인 대 10라인 디코더라고 한다.

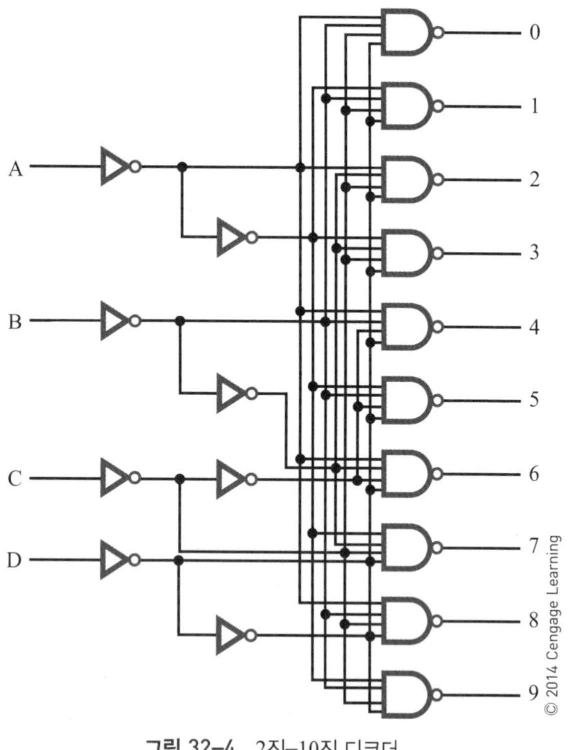

그림 32-4 2진-10진 디코더.

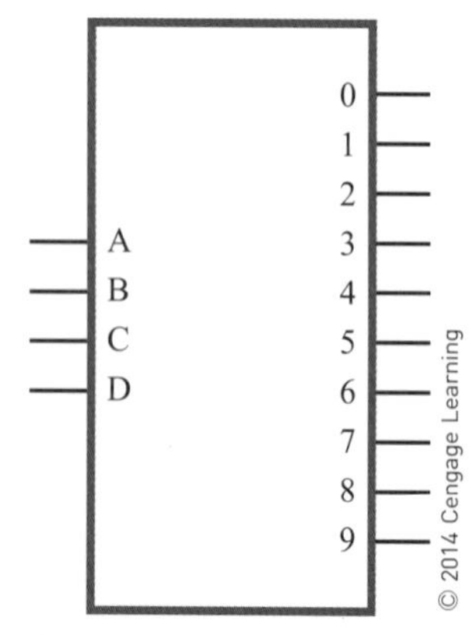

그림 32-5 2진-10진 디코더의 논리 기호.

그림 32-4는 4비트의 BCD 숫자를 대략 하나의 10진수 출력으로 바꾸는 데 필요한 10개의 NAND 게이트를 보여준다. NAND 게이트의 모든 입력값이 1일 때 출력은 0이고 디코더의 다른 NAND 게이트의 모든 출력값은 1이다. 회로를 사용할 때마다 논리회로를 그리는 것보다 그림 32-5에서 보여주는 논리 기호를 사용하는 것이 편리하다.

디코더 회로의 두 가지 다른 유형은 8 중 1(8진) 디코더와 16 중 1(16진) 디코더이다(그림 32-6). 8 중 1 디코더는 3비트 입력 워드를 받아서 여덟 개의 가능한 출력값 중에서 하나로 변환하고, 16 중 1 디코더는 4비트 코드 워드에 의해 열여섯 개의 출력값 중의 하나가 동작한다. 이 디코더는

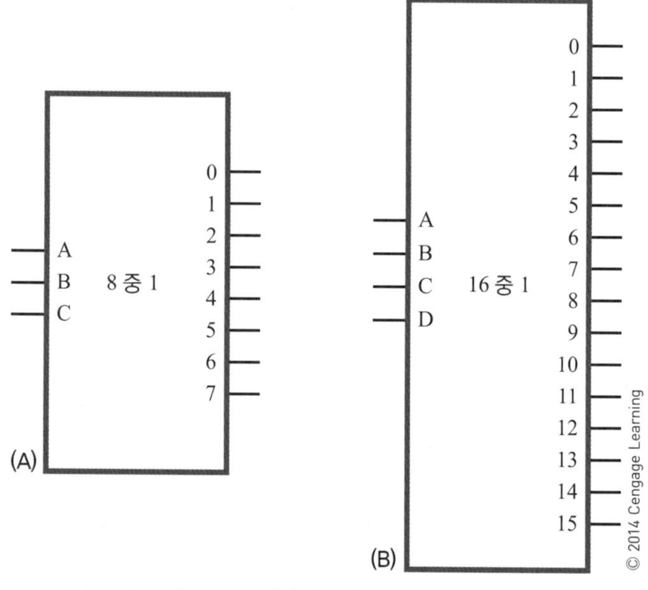

그림 32-6 8 중 1 디코더(A)와 16 중 1 디코더(B)의 논리 기호.

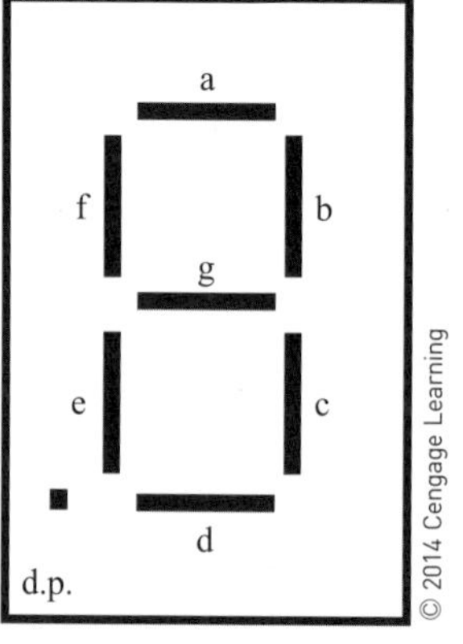

그림 32-7 7-세그먼트 표시장치의 구성.

그림 32-8 7-세그먼트 표시장치를 이용한 10개의 10진수 표현.

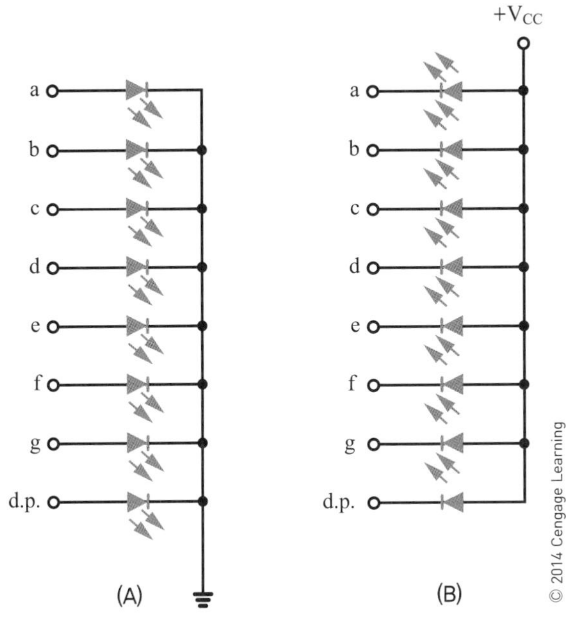

그림 32-9 공통 캐소드(A)와 공통 애노드(B)의 두 가지 LED 표시장치 유형 간의 차이.

4라인 대 16라인 디코더라고도 한다.

특별한 형태의 디코더는 표준 8421 BCD-7세그먼트 디코더이다. 이것은 BCD 입력코드를 받아 특수한 7비트 출력 코드를 생성하여 7세그먼트 십진 판독 표시장치를 작동시킨다(그림 32-7). 이 표시장치는 0에서 9까지 10개의 10진수를 표시하기 위해 서로 다른 구조 속에서 발광하는 7개의 LED 세그먼트로 구성되어 있다(그림 32-8). 7세그먼트 LED 표시장치 외에도 백열광 및 액정표시장치(LCD)가 있다.

이러한 표시장치들은 모두 같은 원리에 의해 작동한다. 세그먼트는 고전압 또는 저전압 레벨 중 하나에 의해 작동된다. 그림 32-9는 공통 애노드와 공통 캐소드라는 두 가지 형태의 LED 표시장치를 보여준다. 각각의 경우에 LED 세그먼트는 발광을 위해서 순방향으로 바이어스

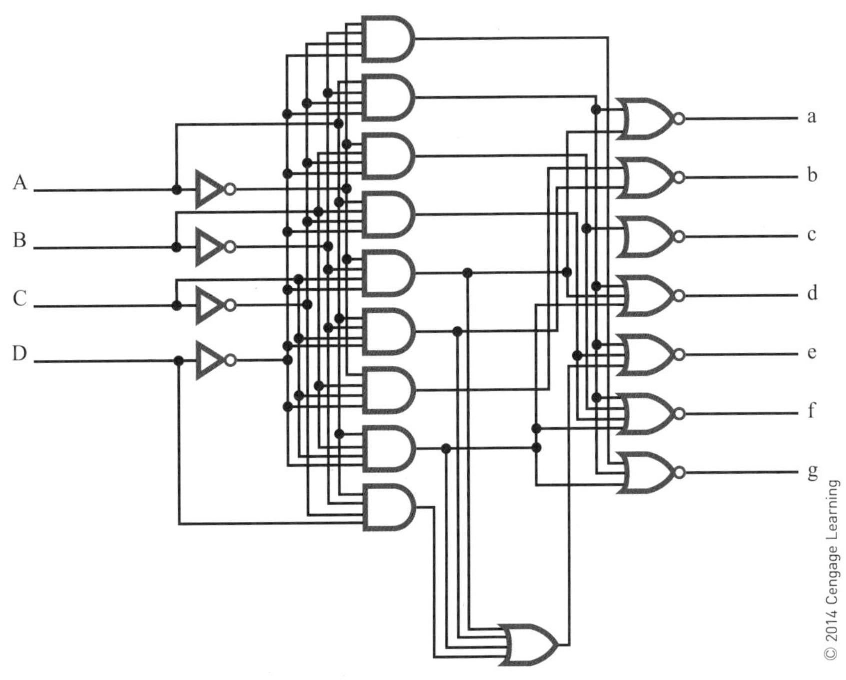

그림 32-10 2진7-세그먼트 표시장치 디코더.

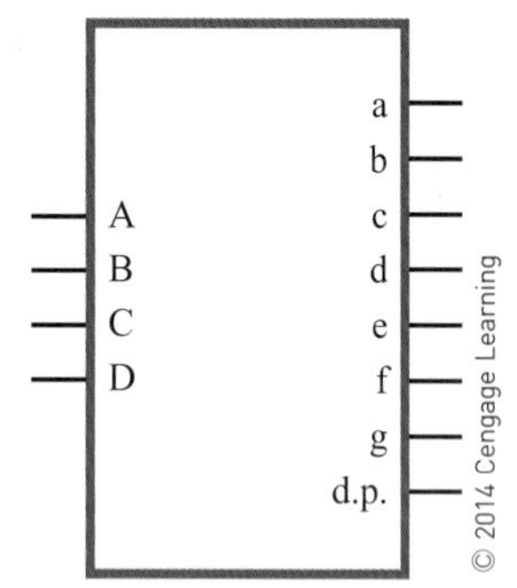

그림 32-11 BCD-7세그먼트 디코더의 논리 기호.

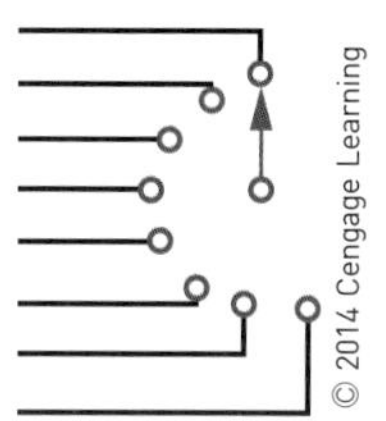

그림 32-12 단극-다중접점 스위치는 멀티플렉서로 사용할 수 있다.

되어야 한다. 공통 캐소드인 경우 high(1)일 때 불이 들어오고 low(0)일 때 불이 꺼진다.

그림 32-10은 BCD 입력값으로 7세그먼트 표시장치에 출력값을 생성하기 위해 요구되는 논리회로를 나타낸다. 그림 32-7을 참조하여 세그먼트 a는 숫자 0, 2, 3, 5, 7, 8, 9일 때 구동되고, 세그먼트 b는 숫자 0, 1, 2, 3, 4, 7, 8, 9일 때 구동된다는 것에 유의하라. 이하도 마찬가지이다. 부울 표현식은 표시장치의 각 세그먼트를 구동하기 위해 필요한 논리회로 소자를 결정할 수 있도록 한다. BCD 7세그먼트 디코더의 논리 기호는 그림 32-11에 제시되었다. 이것은 직접회로에 포함되어 있는 논리회로를 나타낸다.

32-2 질문

1. 디코더란 무엇인가?
2. 디코더의 용도는 무엇인가?
3. 10 중 1 디코더의 논리 기호를 그려라.
4. 7세그먼트 디코더의 목적은 무엇인가?
5. 디코더에서 사용할 수 있는 코드는 무엇인가?

32-3 멀티플렉서

멀티플렉서(multiplexer)는 여러 개의 입력신호들 중 하나를 선택해서 출력하기 위해 사용되는 회로이다. 비전자회로(nonelectronic circuit) 분야에서 멀티플렉서의 예는 단극-다중접점 스위치이다(그림 32-12).

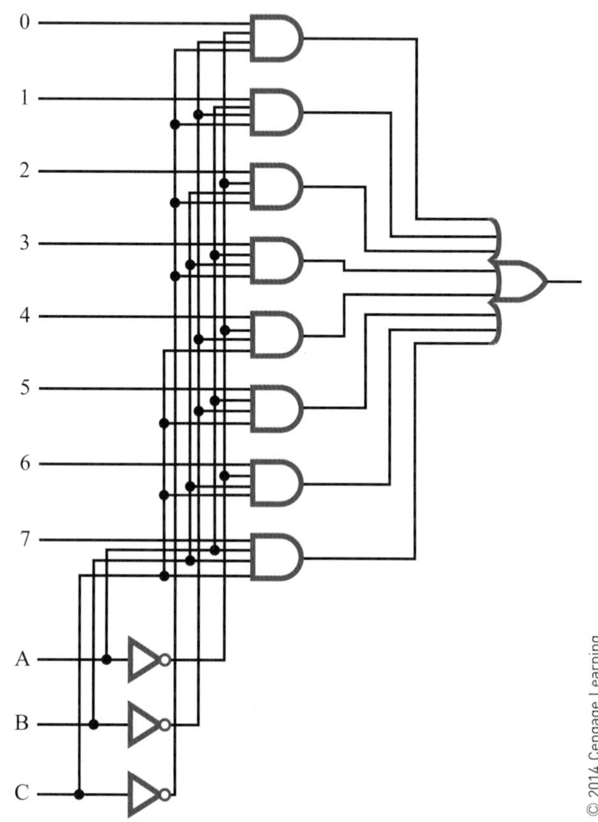

그림 32-13 8-입력 멀티플렉서의 논리회로.

다중접점 스위치는 많은 전자회로에서 광범위하게 사용된다. 하지만 빠른 속도에서 동작하는 회로들은 빠른 속도로 전환하고 자동적으로 선택되기 위해서 멀티플렉서를 필요로 한다. 기계적인 스위치는 이러한 과정을 만족스럽게 수행할 수 없다. 따라서 빠른 속도로 스위칭을 수행하기 위해 사용되는 멀티플렉서는 전자 소자들로 만들어진다.

멀티플렉서는 아날로그와 디지털의 두 가지 기본적인 데이터 형태를 다룬다. 아날로그 응용 분야에서 멀티플렉서는 릴레이와 트랜지스터 스위치로 만들어지고, 디지털

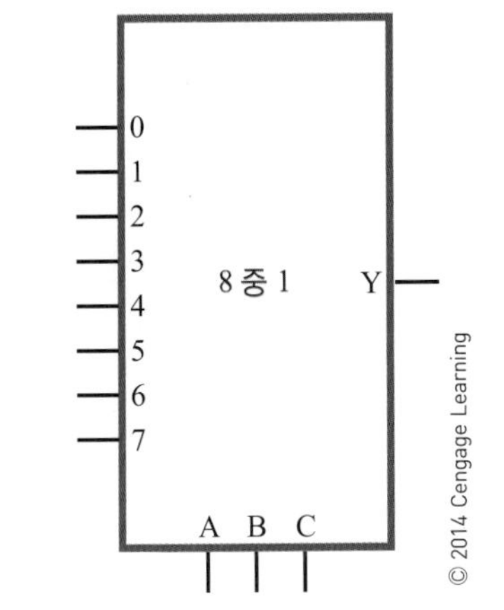

그림 32-14 8-입력 멀티플렉서의 논리 기호.

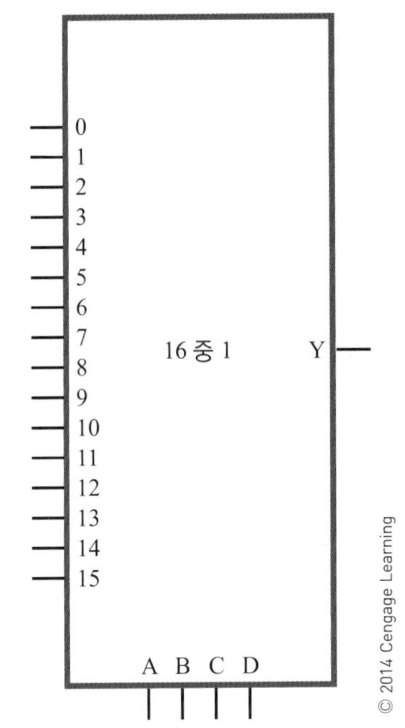

그림 32-15 16-입력 멀티플렉서의 논리 기호.

응용 분야에서는 표준 논리 게이트로 만들어진다.

디지털 멀티플렉서는 여러 개의 개별적인 소스들로부터 온 디지털 데이터를 하나의 공통된 전송선을 통해 공통의 목적지로 이동시킬 수 있다. 기본적인 멀티플렉서는 여러 개의 입력과 하나의 출력을 가진다. 데이터가 수신된 입력을 선택하기 위한 데이터 선택 입력에 의해 여러 입력 중 하나의 입력이 구동된다. 그림 32-13은 8-입력 멀티플렉서의 논리회로를 보여준다. A, B, C로 명명된 세 개의 제어 입력이 있는 것에 유의하라. 여덟 개의 입력 중에 어떤

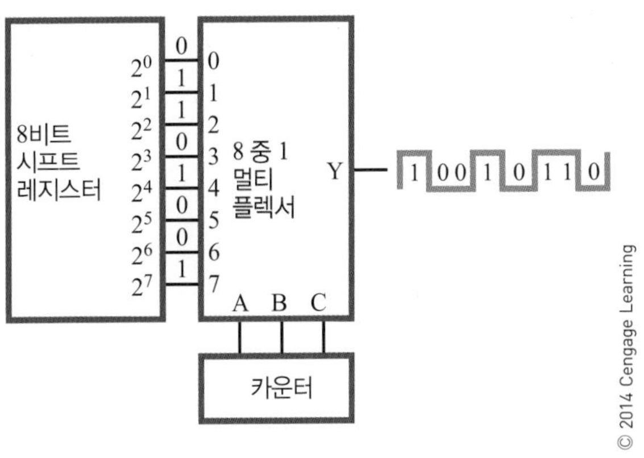

그림 32-16 병렬-직렬 변환을 위한 멀티플렉서 이용.

것도 제어 입력의 적절한 표현에 의해 선택될 수 있다. 디지털 멀티플렉서를 표현하는 논리 기호는 그림 32-14에 제시되었다.

그림 32-15는 16 중 1 멀티플렉서의 논리 기호를 보여준다. 열여섯 개의 데이터 입력을 구동하기 위한 네 개의 제어 입력이 있음에 유의하라.

데이터 입력의 선택 이외에도, 멀티플렉서의 일반적인 응용 분야는 병렬-직렬 데이터 변환이다. 병렬 2진 워드가 멀티플렉서에 입력되면, 선택 코드에 의해 병렬 입력 워드가 직렬 표현으로 변환된다.

그림 32-16은 병렬에서 직렬로의 변환을 위한 멀티플렉서의 구성을 보여준다. 카운터로부터 3비트 2진 입력 워드는 필요한 입력을 선택하는 데 사용된다. 병렬 입력 워드는 멀티플렉서의 각 입력에 연결되고, 카운터가 증가함에 따라 입력 선택 코드가 순서적으로(000에서 111까지) 순환하여, 멀티플렉서의 출력값은 인가된 병렬 데이터와 동등하게 된다.

32-3 질문

1. 멀티플렉서란 무엇인가?
2. 멀티플렉서는 어떻게 사용되는가?
3. 멀티플렉서의 논리 기호를 그려라.
4. 멀티플렉서는 어떤 유형의 데이터를 다룰 수 있는가?
5. 멀티플렉서는 병렬에서 직렬로의 데이터 변환을 위해 어떻게 구성될 수 있는가?

32-4 산술회로

가산기

가산기(adder)는 디지털 컴퓨터에서 주된 계산 장치이다. 가산기가 없는 컴퓨터에서는 명령을 거의 수행할 수 없다. 가산기는 직렬 또는 병렬 회로에서 동작하도록 설계되었다. 병렬 가산기가 더 빠르고 더 자주 사용되기 때문에 여기에서 더 자세하게 다룰 것이다.

가산기가 어떻게 작동하는지 이해하기 위해서 가산 법칙을 살펴볼 필요가 있다.

$$\begin{array}{r} 0 \\ +\,0 \\ \hline 0 \end{array} \qquad \begin{array}{r} 0 \\ +\,1 \\ \hline 1 \end{array} \qquad \begin{array}{r} 0 \\ +\,0 \\ \hline 1 \end{array} \qquad \begin{array}{r} 1 \\ +\,1 \\ \hline \text{올림수 } 0 \end{array}$$

그림 32-17은 이 법칙에 근거한 진리표를 보여준다. 합의 열을 나타내기 위해 그리스어 문자 시그마(Σ)가 사용된다는 것에 유의하라. 올림수(carry) 열은 C_0로 표시된다. 이 용어는 가산기를 참조할 때마다 사용된다.

진리표의 합의 열은 그림 32-18에 나타낸 XOR 게이트의 진리표 출력과 같다. 올림수 열은 그림 32-19에 나타낸 AND 게이트의 진리표 출력과 같다.

입력		출력	
A	B	Σ	C_0
0	0	0	0
0	1	1	0
1	0	1	0
1	1	0	1

그림 32-17 가산 법칙을 이용해 작성된 진리표.

A	B	Y
0	0	0
0	1	1
1	0	1
1	1	0

그림 32-18 XOR 게이트의 진리표.

A	B	Y
0	0	0
0	1	0
1	0	0
1	1	1

그림 32-19 AND 게이트의 진리표.

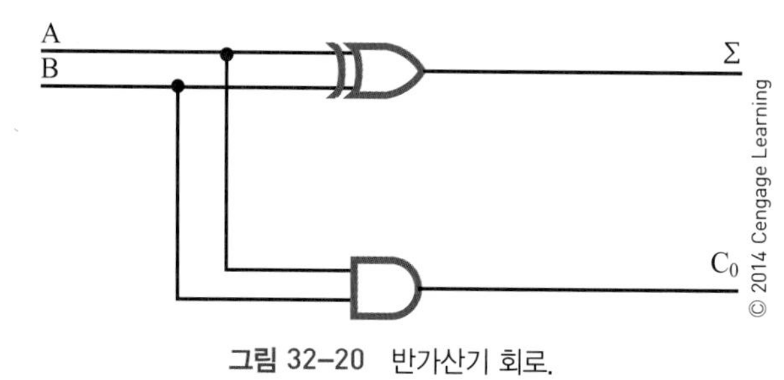

그림 32-20 반가산기 회로.

그림 32-20은 단일 비트 가산을 위해 필요한 논리 함수를 보여주기 위해 병렬로 연결된 AND 게이트와 XOR 게이트를 나타낸다. 올림수 출력(C_0)은 AND 게이트에서 생성되고, 합의 출력(Σ)은 XOR 게이트에서 생성된다. 입력 A와 B는 XOR 게이트와 AND 게이트에 모두 연결되어 있다. 이 회로의 진리표는 2진 가산 법칙을 사용하여 만든 진리표와 같다(그림 32-17). 이 회로는 어떤 올림수도 고려하지 않기 때문에 **반가산기**(half adder)라고 하며, 2진 가산 문제를 위해서 LSB 가산기로 사용될 수 있다.

올림수를 수반하는 가산기를 **전가산기**(full adder)라고 하며, 입력이 세 개이고 출력으로 합과 올림수를 생성한다. 그림 32-21은 전가산기의 진리표를 보여준다. C_1 입력은 올림수 입력을 뜻하고, C_0 출력은 올림수 출력을 나타낸다.

그림 32-22는 두 개의 반가산기로 이루어진 전가산기를 보여준다. 첫 번째 반가산기의 결과는 올림수 출력을 위해 두 번째 반가산기와 '논리합'이 된다. 올림수 출력은 첫 번째 XOR 게이트의 입력이 모두 1의 보수이거나 두 번째 XOR 게이트의 입력이 모두 1의 보수이면 1

입력			출력	
A	B	C_{IN}	Σ	C_0
0	0	0	0	0
1	0	0	1	0
0	1	0	1	0
1	1	0	0	1
0	0	1	1	0
1	0	1	0	1
0	1	1	0	1
1	1	1	1	1

그림 32-21 전가산기의 진리표.

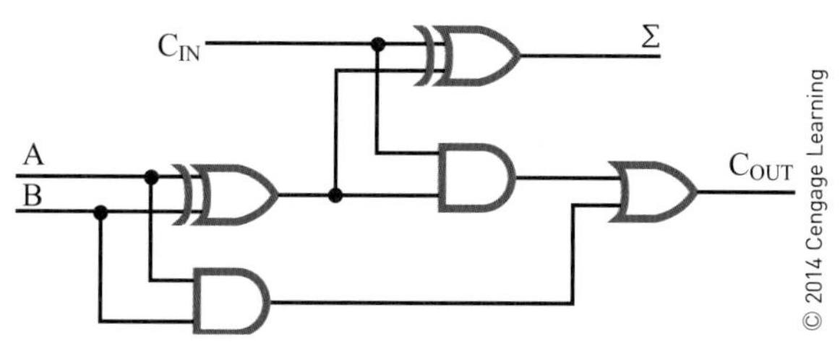

그림 32-22 두 개의 반가산기를 이용한 전가산기 논리회로.

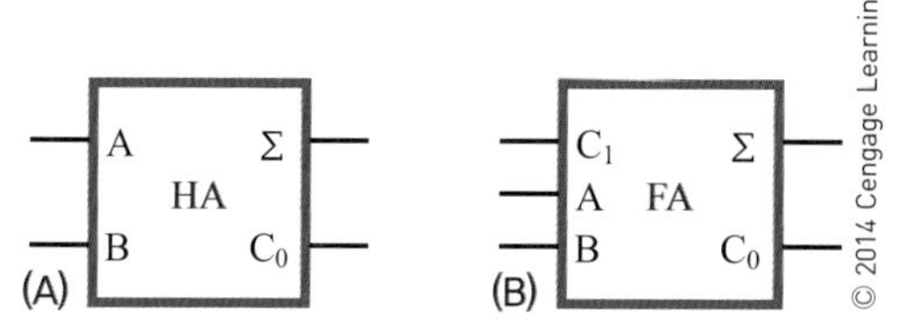

그림 32-23 반가산기(A)와 전가산기(B)의 논리 기호.

이다. 그림 32-23은 반가산기와 전가산기를 나타내는 논리 기호이다.

하나의 전가산기는 두 개의 단일 비트 수와 입력 올림수를 더할 수 있다. 1비트 이상의 2진수를 더하기 위해서는 추가로 전가산기를 사용해야 한다. 하나의 2진수와 다른 수가 더해질 때, 각 열은 다음 상위 열에 1이나 0의 합과 올림수를 발생시킨다는 것을 기억하자. 두 개의 2진수를 더하기 위해 전가산기는 각각의 열마다 필요하다. 예를 들어 2비트로 된 수와 또 다른 2비트의 수를 더할 때 두 개의 전가산기가 필요하다. 3비트로 된 두 개의 수를 더할 때는 세 개의 전가산기가, 4비트로 된 두 개의 수를 더할 때는 네 개의 전가산기가 필요하다. 각각의 가산기에서 발생된 올림수는 다음 상위 가산기의 입력으로 되고, 최하위

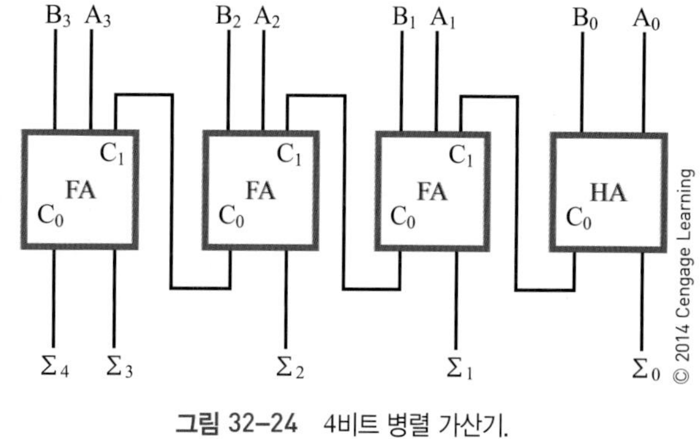

그림 32-24 4비트 병렬 가산기.

비트를 위해서는 어떤 올림수 입력도 필요하지 않기 때문에 반가산기가 사용된다.

그림 32-24는 4비트 병렬 가산기를 보여준다. 최하위 입력 비트들은 A_0와 B_0로 나타내고, 다음 상위 비트들은 A_1, B_1, A_2, B_2 등으로 나타낸다. 출력 합을 나타내는 비트는 Σ_0, Σ_1, Σ_2 등과 같이 정의된다. 각각의 가산기의 출력 올림수는 다음 상위 가산기의 입력 올림수로 연결된다는 점에 유의하라. 마지막 가산기의 출력 올림수는 결과값의 최상위 비트가 된다.

감산기

감산기(subtractor)는 두 개의 2진수를 감산할 수 있게 한다. 감산기가 어떻게 기능하는지 이해하려면 감산법칙을 살펴볼 필요가 있다.

0	빌림수 1	0	1	1
− 0		− 1	− 0	− 1
0		0	0	0

그림 32-25는 감산법칙에 근거한 진리표를 보여준다. 문자 D는 차를 나타내는 열이다. 빌림수(borrow) 열은 B_0로 나타낸다. 차를 나타내는 출력 D는 입력 변수가 서로 다를 때만 1이 된다는 점에 유의하라. 따라서 차는 입력 변수의 XOR로 표현될 수 있다. 빌림수 출력은 A가 0이고 B가 1일 때만 생성된다. 빌림수의 출력은 A의 보수와 B의 '논리곱' 값이 된다.

그림 32-26은 **반감산기**(half subtractor)의 논리회로를

입력		출력	
A	B	D	B_0
0	0	0	0
0	1	1	0
1	0	1	1
1	1	0	0

그림 32-25 감산 법칙을 이용해 작성된 진리표.

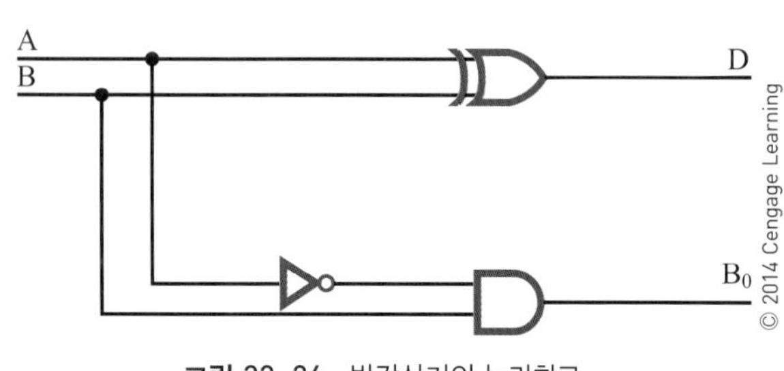

그림 32-26 반감산기의 논리회로.

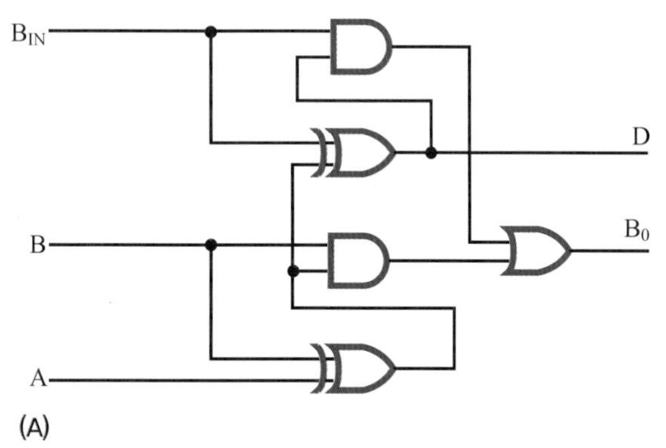

입력			출력	
A	B	B_{IN}	D	B_0
0	0	0	0	0
1	0	0	1	0
0	1	0	1	1
1	1	0	0	0
0	0	1	1	1
1	0	1	0	0
0	1	1	0	1
1	1	1	1	1

(B)

그림 32-27 전감산기의 논리회로(A)와 진리표(B).

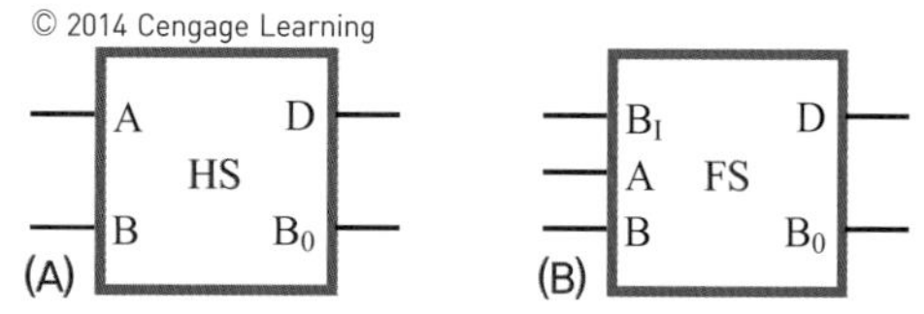

그림 32-28 반감산기(A)와 전감산기(B)의 논리 기호.

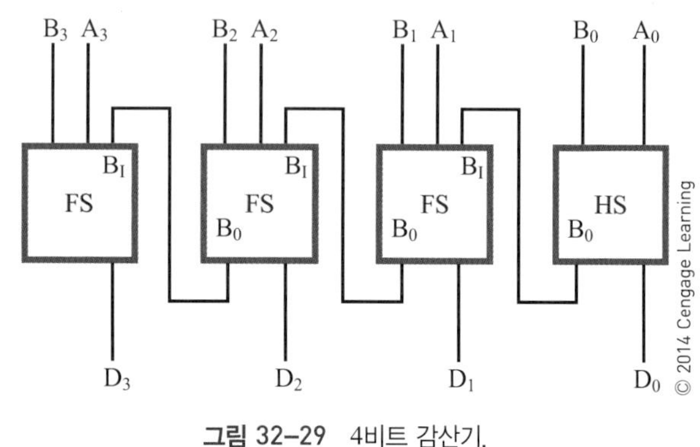

그림 32-29 4비트 감산기.

보여준다. 이 감산기는 두 개의 입력을 갖고 두 입력의 차와 빌림수 값을 출력한다. 두 수의 차는 XOR 게이트에 의해 발생되고 빌림수 출력은 A의 보수와 B 입력의 AND 게이트에 의해 얻어진다. A의 보수는 변수 A에 인버터를 사용함으로써 얻어진다.

그러나 반감산기는 빌림수 입력을 가지지 않는다. 빌림수 입력을 갖는 것은 **전감산기**(full subtractor)이다. 전가산기는 세 개의 입력과 차 및 빌림수의 출력을 갖는다. 전감산기를 위한 논리회로와 진리표는 그림 32-27에 나타나 있다. 그림 32-28은 반감산기와 전감산기를 나타내는 논리 기호이다.

전감산기는 단지 두 개의 1비트 숫자를 취급한다. 1비트 이상의 2진수 뺄셈을 하려면 추가로 전감산기를 사용해야 한다. 0에서 1을 뺄 때 상위 열에서 빌림수가 만들어져야 한다는 것을 기억하자. 하위 감산기에서의 빌림수 출력은 다음 상위 감산기의 입력 빌림수가 된다.

그림 32-29는 4비트 감산기의 블록도를 나타낸다. 반감기는 입력 빌림수가 없기 때문에 최하위 비트에서 사용된다.

비교기

비교기(comparator)는 두 2진수의 크기를 비교하기 위해 사용된다. 비교기는 두 수가 같은지 아닌지를 결정하

입력		출력
A	B	Y
0	0	1
0	1	0
1	0	0
1	1	1

그림 32-30 비교기의 진리표.

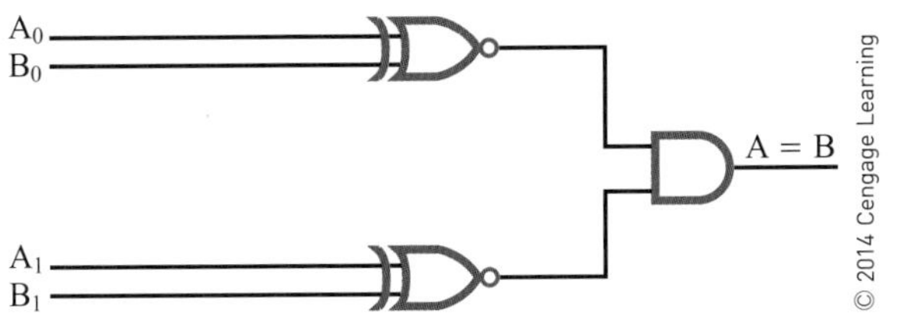

그림 32-31 두 개의 2비트 수를 비교하는 비교기의 논리회로.

기 위해 간단하게 사용되는 회로이다. 출력은 두 2진수를 비교할 뿐만 아니라 하나가 다른 것보다 큰지 작은지를 나타내기도 한다.

그림 32-30은 비교기의 진리표를 보여준다. 유일하게 출력이 결정되는 때는 비교되는 두 비트가 같을 때이다. 출력 열은 인버터를 가진 XOR인 XNOR 게이트를 나타낸다. XNOR 게이트는 본질적으로 비교기이다. 왜냐하면 두 개의 입력이 같을 때만 출력이 1이 되기 때문이다. 두 비트나 그 이상의 두 수를 비교하기 위해서는 추가로 XNOR 게이트가 필요하다. 그림 32-31은 두 개의 2비트 숫자를 비교하기 위한 비교기의 논리회로를 보여준다. 숫자들이 같으면 XNOR 게이트로부터 1의 값이 발생한다. 1의 값은 검증 레벨로서 AND 게이트로 적용된다. 만약 모든 XNOR 게이트가 1을 출력하고 그 값이 AND 게이트의 입력으로 주어진다면, 그것은 두 수가 같다는 것을 입증하고 AND 게이트의 출력도 1이 된다. 하지만 XNOR 게이트에 대한 입력들이 다르다면 XNOR 게이트의 출력도 0이 된다. 그림 32-32는 두 개의 4비트 숫자를 검사하기 위한 비교기의 논리회로를 보여준다. 그림 32-33은 4비트 비교기를 나타내기 위해 사용되는 논리 기호이다.

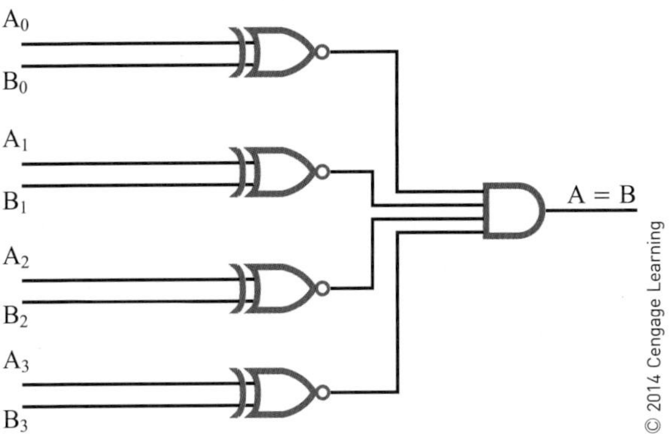

그림 32-32 두 개의 4비트 수를 비교하는 비교기의 논리회로.

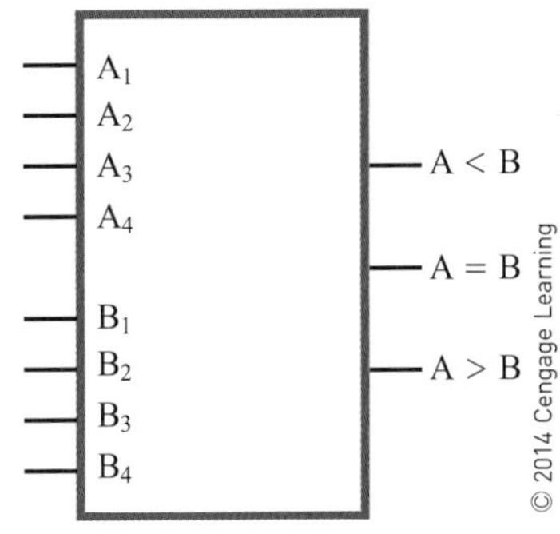

그림 32-33 4비트 비교기의 논리 기호.

32-4 질문

1. 2진 가산 법칙이란 무엇인가?
2. 반가산기와 전가산기의 차이는 무엇인가?
3. 반가산기는 언제 사용되는가?
4. 2진 감산 법칙이란 무엇인가?
5. 4비트 감산기의 블록도를 그려라.
6. 비교기의 기능은 무엇인가?
7. 비교기의 논리도를 그려라.

32-5 프로그램 가능 논리 장치

30장에서 베이치 다이어그램(Veitch diagram)이나 카르노 도(Karnaugh map)를 이용해 복잡한 스위칭 함수들을 간단한 회로로 변환하였다. 예를 들어,

$$\overline{A}BCD + \overline{A}\overline{B}CD + \overline{A}\overline{B}\overline{C}D + A\overline{B}\overline{C}\overline{D} + A\overline{B}\overline{C}D + \overline{A}B\overline{C}D = Y$$

위의 식이 아래와 같이 간단한 형식이 되었다.

$$\overline{A}D + A\overline{B}\overline{C} = Y$$

이 식을 종래의 논리 게이트들을 사용하여 실행하기 위해서는 여러 개의 IC가 필요하다. 회로의 복잡도가 증가할수록 IC의 개수가 증가한다.

널리 사용되고 있는 한 가지 해법은 논리 함수를 구현하기 위해 **프로그램 가능 논리 장치**(Programmable logic devices; PLD)를 이용하는 것이다. PLD는 속도, 전력, 그리고 요구되는 논리 함수에 따라 IC군 가운데서 선택될 수 있다.

세 종류의 기본적인 PLD 형태가 사용 가능하다. 이들은 프로그램 가능 읽기 전용 메모리(PROM), **프로그램 가능 배열 논리**(Programmable array logic; PAL), 그리고 **프로그램 가능 논리 배열**(Programmable logic array; PLA)이다. 특히 PROM은 주로 저장장치로 사용되며 복잡한 논리식을 실행하기에 적합하지 않다.

PAL은 OR 게이트의 입력과 연결된 여러 다중 입력 AND 게이트와 인버터를 가진다(그림 32-34). 입력은 가용성 링크(fusible link) 배열로 설정된다. 어떤 배열 안에서 특정한 퓨즈가 용단됨으로써 PAL은 복잡한 논리식을 해결하도록 프로그래밍할 수 있다.

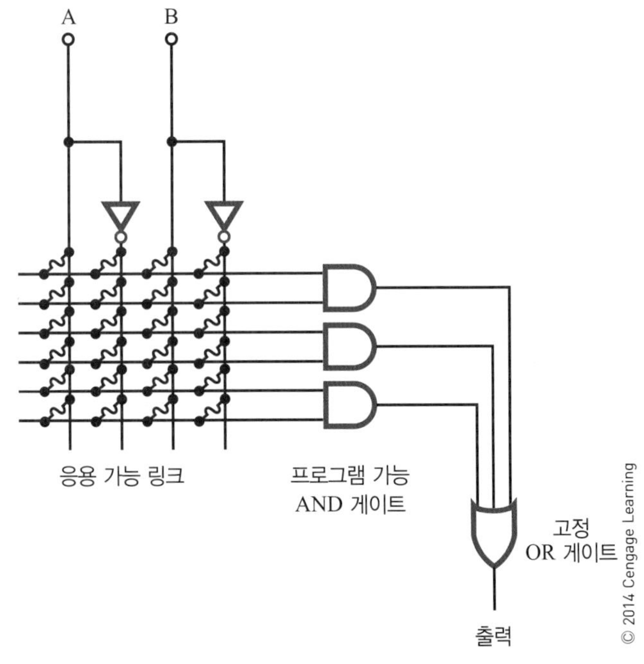

그림 32-34 프로그램 가능 배열 논리(PAL) 구조.

PLA는 PAL과 유사하지만 여러 프로그램 가능 OR 게이트와 연결된 AND 게이트를 가지고 있다. 그 결과로

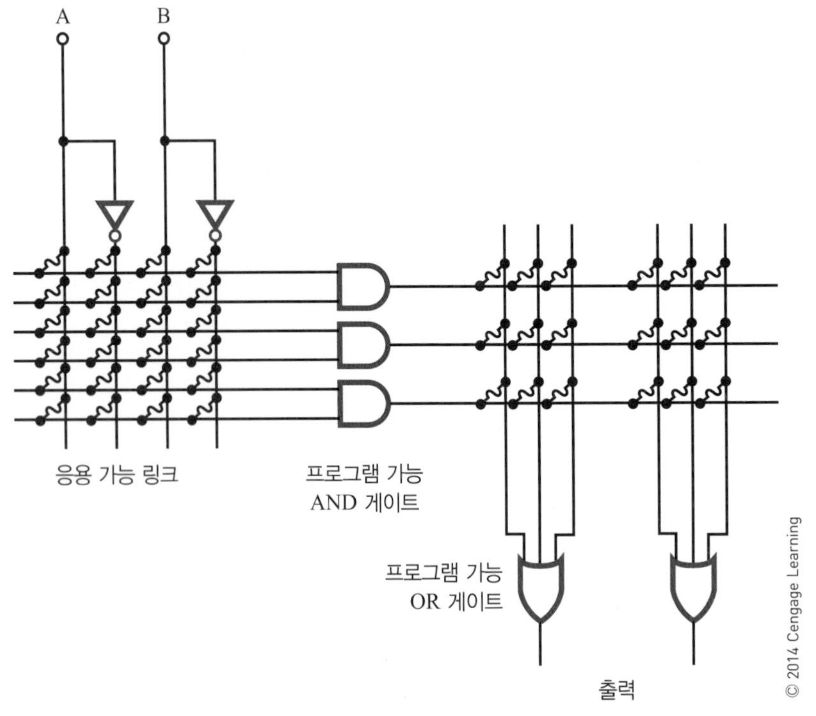

그림 32-35 프로그램 가능 논리 배열(PLA) 구조.

PAL보다 프로그래밍하는 것이 더 어렵고 논리 게이트들의 추가적인 레벨이 전반적인 전파지연 시간을 증가시킨다. 그림 32-35는 세부적인 상호 연결 상태를 보여준다. 상호 연결은 모든 가용성 링크로 시작한다. 프로그래머는 어떤 퓨즈가 그대로 남고 어떤 퓨즈가 용단될 것인지 정한다. 링크는 용단되어 논리식을 나타낸다.

PAL과 PLA 간의 주요한 차이는 PAL은 고정된 OR 게이트를 가지고 있는 반면, PLA는 프로그램 가능 OR 게이트를 가지고 있다는 것이다.

32-5 질문

1. 프로그램 가능 논리 장치의 목적은 무엇인가?
2. 프로그램 가능 논리 장치의 세 가지 형식은 무엇인가?
3. PAL을 프로그램 하는 방법을 설명하여라.
4. 다음과 같은 식을 생성하는 PAL 회로를 그려라.
   $Y = \overline{A}B + A\overline{B} + \overline{AB}$
5. PAL과 PLA가 어떻게 다른지 설명하여라.

요약

- 인코더는 하나 또는 다수의 입력을 받아들여 다수의 비트로 이루어진 2진값을 출력한다.
- 10진-2진 인코더는 0에서 9까지 중에서 하나의 숫자를 택하고 출력으로 하나의 숫자를 의미하는 4비트 출력값을 출력한다.
- 우선순위 인코더는 두 개의 키가 동시에 눌러졌을 때 상위의 키를 받아들인다.
- 0진-2진 인코더는 키보드 인코딩을 위해서 사용된다.
- 디코더는 복잡한 2진 코드를 인식하기 쉬운 숫자나 문자로 바꾼다.
- BCD-7세그먼트 디코더는 7세그먼트 표시장치를 구동하기 위한 특별한 용도의 디코더이다.
- 멀티플렉서는 여러 개의 개별적인 소스로부터 데이터를 전달하기 위해 하나의 공통 전송선을 통해 공통의 목적지로 이동시킬 수 있다.
- 멀티플렉서는 아날로그와 디지털 데이터 모두 처리할 수 있다.
- 멀티플렉서는 데이터의 병렬-직렬 전환을 위해 연결될 수 있다.
- 2진수의 가산 법칙의 진리표는 AND 게이트와 XOR 게이트의 진리표와 같다.
- 반가산기는 올림수(carry)를 고려하지 않는다.
- 전가산기는 올림수를 고려한다.
- 두 개의 4비트 숫자를 더하려면 세 개의 전가산기와 한 개의 반가산기가 필요하다.
- 2진수의 감산법칙의 진리표는 입력단자에 인버터를 포함한 AND 게이트와 XOR 게이트의 진리표와 같다.
- 반감산기는 빌림수(borrow) 입력이 없다.
- 전감산기는 빌림수 입력이 있다.
- 비교기는 두 2진수의 크기를 비교하기 위해 사용된다.
- 비교기는 오로지 두 비트가 같을 때만 출력을 발생한다.
- 비교기는 하나의 수가 또 다른 수보다 큰지 작은지 결정할 수 있다.
- 프로그램 논리 장치(PLD)는 복잡한 논리 함수를 실행하기 위해 사용된다.
- PLD의 세 가지 유형은 PROM, PAL, 그리고 PLA이다.
- PLA는 고정된 OR 게이트를 가지고 있고 PLA가 프로그램 가능 OR 게이트를 가지고 있다는 점을 제외하면 PLA와 PAL은 비슷하다.

연습 문제

1. 논리회로에서 인코더가 왜 필요한가?
2. 키보드 입력을 위해서는 어떤 유형의 인코더가 필요한가?
3. 논리회로에서 디코드가 왜 중요한가?
4. 다양한 종류의 인코더에 대한 응용 분야는 무엇인가?
5. 디지털 멀티플렉서의 동작을 간략하게 설명하여라.
6. 디지털 멀티플렉서는 어떤 응용 분야에서 사용될 수 있는가?
7. 2비트 가산을 위해 반가산기와 전가산기가 함께 결합된 것을 논리 기호를 사용해 회로도를 그려라.
8. 문제 7에서 그린 가산기의 동작을 설명하여라.
9. 다음 식을 만족하는 PLA를 설계하여라.
   $AB\overline{C} + A\overline{B}C + \overline{A}B\overline{C} + A\overline{B}\overline{C} + ABC + \overline{A}B\overline{C} = Y$
10. PAL와 PLA에서 어떤 것이 프로그래밍하기가 더 쉬운가? 그리고 그 이유는 무엇인가?

33장

마이크로컴퓨터의 기초
Microcomputer Basics

학습 목표

이 장을 학습하면 다음을 할 수 있다.

- 디지털 컴퓨터의 기본 블록을 설명할 수 있다.
- 디지털 컴퓨터의 각 블록의 기능을 설명할 수 있다.
- 프로그램이란 무엇인지 설명하고 그것과 디지털 컴퓨터나 마이크로프로세서와의 관계를 설명할 수 있다.
- 마이크로프로세서의 기본 레지스터를 설명할 수 있다.
- 마이크로프로세서가 어떻게 작동하는지 설명할 수 있다.
- 마이크로프로세서와 관련된 명령어 그룹을 설명할 수 있다.
- 마이크로컨트롤러의 목적을 설명할 수 있다.
- 일상생활에서 마이크로컨트롤러의 기능을 설명할 수 있다.

디지털 회로를 가장 잘 응용한 것이 디지털 컴퓨터이다. **디지털 컴퓨터**(digital computer)는 디지털 기술을 이용해 자동으로 데이터를 처리하게 하는 장치이다. 데이터는 정보의 조각들이다. 프로세싱(processing)은 데이터를 처리할 수 있는 다양한 방법을 가리킨다.

디지털 컴퓨터는 크기와 계산 능력에 따라 분류된다. 가장 큰 컴퓨터를 '메인프레임(mainframe)'이라고 한다. 이 컴퓨터는 거대한 메모리와 고속 연산 능력을 갖추어 가격이 비싸다. 이보다 작은 '미니컴퓨터'와 '마이크로컴퓨터'라고 하는 컴퓨터들이 광범위하게 이용된다. 이들은 총 투자된 컴퓨터 비용에서는 작은 부분에 그치지만 소형 컴퓨터들이 사용 중인 컴퓨터의 상당 수를 차지한다. 마이크로컴퓨터는 크기가 가장 작고 비용이 가장 저렴하면서도 여전히 컴퓨터의 모든 기능과 특성은 가지고 있는 디지털 컴퓨터이다.

컴퓨터는 기능에 의해 분류되며, 가장 일반적인 기능이 데이터 처리이다. 산업, 기업, 정부에서 컴퓨터를 이용해 기록을 유지하고 회계 업무를 수행하고 재고를 관리하고 기타 매우 다양한 데이터 처리 기능을 제공한다. 컴퓨터의 용도는 일반적 목적이나 특수한 목적일 수 있다. 범용 컴퓨터는 유연하며 어떤 작업을 위해서도 프로그래밍할 수 있다. 특수한 목적의 전용 컴퓨터는 단일한 작업을 수행하도록 설계된다.

33-1 컴퓨터의 기초

모든 디지털 컴퓨터는 제어부와 산술연산장치(ALU), 메모리, 입력부, 출력부라는 기본적인 5개의 블록 또는 부분으로 이루어진다(그림 33-1). 어떤 경우 입력부와 출력부는 **입출력부**(I/O; input/output)라고 하는 단일한 블록인 경우도 있다. 제어부와 산술연산장치는 밀접한 관련이 있고 따로 분리하기 어렵다. 이 두 블록을 총괄해서 **중앙처리장치**(central processing unit; CPU) 또는 **마이크로프로세싱 장치**(microprocessing unit; MPU)라고 한다.

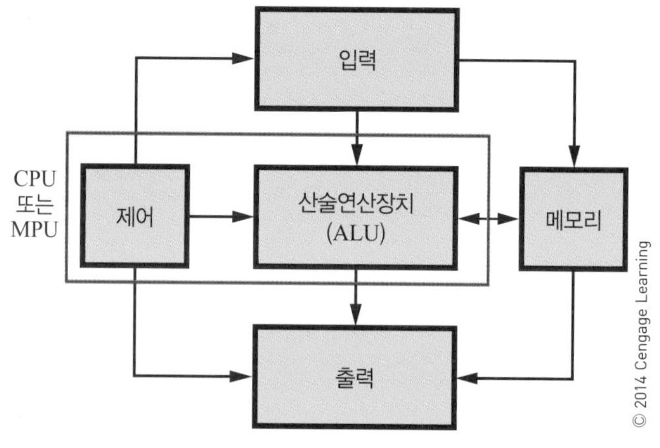

그림 33-1 디지털 컴퓨터의 기본 블록.

제어부(control unit; CU)는 컴퓨터로 입력되는 명령어를 해독하고, 지정된 기능을 수행할 수 있도록 필요한 펄스를 발생시킨다. 예를 들어 어떤 명령어가 두 개의 수를 더하는 작업을 요구하면 제어부는 산술연산장치(ALU)에 덧셈을 하라는 펄스를 전송한다. 만약 명령어가 워드를 메모리에 저장하라고 요구하는 경우 제어부는 데이터를 저장하도록 메모리에 필요한 펄스를 보낸다.

현대의 컴퓨터는 여러 개의 명령어를 하나의 입력 명령어로 결합하는 수단을 활용한다. 이것은 메모리에 저장된 프로그램에 의해서 이루어진다. 제어부가 명령어를 해독할 때 일련의 명령이 수행된다. 제어부는 컴퓨터마다 차이가 있지만, 기본적으로 제어부는 어드레스 레지스터, 명령 레지스터, 프로그램 카운터, 클럭, 그리고 제어 펄스를 발생시키는 회로로 구성된다(그림 33-2).

명령 레지스터(instruction register; IR)는 명령어 워드를 해독하기 위해 일시적으로 저장한다. 이 워드는 명령 디코더에 의해 해독되고, 명령 디코더가 적절한 신호를 제어 펄스 발생기로 보낸다. 제어 펄스 발생기는 적절한 클럭 신호가 주어지면 펄스를 발생시킨다. 제어 펄스 발생기의 출력 신호는 컴퓨터 안에 있는 다른 회로가 특정한 명령을 수행할 수 있도록 한다.

프로그램 카운터는 실행될 명령어들의 순서를 기억하고 있다. 이 명령어들은 메모리 내의 프로그램에 저장되어 있다. 프로그램을 시작하기 위해서는 프로그램의 시작 주소(메모리의 특정 위치)가 프로그램 카운터에 배치된다. 첫 번째 명령어가 메모리에서 읽혀지고 해독된 후 실행된다. 그런 다음 프로그램 카운터가 자동으로 다음 명령어

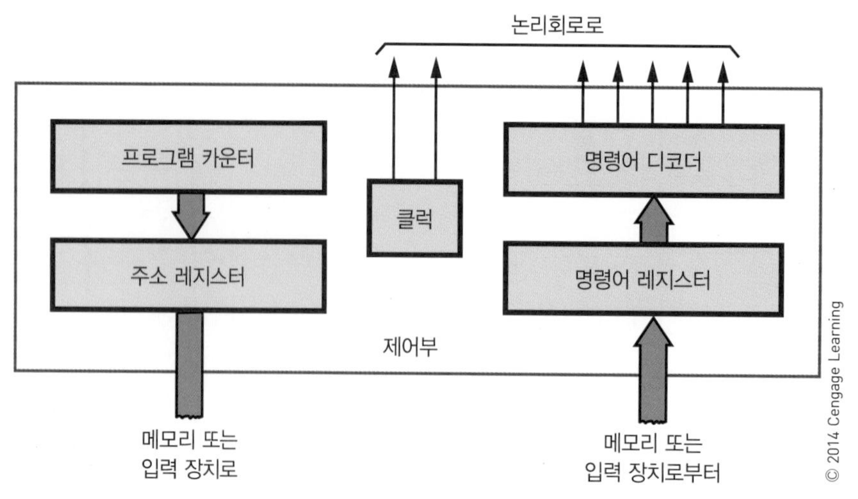

그림 33-2 컴퓨터의 제어부.

위치로 이동한다. 어떤 명령어를 불러와서 실행할 때마다 프로그램이 완료될 때까지 프로그램 카운터가 한 단계씩 앞으로 전진한다.

어떤 명령어들은 프로그램 내에서 다른 곳으로의 점프 또는 분기를 지정한다. 명령 레지스터는 다음 명령어의 위치를 포함하고 있고, 그것은 어드레스 레지스터에 실리게 된다.

산술연산장치(arithmetic logic unit: ALU)는 산술논리 연산과 판단(decision making) 연산을 수행한다. 대부분의 ALU는 덧셈, 뺄셈을 할 수 있고, 곱셈과 나눗셈은 제어부에 프로그래밍되어 있다. ALU는 반전(inversion), AND, OR, 배타적 논리합(XOR) 같은 논리 연산을 수행할 수 있다. 또한 수를 비교하여 의사결정을 내리거나 0이나 1, 또는 음수와 같은 특정한 양에 대해 검사할 수 있다.

그림 33-3은 산술연산장치를 보여준다. ALU는 산술논리회로와 누산기(accumulator) 레지스터로 구성된다. 누산기와 ALU로 입력되는 모든 데이터는 데이터 레지스터를 경유한다. 누산기 레지스터는 하나씩 증가하거나 감소하고 오른쪽으로 하나씩 이동하거나 왼쪽으로 하나씩 이동한다. 누산기는 메모리 워드와 크기가 같다. 32비트 마이크로프로세서에서 메모리 워드가 32비트이면 누산기 또한 32비트이다.

산술논리회로는 기본적으로 2진 가산기(adder)이다. 덧셈과 뺄셈은 논리연산과 마찬가지로 2진 가산기로 수행할 수 있다. 두 개의 2진수를 더하기 위해서 첫 번째 수는

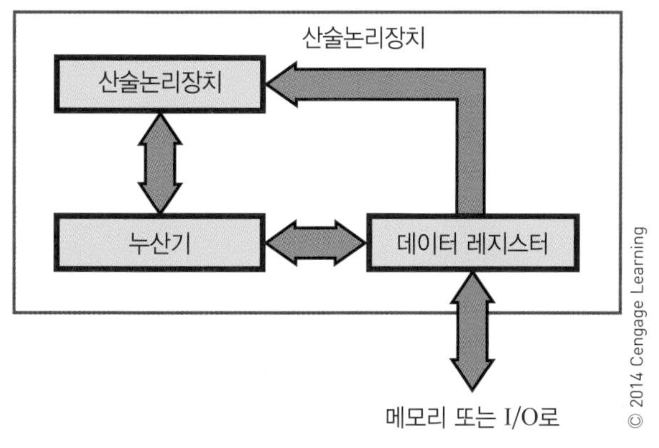

그림 33-3 산술연산장치(ALU)

누산기 레지스터에 저장되고 다른 수는 데이터 레지스터에 저장된다. 이 두 수의 합은 누산기 레지스터에 저장되어 원래의 2진수를 대체한다.

메모리(memory)는 프로그램이 저장되는 공간이다. **프로그램**(programs)은 컴퓨터의 동작에 관련된 명령어를 포함하고 있으므로 프로그램이란 특별한 작업을 수행하기 위한 명령어 순서의 집합이라 할 수 있다.

컴퓨터 메모리는 단순하게 말하자면 많은 저장장치 레지스터라고 할 수 있다. 데이터는 레지스터에 로드될 수 있고, 레지스터 내용의 손실 없이 연산을 실행하도록 '읽혀질' 수 있다. 각 레지스터나 메모리 위치는 어드레스라는 번호를 할당 받는다. 어드레스는 데이터를 메모리 내의 위치를 지정하기 위해 사용된다.

그림 33-4는 전형적인 메모리 구성을 나타낸다. 메모리 레지스터는 2진 데이터를 보존한다. 이 메모리는 데이터를 저장(쓰기)하거나 검색(읽기)할 수 있는 능력에 따라 임의 액세스 읽기/쓰기 메모리, 즉 RAM(Random Access or write Memory)이라고 한다. 메모리로부터 데이터 또는 명령어를 읽을 수만 있는 메모리를 읽기 전용 메모리, 즉 ROM(Read only Memory)이라고 한다.

메모리 어드레스 레지스터는 메모리 어드레스 디코더가 메모리의 특정한 위치로 접근할 수 있게 한다. 메모리 어드레스 레지스터의 크기는 컴퓨터의 최대 메모리 크기를 결정한다. 예를 들어 16비트 메모리 어드레스 레지스터는 최대 216, 즉 65,536개의 메모리 위치를 허용한다.

메모리에 저장될 워드는 데이터 레지스터로 이동한 후 원하는 메모리 위치에 저장된다. 메모리에서 데이터를 읽기 위해서는 메모리 위치가 결정되어야 하고 그 위치의 데이터가 시프트 레지스터에 로드된다.

컴퓨터의 입력 및 출력 장치는 컴퓨터 외부로부터 정보를 받거나 외부로 정보를 전송할 수 있게 해준다. 연산자 또는 주변장치는 입력 장치를 통하여 데이터를 컴퓨터로 입력한다. 컴퓨터의 데이터는 출력 장치를 통하여 외부의 주변장치로 전송된다.

입출력부는 CPU에 의해 제어된다. 데이터를 컴퓨터

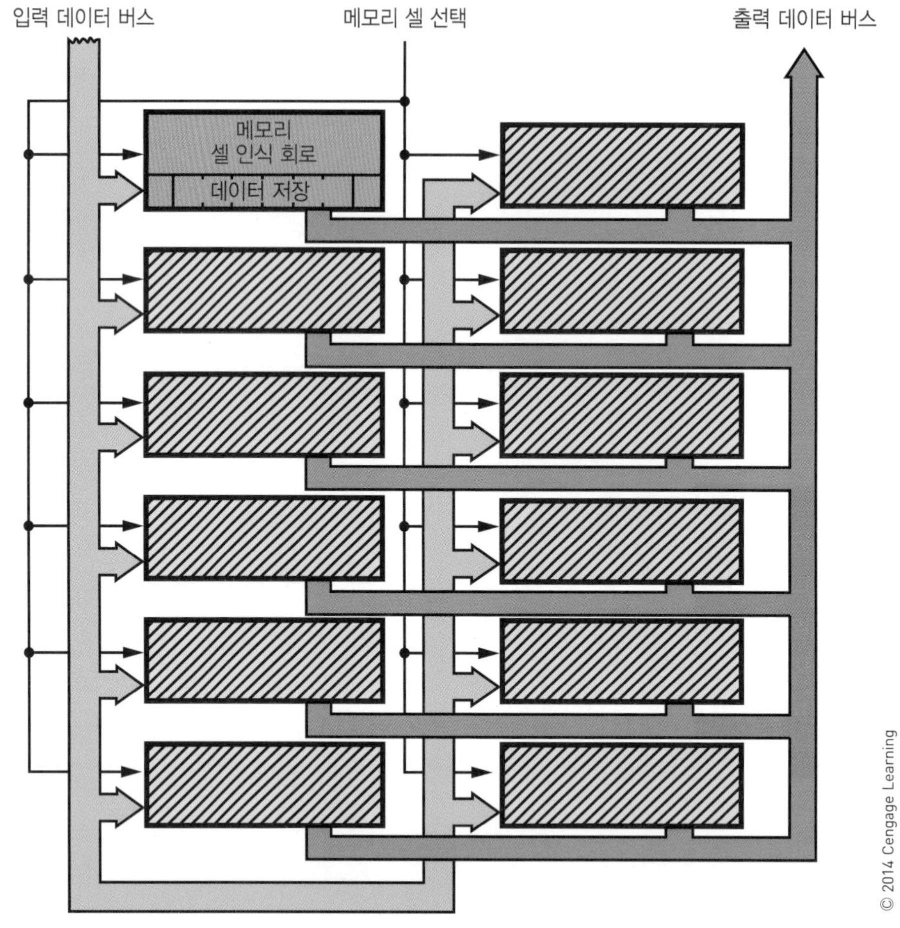

그림 33–4 컴퓨터 메모리의 배치.

로 입출력하기 위해 특별한 I/O 명령이 사용된다.

대부분의 디지털 컴퓨터는 인터럽트 요청으로 입출력을 수행한다. **인터럽트**(interrupt)란 외부의 장치가 데이터를 송신하거나 전송받는 형태를 신호로써 요청하는 것이다. 인터럽트는 컴퓨터가 현재의 프로그램 실행을 멈추고 다른 프로그램으로 점프하게 한다. 인터럽트 요청이 완료되면 컴퓨터는 원래의 프로그램으로 복귀한다.

33-1 질문

1. 디지털 컴퓨터의 블록도를 그리고 설명하여라.
2. 디지털 컴퓨터에서 다음 블록의 기능은 무엇인가?
   a. 제어부 b. 산술논리장치
   c. 메모리부 d. 입력부
   e. 출력부
3. 컴퓨터에서 ROM의 기능은 무엇인가?
4. 명령어의 실행 순서는 어디에 기억되어 있는가?
5. 컴퓨터에서 얼마나 많은 데이터가 저장될 수 있는지 결정하는 것은 무엇인가?
6. 프로그램을 정의하여라.

33-2 마이크로프로세서의 구성

마이크로프로세서(microprocessor)는 마이크로컴퓨터의 심장이다. 마이크로프로세서는 레지스터, 산술연산장치, 타이밍 및 제어 회로, 디코딩 회로의 4가지 기본 부품으로 구성되어 있다. 마이크로프로세서는 명령어 또는 프로그램을 메모리에서 불러와 이를 명령 레지스터에 전송한 다음 해석하도록 설계되어 있다. 프로그램이 타이밍, 제어, 디코딩 회로에 영향을 미친다. 프로그램은 데이터를 다양

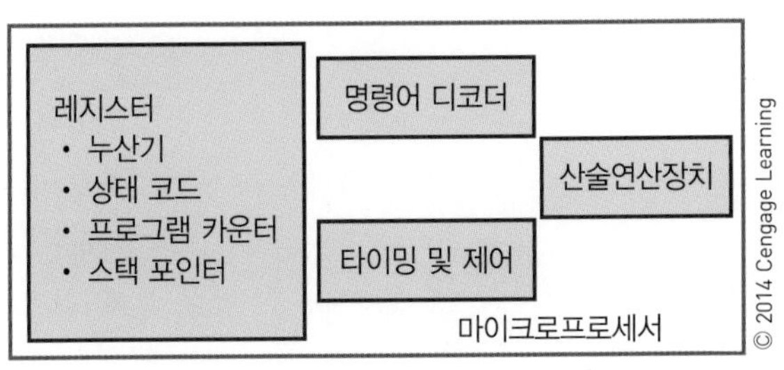

그림 33-5 8비트 마이크로프로세서의 구성.

한 레지스터에 쓰거나 읽거나 또는 산술연산장치(ALU)로 전송하는 동작을 담당한다. 레지스터와 ALU는 마이크로프로세서가 데이터나 정보를 처리하는 데 사용된다.

각 마이크로프로세서는 서로 다른 구조와 명령어 집합을 가지고 있다. 그림 33-5는 많은 8비트 마이크로프로세서가 가지고 있는 기본적인 구성을 보여준다. 레지스터의 이름과 수는 마이크로프로세서마다 다르기 때문에 그림에서와 같이 각각이 분리되어 있다.

누산기(accumulator)는 마이크로프로세서에서 가장 자주 사용되는 레지스터이다. 누산기는 메모리나 입출력장치에서 데이터를 전송받거나 저장하는 데 사용한다. 또한 누산기는 산술연산장치와도 긴밀하게 작업한다. 누산기의 비트 수는 마이크로프로세서의 워드 크기를 결정한다. 8비트 마이크로프로세서에서 워드 크기는 8비트이다.

상태-코드 레지스터(condition-code register)는 프로그래머가 프로그램 내의 특정 지점에서 마이크로프로세서의 상태를 점검할 수 있게 하는 8비트 레지스터이다. 마이크로프로세서에 따라 상태-코드 레지스터의 이름은 프로세서 상태 레지스터, P 레지스터, 상태 레지스터, 또는 플래그 레지스터라고도 한다. 상태-코드 레지스터의 각각의 비트는 플래그 비트라고 한다. 가장 일반적인 플래그는 캐리(carry), 제로(zero) 그리고 사인(sign) 플래그이다. 캐리 플래그는 산술연산 동안에 자리올림(carry)이나 자리내림(borrow)의 발생여부를 결정하기 위해 사용된다. 제로 플래그는 명령의 결과가 0인지 판단한다. 사인 플래그는 어떤 수가 양수인지 음수인지 가리키기 위해 사용된다. 8비트 상태코드 레지스터 중 모토롤러의 6800과 자이로그의 Z80은 6비트를 사용하고, 인텔의 8080A는 5비트를, MOS 테크놀로지의 6502는 7비트를 사용한다.

프로그램 카운터(program counter)는 메모리에서 가져온 명령어의 주소를 포함하는 16비트 레지스터이다. 명령이 수행되는 동안 프로그램 카운터는 다음 명령어 주소로 하나씩 증가된다. 프로그램 카운터는 증가할 수만 있다. 그러나 점프나 브랜치 같은 명령어를 사용하여 명령의 순서를 바꿀 수 있다.

스택 포인터(stack pointer)는 스택에 저장된 데이터의 메모리 위치를 갖고 있는 16비트 레지스터이다. 스택은 나중에 자세히 설명하도록 하겠다.

대부분의 마이크로프로세서들은 서로 다른 기계 코드와 몇 개의 독특한 명령어를 가지고 있으나, 기본적인 명령어 집합은 같다. 기본적인 명령어는 다음과 같이 9개의 범주로 나눌 수 있다.

1. 데이터 이동
2. 산술연산
3. 논리연산
4. 비교와 테스트
5. 로테이트(rotate)와 시프트(shift)
6. 프로그램 제어
7. 스택
8. 입출력
9. 기타

데이터 이동 명령어(data movement instructions)는 데이터를 마이크로프로세서와 메모리 내의 한 위치에서 다른 위치로 이동시키는 명령어이다(그림 33-6). 데이터는 병렬 형태로(동시적으로) 소스에서 특정 목적지까지 한 번에 8비트씩 이동된다. 마이크로프로세서 명령어는 데이터가 어떻게 이동하는지 알기 위해서 기호법을 사용한다. 6800이나 6502 마이크로프로세서에서는 화살표가 왼쪽에서 오른쪽으로 이동한다. 8080A나 Z80에서는 화살표가 오른쪽에서 왼쪽으로 이동한다. 어떤 경우에서든 메시지는 동일하다. 데이터는 소스에서 목적지로 이동한다.

서술	약어	표기	원천	목적지
누산기에 로드하라	LDA	M→A	메모리	누산기
X-레지스터에 로드하라	LDX	M→X	메모리	X-레지스터
누산기를 저장하라	STA	A→M	누산기	메모리
X-레지스터를 저장하라	STX	X→M	X-레지스터	메모리
누산기를 X-레지스터로 전송하라	TAX	A→X	누산기	X-레지스터
X-레지스터를 누산기로 전송하라	TXA	X→A	X-레지스터	누산기

그림 33-6 데이터 이동 명령어.

산술 명령어(arithmetic instructions)는 산술연산장치(ALU)에 영향을 준다. 가장 중요한 명령어는 덧셈, 뺄셈, 증가, 감소이다. 이 명령어들은 마이크로프로세서가 데이터를 계산하고 처리하게 한다. 이것이 컴퓨터가 다른 임의 논리회로와 다른 점이다. 이 명령의 결과는 누산기에 입력된다.

논리 명령어(logic instructions)는 AND, OR, XOR 같은 부울 연산자를 하나 또는 다수 포함하는 명령어이다. 이들은 ALU에서 한 번에 8비트 단위로 수행되고 결과는 누산기에 입력된다.

또 다른 논리연산은 보수 명령어(complement instruction)이다. 이것은 1의 보수와 2의 보수를 모두 포함한다. 보수는 가산회로에서 행해지기 때문에 모든 마이크로프로세서에 포함되지는 않는다. 6502에는 어떤 보수 명령어도 없으며, 8080A는 1의 보수 명령어만 가지고 있다. 6800과 Z80은 1과 2의 보수를 모두 가지고 있다. 보수 연산을 통해 부호(+ 또는 −)가 있는 수를 나타낼 수 있다. 보수 연산은 ALU가 가산회로를 이용해 뺄셈을 수행할 수 있게 한다. 따라서 MPU는 덧셈과 뺄셈에 동일한 회로를 사용하게 된다.

비교 명령어(compare instructions)는 누산기에 있는 데이터를 메모리에 있는 데이터나 다른 레지스터에 있는 데이터와 비교한다. 비교 결과는 누산기에 저장되지 않지만 결과의 플래그 비트는 비교 결과에 따라 변경될 수 있다. 비교는 마스킹(masking)이나 비트 테스팅(bit testing)에 의해서 수행된다. **마스킹**(masking)이란 두 수를 뺀 후 특정한 비트만 통과하게 하는 과정이다. 마스크는 MPU 안에 특정 상태가 존재하는지 결정하기 위해서 사용되는 미리 정해진 비트의 집합이다. 마스킹 과정은 AND 명령을 사용하므로 누산기에 저장된 내용을 지워버린다는 단점이 있다. 비트 테스팅 과정은 AND 명령을 이용하지만 누산기의 내용을 파괴하지는 않는다. 하지만 모든 마이크로프로세서가 비트 테스팅 명령을 가지고 있지는 않다.

로테이트 및 시프트 명령어(rotate and shift instructions)는 레지스터나 메모리에 있는 데이터를 오른쪽이나 왼쪽으로 한 비트씩 이동시킴으로써 데이터를 변화시킨다. 두 가지 명령 모두 캐리(carry) 비트의 이용과 관련 있다. 이들 명령어 간의 차이는 로테이트 명령은 데이터를 저장하지만 시프트 명령은 데이터를 지운다는 점이다.

프로그램-제어 명령어(program-control instructions)는 프로그램 카운터의 내용을 변경한다. 이 명령어는 마이크로프로세서가 다른 프로그램을 실행하기 위해 또는 같은 프로그램의 일부를 반복하기 위해 메모리의 위치를 지나칠 수 있게 한다. 이 명령어는 프로그램 카운터의 내용이 변경되는 무조건적 명령어일 수도 있고, 프로그램 카운터의 내용이 변경되어야 하는지를 결정하기 위해 먼저 플래그 비트의 상태가 체크되어야 하는 조건적 명령어일 수도 있다. 플래그 비트의 상태가 충족되지 못하면 그 다음 명령어가 실행된다.

스택 명령어(stack instructions)는 스택 안에 있는 다른 마이크로프로세서 레지스터들의 저장과 검색을 가능하게 한다. **스택**(stack)이란 프로그램이 다른 서브루틴 프로그램으로 점프하는 동안 프로그램 카운터의 내용을 저장하기 위해 사용하는 일시적인 메모리 공간이다. 스택과 다른 메모리 형식과의 차이는 데이터 액세스 방법 또는 어드레스 방법이다. 푸시 명령은 레지스터 내용을 저장하고 풀 명령은 레지스터 내용을 검색한다. 스택에서는 데이터를 단일 바이트 명령으로 저장하거나 불러 올 수 있기 때문에 이점이 있다. 모든 데이터의 이동은 스택의 최상위 부분과 누산기 사이에 이루어진다. 즉, 누산기는 스택의 최상위 부분하고만 통신한다.

6800과 6502 마이크로프로세서에서 레지스터의 내용은 스택에 저장되고 스택 포인터는 1만큼 감소된다. 이것은 스택 포인터가 데이터가 저장된 곳의 다음 위치를 지정하는 것이다. 스택 포인터는 스택의 최상부로 작용하는 메모리 위치를 정의하기 위해 사용되는 16비트 레지스터이다. 풀 명령이 사용되었을 때 스택 포인터는 1만큼 증가하고 데이터는 스택에서 검색되어 적절한 레지스터에 놓이게 된다. 8080A에서 스택의 최상부는 마지막 메모리 위치를 지정하는 포인터가 포함된다. 푸시 명령은 먼저 스택 포인터를 1만큼 줄이고 스택에 레지스터의 내용을 저장한다.

입출력(I/O) 명령어(Input/output instructions)는 I/O 장치를 제어하기 위해 사용된다. 8080A, 8085, 그리고 Z80은 I/O 명령어를 가지고 있다. 6800, 6502는 특별한 I/O 명령어를 가지고 있지 않다. 만일 마이크로프로세서가 외부 장치를 다루기 위해 I/O 명령어를 갖는다면 이러한 방식을 독립 I/O라고 한다.

어떤 범주에도 포함되지 않는 명령어들이 있다. 이런 명령어들을 하나로 묶어서 **기타 명령어**(miscellaneous instructions)라고 한다. 이런 명령어들 중에는 인터럽트를 작동시키거나 작동하지 못하게 하는 데 사용되거나 플래그 비트를 지우거나 설정하고, 마이크로프로세서가 BCD 산술연산을 수행하도록 하는 것들이 있다. 또한 프로그램 순서를 정지시키거나 차단하는 명령어도 포함되어 있다.

33-2 질문

1. 마이크로프로세서의 기본적인 부분은 무엇인가?
2. 마이크로프로세서에는 어떤 레지스터가 있는가?
3. 마이크로프로세서 명령어의 주요 범주는 무엇인가?
4. 컴퓨터와 임의 논리회로 사이의 차이는 무엇인가?
5. 기타 명령어의 용도는 무엇인가?

33-3 마이크로컨트롤러

'마이크로(micro)'는 장치가 작다는 것을 말한다. '컨트롤러(controller)'는 그 장치가 개체나 공정, 사건을 제어하는 데 사용된다는 것을 의미한다.

정보를 측정하거나 저장하거나 제어하거나 계산하거나 표시하는 모든 장치들은 마이크로컨트롤러를 내부에 가지고 있다. 오늘날 **마이크로컨트롤러**(microcontrollers)는 많은 가전제품(전자레인지, 토스터, 스토브 등)을 제어하고, 하이테크 장난감을 조작하고, 자동차 엔진을 운전하고, 축하 카드에서 음악이 연주되도록 하기도 한다. 마이크로컨트롤러가 제어하는 많은 장치들이 당연한 것으로 받아들여진다.

마이크로컨트롤러는 단일 칩 컴퓨터이다. 거기에는 제한된 메모리와 입출력 인터페이스, 중앙처리장치(CPU)를 포함하고 있다(그림 33-7). 이러한 특징은 기능을 모니터링하고 제어하는 데 이상적이다. 왜냐하면 단일 칩이므로 마이크로컨트롤러와 지원회로들이 제어하고자 하는 장치 내에 포함되어 제작될 수 있기 때문이다.

마이크로컨트롤러는 기계 제어 응용 분야에 사용하고자 개발되었으며, 조작하기 위해 사람과의 상호작용이 필요하지 않다. 예를 들어 토스터나 전자레인지는 한두 개의 고정된 프로그램을 가지고 있다. 마이크로컨트롤러는 동작을 위하여 키보드나 모니터, 마우스 같은 휴먼 인터페이스(human interface) 장치를 필요로 하지 않는다.

마이크로컨트롤러 직접회로의 한 예가 8051이다. 8051은 8비트 프로세서와 ROM과 RAM뿐만 아니라 I/O 회로도 포함하고 있다. 8051은 여러 반도체 제조회사에

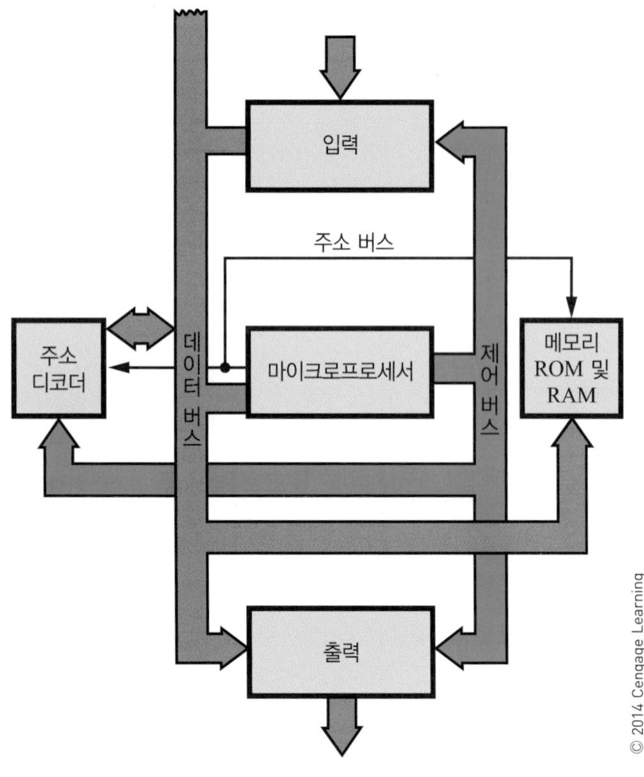

그림 33-7 마이크로컨트롤러의 블록선도.

서 제조될 만큼 인기 있는 칩으로 인텔의 8051칩 종류에는 MCS 251이 있으며, 이는 MCS 51보다 15배 가량 빠른 속도를 자랑한다. MCS 51의 블록도가 그림 33-8에 나타나 있다.

MCS 51은 4킬로바이트의 EPROM/ROM과 128바이트의 RAM과 32개의 I/O 라인을 가지고 있으며, 두 개의 16비트 타이머/카운터, 5개의 소스, 2레벨 인터럽트 구조와 전2중 직렬포트(full-duplex serial port) 그리고 하나의 온칩 발진기(on-chip oscillator)와 클럭 회로를 가지고 있다.

68HC11은 모토롤러에 의해 개발된 강력한 8비트, 16비트 어드레스 마이크로컨트롤러이며, 현재는 프리스케일 세미콘닥터에 의해 생산된다. 이 칩은 이전의 68xx(6801, 6805, 6809)군과 유사한 명령어 집합을 가지고 있다. 응용 분야에 따라 68HC11은 내장된 창이 있는 EPROM/EEPROM/OTPROM(일회 프로그램 가능 ROM), 스태틱 RAM과 디지털 I/O, 타이머, A/D 컨버터, PWM 발생기, 동기 및 비동기식 통신 채널 등을 포함한 다양한 기능을 가지고 있다. 프리스케일 세미콘닥터는 68HC11의 능력을 활용할 수 있도록 저가의 평가용 보드도 제공하고 있다.

제너럴 인스트루먼트의 전자공학 부문이 최초의 **프로그램 가능 인터페이스 컨트롤러**(programmable interface controller; PIC)를 개발했다. PIC는 오늘날 **축소 명령어 세트 컴퓨터**(reduced instruction set computer; RISC)를 이용하는 마이크로칩 테크놀로지가 개발한 마이크로컨트롤러의 한 부류이다. RISC는 소수의 기본적인 명령어로 더 높은 성능을 가능하게 하는 전략에 기초하고 있다. 마이크로컨트롤러가 이러한 구조에 기반하도록 하는 것은 PIC1640 마이크로컨트롤러에서 파생된 전략이다.

PIC 마이크로컨트롤러는 저렴하고 널리 사용할 수 있으며, 어떤 응용 분야에서 운용하기 전에 많은 전제 조건을 요구하지 않는다. PIC 개발 환경은 자유롭게 사용 가능하며 최신 상태이다. 다양한 PIC 마이크로컨트롤러들이 있어서 어떠한 응용 분야에도 적용할 수 있다. 하드웨어 프로그래밍이 손쉽고 추가적인 장비나 프로그래머가 많이 필요하지 않다. **PDIP**(plastic dual inline package: 플라스틱 이중 직렬 패키지), **SSOP**(shrink small outline package: 축소된 소형 패키지), **SOIC**(small outline package: 소형 집적회로), **PLCC**(plastic leaded chip carrier: 플라스틱 리드 칩 캐리어), **QFN**(quad flat no-lead package: 쿼드 플랫 리드 없는 패키지)을 비롯해 다양한 PIC 패키지를 이용할 수 있다(그림 33-9). PIC 패키지는 큰 노력 없이도 편리하게 시제품을 개발을 가능하게 한다.

33-3 질문

1. 마이크로컨트롤러는 무슨 일을 하는가?
2. 마이크로컨트롤러를 정의하여라.
3. 마이크로컨트롤러는 무엇을 위해 설계되었는가?
4. PIC 마이크로컨트롤러란 무엇인가?
5. MCS51, 68HC11, PIC 마이크로컨트롤러의 차이는 무엇인가?

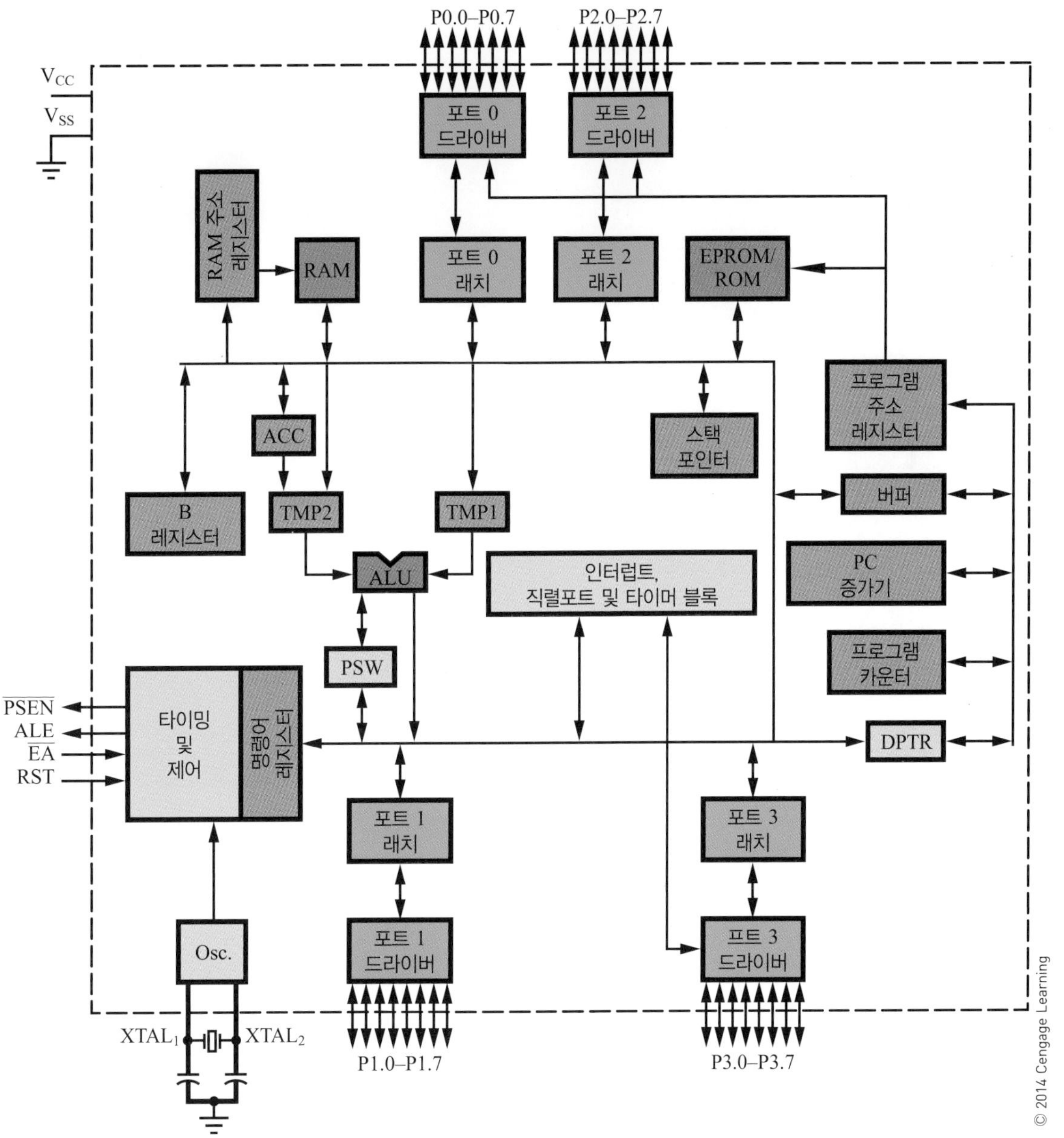

P0.0–P0.7
P2.0–P2.7
V_{CC}
V_{SS}
포트 0 드라이버
포트 2 드라이버
RAM 주소 레지스터
RAM
포트 0 래치
포트 2 래치
EPROM/ROM
프로그램 주소 레지스터
ACC
스택 포인터
버퍼
B 레지스터
TMP2
TMP1
ALU
인터럽트, 직렬포트 및 타이머 블록
PC 증가기
PSW
프로그램 카운터
$\overline{PSEN}$
ALE
$\overline{EA}$
RST
타이밍 및 제어
명령어 레지스터
DPTR
포트 1 래치
포트 3 래치
Osc.
포트 1 드라이버
프트 3 드라이버
$XTAL_1$
$XTAL_2$
P1.0–P1.7
P3.0–P3.7

그림 33–8 MCS 51의 마이크로컨트롤러 블록선도.

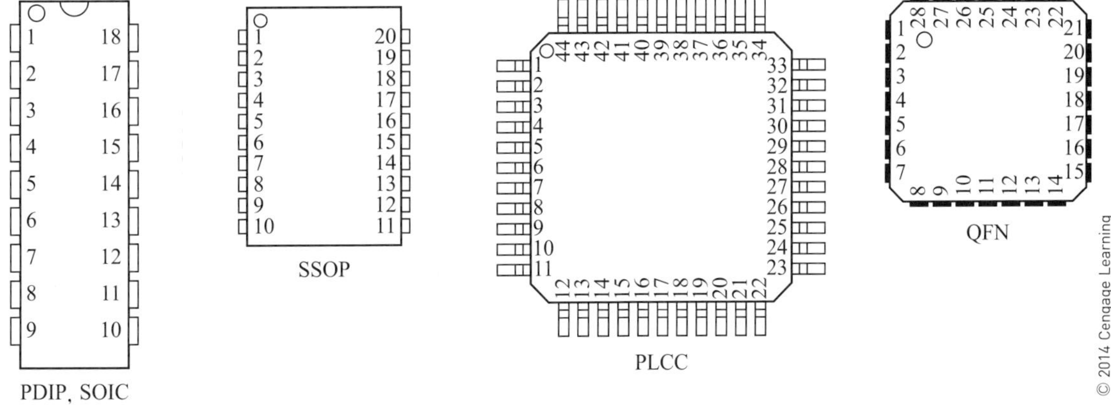

그림 33–9 다양한 PIC 패키지 외형도.

요약

- 디지털 컴퓨터는 제어부, 산술연산장치, 메모리, 그리고 입출력부로 구성된다.
- 제어부는 명령을 해석하고 펄스를 발생시켜 컴퓨터를 동작하도록 한다.
- 산술연산장치는 산술연산, 논리연산 그리고 판단연산을 수행한다.
- 메모리는 프로그램과 데이터가 실행을 기다리는 동안 저장되는 공간이다.
- 입출력부는 컴퓨터에서 데이터의 입력과 출력을 담당하는 곳이다.
- 제어부와 산술연산장치는 마이크로프로세서라는 단일한 패키지에 포함될 수 있다.
- 프로그램이란 특정한 문제를 해결하기 위한 순차적으로 배열된 명령어들의 집합이다.
- 마이크로프로세서는 레지스터, 산술연산장치, 타이밍 및 제어회로, 디코딩 회로를 포함한다.
- 마이크로프로세서를 위한 명령어는 9개의 범주로 분류할 수 있다.
  - 데이터 이동
  - 산술연산
  - 논리연산
  - 비교 및 테스트
  - 로테이트 및 시프트
  - 프로그램 제어
  - 스택
  - 입출력
  - 기타
- 마이크로컨트롤러는 개체와 공정, 사건을 제어하는 데 사용되는 단일 칩 장치이다.
- 정보를 측정, 저장, 제어, 계산, 표시하는 모든 기기는 그 안에 마이크로컨트롤러를 가지고 있다.
- 마이크로컨트롤러는 단일 칩 컴퓨터라고 할 수 있다.
- 마이크로컨트롤러는 대개 제어하려는 기기 안에 설치된다.
- 마이크로컨트롤러는 기계 제어 응용 분야를 위해 설계되었다.
- 마이크로컨트롤러는 일단 프로그램되면 휴먼 인터페이스가 요구되지 않는다.
- 마이크로컨트롤러의 예에는 MCS 251, 68HC11, PIC가 포함된다.

연습 문제

1. 컴퓨터가 어떻게 동작하는지 설명하여라.
2. 실생활과 접해 있는 컴퓨터는 외부 장치로부터 전달된 데이터를 어떤 방법으로 처리하는가?
3. 마이크로컴퓨터와 마이크로프로세서의 차이는 무엇인가?
4. 마이크로프로세서의 기능은 무엇인가?
5. 마이크로컨트롤러와 마이크로프로세서 차이는 무엇인가?
6. 다음과 같은 마이크로프로세서 명령어들을 정의하여라.
   데이터 이동, 산술, 논리, 입출력
7. 마이크로컨트롤러가 어떻게 이용되는지 설명하여라.
8. 마이크로컨트롤러를 사용하는 다섯 가지 기기 또는 가전제품의 예를 들어라.
9. 현재 자동차에서 마이크로컨트롤러가 어디에 이용되는가?
10. 마이크로컨트롤러가 RISC 구조를 이용한다는 것은 무엇을 의미하는가?

부록

■ 부록 1
원소의 주기율표

Group IA	IIA	IIIA	IVA	VA	VIA	VIIA	I------	-----VIIIA-----	------I	IB	IIB	IIIB	IVB	VB	VIB	VIIB	VIII
1 H Hydrogen																	2 He Helium
3 Li Lithium	4 Be Berylium											5 B Boron	6 C Carbon	7 N Nitrogen	8 O Oxygen	9 F Fluorine	10 Ne Neon
11 Na Sodium	12 Mg Magnesium											13 Al Aluminum	14 Si Silicon	15 P Phosphorus	16 S Sulfur	17 Cl Cholrine	18 Ar Argon
19 K Potassium	20 Ca Calcium	21 Sc Scandium	22 Ti Titanium	23 V Vanadium	24 Cr Chromium	25 Mn Manganese	26 Fe Iron	27 Co Cobalt	28 Ni Nickel	29 Cu Copper	30 Zn Zinc	31 Ga Gallium	32 Ge Germanium	33 As Arsenic	34 Se Selenium	35 Br Bromine	36 Kr Krypton
37 Rb Rubidium	38 Sr Strontium	39 Y Yitrium	40 Zr Zirconium	41 Nb Niobium	42 Mo Molybdenum	43 Tc Technetium	44 Ru Ruthenium	45 Rh Rhodium	46 Pd Palladium	47 Ag Silver	48 Cd Cadmium	49 In Indium	50 Sn Tin	51 Sb Antimony	52 Te Tellurium	53 I Iodine	54 Xe Xenon
55 Cs Cesium	56 Ba Barium	57 La Lanthanum	72 Hf Hafnium	73 Ta Tantalum	74 W Tungsten	75 Re Rhenium	76 Os Osmium	77 Ir Iridium	78 Pt Platinum	79 Au Gold	80 Hg Mercury	81 Ti Thalium	82 Pb Lead	83 Bi Bismuth	84 Po Polonium	85 At Astatine	86 Rn Radon
87 Fr Francium	88 Ra Radium	89 Ac Actinium	104 Unq (Unniquadium)	105 Unp (Unnipentium)	106 Unh (Unnihexium)												

58 Ce Cerium	59 Pr Praseodymium	60 Nd Neodymium	61 Pm Promethium	62 Sm Samarium	63 Eu Europium	64 Gd Gadolinium	65 Tb Terbium	66 Dy Dysprosium	67 Ho Holmium	68 Er Erbium	69 Tm Thulium	70 Yb Ytterbium	71 Lu Lutetium
90 Th Thorium	91 Pa Protactinium	92 U Uranium	93 Np Neptunium	94 Pu Plutonium	95 Am Americium	96 Cm Curium	97 Bk Berkelium	98 Cf Californium	99 Es Einsteinium	100 Fm Fermium	101 Md Mendelevium	102 No Nobelium	103 Lr Lawrencium

■ 부록 2
그리스 문자

그리스 문자		그리스 이름
Α	α	alpha
Β	β	beta
Γ	γ	gamma
Δ	δ	delta
Ε	ε	epsilon
Ζ	ζ	zeta
Η	η	eta
Θ	θ	theta
Ι	ι	iota
Κ	κ	kappa
Λ	λ	lambda
Μ	μ	mu
Ν	ν	nu
Ξ	ξ	xi
Ο	ο	omicron
Π	π	pi
Ρ	ρ	rho
Σ	σ	sigma
Τ	τ	tau
Υ	υ	upsilon
Φ	φ	phi
Χ	χ	chi
Ψ	ψ	psi
Ω	ω	omega

■ 부록 3
전기전자공학 분야에서 사용하는 단위 접두어

접두어	기호	승수	
Yotta–	Y	10^{24}	1,000,000,000,000,000,000,000,000
Zetta–	Z	10^{21}	1,000,000,000,000,000,000,000
exa–	E	10^{18}	1,000,000,000,000,000,000
peta–	P	10^{15}	1,000,000,000,000,000
tera–	T	10^{12}	1,000,000,000,000
giga–	G	10^{9}	1,000,000,000
mega–	M	10^{6}	1,000,000
kilo–	k	10^{3}	1,000
hecto–	h	10^{2}	100
deka–	da	10^{0}	10
deci–	d	10^{-1}	0.1
centi-	c	10^{-2}	0.01
milli-	m	10^{-3}	0.001
micro-	μ	10^{-6}	0.000,001
nano-	n	10^{-9}	0.000,000,001
pico-	p	10^{-12}	0.000,000,000,001
femto-	f	10^{-15}	0.000,000,000,000,001
atto-	a	10^{-18}	0.000,000,000,000,000,001
zepto-	z	10^{-21}	0.000,000,000,000,000,000,001
yocto-	y	10^{-24}	0.000,000,000,000,000,000,000,001

부록 4
전기전자공학 약어

용어	약어
알파	α
교류	ac, AC
암페어	A, amp
베타	β
커패시턴스	C
용량성 리액턴스	Xc
전하	Q
컨덕턴스	G
쿨롬	C
전류	I, i
초당 사이클 수	Hz
섭씨 온도	℃
화씨 온도	℉
직류	dc, DC
기전력	emf, E, e
패럿	F
주파수	f
기가	G
헨리	H
헤르츠	Hz
임피던스	Z
인덕턴스	L
유도성 리액턴스	X_L

용어	약어
킬로	k
메가	M
마이크로	μ
밀리	m
나노	n
옴	Ω
첨두-첨두	p-p
주기	T
피코	p
전력	P
리액턴스	X
저항	R, r
공진 주파수	f_r
제곱 평균 제곱근	rms
초	s
지멘스	S
시간	t
무효 전력	VAR, var
볼트	V, v
볼트-암페어	VA
파장	λ
와트	W

■ 부록 5
일반적인 지시 기호

부품	지정 문자
배터리	B
브리지 정류기	BR
커패시터	C
음극선관	CRT
다이오드	D
퓨즈	F
집적회로	IC
잭 커넥터	J
인덕터	L
액정 표시 장치	LCD
광저항기	LDR
발광 다이오드	LED
스피커	SPK
전동기	M
마이크로폰	MIC
네온 램프	NE
연산 증폭기	OP
플러그	P
인쇄 회로 기판	PCB
트랜지스터	Q
저항기	R
릴레이	K
실리콘 제어 정류기	SCR
스위치	S
변압기	T
테스트 포인트	TP
집적회로	U
진공관	V
변환기	X
수정	Y

■ 부록 6

직류와 교류 회로 공식

	직렬	병렬
저항	$R_T = R_1 + R_2 + R_3 + \cdots R_n$	$\frac{1}{R_T} = \frac{1}{R_1} + \frac{1}{R_2} + \frac{1}{R_3} + \cdots \frac{1}{R_n}$
커패시턴스	$\frac{1}{C_T} = \frac{1}{C_1} + \frac{1}{C_2} + \frac{1}{C_3} + \cdots \frac{1}{C_n}$	$C_T = C_1 + C_2 + C_3 + \cdots C_n$
인덕턴스	$L_T = L_1 + L_2 + L_3 + \cdots L_n$	$\frac{1}{L_T} = \frac{1}{L_1} + \frac{1}{L_2} + \frac{1}{L_3} + \cdots \frac{1}{L_n}$
임피던스	$Z_T = Z_1 + Z_2 + Z_3 + \cdots Z_n$	$\frac{1}{Z_T} = \frac{1}{Z_1} + \frac{1}{Z_2} + \frac{1}{Z_3} + \cdots \frac{1}{Z_n}$
전압	$E_T = E_1 + E_2 + E_3 + \cdots E_n$	$E_T = E_1 = E_2 = E_3 = \cdots E_n$
전류	$I_T = I_1 = I_2 = I_3 = \cdots I_n$	$I_T = I_1 + I_2 + I_3 + \cdots I_n$
전력	$P_T = P_1 + P_2 + P_3 + \cdots P_n$	$P_T = P_1 + P_2 + P_3 + \cdots P_n$

공식

옴의 법칙 $I = \frac{E}{R}$

임피던스 $I = \frac{E}{Z}$

전력 $P = IE$

컨덕턴스 $G = \frac{1}{R}$

리액턴스 $X_L = 2\pi fL$

$X_C = \frac{1}{2\pi fC}$

공진 $F_R = \frac{1}{2\pi\sqrt{LC}}$

교류값 도표

	피크(Peak)	실효값(RMS)	평균값(AVG)
피크		0.707 × Peak	0.637 × Peak
실효값	1.41 × RMS		0.9 × RMS
평균값	1.57 × AVG	1.11 × AVG	

기타

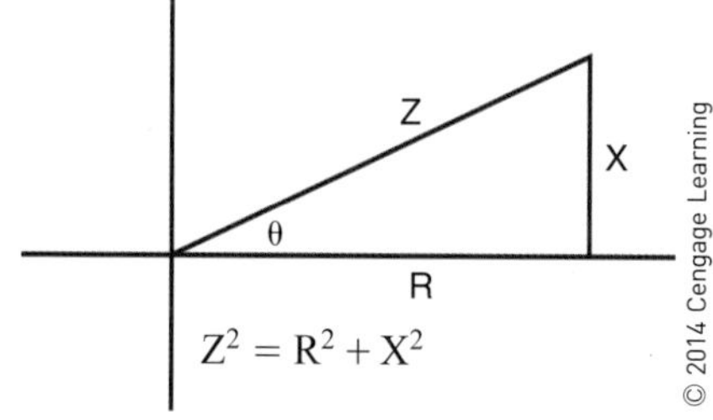

$\text{Sin}\,\theta = \frac{X}{Z}$

$\text{Cos}\,\theta = \frac{R}{Z}$

$\text{Tan}\,\theta = \frac{X}{R}$

변환

직각좌표를 극좌표로

$R = \sqrt{X^2 + Y^2}$ 및 $0 = \text{Arctan}\,\frac{Y}{X}$

극좌표를 직각좌표로

$X = R\,\text{Cos}\,0$ 및 $Y = R\,\text{Sin}\,0$

온도

화씨를 섭씨로

$C = (F - 32)(5/9)$

섭씨를 화씨로

$F = (C \times 9/5) + 32$

■ 부록 7

공식 단축키

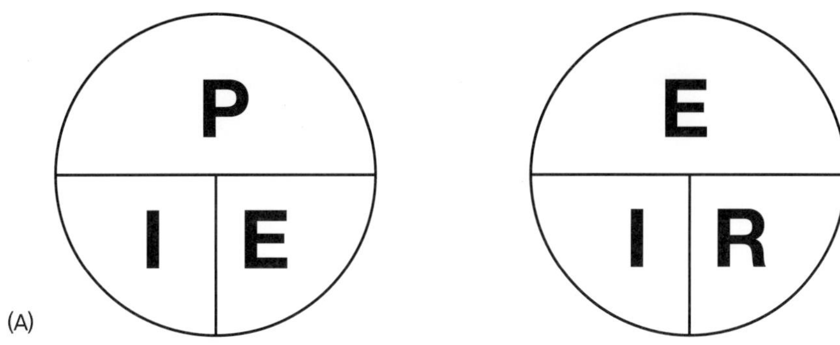

(A)

두 개의 값이 알려졌을 때, 알려지지 않은 값에 손가락을 올리고 계산하여라.

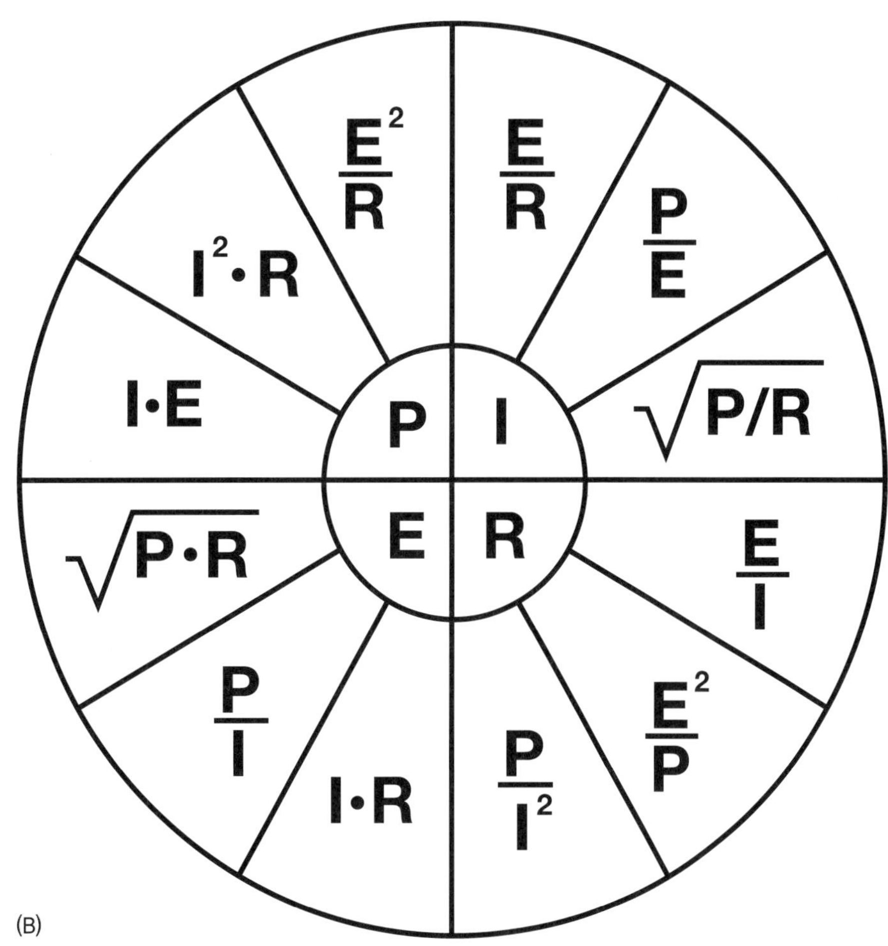

(B)

병렬에서 2개의 저항에 대한 풀이 $R_T = \frac{R_1 R_2}{R_1 + R_1}$

직렬에서 같은 값의 다중 저항 풀이 $R_T = N \cdot R_X$

R_X = 1개 저항의 값

N = 저항의 수

■ 부록 8
저항기 컬러 코드

컬러	자릿수
흑색	0
갈색	1
적색	2
주황색	3
노란색	4
녹색	5
파란색	6
보라색	7
회색	8
흰색	9

컬러	허용 오차
회색	0.05%
보라색	0.10%
파란색	0.25%
녹색	0.5%
갈색	1%
적색	2%
금색	5%
은색	10%
색 없음	20%

1st 2nd 3rd 4th

컬러	첫 번째 띠 (첫 번째 자리)	두 번째 띠 (두 번째 자리)	세 번째 띠 (0의 개수)	네 번째 띠 (허용 오차)
흑색	0	0	–	–
갈색	1	1	0	1%
적색	2	2	00	2%
주황색	3	3	000	–
노란색	4	4	0000	–
녹색	5	5	00000	0.5 %
파란색	6	6	000000	0.25 %
보라색	7	7		0.10 %
회색	8	8		0.05 %
흰색	9	9		–
금색	–	–	×.1	5 %
은색	–	–	×.01	10 %
색 없음	–	–	–	20 %

■ 부록 9

일반적인 저항기 값

±2 %와 ±5 % 허용 오차	±10 % 허용 오차	±20 % 허용 오차
1.0	1.0	1.0
1.1		
1.2	1.2	
1.3		
1.5	1.5	1.5
1.6		
1.8	1.8	
2.0		
2.2	2.2	2.2
2.4		
2.7	2.7	
3.0		
3.3	3.3	3.3
3.6		
3.9	3.9	
4.3		
4.7	4.7	4.7
5.1		
5.6	5.6	
6.2		
6.8	6.8	6.8
7.5		
8.2	8.2	
9.1		

■ 부록 10
커패시터 컬러 코드

컬러	자릿수	승수	허용 오차
흑색	0	1	20 %
갈색	1	10	1 %
적색	2	100	2 %
주황색	3	1000	3 %
노란색	4	10000	4 %
녹색	5	100000	5 %
파란색	6	1000000	6 %
보라색	7		7 %
회색	8		8 %
흰색	9		9 %
금색		0.1	
은색		0.01	10 %
색 없음			20 %

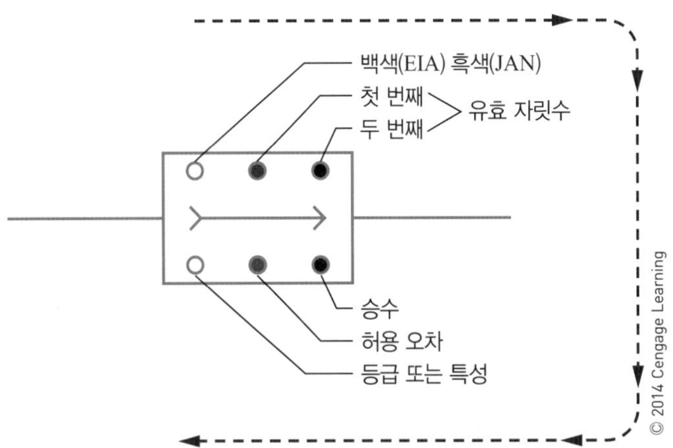

a. 성형 마이카(molded mica)

주: EIA는 Electronic Industries and Association의 약어이고
JAN은 군용 표준으로서 Joint Army-Navy의 약어이다.

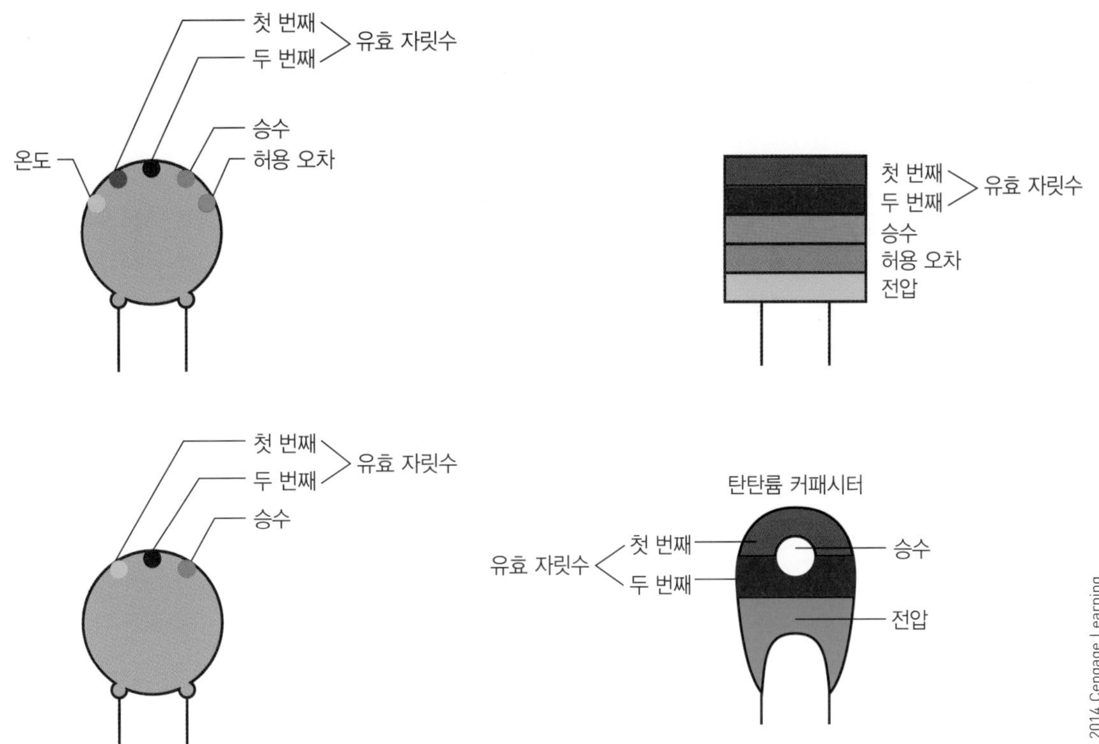

b. 판상 세라믹(disc ceramic)

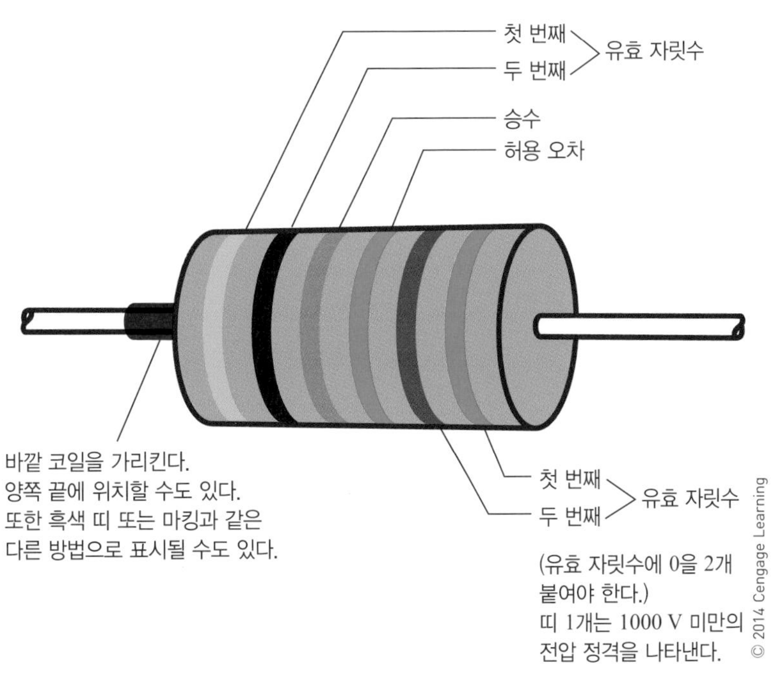

c. 축모양 포일(axial foil)

■ 부록 11
전기전자 기호

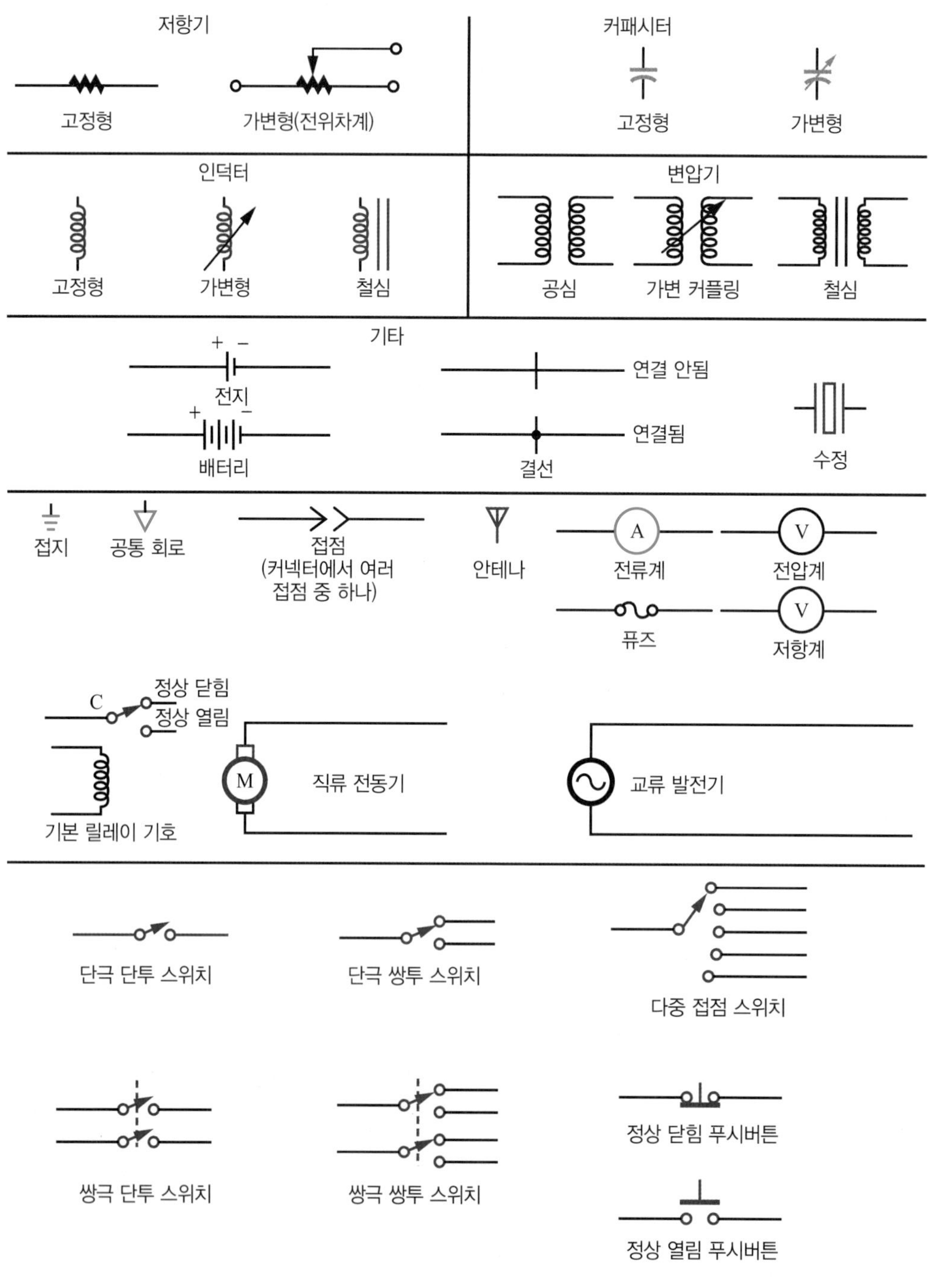

저항기
고정형
가변형(전위차계)
커패시터
고정형
가변형
인덕터
고정형
가변형
철심
변압기
공심
가변 커플링
철심
기타
+ −
전지
+ −
배터리
연결 안됨
연결됨
결선
수정
접지
공통 회로
접점
(커넥터에서 여러
접점 중 하나)
안테나
A
전류계
V
전압계
퓨즈
V
저항계
C
정상 닫힘
정상 열림
기본 릴레이 기호
M
직류 전동기
교류 발전기
단극 단투 스위치
단극 쌍투 스위치
다중 접점 스위치
쌍극 단투 스위치
쌍극 쌍투 스위치
정상 닫힘 푸시버튼
정상 열림 푸시버튼

■ 부록 12
반도체 회로 기호

소자 이름	회로 기호	흔히 쓰이는 접합도	주요 용도
다이오드	애노드 캐소드	애노드 p n 캐소드	정류, 차단, 검파 조향 장치
제너 다이오드	캐소드 애노드	애노드 p n 캐소드	전압 조절
NPN 트랜지스터	컬렉터 I_C 베이스 I_B 이미터	컬렉터 n p n 베이스 이미터	증폭, 스위칭, 발진
PNP 트랜지스터	컬렉터 I_C 베이스 I_B 이미터	컬렉터 p n p 베이스 이미터	증폭, 스위칭, 발진
N채널 JFET	드레인(D) 게이트(G) 소스(S)	S G D P N P	증폭, 스위칭, 발진
P채널 JFET	드레인(D) 게이트(G) 소스(S)	S G D P N P	증폭, 스위칭, 발진
증가형 N채널 MOSFET	드레인(D) 게이트(G) 소스(S)	금속 게이트 S D N P N	스위칭, 디지털 응용
증가형 P채널 MOSFET	드레인(D) 기판(B) 게이트(G) 소스(S)	금속 게이트 S D P N P B	스위칭, 디지털 응용
공핍형 N채널 MOSFET	드레인(D) 기판(B) 게이트(G) 소스(S)	금속 게이트 S D N P B	증폭, 스위칭
공핍형 P채널 MOSFET	드레인(D) 기판(B) 게이트(G) 소스(S)	금속 게이트 S D P N B	증폭, 스위칭
실리콘 제어 정류기(SCR)	A K G	애노드 p n p n 캐소드 I_g 게이트	전력 스위칭, 위상 제어, 인버터, 쵸퍼
TRICA	MT_2 G MT_1	n n p n 애노드 2 게이트 n n p 애노드 1	교류 스위칭 위상 제어 릴레이 대체
DIAC		컬렉터 p n p 베이스 이미터	트리거
광트랜지스터	컬렉터 베이스 이미터	컬렉터 n p n 베이스 이미터	테잎 리더, 카드 리더, 위치 센서, 속도계
발광 다이오드(LED)	애노드 캐소드	A P N C	표시기, 광원, 광커플러, 디스플레이

■ 부록 13
디지털 논리 기호

논리 기능	내국	일반적인 독일 기호	국제 전자기술 위원회(IEC) 기호	영국(BS3939) 기호
버퍼	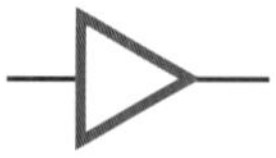		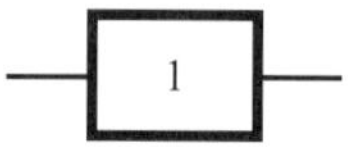 1	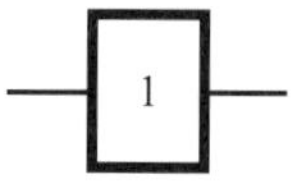 1
인버터 (NOT 게이트)	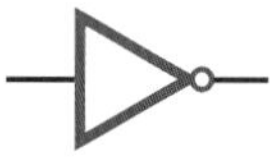		 1	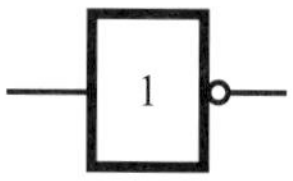 1
2개의 입력을 갖는 AND 게이트	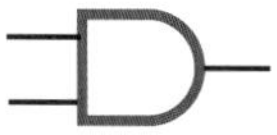		 &	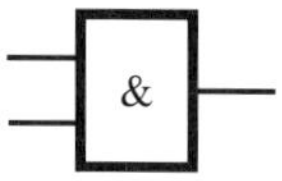 &
2개의 입력을 갖는 OR 게이트	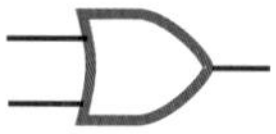		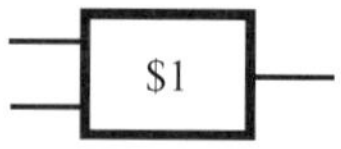 $1	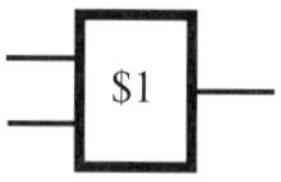 $1
2개의 입력을 갖는 NAND 게이트		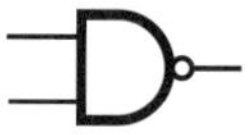	 &	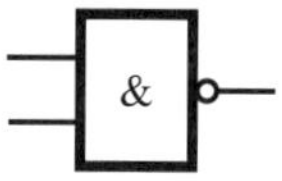 &
2개의 입력을 갖는 NOR 게이트	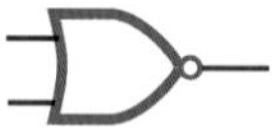		 $1	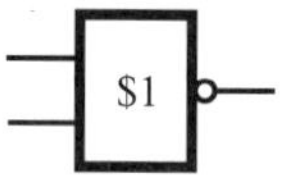 $1
2개의 입력을 갖는 XOR 게이트	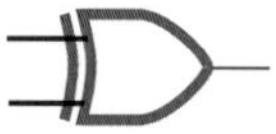	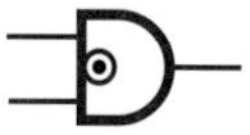	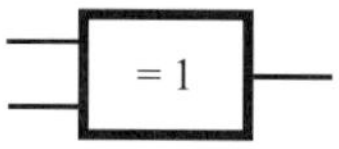 = 1	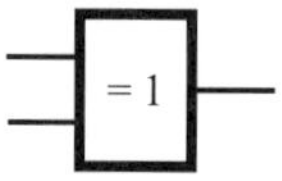 = 1
2개의 입력을 갖는 XNOR 게이트	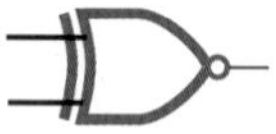	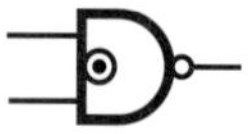	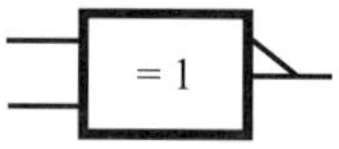 = 1	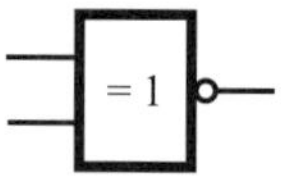 = 1

연습 문제 해답

1부 직류

1장 전기의 기본

1. 원소는 물질을 이루는 기본 요소이다. 원자는 원소의 특성을 유지하는 가장 작은 입자이다. 분자는 두 개 또는 그 이상의 원자들의 화학적 결합물이다. 화합물은 두 개 또는 그 이상의 원자들의 화학적 결합물이며 화학적 방법으로만 분리될 수 있다.
2. 자유 전자의 개수
3. 가전자각의 전자의 수(도체는 네 개 미만, 반도체는 네 개, 절연체는 네 개보다 많다.)
4. 전기가 여러 가지 물질을 통해 어떻게 흐르는지의 여부에 관해 이해하기 위해 필수적이다.
5. 6.24×10^{18}개의 전자
6. 회로에서 행해진 일은 전위차, 즉 기전력(electromotive force, emf), 다른 말로 전압의 결과이다.
7. 전자의 흐름을 방해한다.
8.

용어	기호	단위
전류	I	암페어
전압	E	전압
저항	R	옴

9. 전류는 전자의 흐름, 전압은 전자가 흐르게 하는 힘, 저항은 전자의 흐름을 방해하는 것.
10. 물질의 저항은 그 물질의 크기, 모양 및 온도에 따라 달라진다.

2장 전류

1. 제시 값

$I = ?$

$Q = 7$쿨롬

$t = 5$초

풀이

$I = \frac{Q}{t}$

$I = \frac{7}{5}$

$I = 1.4$ 암페어

2. 전자는 도체에서, 전위의 음극 단자로부터 전위의 양극 단자로 흐른다.
3. a. $235 = 2.35 \times 10^2$
   b. $0.002376 = 2.376 \times 10^{-3}$
   c. $56323.786 = 5.6323786 \times 10^4$
4. a. 밀리(milli)는 1000으로 나누거나 0.001배로 하는 것을 의미하며, 1×10^{-3}으로 나타낸다.
   b. 마이크로(micro)는 1,000,000으로 나누거나 0.000001배로 하는 것을 의미하며, 1×10^{-6}으로 나타낸다.
5.

왼쪽 값을 오른쪽 단위로 변환한다.		
a.	305 mA	0.305 A
b.	6 μA	0.006 mA
c.	17 V	17000 mV
d.	0.023 mV	0.000023 μV
e.	0.013 kΩ	13 Ω
f.	170 MΩ	170,000,000 Ω

3장 전압

1. 회로에서 실질적인 일(전자의 이동 = 전류)은 전위차(전압)에 의해서 이루어진다.
2. 전기는 화학작용, 마찰, 열, 빛, 자기, 압력에 의해 생성된다.
3. 2차 전지의 정격은 암페어시(AH)로 나타낸다.
4.

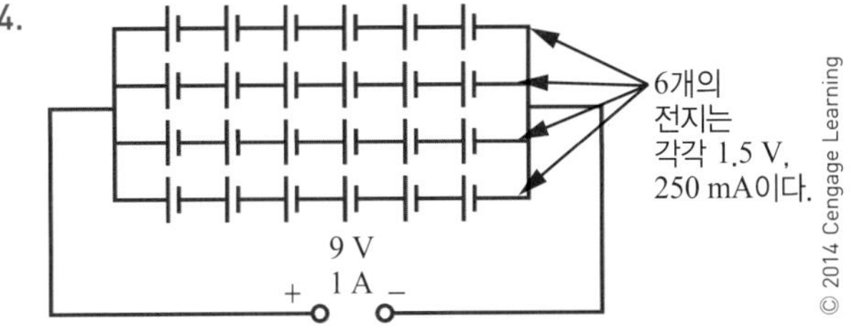

5. 제시 값

$E_T = 9$ V

$L_1 = 3$ V 정격

$L_2 = 3$ V 정격

$L_3 = 6$ V 정격

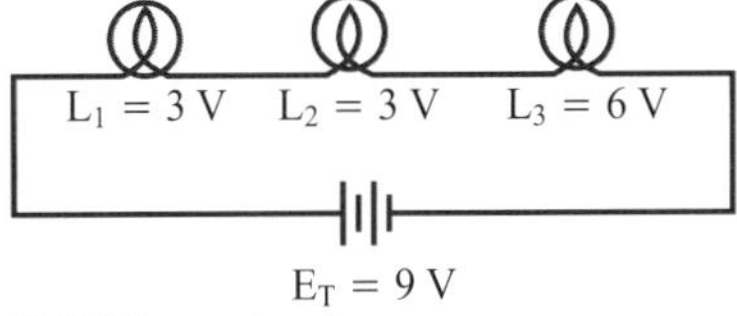

전압의 반이 L_1과 L_2에 강하되고, 나머지 전압의 반은 L_3를 통해 강하된다.

제시 값	따라서
$L_1 + L_2 = 4.5$ V 강하	L_3는 4.5 V 강하
$L_3 = 4.5$ 강하	L_2는 2.25 V 강하
$9 \times \frac{1}{2} = \frac{9}{2} = 4.5$ V	L_1은 2.25 V 강하

6.

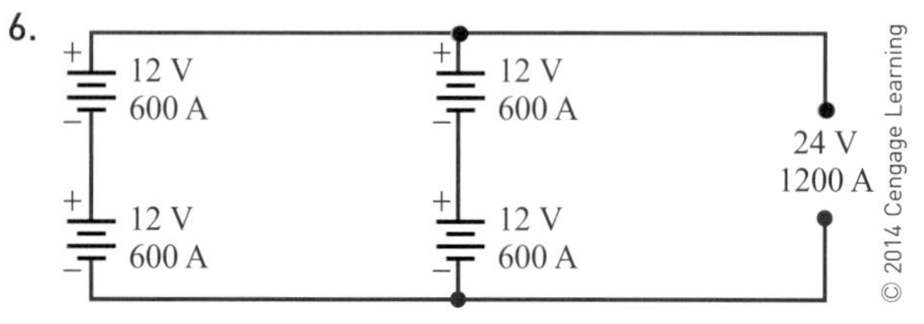

7. 에너지는 열로 소멸된다.

8. 전류는 배터리의 양극 단자에서 나와서 배터리의 음극 단자로 돌아간다.

9. 가정에서 사용자를 전기 충격으로부터 보호하기 위해 접지를 사용한다. 자동차의 접지는 완전한 회로의 일부분으로 작용한다. 전자공학에서 접지는 측정하는 모든 전압에 대한 0 기준점을 제시한다.

10.

	공식	
	직렬	병렬
전류	$I_T = I_1 = I_2 = I_3 \cdots = I_n$	$I_T = I_1 + I_2 + I_3 \cdots + I_n$
전압	$E_T = E_1 + E_2 + E_3 \cdots + E_n$	$E_T = E_1 = E_2 = E_3 \cdots = E_n$

4장 저항

1. 재료의 저항은 그 재료의 종류, 크기, 형태, 온도에 의해 달라진다. 그 재료로 만든 가로, 세로 1 m, 20 ℃에서의 길이 1 m 도선을 측정하여 값을 얻는다.

2.

제시 값	풀이
저항 = 2200 Ω	2200 × 0.10 = 220 Ω
허용 오차 = 10 %	2200 − 220 = 1980 Ω
	2200 + 220 = 2400 Ω
	허용 오차 범위
	1980~2420 Ω

3. a. 녹색, 파랑, 빨강, 금색
   b. 갈색, 녹색, 녹색, 은색
   c. 빨강, 보라, 금색, 금색
   d. 갈색, 검정, 갈색, 무색
   e. 노랑, 보라, 노랑, 은색

4. RC0402D104T:
   RC — 칩 저항기
   0402 — 크기(0.40" × 0.02")
   D — 허용 오차(±0.5 %)
   104 — 저항(100,000 Ω)
   T — 패킹 방법

5. 전위차계는 실제값이 자신의 본체에 인쇄되어 있는 경우도 있고, 영숫자 코드가 인쇄되어 있는 경우도 있다.

6.

	공식	
	직렬–병렬	
	직렬	병렬
저항	$R_T = R_1 = R_2 = R_3 \cdots = R_n$	$1/R_T = 1/R_1 + 1/R_2 + 1/R_3 \cdots + 1/R_n$

7. 2 Ω

8. 병렬 저항기 R_1, R_2, R_3, R_4에 대해 전체 저항(R_T)을 구한다.

$$\frac{1}{R_T} = \frac{1}{R_1} + \frac{1}{R_2} + \frac{1}{R_3} + \frac{1}{R_4}$$

$$\frac{1}{R_T} = \frac{1}{8} + \frac{1}{8} + \frac{1}{8} + \frac{1}{8}$$

$$R_T = 2\ \Omega$$

9. $R_T = 1636.36\ \Omega$

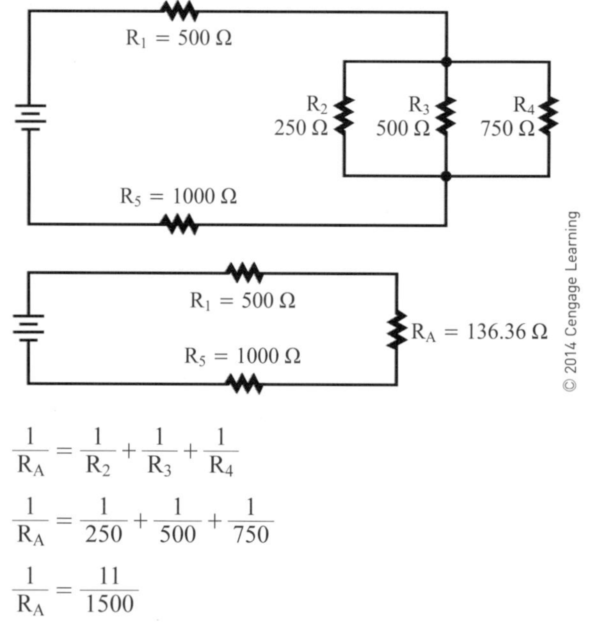

$$\frac{1}{R_A} = \frac{1}{R_2} + \frac{1}{R_3} + \frac{1}{R_4}$$

$$\frac{1}{R_A} = \frac{1}{250} + \frac{1}{500} + \frac{1}{750}$$

$$\frac{1}{R_A} = \frac{11}{1500}$$

$$R_A = 136.36$$

$$R_T = R_1 + R_A + R_5$$

$$R_T = 500 + 136.36 + 100$$

$$R_T = 1636.36\ \Omega$$

10.

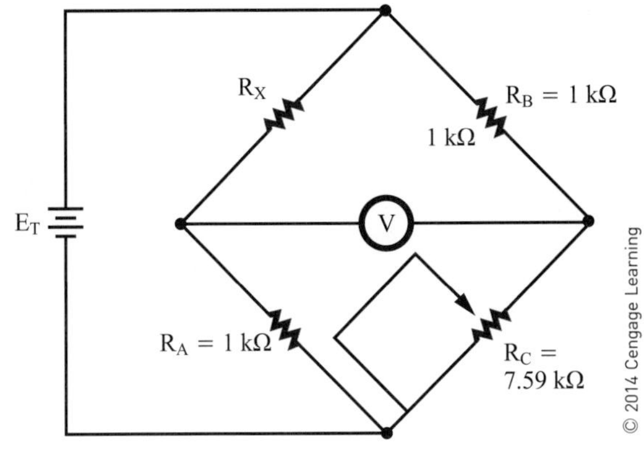

제시 값

$R_A = 1\ k\Omega$

$R_B = 1\ k\Omega$

$R_C = 7.59\ k\Omega$

$R_X = ?$

풀이

$R_X / R_A = R_B / R_C$

$(R_X)(R_C) = (R_B)(R_A)$

$R_X = (R_B)(R_A) / R_C$

$R_X = (R_B)(R_A) / R_C$

$R_X = (1000)(1000) / 7590$

$R_X = 131.75\ \Omega$

5장 옴의 법칙

1. 제시 값

$I = ?$

$E = V$

$R = 4500\ V$

풀이

$I = \frac{E}{R}$

$I = \frac{9}{4500}$

$I = 0.002$ A 또는 2 mA

2. 제시 값

$I = 250\ mA = 0.250\ A$

$E = ?$

$R = 470\ \Omega$

풀이

$I = \frac{E}{R}$

$0.250 = \frac{E}{470}$

$\frac{0.250}{1} \times \frac{E}{470}$

$(1)(E) = (0.250)(470)$

$E = 117.5\ V$

3. 제시 값

$I = 10\ A$

$E = 240\ V$

$R = ?$

풀이

$I = \frac{E}{R}$

$10 = \frac{240}{R}$

$\frac{10}{1} \times \frac{240}{R}$

$(1)(240) = (10)(R)$

$\frac{240}{10} = \frac{10R}{R}$

$\frac{240}{10} = 1R$

$24\ \Omega = R$

4. a.

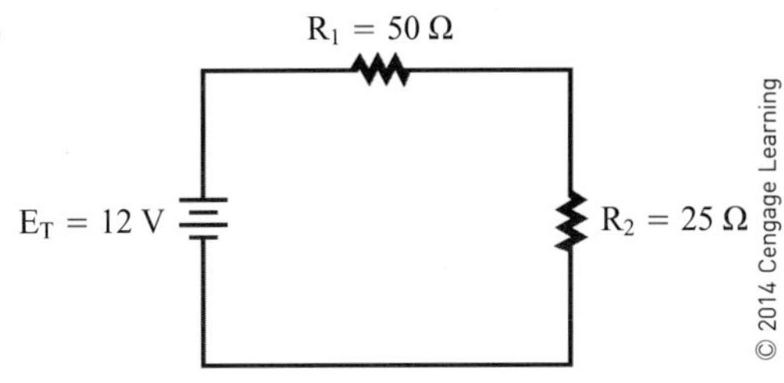

먼저 회로(직렬)의 전체 저항을 구한다.

$R_T = R_1 + R_2$

$R_T = 50 + 25$

$R_T = 75\ \Omega$

두 번째로 전체 등가저항을 이용하여 회로도를 다시 그린다.

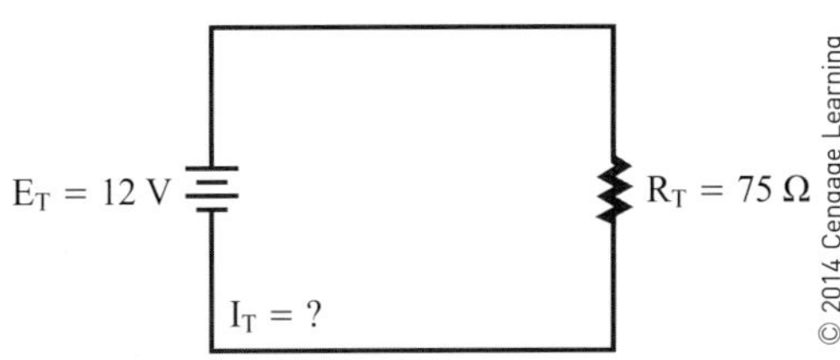

세 번째로 회로의 전체 전류를 구한다.

제시 값

$I_T = ?$

$E_T = 12\ V$

$R_T = 75\ \Omega$

풀이

$I_T = \frac{E_T}{R_T}$

$I_T = \frac{12}{75}$

$I_T = 0.16$ A 또는 160 mA

이제 R_1과 R_2에서의 전압강하를 구한다.

$I_T = I_1 = I_2$

$I_1 = \frac{E_1}{R_1}$

$0.16 = \frac{E_1}{50}$

$(0.16)(50) = E_1$

$8V = E_1$

$I_2 = \frac{E_2}{R_2}$

$0.16 = \frac{E_2}{25}$

$(0.16)(25) = E_2$

$4\ V = E_2$

b.

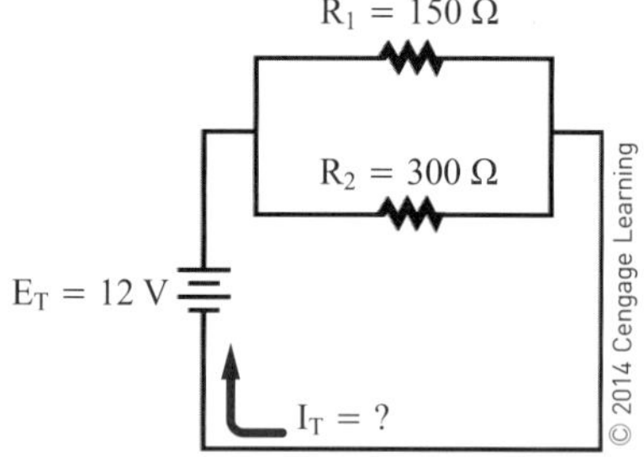

먼저 회로(병렬)의 전체 저항을 구한다.

$$\frac{1}{R_T} = \frac{1}{R_1} + \frac{1}{R_2}$$

$$\frac{1}{R_T} = \frac{1}{150} + \frac{1}{300}$$

$$\frac{1}{R_T} = \frac{2}{300} + \frac{1}{300}$$

$$\frac{1}{R_T} = \frac{3}{300}$$

$$(3)(R_T) = (1)(300)$$

$$\frac{\cancel{(3)}(R_T)}{\cancel{3}} = \frac{(1)(300)}{3}$$

$$R_T = 100\ \Omega$$

두 번째로 등가 저항을 이용하여 회로를 다시 그린다.

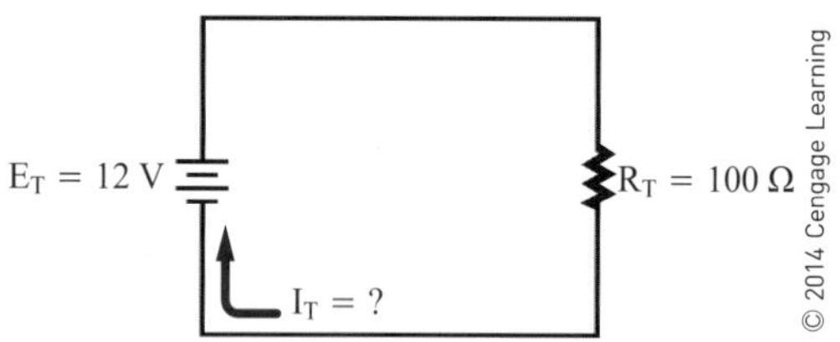

세 번째로 그 회로의 전체 전류를 구한다.

제시 값	풀이
$I_T = ?$	$I_T = \frac{E_T}{R_T}$
$E_T = 12$ V	$I_T = \frac{12}{100}$
$R_T = 100\ \Omega$	$I_T = 0.12$ A 또는 120 mA

이제 R_1과 R_2에 흐르는 전류를 구한다.

$$E_T = E_1 = E_2$$

$$I_1 = \frac{E_1}{R_1} \qquad I_2 = \frac{E_2}{R_2}$$

$$I_1 = \frac{12}{150} \qquad I_2 = \frac{12}{300}$$

$I_1 = 0.08$ A 또는 80 mA $\qquad$ $I_2 = 0.04$ A 또는 40 mA

c.

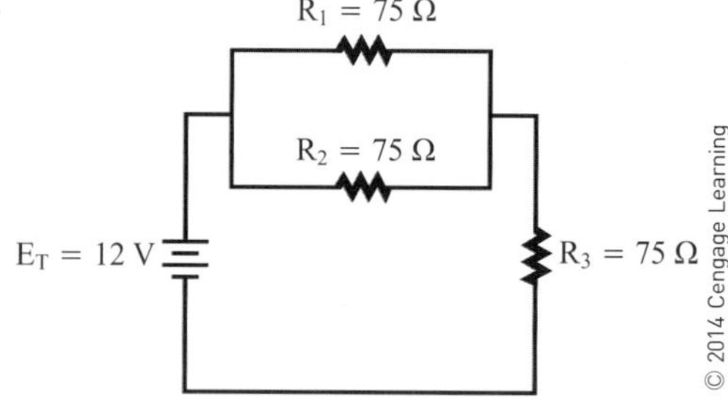

먼저 회로의 병렬부분의 등가 저항을 구한다.

$$\frac{1}{R_A} = \frac{1}{R_1} + \frac{1}{R_2}$$

$$\frac{1}{R_A} = \frac{1}{75} + \frac{1}{75}$$

$$\frac{1}{R_A} = \frac{2}{75}$$

$$(2)(R_A) = (1)(75)$$

$$\frac{\cancel{(2)}(R_A)}{\cancel{2}} = \frac{(1)(75)}{2}$$

$$R_A = \frac{75}{2}$$

$$R_A = 37.5\ \Omega$$

두 번째로 등가저항을 이용하여 회로를 다시 그린다.

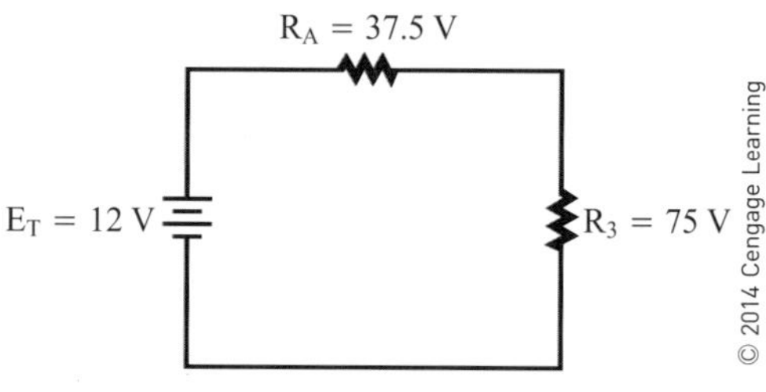

세 번째로 회로의 전체 저항을 구한다.

$$R_T = R_A + R_3$$

$$R_T = 37.5 + 75$$

$$R_T = 112.5\ \Omega$$

네 번째로 회로의 전체 전류를 구한다.

제시 값	풀이
$I_T = ?$	$I_T = \frac{E_T}{R_T}$
$E_T = 12$ V	$I_T = \frac{12}{112.5}$
$R_T = 112.5\ \Omega$	$I_T = 0.107$ A 또는 107 mA

다섯 번째로 R_3과 R_2에서의 전압강하를 구한다.

$$I_T = I_A = I_3$$

$$I_A = 0.107\ \text{A}$$

$$I_3 = 0.107\ \text{A}$$

$I_3 = \frac{E_3}{R_3}$ $\quad I_A = \frac{E_A}{R_A}$ $\quad E_A = E_1 = E_2$

$0.107 = \frac{E_3}{75}$ $\quad 0.107 = \frac{E_A}{37.5}$ $\quad E_1 = 4\text{ V}$

$8\text{ V} = E_3$ $\quad 4\text{ V} = E_A$ $\quad E_2 = 4\text{ V}$

이제 R_1과 R_2에 흐르는 전류를 구한다.

$I_1 = \frac{E_1}{R_1}$ $\quad I_2 = \frac{E_2}{R_2}$

$I_1 = \frac{4}{75}$ $\quad I_2 = \frac{4}{75}$

$I_1 = 0.053\text{ A}$ 또는 53 mA $\quad I_2 = 0.053\text{ A}$ 또는 53 mA

5. a.

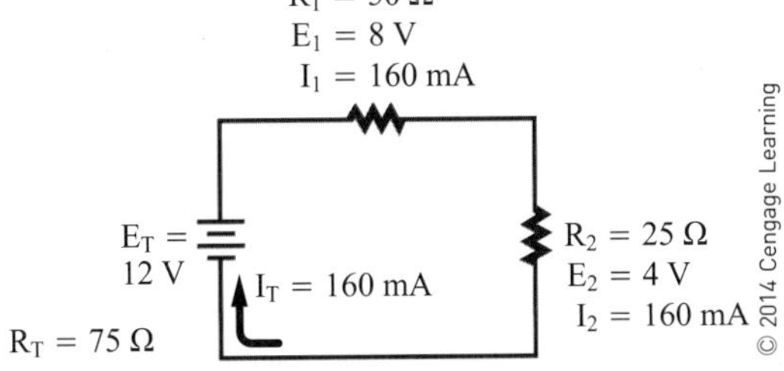

$I_T = I_1 = I_2$ $\quad E_T = E_1 + E_2$

$160\text{ mA} = 160\text{ mA} = 160\text{ mA}$ $\quad 12\text{ V} = 8\text{ V} + 4\text{ V}$

참고 : 반올림에 따라 해답에 차이가 생길 수 있다.

b.

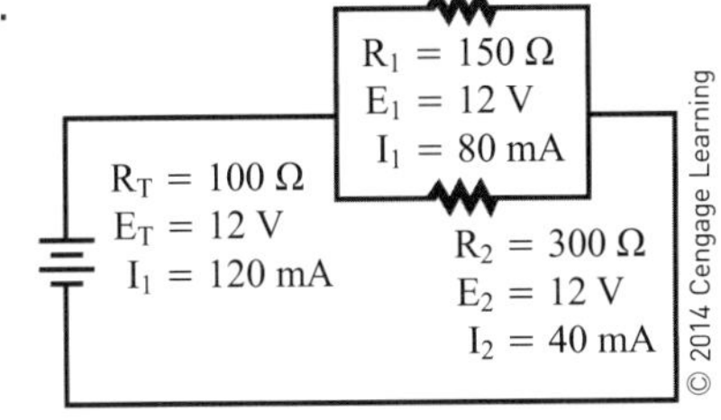

$I_T = I_1 + I_2$ $\quad E_T = E_1 = E_2$

$120\text{ mA} = 80\text{ mA} + 40\text{ mA}$ $\quad 12\text{ V} = 12\text{ V} = 12\text{ V}$

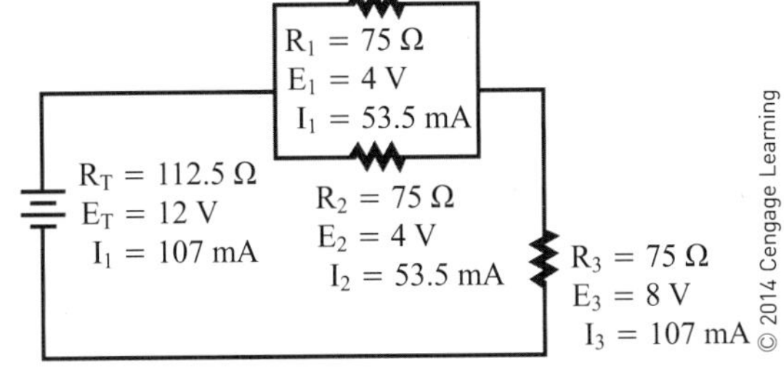

$I_T = (I_1 + I_2) + I_3$ $\quad E_T = (E_1 = E_2) = E_3$

$0.107 = (0.0535 + 0.0535)$ $\quad 12\text{ V} = (4 = 4) + 8$

$= 0.107$

$0.107\text{ A} = 0.107\text{ A} = 0.107\text{ A}$ $\quad 12\text{ V} = 4\text{ V} + 8\text{ V}$

6장 전력과 전기계측

1. 제시 값

$P = ?$

$I = 40\text{ mA} = 0.04\text{ A}$

$E = 30\text{ V}$

풀이

$P = IE$

$P = (0.04)(30)$

$P = 1.2\text{ W}$

2. 제시 값

$P = 1\text{ W}$

$I = 10\text{ mA} = 0.01\text{ A}$

$E = ?$

풀이

$P = IE$

$P = (0.01)(E)$

$\frac{1}{0.01} = \frac{(0.01)(E)}{(0.01)}$

$\frac{1}{0.01} = E$

$100\text{ V} = E$

3. 제시 값

$P = 12.3\text{ W}$

$I = ?$

$E = 30\text{ V}$

풀이

$P = IE$

$P = (I)(30)$

$\frac{12.3}{30} = \frac{(I)(30)}{30}$

$\frac{12.3}{30} = I$

$0.41 = I$

$I = 0.41\text{ A}$ 또는 410 mA

4. a.

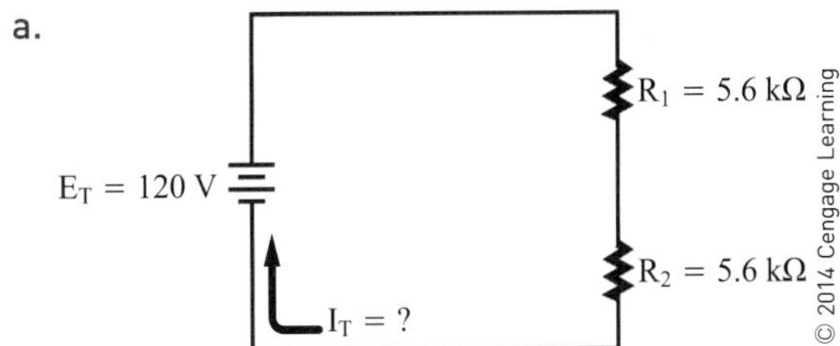

먼저 회로(직렬)의 전체 저항을 구한다.

$R_T = R_1 + R_2$

$R_T = 5600 + 5600$

$R_T = 11{,}200\ \Omega$

두 번째로 전체 저항을 이용하여 회로도를 다시 그린다.

세 번째로 회로 전체 전류를 구한다.

제시 값	풀이
$I_T = ?$	$I_T = \frac{E_T}{R_T}$
$E_T = 120\ V$	$I_T = \frac{120}{11{,}200}$
$R_T = 11{,}200\ \Omega$	$I_T = 0.0107\ A$ 또는 $10.7\ mA$

이제 회로의 전체 전력을 구한다.

$P_T = I_T E_T$

$P_T = (0.0107)(120)$

$P_T = 1.28\ W$

b.

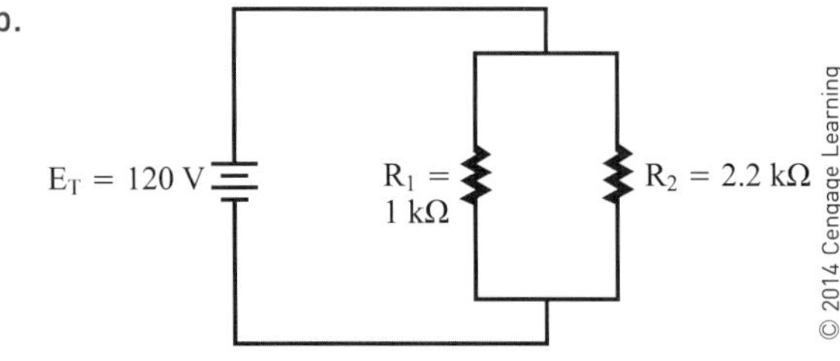

먼저 회로(병렬)의 전체 저항을 구한다.

$$\frac{1}{R_T} = \frac{1}{R_1} + \frac{1}{R_2}$$

$$\frac{1}{R_T} = \frac{1}{1000} + \frac{1}{2200}$$

$$\frac{1}{R_T} = 0.001 + 0.000455$$

$$\frac{1}{R_T} = 0.001455$$

$$\frac{1}{R_T} = \frac{0.001455}{1}$$

$$(0.001455)(R_T) = (1)(1)$$

$$R_T = \frac{1}{0.001455}$$

$$R_T = 687.29\ \Omega$$

두 번째로 전체 저항을 이용하여 회로도를 다시 그린다.

세 번째로 회로의 전체 전류를 구한다.

제시 값	풀이
$I_T = ?$	$I_T = \frac{E_T}{R_T}$
$E_T = 120\ V$	$I_T = \frac{120}{687.26}$
$R_T = 687.29\ \Omega$	$I_T = 0.175\ A$ 또는 $175\ mA$

이제 회로의 전체 전력을 구한다.

제시 값	풀이
$P_T = ?$	$P_T = I_T E_T$
$I_T = 0.175\ A$	$P_T = (0.175)(120)$
$E_T = 120\ V$	$P_T = 21\ W$

c.

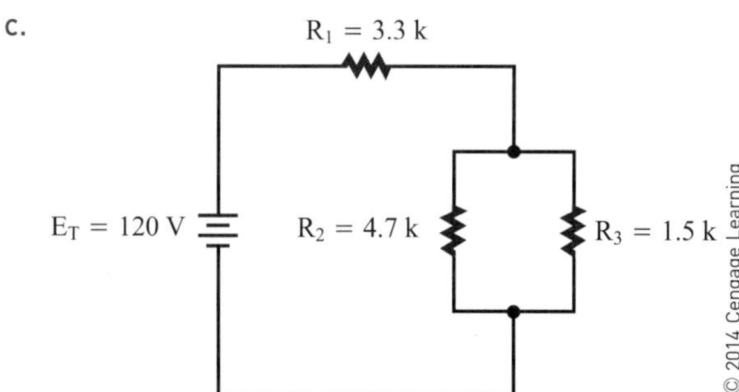

먼저 회로의 병렬부분의 등가저항을 구한다.

$$\frac{1}{R_T} = \frac{1}{1500} + \frac{1}{4700}$$

$$\frac{1}{R_A} = 0.000667 + 0.000213$$

$$\frac{1}{R_A} = 0.000880$$

$$\frac{1}{R_A} = \frac{0.000880}{1}$$

$$R_A = \frac{1}{0.000880}$$

$$R_A = 1{,}136.36\ \Omega$$

두 번째로 등가저항을 이용하여 회로도를 다시 그린다.

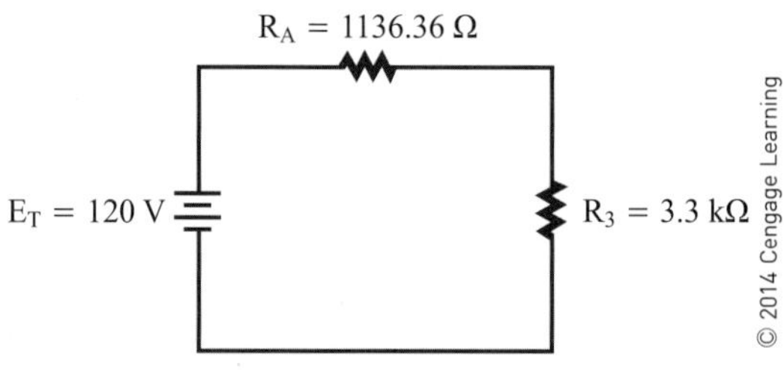

세 번째로 회로의 전체 저항을 구한다.

$R_T = R_A + R_3$

$R_T = 1136.36 + 3300$

$R_T = 4436.36\ \Omega$

네 번째로 회로의 전체 전류를 구한다.

제시 값	풀이
$I_T = ?$	$I_T = \frac{E_T}{R_T}$
$E_T = 120\ V$	$I_T = \frac{120}{4436.36}$
$R_T = 4436.36\ \Omega$	$I_T = 0.027\ A$ 또는 $27\ mA$

다섯 번째로 전체 전력을 구한다.

제시 값	풀이
$P_T = ?$	$P_T = I_T E_T$
$I_T = 0.027\ A$	$P_T = (0.027)(120)$
$E_T = 120\ V$	$P_T = 3.24\ W$ (어림수로 했을 때)
	$P_T = 3.25\ W$ (어림수로 하지 않았을 때)

어림수로 하게 되면 답이 약간 달라진다는 데 유의하라.

5. a. 제시 값

$I_T = 0.010714\ A$

$E_T = 120\ V$

$R_T = 11{,}200\ \Omega$

$P_T = 1.28\ W$

풀이

$$I_1 = \frac{E_1}{R_1} \qquad I_2 = \frac{E_2}{R_2}$$

$$0.010714 = \frac{E_1}{5600} \qquad 0.010714 = \frac{E_2}{5600}$$

$$(0.010714)(5600) = E_1 \qquad (0.010714)(5600) = E_2$$

$$60\ V = E_1 \qquad 60\ V = E_2$$

$P_1 = I_1E_1$ | $P_2 = I_2E_2$

$P_1 = (0.010714)(60)$ | $P_2 = (0.010714)(60)$

$P_1 = 0.64\ W$ | $P_2 = 0.64\ W$

b. 제시 값 / 풀이

제시 값	풀이	
$I_T = 0.175\ A$	$I_1 = \frac{E_1}{R_1}$	$I_2 = \frac{E_2}{R_2}$
$E_T = 120\ V$	$I_1 = \frac{120}{1000}$	$I_2 = \frac{120}{2200}$
$R_T = 687.29\ \Omega$	$I_1 = 0.12\ A$	$I_2 = 0.055\ A$
$P_T = 21\ W$	$P_1 = I_1E_1$	$P_2 = I_2E_2$
	$P_1 = (0.12)(120)$	$P_2 = (0.055)(120)$
	$P_1 = 14.4\ W$	$P_2 = 6.6\ W$

c. 제시 값

$I_T = IA = 0.027\ A$

$R_A = 1136.36\ \Omega$

$$I_2 = \frac{E_2}{R_2}$$

$$I_2 = \frac{30.672}{4700}$$

$I_2 = 0.00653\ A$

$I_T = I_3 = 0.027\ A$

$E_T = 120\ V$

$R_T = 4436.36\ \Omega$

$P_T = 3.24\ W$

풀이

$$I_A = \frac{E_A}{R_A}$$

$$0.027 = \frac{E_A}{1136.36}$$

$$(0.027)(1136.36) = E_A$$

$$30.672 = E_A$$

$$P_1 = I_1E_1$$

$$P_1 = (0.0205)(30.672)$$

$$P_1 = 0.629\ W$$

$$I_3 = \frac{E_3}{R_3}$$

$$0.27 = \frac{E_3}{3300}$$

$$(0.027)(3300) = E_3$$

$$89.1\ V = E_3$$

$$I_1 = \frac{E_1}{R_1}$$

$$I_1 = \frac{30.672}{1500}$$

$I_1 = 0.0205\ A$

$P_2 = I_2E_2$

$P_2 = (0.00653)(30.672)$

$P_2 = 0.200\ W$

$P_3 = I_3E_3$

$P_3 = (0.027)(89.1)$

$P_3 = 2.4057\ W$

6. 하나의 계측기로 전압, 전류, 저항을 함께 측정하는 데 유리하다.

7.

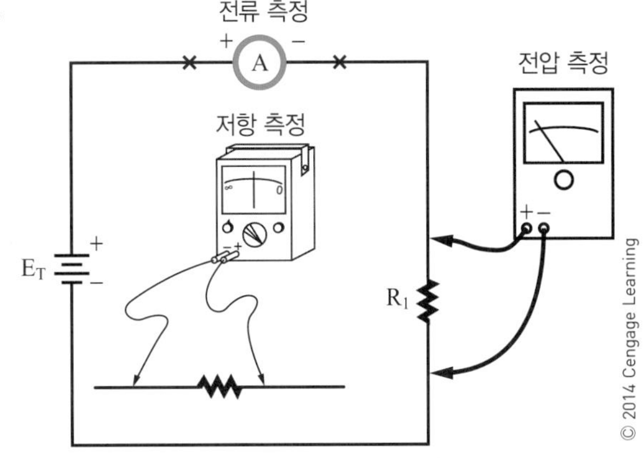

8. 항상 계측기를 측정하려는 최고 범위에 맞춘다.

9. 아니다, 자동으로 영점을 조절한다.

7장 자기

1. 자기의 자구 이론은 열을 가하거나 망치로 충격을 주었을 때 임의의 배열 속에서의 자구의 움직임에 의해 증명된다. 그 자석은 결국 자성을 잃게 된다.
2. 전자석은 코일의 감는 권수를 증가시키거나 전류를 증가시키는 것, 또는 코일의 가운데에 강자성의 코어를 삽입하는 것으로 전자석의 강도를 증가시킬 수 있다.
3. 도체에 대한 암페어의 오른손 법칙: 엄지가 전류의 방향을 가리키도록하여 전선을 오른 손으로 감아쥐면, 나머지 손가락은 자력선의 방향을 가리키게 된다.
4. 그림 7-15에서 루프가 A지점에서 B지점으로 회전하면서 전압이 유도되고, 그 움직임은 자계에 수직이다. 루프가 C지점으로 회전하면서 유도된 전압은 0볼트까지 감소한다. 루프가 D지점으로 전압이 다시 유도되지만 정류자가 출력극성에 역회전하여 직류 발전기에 의해 처음 출력극성과 같아진다. 그 출력이 한쪽 방향으로 맥동하여 0과 최대값 사이를 한 번 회전하는 동안 두 번 움직인다.
5. 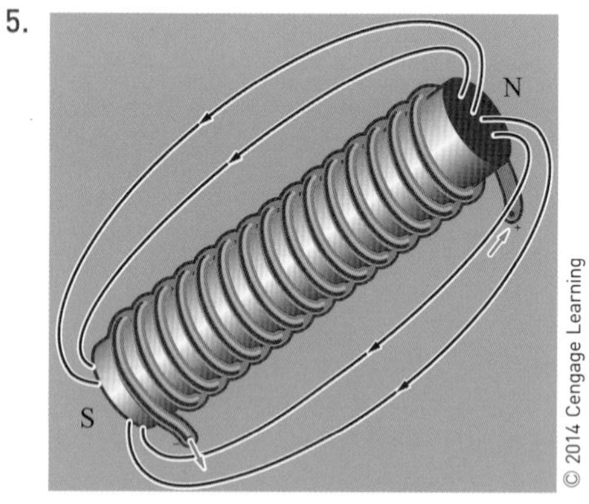

6. 전자석의 극성은 오른손가락이 전류 방향을 가리키도록 코일을 감아쥐면 쉽게 알 수 있다. 즉 이때 엄지가 북극을 가리키게 된다.
7. 발전기에 대한 플레밍의 오른손법칙: 오른손의 엄지, 검지, 중지를 서로 직각이 되게 펼치면(그림 7-13처럼), 엄지는 운동의 방향을 가리키고, 검지는 자력선의 방향을 가리키며, 중지는 전류의 방향을 가리킨다.
8. 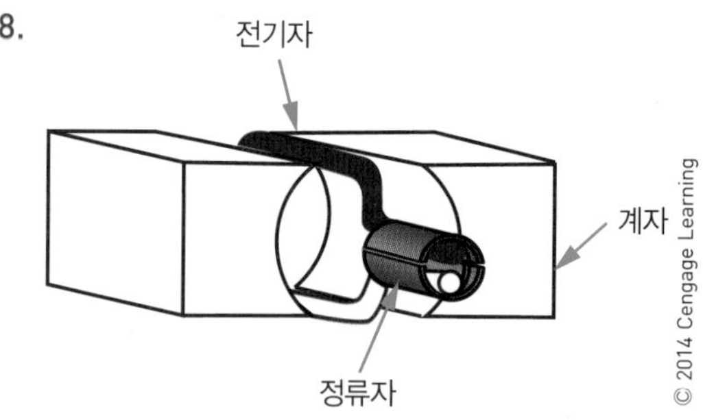

9. 직류 전동기의 동작은 자계에 대하여 직각으로 놓인 전기자가 자계의 방향과 직각으로 움직인다고 하는 원리에 달려 있다. 정류자는 꼭대기, 즉 토크가 0인 위치에서 전류 방향을 반대로 하여 직류 전동기 전기자를 회전하게 한다.
10. 계측기도 기본적으로 직류 전동기의 원리와 같이 동작한다. 지침이 회전 코일에 부착되어 있어서 전류에 따라 움직인다. 지침은 눈금판을 가로질러 움직여서 전류의 양을 나타낸다.

8장 인덕턴스와 커패시턴스

1. 렌츠의 법칙: 모든 회로에서 유도된 기전력은 항상 기전력을 생성하는 방향과 반대이다. 회로에서 전류가 멈추거나 방향을 바꾸면 자속의 변화를 방해하는 방향으로 회로 전류를 흘리는 기전력이 거꾸로 유도된다. 전류의 흐름에 대한 이러한 방해를 역기전력(counter emf)이라고 한다. 변화가 빠를수록 역기전력은 커진다.
2. 모든 도체는 도체의 종류와 그 모양에 따라 약간의 인덕턴스를 갖는다. 신호가 제거되면 역기전력은 도체 속으로 거꾸로 유도된다.
3. 인덕터에는 고정식 또는 가변식이 있는데, 코어물질에는 공기 또는 페라이트, 분말 철심이 사용된다. 환형 코어는 둥글고 크기는 작지만 인덕턴스가 높으며 코어 내부에 자계를 유지한다.
4. 자계 주위의 인덕터는 철심을 이용함으로써 증가시킬 수 있다.
5. 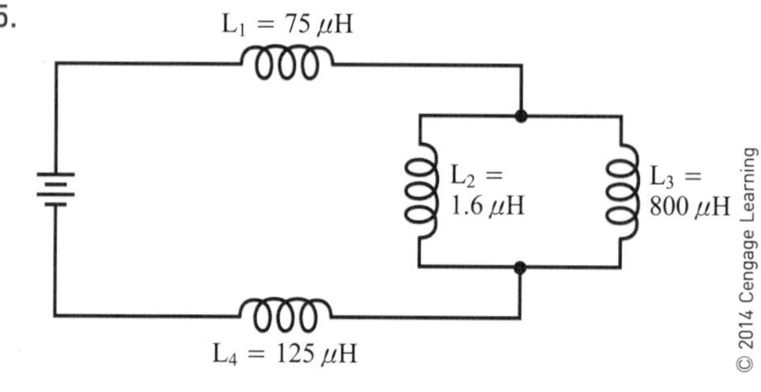

제시 값	풀이
$L_1 = 75\ \mu H$	$\frac{1}{L_P} = \frac{1}{L_2} + \frac{1}{L_3}$
$L_2 = 1.6\ mH$	$\frac{1}{L_P} = \frac{1}{0.0016} + \frac{1}{0.0008}$
$= 1600\ \mu H$	$\frac{1}{L_P} = 1875$
$L_3 = 800\ \mu H$	$L_P = 533.33\ \mu H$
$L_4 = 125\ \mu H$	$L_T = L_1 + L_P + L_4$
	$L_T = 75\ \mu H + 533.33\ \mu H + 125\ \mu H$
	$L_T = 733.33\ \mu H$

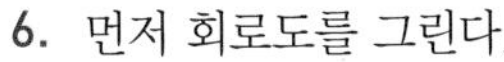

6. 먼저 회로도를 그린다.

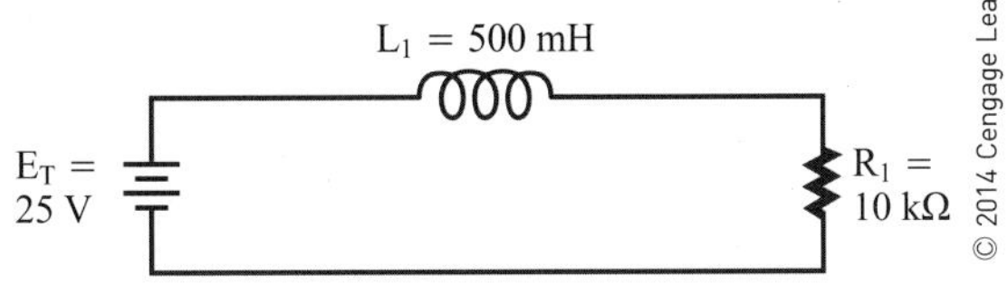

제시 값	풀이
$E_T = 25\ V$	$t = \frac{L}{R}$
$L_1 = 500\ mH = 0.5\ H$	$t = \frac{0.5}{10{,}000}$
$R_1 = 10\ k\Omega = 10{,}000\ \Omega$	$t = 0.00005$
	$t = 50\ \mu sec$

$100\ \mu sec$ = 2배의 시정수, 86.5 %에서 활성화된다.

$25 \times 86.5\% = 21.63\ V$

이 전압이 상승할 때의 E_R이다.

$E_L = E_T - E_R$

$E_L = 25 - 21.63$

$E_L = 3.37\ V$

7. a. $t = \frac{1}{100} = 0.01\ s$

b. $t = \frac{0.1}{10000} = 0.00001\ s$

c. $t = \frac{0.10}{1000} = 0.00001\ s$

d. $t = \frac{10}{10} = 1\ s$

e. $t = \frac{1}{1000} = 0.001\ s$

		증가				
		시정수				
		1	2	3	4	5
		63.2 %	86.5 %	95 %	98.2 %	99.3 %
a.	0.01초	0.01	0.02	0.03	0.04	0.05
b.	0.00001초	0.00001	0.00002	0.00003	0.00004	0.00005
c.	0.00001초	0.00001	0.00002	0.00003	0.00004	0.00005
d.	1초	1	2	3	4	5
e.	0.001초	0.001	0.002	0.003	0.004	0.005
		감소				
		시정수				
		1	2	3	4	5
		36.8%	13.5%	5%	1.8%	0.7%
a.	0.01초	0.01	0.02	0.03	0.04	0.05
b.	0.00001초	0.00001	0.00002	0.00003	0.00004	0.00005
c.	0.00001초	0.00001	0.00002	0.00003	0.00004	0.00005
d.	1초	1	2	3	4	5
e.	0.001초	0.001	0.002	0.003	0.004	0.005

8. 전하는 커패시터의 극판에 저장된다.

9. 커패시터는 절연체로 두 개의 도체 판을 분리시킨 것이다. 커패시터에 직류 전압을 가하면 전류는 극판이 충전될 때까지 흐르고 멈춘다.

10. 커패시터를 충전시킨 다음 회로에서 제거하면 커패시터는 마지막 전하를 무한히 보존한다.

11. 충전된 커패시터를 방전시키기 위해서는 두 리드를 서로 단락시킨다.

12. 커패시터의 커패시턴스는 극판의 면적에 비례 한다. 예를 들어 판의 면적을 증가시키면 커패시턴스가 증가한다. 커패시턴스는 또한 두 판 사이의 거리에 반비례한다. 두 판을 서로 떨어뜨리면 두 판 사이의 전기장의 세기가 감소한다.

13. 커패시터의 종류에는 분극 전해 커패시터, 종이 및 플라스틱 커패시터, 세라믹 디스크 커패시터 및 가변 커패시터가 있다. 커패시터의 모양에는 방사형 리드(radial lead)와 축 모양 리드(axial lead)가 있다.

14. 먼저 회로도를 그린다.

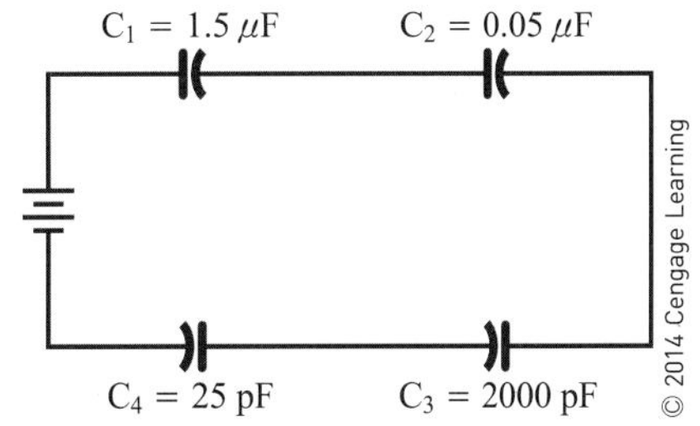

제시 값

$C_1 = 1.5\,\mu F$

$C_2 = 0.05\,\mu F$

$C_3 = 2000\text{ pF} = 0.002\,\mu F$

$C_4 = 25\text{ pF} = 0.000025\,\mu F$

풀이

$$\frac{1}{C_T} = \frac{1}{C_1} + \frac{1}{C_2} + \frac{1}{C_3} + \frac{1}{C_4}$$

$$\frac{1}{C_T} = \frac{1}{1.5} + \frac{1}{0.05} + \frac{1}{0.002} + \frac{1}{0.000025}$$

$$\frac{1}{C_T} = 0.667 + 20 + 500 + 40000$$

$$\frac{1}{C_T} = 40{,}520.667$$

$$\frac{1}{C_T} = \frac{40{,}520.667}{1}$$

$$(40{,}520.667)(C_T) = (1)(1)$$

$$C_T = \frac{1}{40{,}520.667}$$

$$C_T = 0.000024678$$

$$C_T = 24.678\text{ pF}$$

15. 먼저 회로도를 그린다.

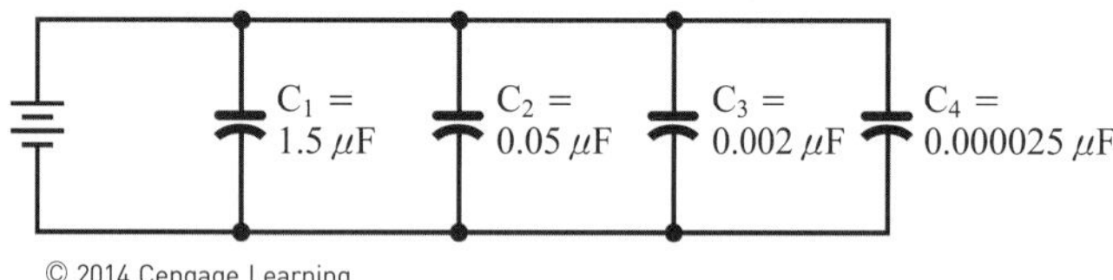

제시 값

$C_1 = 1.5\,\mu F$

$C_2 = 0.05\,\mu F$

$C_3 = 2000\text{ pF} = 0.002\,\mu F$

$C_4 = 25\text{ pF} = 0.000025\,\mu F$

풀이

$C_T = C_1 + C_2 + C_3 + C_4$

$C_T = 1.5 + 0.05 + 0.002 + 0.000025$

$C_T = 1.552025\,\mu F$ 또는 $1.55\,\mu F$

16.

충전					
	시정수				
	1	2	3	4	5
	63.2 %	86.5 %	95 %	98.2 %	99.3 %
100 V	63.2 V	86.5 V	95 V	98.2 V	99.3 V
방전					
	시정수				
	1	2	3	4	5
	36.8 %	13.5 %	5 %	1.8 %	0.7 %
100 V	36.8 V	13.5 V	5 V	1.8 V	0.7 V

17.

충전					
	시정수				
	1	2	3	4	5
	63.2%	86.5%	95%	98.2%	99.3%
t = 1초	1 s	2 s	3 s	4 s	5 s
방전					
	시정수				
	1	2	3	4	5
	36.8%	13.5%	5%	1.8%	0.7%
t = 1초	1 s	2 s	3 s	4 s	5 s

2부 교류 회로

9장 교류

1. 자기 유도를 일어나게 하기 위해 도체를 자계에 놓아야 한다.
2. 플레밍의 오른손 법칙을 적용하기 위해, 엄지를 도체의 움직임 쪽으로 하고, 검지(엄지에 수직 방향으로 뻗는다)는 N극에서 S극 쪽으로 자력선의 방향을 향하게 하며, 중지(검지에 수직 방향으로 뻗는다)는 도체에서 전류가 흐르는 쪽으로 한다. 오른손 법칙은 자계 내에 놓인 도체의 전류의 방향을 결정하는 데 사용된다.
3. 첨두-첨두값은 파형의 두 최고점 사이의 수직 거리이다.
4. 교류의 실효값은 주어진 저항에서 직류와 같은 정도의 열을 발생시키는 양이다.
5. $E_{RMS} = 0.707 \times E_P$

   $E_{RMS} = (0.707)(169)$

   $E_{RMS} = 239\text{ V}$

6. $E_{RMS} = 0.707 \times E_P$

$85 = 0.707 \times E_P$

$\frac{85}{0.707} = E_P$

$120\ V = E_P$

7. $f = \frac{1}{t}$

$f = \frac{1}{0.02}$

$f = 50\ Hz$

8. $f = \frac{1}{t}$

$400 = \frac{1}{t}$

$t = \frac{1}{400}$

$t = 0.0025\ s$

9. a. 구형파

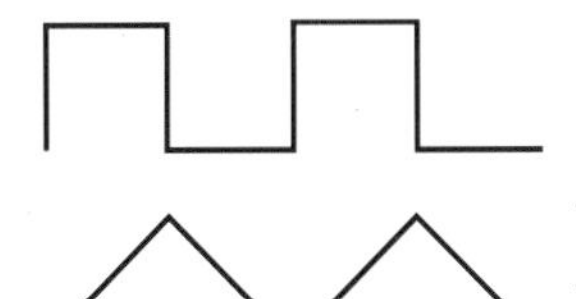

b. 삼각파

c. 톱니파

© 2014 Cengage Learning

10. 비정현파는 다른 주파수, 진폭 및 위상을 갖는 정현파의 대수합으로 만들어지는 것으로 간주할 수 있다.

10장 교류 저항 회로

1. 순수 저항성 교류 회로에서 전류와 전압 파형은 동상이다.

2. 제시 값

$I_T = 25\ mA = 0.025\ A$

$E_T = ?$

$R_T = 4.7\ k\Omega = 4700\ \Omega$

풀이

$I_T = \frac{E_T}{R_T}$

$0.025 = \frac{E_T}{4700}$

$\frac{0.025}{1} \times \frac{E_T}{4700}$

$(1)(E_T) = (0.025)(4700)$

$E_T = 117.5\ V$

3.

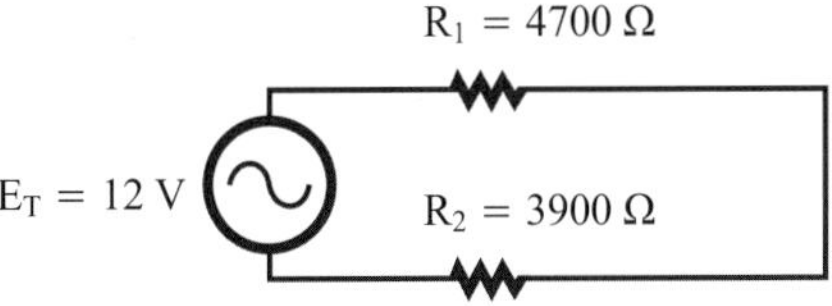

© 2014 Cengage Learning

제시 값

$I_T = ?$

$E_T = 12\ V$

$R_T = ?$

$R_1 = 4.7\ k\Omega = 4700\ \Omega$

$R_2 = 3.9\ k\Omega = 3900\ \Omega$

$E_1 = ?$

$E_2 = ?$

풀이

$R_T = R_1 + R_2$

$R_T = 4700 + 3900$

$R_T = 8600\ \Omega$

$I_T = I_1 = I_2$

$I_T = \frac{E_T}{R_T} = \frac{12}{8600}$

$I_T = 0.0014\ A$

$I_1 = \frac{E_1}{R_1}$

$0.0014 = \frac{E_1}{4700}$

$\frac{0.0014}{1} \times \frac{E_1}{4700}$

$(1)(E_1) = (0.0014)(4700)$

$E_1 = 6.58\ V$

$I_2 = \frac{E_2}{R_2}$

$0.0014 = \frac{E_2}{3900}$

$\frac{0.0014}{1} \times \frac{E_2}{3900}$

$(1)(E_2) = (0.0014)(3900)$

$E_2 = 5.46\ V$

4. 제시 값

$E_T = 120\ V$

$R_1 = 2.2\ k = 2200$

$R_2 = 5.6\ k = 5600$

$I_1 = ?$

$I_2 = ?$

풀이

$E_T = E_1 = E_2$

$I_1 = \frac{E_1}{R_1}$

$I_1 = \frac{120}{2200}$

$I_1 = 0.055$ A 또는 55 mA

$I_2 = \frac{E_2}{R_2}$

$I_2 = \frac{120}{5600}$

$I_1 = 0.021$ A 또는 21 mA

5. 직렬 회로에서는 전류가 회로 전체에서 동일하다. 병렬 회로에서는 전압이 회로 전체에서 동일하다.

6. 직류 회로와 마찬가지로 교류 회로에서도 에너지가 회로로 이동되거나 열로 소비되는 정도가 전력소비를 결정한다.

7. 제시 값

$I_T = ?$

$E_T = 120$ V

$R_T = 1200\ \Omega$

$P_T = ?$

풀이

$I_T = \frac{E_1}{R_1}$

$I_T = \frac{120}{2200}$

$I_T = 0.1$ A 또는 100 mA

$P_T = I_T E_T$

$P_T = (0.1)(120)$

$P_T = 12$ W

8. 제시 값

$I_T = ?$

$E_T = 12$ V

$R_T = ?$

풀이

$R_T = R_1 + R_2 + R_3$

$R_T = 47 + 100 + 150$

$R_T = 297\ \Omega$

$I_T = E_T/R_T$

$I_T = 12/297$

$I_T = 0.040$ A

$P_T = I_T E_T$

$P_T = (0.04)(12)$

$P_T = 0.48$ W

9. 제시 값

$I_T = ?$

$E_T = 12$ V

$R_T = ?$

풀이

$I_1 = E_1/R_1$

$I_1 = 12/47$

$I_1 = 0.255$ A

$P_1 = I_1 E_1$

$P_1 = (0.255)(12)$

$P_1 = 3.06$ W

10. 제시 값

$I_T = ?$

$E_T = 12$ V

$R_T = ?$

풀이

$1/R_A = 1/R_2 + 1/R_3$

$1/R_A = 1/100 + 1/150$

$R_A = 60\ \Omega$

$R_T = R_1 + R_A$

$R_T = 47 + 60$

$R_T = 107\ \Omega$

$I_A = E_A/R_A$

$0.112 = E_A/60$

$(0.112)(60) = E_A$

$6.72\ \text{V} = E_A$

$I_T = E_T/R_T$

$I_T = 12/107$

$I_T = 0.112$ A

$I_3 = E_3/R_3$

$I_3 = 6.72/150$

$I_3 = 0.0448$ A

$P_3 = I_3 E_3$

$P_3 = (0.0448)(6.72)$

$P_3 = 0.301$ W

11장 교류 용량성 회로

1. 용량성 교류 회로에서 전류는 인가 전압보다 위상이 90도 앞선다.

2. 용량성 리액턴스는 인가 교류 전압 주파수와 회로 커패시턴스 사이의 함수이다.

3. 제시 값

$X_C = ?$

$\pi = 3.14$

$f = 60$ Hz

$C = 1000\ \mu\text{F} = 0.001$ F

풀이

$X_C = \frac{1}{2\pi fC}$

$X_C = \frac{1}{(2)(3.14)(60)(0.001)}$

$X_C = \frac{1}{0.3768}$

$X_C = 2.65\ \Omega$

4. 제시 값

$I_T = ?$

$E_T = 12$

$X_C = 2.65\ \Omega$

풀이

$I_T = \frac{E_T}{X_T}$

$I_T = \frac{12}{2.65}$

$I_T = 4.53$ A

5. 용량성 교류 회로는 필터링, 커플링, 디커플링, 위상 이동 등에 사용된다.

6. 저역 통과 필터는 커패시터와 저항을 직렬로 연결하여 출력을 커패시터에서 얻는다. 낮은 주파수에서 용량성 리액턴스는 저항보다 높아서 대부분의 전압이 출력을 얻는 커패시터에 걸린다.

7. 디커플링 회로망이라고 부르는 RC 저역통과 필터를 사용하여 직류 전원으로부터 교류를 제거할 수 있다.

8. 용량성 커플링 회로는 신호의 교류 성분이 커플링 회로망을 통해 지나도록 하는 반면, 신호의 직류 성분은 차단한다.

9. 위상 변이 회로망에서 입력은 직렬로 연결한 커패시터와 저항 양단에 가하고 출력은 저항 양단에서 취한다. 용량성 회로에서 전류는 전압보다 앞선다. 저항 양단 전압은 동상이 되어 결과적으로 출력 전압이 입력 전압을 앞서게 된다.

10. 용량성 리액턴스는 주파수가 변하기 때문에 위성 변이 회로망은 오직 한 가지 주파수에서만 유용하다. 리액턴스를 변화시키면 다른 값의 위상 변이가 생기게 된다.

12장 교류 유도성 회로

1. 유도성 회로에서 전류는 인가 전압보다 위상이 90도 뒤처진다.

2. 유도성 회로의 유도성 리액턴스는 인덕터의 인덕턴스와 인가전압의 주파수의 영향을 받는다.

3. **제시 값**

$X_L = ?$

$\pi = 3.14$

$f = 60\ Hz$

$L = 100\ mH = 0.1\ H$

풀이

$X_L = 2\pi fL$

$X_L = (2)(3.14)(60)(0.1)$

$X_L = 37.68\ \Omega$

4. **제시 값**

$I_T = ?$

$E_T = 24\ V$

$X_L = 37.68\ \Omega$

풀이

$I_T = \frac{E_T}{X_L}$

$I_T = \frac{24}{37.68}$

$I_T = 0.64\ A$ 또는 $640\ mA$

5. 회로에서 필터링이나 위상 변이를 위해 인덕터를 사용한다.

6. **제시 값**

$I_L = 0.086\ A$

$L = 0.100\ H$

$f = 50\ Hz$

$E_L = ?$

풀이

$X_L = 2\pi fL$

$X_L = (2)(3.14)(50)(0.1)$

$X_L = 31.4\ \Omega$

$I_L = E_L/X_L$

$0.086 = E_L/31.4$

$(0.086)(31.4) = E_L$

$2.7\ V = E_L$

7.

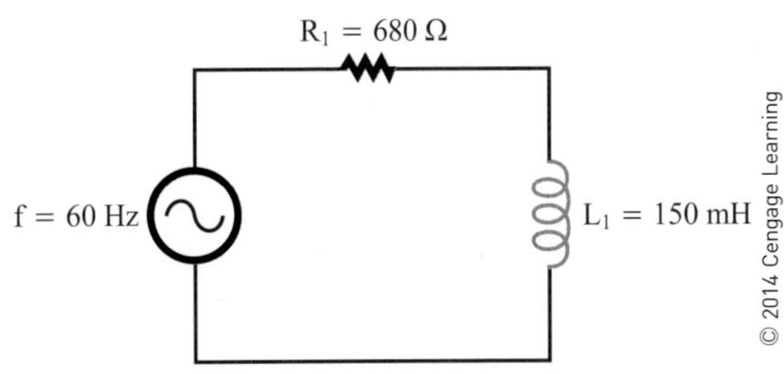

제시 값

$L = 0.150\ H$

$R = 680\ \Omega$

$f = 60\ Hz$

$Z = ?$

풀이

$X_L = 2\pi fL$

$X_L = (2)(3.14)(60)(0.15)$

$X_L = 56.52$

$Z = \sqrt{R^2 + X_L{}^2}$

$Z = \sqrt{(680)^2 + (56.52)^2}$

$Z = 682.34\ \Omega$

8.

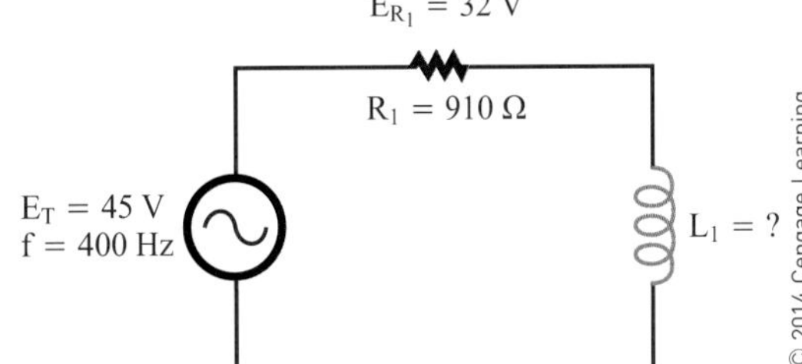

제시 값

$E_T = 45\ V$

$R_1 = 910\ \Omega$

$E_{R_1} = 32\ V$

$f = 400\ Hz$

$L_1 = ?$

풀이

$I_{R_1} = E_{R_1}/R_1$

$I_{R_1} = 32/910$

$I_{R_1} = 0.0352\ A$

$E_{X_L} = E_T - E_{R_1}$

$E_{X_L} = 45 - 32$

$E_{X_L} = 13\ V$

$I_{X_L} = E_{X_L}/X_L$

$0.0352 = 13/X_L$

$X_L = 13/0.0352$

$X_L = 369.32\ \Omega$

$X_L = 2\pi fL$

$369.32 = (2)(3.14)(400)(L)$

$369.32/(2)(3.14)(400) = (L)$

$0.147\ H$ 또는 $147\ mH = (L)$

9. 저역 통과 필터에서 입력은 인덕터와 저항을 거쳐서 귀환되고 출력은 저항 양단에서 얻는다. 고역통과 필터에서 입력은 저항과 인덕터를 거쳐서 귀환되고 출력은 인덕터 양단에서 얻는다.

10. 유도성 회로에서 어떤 주파수보다 크거나 또는 작은 주파수에서 신호가 통과되거나 감쇠될 때의 주파수를 차단 주파수라고 한다.

13장 리액턴스와 공진회로

8.

$R_1 = 56\ \Omega$

$E_T = 120$ V
f = 60 Hz

$L_1 = 750$ mH

$C_1 = 10\ \mu F$

용량성 리액턴스를 구한다.

$$X_C = \frac{1}{2\pi fC}$$

$$X_C = \frac{1}{(6.28)(60)(0.000010)}$$

$$X_C = 265.39\ \Omega$$

유도성 리액턴스를 구한다.

$$X_L = 2\pi fL$$

$$X_L = (6.28)(60)(0.750)$$

$$X_L = 282.60\ \Omega$$

이제 X를 계산한다.

$$X = X_L - X_C$$

$$X = 282.6 - 265.39$$

$$X = 17.21\ \Omega(\text{유도성})$$

X를 사용하여 Z를 계산한다.

$$Z^2 = X^2 + R^2$$

$$Z^2 = (17.21)^2 + (56)^2$$

$$Z^2 = 296.18 + 3136$$

$$Z = \sqrt{3432.18}$$

$$Z = 58.58\ \Omega$$

전체 전류를 계산한다.

$$I_T = \frac{E_T}{Z}$$

$$I_T = \frac{120}{58.58}$$

$$I_T = 2.05\ \text{A}$$

2.

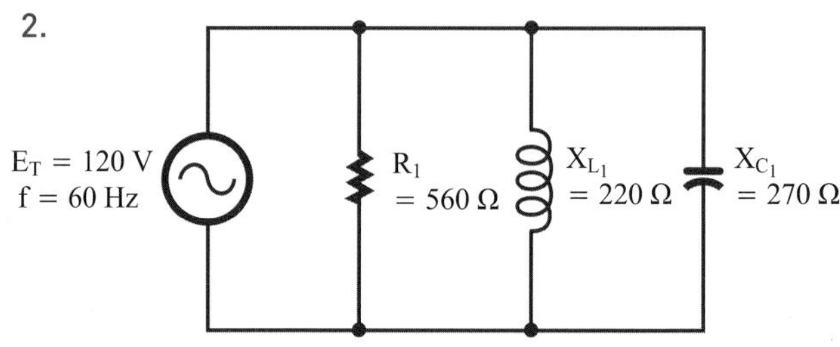

© 2014 Cengage Learning

각각의 단에서 전류를 계산한다.

$$I_R = \frac{E_R}{R} \qquad I_{X_L} = \frac{E_{X_L}}{X_L} \qquad I_{X_C} = \frac{E_{X_C}}{X_C}$$

$$I_R = \frac{120}{560} \qquad I_{X_L} = \frac{120}{220} \qquad I_{X_C} = \frac{120}{270}$$

$$I_R = 0.214\ \text{A} \qquad I_{X_L} = 0.545\ \text{A} \qquad I_{X_C} = 0.444\ \text{A}$$

I_R, I_{X_L}, I_{X_C}를 이용하여 I_X와 I_Z를 구한다.

$$I_X = I_{X_L} - I_{X_C}$$

$$I_X = 0.545 - 0.444$$

$$I_X = 0.101\ \text{A}(\text{유도성})$$

$$I_Z^2 = I_R^2 + I_X^2$$

$$I_Z = \sqrt{(0.214)^2 + (0.101)^2}$$

$$I_Z = 0.237\ \text{A}$$

14장 변압기

1. 2개의 전기적으로 절연된 코일이 서로 옆에 놓여 있을 때, 교류 전압이 한 코일에 인가되면, 변화하는 자력선이 두 번째 코일에 전압을 유도한다.

2. 변압기 2차측에 연결되는 부하는 여러 가지가 될 수 있으므로 와트보다는 볼트-암페어로 정격을 나타낸다. 순수 용량성 부하는 과도한 전류가 흐르도록 하므로, 전력 정격(와트)은 의미가 별로 없다.

3. 만약 변압기가 부하 없이 연결되어 있다면 2차 전류는 없다. 1차 측 권선은 교류 회로에서 인덕터와 같이 작용한다. 부하가 2차 측 권선에 연결되어 있을 때, 전류는 2차 측에 유도된다. 2차 측 전류는 1차 측에 쇄교되는 자계를 만들고, 1차 측에 전압을 다시 유도한다. 이 유도 자계는 1차 측의 전류

와 같은 방향이 되어, 전류를 증가시키는 것을 돕는다.

4. 1차 및 2차 권선이 감겨진 방향은 2차 권선에 유도된 전압의 극성을 결정한다. 유도된 전압의 위상은 1차 권선의 위상에 대해 180도 어긋나게 된다.

5. 직류 전압을 변압기에 가하면 2차 권선에는 자계가 한 번 형성되고 나서는 아무런 변화도 일으키지 않는다. 2차 권선에서 전압을 유도하기 위해서는 1차 권선에서 전류를 변화시키는 것이 필요하다.

6. **제시 값**

$N_p = 400$ 회

$N_s = ?$

$E_p = 120\ V$

$E_s = 12\ V$

풀이

$$\frac{E_s}{E_p} = \frac{N_s}{N_p}$$

$$\frac{12}{120} = \frac{N_s}{400}$$

$$N_s = \frac{(12)(400)}{120}$$

$$N_s = 40 \text{ 회}$$

$$\text{권수비} = \frac{N_s}{N_p} = \frac{40}{400} = \frac{1}{10} \text{ 또는 } 10:1$$

7. **제시 값**

$N_p = ?$

$N_s = ?$

$Z_p = 16$

$Z_s = 4$

풀이

$$\frac{Z_p}{Z_s} = \left(\frac{N_p}{N_s}\right)^2$$

$$\frac{16}{4} = \left(\frac{N_p}{N_s}\right)^2$$

$$\sqrt{4} = \frac{N_p}{N_s}$$

$$\frac{2}{1} = \frac{N_p}{N_s}$$

권수비는 2:1이다.

8. 변압기는 전력 손실 때문에 송전에 중요하다. 전력 손실의 양은 송전선의 저항과 전류의 양과 관련 있다. 전력 손실을 줄일 수 있는 가장 쉬운 방법은 변압기의 전압을 단계적으로 올림으로써 전류를 낮게 유지하는 것이다.

9. 절연 변압기는 작동되고 있는 장비의 전력선의 양쪽이 접지 쪽으로 연결되는 것을 막아 준다.

10. 단권 변압기는 인가 전압을 승압 또는 강압하는 데 사용된다.

3부 반도체 소자

15장 반도체의 기본

1. 실리콘은 게르마늄보다 열에 잘 견디기 때문에 많이 사용되고 있다.
2. 부성 온도 계수는 어떤 물질의 온도가 증가하면 그 물질의 저항이 감소하게 된다.
3. 공유 결합은 전자를 공유함으로써 이루어진다. 반도체 원자들이 전자를 공유할 때, 이들의 가전자각은 8개의 전자로 채워지게 되고, 안정된 궤도를 돌게 된다.
4. 순수 반도체 물질에서, 가전자는 낮은 온도에서 모원자에 단단히 결합되어 있으므로 전류의 흐름에 기여하지 않는다. 온도가 증가함에 따라 가전자는 교란되어 공유 결합이 깨어지고, 전자가 다른 인근 원자 쪽으로 임의로 움직이게 된다. 온도가 계속 올라가면 재료는 도체처럼 된다. 극히 높은 온도에서만 실리콘은 도체처럼 전류가 흐르게 된다.
5. 게르마늄의 저항은 온도가 섭씨 10도 상승할 때마다 절반으로 떨어진다. 어떤 응용분야에서 열 감응 소자가 필요한데 이러한 경우 게르마늄의 온도 계수가 장점이 될 수 있다.
6. 반도체 물질에 전압원을 가하면 전류가 흐른다. 자유 전자는 전원의 양극 단자로 이끌리고 정공은 음극 단자로 흐른다. 전류는 자유 전자의 개수에 따라 물질의 온도가 상승하면 증가한다.
7. 순수한 실리콘을 N형 물질로 변화시키기 위해 실리콘을 5가 물질인 비소나 안티몬 같은 원자로 도핑한다.
8. N형 물질은 자유 전자의 개수가 전자–정공 쌍을 초과할 때이다.
9. 전압이 N형 물질에 인가되었을 때 도너 원자에 의해 생긴 자유 전자는 양극 쪽으로 흐른다. 공유 결합에서 벗어난 전자는 양극 단자 쪽으로 흐른다.
10. N형 및 P형 반도체 물질은 순수 반도체 물질보다 전도도가 훨씬 높다.
11. 반도체 물질의 전도도는 불순물을 첨가하여 증가시킬 수 있다.

16장 PN 접합 다이오드

1. PN 접합 다이오드는 한쪽 방향으로만 전류가 흐르게 한다.
2. 다이오드는 전압원의 양극 단자가 P형 물질과 연결되고, 음극 단자가 N형 물질과 연결된 순방향으로 바이어스될 때만

전류가 흐른다.

3.

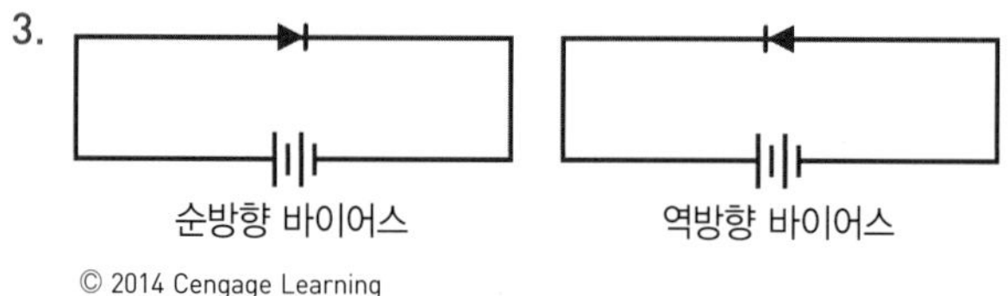

4. 다이오드는 N형 물질과 P형 물질을 접합시켜서 만든다.
5. 공핍 영역에는 다수 캐리어가 없다.
6. 장벽 전압이 외부 전압으로 표현될 수 있다.
7. 다이오드를 전압원에 연결할 때 전류를 안전한 값으로 제한하기 위해 외부 저항을 추가한다.
8. 실리콘 다이오드가 도통을 시작하려면 0.7 V가 필요하다.
9.

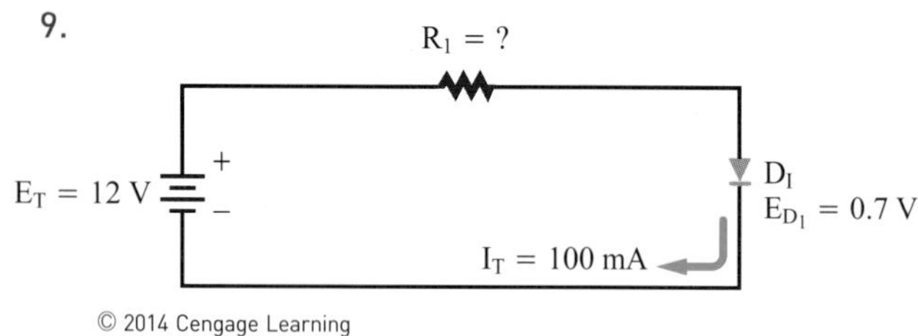

제시 값	풀이	
$I_T = 100\text{ mA}$	$E_{R_1} = E_T - E_{D_1}$	$I_1 = E_{R_1}/R_1$
$E_T = 12\text{ V}$	$E_{R_1} = 12 - 0.7$	$0.1 = 11.3/R_1$
$E_{D_1} = 0.7\text{ V}$	$E_{R_1} = 11.3\text{ V}$	$R_1 = 11.3/0.1$
$R_1 = ?$		$R_1 = 113\ \Omega$

10. 아니다. 다이오드는 순방향으로만 도통하고 장벽 전압을 초과하는 순방향 바이어스가 인가되기 전까지는 도통하지 않는다.
11. 누설 전류는 다이오드의 온도가 증가하면 상승하게 된다.
12. 다이오드는 저항계로 순방향과 역방향 저항의 비를 측정하여 검사할 수 있다. 다이오드는 순방향 저항은 낮고 역방향 저항은 높다. 저항계는 음극과 양극을 결정할 수 있다. 저항계의 눈금이 낮으면 양극 리드가 양극에 연결되어 있고 음극 리드는 음극에 연결되어 있는 것이다.

17장 제너 다이오드

1. 항복 전압을 초과하면 높은 역방향 전류(I_Z)가 흐른다.
2. 제너 다이오드의 항복 전압(E_Z)은 다이오드의 저항률에 의해 결정된다.
3. 제너 다이오드가 열을 소비하는 능력은 온도가 증가하면 감소된다.
4. 제너 다이오드 정격에는 다음과 같은 것들이 포함된다: 최대 전류(I_{ZM}), 역방향 전류(I_R), 역방향 전압(E_Z), 5 V를 초과하는 제너 다이오드는 양(+)의 전압 온도 계수를 갖는다. 4 V 미만의 제너 다이오드는 음(–)의 온도 계수를 갖는다. 4 V와 5 V 사이의 전압은 음(–) 또는 양(+)의 온도 계수를 갖는다.
5.

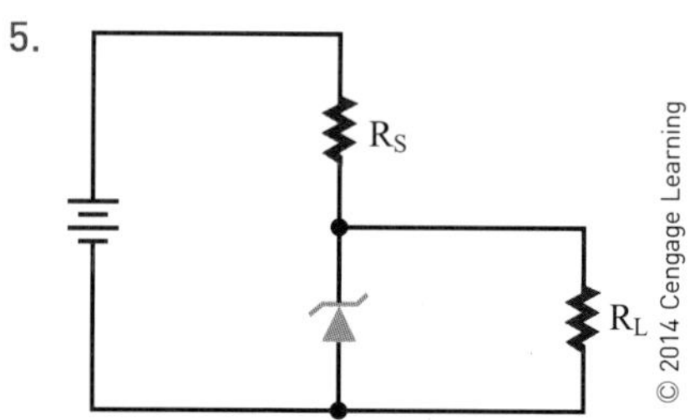

6. 제너 다이오드 전압 조절기에서 제너 다이오드는 저항과 직렬로 연결하고, 이 제너 다이오드 양단에서 출력 전압을 얻는다. 전류가 증가할 때 저항값이 떨어지기 때문에 제너 다이오드는 입력전압의 증가를 억제한다. 입력 전압의 변화는 직렬 저항 양단에 나타난다.
7. 제너 다이오드 전압 조절기에서, 제너 다이오드는 전류 제한 저항기와 직렬로 연결한다. 전류 제한 저항기는 부하 저항과 제너 전류에 따라 정해진다. 이 저항기는 제너 다이오드의 제너 항복 영역에 전류가 충분히 흐르도록 해주어야 한다. 부하 저항이 증가하면 부하 전류가 감소하므로 부하 저항 양단의 전압이 증가한다. 제너 다이오드는 더 이상의 전류 변화를 억제하고 전류를 더 많이 흐르게 한다. 제너 저항기를 통하여 흐르는 제너 전류와 부하 전류의 합은 일정하게 유지되어 출력 전류와 입력 전압이 변하더라도 회로를 조절할 수 있게 된다.
8.

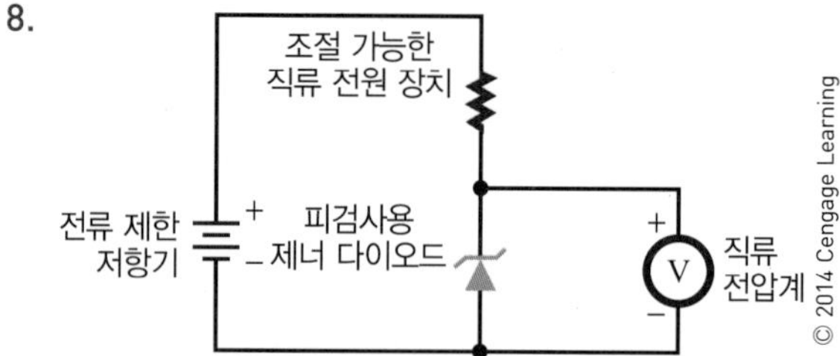

9. 제너 다이오드를 검사하는 데는 전원 공급장치, 전류 제한 저항, 전류계, 전압계가 필요하다. 전원 공급장치의 출력은 제너 다이오드, 전류계와 직렬로 연결된 전류제한 저항기 양단에 연결한다. 전압계는 제너 다이오드 양단에 연결한다. 출력 전압은 특정 전류가 제너 다이오드를 흐를 때까지 서서히 증가된다. 전압계로 제너 다이오드의 전압값을 확인한다.

10. 문제 8번의 회로를 사용하여, 제너 다이오드를 통해 규정된 전류가 흐를 때까지 전압을 서서히 증가시킨다. 그러면 전류는 규정된 제너 전류 범위 내에서 변하게 된다. 전압이 일정하게 유지되면 제너 다이오드는 제대로 동작하고 있는 것이다.

18장 쌍극 트랜지스터

1. NPN 트랜지스터는 P형 물질을 두 개의 N형 물질 사이에 위치시키고, PNP 트랜지스터는N형 물질을 두 개의 P형 물질 사이에 위치시킨다.
2. 대부분의 트랜지스터는 숫자로 구분하며, 이 숫자는 2와 문자 N으로 시작하여 최대 4자리이다(2Nxxxx).
3. 트랜지스터의 패키지는 보호하는 역할을 하며 이미터, 베이스, 컬렉터를 전기적으로 연결하게 해주는 수단을 제공한다. 패키지는 또한 방열판의 역할도 한다.
4. 트랜지스터 리드는 제조자의 사양서를 참조함으로써 가장 잘 식별할 수 있다.
5. 다이오드는 한 방향으로만 전류를 흐르게 하는 정류기이고, 트랜지스터는 신호의 전류를 크게 해주는 증폭기이다.
6. 이미터-베이스 접합은 순방향으로 바이어스시키고, 컬렉터-베이스 접합은 역방향으로 바이어스시킨다.
7. 저항계로 트랜지스터를 검사할 때 좋은 트랜지스터는 순방향 바이어스될 때 낮은 저항값을 보이고, 각 접합 양단이 역방향 바이어스될 때 높은 저항값을 보인다.
8. 저항계가 아닌 전압계로 접합 간의 전압강하를 측정함으로써 트랜지스터가 실리콘인지 아니면 게르마늄인지 알 수 있다. 전압계를 사용하면 리드가 이미터인지 컬렉터인지 아는 것은 쉽지 않기 때문에 리드를 결정하기 어렵다. 하지만 베이스는 이미터 또는 컬렉터에 순방향 바이어스될 때 낮은 저항을, 역방향 바이어스될 경우 높은 저항을 나타내기 때문에 결정할 수 있다. PNP나 NPN 트랜지스터 또한 결정할 수 있다.
9. 컬렉터 전압은 부품이 NPN인지 PNP 트랜지스터인지를 결정한다. 잘못된 종류의 트랜지스터로 교체하면, 부품이 고장 나게 된다.
10. 트랜지스터 테스터로 트랜지스터를 검사하면 저항계로 검사할 때보다 트랜지스터에 대한 더 많은 정보가 나타난다.

19장 전계 효과 트랜지스터(FET)

1.

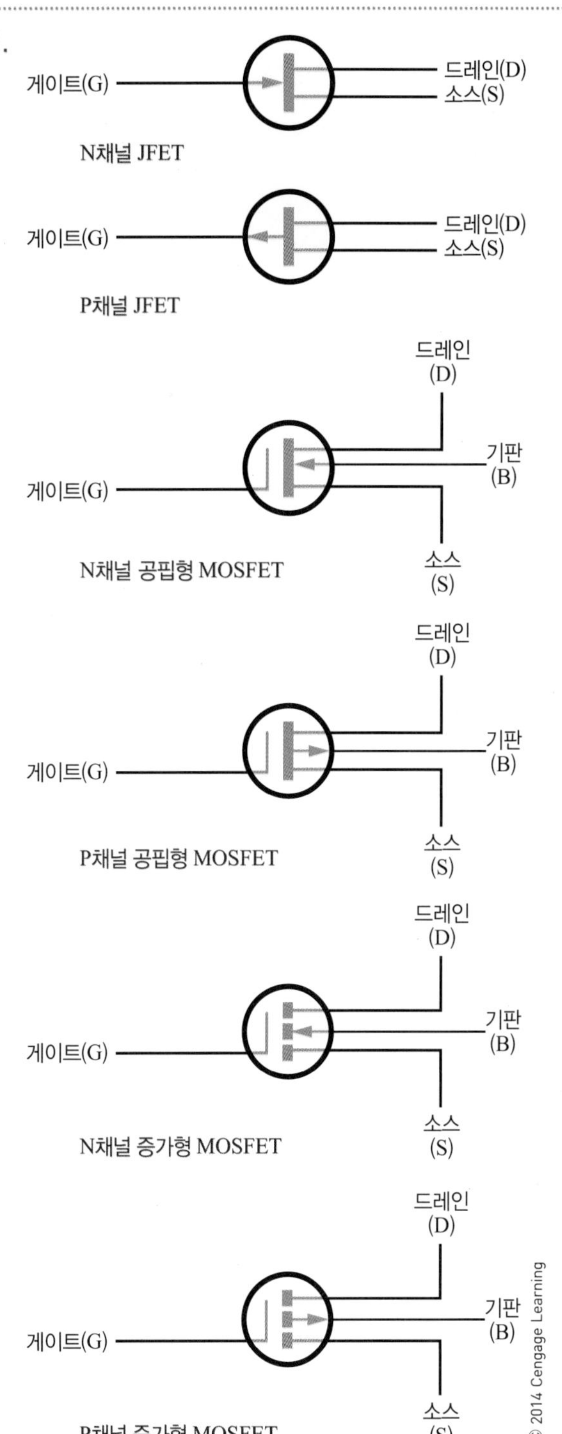

2. JFET에서 2개의 외부 바이어스 전압은 EDS(소스와 드레인 사이의 바이어스 전압)와 EGS(게이트와 소스 사이의 바이어스 전압)이다.
3. 핀치 오프 전압은 JFET에서 드레인 전류를 핀치 오프시키는 데 필요한 전압값이다.
4. 게이트 소스 전압이 0인 경우의 핀치 오프 전압은 제조업자

가 제공한다.

5. 공핍형 MOSFET는 게이트에 제로 바이어스를 인가할 경우 도통한다. 공핍형 MOSFET는 보통 때에 도통 상태인 장치로 여겨진다.

6. 공핍형 MOSFET는 게이트에 제로 바이어스를 가할 때 도통한다. 증가형 MOSFET는 게이트에 바이어스 전압을 가할 때에만 도통한다.

7. 증가형 MOSFET는 보통 차단 상태이고 게이트에 적절한 바이어스 전압이 인가될 경우에만 도통 상태가 된다.

8. MOSFET의 안전 예방 조치는 다음과 같다.
   - 설치하기 전에 리드를 단락 상태로 두어야 한다.
   - 사용하는 손에는 접지하기 위해 금속 팔찌를 착용해야 한다.
   - 접지된 납땜인두를 사용해야 한다.
   - MOSFET를 설치하거나 제거하기 전에 전원이 차단상태에 있는지 확인해야 한다.

9. N 채널 JFET: 양극 리드를 게이트에, 음극 리드를 소스 또는 드레인에 연결한다. 소스와 드레인이 채널에 의해 연결되기 때문에 어느 한쪽만 테스트하면 된다. 순방향 저항은 낮게 나와야 한다.

   P 채널 JFET: 음극 리드를 게이트에, 양극 리드를 소스 또는 드레인에 연결한다. 역방향 저항을 측정하기 위해 리드를 반대로 한다. JFET는 무한대의 저항을 나타내야 한다. 저항값이 낮게 나오면 단락 또는 누설 상태가 된 것임을 나타낸다.

10. 순방향 및 역방향 저항은 낮은 전압 저항계를 가장 높은 눈금으로 맞추어서 체크할 수 있다. 저항계는 게이트와 소스 사이에 순방향 및 역방향 저항 모두에서 무한대의 저항값을 나타내야 한다. 이보다 낮게 나오면 게이트와 소스 또는 드레인 사이의 절연이 파괴됨을 의미한다.

20장 사이리스터

1. PN 접합 다이오드는 접합이 하나이고, 리드가 두 개(애노드와 캐소드)이다. SCR은 접합이 세 개이고, 리드가 세 개(애노드, 캐소드, 게이트)이다.

2. 애노드 공급 전압은 게이트 전압이 없을 경우에만 SCR을 온 상태로 유지한다. 이는 전류를 애노드에서 캐소드 쪽으로 계속해서 흐르게 한다.

3.

4. 부하 저항은 SCR과 직렬로 연결하여 캐소드-애노드 전류를 제한한다.

5. TRIAC은 교류 입력 파형의 한 주기에서 두 번 도통하고, SCR은 한 번만 도통한다.

6. SCR에 대한 TRIAC의 단점은 다음과 같다: TRIAC은 SCR처럼 전류가 많이 흐를 수 없다. TRIAC은 SCR보다 전압 정격이 낮다. 그리고 TRIAC은 SCR보다 주파수 처리 능력이 낮다.

7. DIAC은 TRIAC을 트리거시키는 데 사용된다. 이는 게이트 전압이 어느 정도에 이를 때까지 TRIAC이 동작하지 못하게 한다.

8. SCR은 저항계나 상용 트랜지스터 테스터로 검사할 수 있다. 저항계로 SCR을 측정하기 위해서는, 양극 리드를 캐소드에 연결하고, 음극 리드를 애노드에 연결한다. 1 MΩ 이상의 높은 저항값이 나타나야 한다. 반대로 양극을 애노드에 음극을 캐소드에 연결한다. 다시 1 MΩ 이상이어야 한다. 게이트를 애노드와 단락시키면 1,000 Ω 이하로 저항값이 떨어져야 한다. 단락을 끊으면 낮은 저항값이 그대로 있어야 한다. 리드를 없애고 위의 검사를 반복한다.

9. 저항계는 사이리스터의 전압에 민감한 소자를 검사할 수 없다.

10.

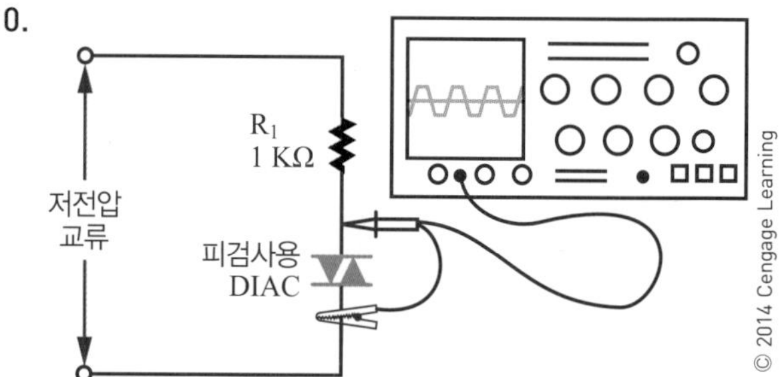

21장 집적회로

1. 집적회로는 다이오드, 트랜지스터, 저항기, 커패시터로 구성된다.

2. 집적회로는 내부 부품을 분리시킬 수 없기 때문에 수리할 수 없다. 따라서 고장은 개별 소자 대신 개별 회로로 식별하게 된다.

3. 집적회로는 모놀리식, 박막식 및 후막식의 방법으로 제조한다.

4. 칩은 IC를 구성하는 반도체 물질로 0.8 cm^2 정도 된다.
5. 하이브리드 IC는 모놀리식, 박막 및 개별소자로 구성된다.
6. 소수의 회로를 만든다면 하이브리드 집적회로를 사용하는 것이 저렴하다.
7. DIP는 다양한 크기의 IC를 만드는 데 적합하다: 칩 한 개에 최대 100개까지의 전기 소자가 들어가는 SSI(small-scale integration), 칩 한 개에 1,000개~최대 3,000개까지의 전기 소자가 들어가는 MSI(medium-scale integration), 칩 한 개에 3,000개~최대 100,000개까지의 전기 소자가 들어가는 LSI(large-scale integration), 칩 한 개에 100,000개~최대 1,000,000개까지의 전기 소자가 들어가는 VLSI, 그리고 그 이상의 ULSI(ultra large-scale integration).
8. 메모리를 포함한 전체 컴퓨터 시스템을 포함하는 WSI(wafer-scale integration)는 1980년대에는 비성공적으로 개발되었다. 이 뒤를 이어 SOC(system-on-chip)가 설계되었다. 이 공정은 통상적으로 별도의 칩으로 제작된 여러 개의 소자를 포함하였다. 그러다가 단일 칩을 차지하도록 설계하였다.
9. 세라믹 소자는 군사 및 항공우주 분야와 같은 환경의 응용에서 권장된다.
10. 평탄팩은 DIP보다 더 작고 얇아서 공간에 제약을 받는 곳에서 사용하며 금속 또는 세라믹으로 만든다.

22장 광전 소자

1.

광파	주파수
적외선	400 THz 이하
가시광선	400~750 THz
자외선	750 THz 이상

2. 높은 주파수에서 파형이 더 작고 에너지가 더 많기 때문이다.
3. 광다이오드는 광감응 소자 중에서 빛의 변화에 대한 가장 빠른 반응시간을 갖는다.
4. 광전지(포토셀)은 빛의 변화에 대한 반응이 느려서 빠른 응답 응용에 대해서는 적합하지 않다.
5. 태양 전지는 반도체 물질로 만든 PN 접합이다. P층과 N층은 PN 접합을 형성한다. 태양 전지의 표면을 때린 빛은 그의 에너지의 대부분을 반도체 물질 내에 있는 원자에게 전해준다. 빛 에너지에 의해 가전자가 그의 궤도로부터 떨어져 나와 자유 전자가 된다. 공핍 영역 근처에 있던 전자가 N형 물질로 이끌려 PN 접합 양단에 작은 전압을 만든다. 이 전압은 빛의 강도가 증가하면 높아지게 된다.
6. 태양 전지는 50 mA에서 약 0.45 V의 낮은 전압을 내므로 원하는 전압과 전류를 얻기 위해서는 직렬 및 병렬로 연결해야 한다.
7. 광트랜지스터는 높은 이득값을 만들 수 있기 때문에 응용범위가 넓다. 하지만 광다이오드만큼 빛의 변화에 빨리 반응하지 못한다.
8. LED는 자유 전자가 정공과 결합하고, 여분의 에너지를 빛의 형태로 방출할 때 빛나게 된다.
9. LED를 통해 흐르는 전류가 많으면 많을수록 더 밝은 빛을 낸다. 하지만 LED에 직렬로 저항을 연결해서 전류를 제한하지 않으면 LED가 손상된다.
10. 광커플러(광결합기)는 신호를 한 회로에서 다른 회로로 전달하는 동안 회로 사이에 전기적으로는 분리되어 있도록 해준다.

4부 선형 전자회로

23장 전원공급장치

1. 전원공급장치에서 전원용 변압기를 선택할 때 1차 전력 정격, 동작 주파수, 2차 전압 및 전류 정격, 그리고 전력 처리 능력을 고려해야 한다.
2. 변압기는 교류 전압원과 전원공급장치를 격리시키는 데 사용한다. 또한 전압을 높이거나 낮추는 데도 사용한다.
3. 전원공급장치에서 정류기는 입력 교류 전압을 직류 전압으로 변환한다.
4. 전파 정류기의 단점은 중앙 탭 변압기가 필요하다는 것이다. 장점은 두 개의 다이오드만 필요하다는 것이다. 브리지 정류기의 장점은 변압기가 필요 없다는 것이지만, 네 개의 다이오드가 필요하다. 이 두 가지 정류회로는 반파 정류기보다 여과시키는 데 훨씬 효과적이며 용이하다.
5. 필터 커패시터는 전류가 흐를 때 충전하고 전류가 흐르지 않을 때 방전시켜 출력에 일정한 전류가 흐르도록 한다.
6. 커패시터는 긴 RC 시정수를 주기 위해 필터에 사용된다. 방전이 느릴수록 더 높은 출력 전압을 나타낸다.
7. 직렬 조정기는 직렬 저항을 증가시킴으로써 높아진 입력 전압을 보상하여 직렬 저항 양단의 더 높아진 전압을 떨어뜨려

출력 전압을 일정하게 유지시킨다. 이는 또한 낮아진 입력전압을 감지하고 직렬 저항을 감소시켜 전압을 낮추며 그 결과 출력 전압을 일정하게 유지시킨다. 이는 또한 부하의 변화에 대해서도 비슷한 방식으로 동작한다.

8. IC 전압 조정기를 선택할 때 반드시 전압과 부하 전류 요구값을 알아야 한다.
9. 전압 체배기는 회로의 전압을 승압 변압기 없이 높일 수 있다.
10. 전파 2배 전압기는 반파 전압 2배 전압기보다 여과하기 쉽다. 또한, 전파 전압 체배기의 커패시터는 입력 신호의 피크값에만 종속된다.
11. 지렛대(crowbar)라는 과전압 보호 회로는 전원공급장치의 고장으로부터 부하를 보호하는데 사용된다.
12. 과전류 보호 소자에는 퓨즈와 회로 차단기가 있다.

24장 증폭기의 기초

1. 트랜지스터는 부하의 전압을 제어하기 위해 입력 신호를 사용하여 트랜지스터 전류의 흐름을 제어함으로써 증폭한다.
2. 이미터 공통 회로는 전압 이득과 전류 이득, 그리고 높은 전력 이득을 제공한다. 그러나 다른 두 개의 회로에서는 이와 같은 이득을 얻을 수 없다.
3. 신호를 가하지 않은 상태에서 바이어스 전류의 변화를 보상할 수 없는 트랜지스터 회로는 불안정해진다. 온도 변화는 트랜지스터의 내부 저항을 달라지게 하여 바이어스 전류를 변하게 하고, 그 결과 트랜지스터의 동작점을 이동시켜 트랜지스터의 이득을 감소시킨다. 이를 온도 불안정성이라 한다. 트랜지스터 증폭기 회로의 온도 변화를 보상하는 것은 가능하다. 원치 않은 출력 신호의 일부가 회로 입력에 궤환되면 그 신호는 변화에 대항하고 이를 부궤환이라고 한다.
4. B급 증폭기는 스테레오 시스템의 출력단으로 사용한다. B급 증폭기는 출력 전류가 입력 사이클의 반주기 동안에만 흐르도록 바이어스시킨다.
5. 결합 커패시터는 직류 전압을 차단시키고 교류 신호를 통과시킨다.
6. 온도 변화는 트랜지스터의 이득에 영향을 준다. 부궤환이 이러한 상태를 보상한다.
7. A급 증폭기는 출력이 전체 회로를 통해 흐르도록 바이어스된다. B급 증폭기는 출력이 입력 주기의 반주기 동안만 흐르도록 바이어스된다. AB급 증폭기는 출력이 반 이상, 입력 주기 전체보다 적게 출력이 흐르도록 바이어스된다. C급 증폭기는 출력값이 입력 주기의 절반 미만에서 흐르도록 바이어스된다.
8. 두 개의 트랜지스터 증폭기를 연결할 때, 한 증폭기의 바이어스 전압이 두 번째 증폭기의 동작에 영향을 미치지 않아야 한다.
9. 커패시터나 인덕터를 결합에 사용하면, 부품의 리액턴스는 전송되는 주파수에 영향을 받게 된다.
10. 직접 결합 증폭기의 단점은 안정도이다. 첫 번째 단의 출력 전류가 조금만 변해도 두 번째 단에서 증폭된다. 왜냐하면 두 번째 단이 첫 번째 단에 의해 바이어스되어 있기 때문이다. 안정도를 개선시키기 위해서는 값비싼 정밀 부품의 사용이 필요하다.

25장 증폭기의 응용

1. 직류 증폭기, 즉 직접연결 증폭기는 직류(0 Hz)에서 수천 Hz에 이르는 주파수를 증폭하는 데 사용된다.
2. 직류 증폭기의 온도 안정성은 차동 증폭기를 사용함으로써 얻을 수 있다.
3. 음향 전압 증폭기는 높은 전압 이득을 제공하고, 반면에 음향 전력 증폭기는 부하에 높은 전력 이득을 제공한다.
4. 상보형 푸시풀 증폭기는 정합된 NPN과 PNP 트랜지스터를 필요로 한다. 준 상보형 증폭기는 정합된 트랜지스터를 필요로 하지 않는다.
5. 영상 증폭기는 음향 증폭기보다 넓은 주파수 범위를 갖는다.
6. 영상 증폭기의 출력을 제한하는 요소는 회로의 병렬 커패시턴스이다.
7. RF 증폭기는 10,000 Hz에서 30,000 MHz까지의 주파수를 증폭시킨다.
8. IF 증폭기는 신호를 사용 가능한 정도까지 증가시키는 데 사용되는 단일 주파수 증폭기이다.
9. 연산 증폭기는 입력단(차동 증폭기), 높은 전압이득 증폭기 및 출력 증폭기로 구성된다. 이는 입력 신호의 20,000배에서 1,000,000배까지 출력이득을 얻을 수 있는 고이득 직류 증폭기이다.
10. 연산 증폭기는 신호를 비교하고, 반전시키고, 비반전시키고, 합치는 데에 사용된다. 또한 능동 필터와 차동 증폭기로도 사용된다.

26장 발진기

1. 발진기의 구성요소는 탱크 회로라고 하는 주파수 결정회로, 탱크 회로에서 출력 신호를 증가시키는 증폭기, 그리고 발진을 유지하기 위해 탱크 회로까지 출력 신호의 일부를 되돌리는 궤환 회로이다.
2. 발진기의 궤환 회로는 적당량의 에너지를 탱크 회로에 보내어 탱크 회로에서 소모되는 에너지를 대치시킴으로써 발진을 유지시킨다.
3. 직렬형 하틀리 발진기와 병렬형 하틀리 발진기 사이의 차이점은 병렬형 하틀리 발진기는 탱크 회로를 통하여 직류가 흐르지 않는다는 것이다.
4. 수정은 안정성을 제공한다. 탱크 회로의 주파수가 수정 주파수에 따라 변하면 수정의 임피던스가 증가하고, 따라서 탱크 회로로 궤환이 감소하여 탱크 회로를 수정 주파수로 돌아오도록 한다.
5. 탱크 회로에서 구성 요소의 저항으로 인해 생기는 에너지 손실을 보충하기 위해 적당한 위상의 출력신호 일부를 궤환함으로써 탱크 회로는 발진을 유지한다.
6. 정현파 발진기의 주된 형태는 하틀리 발진기, 콜피츠 발진기, 그리고 클랩 발진기이다.
7. 수정은 고유 진동 주파수를 가지고 있어서 발진기 회로에 이상적이다. 수정 주파수는 탱크 회로 주파수를 제어하는 데 사용된다.
8. 비정현파 발진기는 정현파 출력을 내지 않는다. 전형적으로 모든 비정현파 발진기는 이완 발진기의 일종이다.
9. 블로킹 발진기, 멀티바이브레이터, RC 회로망, 집적회로는 모두 비정현파 발진기에 사용된다.
10.

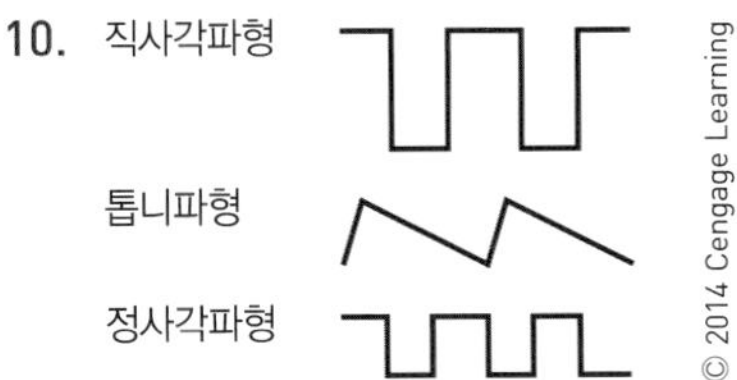

27장 파형 정형 회로

1. 주파수 영역 개념은 모든 주기적인 파형은 정현파로 구성되어 있다는 것을 나타낸다. 주기적인 파형은 각기 다른 크기, 위상, 주파수를 가지는 많은 정현파의 중첩으로 만들 수 있다.
2. 기본 주파수를 제1고조파라고도 부른다.
3. 듀티 사이클 = 펄스 폭/주기
   듀티 사이클 = 50,000/100,000
   듀티 사이클 = 0.5 = 50%
4. 오버슈트, 언더슈트, 링잉은 제로 시간에서 빠르게 변하는 입력에 반응할 수 없는 불완전한 회로 때문에 일어난다.
5. 미분기는 타이밍 및 동기화 회로에서 핍 또는 첨두 파형을 만드는 데 사용한다. 적분기는 삼각파의 파형 정형을 위해 사용한다.
6. 클립 회로, 즉 제한기 회로는 정현파를 사각파형으로 바꿀 수 있다.
7. 신호의 직류 기준값은 클램프 회로를 사용함으로써 파형을 직류 전압으로 클램프시켜서 바꿀 수 있다.
8. 단안정 회로는 안정한 상태가 하나만 있어서, 각각의 입력펄스에 대해 오직 하나의 출력펄스를 만든다. 쌍안정 회로는 안정한 상태가 두 개 있어서 한 사이클을 완성하는 데 두 개의 입력펄스를 필요로 한다.
9. 플립플롭은 신호를 게이팅 및 타이밍하거나 또는 스위칭 응용을 위한 정사각파나 직사각파를 만들 수 있다.
10. 슈미트 트리거는 정현파, 톱니파, 또는 그 외 불규칙적인 모양의 파형을 정사각파 또는 직사각파로 만드는 데 사용된다.

5부 디지털 전자회로

28장 2진수 체계

1.

10진수	2진수	10진수	2진수
0	00000	14	01110
1	00001	15	01111
2	00010	16	10000
3	00100	17	10001
4	00101	18	10010
5	00101	19	10011
6	00110	20	10100
7	00111	21	10101
8	01000	22	10110
9	01001	23	10111
10	01010	24	11000
11	01011	25	11001
12	01100	26	11010
13	01101	27	11011

2. 10진수 100 (1100100)을 나타내는 데는 2진수 7비트(자리)가 필요하다.

3. 10진수를 2진수로 바꾸기 위해, 계속해서 10진수를 2로 나누고, 각 나눗셈의 나머지를 써내려간다. 나머지들을 역순으로 배열하면 2진수가 된다.

4. a. $100101.001011_2 = 37.171875_{10}$
   b. $111101110.11101110_2 = 494.9296875_{10}$
   c. $1000001.00000101_2 = 65.01953125_{10}$

5. a. $011\ 001\ 001\ 011\ 100\ 101\ 010\ 011\ 100\ 001\ 101_2$
   $= 31134523415_8$
   b. $000\ 110\ 001\ 101\ 111\ 100\ 100\ 111\ 100\ 110\ 100_2$
   $= 06157447464_8$
   c. $010\ 011\ 010\ 110\ 001\ 001\ 100\ 111\ 101\ 000\ 110_2 =$
   23261147506_8

6. a. $653172_8 = 110\ 101\ 011\ 001\ 111\ 010_2$
   b. $773012_8 = 111\ 111\ 011\ 000\ 001\ 010_2$
   c. $033257_8 = 000\ 011\ 011\ 010\ 101\ 111_2$

7. a. $317204_8 = 106116_{10}$
   b. $701253_8 = 230059_{10}$
   c. $035716_8 = 15310_{10}$

8. a. $687_{10} = 1257_8$
   b. $9762_{10} = 23042_8$
   c. $18673_{10} = 44361_8$

9. a. $1100\ 1001\ 0111\ 0010\ 1010\ 0111\ 0000\ 1101_2$
   $= C972A70D_{16}$
   b. $0011\ 0001\ 1011\ 1110\ 0100\ 1111\ 0011\ 0100_2$
   $= 31BE4F34_{16}$
   c. $1001\ 1010\ 1100\ 0100\ 1100\ 1111\ 0100\ 0110_2$
   $= 9AC4CF46_{16}$

10. a. $7B23C67F_{16}$
   $= 0111\ 1011\ 0010\ 0011\ 1100\ 0110\ 0111\ 1111_2$
   b. $D46F17C9_{16}$
   $= 1101\ 0100\ 0110\ 1111\ 0001\ 0111\ 1100\ 1001_2$
   c. $78F3E69D_{16}$
   $= 0111\ 1000\ 1111\ 0011\ 1110\ 0110\ 1001\ 1101_2$

11. a. $3C67F_{16} = 247423_{10}$
   b. $6F17C9_{16} = 7280585_{10}$
   c. $78F3E69D_{16} = 2029250205_{10}$

12. a. $687_{10} = 2AF_{16}$
   b. $9762_{10} = 2622_{16}$
   c. $18673_{10} = 45F1_{16}$

13. 10진 디지트의 4비트 BCD 2진 코드를 사용하여 각 10진 디지트를 2진 디지트(0~9)로 변환한다.

14. a. $0100\ 0001\ 0000\ 0110_{BCD} = 4106_{10}$
   b. $1001\ 0010\ 0100\ 0011_{BCD} = 9243_{10}$
   c. $0101\ 0110\ 0111\ 1000_{BCD} = 5678_{10}$

29장 기초 논리 게이트

1.

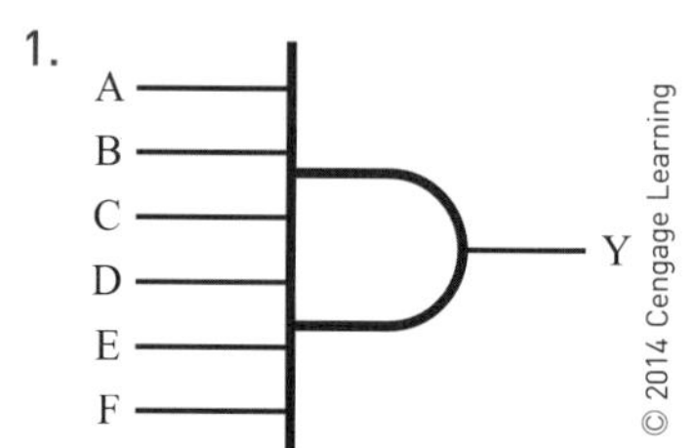

2.

D	C	B	A	Y
0	0	0	0	0
0	0	0	1	0
0	0	1	0	0
0	0	1	1	0
0	1	0	0	0
0	1	0	1	0
0	1	1	0	0
0	1	1	1	0
1	0	0	0	0
1	0	0	1	0
1	0	1	0	0
1	0	1	1	0
1	1	0	0	0
1	1	0	1	0
1	1	1	0	0
1	1	1	1	1

3.

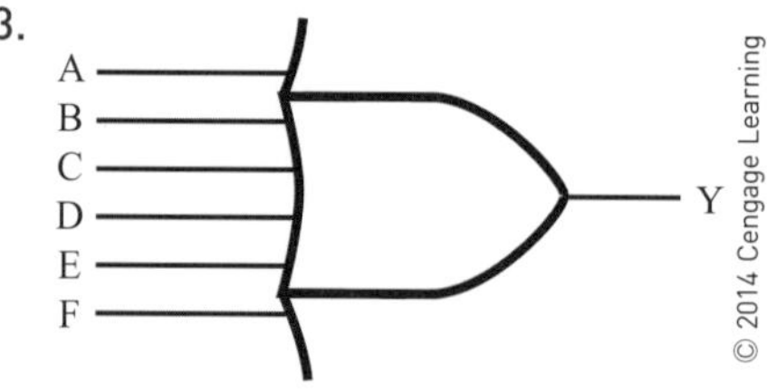

4.

D	C	B	A	Y
0	0	0	0	0
0	0	0	1	1
0	0	1	0	1
0	0	1	1	1
0	1	0	0	1
0	1	0	1	1
0	1	1	0	1
0	1	1	1	1
1	0	0	0	1
1	0	0	1	1
1	0	1	0	1
1	0	1	1	1
1	1	0	0	1
1	1	0	1	1
1	1	1	0	1
1	1	1	1	1

5. NOT 회로는 반전 또는 보수 계산에 사용된다.

6. 작은 동그라미 즉 버블은 입력 신호의 반전을 위해 입력단에 놓고, 출력의 반전을 위해 출력단에 놓는다.

7.

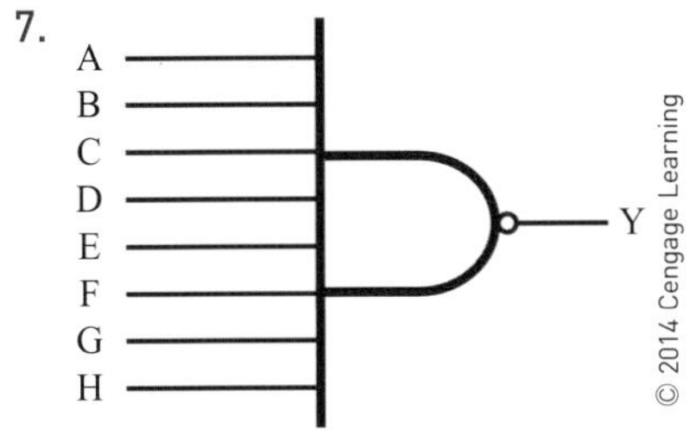

8.

D	C	B	A	Y
0	0	0	0	1
0	0	0	1	1
0	0	1	0	1
0	0	1	1	1
0	1	0	0	1
0	1	0	1	1
0	1	1	0	1
0	1	1	1	1
1	0	0	0	1
1	0	0	1	1
1	0	1	0	1
1	0	1	1	1
1	1	0	0	1
1	1	0	1	1
1	1	1	0	1
1	1	1	1	0

7.

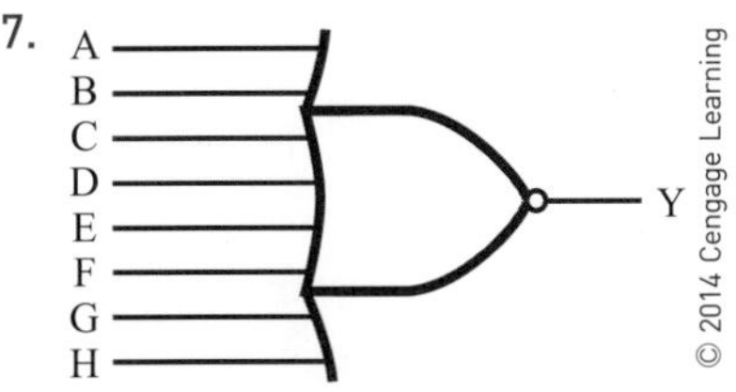

10.

D	C	B	A	Y
0	0	0	0	1
0	0	0	1	0
0	0	1	0	0
0	0	1	1	0
0	1	0	0	0
0	1	0	1	0
0	1	1	0	0
0	1	1	1	0
1	0	0	0	0
1	0	0	1	0
1	0	1	0	0
1	0	1	1	0
1	1	0	0	0
1	1	0	1	0
1	1	1	0	0
1	1	1	1	0

11. XOR 게이트는 입력값이 서로 다른 경우에만 출력을 발생시킨다. 입력이 둘 다 0이거나 1이면 출력은 0이다.

12. XNOR 게이트는 최대 2개의 입력을 갖는다.

13.

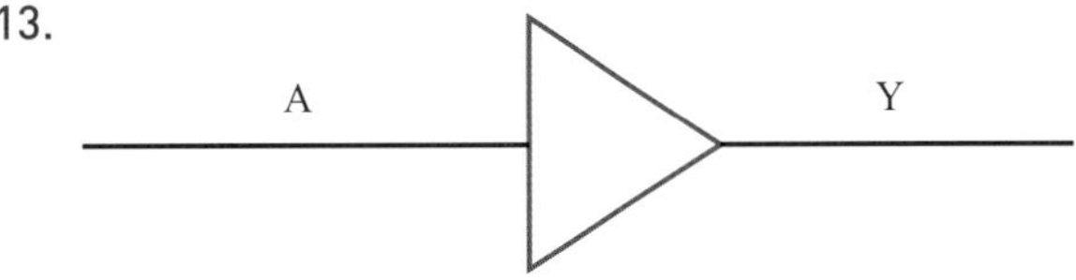

14. 버퍼는 고전류를 분리하거나 공급하는 특수한 논리 게이트이다.

15.

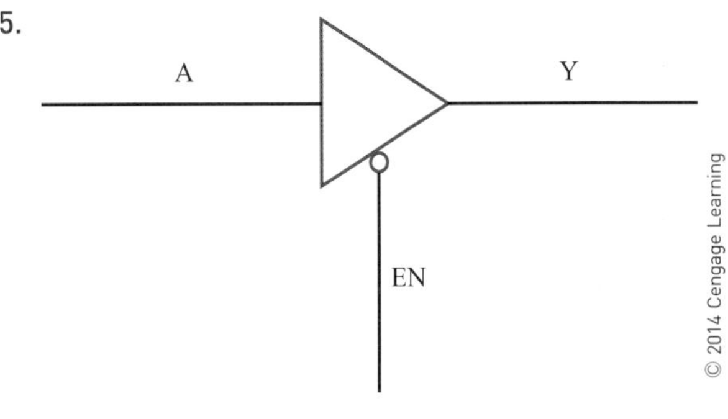

30장 논리회로의 간략화

1. 다음과 같이 베이치 다이어그램을 사용한다.
   a. 변수의 개수에 맞는 다이어그램을 그린다.
   b. 항을 나타내는 각 사각형에 X를 넣어 논리함수를 그린다.
   c. 8개, 4개, 2개, 1개 단위로 그룹을 짓고 X의 인근 그룹을 루프로 묶어 간략화된 논리함수를 얻는다. 계속해서 모든 X가 루프에 포함되도록 한다.
   d. 루프당 항이 한 개인 루프는 'OR'를 수행한다.
   e. 간략화된 표현식으로 적는다.

2. a.

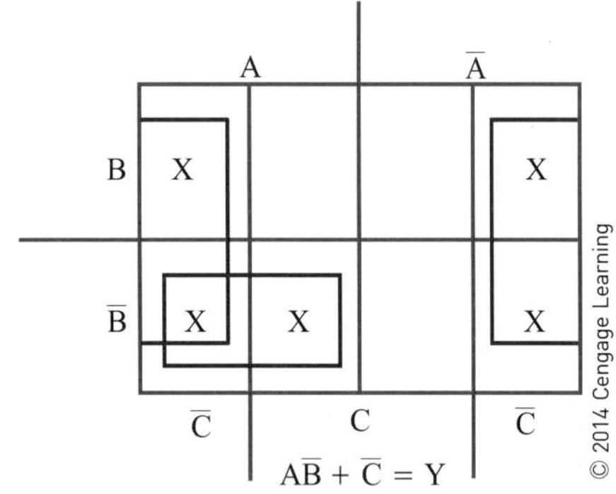

b.

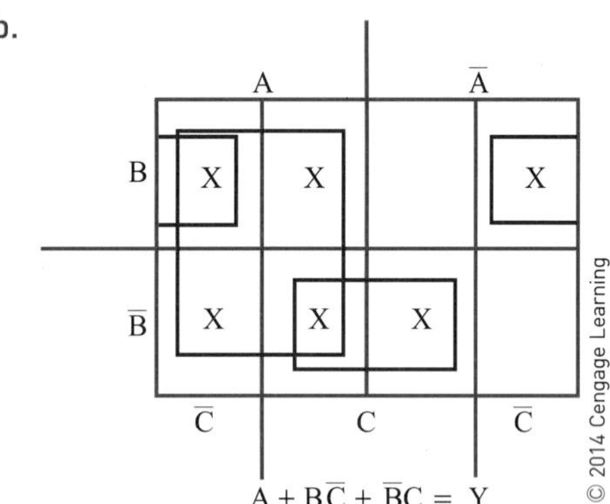

c.

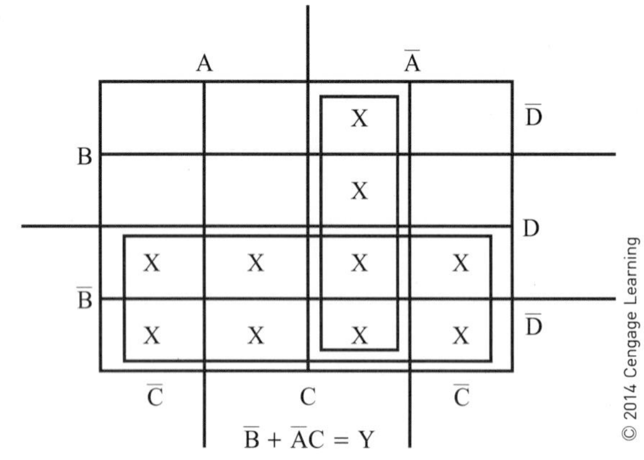

d.

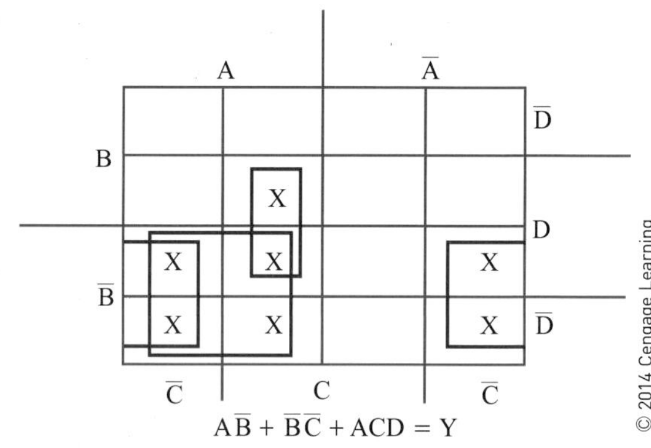

e.

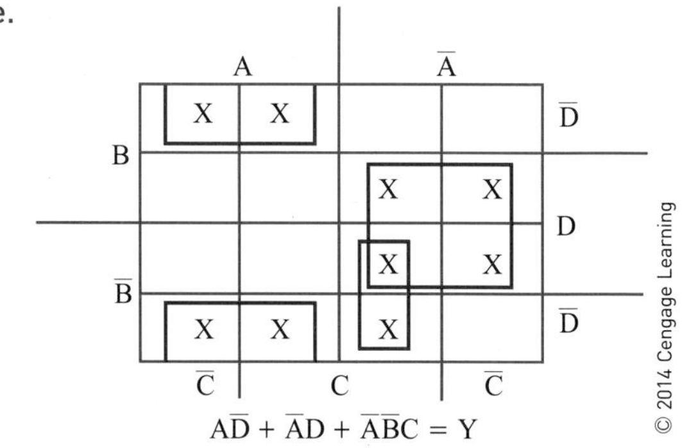

3. 다음과 같이 카르노 맵을 사용한다.
   a. 변수의 개수에 맞는 다이어그램을 그린다.
   b. 각 사각형에 1을 넣어 논리함수를 그린다.
   c. 8개, 4개, 2개로 그룹을 짓고 1의 인근 그룹을 루프로 묶어 간략화된 논리함수를 얻는다.
   d. 루프당 항이 1개인 루프는 'OR'을 수행한다.
   e. 간략화된 표현식으로 적는다.

4. a.

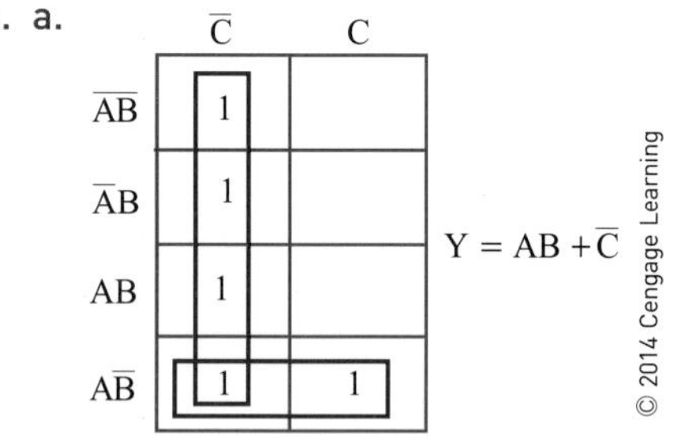

b.

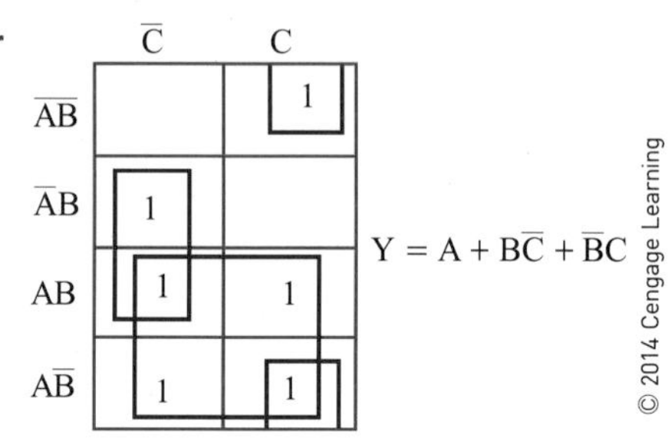

c.

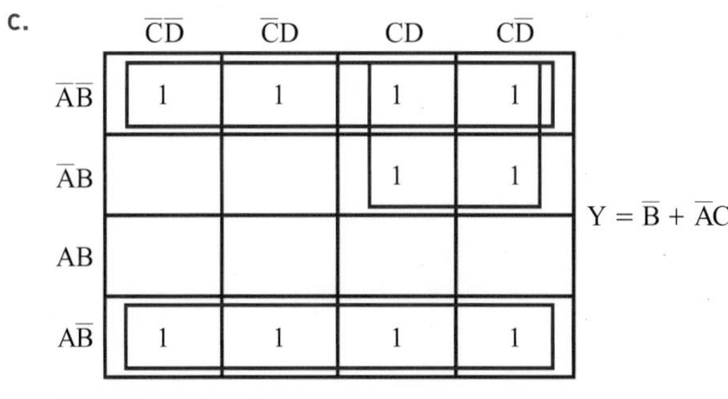

d.

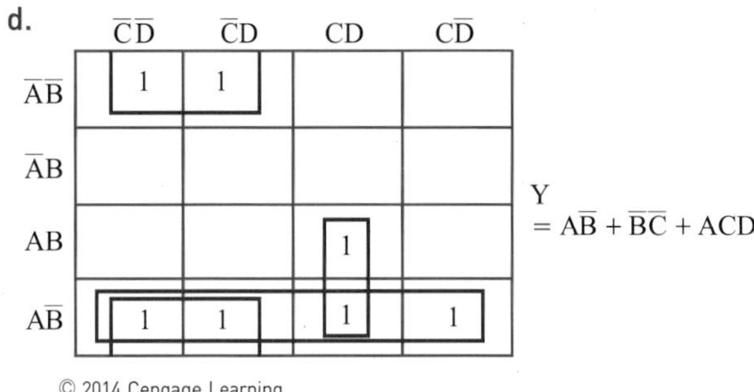

e.

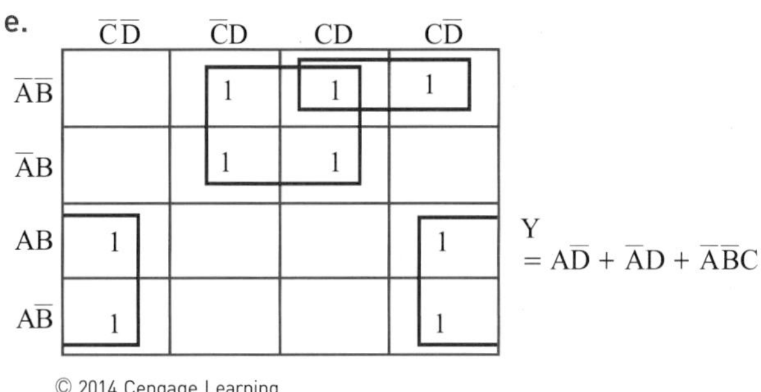

31장 순차 논리회로

1. RS 플립플롭의 출력값을 변화시키기 위해 R 입력에 high, 즉 1의 값이 인가되면 출력 Q는 0의 값, $\overline{Q}$는 1의 값의 상태가 된다.
2. D 플립플롭과 클럭 RS 플립플롭 사이의 주된 차이점은 D 플립플롭이 단 하나의 데이터 입력과 클럭 입력을 갖는다는 것이다.
3. 카운터는 비동기 또는 동기 카운트 모드로 연결된 플립플롭으로 구성된다. 카운터가 상향(Q) 카운트하는지 하향($\overline{Q}$) 카운트하는지에 따라 비동기화 모드에서 첫째 단의 Q 또는 $\overline{Q}$를 다음 단의 클럭 입력에 연결한다. 동기화 모드에서 각 단의 모든 클럭 입력은 병렬로 연결된다.
4.

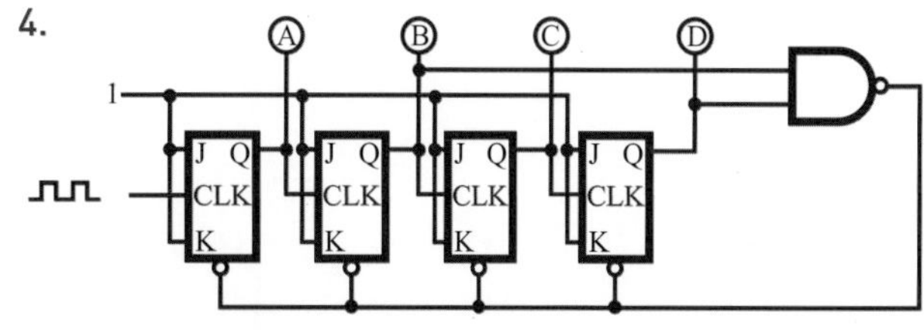

5. 시프트 레지스터는 임시로 데이터를 저장하도록 설계되었다. 데이터는 직렬이나 병렬로 시프트 레지스터에 입력될 수 있고, 직렬이나 병렬로 출력될 수도 있다.
6. 시프트 레지스터는 데이터를 저장하는 데 사용되는데, 직렬-병렬과 병렬-직렬 변환과 나누기와 곱셈 같은 대수적 함수를 수행하는 데 사용된다.
7. 비트-2진 디지트
   니블-4개의 비트
   바이트-8개의 비트
   워드-16 ,32, 64 및 128 비트
8. 출력의 보수 데이터는 Q 출력의 반대 $\overline{Q}$, 즉 보수이다.
9. MOS 메모리는 더 높은 밀도의 패키지로 만들 수 있어서 쌍극 메모리와 동일한 공간에서 더 많은 메모리 위치를 제공한다.
10. 정적 RAM은 전원이 나가면 데이터를 잃는다. 동적 RAM은 커패시터를 사용하여 데이터를 저장하지만 저장된 데이터를 유지하기 위해서는 재충전하어야만 한다.
11. RAM은 무순차 액세스 메모리이고 프로그램을 일시적으로 저장하는 데 사용된다. ROM은 읽기 전용 메모리이며 데이터를 영구적으로 저장하게 하며 바뀌지 않게 할 수 있다.
12. EEPROM은 전기적으로 지울 수 있는 PROM이며 재프로그래밍할 수 있다.

32장 조합 논리회로

1. 인코더는 키보드 입력의 코딩을 2진수 출력으로 만든다.
2. 10진-2진 우선순위 인코더는 키보드 입력에 필요하다.
3. 디코더는 복잡한 2진수 코드를 우리가 알 수 있는 디지트나 문자로 바꾼다.
4. 디코더의 종류에는 10 중 1 디코더, 8 중 1 디코더, 10 중 1 디코더, BCD- 7세그먼트 디코더가 있다.
5. 멀티플렉서는 여러 가지 입력 신호 중 하나를 출력으로 보내는 데 사용된다.

6. 멀티플렉서는 데이터 라인 선택과 병렬-직렬 변환에 사용된다.

7. 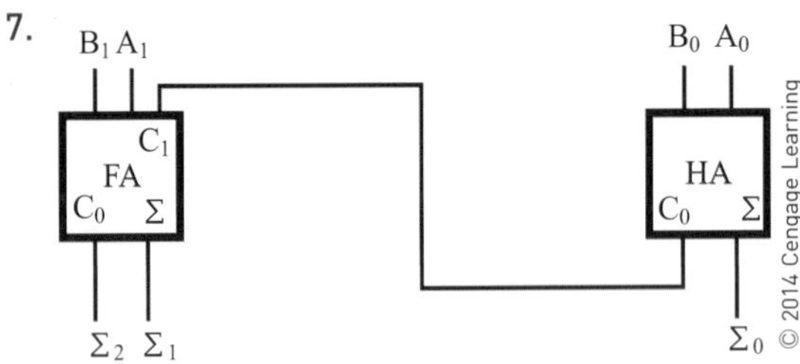

8. 반가산기는 2개의 2진 자리를 합쳐서 합과 올림수를 생성한다. 이 올림수는 다음 단으로 입력되고 2개의 2진 자리에 합쳐져, 합과 올림수를 생성한다. 결과는 올림수와 2개 2진 자리의 합의 출력이다.

9. 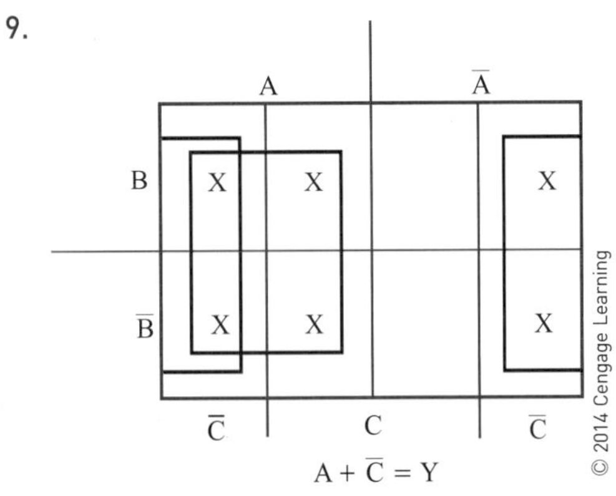

10. PAL은 PLA보다 프로그래밍하기 쉽다. PLA의 융통성이 증가된 것은 여분의 게이트를 추가하고 그 결과 어레이를 프로그래밍하기 어렵게 하고 있다.

33장 마이크로컴퓨터의 기초

1. 컴퓨터는 제어부, 산술논리연산부(ALU), 메모리부, 입출력부(I/O)로 구성된다. 제어부는 명령어를 코드화하고, 특정한 기능을 수행하기 위해 필요한 펄스를 발생시킨다. ALU는 모든 수학적 논리를 수행하고, 연산을 결정하고, 수행한다. 메모리부에는 프로그램과 데이터가 저장된다. 입출력부는 컴퓨터로 데이터가 들어가고, 컴퓨터로부터 데이터가 제거되도록 한다.(그림 33-1 참조)
2. 외부에서 입력되는 인터럽트 신호는 컴퓨터가 데이터를 받거나 데이터를 보내도록 알려준다.
3. 마이크로프로세서는 마이크로컴퓨터의 일부분이다. 4개의 기본 부품인 레지스터, 산술논리연산부, 타이밍과 제어회로, 디코딩 회로로 구성된다.
4. 마이크로프로세서는 마이크로컴퓨터의 제어기능을 수행하고, 수학적 논리 및 판단을 다루며 조정한다.
5. 마이크로컨트롤러는 마이크로프로세서, 메모리, 입출력 인터페이스를 포함하며 독립형 시스템이다.
6. 데이터 이동 명령어-마이크로프로세서와 메모리 안에서 데이터를 한 위치에서 다른 위치로 이동한다.
   산술 명령어-마이크로프로세로 하여금 데이터를 계산하거나 조작하게 해준다.
   논리 명령어-AND, OR, EXOR, 보수를 수행한다.
   입력/출력 명령어-I/O 장치를 제어한다.
7. 마이크로컨트롤러는 단일 칩 컴퓨터로서 인터페이스를 필요로 하지 않는 장치를 감시하거나 제어하는 데 이상적이다.
8. 텔레비전, DVD 플레이어, 세탁기, 식기 세척기, 냉장고, 에어컨
9. 마이크로컨트롤러는 엔진 연료 및 분사와 같이 자동차에서 일어나는 사건을 제어하기 위해 데이터 감지가 필요한 경우에 사용된다. 또한 무선 조절, 좌석 조절, 난방 조절 및 도난 방지와 같은 장치에서도 사용된다.
10. RISC-축소 명령어 집합 컴퓨터(reduced instruction set computer)인데 몇 개 안 되는 기본적인 명령어가 더 높은 성능을 허용하도록 하는 전략에 기반을 두고 있다.

찾아보기

전기전자공학교재편찬위원회

김소정 · 김민회 · 김정현 · 김종해 · 류주현 · 박광서
박세환 · 박용수 · 손덕화 · 신종열 · 윤여권 · 이상돈
이용일 · 정동현 · 조윤성 · 차인수 · 하종봉 · 허덕형

(가나다 순)

전기전자공학

2017년 9월 1일 1판 1쇄 인쇄
2017년 9월 5일 1판 1쇄 발행

저자 EARL GATES
역자 전기전자공학교재편찬위원회
발행인 조승식
발행처 ㈜도서출판 북스힐
서울시 강북구 한천로153길 17
등록 제 22-457호
전화 02) 994 - 0071 (代)
팩스 02) 994 - 0073
홈페이지 www.bookshill.com
이메일 bookshill@bookshill.com

잘못된 책은 교환해 드립니다.

값 30,000원

ISBN 979-11-5971-088-9